BRINK-CASHIN · INTERNE REVISION

# INTERNE REVISION

VON

VIKTOR Z. BRINK UND JAMES A. CASHIN

WALTER DE GRUYTER & CO.

VORMALS G. J. GÖSCHEN'SCHE VERLAGSHANDLUNG - J. GUTTENTAG, VERLAGSBUCHHANDLUNG - GEORG REIMER - KARL J. TRÜBNER - VEIT & COMP.

BERLIN 1962

Titel der amerikanischen Originalausgabe: Internal Auditing, Second Edition, The Ronald Press Company, New York 1958. — Deutsche Übersetzung: Dr. Lothar Mann.

 — Archiv-Nr. 1351621. — Satz und Druck: Thormann & Goetsch, Berlin-Neukölln. — Printed in Germany.

# Vorwort zur deutschen Ausgabe

Die interne Revision breitet sich in den Großbetrieben immer mehr aus. Kontrollen verschiedenster Art hat es immer gegeben, aber die Zahl der Unternehmen, die sich eine eigene Revisionsabteilung zur unabhängigen Prüfung des Betriebsgeschehens geschaffen haben, ist erst allmählich immer größer geworden. Dementsprechend ist auch eine Spezialliteratur über interne Revision erst noch im Werden. Viele Begriffe und Wortbedeutungen sind noch im Fluß, sind noch nicht von allen anerkannt.

Die Amerikaner sind uns auf diesem Gebiet um einiges voraus. Das hängt mit der Größe ihres Staatsgebietes und wohl auch mit ihrer Mentalität zusammen. Während das alte Europa mühsam um seine Gemeinsamkeit auf wirtschaftlichem und ein wenig auch auf politischem Gebiet ringt und von einer wirklichen Föderation noch sehr weit entfernt ist, sind die europäischen Auswanderer in Nordamerika ohne Rücksicht auf alte Zöpfe und auf die Verschiedenheit ihrer Herkunft mit frischem Mut an die Bildung einer Föderation herangegangen, in deren Riesenraum es sich prächtig arbeiten und erfolgreich wirtschaften läßt. Amerikanische Großunternehmen sahen sich durch die Zahl ihrer Beschäftigten und durch die weiten Entfernungen zwischen ihren Niederlassungen schon seit längerer Zeit vor der Notwendigkeit, etwas Besonderes für die Überwachung der verschiedenen Tätigkeiten im Unternehmen zu tun. Dies Besondere ist die interne Revision. Sie prüft unabhängig im Auftrage der Geschäftsleitung, ob die von dieser geforderte Politik überall im Unternehmen durchgeführt wird.

Weil in Deutschland ein wirklich umfassendes Lehrbuch über interne Revision fehlt, habe ich dieses Buch übersetzt. Es war mir auf meine Anfrage zu diesem Zweck vom Institute of Internal Auditors empfohlen worden. Nicht alles, was in Amerika gemacht wird, läßt sich ohne weiteres auf deutsche Verhältnisse übertragen. Aber in vielen Fällen arbeiten die Amerikaner wirtschaftlicher als dies bisher in den Revisionsabteilungen deutscher Werke üblich ist. Auch wo sie es nur anders und nicht besser machen, regt die Lektüre zu eigenem Nachdenken an. In den wesentlichen Grundzügen ist die Arbeit des Revisors in Amerika dieselbe wie in Deutschland. Darum glaube ich, daß das Buch in Deutschland mit viel Nutzen gelesen werden kann.

Auch in der Betriebswirtschaftslehre kann der Fortschritt der Wissenschaft am besten auf breitester Grundlage erreicht werden. Erfahrungen des einen Landes können auch anderen Ländern dienen. Als Weltbürger wollte ich durch die Übersetzung auch im eigenen Beruf ein wenig zum Austausch des Wissens beitragen. Ein wichtiger Vorteil für den amerikanischen Revisor sind die Revisionshandbücher, die die amerikanischen Unternehmen ihren Revisoren in die Hand geben. Damit haben sie die Möglichkeit, sich mit wenig Mühe vorher einen Überblick über das gerade zu prüfende Gebiet zu verschaffen, während der Prüfer in Deutschland viel häufiger auf seine eigenen betriebswirtschaftlichen Überlegungen als einzige Richtschnur angewiesen ist. Durch zahlreiche Beispiele ist die Art dieser Handbücher auf den folgenden Seiten dargestellt.

Viel verdanke ich bei dieser Arbeit meiner lieben Frau und den Herren Fengler, Dr. Reinke und Schmidt, ohne deren Hilfe diese Aufgabe neben der beruflichen Arbeit und Reisetätigkeit nicht zu schaffen gewesen wäre. Dem Verlag sei Dank für seine verständnisvolle Geduld.

Viernheim, im Oktober 1961

Dr. Lothar Mann

## Vorwort zur englischen Ausgabe

Dieses Buch wurde sowohl für interne Revisoren, Wirtschaftsprüfer und leitende Angestellte von Gesellschaften als auch für Studenten geschrieben. Es verfolgt zwei Ziele. Erstens will es für diejenigen von praktischem Nutzen sein, die interne Revisionsprogramme aufzustellen und zu leiten oder die Revisionsarbeit im einzelnen durchzuführen haben. Zweitens will es dem Leser die Einsicht in und das Verständnis für die Möglichkeiten vermitteln, die in der internen Revision liegen und sie zu einem der wichtigsten Mittel wirksamer Kontrolle durch die Geschäftsleitung machen. So behandelt der Text neben den grundlegenden Ausführungen über die üblichen Arbeiten in Betrieb und Büro die neuesten Anwendungsbereiche der internen Revision in Einkauf, Produktion und Vertrieb.

Der Aufbau des Buches und die Darstellung sind völlig verändert worden. Geeignetes weiteres Material wurde hinzugefügt, um den Bedürfnissen der Gegenwart gerecht zu werden. In den verschiedenen Kapiteln wird die Aufmerksamkeit zuerst auf die Sammlung, Ausarbeitung und Darstellung der Daten gelenkt, die zu den einzelnen Positionen gehören. Den Arbeitsabläufen haben wir mehr Raum gewidmet und sie mit mehr Nachdruck behandelt, da sich der interne Revisor besonders mit internen Arbeitsabläufen befassen muß. Danach wird die eigentliche Prüfung nur kurz behandelt, da angenommen wird, daß dem Leser dieser allen Prüfungen gemeinsame Vorgang geläufig ist. Ein ganz neuer Abschnitt „Verwaltung und Vertrieb" (Teil IV) ist, wegen der zunehmenden Bedeutung der Kontrolle dieser Funktionen durch die Leitung, hinzugefügt worden. Ebenso wurden auch gewisse aktuelle Themen behandelt, die von besonderem Interesse für interne Revisoren sind, wie z. B. elektronische Datenverarbeitung und statistische Methoden zur Bestimmung von Stichproben. Obwohl sie sich noch im Entwicklungsstadium befinden, ist es sicher, daß beide Gebiete einen bedeutenden Einfluß auf die zukünftige Praxis der internen Revisoren haben werden. Damit ist das Buch eine abgerundete Darstellung aller wichtigen Vorgänge der internen Revision.

Die Gedanken in diesem Buch stammen hauptsächlich aus der Erfahrung, die der Autor bei großen Gesellschaften in verschiedenen Industriezweigen während langer Jahre gesammelt hat, aus Untersuchung der Praxis anderer und aus seiner Lehrtätigkeit an der Universität. Auszüge aus internen Vorschriften verschiedener Gesellschaften sind als Beispiele eingefügt worden. Um das Buch auch als Lehrbuch verwenden zu können, ist eine Übersicht für den Lehrer als Hilfe zur Darstellung des Stoffes zugefügt worden.

Man kann sagen, daß die zwei Auflagen dieses Buches den wichtigsten Zeitabschnitt der internen Revision umfassen — die Periode des Überganges von der begrenzten Aufgabe, die rechnerische Genauigkeit zu prüfen, bis zum heutigen Stand, wo die interne Revision einen wichtigen Faktor der Kontrolle durch die Geschäftsleitung darstellt. Mit der 1957 erfolgten Herausgabe der überarbeiteten „Darstellung der Aufgaben des internen Revisors" wurde ein anderer wichtiger Meilenstein in der Entwicklung der Theorie der internen Revision erreicht. Die ursprüngliche Darstellung sah 1947 die H a u p t rolle des internen Revisors auf dem Gebiet der Buchführung und des Zahlungsverkehrs und betrachtete seine Tätigkeit auf anderen Gebieten nur als e r l a u b t. Die überarbeitete Darstellung macht keine solche Unterscheidung und erfaßt a l l e Tätigkeiten der Gesellschaft in g l e i c h e r Weise als Prüfungsgebiet. Die überarbeitete Darstellung verlangt jedoch, daß der interne Revisor genügend Verständnis für das Arbeitsgebiet, welches er jeweils untersucht, haben muß, nur dann können seine Feststellungen und Schlußfolgerungen nutzbringend und anwendbar sein.

Die interne Revision steht jetzt an der Schwelle einer Zukunft, die viele weitreichende Fortschritte für den Beruf verspricht. Sie ist bereit, in diese Zukunft mit dem Glauben an ihre Arbeit, an ihre Freunde und ihre Berufskollegen hineinzugehen, indem sie ihre Anstrengungen mit der Begeisterung, der Phantasie und der Initiative erfüllt, die sie verdienen. Dies erfordert nicht nur großes fachliches Können, sondern auch Einfühlungsvermögen und Verständnis für die immer schwieriger werdenden Probleme auf allen Ebenen der Leitung, so daß die interne Revision den Bedürfnissen der Geschäftsleitung taktvoll und erfinderisch dienen kann.

Wir schulden den Herren besonderen Dank, die Teile des Manuskriptes durchgesehen und wertvolle Anregungen beigesteuert haben, nämlich Bradford Cadmus, Managing Director des Institute of Internal Auditors; John E. Cowles, Schatzmeister, St. Regis Paper Company; Eugene Larkin, Haskins & Sells; Professor Garland C. Owens, Columbia University Graduate School of Business; Sidney W. Peloubet, Pogson, Peloubet & Co.; und A. A. Vogel, Vizepräsident und Controller der Emerson Radio and Phonograph Corporation.

Detroit, Michigan, V. Z. B.
New York, New York J. A. C.
Februar 1958.

# INHALTSVERZEICHNIS

# I. ALLGEMEINE GRUNDLAGEN

## 1. Das Wesen der internen Revision

### Was ist interne Revision?

Im ganzen gesehen umfaßt unser Gebiet

1. den Entwurf der Unterlagen und Verfahren des Rechnungswesens,
2. die Anwendung des Rechnungswesens,
3. die Vorbereitung und Auswertung der Rechenschaftsberichte und
4. die Prüfung der Brauchbarkeit des Rechnungswesens und der Zuverlässigkeit der Rechenschaftsberichte.

Die Revision befaßt sich mit allen diesen Vorgängen, ganz gleich, von wem sie durchgeführt werden. Erfolgt die Revision durch unabhängige Wirtschaftsprüfer, so spricht man von „Wirtschaftsprüfung", obwohl man sie auch häufig „Revision" nennt. Wird die Revision jedoch von Angestellten des Unternehmens vorgenommen, dessen Unterlagen selbst Gegenstand der Prüfung sind, so spricht man von „interner Revision".

Damit zeichnet sich die interne Revision als besonderer Zweig des großen Gebietes des Rechnungswesens ab, der die grundsätzlichen Techniken und Methoden der Revision benutzt. Die Tatsache, daß der Wirtschaftsprüfer und der interne Revisor häufig die gleichen Verfahren anwenden, führt oft zu der falschen Annahme, daß in ihrer Arbeit oder in ihren letzten Zielen nur ein geringer Unterschied besteht. Der interne Revisor beschäftigt sich zwar wie jeder Revisor mit der Untersuchung der Gültigkeit von Angaben, aber in seinem Falle betreffen die Angaben, mit denen er zu tun hat, ein viel weiteres Gebiet und berühren viele Bereiche, die zur Buchführung oft nur noch wenig Beziehung haben. Außerdem hat der interne Revisor, der ja selbst zum Unternehmen gehört, ein viel größeres Interesse an allen Arten der betrieblichen Funktionen, und es ist ihm natürlich auch viel mehr daran gelegen, jede Funktion so gewinnbringend wie möglich zu gestalten. Das Ziel, der Geschäftsleitung zu dienen, beeinflußt in größerem Maße sein Denken und sein allgemeines Vorgehen.

Da die Aufgaben des internen Revisors laufend größer werden, halten es viele, die sich mit dem internen Revisionswesen beschäftigen, für notwendig, einen besseren Begriff zur Umschreibung der gesamten Tätigkeit zu finden. Es wurden z. B. folgende neue Begriffe vorgeschlagen: Betriebsführungskontrolle, Betriebsuntersuchung usw. Die Bezeichnung „interne

Revision" hat sich jedoch behauptet, und die beste Lösung scheint bisher noch in der Richtung zu liegen, daß man den Bedeutungsumfang der ursprünglichen Bezeichnung erweitert.

### Interne Revision — eine umfassendere Definition

Die größeren Anwendungsgebiete der internen Revision, verglichen mit der Revision im allgemeinen, werden in der umfassenden Definition sichtbar, die durch das „Institute of Internal Auditors", den Berufsverband der internen Revisoren in USA, als Teil seiner „Festlegung der Verantwortlichkeiten des internen Revisors" vom Jahre 1957 entwickelt und bekanntgegeben wurde.

Diese Definition lautet wie folgt:

„Interne Revision ist eine unabhängige Untersuchungstätigkeit innerhalb eines Unternehmens zum Zwecke der Überprüfung der Buchführung, des Finanzwesens und anderer Funktionen im Dienste der Geschäftsleitung. Es handelt sich um eine übergeordnete Kontrolle, die darin besteht, daß sie die Wirksamkeit anderer Kontrollen prüft und bewertet."

Der volle Bedeutungsumfang dieser Definition wird bei weiterer Lektüre des Buches noch klarer zu Tage treten.

### Die Anwendbarkeit der internen Revision auf alle Unternehmensformen

Die interne Revision hat sich hauptsächlich in der großen modernen Aktiengesellschaft entwickelt. Aus diesem Grunde behandelt das vorliegende Buch die interne Revision im Rahmen der A.G. Dies bedeutet jedoch nicht, daß die interne Revision in anderen Unternehmensformen keine bedeutsamen und nützlichen Anwendungsmöglichkeiten hätte. Diese anderen Formen, zum Beispiel Genossenschaften oder öffentliche Betriebe, können die interne Revision nutzbringend anwenden. Natürlich mag in diesen Fällen der Gewinn als Hauptziel der Unternehmensleitung ausscheiden, aber er wird durch andere wichtige Motive ersetzt, die in anderer Hinsicht die interne Revision notwendig machen. Der Leser sollte daher diese weiteren Anwendungsmöglichkeiten der internen Revision im Auge behalten, obwohl wir uns nur auf die Personal- oder Kapitalgesellschaft beziehen.

### Die Notwendigkeit einer objektiven Kontrolle

Die letzten zehn Jahre haben eine weitere Aufwärtsentwicklung der modernen Großunternehmen gebracht. Ein Blick auf die Vergleichsdaten in den Geschäftsberichten der größeren Industrieunternehmen zeigt den ungeheuren Wandel, der sich in dieser Zeit vollzogen hat. Da die Probleme der Leitung der laufend größer werdenden Unternehmen immer verwickelter werden, wächst das Bedürfnis nach einer systematischen, objektiven Prüfung des Betriebsablaufes. Diese kann von der internen Revision wirksam durchgeführt werden.

Der enge und persönliche Einblick der Geschäftsleitung, der bei kleineren Unternehmen möglich ist, ist im Schwinden begriffen. Die Zahl der Beschäftigten geht in die Tausende, die Betriebe und ihre Funktionen vergrößern sich ständig.

Vier Hauptfaktoren stehen mit der Erweiterung der Geschäftsunternehmen in Zusammenhang und haben die Entwicklung der internen Revision in verschieden starkem Maße beeinflußt. Dies sind (1) das Wachsen der normalen Geschäftstätigkeit, (2) die Ausbreitung der Geschäftstätigkeit über größere Gebiete, (3) der Zug zur Dezentralision und (4) der Ankauf bestehender Unternehmen.

Das Wachsen der normalen Geschäftstätigkeit. Außer dem normalen Wachsen der Produktion, die sich aus der Vermehrung der Bevölkerung ergibt, kommt noch ein ganz bestimmter Umstand hinzu: Die Tendenz zur Vergrößerung der bestehenden Unternehmen, da es unter den heutigen Umständen schwierig ist, die Neugründung eines Betriebes, vor allem eines Herstellungsbetriebes, zu finanzieren. Die hohen Einrichtungskosten zusammen mit den relativ hohen fixen Kosten und der Steuerhöhe haben die hohen Gründungsinvestitionen, die zur Eröffnung eines Fabrikationsbetriebes erforderlich sind, unattraktiv und in vielen Fällen unmöglich gemacht. Für ein schon bestehendes Unternehmen, das Kapital zur Betriebsvergrößerung benötigt, ist es weniger schwierig, Kapital aus den üblichen Quellen zu erhalten.

Dieses große Wachsen hat Schwierigkeiten für die Geschäftsleitung hervorgerufen, besonders hinsichtlich der innerbetrieblichen Information. Bei gestaffelten Aufsichtsbereichen ist es schwieriger, Beschlüsse der Geschäftsleitung nach unten bis zum Bereich des eigentlichen Arbeitsvorganges gelangen zu lassen. Umgekehrt ist es auch schwieriger, Informationen bis zur Spitze der Betriebsleitung zu übermitteln. Dieses Problem ist eines der wichtigsten der heutigen Betriebsführung überhaupt. Die interne Revision hat bewiesen, daß sie in der Lage ist, ein wirksameres Fließen zuverlässiger Informationen zu gewährleisten.

Die Ausbreitung der Geschäftstätigkeit über größere Gebiete. Früher waren die meisten Unternehmen auf ein relativ kleines Gebiet beschränkt. Die Betriebe waren im allgemeinen auf den Staat, in dem sie begründet worden waren, oder auf die benachbarten Staaten (der USA) beschränkt. Als die Geschäftstätigkeit sich über andere Gebiete ausdehnte, erhoben sich neue Probleme, die mit dieser Ausbreitung zusammenhingen. Einheitliche Richtlinien wurden nun in vielen Verwaltungszweigen notwendig. Die Personalpolitik mußte danach ausgerichtet werden, neue Gruppen einzubeziehen. Die vielen Steuerprobleme, die sich aus der Geschäftstätigkeit in den verschiedenen Staaten und auch im Ausland ergeben, mußten gelöst werden. Die erfolgreiche Koordinierung ohne kostspielige Überschneidungen wurde zu einem dauernden Problem.

Der Zug zur Dezentralisation. Ein Faktor, der irgendwie mit der Aufsplitterung zusammenhängt, dessen Ausmaß aber sehr verschieden sein kann, ist der Zug zur Dezentralisation. Viele Unternehmen kommen jetzt zur Erkenntnis, daß es eine Betriebsgröße gibt, von der ab die Gewinne bei Zentralisation geringer werden. Der Trend geht nun im allgemeinen dahin, die Festlegung der Betriebspolitik und die Ausübung der Kontrolle bei der Hauptverwaltung zu lassen und die Durchführung dieser Politik wie auch die Einzelentscheidungen und Routinearbeit außerhalb der zentralen Überwachungsstelle vornehmen zu lassen.

Diese Entwicklung verringert jedoch den persönlichen Kontakt, und macht eine periodische Prüfung erforderlich, um die Durchführung im Sinne der Betriebspolitik zu gewährleisten.

Der Ankauf bestehender Unternehmen. Eine wesentliche Ausweitung ist in vielen Fällen durch den Ankauf bestehender Unternehmen und Erweiterungen erreicht worden. Diese Art der Vergrößerung war besonders in solchen Zeiten bedeutungsvoll, in denen Materialknappheit und staatliche Restriktionen Gründungen großen Umfanges unmöglich machten. In einigen Fällen wurde eine Anzahl kleinerer Unternehmen zu einer größeren und wirksameren Einheit zusammengefaßt. In anderen Fällen, bei denen die Erzeugnisse eines größeren Unternehmens denen eines anderen gleich waren, erfolgte ein Zusammenschluß. In allen Fällen wurden zusätzliche Kapazitäten erworben und mit dem bestehenden Unternehmen verbunden.

In einer großen Zahl von Fällen hatten die erworbenen Betriebe eine Zeit lang unabhängig gearbeitet und ihre eigenen Arbeitsverfahren entwickelt. Ein sehr schwieriges Problem bildete die Integration dieser neuen Betriebe in die Gesamtorganisation. Es mußte sofort und möglichst ohne Reibungen gelöst werden. In der Übergangszeit waren die internen Revisoren auf Grund ihrer Kenntnis der Arbeitsmethoden ihres eigenen Unternehmens besser als alle anderen in der Lage, bei der Untersuchung der Verfahren in den neuen Betrieben mitzuhelfen und eine praktische Methode zur Anpassung dieser Verfahren an die betriebliche Gesamtplanung vorzuschlagen.

### Wandel in der Bedeutung der Revision

Die oben beschriebene Periode des raschen Wachstums der Unternehmen war im allgemeinen von erheblichen Gewinnen begleitet. Daher richtete sich die Aufmerksamkeit der Geschäftsleitung mehr auf Produktion und Expansion und weniger auf die Leistungsfähigkeit des internen Betriebsablaufes. Mit den ständig steigenden fixen Kosten und der jetzt größer gewordenen Bedeutung der entsprechenden Posten innerhalb der

Kostenstruktur wurden auch die Gewinne immer mehr von einer guten Betriebsführung und der wirtschaftlichen Arbeitsweise des Unternehmens abhängig. Diese Situation hat dazu geführt, das Verlangen nach sorgfältiger Prüfung und Analyse interner Betriebsvorgänge noch zu verstärken. Die erforderlichen maßgebenden Informationen für eine solche Untersuchung sind am besten aus den Zahlen des Rechnungswesens zu gewinnen. Die interne Revision ist weiter entwickelt worden, weil sie die wirksamste Methode ist, eine solche Prüfung und Analyse zu gewährleisten.

### Verantwortlichkeit gegenüber staatlichen Stellen

Die verschiedenen Steuergesetze, die Sozialgesetzgebung, die gesetzliche Garantie des Mindestlohnes und besonders die Vorschriften der Effekten- und Börsenkommission (Securities and Exchange Commission) haben die Verantwortlichkeit der Geschäftsführung für die Genauigkeit der eingereichten Unterlagen definiert. Die Notwendigkeit einer qualifizierten Unterstützung von außen wird zwar für viele spezielle Fragen anerkannt, die Verantwortlichkeit irgendeines freiberuflichen Mitarbeiters ist jedoch sekundär und enthebt die Betriebsleitung nicht ihrer ursprünglichen Verantwortung, die sie nicht übertragen kann.

In der Erkenntnis dieser Verantwortung haben sich die Geschäftsleitungen immer mehr den internen Revisoren zugewandt, um sicher zu sein, daß diese Aufgaben auch in der geeigneten Weise durchgeführt werden. In den meisten Fällen hat dies über die Tätigkeit der einfachen Nachprüfung von Informationen weit hinausgeführt. Es hat insbesondere die Auslegung der verschiedenen Regeln und Vorschriften im Hinblick auf die Zahlen der Finanz- und Betriebsbuchhaltung notwendig gemacht. Des weiteren sind sich die Geschäftsleitungen durch die Notwendigkeit der Kontrolle und Bewertung der Verfahren, die die Beachtung staatlicher Anordnungen sicherstellen sollen, weit mehr der Hilfe bewußt geworden, die die interne Revision hier leisten kann.

### Andere Verpflichtungen der Geschäftsführung

Der Umfang und der Einfluß größerer Unternehmen haben neue Pflichten für die Geschäftsleitung mit sich gebracht. Diese Pflichten bestehen gegenüber Angestellten, Aktionären, Gläubigern, potentiellen Kapitalgebern, der allgemeinen Öffentlichkeit und der örtlichen Verwaltung. So hat sich eine bestimmte Auffassung über die soziale Lage des Arbeitnehmers gebildet, und man bemüht sich, in gewissen Grenzen, Bedingungen zu schaffen, die zu einer sozialen Besserstellung des Arbeitnehmers führen. Gegenüber den Aktionären besteht die Verantwortung für eine gewinnbringende Verwaltung der Gesellschaftsangelegenheiten, um einen höchstmöglichen rechtmäßigen Gewinn zu erwirtschaften, ferner zur sorgfältigen Erhaltung und Nutzung der Vermögensgegenstände der A.G. im Hinblick auf die Erreichung dieser Ziele und zur Wahrung der allgemeinen Aktionärsinteressen. Gegenüber den Gläubigern, potentiellen Kapitalgebern und den Aktionären besteht eine Verantwortung für eine kluge und gewinnbringende Geschäftsführung, für die Vorlage genauer Informationen und für die faire Behandlung aller besonderen Gruppen. Verflichtungen gegenüber der Gemeinde werden durch lebhaftere Beteiligung an lokalen Angelegenheiten eingelöst und in vielen Fällen auch dadurch, daß man betriebliche Einrichtungen wie z. B. Erfrischungsräume der kommunalen Verwaltung zur Verfügung stellt. Hierher gehört auch, daß Besitz und Grundstücke vorbildlich in Ordnung gehalten, Rasenflächen schön angelegt werden, und daß der Bauplan weitgehend dem allgemeinen Bild der Nachbargrundstücke angepaßt wird.

Die Fülle dieser Verpflichtungen verlangt von der Geschäftsleitung eine gründlichere Kenntnis der internen Angelegenheiten des Unternehmens. Die Entscheidungen der ausführenden Stellen sind im allgemeinen nicht besser als die Zuverlässigkeit der Informationen, auf denen sie beruhen. Die Daten müssen im Hinblick auf die betreffenden Verfahren untersucht werden, um einen Einblick in die Verfahren selbst zu gewinnen. Nur auf diese Weise kann die Geschäftsführung die Kluft zwischen der die Betriebspolitik bestimmenden Spitze und der täglichen Kleinarbeit im Unternehmen überbrücken. Diese Erfordernisse zeigen die Wichtigkeit der internen Revision als Werkzeug der Geschäftsführung, das die Aufgabe hat, Betriebskontrollen durchzuführen und die Ergebnisse auszuwerten.

Kontrolle der Geschäftsführung durch Aktionäre, Kapitalgeber und andere. Die Entwicklung der modernen Aktiengesellschaft hat mehr und mehr zur Trennung von Eigentum und Geschäftsführungsfunktionen geführt. Unter diesen Umständen wird von den verschiedenen Interessengruppen — vor allem von den Aktionären, aber auch von anderen Kapitalgebern, Gläubigern usw. — eine periodische Kontrolle der Geschäftsführung verlangt. Im allgemeinen hat die Wirtschaftsprüfung besonders diesem Verlangen entsprochen. Die Wirtschaftsprüfer untersuchen und verbessern laufend ihre eigenen Methoden und Verfahren, und die Effekten- und Börsenkommission (Securities and Exchange Commission) hat sich von Zeit zu Zeit mit diesem Problem befaßt. Zur Zeit hängt der Umfang der Arbeit eines Wirtschaftsprüfers weitgehend von den Ansprüchen ab, die das Unternehmen an eine interne Revision stellt. Der bedeutende Beitrag, den der interne Revisor zur Verbesserung der internen Kontrolle leisten kann — indem er neue und bessere Möglichkeiten und Wege findet — ist in vielen neueren Veröffentlichungen des „American Institute of Certified Public Accountants" besonders erwähnt worden.

## Begriffe der internen Revision

Auf dem Gebiet des allgemeinen Rechnungswesens sind in den letzten Jahren in USA bedeutende Fortschritte in der Standardisierung der Begriffe erzielt worden. Ein Großteil der Pionierarbeit wurde von dem „American Institute's Special Committee on Terminology" geleistet. Spätere Veröffentlichungen haben den Rahmen erweitert und das ursprünglich von diesem Kommitee erarbeitete Material auf den neuesten Stand gebracht.

Auf dem Gebiet der internen Revision haben die verschiedenen Begriffe noch kein vergleichbares Ausmaß der Standardisierung erreicht. Die Gründe dafür sind die völlig neue Entwicklung auf diesem Gebiet und die Verwirrung der von den verschiedenen Autoren verwendeten Begriffe. Unsere Aufgabe ist es, die Begriffe soweit zu klären, daß ein volles Verständnis ihrer Bedeutung erreicht wird.

## Interne Kontrolle im engeren Sinne und interne Revision

Der Unterschied zwischen „interner Kontrolle im engeren Sinne"[1] und „interner Revision" besteht darin, daß „interne Kontrolle im engeren Sinne" ein Teil der laufenden täglichen Routinearbeit des Rechnungswesens ist. Die interne Revision bezieht sich auf die Kontrolle aller Verwaltungsarbeiten des Unternehmens einschließlich der Prüfung der Angemessenheit der „internen Kontrolle im engeren Sinne".

Genauer gesagt bezieht sich die interne Kontrolle auf die besonderen Kennzeichen des Rechnungswesens, die die Genauigkeit und automatische Prüfung der abgewickelten Geschäftsvorgänge und der erstellten Unterlagen gewährleisten helfen. Oft wird der Begriff auch in bezug auf die Aufteilung der Zuständigkeit angewendet, und zwar in der Weise, daß Kontrolle und Verantwortlichkeit getrennt werden, so daß ein einzelner nicht die gesamte Kontrolle über einen einzigen Vorgang oder eine Reihe von Vorgängen hat. Die Tätigkeit des einen Angestellten wird durch die eines anderen ergänzt, und so erhält man eine laufende gegenseitige Kontrolle im normalen Ablauf der Tätigkeiten innerhalb der Organisation.

## Laufende Buchführung und „interne Kontrolle im engeren Sinne" gegenüber „interner Revision"

Der Bereich des Rechnungswesens schließt sowohl die Verfahren als auch die dazu notwendigen Unterlagen ein. Die Verfahren sollten so beschaffen sein, daß eine größtmögliche interne Kontrolle gewährleistet ist, die die allgemeine Brauchbarkeit und Genauigkeit der Ergebnisse sicher-

[1] Internal Check.

stellt. Die richtige Aufteilung der Zuständigkeiten ist eine grundlegende Forderung der internen Kontrolle. So kann beispielsweise die eine Person einen Buchungsbeleg vorbereiten, der dann vor der Auszahlung von einer anderen Person überprüft wird. Beide Vorgänge sind, genau genommen, ein Teil des regulären Buchführungsganges. In diesem Falle ist es völlig belanglos, welche Stellung die zweite Person einnimmt.

Wird eine spätere Überprüfung vorgenommen, um festzustellen, ob die vorgeschriebenen Verfahren genau befolgt werden und ob sie als solche überhaupt brauchbar sind, so ist dafür die interne Revision zuständig. Daraus sehen wir, daß man den Begriff nicht auf Tätigkeiten der laufenden Buchführung anwenden sollte.

Die Unterscheidung zwischen laufender Buchführung und interner Revision ist mehr als eine Sache der Definition. Wenn eine sogenannte Revisionsabteilung fällige Rechnungen vor der Zahlung überprüft, so ist diese Tätigkeit ein Teil der üblichen Aufgabe der Buchführung. Da ist dann keine unabhängige und zusätzliche Überwachung gegeben, daß die Aufgaben sorgfältig und wirtschaftlich durchgeführt werden, und die Funktionen der Kontrolle und Analyse, wie sie von einer echten internen Revision ausgeübt werden sollen, fehlen. Diese Unterscheidung ist in dem „Statement of Responsibilities of the Internal Auditor" von 1957 klar erkannt, wenn darin festgestellt wird: „Da völlige Objektivität für eine Kontrollfunktion wesentlich ist, sollten die internen Revisoren keine Verfahren entwickeln und einführen, keine Unterlagen erarbeiten oder sich mit irgendeinem anderen Tätigkeitsgebiet abgeben, das sie normalerweise selbst prüfen sollen".

Das obige Zitat berücksichtigt die praktische Tatsache, daß interne Revisionsabteilungen in besonderen Fällen von der Geschäftsleitung beauftragt werden können, nicht zur internen Revision gehörende Aufgaben zu übernehmen. Dann sollen diese Aufgaben jedoch von einer besonderen Gruppe innerhalb der internen Revisionsabteilung ausgeführt werden, und die wirkliche interne Revision ist eine davon getrennte Funktion, die von anderen Personen der Abteilung auszuführen ist.

## Interne Kontrolle im weiteren Sinne

Der Begriff „interne Kontrolle" im weiteren Sinne (internal control) schließt sowohl die interne Revision als auch die interne Kontrolle i. e. S. ein. Dieser Standpunkt wird vom „American Institute of Accountants" eingenommen, wenn festgestellt wird, daß „Interne Kontrolle den Organisationsplan und alle damit verbundenen Methoden und Maßnahmen umfaßt, die innerhalb eines Unternehmens angewandt werden, um seine Vermögenswerte zu sichern, die Genauigkeit und Zuverlässigkeit der Zahlen des Rechnungswesens zu überprüfen, die Leistungsfähigkeit des

Betriebes zu fördern und die Befolgung der von der Geschäftsleitung festgelegten Betriebspolitik sicherzustellen." (1) Diese Definition berücksichtigt, daß „interne Kontrolle" über die Bereiche, die mit Buchführung und Zahlenverkehr in direkter Beziehung stehen, hinausgeht. Ein solches System könnte beispielsweise die Budgetkontrolle, Standardkosten, periodische Tätigkeitsberichte der Verwaltung und andere verwandte Gebiete einschließen. Es umfaßt auch Tätigkeiten auf anderen Gebieten, wie z. B. Zeit- und Bewegungsstudien, an sich also eine technische Tätigkeit, und die Anwendung von Qualitätskontrollen durch ein Inspektionssystem, das eigentlich zu den Aufgaben der Produktion gehört.

## Interne Revision — eine Stabsfunktion

Es ist wichtig zu wissen, daß die interne Revision mehr die Aufgabe einer Stabsstelle hat, und außerhalb des Liniensystems der Organisation steht.

Der Leiter der internen Revisionsabteilung hat natürlich eine gewisse direkte Weisungsbefugnis in seiner eigenen Abteilung, aber er besitzt keine direkte Weisungsbefugnis über das Personal anderer Abteilungen des Unternehmens. Die Aufgabe des internen Revisors besteht darin, seine Ergebnisse den Stellenleitern vorzulegen, die direkte Weisungsbefugnisse haben. Diese Personen treffen dann die erforderlichen Maßnahmen. Diese Arbeitsregelung ist deshalb besonders wichtig, weil der interne Revisor jene Personen mit direkter Weisungsbefugnis in dem Unternehmen in keiner Weise ihrer besonderen und grundlegenden Verantwortung enthebt. Dies bedeutet jedoch nicht, daß der interne Revisor keine Verantwortung in den Bereichen hätte, für die er besonders qualifiziert ist — in Fragen des Rechnungswesens und Zahlungsverkehrs. Es bedeutet aber wohl, daß jede Anmaßung einer direkten Verantwortung und jedes Vorgehen, das die zuständigen Stellen ihrer Verantwortung entheben würde, eine chaotische Situation in der Organisation schaffen müßte.

## Die Notwendigkeit der Unabhängigkeit

Wenn der interne Revisor erfolgreich prüfen und die einzelnen Tätigkeiten im Unternehmen beurteilen soll, so ist es klar, daß er von diesen Tätigkeiten und den dafür direkt verantwortlichen Leuten unabhängig sein muß, um frei sprechen zu können, ohne Furcht davor, bei den Beteiligten Anstoß zu erregen. Natürlich ist Unabhängkeit ein relativer Begriff, weil niemand völlig unabhängig ist. Die Unabhängigkeit bezieht sich auf

[1] Internal Control, Special Report by the Committee on Auditing Procedure, American Institute of Accounts, New York 1949. (Das Institut ist jetzt offiziell bekannt als „American Institute of Certified Public Accountants").

die Stellung des internen Revisors innerhalb des organisatorischen Aufbaus des Unternehmens, ein Problem, das in Kapitel 4 näher behandelt wird. Als wichtiger Grundsatz darf jedoch festgestellt werden, daß die Bedeutung und Wirksamkeit des internen Revisors in direkter Beziehung zum Grad der Unabhängigkeit steht, die er besitzt.

## 2. Ziele und Aufgaben

### Die Ziele der internen Revision[1]

Die Ziele der internen Revision sind eng mit ihren Aufgaben verbunden. In gewissem Sinne kann man beide sogar als identisch betrachten. Die Ziele können aber auch als eine Darstellung der Funktionen der internen Revision auf höchster Ebene angesehen werden. So heißt es in dem „Statement of Responsibilities of the Internal Auditor" von 1957:

„Das umfassende Ziel der internen Revision besteht darin, alle Mitglieder der Geschäftsleitung bei der Erledigung ihrer Aufgaben zu entlasten, indem sie ihnen objektive Analysen, Gutachten, Empfehlungen und passende Erklärungen über die geprüften Vorgänge liefert. Der interne Revisor sollte sich deshalb mit jedem Vorgang der Geschäftstätigkeit beschäftigen, bei dem er der Leitung von Nutzen sein kann. Die Erreichung dieses umfassenden Zieles sollte durch folgende Tätigkeiten angestrebt werden:

Prüfung und Beurteilung der Brauchbarkeit und Angemessenheit sowie der Anwendung der Buchhaltungs-, Finanz- und Betriebskontrollen.

Die Ermittlung, in wieweit die vorgeschriebenen Grundsätze der Betriebspolitik, Pläne und Verfahren beachtet werden.

Die Ermittlung, in wieweit die Verantwortung für die Vermögensgegenstände der Gesellschaft klar ist und sie gegen Verluste jeder Art geschützt sind.

Die Prüfung, in wieweit der Inhalt der Buchführung und andere im Unternehmen ermittelte Zahlen zuverlässig sind.

Die Prüfung, ob die den einzelnen Stellen zugewiesenen Aufgaben gut gelöst werden."

#### Prüfung der Zahlen

Diese Tätigkeit der internen Revision besteht darin, die Zuverlässigkeit der Zahlen, die sich aus den normalen Buchführungsvorgängen ergeben, zu gewährleisten. Die Ergebnisse müssen rechnerisch richtig sein, und die Bewertung den Grundsätzen ordnungsmäßiger Buchführung und Bilanzierung entsprechen. Diese Prüfungstätigkeit war früher das ausschließliche Arbeitsgebiet des Wirtschafts- oder Buchprüfers und ist es auch heute noch, sofern im Interesse Außenstehender geprüft wird. Die Lage

[1] Die Diskussion in diesem Kapitel behandelt die Gedanken, die im „Statement of Responsibilities of the Internal Auditor" von 1957 in dem Abschnitt „Ziel und Umfang der Internen Revision" (Objective and Scope of Internal Auditing') dargestellt werden.

hat sich aus verschiedenen Gründen unter den heutigen Umständen geändert. Die Größe des modernen Unternehmens hat eine eingehende Prüfung durch selbständige Prüfer in gewisser Hinsicht zu einer unpraktischen und unwirtschaftlichen Angelegenheit gemacht. Sowohl auf seiten der Wirtschaftsprüfer als auch auf seiten der Geschäftsleitung kam man zu der Erkenntnis, daß bestimmte Abschnitte der Prüfung von der internen Revisionsabteilung des Unternehmens vorteilhafter durchgeführt werden können. Der Grund liegt darin, daß der interne Revisor in dem jeweiligen Unternehmen eine genaue Kenntnis aller Vorgänge und Einrichtungen besitzt. Eine andere Erklärung dieser neueren Entwicklung ist, daß die Geschäftsleitung eine laufende Prüfung der Zahlen während des Geschäftsjahres verlangt. Das heißt, die Geschäftsleitung verlangt eine laufende Prüfung der Zuverlässigkeit der Berichterstattung, was bei einer einmaligen jährlichen Prüfung durch einen unabhängigen Wirtschaftsprüfer nicht möglich ist.

Aus diesen Gründen führt die interne Revisionsabteilung ein ständiges Prüfungsprogramm durch, um der Geschäftsleitung die Zuverlässigkeit der laufenden Berichte zu garantieren und diese Berichte in besonderen Fällen gegenüber der Geschäftsleitung zu bestätigen. Keinesfalls werden alle Rechnungsunterlagen formal untersucht, die Prüfung wird jedoch in solchen Abständen und in einer derartigen Weise durchgeführt, daß für die Geschäftsleitung die allgemeine Zuverlässigkeit aller Berichte gewährleistet ist. Damit ist die Geschäftsleitung in der Lage, mit den Zahlen des Rechnungswesens zuverlässig zu arbeiten. Die spezielle Frage kann sich beispielsweise auf die Grundlage und Berechnung der Inventurwerte, Eintreibbarkeit von Forderungen, Erhaltung des Anlagevermögens oder die Richtigkeit von Ausgaben- oder Einnahmen-Kontierungen beziehen. In all diesen Fällen gibt die Prüfungstätigkeit des internen Revisionsstabes diesen Zahlen eine Zuverlässigkeit, die sie sonst nicht hätten.

## Sicherung der Unternehmung[1]

Der Begriff „Sicherung der Unternehmung" hat einen weiten Bedeutungsumfang. In bezug auf das Vermögen bedeutet er, daß alle Aktivposten in geeigneter Weise gesichert und vor jedem vermeidbaren Verlust geschützt werden. Hierher gehört auch, daß das Unternehmen alle Vermögensgegenstände wirklich erhält, auf die es aus Umsätzen, Beteiligungen, Krediten oder Einkünften irgendwelcher Art ein Recht hat — zunächst aber, daß man jede mögliche Anstrengung unternimmt, sie sich zu beschaffen. Für die Passiva gilt, daß keine Verbindlichkeiten eingegangen

---

[1] Die Ausführungen in diesem speziellen Abschnitt sind etwas ausgedehnter, als sich aus dem Zitat des „Statement" ergibt, und zwar dadurch, daß sie das Interesse des Eigentümers betonen, das sowohl von den Aktiva als auch von den Passiva beeinflußt wird.

werden sollen, die nicht auf ausdrücklicher Anweisung der Geschäftsleitung beruhen, oder unvermeidlich sind, ferner daß die eingegangenen Verpflichtungen mit den Interessen des Unternehmens in vollem Einklang stehen. Diese Überlegungen beziehen sich nicht nur auf rein buchungstechnische Fragen, sondern auf alle betriebswirtschaftlichen Fragen schlechthin, da sie alle mit dem allgemeinen Ziel einer wirksamen Kontrolle durch die Geschäftsleitung und der Prosperität des Gesamtunternehmens eng verbunden sind.

Dieses Problem steht in enger Beziehung zu dem Problem der Beachtung von Vorschriften, das weiter unten behandelt wird. Gerade durch die Einhaltung bestimmter Verfahrensregeln des Unternehmens wird das Vermögen weitgehend geschützt und gesichert. Dazu gibt es jedoch noch andere Fragen, die nicht durch Regeln oder Verfahren gelöst werden können. Es gibt Situationen, in denen man sich auf die Wachsamkeit und die tiefere Einsicht des internen Revisors verlassen muß, der vielleicht andere Möglichkeiten zur Förderung der Interessen des Unternehmens sieht. Es handelt sich also hier um eine besondere Tätigkeit, die von der allgemeinen Aufgabe — die Übereinstimmung mit gegebenen Grundsätzen und Richtlinien sicherzustellen — unabhängig ist.

Unterschlagung und Unredlichkeit. Bei der Sicherung des Betriebsvermögens spielt die Aufdeckung von Unterschlagungen und Unredlichkeiten aller Art eine wichtige Rolle. Dieser Aufgabe der Revisionstätigkeit schenkt man gewöhnlich die meiste Beachtung. Zweifellos ist dies eine wichtige und verantwortliche Aufgabe für alle Revisoren und selbstverständlich auch für den internen Revisor. Andererseits wird seine Tätigkeit in diesem Zusammenhang oft falsch verstanden. Erstens kann eine richtig durchgeführte Revision die Verluste durch Unterschlagung und Unredlichkeit auf ein Minimum senken, sie kann jedoch nicht als völliger Schutz dagegen betrachtet werden. Der Revision sind feste Grenzen gesetzt. Bestimmte Unterschlagungen können nur schwer aufgedeckt werden, ferner sind Kostengesichtspunkte entscheidend. Die Kosten der Prüfung müssen geringer sein als der damit verbundene Erfolg. Zweitens sollte man diese Aufgabe nicht als das Hauptziel der Revision ansehen und damit andere Aufgaben, die dem Unternehmen von großem Vorteil sein können, ausschließen. Dennoch sind die Arbeiten zur Aufdeckung von Unterschlagungen wichtig und wegen der längeren Zeit, die dem internen Revisor zur Verfügung steht und seiner besseren Vertrautheit mit innerbetrieblichen Vorgängen ist die Verantwortung der internen Revisionsabteilung zur Vermeidung von Unterschlagungsfällen bzw. für ihre Aufdeckung in mancher Hinsicht größer als die des unabhängigen Prüfers.

Auch bei der internen Revision sollte die Betonung auf jeden Fall mehr auf der Verhinderung als auf der Aufdeckung von Unterschlagungen liegen. Das ist der konstruktivere Aspekt des Problems. Eine solche Auffassung macht den internen Revisor aus einem Detektiv, der betrügerische Vorgänge aufdeckt, zu einem Organisator, der die Ursachen ausmerzt, die betrügerische Vorgänge ermöglichen. Wenn die Organisation und Verfahren richtig sind und die Aufgaben entsprechend durchgeführt werden, ist es leichter, Unredlichkeiten aufzudecken. Die Bemühungen des internen Revisors zielen daher nicht in erster Linie auf die Entdeckung von Unterschlagungen ab, sondern darauf, daß geeignete Methoden und Verfahren bestehen und funktionieren, um Unterschlagungen zu verhindern. Diese Zielsetzung steht auch in Beziehung zu den allgemeinen Fragen der Kontrolle. Das heißt, die gleichen Überlegungen, die für die Vermeidung von Irrtümern, die Gewährleistung einer ständigen Kontrolle, die Organisation der Buchführungstechnik und die qualitative Verbesserung des Rechnungswesens im allgemeinen wichtig sind, sind zugleich Maßnahmen zur Verhinderung von Unterschlagungen. Die Entdeckung von wirklichen Unredlichkeiten sollte gleichzeitig als Schlüssel für Schwächen in der Organisation benutzt werden. Dies erfordert eine sorgfältige Betrachtung der Faktoren, die die Unredlichkeit möglich gemacht haben und der Frage, was getan werden kann, um ihre Wiederholung weitgehend auszuschalten.

Verluste durch mangelnde Vorsicht bei Vermögensgegenständen. Die verschiedenen Vermögensgegenstände einer Gesellschaft werfen spezielle Probleme ihrer Sicherung auf, die in der ausführlichen Betrachtung des internen Revisionsprogrammes noch genau erörtert werden. So muß etwa das Bargeld in geeigneter Weise gegen Diebstahl geschützt werden, Forderungen müssen wirksam überwacht werden, um unnötige Verluste zu vermeiden; Erzeugnisse und Vorräte müssen in geeigneter Weise gegen Schwund, Verschwendung, Verderb oder einen sonstigen für den Gegenstand typischen Schaden geschützt werden; den Einrichtungen und anderen Gegenständen des Anlagevermögens muß Aufmerksamkeit und Sorgfalt gewidmet werden, damit das Unternehmen den maximalen Nutzen daraus ziehen kann. In manchen Fällen sind die Beziehungen zwischen der Buchführung und der Vermögenssicherung sehr eng, in anderen weniger; in manchen Fällen sind Regeln und Verfahren als ein Mittel zur Förderung dieser Sicherungsaufgaben geschaffen worden. Auf jeden Fall ist es eine besondere Aufgabe der internen Revision, die Vermögenssicherung in jeder geeigneten Form zu fördern.

Ein besonderer Gesichtspunkt der Vermögenssicherung ist die Vermeidung der Verluste, die sich aus fehlerhaften Methoden oder Verfahren ergeben; ungeeignete Auswahl, Verteilung oder Ausbildung des Personals; das Fehlen echter Disziplin in der Führung des Betriebes; die Verwendung der Arbeitszeit und Einrichtungen der Firma für persönliche Zwecke usw. Alle diese Umstände haben einen echten Verlust zur Folge. Obwohl dieser Verlust schlechter in Zahlen auszudrücken ist als das Vermögen in der Bilanz, so sind diese schwachen Stellen doch die Ursache finanzieller Verluste für das Unternehmen. Der Schutz der Unternehmerinteressen in bezug auf diese Angelegenheiten gehört, so weit dies möglich ist, zu den Aufgaben des internen Revisors.

Verluste durch außerbetriebliche Vorgänge. Zur Sicherung des Vermögens gehört auch der Schutz der Interessen des Unternehmens bei Geschäftsbeziehungen mit Parteien außerhalb des Unternehmens. Bei den Verkäufen würde dies richtige Berechnung und Lieferung der richtigen Ware an den Kunden u. dgl. bedeuten. Beim Einkauf ist zu prüfen, ob die Gesellschaft die Waren oder Leistungen wirklich erhalten hat, ob die Rechnungen dafür richtig sind und die Bedingungen des Kaufvertrages eingehalten wurden. Viele derartige Vorfälle werden durch besondere Abmachungen, Verträge oder Vereinbarungen geregelt, und die Auslegung und Beachtung der darin enthaltenen Bestimmungen sind wichtige Aufgaben zum Schutz der Geschäftsinteressen.

## Einhaltung der Bestimmungen (Compliance)

Der amerikanische Begriff „compliance" in seinem speziellen Sinne (in deutsch durch „Einhaltung der Bestimmungen" nur unvollkommen wiederzugeben) bedeutet, daß es eine von der zuständigen Stelle vorgeschriebene Bestimmung gibt, die eine gewünschte Handlung vorschreibt. Dies schließt eine Genauigkeit des Verfahrens ein, die nicht unbedingt gewährleistet sein muß. „Compliance" als Begriff kann daher eng oder weit ausgelegt werden. In einem besonderen Sinne z. B. kann dieser Begriff sich auf die Angelegenheiten beziehen, die in schriftlichen Anordnungen, Mitteilungen, Handbüchern, Anschlägen usw. niedergelegt sind und eine Nichteinhaltung deutlich erkennen lassen. Zugleich kann es Vorschriften geben, die nicht formell schriftlich festgelegt sind — aber doch durch mündliche Anordnungen oder durch allgemeine Kenntnis den Charakter einer klaren Entscheidung haben. Auch solche Vorschriften können einfach oder sehr kompliziert sein und können, obwohl sie so offenkundig erscheinen, doch weitreichende Folgen haben, so daß es erforderlich ist, daß die Revision von Personen durchgeführt wird, die mit den speziellen Vorgängen besonders vertraut sind.

In einem weiteren Sinne handelt es sich auch um Vorgänge, deren Übereinstimmung mit bestimmten Richtlinien und Grundsätzen weniger deutlich ist und weitgehend der Auffassung und dem persönlichen Urteil unterworfen sind. Außerdem gibt es noch jene Art der „Übereinstimmung", die als Problem nur in dem Sinne existiert, daß jeder Beschäftigte eines Unternehmens verpflichtet ist, so zu handeln, daß die Prosperität des Unternehmens in weitem Umfang gefördert wird. Betrachtungen über diese letzte, wenig greifbare Definitionsmöglichkeit führen jedoch in

Bereiche, die zu den anderen wichtigen Aufgabengebieten der internen Revision gehören, und die aus diesem Grunde nicht unter diesem speziellen Gesichtspunkt erörtert werden.

Die Beziehungen zwischen „Compliance" und der Größe des Unternehmens. Die Bedeutung des „compliance"-Problems ist direkt von der Größe der Organisation abhängig. Größe bedeutet in diesem Falle nicht nur Umfang im räumlichen Sinne, sondern auch Kompliziertheit der Vorgänge, Art der Tätigkeiten, Höhe des Betriebsvermögens, Beschäftigtenzahl und Grad der räumlichen Streuung. Alle diese Faktoren führen zur Trennung von Leitung und Ausführung und tragen mit dazu bei, die Schwierigkeiten einer wirksamen Kontrolle zu vergrößern.

In Verbindung mit dem Rechnungswesen, wie es vorher besprochen wurde, versucht die Geschäftsleitung diese Probleme durch Organisation und Delegierung der Zuständigkeiten zu lösen. Zugleich stellt die Leitung Grundsätze, Richtlinien und Standardverfahren auf, die ein Mittel zur Ausübung einer laufenden Kontrolle über die komplizierten und räumlich weit verstreuten Betriebsvorgänge sind. Solche Vorschriften werden aufgestellt und von Zeit zu Zeit berichtigt. Sie müssen eingehalten werden, was jedoch immer schwieriger wird. Da die Vorgänge einen immer größeren Umfang annehmen und die Überwachung immer unpersönlicher wird, wächst damit die Wahrscheinlichkeit, daß Vorschriften oder Richtlinien nicht einheitlich verstanden werden. Das hat eine größere Möglichkeit des Irrtums, der Nachlässigkeit oder einer Einstellung zur Folge, aus der die getroffenen Bestimmungen aus diesem oder jenem Grunde nicht beachtet werden. Aus diesem Grunde benötigt die Geschäftsleitung ein bestimmtes Organ, durch das sie den Umfang der Übereinstimmung mit diesen Vorschriften feststellen kann und in der Lage ist, die notwendigen Schritte zu unternehmen, um Mängel zu beheben oder ihr weiteres Auftreten zu verhindern. Angelegenheiten dieser Art gehören zu den Hauptaufgaben der internen Revision. Die Erkenntnis dieser Notwendigkeit ist in den meisten Fällen einer der Hauptgründe zur Bildung interner Revisionsabteilungen gewesen.

Einhaltung der Verfahren im Rechnungswesen. Ein wichtiger Teil der Aufgaben der internen Revision besteht in der Prüfung der Organisation der Buchführung. Die Buchführung mit ihren verschiedenen individuellen Formularen, Journalen und Hauptbüchern benötigt eine strenge Organisation. Die Vorschriften müssen genau beachtet werden, wenn genaue und einheitliche Zahlen systematisch ermittelt werden sollen. Erstens müssen die jeweils zweckmäßigen Formblätter gewählt, und zweitens müssen sie in der richtigen Weise benutzt werden. Die Zusammenstellungen und Aufstellungen müssen entsprechend durchgeführt werden. Die Berichte an die Geschäftsleitung müssen in einheitlicher Form abgefaßt werden. Die Verläßlichkeit der aus der Buchführung gewonnenen

Zahlen hängt zum großen Teil von dem Grade der Übereinstimmung mit den Grundsätzen und Vorschriften ab, die das Unternehmen für die Durchführung des Rechnungswesens aufgestellt hat.

Übereinstimmung mit vorgeschriebenen Verfahren im Betrieb. Das Rechnungswesen, das es mit der Zusammenstellung von Zahlen zu tun hat, steht gleichzeitig in bestimmten Wechselbeziehungen zu Betriebsvorgängen. Aus diesem Grunde ist die Prüfung der Einhaltung der richtigen Verfahren im Rechnungswesen oft zugleich eine Prüfung von Verfahren im Betrieb. Wo die eine Art der Tätigkeit endet und die andere beginnt, ist in der Tat schwer zu sagen. Nehmen wir beispielsweise den Fall einer Materialanforderung. Dieser Vorgang ist ein Teil des Buchungsverfahrens, vom Beleg der Materialausgabe bis zur Verbuchung des Verbrauchs. Zugleich bezieht sich dasselbe Formular auf einen betrieblichen Vorgang. Die Anwendung dieses Formulars zwingt vor allem die betreffende Stelle, ihre Wünsche nach Materiallieferungen in dieser Form vorzulegen, bevor sie das Material verbraucht. Nach der Ausfüllung des Formulars erfolgt eine Prüfung und Genehmigung. Man sieht daraus, daß die Prüfung des vorgeschriebenen Gebrauchs des Formulars auf dem Gebiete des Rechnungswesens automatisch auch zu gewissen Kontrollen der Betriebsvorgänge führt.

Es gibt außerdem viele Betriebsvorgänge, die zum Rechnungswesen keine direkte Beziehung haben, und lediglich ein allgemeines Verständnis voraussetzen. In solchen Fällen erwartet man vom internen Revisor, daß er jede Nachlässigkeit in der Befolgung von Vorschriften erkennt und ebenso vorgeht, wie wenn es sich um eine Buchführungsangelegenheit handelt. Ein Beispiel: es ist eine allgemein bekannte Regel, daß bestimmte Arten von Feuerlöschern an verschiedenen Stellen angebracht werden müssen. Wird diese Vorschrift nicht beachtet, so wird man von einem internen Revisor, der das Fehlen bemerkt, erwarten, daß er diesen Fall an die zuständige Stelle meldet.

Übereinstimmung mit gesetzlichen Bestimmungen. Die Prüfung der Übereinstimmung mit gesetzlichen Bestimmungen hat in den letzten Jahren eine solche Bedeutung erlangt, daß sie eine spezielle Erörterung an dieser Stelle verdient. Der komplizierte Irrgarten der Vorschriften, der sich durch die verschiedenen Steuergesetze und Gesetze anderer Art ergeben hat, erfordert nicht nur die Aufstellung vieler Berichte, sondern auch eine laufende Kontrolle über die täglichen Geschäftsvorfälle und ihren Niederschlag in der Buchführung.

Daher ist eine laufende Information für die Aufstellung der Berichte notwendig. Sie ist ferner unentbehrlich, damit die laufende Durchführung der Geschäftsvorfälle oder der betrieblichen Vorgänge den gesetzlichen Vorschriften entsprechen. Die Anforderungen in dieser Beziehung bilden eines der schwierigsten Kontrollprobleme, dem das moderne Geschäftsunternehmen gegenüberstand und haben daher die Verantwortung der internen Revisionsabteilung entsprechend vergrößert.

### Prüfung und Beurteilung

Die verschiedenen aufgeführten Arten der Prüfung und Beurteilung haben gewisse gemeinsame Kennzeichen und gewisse gemeinsame Probleme. Eine Prüfung und Beurteilung irgendwelcher Art bedeutet die Bildung eines Urteils über die Zweckmäßigkeit, Zuverlässigkeit und Angemessenheit. Ein solches Urteil hängt natürlich von der Kenntnis und dem Fachwissen hinsichtlich der zu beurteilenden Materie ab. Daraus folgt, daß der Umfang der Prüfungstätigkeit, die vom internen Revisor durchgeführt werden kann, sich auf die Bereiche beschränkt, für die er tatsächlich qualifiziert ist. Im großen und ganzen wird es sich dabei um das Gebiet der Buchführung, Finanzverfahren und der internen Kontrolle handeln. Auf der anderen Seite sollte man berücksichtigen, daß Buchführungs- und Finanzangelegenheiten mit vielen Bereichen verknüpft sind, die mit dem Rechnungswesen direkt nichts zu tun haben, und daß ein interner Revisor im Laufe der Zeit auch eine gewisse Kenntnis auf diesen Gebieten erwerben kann. Außerdem ist es möglich, daß der interne Revisor vorher eine Spezialausbildung etwa in Ingenieurwissenschaft, als Verkäufer usw. genossen hat. In diesen Fällen kann er sich mit seiner Prüfungs- und Beurteilungstätigkeit auch auf andere Gebiete wagen, und zwar im allgemeinen als Nebentätigkeit außer seinen primären Arbeiten, die sich auf das Gebiet des Buchführungs- und Finanzwesens beziehen. Unsere Erörterung wird natürlich das Rechnungswesen und den Zahlungsverkehr besonders betonen, aber doch auch die anderen Möglichkeiten der Prüfung und Beurteilung, die unter geeigneten Umständen vorgenommen werden können, ins Auge fassen.

### Prüfung und Beurteilung der Betriebspolitik und Planung

Die Prüfung und Beurteilung der Betriebspolitik und der Planung stellt die höchste Stufe der konstruktiven Tätigkeit des internen Revisors dar, obwohl natürlich Betriebspolitik und Planung in bezug auf ihre Bedeutung und Reichweite sehr verschieden sein können. Die Grundlage einer Beurteilung ist die sachverständige Analyse der entsprechenden Zahlen des Rechnungswesens durch den internen Revisor unter Berücksichtigung seiner Kenntnis der Betriebsvorgänge und der Ziele der Geschäftsleitung. Wenden wir uns beispielsweise zuerst einem bestimmten Gebiet des Rechnungswesens zu: hier findet der interne Revisor vielleicht durch Prüfung und Analyse des Anlagevermögens und der Abschreibungen, daß die bestehende Abschreibungspolitik entweder von einem falschen Abschreibungssatz für die Lebensdauer der Anlage ausgeht, oder daß die

Kosten so aufgeteilt werden, daß keine periodengerechte Verteilung der Kosten erfolgt. Die Erkenntnis der Mängel wird normalerweise eine entsprechende Änderung zur Folge haben. Oder ein anderes Beispiel: Die Prüfung der Umsätze, Forderungen und Verbindlichkeiten durch den internen Revisor ergibt vielleicht, daß die Finanzpolitik sich für die Ertragserzielung des Unternehmens nachteilig auswirkt. In manchen Fällen kann der Prüfung der Finanzpolitik auch Anhaltspunkte für eine ungesunde Betriebsführung liefern. So kann die Prüfung von Kundenreklamationen in Verbindung mit einer Untersuchung der Forderungen Anhaltspunkte für eine schlechte Produktions- oder Vertriebspolitik liefern.

Es muß hervorgehoben werden, daß es weder die Funktion des internen Revisors ist, die Politik des Unternehmens zu bestimmen noch sich sebst zum endgültigen Richter darüber zu machen, ob eine Betriebspolitik gut oder schlecht ist. Diese Verantwortung kommt der Geschäftsleitung selbst zu. Die Funktion des internen Revisors besteht jedoch darin, alle erreichbaren Tatsachen und konstruktiven Ergebnisse, die der Geschäftsleitung von Nutzen sein können, ihr auch zugänglich zu machen. Bei dieser Tätigkeit muß der interne Revisor wegen der vielen anderen Faktoren, die mit der allgemeinen Betriebspolitik in Verbindung stehen, mit äußerster Vorsicht vorgehen, besonders wenn sich die Betriebspolitik auch auf Bereiche bezieht, die in keinem Zusammenhang zum Rechnungswesen stehen. Es kommt auch häufig vor, daß die Geschäftsleitung selbst dem internen Revisor bestimmte Aufträge erteilt, die Ergebnisse und die Brauchbarkeit besonderer Teilpolitiken zu untersuchen.

### Prüfung und Beurteilung der Unterlagen und Verfahren

Die Unterlagen und Verfahren eines Unternehmens sind Ausdruck der Betriebspolitik, begrenzt auf die besonderen Maßnahmen zur Durchführung der Arbeiten und zur Bewältigung der damit verbundenen Geschäftsvorfälle. Damit hat sich der interne Revisor bei der Durchführung seines internen Revisionsprogrammes laufend zu beschäftigen. Gerade hier hat ein geschickter interner Revisor täglich die Möglichkeit, sich ein Urteil zu bilden und konstruktive Verbesserungsvorschläge zu entwickeln.

Um es noch einmal zu sagen: der primäre Aufgabenbereich des internen Revisors sind Buchführungs- und Finanzkontrollen. Dazu gehören der Entwurf und die Anzahl bestimmter Formblätter, die Arten von Journalen und Hauptbüchern, die Verwendung von Büromaschinen, die Arten der Berichte und ähnliches. Und — um es ebenfalls zu wiederholen — sein Tätigkeitsgebiet kann verwandte Vorgänge im allgemeinen Betriebsablauf einschließen. Die Prüfung der Lagervorräte kann beispielsweise zu dem Ergebnis führen, daß die Verfahren der Warenannahme, der Lagerung oder des Vertriebes unzweckmäßig oder unbrauchbar sind. Wiederum kann sich diese Beurteilung als Nebentätigkeit der regulären internen Revisionstätigkeit ergeben, oder sie kann auf Grund eines Engpasses, der irgendwo entstanden ist, als besondere Aufgabe zugewiesen werden.

#### Prüfung und Beurteilung der Ausführung

Abgesehen von der Brauchbarkeit betriebspolitischer Grundsätze, der Planung oder Verfahren kann auch die Ausführung der Aufgaben durch die damit beauftragten Personen schlecht bleiben. Natürlich ist der interne Revisor besonders dafür geeignet, die Leistung des Personals, das in der Buchführungs- und Finanzabteilung beschäftigt ist, zu beurteilen. Er weiß jedoch auch, was das andere Personal tun sollte; und wenn ihm Mängel auffallen, so ist es wünschenswert, daß diese Feststellungen an die geeignete Stelle in der Unternehmung weitergegeben werden. So erfordert es zum Beispiel keine besonderen technischen Kenntnisse, festzustellen, daß ein leitender Angestellter, wie etwa der Leiter eines Zweigbetriebes, nicht das nötige Interesse für seine Arbeit hat oder man wird feststellen, daß Betriebsvorschriften offensichtlich nachlässig und ungenügend befolgt werden.

*Die interne Revisionsabteilung als Übermittler neuer Ideen.* Ein weiterer Gesichtspunkt der Prüfungstätigkeit verdient besondere Erwähnung. Der interne Revisor kommt mit allen Funktionen des Unternehmens in Berührung. Bei den meisten Unternehmen sind diese Funktionen getrennt und in vielen Fällen auch räumlich weit verstreut. Der interne Revisor hat daher die Gelegenheit, neue Ideen und Verfahren, die sich in den verschiedenen Abteilungen entwickelt haben, zu beobachten. Er kann dann solche Vorschläge übernehmen, die für andere Funktionen des Unternehmens auch angewandt werden können. Dies geschieht zwar meist in einem formellen Verfahren über den Dienstweg, aber es gibt außerdem noch viele Methoden, die sich informell übertragen lassen. Eine solche Verbreitung neuer Ideen ist nicht auf reine Buchführungsangelegenheiten begrenzt, sondern kann auch auf betriebliche Vorgänge ausgedehnt werden. Dies stellt eine sehr verdienstvolle Bereicherung für das Unternehmen als ganzes dar.

### Andere Aufgaben des internen Revisors

Außer den bisher besprochenen Aufgaben gibt es eine Reihe anderer wichtiger Tätigkeiten, die von einem internen Revisor durchgeführt werden können.

#### Ausbildung und Unterstützung des Personals

Die Leistungsfähigkeit eines Unternehmens im allgemeinen und die des Rechnungswesens im besonderen hängt zum großen Teil von den einzelnen Angestellten ab. Wir wollen annehmen, die Personalabteilung oder der einzelne Abteilungsleiter haben die Angestellten wohlbedacht ausgesucht, und für eine geeignete Ausbildung wurde ebenfalls Sorge getragen. Aber solche Ausbildungsprogramme können niemals individuell sein.

Daher spielt die interne Revisionsabteilung gewöhnlich eine große Rolle bei der Förderung der Ausbildung von Angestellten und besonders derjenigen, die in der Buchhaltung beschäftigt werden. Da der interne Revisor über reiche Kenntnisse der Betriebspraxis verfügt, ist er in besonderem Maße in der Lage, den Angestellten die laufenden Arbeiten zu erklären und zu beschreiben. Es ist tatsächlich eine wichtige Aufgabe des internen Revisors, die Leistungsfähigkeit des einzelnen zu einer größtmöglichen Steigerung zu bringen, um dadurch das Rechnungswesen leistungsfähiger zu machen. Bei der Unterweisung sollte der interne Revisor auch einmal selber zeitweise die Bücher führen oder eine ähnliche Tätigkeit ausüben; in anderen Fällen hat er vielleicht nur die Aufgabe eines Beraters, oder die Ausbildung von Angestellten ist eine Nebenarbeit neben seiner regulären internen Revisionstätigkeit, was allgemein der Normalfall ist.

Neben der Hilfe bei der Personalausbildung sollte man auch den psychologischen Erfolg beachten, der sich aus dem Bestehen eines internen Revisionsprogramms und den Prüfungen des internen Revisors ergibt. Die Angestellten haben das natürliche Bestreben, ihre Aufgaben in gleicher Weise auszuführen. Dadurch läßt die Aufmerksamkeit und das Verantwortungsbewußtsein nach, welche für eine leistungsfähige Betriebsführung wesentlich sind. Die Tatsache, daß die Arbeit kontrolliert wird — sei es auch nur allgemein und in Form von Stichproben — veranlaßt die Angestellten, ihre Arbeit gewissenhafter zu verrichten und aus einem gewissen Selbstgefühl heraus eine Kritik durch den internen Revisor zu vermeiden. Auf diese Weise hat der interne Revisor Gelegenheit, dieses Selbstbewußtsein zu fördern und einen allseitigen leistungsfähigen Arbeitsablauf herbeizuführen. Diese Tätigkeit wurde früher zum großen Teil vom Wirtschaftsprüfer ausgeübt; unter den modernen Größenverhältnissen jedoch wird sie in steigendem Umfang von der internen Revisionsabteilung übernommen.

### Direkte Unterstützung der Geschäftsleitung

In vielen Fällen kann die interne Revisionsabteilung direkt von der Geschäftsleitung eingesetzt werden, um eine bestimmte Aufgabe durchzuführen oder spezielle Untersuchungen und Analysen vorzunehmen. Der interne Revisionsstab hat normalerweise den Vorteil, daß sich sein Büro bei der Zentrale des Unternehmens befindet, wodurch der Kontakt zwischen der Geschäftsleitung und den internen Revisoren erleichtert wird. Gleichzeitig stehen aber die internen Revisoren die meiste Zeit mitten im Betrieb und haben direkte Verbindung zu den Betriebsvorgängen. Dies ist eine wichtige Kombination, weil der interne Revisor durch seinen Kontakt sowohl mit der Geschäftsleitung als auch mit den betrieblichen Vorgängen, in der Lage ist, wirksam zu ihrer Koordinierung beizutragen. Auf diese Weise kann die interne Revisionsabteilung die Grundsätze der Geschäftsleitung den Stellen im Betrieb viel wirksamer erklären, und die Geschäftsleitung kann besser über die Verhältnisse im Betrieb unterrichtet werden. Der Kontakt ist in diesem Falle unmittelbarer als durch das Liniensystem der Organisation und — da diese Mitteilungen nicht den Dienstweg nehmen — stellt dieser Weg eine wertvolle Bereicherung der innerbetrieblichen Berichterstattung dar.

Der Wert dieser Tätigkeit für die Geschäftsleitung wird dadurch vergrößert, daß die interne Revisionsabteilung aus der normalen Organisation herausgelöst ist. Wenn daher die Geschäftsleitung spezielle Unterlagen über ein bestimmtes Problem benötigt, das die Vorgänge einer oder mehrerer Abteilungen des Unternehmens betrifft, so kann sie sie durch die interne Revisionsgruppe nicht nur schneller bekommen, sondern kann auch sicher sein, daß das von ihr gelieferte Material wirklich objektiv ist. Während die Buchführung in den einzelnen Abteilungen aus praktischen Gründen z. T. von den Abteilungsleitern kontrolliert wird, ist die interne Revisionsabteilung normalerweise von diesen unabhängig. Aus diesen Gründen hat die Geschäftsleitung eine sehr wirksame und unabhängige Verbindung zum Betriebsablauf und einen verläßlichen Berichter, der auf die verschiedenste Weise eingesetzt werden kann.

### Die interne Revisionsabteilung als Quelle für Führungskräfte

Als natürliches Ergebnis der normalen Tätigkeiten und der vielen Sonderaufgaben im Auftrage der Geschäftsleitung erhält der interne Revisor eine sehr umfassende Ausbildung. Er erwirbt sich erstens eine ausgedehnte Kenntnis des Betriebsablaufes, der Grundsätze, Methoden und Probleme seines Unternehmens. Seine Verbindung zu den verschiedenen Betriebsvorgängen und zum Betriebspersonal der Außenstellen und seine Kenntnis der Eigentümlichkeiten des Unternehmens, dies alles erweitert seine Erfahrung. Zweitens gewöhnt sich der interne Revisor durch seine Verbindung mit der Geschäftsleitung daran, wie ein Unternehmer zu denken. Daher kommt es, daß die Geschäftsleitung, wenn sie ihren eigenen Stab auffüllen oder erweitern will, auf die interne Revisionsabteilung zurückgreift. In vielen Fällen haben Aktiengesellschaften gerade dieser Möglichkeit besondere Aufmerksamkeit geschenkt, und es ist durchaus nicht ungewöhnlich, daß die interne Revisionsabteilung als eine Quelle betrachtet wird, aus der ständig einzelne Personen für verantwortliche Posten innerhalb des Unternehmens ausgewählt werden. Wenn das auch für die interne Revisionsabteilung eine zusätzliche Belastung durch die Personalverschiebung bedeutet, so ist diese Praxis doch ein Beweis für das Ansehen der internen Revisionsarbeit und bedeutet jedenfalls eine weitere wichtige Aufgabe der Abteilung für das Unternehmen als ganzes.

### Tätigkeiten in Verbindung mit der betriebsfremden Revision

Soweit die Aufgaben des betriebsfremden und des internen Revisors gleich sind, werden diese Aufgaben unter den Stichworten Prüfung, Analyse, Bewertung usw. behandelt. Die genauen Beziehungen zwischen interner und betriebsfremder Revision sollen ausführlicher in Kapitel 24 besprochen werden. Hier geht es nur um den besonderen Gesichtspunkt der gemeinsamen Beziehungen, das heißt um die Art und Weise, wie die interne Revisionsabteilung dazu beitragen kann, die betriebsfremde Revision wirksamer und zur gleichen Zeit wirtschaftlicher zu gestalten. Das Wachstum und die räumliche Ausdehnung des modernen Unternehmens hat die Kosten der betriebsfremden Revision, die von unabhängigen Wirtschaftsprüfern durchgeführt wird, unvermeidlich erhöht. Die Kosten sind noch höher, wenn die betriebsfremde Revision alle Einzelheiten prüft, wie dies bei kleineren Unternehmen üblich ist. Gleichzeitig setzt die Kompliziertheit des modernen Unternehmens der Leistungsfähigkeit des betriebsfremden Revisors besonders bei den mehr internen Betriebsvorgängen immer engere Grenzen. Sowohl die leitenden Stellen des Unternehmens als auch die Wirtschaftsprüfer haben diese Tatsache anerkannt. Daher gelangte man im allgemeinen zu dem stillschweigenden Übereinkommen, daß bestimmte Teile der Revisionstätigkeit von den Angestellten des Unternehmens selbst viel wirksamer und rationeller durchgeführt werden können.

Durch die reguläre Tätigkeit der internen Revision wie auch durch die direkte Hilfe, die sie dem betriebsfremden Revisor durch Arbeitspapiere, Berichte und mündliche Besprechungen gewährt, ermöglicht die interne Revisionsabteilung dem betriebsfremden Revisor, den Umfang seiner Prüfung zu beschränken und Stichprobenverfahren in größerem Maße anzuwenden. Dies dient wiederum einem doppelten Zweck: Die Kosten der betriebsfremden Revision werden unter ihre sonst unvermeidliche Höhe gesenkt. Dem betriebsfremden Revisor wird die Möglichkeit gegeben, seine Zeit mehr für konstruktive Analysen zu verwenden. Durch die Befreiung des betriebsfremden Revisors von der lästigen Detailarbeit ist er in der Lage, wertvollere Arbeit bei der Beurteilung der Betriebspolitik und der allgemeinen Betriebspraxis zu leisten, eine Aufgabe, für die er besonders gut geeignet ist.

# 3. Interne Kontrolle

Mit der Ausdehnung der Wirtschaft sind die Tätigkeiten der Unternehmen immer komplizierter geworden. Es wurde für die Geschäftsleitung erforderlich, Leitungsfunktionen mehr und mehr zu delegieren, um damit ihren eigenen Zuständigkeitsbereich wirksam zu entlasten. Diese zunehmende Delegierung von Weisungsbefugnissen und Verantwortung und die Notwendigkeit, die Zahlen des Rechnungswesens in größerem Maße zur Entscheidungsgrundlage zu machen, haben dazu beigetragen, die Bedeutung der internen Kontrolle bei Vorgängen des Rechnungswesens zu steigern.

Da das Rechnungswesen der Geschäftsleitung die Unterlagen liefert, die die Grundlage für Leistung und Kontrolle darstellen, gehört die Beurteilung der Verfahren des Rechnungswesens zu den ständigen Aufgaben des internen Revisors. Er muß in der Lage sein, Schwächen des Systems zu erkennen und konstruktive Verbesserungsvorschläge zu machen. Dies sind die Aufgaben der internen Kontrolle — die Beurteilung der Leistungsfähigkeit des Rechnungswesens — denen der interne Revisor bei jeder Tätigkeit gegenübersteht.

Bevor wir über besondere Vorgänge des internen Revisionsprogramms sprechen, ist es ratsam, gewisse Gesichtspunkte, die allen Vorgängen gemeinsam sind, zu betrachten. Dazu gehört die Begriffsbestimmung, die Grundsätze, die Einflußfaktoren und schließlich die Sicherung des Arbeitsablaufes.

### Die wachsende Bedeutung der internen Kontrolle

Die zunehmende Beachtung der internen Kontrolle in den Veröffentlichungen über das Revisionswesen zeigt ihre wachsende Bedeutung. Als in den USA das „Federal Reserve Board" im April 1917 seine erste Veröffentlichung über die Bilanzprüfung herausgab, wurde nur auf den letzten Seiten auf „internal check" — den früheren Begriff für „internal control" — sehr kurz hingewiesen und seine Beziehung zum Revisionswesen angedeutet. Die überarbeitete Fassung von 1929 unter dem Titel *„Verification of Financial Statements"* behält die Darstellung von 1917 im wesentlichen in gleicher Form bei, widmet ihr jedoch besondere Aufmerksamkeit im § 1.

Die Bedeutung dieser Aufgaben wurde während der Jahre 1932, 1933 und 1934 im Briefwechsel zwischen dem „American Institute of Accountants" und der New Yorker Börse betont. Eine weitere Überarbeitung der Veröffentlichung des „Federal Reserve Board" von Januar 1936 legt noch größere Betonung auf die Wichtigkeit von „ internal check and control". Das offizielle Bulletin des „American Institute of Accountants", das 1939 unter dem Titel „Extension of Auditing Procedure" (Ausweitung des Revisionsverfahrens) veröffentlicht wurde, bringt ebenfalls das Interesse des Wirtschaftsprüfers an der internen Kontrolle und sein Vertrauen zu ihr zum Ausdruck.

Im November 1948 veröffentlichte das „American Institute of Accountants" einen Sonderbericht *„Interne Kontrolle, Elemente eines koordinierten Systems und seine Bedeutung für die Geschäftsleitung und den unabhängigen Wirtschaftsprüfer"*[1], der das Problem in einem weiteren und umfassenderen Sinne behandelte, als dies bisher geschehen war.

Die Bedeutung dieser Veröffentlichung liegt erstens in der erweiterten Begriffsbestimmung, die neben den verfahrenstechnischen Fragen auch diejenigen berücksichtigt, die ursprünglich nicht mit dem Problem der internen Kontrolle verbunden waren — eine Behandlung, die im allgemeinen mit dem Standpunkt übereinstimmt, der auch in der ersten Auflage dieses Burches eingenommen wurde. Zweitens zeigt die Veröffentlichung dieses Berichts die wachsende Bedeutung, die seitens des „American Institute" diesen Aufgaben des unabhängigen Wirtschaftsprüfers beigemessen wird — ein gesunder und fortschrittlicher Standpunkt.

## Definition der „internen Kontrolle"[2]

Es ist jetzt möglich, eine Definition zu entwickeln, die auch die Aufgaben im weiteren Sinn stärker herausstellt. Für unsere Zwecke bezieht sich *„Interne Kontrolle auf die Planung und Anwendung aller Mittel, durch die die Geschäftsleitung, vom finanziellen Standpunkt aus gesehen, in die Lage versetzt wird, die laufende Betriebstätigkeit am wirksamsten zu überwachen, für die Zukunft zu planen und das Betriebsvermögen zu erhalten."*

Der Begriff „Interne Kontrolle" bezieht sich auf jene Kontrollen, die zur Durchführung der Planung und Politik der Geschäftsleitung unter Beachtung der Struktur des Unternehmens und seiner Arbeitsverfahren eingerichtet werden[3]. Die Geschäftsleitung kann z. B. beschließen, ihr Unternehmen auf einem bestimmten Gebiet zu erweitern, das erfordert zusätzliche Kosten für Herstellung, Werbung und Verkauf. Nachdem die Entscheidung getroffen ist, beginnt die interne Kontrolle mit der Aufgabe, die Pläne hinsichtlich ihrer Rentabilität und Wirtschaftlichkeit zu sichern.

---

[1] Wir verweisen auf: Internal Control — Elements of a Coordinated System (New York: American Institute of Accountants 1948); Badford Cadmus/Arthur J. E. Child, Internal Control against Fraud and Waste (Englewood Cliffs, N. J.: Prentice Hall Inc. 1953); Kap. II, „Elements of Internal Control"; Eric L. Kohler, Dictionary for Accountants (Englewood Cliffs, N. J.: Prentice-Hall, Inc., 1953).

[2] Anm. d. Übers.: „Internal Control" wurde mit „interne Kontrolle" übersetzt. Der Begriff wird in einem weiteren Sinne verwendet als dies in Deutschland üblich ist.

[3] Cadmus/Child, a. a. O. S. 5

### Elemente der internen Kontrolle

Die interne Kontrolle, wie sie in diesem Buch dargestellt wird, erstreckt sich über Buchführungs- und Finanzvorgänge bis auf Gebiete, die mit Buchführungsunterlagen nicht mehr viel zu tun haben. Wir betrachten hier die interne Kontrolle als ein „Kontrollprogramm", das den Organisationsplan sowie alle betriebspolitischen Entscheidungen, Verfahren und sonstige Maßnahmen einschließt, die getroffen werden, um die Ziele des Unternehmens zu erreichen. Die folgenden Punkte sind die Hauptkomponenten dieses Rahmenprogramms und beziehen sich auf alle Vorgänge und Funktionen des Unternehmens. Sie können folgendermaßen eingeteilt werden.

1. Organisation
2. Betriebspolitik und Verfahren
3. Leistungsnormen
4. Berichte und Unterlagen
5. Interne Revision.

*Organisation.* Das erste Element des Kontrollvorganges ist die Organisation. Die Delegierung der Verantwortung erfordert, daß bestimmte Abteilungen oder Einzelpersonen die Verantwortung für die Durchführung der Geschäftspolitik tragen. Die einzelne Organisationsform hängt von dem jeweiligen Unternehmen ab. Die Delegierung von Verantwortung unter Beibehaltung einer angemessenen, aber nicht übermäßig einschränkenden Kontrolle durch die Geschäftsleitung ist Erfordernis und Problem zugleich.

Da eine gute Organisation die Hauptvoraussetzung für einen rationellen Betriebsablauf ist, wird es von Nutzen sein, die Prinzipien, die zu einer guten Organisation gehören, und ebenso die Arbeitsweise der Organisationsplaner zu betrachten, die diese Prinzipien anzuwenden haben. In diesem Zusammenhang ist es stets das erste Ziel der Organisation,

„... zu dem Strukturtyp zu gelangen, der die folgerichtige Delegierung von Aufgaben und Verantwortung erleichtert. Die große Zahl der Betriebsangehörigen muß in übersehbare Gruppen gegliedert werden, die rationell zusammenarbeiten können. Dazu gehört unbedingt eine Planung der einzelnen Schritte, die die Leitung unternehmen muß, um sicher zu sein, daß auch die Pflichten und die Verantwortung richtig wahrgenommen werden. Das Ziel ist, einen Rahmen zu schaffen, in dem der einzelne viel rationeller innerhalb einer Gruppe arbeiten kann, als er es für sich allein könnte."[1]

Die Prinzipien einer guten Organisation, wie sie ein Organisator sieht, sind die folgenden:

1. Die Organisation soll sich auf Hauptfunktionen aufbauen und nicht auf spezielle oder Gruppenfunktionen. Das Grundschema soll sich wie ein „Maßanzug" Erfordernissen des Unternehmens anpassen.

[1] Frank A. Lamperti / John B. Thurston, Internal Auditing for Management (Englewood Cliffs, N. J.: Prentice — Hall, Inc., 1953), S. 14

2. Die Funktionen sollen gegliedert werden, um das Gleichgewicht innerhalb der Organisation zu wahren und Doppelarbeit, Überschneidung oder Vernachlässigung wesentlicher Funktionen oder die Überbewertung der einen Funktion zum Nachteil einer anderen zu vermeiden. Keine Funktion sollte mehr als einer unabhängigen Einheit zugeteilt werden.
3. Jeder Funktionsträger soll eine bestimmte und klar abgegrenzte Verantwortung mit entsprechenden Befugnissen erhalten.
4. Die Delegierung von Weisungsbefugnis soll klar zum Ausdruck kommen und in der Nähe der ausführenden Stelle sein.
5. Linienfunktionen sollen von Stabsfunktionen klar getrennt sein, wobei die letzteren eine dienende und beratende Tätigkeit ausüben. Befehlswege dürfen von Stabsabteilungen nicht unterbrochen werden.
6. Jeder Vorgesetzte soll einen angemessenen Aufsichtsbereich haben, der sich normalerweise von mindestens drei bis höchstens sieben Personen erstreckt, die ihm direkt unterstehen.
7. Jeder Beschäftigte sollte genau wissen, wem er untersteht und wer ihm untersteht. Keiner sollte mehr als einer Person direkt unterstehen.
8. Die Organisationsstruktur soll so einfach wie möglich gehalten werden. Die Zahl der Ebenen gleicher Verantwortung soll möglichst klein sein.
9. Für die Koordinierung verwandter Tätigkeiten soll Vorsorge getroffen werden.
10. Die Organisation soll flexibel und an wechselnde Wirtschaftsverhältnisse anpassungsfähig sein. Das Organisationsschema soll die Möglichkeit der Erweiterung oder Einschränkung berücksichtigen.
11. Jeder Funktionsträger soll die Möglichkeit haben, seine größtmögliche Initiative innerhalb der Grenzen der ihm zugewiesenen Befugnisse auszuüben.
12. Organisationspläne- und Richtlinien müssen auf dem laufenden gehalten werden[1].

Es ist klar, daß der interne Revisor mit den vorgenannten Prinzipien vertraut sein muß, weil ein großer Teil seiner Aufgabe in der Feststellung und Beurteilung besteht, wieweit diese Prinzipien einer guten Organisation berücksichtigt und wirksam angewandt worden sind. Der interne Revisior hat also auch in diesem Zusammenhang eine besondere Gelegenheit, der Geschäftsleitung einen wichtigen konstruktiven Dienst zu erweisen.

*Betriebspolitik und Verfahren.* Da die Aufgaben der großen Unternehmen an Größe und Umfang immer mehr zunehmen, muß ein weiteres

---

[1] a. a. O. S. 22.

Kontrollmittel entwickelt werden, um sicherzustellen, daß die Delegierung von Weisungsbefugnis und Verantwortung so durchgeführt wird, wie sie von der Geschäftsleitung beabsichtigt ist. Dies trifft heute bei den vielen Unternehmen mit dezentralisierter Betriebsstruktur besonders zu. Unter Betriebspolitik versteht man die Entscheidungen, Grundsätze, Anordnungen und Vorschriften, die erforderlich sind, um die gesteckten Ziele planvoll zu erreichen. Die Betriebspolitik muß von Fragen der Zweckmäßigkeit ausgehen und die Grenzen der Durchführbarkeit berücksichtigen. Sie muß durch Programme den Umfang und die Tragweite festlegen, durch Pläne den Weg zur Durchführung der Programmpunkte bestimmen, und durch Projekte die für die Durchführung der Pläne erforderlichen Mittel festlegen, und darüber hinaus zu den Verfahren und Methoden hinführen, die die zu treffenden Maßnahmen im einzelnen festlegen. Die Betriebspolitik muß mit der Durchführung abgestimmt werden und die Durchführung mit den von der Betriebspolitik erwarteten Ergebnissen. Die Geschäftsleitung sollte mehr dadurch eine Kontrolle ausüben, daß sie ihre Aufmerksamkeit auf die wichtigsten Probleme der Betriebspolitik richtet, als durch die Beaufsichtigung der Routinearbeit der untergeordneten Stellen. Die Betriebspolitik sollte von oben bis unten und bis hinein in alle untereinander verbundenen Stellen wirksam werden, und die für ihre Bestimmung notwendigen Informationen müssen in der umgekehrten Richtung fließen.

Verfahren kann man definieren als „Art und Weise, wie die Arbeiten ausgeführt werden", Verfahren findet man auf allen Gebieten und bei jeder Tätigkeit des Unternehmens. Die Aufstellung und Beibehaltung einheitlicher Verfahren ist eines der wirksamsten Mittel, die die Geschäftsleitung zur Kontrolle der verschiedenen und in vielen Fällen weit verstreuten Tätigkeitsgebiete eines Unternehmens überhaupt hat.

***Leistungsnormen.*** **Damit die anderen Elemente der internen Kontrolle** ihre höchste Wirksamkeit entfalten können, besonders die Organisation, die Betriebspolitik und Verfahren, ist es wesentlich, daß gewisse Maßstäbe oder Leistungsnormen entwickelt werden, um dadurch die Qualität und Quantität der Ergebnisse bestimmen zu können. Solche Normen bilden die Grundlage einer gewissermaßen „rückgekoppelten" Information zur laufenden Bewertung von Ergebnissen und zur Anpassung der Betriebspolitik.

Solche Maßstäbe zur Überprüfung der Leistungen erstrecken sich über ein weites Gebiet. Dazu gehören Aufstellungen von Budgets, Standardkosten, Prämiensätze, Qualitätsanforderungen und ähnliche Normen. Abgesehen von dem speziellen Typ der jeweiligen Leistungsnorm haben doch alle das gleiche Ziel, eine Basis für Vergleich, Bewertung und Analyse innerhalb und außerhalb des durch die Norm erfaßbaren Zeitraumes zu schaffen.

Diese Form der Kontrolle gewinnt bei vielen Unternehmen ständig steigende Bedeutung. Größte Aufmerksamkeit widmet man den Fällen, wo die tatsächlichen Ergebnisse von der Norm abweichen. Da diese Normen einen geplanten Betriebsvollzug darstellen, kann die hauptsächliche Aufmerksamkeit den Ausnahmen gewidmet werden, wo die tatsächlichen Vorgänge eine klare Abweichung vom Plan zeigen.

*Unterlagen und Berichte.* Durch die zunehmende Delegierung von Befugnissen und Verantwortung ist man in weit höherem Maße auf die Zuverlässigkeit der verschiedenen Unterlagen, Berichte und Analysen angewiesen. Nachdem die Geschäftsleitung ihre Ziele, die Organisationsstruktur, Betriebspolitik, Verfahren und Leistungsmaßstäbe festgelegt hat, ist es nötig, daß geeignete Unterlagen für die ordnungsgemäße Aufzeichnung der Vorgänge und Berichterstattung entwickelt werden. Die Grundvoraussetzung ist ein Kontenplan, der mit den Verantwortungsbereichen der Organisation übereinstimmt. So sollte beispielsweise das Konto für jeden Aufwands- und Ertragsposten und ebenso jedes Aktivum und Passivum so in den Kontenplan eingesetzt werden, daß in den Berichten tatsächlich die Wirtschaftlichkeit zum Ausdruck kommt. Geeignete und zuverlässige Berichte sind für die meisten modernen Unternehmen unentbehrlich und erforderlich, um inhaltsreiche betriebliche Informationen zu erlangen. Berichte dienen der Darstellung des Geschäftsablaufs, und ihre Zuverlässigkeit sollte außer Frage stehen; darum ist ihre Prüfung eine der wichtigsten Aufgaben der internen Revision.

*Interne Revision.* Nachdem die anderen Bestandteile der internen Kontrolle entwickelt und eingeführt sind, ist es nötig, ihre tatsächliche Brauchbarkeit und Wirksamkeit zu prüfen und zu beurteilen. Daher wurde die interne Revision als eines der jüngsten Mittel der Kontrolle geschaffen, um die Forderung nach einem systematischen Messungs- und Bewertungsorgan für die Wirksamkeit der anderen Kontrollen zu erfüllen.

Es ist das umfassende Ziel der internen Revision, alle Leitungsebenen bei der Erfüllung ihrer Aufgaben in geeigneter Weise durch Anfertigung objektiver Analysen, Beurteilungen und Berichte über spezifische Tätigkeiten zu unterstützen. Zu den Hauptaufgaben der internen Revision im Zusammenhang mit der internen Kontrolle gehören folgende Aufgabenbereiche:

1. Prüfung und Beurteilung der Brauchbarkeit, Angemessenheit und Anwendung der Buchführungs-, Finanz- und Betriebskontrollen.
2. Feststellung der Übereinstimmung von Betriebspolitik und Verfahren.
3. Beurteilung der Erledigung zugewiesener Aufgaben.
4. Bestimmung der Zuverlässigkeit von Unterlagen, Berichten und anderen innerhalb des Unternehmens gewonnenen Daten.
5. Die Feststellung, daß das Betriebsvermögen buchhalterisch richtig erfaßt und angemessen gesichert ist.

## Interne Kontrolle im engeren Sinne

Es ist schwer, eine Grenzlinie zwischen den Prinzipien der internen Kontrolle und den Mitteln zu ziehen, durch die eine gute Kontrolle erreicht werden kann. Viele Verfahren, Methoden und Techniken werden häufig als Prinzipien bezeichnet, obwohl sie im eigentlichen Sinne ein Teil des internen Kontrollvorganges sind. Interne Kontrolle im engeren Sinne (internal check) ist ein integrierender Bestandteil der täglichen Routinetätigkeit und liefert die Mittel, durch die eine automatische Prüfung der Genauigkeit erreicht wird. Man kann vielleicht sagen, daß die interne Kontrolle im engeren Sinne mit ihren Merkmalen als ein Teil in das Gesamtsystem eingebaut ist. Wenn also beispielsweise ein Angestellter als Teil eines Routinevorganges einen Beleg ausstellt, der dann von einem anderen geprüft wird, so ist das interne Kontrolle im engeren Sinne. Beide Schritte bilden einen Teil des routinemäßigen Buchführungsvorganges. Wollte man nur derartige Routinetätigkeiten als interne Kontrolle bezeichnen, so würde das diesen Begriff doch allzu sehr einengen.

Wird jedoch später eine Prüfung des Buchungsvorganges vorgenommen, um festzustellen, ob die vorgeschriebenen Verfahren befolgt wurden und die angewendeten Verfahren richtig waren, dann handelt es sich um interne Revision, ein Bestandteil des weiteren Begriffes der internen Kontrolle (internal control). Damit wird also die interne Kontrolle im engeren Sinne (internal check), obwohl sie ein Teil des allgemeinen Kontrollmechanismus ist, von der internen Revision zusammen mit den ihr verwandten Aufgaben geprüft und beurteilt.

Unser Ziel ist es, zwei Grundprinzipien der internen Kontrolle im engeren Sinne aufzustellen, die man folgendermaßen bezeichnen kann:

1. Funktionstrennung und Abstimmung,
2. Festlegung der Verantwortungsbereiche.

### Funktionstrennung und Abstimmung

Die Bedeutung der Prüfung und Abstimmung ist für alle innerbetrieblichen Vorgänge außerordentlich groß. Grundsätzlich handelt es sich um alle diejenigen Mittel, durch die die Ergebnisse eines Vorganges durch einen anderen davon getrennten und unabhängigen Vorgang überwacht, geprüft und kontrolliert werden. Funktionstrennung und Abstimmung sollten auf jeder Ebene gleicher Verantwortung angewendet werden. Sie können sich auf einen Teil des Vorganges beziehen oder auf Tätigkeiten größeren Umfanges innerhalb von Sachgebieten oder Abteilungen.

Dieses Grundprinzip der Funktionstrennung und Abstimmung wird oft folgendermaßen aufgeteilt.

*Eine Einzelperson sollte nicht den gesamten Vorgang kontrollieren.* Dieser Grundsatz besagt, daß, je größer die Zahl der Personen ist, die an einem Vorgang oder an einem wichtigen Teil davon teilnehmen, der Erfolg auch um so besser gewährleistet ist — zumindest bis zu dem Punkt, wo dann Verwirrung entsteht oder sich zu große Überschneidungen ergeben. — Je mehr Personen an der Tätigkeit teilnehmen, um so geringer sind die Möglichkeiten für ein geheimes Einvernehmen; aber die Kosten für die Einstellung von Arbeitskräften über einen bestimmten wirtschaftlichen Punkt hinaus setzen der Anwendung dieses Prinzips eine praktische Grenze.

Neben der Verhütung von Unredlichkeiten ergeben sich aus der geeigneten Anwendung dieses Grundsatzes noch weitere Vorteile. Wenn die Arbeit des einen Angestellten die Arbeit eines anderen ergänzen muß, ergibt sich sofort die Gelegenheit für eine Überprüfung und Beurteilung, da die Arbeit durch verschiedene Hände geht. Dadurch werden Irrtümer entdeckt, die sonst vorübergehend unbemerkt bleiben würden, und das gesamte Verfahren tendiert zu einer glatten und wirksamen Arbeitsweise hin.

*Kontierung und Buchung sollten getrennt werden.* Dieser Grundsatz überschneidet sich in gewissem Sinne mit dem ersten; er wird jedoch mit anderen Begriffen und mit einer anderen Betonung ausgedrückt. Es kommt hierbei darauf an, daß keine Einzelperson die Kontierung und die Buchung zugleich erledigen sollte. Andernfalls könnte die Verbuchung beliebig verändert werden und es würde kein wirksamer Schutz gegen Unehrlichkeiten bestehen. Außerdem würde dieser Zustand keine Möglichkeit zur Aufdeckung eigentlicher Fehler und zur Erhaltung der Aufmerksamkeit des Einzelnen enthalten. Daher soll ein Kassierer nicht zugleich Geld entgegennehmen und die Verbuchung vornehmen. Ebenso darf der Leiter einer Filiale, der für den Warenvorrat verantwortlich ist, der nach der Einzelhandels-Inventur-Methode[1] kontrolliert wird, nicht die Einzelhandelsverkaufspreise für die Waren, über die er Rechenschaft abzulegen hat, kalkulieren und festsetzen.

*Prüfungs- und Kontrollmethoden sollten nutzbar gemacht werden.* Die Betonung liegt bei diesem Hilfsprinzip auf den Methoden, Plänen und Verfahren ebenso wie auf den Einzelpersonen. Man kann dieses Prinzip auf jede Buchführungstätigkeit anwenden. So sollten beispielsweise bei der Aufstellung eines Tagesberichtes die Kolonnen und Summen so angeordnet werden, daß nach Fertigstellung des Schemas eine automatische Prüfung gegeben ist. Dieses Prinzip ist in ähnlicher Weise anzuwenden, wenn es sich um die Beziehungen zwischen Einzelpersonen handelt und in einem weiteren Sinne auch zwischen einzelnen Abteilungen, Tochtergesellschaften und Aufgabenbereichen. Gleichgültig ob es im kleinen oder großen angewandt wird, bedeutet es die Errechnung von Geldbeträ-

---

[1] mit Bewertung des Vorrates zu Verkaufspreisen (d. U.)

gen, betrieblichen Zahlen anderer Art oder sonstiger Ergebnisse über Wege, die in weitem Maße voneinander unabhängig sind, und die eine Prüfung der Zuverlässigkeit und Richtigkeit der Ergebnisse ermöglichen.

### Festlegung der Verantwortlichkeit

Die Bedeutung dieses wichtigen Prinzips liegt darin, daß bei einer Tätigkeit irgendwelcher Art, die effektive Ergebnisse zeigen soll, die Verantwortung klar festgelegt werden muß. Die gleiche ursprüngliche Verantwortung kann zwar mehrmals nach unten delegiert werden, aber die Kette darf nicht unterbrochen, und sie muß auf jeder Ebene festgelegt werden. Diese Verantwortungsbereiche müssen gleichzeitig voneinander unabhängig sein, und zwar in dem Sinne, daß sich kein Interessengegensatz zwischen den verschiedenen Tätigkeiten ergibt, mit denen der Angestellte oder der Vorgesetzte beauftragt ist. Einige Verantwortungsbereiche sind von allgemeiner Art. So kann beispielsweise der Leiter der Kundenbuchhaltung mit der Verlängerung von Kundenkrediten beauftragt sein, oder — um eine weniger wichtige Angelegenheit zu nennen: der Angestellte in der Versandabteilung kann für die richtige Verpakkung verantwortlich sein. Die Verantwortung anderer Stellen ist vielleicht genauer und kann durch strenge Rechenschaftspflicht beurteilt werden. Ein Beispiel dafür ist etwa ein Lagerverwalter, der für die Lagervorräte verantwortlich ist oder ein Kassierer für die in Empfang genommenen Gelder. In allen Fällen herrscht der Grundsatz, daß die Wirksamkeit davon abhängt, in welchem Maße die Verantwortung in allen diesen Fällen klar und vernünftig festgelegt ist.

### Kostenfragen

Bei Anwendung der Grundsätze der internen Kontrolle muß man natürlich stets auch die Kostenfrage berücksichtigen. Die zu erreichenden Vorteile müssen sorgfältig gegen die Kosten abgewogen werden, die für die Anwendung der jeweiligen Möglichkeiten zur Funktionstrennung und Abstimmung und für die Festlegung und Bemessung der Zuständigkeit mit einem gegebenen Genauigkeitsgrad nötig sind. Die Übereinstimmung mit diesen Prinzipien kann in bestimmten Fällen unwirtschaftlich sein und soll keineswegs eine feste Vorschrift sein. Solche Entscheidungen verlangen in einem sehr realen Sinne ein kaufmännisches Urteil der leitenden Angestellten der Buchhaltung, die für die Entscheidungen zuständig sind und oft sogar der obersten Geschäftsleitung selbst. Die Entscheidung, ob zum Beispiel bewaffnete Wächter eingesetzt werden sollen, um die Einzahlungen der Gesellschaft bei der Bank vorzunehmen, ist letztlich eine Entscheidung der Geschäftsleitung unter Beachtung des Risikos, das sie eingeht, wenn sie keine bewaffneten Wächter beschäftigt.

Die relativ besten und billigsten Ergebnisse bei der Durchführung der internen Kontrolle werden dann erreicht, wenn die bestehenden Verfahren und Tätigkeiten so angewendet werden, daß sie Prüfung und Abstimmungen ohne zusätzliche Arbeit erlauben. So kann das Unternehmen zu einer sehr wirksamen internen Kontrolle gelangen, ohne daß irgendwelche zusätzlichen Kosten entstehen. Dieses Ergebnis ist das Ziel jedes guten Prüfers.

## Allgemeine Faktoren der internen buchhalterischen Kontrolle

So wie es Prinzipien der internen Kontrolle gibt, gibt es auch allgemeine Erkenntnisse, die für alle Vorgänge grundsätzlich anwendbar sind, und die bei der Bestimmung des Wirkungsgrades der internen buchhalterischen Kontrolle eine große Rolle spielen. Sie stellen sozusagen den allgemeinen Plan zur Lösung des Problems im Rahmen der vorerwähnten Prinzipien dar.

### Die Buchführungsmethoden

*Kontrollkonten.* Die Buchung von Einzelposten in Hilfsbüchern und deren Kontrolle durch Kontrollkonten stellen ein wichtiges Mittel zur Erhöhung der Wirksamkeit der Kontrolle dar. Durch die Ausschaltung der Einzelheiten aus dem Hauptbuch wird die Arbeit damit erleichtert, und die Kontrolle der Hilfsbücher durch die Abstimmung mit dem Kontrollkonto bürgt für größere Genauigkeit und Wirtschaftlichkeit der Arbeit.

*Lagerkartei.* Die Führung detaillierter Karteien über Vorräte oder anderes Betriebsvermögen aller Art ist ein wichtiges Mittel, um vollständigere Rechenschaft über Einzelpersonen oder Gruppen und zur gleichen Zeit nützliche laufende Informationen für die Geschäftsleitung zu erhalten.

Für die einzelnen Zugänge (Schaffung der Verantwortung) und Abgänge (Aufhebung der Verantwortung) wird ein vollständiger Nachweis erbracht. Der Vergleich der tatsächlich vorhandenen Mengen mit den Vorräten, die sich aus der Lagerkartei ergeben, zeigt die Übereinstimmung oder den Unterschied, für den der einzelne Beauftragte verantwortlich ist.

*Verwendung mechanischer Einrichtungen.* In den letzten Jahren wurden große Fortschritte in der Entwicklung mechanischer Einrichtungen aller Art erzielt. Als Beispiele seien Registrierkassen, Buchungsmaschinen, Rechenmaschinen, Scheckunterschriftmaschinen und als letztes die neuen Typen der Elektonenrechner genannt. Der Hauptvorteil dieser Hilfsmittel liegt in der Zeit- und Arbeitsersparnis, die auf verschiedene Weise ermöglicht wird. Die Buchungsvorgänge können mit größerer Schnelligkeit erledigt werden und liefern genauere und brauchbarere Unterlagen.

### Vollständigkeit der Anweisungen

Anweisungen werden in Verbindung mit den verschiedenen Tätigkeiten sowohl von Abteilungsleitern, wie auch von anderen Vorgesetzten erteilt. Es gibt natürlich auch hier Grenzen für die genaue Formulierung dieser Anweisungen — ob schriftlich oder mündlich. Der Umfang, in dem dies erfolgt, spielt eine wichtige Rolle für die Qualität der internen Kontrolle. Mündliche Anweisungen sind zwar in manchen Fällen notwendig, befriedigen aber am wenigsten, weil sie möglicherweise Fehlinterpretationen unterworfen sind; die Möglichkeit zum Nachschlagen fehlt. Dagegen bilden schriftliche Anweisungen, die klar und vollständig formuliert sind, die Grundlage für eine geordnete und wirksame Durchführung der richtigen Arbeiten.

### Verteilung von Informationen

Die wirksame Koordinierung der Arbeiten und eine gesunde Kontrolle hängen stark von der geeigneten Information ab, die alle Personen erhalten müssen, die an einem bestimmten Vorgang oder einer bestimmten Tätigkeit interessiert sind. Dies kann mit Hilfe der Durchschläge von Rechnungen, Bestellungen, Briefen oder anderen Notizen geschehen, die gleichzeitig an verschiedene Personen eines Unternehmens verteilt werden. Das Ergebnis ist, daß jeder einzelne in der Lage ist, seine eigene Arbeit wirksam mit der Arbeit der anderen beteiligten Stellen zu koordinieren. Auch Irrtümer können aufgedeckt werden, und die Offenheit, die diesen Vorgang charakterisiert, ist besonders dazu geeignet, mehrere Personen gleichzeitig in die Abwicklung eines Geschäftsvorfalls einzuschalten. Die standardisierte laufende Verteilung von Durchschriften der verschiedensten Schriftstücke innerhalb eines Unternehmens gehört daher zu einer guten internen Kontrolle.

### Personelle Faktoren

Es genügt nicht, die technischen Gesichtspunkte des Systems auf dem Papier zu entwerfen, es ist ebenso wichtig, die Rolle des Menschen sorgfältig zu studieren, der damit arbeiten soll und Mittel und Wege zu finden, um seine Tätigkeit noch rationeller zu gestalten.

Der Ausgangspunkt ist hier die Auswahl des geeigneten Mitarbeiters. Das Ziel ist, einen Mitarbeiter von guter Gesundheit, mit guten charakterlichen Anlagen, anziehenden persönlichen Qualitäten und geeigneter Ausbildung zu finden — unter Betrachtung des Postens, den er im Moment bekleidet oder für den er eventuell später vorgesehen ist — und endlich einen Mitarbeiter, der für die jeweilige Arbeit, mit der er zu tun haben soll, geeignet und tauglich ist. Die Erreichung dieses Ziels ist eine Spezialaufgabe der Personalabteilung, und es sind große Fortschritte erzielt worden, diese Tätigkeit wissenschaftlicher und rationeller auszuführen. Dies ist von außerordentlicher Wichtigkeit, weil die besten Ausbildungspläne und -methoden nicht den Übelstand beseitigen können, der durch die Einstellung neuer Arbeitnehmer ohne die geeigneten Qualifikationen entsteht.

### Versetzung von Arbeitskräften und Urlaub

Wie schon erwähnt, besteht ein Grundprinzip der internen Kontrolle im engeren Sinne darin, daß ein Arbeitnehmer alleine nicht die vollständige Kontrolle über einen wichtigen Teil eines Geschäftsvorganges ausüben soll. Ein wirksames Mittel zur Durchführung dieses Grundsatzes ist die Versetzung der Mitarbeiter von einem Arbeitsgebiet zu einem anderen in bestimmten Abständen.

Aus einem solchen Programm ergeben sich verschiedene Vorteile. Zunächst wird erreicht, daß ein betrügerischer Mitarbeiter seine Manipulationen nicht dauernd verheimlichen kann. Dies ist nämlich leichter, wenn dauernd derselbe Mann für ein spezielles Arbeitsgebiet verantwortlich ist. Der Versetzungsplan ist mithin eine Art Versicherung gegen Unredlichkeit. Ein weiterer Vorteil ergibt sich aus der besseren Ausbildung des Personals. Jeder einzelne kommt mit Tätigkeiten in Berührung, die von seiner früheren abweichen, und er ist so viel besser in der Lage, die Beziehungen zwischen ihnen zu erkennen.

Eine besondere Möglichkeit des regelmäßigen Wechsels der Tätigkeit in begrenztem Umfang ist dann gegeben, wenn alle Mitarbeiter jährlich ihren Urlaub nehmen. Dies bietet wenigstens jedes Jahr einmal die Gelegenheit, auf jedem Posten einen anderen arbeiten zu lassen und enthält damit ein Minimum an Sicherung, Kontrolle und allgemeiner Ausbildung.

### Kautionsversicherung für Arbeitnehmer

Die Kautionsversicherung für Arbeitnehmer ist zum Teil eine reine Versicherungsangelegenheit, aber sie ist auch ein wichtiges Mittel zur Erreichung einer guten internen Kontrolle. Was das erste anbetrifft, so hat der Arbeitgeber eine bestimmte Prämie bezahlt, zur Sicherung gegen Verluste aus Betrug oder Veruntreuung seitens seiner Angestellten — zumindest solange wie er die Bedingungen seines Vertrages mit der Versicherungsgesellschaft einhält. Es ist wünschenswert, daß der Arbeitnehmer weiß, daß man sich gegen ihn versichert hat, da sich hieraus psychologische Konsequenzen ergeben. Dies kann so erfolgen, daß der Arbeitnehmer einen Versicherungsantrag ausfüllen muß, wenn die Firma den Antrag bei der Versicherung stellt.

## Methoden zur Beurteilung der internen Kontrolle

Wenn wir unterstellen, daß mit den genannten Grundprinzipien der internen Kontrolle im Rahmen der praktischen Möglichkeiten ein gutes System aufgestellt worden ist, dann sind auch Kräfte vorhanden, wie zum Beispiel die Arbeitsdisziplin und das Aufklären von Fehlern, die als ständiger Impuls für das gute Funktionieren des Systems dienen. Dennoch hat der Mensch die Neigung von den ursprünglich festgelegten hohen Anforderungen des Verfahrens allmählich abzuweichen. Wegen dieser Neigung muß ein Programm mit mehr oder weniger unabhängigen Methoden entwickelt werden, um das Arbeiten des internen Kontrollsystems zu prüfen und zu beurteilen.

### Stichproben durch Firmenangestellte als Nebenbeschäftigung

Die einfachste Methode, die bei kleineren Unternehmen angewandt wird, besteht darin, daß leitende Angestellte oder anderes Personal an Ort und Stelle Stichproben dieser oder jener Art vornehmen. So prüft beispielsweise ein leitender Angestellter oder ein anderer Betriebsangehöriger in unregelmäßigen Abständen durch Inventur einen Bestand, der sich unter der Kontrolle einer anderen Abteilung oder Einzelperson befindet. Diese Methoden können wirksam sein, wenn sie in kleineren Unternehmen durchgeführt werden, und wenn energische und fähige Vorgesetzte oder Mitarbeiter damit beauftragt sind. Werden sie aber gewissermaßen nur als Nebenbeschäftigung ausgeführt, wird die Prüfungstätigkeit höchst wahrscheinlich vernachlässigt, sobald die Beanspruchung durch die Hauptarbeit größer wird.

### Betriebsfremde Kontrollorgane

Besonders auf dem Gebiet des Einzelhandels ist es ein sehr gebräuchliches Verfahren, Betriebsfremde damit zu beauftragen, die Geschäfte zu besuchen und über die dort herrschenden Zustände zu berichten. Einige dieser Firmen beschäftigen sich hauptsächlich mit der Aufdeckung von Unterschlagungen. Der beauftragte Kontrolleur kauft irgendetwas und bezahlt und prüft dabei, ob der Verkauf richtig registriert und der Geldbetrag richtig gebucht wird. Andere berichten über das Auftreten der Verkäufer, ihre Umgangsformen und Verkaufsmethoden oder über andere Dinge, die für das Unternehmen von Interesse sein können.

### Betriebsfremde Revision

Die von einem Wirtschaftsprüfer durchgeführte Revision bildet eine wichtige Methode zur Prüfung und Beurteilung der internen Kontrolle. Der Wirtschaftsprüfer bestimmt, in wieweit er sich auf Betriebsunterlagen verlassen will und wieweit eine detaillierte Prüfung erforderlich ist. In Verbindung mit dieser Prüfungstätigkeit entdeckt der betriebsfremde Revisor vielleicht auch Fehler oder Mängel der verschiedensten Art. Der Auftraggeber wird in geeigneter Weise auf sie aufmerksam gemacht. Das Unternehmen erhält dadurch eine konstruktive Analyse seiner Rechnungsverfahren und der Qualität seiner internen Kontrolle.

Die psychologischen Vorteile sind auch in diesem Falle besonders bedeutsam. Die Kenntnis der Beschäftigten, daß eine betriebsfremde Revision durchgeführt wird und die periodische Anwesenheit des Wirtschaftsprüfers wirken als starker Ansporn zu einer produktiveren Arbeitsweise innerhalb des gesamten Unternehmens.

### Interne Revision

Wenn ein Unternehmen größer geworden ist und der Betriebsablauf es erfordert, ist eine eigene interne Revisionsabteilung ein wichtiges Mittel zur Schaffung und Überwachung eines guten internen Kontrollsystems. Eine solche Abteilung besteht, wenn sie in der richtigen Weise organisiert ist, aus einer besonders beauftragten Gruppe hauptberuflicher Spezialisten, die keine Verantwortung für betriebliche Vorgänge zu tragen haben, und die, mehr als der betriebsfremde Revisor, genügend Zeit haben, Detailarbeit durchzuführen, die für die richtige Beurteilung des internen Kontrollsystems notwendig ist. Außerdem hat diese Abteilung den Vorteil einer genauen Kenntnis der Betriebsvorgänge und der Branche, zu der der Betrieb gehört. Zwar erledigt eine solche Abteilung auch eine Anzahl anderer Aufgaben für das Unternehmen; die Überwachung und Beurteilung der internen Kontrolle ist jedoch eine ihrer wichtigsten Aufgaben. Dies trifft sowohl für die Beurteilung des Systems als solchen zu, als auch für seine Funktionsweise. In modernen Großunternehmen wird diese Überwachung der internen Kontrolle immer bedeutsamer.

## Das Studium der internen Kontrolle

Ein System der internen Kontrolle ist nicht mehr als die Teile, aus denen es besteht, beurteilt und begutachtet von einem bestimmten Gesichtspunkt aus —, nämlich wie wirksam sie geplant sind und wie sie funktionieren, um die gewünschten Ergebnisse zu erbringen.

Der interne Revisor befaßt sich mit den Problemen der Beurteilung der internen Kontrolle im Rahmen seiner normalen Revisionstätigkeit. In einigen Fällen ist die Verletzung von Grundprinzipien sofort zu erkennen, gewöhnlich aber reifen die Schlußfolgerungen in dieser Hinsicht viel langsamer und basieren auf einer detaillierten Nachforschungsarbeit, die wiederum ein Teil des Grundprogramms ist. Das bedeutet ganz einfach, daß die Beurteilung des internen Kontrollsystems als ganzes mit der gesamten Revision verflochten ist. Aus diesem Grunde werden die speziellen Gesichtspunkte der internen Kontrolle oder deren Anwendung in den verschiedenen Abschnitten über das eigentliche Revisionsprogramm aufgegriffen und erörtert. Diese speziellen Seiten der Revisionstätigkeit werden damit zur Grundlage bei der Betrachtung der internen Kontrollgesichtspunkte der mit dem Prüfungsgegenstand zusammenhängenden Verfahren. Die gewonnenen Ergebnisse für die einzelnen Teile werden damit zur Grundlage einer allgemeinen Beurteilung des Gütegrades des gesamten Systems.

# II. ORGANISATION UND ARBEITSABLAUF

## 4. Die Stellung der internen Revision innerhalb der betrieblichen Organisation

Natur und Ansehen der internen Revision hängen in vielerlei Hinsicht von dem organisatorischen Status des internen Revisors ab. Dieser Status schließt sowohl die Organisation der internen Revisionsabteilung als auch die Stellung dieser Abteilung innerhalb des gesamten organisatorischen Aufbaues des Unternehmens ein. Dabei kommt es besonders darauf an, welcher Instanz die interne Revisionsabteilung untersteht. Beispiele aus repräsentativen Unternehmen liefern das „Survey of Internal Auditing" von 1957, das vom „Institute of Internal Auditors" zusammengestellt und herausgegeben worden ist (abgedruckt in Anhang II).

### Die Forderung nach einer besonderen Abteilung

Für eine wirksame Durchführung des internen Revisionsprogramms ist es erforderlich, daß es in den Händen einer unabhängigen Einzelperson oder einer Gruppe von Einzelpersonen zusammengefaßt ist und so durchgeführt wird, daß es von der laufenden Routinearbeit klar getrennt ist. Wird die interne Revision in Verbindung mit Routinetätigkeiten ausgeführt, so hat die Erfahrung der meisten Betriebe gezeigt, daß die Routinearbeit immer an erster Stelle steht und die eigentliche Revisionstätigkeit leicht vernachlässigt wird. Wird in solchen Fällen die Revisionsarbeit tatsächlich durchgeführt, so geschieht dies wahrscheinlich ohne die funktionale Trennung, die für eine echte Revision wesentlich ist.

In anderen Fällen erledigt vielleicht eine Reihe von Einzelpersonen die interne Revisionsarbeit als Hauptbeschäftigung, diese sind jedoch verschiedenen Abteilungsleitern unterstellt. Auch hier gehen wahrscheinlich die Vorteile der Funktionstrennung verloren, und dem gesamten Programm fehlt die Koordination, die sich aus einer zentralisierten Kontrolle ergibt. Normalerweise ist die interne Revisionsarbeit dann am wirksamsten, wenn sie von einer besonderen Abteilung oder Gruppe durchgeführt wird und diese eine entsprechende Stellung innerhalb des organisatorischen Aufbaus erhält. Der Ausdruck „Abteilung" ist in diesem Zusammenhang durchaus nicht der einzige anwendbare Begriff, aber wir benutzen ihn, um die erwünschte Unabhängigkeit dieser Stelle und die zentralisierte Koordinierung aller internen Revisionsarbeit auszudrücken.

WER SOLL DIE LEITUNG DER INTERNEN REVISIONSABTEILUNG AUSÜBEN?

Die Bezeichnung der Person, die die Verantwortung für die interne Revisionsarbeit trägt, sollte natürlich so gewählt werden, daß sie etwas über ihre Arbeit aussagt. Wünschenswert wäre daher die Anwendung des Begriffes „Revisor" oder „Interner Revisor". Ein Problem besteht jedoch darin, daß es bei den meisten großen Unternehmen mehrere Leute im internen Revisionsstab gibt. Da jeder von ihnen Revisor oder interner Revisor genannt wird, ist es wünschenswert, für den Leiter der Abteilung eine Bezeichnung zu verwenden, die ihn von den Mitarbeitern seines Stabes unterscheidet. Die Bezeichnung „General Auditor" scheint diese Forderung zu erfüllen. Wir werden diese Bezeichnung in unserem Buch immer dann verwenden, wenn wir speziell den Chef der internen Revisionsabteilung meinen[1].

## Die Stellung der internen Revisionsabteilung innerhalb der betrieblichen Organisation

Es ist wesentlich, daß die interne Revisionsabteilung innerhalb der betrieblichen Organisation eine genügend gesicherte Stellung einnimmt, um ihre Unabhängigkeit von den Abteilungen zu gewährleisten, die sie prüfen und beurteilen soll. Wenn die interne Revisionsabteilung dem Leiter des Rechnungswesens oder irgend einer anderen Abteilung des Betriebes untersteht, kann sie nicht die erforderliche Unabhängigkeit haben, um jene Abteilungen mit entsprechendem Nachdruck zu kritisieren. Dies bedeutet nicht, daß die interne Revisionsabteilung die Aufsicht über diese Abteilungen haben muß, sondern nur, daß die fraglichen Abteilungen nicht der internen Revisionsabteilung übergeordnet sein dürfen.

Die Stellung der Abteilung wird bei der Bestimmung des Vorgesetzten sichtbar, dem der Leiter der Revisionsabteilung untersteht. Hierüber werden von Fachleuten, beruflichen Organisationen und den Unternehmen selbst verschiedene Ansichten geäußert. Das „Controllers Institute" beispielsweise, zählt die Funktionen der internen Revision zu den Aufgaben des „Controllers"[2], und daher müßte der Leiter der Revisionsabteilung dem „Controller" Bericht erstatten. Nach einer anderen Ansicht sollte der Finanzdirektor der verantwortliche Vorgesetzte sein, womit die Aufgabe der internen Revision, nämlich die Sicherung der Verantwortung dieses Vorgesetzten für die Finanzen, besonders zum Ausdruck käme. Eine andere Möglichkeit besteht darin, daß der Leiter der Revisionsabteilung direkt dem Aufsichtsrat oder einem vom Leiter des Vorstands unabhän-

1 Anm. d. U.: In der deutschen Ubersetzung verwenden wir dafür die Bezeichnung „Leiter der Revisionsabteilung".

2 Leiter des Rechnungswesens; schwer übersetzbar, weil die Stellung und Funktion des „controllers" in Deutschland nicht oder nur teilweise vorhanden ist.

gigen Exekutivkomitee des Aufsichtsrates verantwortlich ist. Nach dieser letzten Ansicht würde — zumindest theoretisch — die gesamte Organisation einschließlich des Leiters des Vorstands der laufenden Revisionskontrolle unterworfen. Eine direkte Unterstellung unter den Leiter des Vorstands oder den Aufsichtsrat ist sehr häufig bei Banken und Versicherungsgesellschaften anzutreffen, wo die weitreichende finanzielle Verantwortung des internen Revisors die Unabhängigkeit von der Betriebstätigkeit in besonderem Maße erforderlich macht.

### Bedeutungsschwankungen bei Bezeichnungen

Die Betrachtung der Frage, welcher Instanz der Leiter der Revisionsabteilung in der Praxis untersteht, wird durch den Mangel einheitlicher Begriffsbestimmungen für die verschiedenen Titel und Ämter innerhalb eines Unternehmens unvermeidlich erschwert. In vielen Fällen haben die leitenden Angestellten ihre Titel erhalten, als das Unternehmen noch klein war, und diese Titel haben sich über Jahre hinaus auch unter Bedingungen erhalten, die die Aufgaben und Befugnisse des betreffenden Angestellten verändert haben. Deshalb findet man häufig, daß die Tätigkeit des „Controllers" von Angestellten die ganz verschiedenartige Bezeichnungen haben ausgeführt wird, so z. B., daß ein Syndikus oder Revisor Leiter der Buchhaltung ist oder ein Assistent des Finanzdirektors mit der internen Revision beauftragt ist.

Obwohl die allgemeine Verantwortung für die Buchführung eigentlich beim „Controller" liegt, sollte die unmittelbare Verantwortlichkeit in den Händen eines Angestellten liegen, der etwa den Titel „Leiter der Buchhaltung" trägt. Wenn Betriebe diese Verantwortlichkeit dem Finanzdirektor oder seinem Assistenten zuschieben, zeigt dies deutlich einen Fehler in der Verteilung der Funktionen. Daraus ergibt sich, daß man sich auf die Bezeichnung nicht verlassen sollte; vielmehr müssen die wirklichen Funktionen, die die betreffenden Leute ausführen, bekannt sein.

### Wem ist der Leiter der Revisionsabteilung in der Praxis unterstellt?

Das „Institute of Internal Auditors" stellte im Jahre 1957 einen Überblick über die gegenwärtigen internen Revisionsmethoden zusammen, der auch die Frage nach der Stellung der internen Revisionsabteilung im organisatorischen Aufbau enthielt. Auf die Frage: „Wie heißt der leitende Angestellte, und für welchen Bereich ist er zuständig, dem der Leiter der internen Revisionsabteilung untersteht?" gingen folgende Antworten ein:

| | |
|---|---|
| dem Leiter des Rechnungswesens „controller" | 136 |
| dem Finanzdirektor | 54 |
| dem stellvertretenden Vorstandsvorsitzenden | 53 |

| | |
|---|---|
| dem Vorstandsvorsitzenden | 23 |
| dem Aufsichtsrat | 21 |
| anderen | 30 |
| | 317 |

Ganz allgemein zeigte der Überblick die Unterstellung unter die verschiedenen Organe eines Unternehmens in einem ähnlichen Verhältnis wie in dem vergleichbaren Überblick von 1951.

Von den internen Revisoren, die dem Vorstandsvorsitzenden oder dem Aufsichtsrat unmittelbar verantwortlich sind, sind die meisten bei Banken und Versicherungsgesellschaften angestellt. Diese Fragen der organisatorischen Eingliederung werden jedoch in den folgenden Abschnitten noch weiter ausgeführt.

### Weitere Überlegungen

Die Frage, welchem leitenden Angestellten der Leiter der Revisionsabteilung unterstellt sein sollte, ist umstritten. Wie wir festgestellt haben, wird einerseits die Ansicht vertreten, daß der Leiter der Revisionsabteilung direkt dem Aufsichtsrat unterstehen soll. Andere sind der Meinung, daß es besser ist, wenn der Leiter der Revisionsabteilung unmittelbar dem Vorstandsvorsitzenden untersteht. Wieder andere — einschließlich des „Controllers Institute“ — glauben, daß der Leiter der Revisionsabteilung dem „Controller“ unterstehen soll. Wenn es auch keine positive Antwort auf diese Frage gibt, dürften gewisse Überlegungen darüber wohl angebracht sein. In den folgenden Abschnitten wollen wir die Vor- und Nachteile untersuchen, wenn der interne Revisor 1. dem Aufsichtsrat, 2. dem Vorstandsvorsitzenden und 3. dem obersten Finanzorgan unterstellt ist.

*Soll der Leiter der Revisionsabteilung dem Aufsichtsrat direkt unterstehen?* Der Fall, daß der Leiter der Revisionsabteilung direkt dem Aufsichtsrat untersteht, hat gewisse Vorteile, die aber nicht entscheidend sind. Die Entscheidung dieser Frage hängt davon ab, ob es die Hauptaufgabe der internen Revisionsabteilung ist, der Geschäftsleitung zu dienen oder ob sie ein „Wachhund“ und eine Kontrollstelle des Aufsichtsrats über den Vorstand sein soll. Falls die Antwort auf diese Frage ist, daß das Hauptgewicht ihrer Aufgabe darin bestehen soll, der Geschäftsleitung zu dienen, so folgt daraus, daß die interne Revisionsabteilung grundsätzlich unter der Führung und Kontrolle des Vorstands stehen muß. Vielleicht kommt man zu einem Kompromiß, indem der Leiter der Revisionsabteilung grundsätzlich dem Vorstand untersteht, für bestimmte Aufgaben jedoch dem Aufsichtsrat. Der wichtigste Grundsatz ist, daß die interne Revisionsabteilung nicht durch einen allzu hohen Rang innerhalb der Organisation isoliert werden darf, so daß sie aufhört, ein Bestandteil der Geschäftsleitung zu sein. Es ist interessant festzustellen, daß nach dem erwähnten Überblick von 1957 von den 21 Unternehmen, in denen der Leiter der Revisionsabteilung dem Aufsichtsrat untersteht, 13 oder fast zwei Drittel Banken und Versicherungsgesellschaften sind. Wie der Überblick zeigt, ist es bei den meisten Industrieunternehmen bisher nicht üblich, daß der interne Revisor dem Aufsichtsrat untersteht. Der Grund dafür besteht wahrscheinlich darin, daß die Aufgaben der internen Revision bei diesen Unternehmen im allgemeinen mehr finanzieller und verfahrenstechnischer Art und von unmittelbarem Nutzen für die Leitung sind.

*Soll der Leiter der Revisionsabteilung dem Vorstandsvorsitzenden unterstehen?* Aus den vorhergehenden Ausführungen könnte man schließen, daß der Leiter der Revisionsabteilung besser direkt dem Vorstandsvorsitzenden unterstehen sollte. Auf den ersten Blick scheint dies eine gute Lösung zu sein. In der Praxis jedoch ergeben sich bald Einschränkungen. Oft hat der Vorstandsvorsitzende weder Zeit noch ist er bereit, der internen Revision die Aufmerksamkeit zu schenken, die sie verdient. Unter solchen Umständen kann es für den Leiter der Revisionsabteilung sehr schwer sein, sich entsprechendes Gehör und wirksame Unterstützung zu verschaffen. Die Wirksamkeit einer derartigen Einordnung ist daher wohl mehr illusorisch als real, und es ist nach Meinung der Verfasser nicht unbedingt die beste Lösung. Von den 23 aufgeführten Unternehmen, bei denen eine direkte Unterstellung unter den Vorstandsvorsitzenden besteht, sind wiederum 17, oder etwa 75 %, Banken und Versicherungsgesellschaften.

*Unterstellung unter den Leiter des Finanzwesens.* Eine Lösung, die sich in der Praxis gut bewährt hat, ist die, daß der Leiter der Revisionsabteilung dem ranghöchsten, für das Finanzwesen zuständigen Angestellten verantwortlich ist.[1] Dieser Angestellte trägt für die Koordinierung aller Buchführungs- und Finanzangelegenheiten des Unternehmens die Verantwortung. Dabei kommt es weniger auf seine Bezeichnung an, sondern der wichtigste Faktor ist seine Zuständigkeit und Verantwortung. In diesem Falle wird die interne Revision als eine der höheren Finanzfunktionen durch den Leiter des Finanzwesens mit den anderen Funktionen koordiniert. Diese Einordnung in den organisatorischen Aufbau scheint eine allgemein zufriedenstellende Lösung des Problems zu sein.

Aus dem eben Gesagten geht hervor, daß die Frage nach dem Organ, dem der Leiter der Revisionsabteilung untersteht, vor allem eine Frage nach der Zuständigkeit und Verantwortung ist, die diese Stelle in dem jeweiligen Unternehmen hat. Wenn der betreffende Vorgesetzte in Wirklichkeit nur die Organisationsspitze der Buchhaltung darstellt, so ist dies eine zu niedrige Ebene, als daß ihr der Leiter der Revisionsabtei-

[1] Ein solcher Plan wird auf Tafel I dargestellt.

lung unterstellt werden könnte. Ist dieser Vorgesetzte jedoch der ranghöchste Angestellte für Finanzangelegenheiten und die oberste Koordinierungsspitze für das Buchhaltungs- und Finanzwesen, so erscheint es richtig, daß ihm auch der Leiter der Revisionsabteilung unterstellt wird.

## Arten der internen Revision nach ihrer organisatorischen Stellung

Der Einfluß der organisatorischen Stellung der internen Revisionsabteilung auf das jeweils durchgeführte Revisionsprogramm ist fachkundig von Earle H. Cunningham, dem ehemaligen Leiter der Revisionsabteilung bei der „General Motors Corporation" dargestellt worden:[1]

„Es gibt vier ‚Organisations'-Typen der internen Revision. Die mangelnde Berücksichtigung dieser Tatsache ist die Hauptursache von Mißverständnissen, die häufig auftreten, wenn man über interne Revision diskutiert. Die Aufgaben, der Umfang der Revision und die Maßstäbe für das Verfahren weichen bei den verschiedenen Typen sehr wesentlich voneinander ab. Diese vier Typen sind:

1. Revision im Auftrage der Eigentümer,
2. Revision im Auftrage der Geschäftsleitung,
3. Revision im Auftrage einer höheren Stelle,
4. Revision im Auftrage einer Abteilung.

Wird der interne Revisor von dem Alleininhaber einer Firma, den Teilhabern einer Handelsgesellschaft oder dem Aufsichtsrat einer Aktiengesellschaft (oder den Aktionären) ernannt, und ist er ihnen gegenüber verantwortlich und von allen anderen Personen der Geschäftsleitung vollkommen unabhängig, so kann man ihn als internen Revisor im Auftrag der ‚Eigentümer' (proprietorship internal auditor) bezeichnen. Sein Arbeitsgebiet ist gewöhnlich sehr breit. Er befaßt sich vor allem mit betrieblichen Aufgaben und Leitungsfunktionen und ihrer Wirksamkeit.

Wird der interne Revisor vom Vorstandsvorsitzenden, Geschäftsführer, dem Verwaltungsrat oder einem Vorstandsmitglied einer Aktiengesellschaft ernannt und ist er von allen anderen Instanzen unterhalb dieser Ebene unabhängig, so bezeichnet man ihn als ‚internen Revisor im Auftrag der Geschäftsleitung'. Normalerweise unterscheiden sich seine Aufgaben und Zuständigkeiten nicht wesentlich von denen des ersten Typs. Er steht jedoch im Dienste der Geschäftsleitung und nicht unmittelbar in dem der Kapitalgeber.

In den Fällen, in denen der interne Revisor von einem für das Finanzwesen zuständigen Vorstandsmitglied, vom Finanzdirektor (Treasurer), vom Leiter des Rechnungswesens (Controller) oder irgend einem anderen Leiter eines Stabes von relativ hohem Rang ernannt wird, spricht man von einem ‚internen Revisor im Auftrage einer höheren Stelle'. Als solcher ist er nicht befugt, außerhalb des Zuständigkeitsgebietes des Vorgesetzten zu arbeiten, zu dessen Stab er gehört, es sei denn, sein Vorgesetzter habe sich hierüber mit dem Leiter des anderen Aufgabengebiete geeinigt. Außerdem ist dieser interne Revisor den Weisungen, Richtlinien und Vorschriften seines Vorgesetzten unterworfen. Allgemein fehlt ihm die volle Unabhängigkeit und Handlungsfreiheit, die ein interner Revisor des ersten und zweiten Typs besitzt.

---

[1] Increasing the Usefulness of Internal Auditing (New York: The Institute of Internal Auditors 1948) S. 25—27.

Ernennt eine Abteilung eines Führungsstabes oder irgend eine andere kleinere Betriebseinheit einen internen Revisor, der innerhalb der Grenzen der eigenen Zuständigkeit der Abteilung arbeiten soll, bezeichnet man diesen Revisor als ‚Abteilungsrevisor'. Beispiele für diesen Typ wären folgende:

1. Revisor für Zahlungsausgänge,
2. Revisor für Lohn- und Gehaltsfragen,
3. Revisor für Kreditoren,
4. Revisor für Konstruktionsfragen,
5. Revisor für Zweiggeschäfte und Niederlassungen,
6. Revisoren für ähnliche begrenzte Zwecke.

Hinsichtlich dieser Art der internen Revision gilt es, sorgfältig zwischen den Tätigkeiten innerhalb einer Abteilung, die tatsächlich ihrem Wesen nach Revisionsarbeiten sind, und den Tätigkeiten zu unterscheiden, die einfach nur einen Teil des Systems der internen Kontrolle darstellen. Wir müssen zwischen ‚interner Kontrolle' und ‚interner Revision' eine klare Unterscheidung treffen. ‚Interne Kontrolle' ist ein gegenseitiger Überprüfungvorgang, der ein Bestandteil des Rechnungswesens sein soll, während ‚interne Revision' eine Kontrollart ist, die unabhängig von Buchführungsarbeiten und -verfahren erfolgt.

Interne Revision ist ein Begriff, der bisher wenig präzise gebraucht und auf alle Arten von Prüfungsarbeiten angewendet wird, von einfachsten Routinearbeiten bis hinauf zur Durchführung sehr schwieriger Aufgaben, die mit denen des Wirtschaftsprüfers vergleichbar sind. Wenn wir diesen Begriff benutzen, müssen wir uns daher seiner vielen Nebenbedeutungen bewußt sein und die Notwendigkeit einer Klärung des speziellen gemeinten Typs anerkennen.

Da keine Gegengründe vorliegen, bezieht man im allgemeinen den Begriff ‚interne Revision' auf die Revision im Auftrag der Eigentümer oder der Geschäftsleitung und umschreibt damit schützende und dienende Aufgaben."

Mit den eben dargelegten Ansichten Cunninghams stimmen die Verfasser im wesentlichen überein. Hervorzuheben wäre jedoch, daß bei einem Großunternehmen, wo der Leiter der internen Revisionsabteilung dem Leiter des Finanzwesens unterstellt ist, die interne Revision in ihrem Wesen dem Typ entspricht, der im Auftrag der Geschäftsleitung arbeitet oder arbeiten sollte. Wie bereits festgestellt wurde, sind die Verfasser der Meinung, daß die Unterstellung unter das oberste Finanzorgan nicht nur der notwendigen Breite und dem Umfang der internen Revisionsarbeit Rechnung trägt, sondern auch andere Faktoren enthält, die tatsächlich eine größere Wirksamkeit zur Folge haben als wenn die interne Revision dem Vorstandsvorsitzenden oder einem Geschäftsführer unterstellt wird.

## Die Stellung in der Organisation bestimmt die Reichweite der internen Revisionsaufgaben

Das wichtigste Ergebnis unserer ganzen Erörterung der organisatorischen Stellung besteht darin, daß die Reichweite der internen Revisionsaufgaben direkt von dem Aufgabenbereich des Vorgesetzten abhängig ist, dem der Leiter der Revisionsabteilung untersteht. Natürlich ist eine interne Revisionsabteilung, die dem Leiter der Kreditorenabteilung untersteht, nicht in der Lage, andere Buchhaltungsvorgänge zu beurteilen oder auch nur die Arbeit der Kreditorenabteilung als ganzes zu untersuchen. Ebenso wäre eine interne Revisionsabteilung, die dem Leiter der Buchhaltung untersteht, nicht in der Lage, die Tätigkeit anderer Abteilungen zu beurteilen und könnte auch nicht einmal die Abteilung als ganzes richtig übersehen.

Aus diesem Grunde muß der Leiter der Revisionsabteilung ein Höchstmaß an Unabhängigkeit haben, die nur durch die vorhin erwähnten Forderungen nach Verantwortlichkeit gegenüber der Geschäftsleitung eingeschränkt ist, und zwar gegenüber einem Vorgesetzten, der in der Lage ist, den Ergebnissen der internen Revisionsabteilung wirksame Unterstützung zu gewähren.

## Die Abhängigkeit der internen Revision von der Organisationsstruktur des Unternehmens

Ein besonderes Problem taucht auf, wenn ein Großunternehmen Tochtergesellschaften, Zweigbetriebe oder größere Betriebsanlagen hat, die räumlich weit verteilt sind und eine dezentralisierte Organisationsform vorliegt. In solchen Fällen findet man bestimmte Leitungsstufen auf verschiedenen Ebenen, jede mit eigenen Leitungsbefugnissen und Erfordernissen.

In jedem Falle mag sich wohl auf Seiten der verschiedenen leitenden Gruppen die Forderung nach interner Revision ergeben, die von einer internen Revisionsabteilung unter ihrer eigenen Leitung und Kontrolle durchgeführt werden soll. So könnte es in einem Unternehmen vorkommen, daß hier eine interne Revisionsabteilung bei der Zentrale der Aktiengesellschaft existiert, die ihre Arbeit im Dienste der Geschäftsleitung des Hauptsitzes ausführt. Ebenso hat vielleicht jeder größere Zweigbetrieb eine eigene Revisionsabteilung, die den speziellen Zwekken dieser Betriebe dient. Einige dieser Zweigwerke haben evtl. große Werksanlagen, und in bestimmten Fällen hat die örtliche Betriebsführung vielleicht wiederum zusätzliches internes Revisionspersonal für die speziellen Aufgaben dieser Betriebsführungen.

Es könnte nun scheinen, als ob ein Verfahren, wie das oben beschriebene, unnötige Doppelarbeit bedeute und die gesamte interne Revision eines Unternehmens besser in den Händen eines einzigen Stabes am Hauptsitz der Gesellschaft liegen sollte. Dies muß nicht unbedingt der Fall sein. Zwar wäre es in hohem Maße wünschenswert, daß die gesamte interne Revision in fachlicher Hinsicht Weisungen von der Zentrale erhält und daß alle Gruppen eng zusammenarbeiten, aber die Tatsache bleibt doch bestehen, daß auch eine örtliche Geschäftsleitung, die die spezielle Verantwortung trägt, nicht von den Mitteln ausgeschlossen werden darf, mit deren Hilfe sie dieser Verantwortung gerecht werden kann.

### Zusammenfassender Überblick über die Zentralisation der internen Revisionsfunktionen

Eine der besten Untersuchungen über die Frage nach dem geeigneten Zentralisierungsgrad der internen Revisionsarbeit wurde vom Kundendienstbüro der „Metropolitan"-Lebensversicherungsgesellschaft durchgeführt. Die Ergebnisse dieser Untersuchung wurden unter dem Titel „Organisation der internen Revision zwischen Mutter- und Tochtergesellschaften" (Organization of the Internal Auditing Function between Parent and Subsidiary Corporations) veröffentlicht. In dieser Untersuchung werden die den Organisationsplan bedingenden Faktoren folgendermaßen zusammengefaßt:

„Natürlich wird die Entscheidung über den Grad der Zentralisierung der internen Revision maßgeblich von den Bedingungen im jeweiligen Einzelfall bestimmt sein. Die folgenden von den Verfassern dieser Untersuchung aufgeführten Faktoren sind für unsere Frage von Bedeutung:

1. Standort oder räumliche Streuung von Tochtergesellschaften. Im Falle einer engen räumlichen Konzentration besteht die Tendenz, die Revision zu zentralisieren, während das Gegenteil der Fall ist (wegen der notwendigen Reisen usw.), wenn die Gesellschaften weit verstreut sind.
2. Größe der Tochtergesellschaften. Kleinere Gesellschaften, die nicht groß genug sind, um sich eine eigene Revisionsabteilung leisten zu können, würden wahrscheinlich von der Zentrale mit erfaßt, unabhängig vom jeweiligen Standort.
3. Branche oder Art der Tätigkeit bei Mutter- und Tochtergesellschaften. Besteht ein Unterschied, so ist eine Zentralisierung der internen Revision nicht sinnvoll. Außerdem gibt es gesetzliche Forderungen und Ausführungsbestimmungen für bestimmte Industrien, falls sie unter das Gesetz über Aktienbesitz an öffentlichen Versorgungsbetrieben fallen.
4. Der allgemeine Organisationsplan. Dies bezieht sich sowohl auf den Grad der Zentralisation oder Dezentralisation der verantwortlichen Leitung im allgemeinen, als auch auf das Rechnungs-, Buchführungs- und Revisionswesen im besonderen, z. B. bei der ‚General Motors Corporation' ist die Betriebsführung und das Rechnungswesen stark dezentralisiert. Der Konzern umfaßt über 100 selbständig arbeitende Tochtergesellschaften. Die Mehrzahl dieser Gesellschaft hat ihre eigenen örtlichen internen Revisionsabteilungen.
5. Die Art der internen Revisionsarbeit. Wird der Funktionsbereich im wesentlichen auf die Prüfung von Belegen und Rechnungsdaten beschränkt oder umfaßt er auch die höheren Stufen der internen Revisionsarbeit, die manchmal als ‚konstruktive Analyse und Beurteilung' der Betriebsvorgänge, der Organisation, der Verfahren usw. bezeichnet werden?
6. Vorhandensein von qualifiziertem Revisionspersonal für Tochtergesellschaft. Schwierigkeiten geeignete Revisoren oder Prüfungsleiter zu bekommen und zu halten könnten eine Zentralisation der Organisation ebenfalls beeinflussen.
7. Gewohnheit oder persönliche Entscheidung der Geschäftsleitung. Widerstand gegen eine Änderung kann selbst dann ein praktischer Faktor sein, wenn er unlogisch ist."

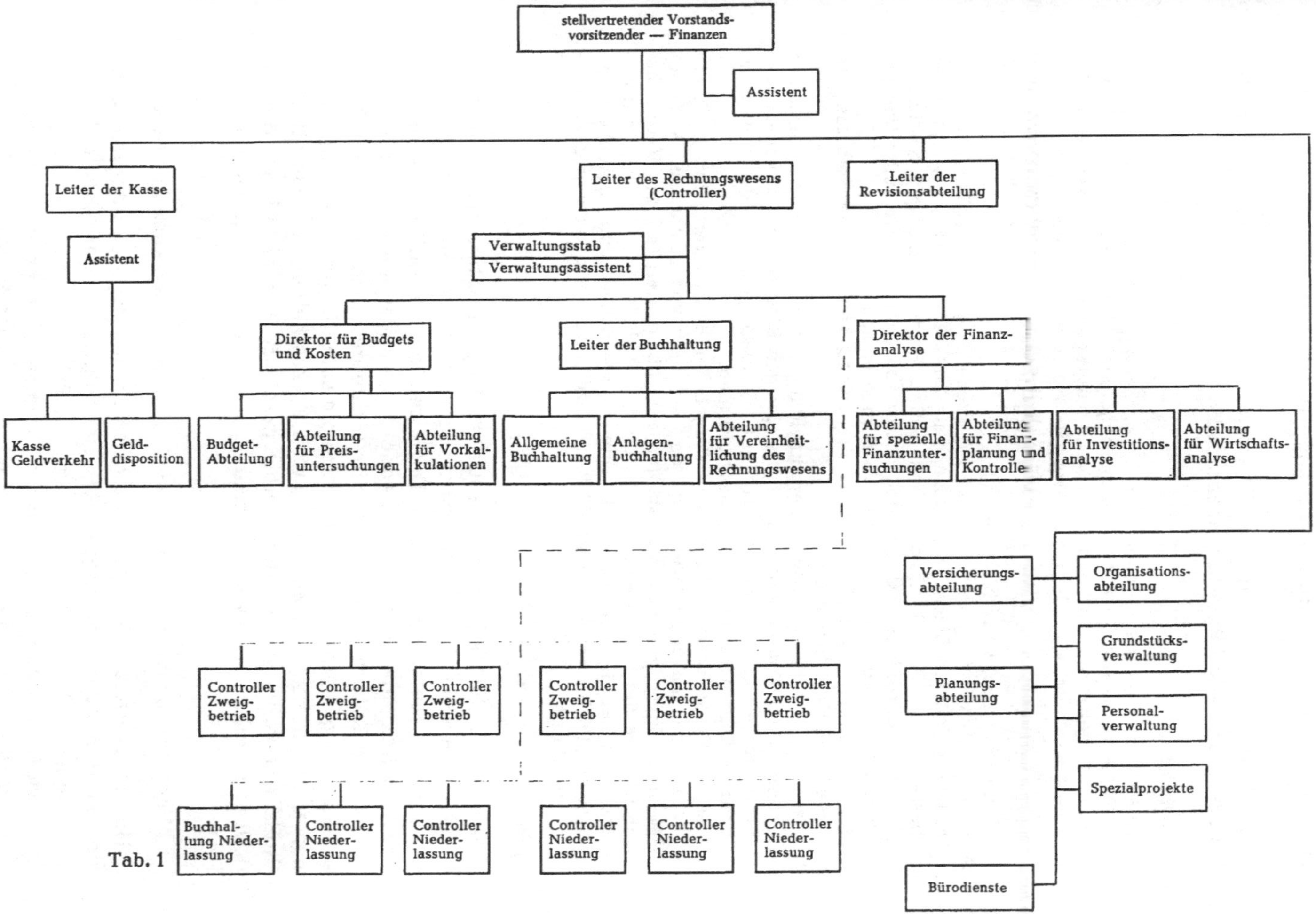
stellvertretender Vorstands-vorsitzender — Finanzen
Assistent
Leiter der Kasse
Leiter des Rechnungswesens (Controller)
Leiter der Revisionsabteilung
Verwaltungsstab
Verwaltungsassistent
Assistent
Direktor für Budgets und Kosten
Leiter der Buchhaltung
Direktor der Finanz-analyse
Kasse Geldverkehr
Geld-disposition
Budget-Abteilung
Abteilung für Preis-untersuchungen
Abteilung für Vorkal-kulationen
Allgemeine Buchhaltung
Anlagen-buchhaltung
Abteilung für Vereinheit-lichung des Rechnungswesens
Abteilung für spezielle Finanzunter-suchungen
Abteilung für Finanz-planung und Kontrolle
Abteilung für Investitions-analyse
Abteilung für Wirtschafts-analyse
Versicherungs-abteilung
Organisations-abteilung
Grundstücks-verwaltung
Planungs-abteilung
Personal-verwaltung
Spezialprojekte
Bürodienste
Controller Zweig-betrieb
Controller Zweig-betrieb
Controller Zweig-betrieb
Controller Zweig-betrieb
Controller Zweig-betrieb
Controller Zweig-betrieb
Buchhal-tung Nieder-lassung
Controller Nieder-lassung
Controller Nieder-lassung
Controller Nieder-lassung
Controller Nieder-lassung
Controller Nieder-lassung

Tab. 1

Die Vor- und Nachteile der Zentralisation werden in der gleichen Untersuchung wie folgt zusammengefaßt:

„*Vorteile:*

1. Kostenersparnis als Ergebnis der Vergrößerung. Dies ist ein Vorteil, der normalerweise für die Zentralisation angeführt wird und immer bis zu dem Punkt angewendet wird, wo die Erträge zurückgehen. Normalerweise ist bei einem zentralisierten Stab auch weniger Aufsicht erforderlich.
2. Höhere Qualität der durchgeführten Arbeit durch die Möglichkeit, besseres Personal heranzuziehen oder dadurch, daß die Einstellung von höher qualifiziertem Personal zu rechtfertigen ist.
3. Bessere Ausnutzung des Stabes. Die größere Anpassungsfähigkeit eines zentral geleiteten Stabes führt dazu, jene Zeitverluste auf ein Minimum zu beschränken, die dadurch entstehen, daß z. B. die Unterlagen bestimmter Tochtergesellschaften während der Hochsaison oder durch irgendwelche unvermeidliche Störungen nicht zur Verfügung stehen.
4. Aussagefähigere und einheitlichere Ergebnisse, weil nur ein Stab die verschiedenen Gesellschaften prüft.
5. Geringere Gefahr der Arbeitsüberschneidung bei Revisionen von Umsätzen innerhalb des Konzerns, da mit einem einzigen Stab die Ergebnisse der Revision an dem einen Ende benutzt werden könnnen, um die Verhältnisse am anderen Ende desselben Vorganges zu prüfen.
6. Bessere Vergleichsmöglichkeiten in Fragen der Betriebsverhältnisse, Finanzierung und bei der Anwendung von Verfahren und Methoden. Nach der Meinung eines leitenden Angestellten geht ein großer Teil der Vergleichsgrundlagen verloren, wenn jede Tochtergesellschaft eine eigene Revisionsabteilung hat, da jede dieser Abteilungen, wenn überhaupt, nur über eine sehr geringe Kenntnis der betrieblichen Einzelheiten bei den anderen Tochtergesellschaften verfügen wird.

*Nachteile:*

Der größte Nachteil einer zentralisierten Organisation ist die Kostenfrage, die aus der Entfernung zwischen dem Prüfungsort und dem Sitz der Revisionsabteilung entsteht. Dazu gehören sowohl die Reisezeiten des Revisionsstabes von einem Standort zum anderen als auch die Fahrtkosten und Reisespesen. Liegen die Tochtergesellschaften räumlich zusammen, mag dieser Nachteil geringfügig sein. Einige Unternehmen haben versucht, diesen Nachteil dadurch auszuschalten, daß sie ständige Revisionsabteilungen in den Tochtergesellschaften einrichten, die jedoch dem Leiter der Revisionsabteilung bei der Zentrale unterstellt sind."

## Ergebnis zur organisatorischen Stellung der internen Revision

Unsere Erörterung der organisatorischen Stellung der internen Revision hat gezeigt, daß die interne Revision viele Aufgaben umfaßt, die auf verschiedenste Weise, abhängig von den Erfordernissen und Wünschen der Geschäftsleitung, erfüllt werden können. Von grundsätzlicher Bedeutung ist die Tatsache, daß der Rang des Vorgesetzten, dem der Leiter der Revisionsabteilung direkt unterstellt ist, auch den Umfang der Aufgaben bestimmt, die von einer internen Revisionsabteilung gelöst werden. Von Bedeutung ist ebenfalls die Tatsache, daß zwei oder mehrere interne Revisionsgruppen in einem Großunternehmen arbeiten können, wobei jede den besonderen Zwecken der Teilgebiete der Betriebsführung dient. Die Entwicklung dieses letzten Typs ist natürlich direkt von dem Maß der Dezentralisation der verantwortlichen Leitung und von dem organisatorischen Aufbau des Unternehmens abhängig. Als wichtiger Gesichtspunkt ist hierbei zu berücksichtigen, daß der Begriff der internen Revision nichts Bestimmtes über den Umfang oder den Grad der Zentralisation enthält. Die interne Revision ist im Gegenteil ein flexibles Gebilde und als solches an die speziellen Erfordernisse des jeweiligen Unternehmens, von dem sie selbst ein Teil ist, anpassungsfähig.

### Beispiel eines Organisationsplanes

Der Organisationsplan eines bedeutenden Unternehmens zeigt die in diesem Kapitel erörterten Prinzipien (siehe Figur 1). In diesem speziellen Unternehmen ist der stellvertretende Vorstandsvorsitzende, der für das Finanzwesen verantwortlich und direkt dem Vorstandsvorsitzenden unterstellt ist, gleichzeitig ein Mitglied des Komitees, das die Betriebspolitik bestimmt und ein Mitglied des Vorstandes.

## 5. Vorgehen und Technik des internen Revisors

### Unterschied zwischen den Aufgaben des internen und des betriebsfremden Revisors

Um das Vorgehen des internen Revisors und seine Verfahren bei der Lösung der Prüfungsaufgaben besser zu verstehen, ist es nützlich, den grundlegenden Unterschied zwischen den Funktionen des internen und des betriebsfremden Revisors kurz darzustellen.

Der betriebsfremde Revisor ist in erster Linie dafür zuständig, die Zuverlässigkeit und Richtigkeit aller Zahlen des Rechnungswesens festzustellen. Es geht ihm daher vor allem darum, sich von der Richtigkeit der Zahlen durch geeignete Prüfungen und Analysen zu überzeugen. An Fragen der internen Kontrolle ist er interessiert, weil sie direkt mit der notwendigen Prüfung der allgemeinen Zuverlässigkeit der Zahlen zusammenhängt, über die er ein Urteil abzugeben hat. Es leuchtet auch ein, daß der externe Revisor darauf bedacht ist, daß es seinem Kunden auf lange Sicht gut geht, und daß es in seinem Interesse liegt, eine solche Entwicklung auf jede mögliche Weise zu fördern. Nichtsdestoweniger kann man als das unmittelbare Ziel seiner Kontrolle die Bildung eines unabhängigen Urteils über die Aufstellung der Bilanz bezeichnen, und seine Tätigkeit ist in erster Linie auf dieses Ziel gerichtet.

Der interne Revisor befaßt sich ebenfalls mit der Prüfung von Angaben, aber er ist ebenso sehr an allen Tätigkeiten, Arbeiten und Verfahren interessiert, die mit den zu bestätigenden Zahlen zusammenhängen. Diese Interessen sind nicht nebensächlich oder zufällig, sondern von größter Wichtigkeit. Er ist der Betriebsleitung gegenüber verantwortlich, und die verschiedenen Verfahren und Kontrollen, die zum Betriebsergebnis führen, gehen ihn unmittelbar an.

Der Unterschied zwischen der Aufgabe und Arbeitsweise des internen und des externen Revisors liegt hauptsächlich in ihrem Vorgehen. Der interne Revisor muß, da er zum Unternehmen gehört, seine Tätigkeit darauf ausrichten, den Interessen der Gesellschaft zu dienen. Er ist ebenso an der Ausführung der betrieblichen Aufgaben interessiert, wie an dem Ergebnis.

Der betriebsfremde Revisor hat sich mehr mit den Ergebnissen als mit den Verfahren, die zu den Ergebnissen führen, zu beschäftigen. Zwar ist auch er an den Verfahren interessiert, aber im wesentlichen nur um sich zu überzeugen, daß die eingerichteten internen Kontrollen (eine davon ist die interne Revision) genügend Sicherungen gegen Unterschlagung oder Manipulationen schaffen[1], und als weitere Bestätigung dafür, daß die Ergebnisse in Ordnung sind.

## Hauptelemente der Aufgaben des internen Revisors

Wenn der interne Revisor an seine Prüfungsaufgabe als Ganzes oder an irgend einen Teil davon herangeht, gibt es gewisse Hauptelemente oder Überlegungen, mit denen er sich zu befassen hat, und auf deren richtige Lösung seine Arbeit gerichtet ist. Eine kurze Darstellung dieser Hauptelemente wird seine Aufgabe deutlicher erklären und als Muster für die spätere Behandlung der einzelnen Teile des Prüfungsprogrammes dienen.

### Zuverlässige und genaue Daten

Ist die Information aus der Buchhaltung zuverlässig und genau? Man wird wohl von dem internen Revisor am Ende seiner jeweiligen Prüfung auf die eine oder andere Weise einen Bericht an die Geschäftsführung über die geprüften Zahlen erwarten. Ob er nun berichtet oder nicht, in jedem Fall übernimmt der interne Revisor eine gewisse Verantwortung dafür, daß die Zahlen der Finanz- und Betriebsbuchhaltung, die die ge-

[1] Instructor's Manual for a College Course in Internal Auditing (New York: The Institute of Internal Auditors, 1948).

prüfte Stelle für die Vergangenheit vorgelegt hat, zuverlässig und genau sind. Um diese Verantwortung übernehmen zu können, muß der interne Revisor ein angemessenes Prüfungsprogramm durchführen. Zu diesem Zweck muß er die ganze Prüfungstechnik und alle Prüfungsmethoden anwenden, soweit sie geeignet erscheinen, die Gültigkeit und Zuverlässigkeit der Tatsachen festzustellen. Dabei muß er sich sowohl mit allem befassen, was richtig gebucht wurde, als auch mit allen Zahlen, die vielleicht weggelassen wurden.

### Übereinstimmung mit bestehenden Vorschriften

Sind die Vorgänge, die durch die Zahlen charakterisiert werden, in Übereinstimmung mit den betrieblichen Vorschriften und Grundsätzen ausgeführt worden? Auf das Interesse des Revisors an den Arbeitsverfahren — das seinem Interesse an der Richtigkeit der Daten gleichsteht — haben wir hingewiesen. Stimmen die Arbeitsabläufe mit den Vorschriften und Grundsätzen überein, die in Mitteilungen, Rundschreiben, Briefen verschiedener Art und mündlich durch die zuständigen Vorgesetzten gegeben worden sind? Hat man diese Vorschriften richtig angewendet, oder welche Anstrengungen sind gemacht worden, um ihnen zu entsprechen? Es ist eine der ersten Aufgaben des internen Revisors, den Grad der Erfüllung dieser Anforderungen zu schätzen und die Geschäftsleitung über die bestehenden Zustände zu informieren.

### Prüfung der internen Kontrolle

Sind die mit den Zahlen zusammenhängenden Vorgänge mit genügender interner Kontrolle ausgeführt worden? In ähnlicher Weise gelangt der interne Revisor durch sein Interesse für die Arbeitsabläufe, die mit den geprüften Aufgaben zusammenhängen, zu der Überlegung, ob die verschiedenen Teile des Buchungsvorganges wirtschaftlich sind und wie das System funktioniert. Er muß jederzeit den gegenwärtigen Stand der Leistungsfähigkeit und die Möglichkeiten zu ihrer Verbesserung abschätzen, wobei er gleichzeitig die Kosten und die Durchführbarkeit eventueller Änderungen zu berücksichtigen hat.

### Verbesserungsdienst

Bieten die mit den geprüften Zahlen zusammenhängenden Vorgänge Möglichkeiten irgend welcher Art, die der Unternehmung nützen würden? Das Interesse des internen Revisors geht über die unmittelbaren buchtechnischen Überlegungen hinaus. Die Zahlen der Buchhaltung und Statistik sind der Niederschlag von Geschäftsvorfällen, und diese Geschäftsvorfälle entstehen aus dem Zusammenspiel vieler interner Methoden und Grundsätze mit der außerbetrieblichen Sphäre. Der interne Revisor, der diese Verbindung der Zahlen, mit denen er arbeitet, kennt und auch nach außen schaut, wird viele Gelegenheiten finden, konstruktive Anregungen zu geben und Entwicklungen zu verhüten, die den Interessen der Gesellschaft nicht entsprechen und wird allgemein der Gesellschaft nützliche Dienste leisten.

## Informationsquellen für den internen Revisor

Die nächste Frage betrifft die Quellen, aus denen der interne Revisor die nötigen Informationen bezieht, um seine Ziele erreichen zu können. Da er besonderen Wert auf die Arbeitsvorgänge legt, muß er sich auch solcher Quellen bedienen, die außerhalb der normalen Buchungsunterlagen zu finden sind. Dies wird durch einen kurzen Überblick über die wichtigsten Informationsquellen deutlicher werden.

### Die Aufzeichnungen

Der interne Revisor arbeitet ständig mit finanziellen und betrieblichen Daten. Die Aufzeichnungen, in denen finanzielle und betriebliche Vorgänge behandelt und festgehalten sind, müssen immer die Hauptquelle der Information sein. Die Prüfung der verschiedenen Arten von Aufzeichnungen — Belege, Berichte, betriebliche Formulare, Journale und Hauptbücher — liefert nicht nur die Grundlage für eine Prüfung der Richtigkeit und für eine Analyse, sondern auch eine wertvolle Kenntnis der Arbeitsabläufe hinsichtlich ihrer Übereinstimmung mit den Vorschriften, der internen Kontrolle und des Grundsatzes der Wirtschaftlichkeit. Die dadurch gewonnenen Informationen sind der Ausgangspunkt für zusätzliche Untersuchungen, Befragungen und Beobachtungen.

### Prüfung durch körperliche Besichtigung und durch Bestätigungen

Die in den verschiedenen Unterlagen zusammengestellten Zahlen können oft durch ergänzende Abstimmungsverfahren überprüft werden. Z. B. kann eine bestimmte Summe auf der Aktivseite durch eine körperliche Aufnahme, die der interne Revisor vornimmt, oder durch unabhängige Stichproben kontrolliert werden. In ähnlicher Weise können direkt von Außenstellen — Banken, Kunden, Lieferanten und anderen — Bestätigungen eingeholt und die Richtigkeit der betrieblichen Zahlen dadurch bewiesen werden. Die auf diese Weise durchgeführte unabhängige Prüfung ist ein wichtiges Mittel, die Zuverlässigkeit der betreffenden Zahlen und die Leistung der Mitarbeiter, die diese Geschäftsvorfälle erledigen, zu prüfen.

### Auskünfte von Angestellten

Mündliche oder schriftliche Auskünfte von leitenden Angestellten oder Sachbearbeitern sind ein wichtiges Mittel, die Angaben in den Unterlagen der Buchhaltung oder anderer Quellen zu erklären. Auf diese Weise kann sich der interne Revisor ein Bild von den gegenwärtigen oder vergangenen Arbeiten bzw. Vorgängen machen. Der interne Revisor kann sich solche Erklärungen sehr oft von einzelnen Angestellten geben lassen, die über bestimmte Vorgänge eine unparteiische Ansicht vertreten, z. B. wenn ein Teil des Geschäftsvorfalls in einer anderen Abteilung bearbeitet wird. Ferner besteht die Möglichkeit, derartige Fragen an verschiedene Personen zu richten, um dann die Ergebnisse zu vergleichen.

### Allgemeine Beobachtungen

Schließlich können alle Eindrücke und Beobachtungen des Revisors während seines Prüfungsauftrags notiert werden. Im Laufe seiner Prüfungsarbeit hat der interne Revisor genügend Gelegenheit, Buchführungsvorgänge und andere Arbeitsverfahren in ihrem tatsächlichen täglichen Ablauf, sowie Besonderheiten und Fähigkeiten der einzelnen Sachbearbeiter, die Zusammenarbeit des Personals, Verkaufsmethoden und andere Tätigkeiten jeglicher Art zu beobachten. Diese Beobachtungen erlangen besondere Bedeutung, wenn sie mit den Zahlen in Zusammenhang stehen, die gerade geprüft werden. Wenn sie im Hinblick auf die finanziellen Interessen der Unternehmung betrachtet werden, eignen sie sich sehr zu einer einsichtsvollen Analyse. Da diese Erkenntnisse sehr wertvoll sind, soll der interne Revisor seine Prüfungsarbeit so durchführen, daß er mit den anderen Angestellten des Unternehmens in Berührung kommt und den tatsächlichen Ablauf der täglichen Arbeitsvorgänge beobachten kann. Dies spricht auch dafür, daß er sich in dem Unternehmen näher umsieht, so daß er die Ausführung der verschiedenen Aufgaben des Unternehmens direkt beobachten kann.

## Die Arbeitsweise des internen Revisors

Der interne Revisor erreicht seine Ziele durch eine richtige Durchführung der internen Prüfungsarbeiten. Daher ist es ein großes Problem, wie die Prüfung durchgeführt wird. Wie soll der interne Revisor bei seiner Arbeit vorgehen? Womit soll er beginnen? Wieviel soll er tun, usw.? Die Antworten auf diese Fragen sind verschieden. Sie sind davon abhängig, um welchen Teil der Prüfung es sich handelt und von den besonderen Umständen; doch können hier einige allgemeine Beobachtungen besprochen werden.

Das tatsächliche Vorgehen des internen Revisors kann in vielen Einzelheiten von der Hauptverwaltung vorgeschrieben werden, oder man kann dem Revisor in größerem Maße Handlungsfreiheit gestatten. Unabhängig davon, in welchem Umfang solche Vorschriften bestehen, ist es wünschenswert, daß der interne Revisor einen gewissen Rahmen für den Aufbau seiner Prüfungsarbeiten hat. Dieser besteht aus einem festgelegten Minimum an Arbeiten, die bei dieser Art Prüfungsauftrag immer durchgeführt werden. Aus verschiedenen Gründen ist es wichtig, ein solches Minimum festzusetzen. Erstens führt es zu einer gewissen Gleichmäßigkeit in der Behandlung, die eine notwendige Grundlage des Vertrauens in das Prüfungsprogramm als ganzes darstellt; zweitens, — da dieses Minimum gewöhnlich eine Art Bestätigung der Richtigkeit irgendwelcher Angaben ist, — gibt es dem internen Revisor einen Ausgangspunkt für etwas, das ziemlich genau festgelegt ist und das ihm erlaubt, einen allgemeinen Überblick über die hier vorliegende besondere Situation zu gewinnen. Sodann ist die erste Prüfung der Einzelheiten eine notwendige Voraussetzung für die richtige Ausnutzung der anderen verfügbaren Informationsquellen. Sie ist der Ausgangspunkt, von dem aus sich die anderen Prüfungsarbeiten ausbreiten, so wie es der Revisor für richtig hält.

### Lückenlose Prüfung oder Stichproben

Der interne Revisor steht immer vor dem Problem, ob er lückenlose Prüfungen und Analysen oder nur Stichproben machen soll. Es ist offensichtlich zu kostspielig und zugleich unpraktisch, alle Geschäftsvorgänge einer Unternehmung zu prüfen, obwohl bei bestimmten Vorgängen eine ausführliche Prüfung ratsam ist. Für die Mehrzahl der Geschäftsvorfälle mögen Stichproben genügen; das wirft natürlich das weitere Problem auf, wie viele Stichproben durchgeführt werden sollen. Häufig wird die Zahl von der Hauptverwaltung festgesetzt — zumindest wenn die Arbeiten sich auf das vorher besprochene Minimum beziehen. — Außer diesem Problem der Mindestarbeiten muß der interne Revisor auch die Art der Stichproben und den Umfang einer ausführlichen Prüfung bestimmen.

Da sich die Methode, mit Hilfe von Stichproben zu arbeiten, immer mehr durchsetzt, wollen wir die Aufmerksamkeit auf die Natur dieses Verfahrens und seine richtige Anwendung lenken. Es muß zuerst klargestellt werden, daß Stichproben gemäß ihrer Natur in das weitere Gebiet der Prüfung durch Entnahme von Proben und damit zur Statistik gehören. Die grundlegenden Voraussetzungen der Entnahme von Proben, die Anforderung an die Art der Probe und die Begrenzungen der Arbeitsweise gehören alle zur wissenschaftlichen Auswertung der durch Stichproben erhaltenen Ergebnisse. Bis vor kurzem wurde wenig unternommen, um die Mittel der Statistik auf die Probleme der Buchhaltung und Betriebsprüfung anzuwenden. Die erfolgreiche Anwendung dieser wissenschaftlichen Stichprobenverfahren für eine Qualitätskontrolle (und andere Arbeitsgebiete, auf denen der interne Revisor jetzt mehr und mehr tätig ist) hat jedoch umfangreichere Untersuchungen zur Folge gehabt, wie man diese Möglichkeiten für die Buchhaltung und Betriebsprüfung verwenden kann. Das Arbeiten mit statistischen Stichprobenverfahren wird in Kapitel 21, „Statistische Untersuchungen" ausführlich besprochen.

### Die eigene Urteilskraft des internfn Revisors

Schon vorher sind wir bei verschiedenen Punkten auf die Bedeutung der Urteilskraft des internen Revisors für seinen richtigen Einsatz eingegangen. In der allgemeinen Literatur über Betriebsprüfungen wurde ihr ebenfalls wachsende Beachtung geschenkt. Ihre Bedeutung liegt hier wohl darin, daß keine Erörterung der Arbeit des internen Revisors zu Schlußfolgerungen führen kann, die nicht im Lichte der ordnungsmäßigen Beurteilung der besonderen Situation Änderungen unterworfen sind. Der grundlegende Faktor für die wirksame Durchführung der Prüfungsarbeit ist zweifellos, daß der interne Revisor auch seine Urteilskraft benutzt. Sein Urteil ist von besonderer Wichtigkeit, nicht nur bei der Entscheidung, was zu tun ist, und wie es ausgeführt werden soll, sondern auch bei der Auswertung des durch die Prüfung gewonnenen Materials und letzlich bei den Ergebnissen. Die Abhängigkeit der Art und Wirksamkeit des internen Prüfungsprogrammes von diesem wichtigen Faktor „Urteilskraft" muß demgemäß ständig im Auge behalten werden.

### Die Organisation des internen Prüfungsprogrammes

Das interne Prüfungsprogramm besteht normalerweise aus zwei Hauptgruppen

1. Das regelmäßige Programm, das für einen längeren Zeitabschnitt geplant wird.
2. Besondere Aufträge,
   a) angeregt aus der internen Revisionsabteilung selbst, aufgrund von Feststellungen, besonderen Entwicklungen u. dgl.,
   b) auf Initiative der Geschäftsleitung.

Das Programm für die Ausführung der besonderen Aufträge wird natürlich von der Art des speziellen Auftrags bestimmt. Bei dem regelmäßigen Programm gibt es zwei Möglichkeiten, wie es organisiert und durchgeführt werden kann:

1. Prüfung nach Abteilungen oder organisatorischen Einheiten;
2. Prüfung nach Sachgebieten, die sich durch mehrere Abteilungen ziehen.

*Prüfung nach Abteilungen oder organisatorischen Einheiten.* Das Vorgehen besteht in diesem Falle darin, das Prüfungsprogramm nach Abteilungen, Verkaufsstellen oder anderen organisatorischen Einheiten aufzustellen, die unter der Leitung bestimmter Personen stehen. So würde das interne Prüfungsprogramm für eine besondere organisatorische Einheit, wie z. B. die Werbeabteilung, alle finanziellen Daten und sämtliche Arbeiten dieser Abteilung umfassen. Um ein anderes Beispiel zu nennen: die Prüfung kann auch eine besondere Fertigungsstelle oder Verkaufsstelle betreffen. Das interne Prüfungsprogramm dieser Art zu organisieren, hat große Vorzüge, besonders wenn die Stelle klein genug ist, um in einer angemessenen Zeitspanne geprüft zu werden. Die Prüfung nach organisatorischen Einheiten ist besonders angebracht, wenn das Unternehmen eine dezentrale Organisationsform hat. Häufig kann dieses Vorgehen wirkungsvoll mit anderen Methoden zum Aufbau eines internen Prüfungsprogrammes verbunden werden.

*Prüfung nach Sachgebieten.* Eine andere Art des Aufbaues des internen Prüfungsprogrammes besteht darin, es nach bestimmten Sachgebieten zu entwickeln. So würde es sich z. B. mit Bargeldquittungen, Barauszahlungen, Ein- und Verkäufen u. dgl. befassen. Ein noch spezifischeres Thema der Prüfung kann z. B. folgendes sein: „Wie wirksam sind die Kontrollen für Waren, die das Unternehmen verlassen?" oder „Wie wirksam sind die Verfahren zur Feststellung der Kreditwürdigkeit?" Diese Methode, das interne Prüfungsprogramm zu planen, ist das neuere Vorgehen und wird von den meisten Leitern von Revisionsabteilungen für das in der Praxis wirksamere gehalten. Es legt mit Recht den Ton auf den Arbeitsprozeß und auf Verbesserungen der internen Leistungsfähigkeit. Dieses Vorgehen berücksichtigt auch die Notwendigkeit, die finanziellen Daten, wie sie in den Konten und Berichten aufgeführt sind zu prüfen. Es prüft jedoch auch die Zuverlässigkeit und Genauigkeit der Zahlen, nicht erst durch die Bilanzprüfung, sondern bereits vorher durch bestimmte Methoden und Verfahren, um so verläßliche und exakte Ergebnisse zu liefern. Da Abteilungen eines Unternehmens häufig mit Verantwortung für ein Sachgebiet ausgestattet sind, wird das Vorgehen nach Sachgebieten häufig mit dem nach organisatorischen Einheiten parallel laufen.

### Interne Kontrollnormen und Prüfungsverfahren

Wenn sich der interne Revisor mit den Vorgängen eines bestimmten Kontos befaßt, muß er zuerst die betreffenden wichtigeren internen Kontrollnormen verstehen. Diese Ausführungen sollen zum Verständnis der internen Kontrollnormen beitragen. Das interne Prüfungsprogramm besteht hauptsächlich aus Beobachtungen und Stichproben, ob die interne Kontrollnorm richtig angewendet wird.

Eine Möglichkeit, dieses wichtige und schwierige Problem zu behandeln, besteht darin, zunächst klarzustellen, welche internen Kontrollnormen anzuwenden sind und dann das interne Prüfungsverfahren demgemäß zu entwickeln. Zu diesen Normen würden sowohl allgemeine Prinzipien der internen Kontrolle gehören, die auf alle Unternehmen zutreffen, wie auch solche, die nur auf ein einzelnes Unternehmen oder eine bestimmte Branche anwendbar sind, wie z. B. die Forderung, nach einer Materialeingangsprüfung vor Aufnahme in das Lager. Die internen Prüfungsverfahren müssen feststellen, ob die Normen in der Praxis auch wirklich befolgt werden. Die Durchführung der Prüfung der Übereinstimmung besteht aus: Beobachtung, Erkundigung und Prüfung. Z. B. wird dieses Vorgehen wie folgt in dem Buch *„Interne Kontrollnormen und die damit verbundenen Prüfungsverfahren"* dargestellt.[1]

## Interne Kontrollnormen

Das gesamte Vorratsvermögen muß mindestens zweimal im Jahr körperlich gezählt, gewogen oder anderweitig gemessen und mit den Lagerkarten verglichen werden[2].

## Die einzelnen Schritte der internen Betriebsprüfung

1. Es ist darauf zu achten, daß die Gegenstände des Vorratsvermögens richtig gewogen und gemessen werden.
2. Die Aufstellungen müssen geprüft werden, um festzustellen, ob die Inventuren zweimal im Jahr durchgeführt wurden.
3. Es ist durch Einsicht in die Arbeitspapiere und Lagerkarten festzustellen, ob auf den Lagerkarten die nötigen Berichtigungen ausgeführt wurden.
4. Über jede große Berichtigung muß eine Erklärung eingeholt werden, und es ist festzustellen, ob die Geschäftsführung auf ungewöhnliche Berichtigungen aufmerksam gemacht wurde.

Aus den vorher genannten Gründen bezieht sich die ausführliche Besprechung in diesem Buch auf verschiedene weit entwickelte interne Kontrollen. Es wird nicht der Versuch gemacht, interne Prüfungsverfahren

---

[1] Walter H. Kamp and James A. Cashin, Internal Control Standards and Related Auditing Procedures (Stanford, Com.: Brock and Wallston 1947).

[2] Anm. d. Übers.:
In Deutschland genügt eine einmalige Aufnahme im Jahr (EStR 1958, Abschn. 30), aber es ist zu empfehlen, mit der systematischen Aufnahme aller Teile spätestens zwei Monate vor Ende des Geschäftsjahres fertig zu werden, um dann noch eine genügende Anzahl unvermuteter Stichproben zusätzlich machen zu können.
Literatur: VDMA. Betriebswirtschaftsblatt 5. Verein Deutscher Maschinenbau-Anstalten e. V. März 1955. Permanente Inventur statt Stichtaginventur.
Spörlein, H. Die Inventur nach Handelsrecht und nach Steuerrecht. Stuttgart (Boorberg) 1958, 3. Aufl. 48 S.

als eine Art Musterprogramm aufzustellen. Es werden jedoch bei den einzelnen Abschnitten Beispiele gegeben, wie verschiedene Unternehmen ihr internes Prüfungsprogramm durchführen.

*Ausgangspunkt ist das Geschäft einer Gesellschaft.* Die folgenden Ausführungen werden sich auf das Gesamtunternehmen beziehen. Sie werden damit auch für die Prüfung einer Tochtergesellschaft oder einer gesonderten Abteilung, die wie eine unabhängige Gesellschaft arbeitet, anwendbar sein. Für Unternehmen, bei denen die Funktionen der Tochtergesellschaften oder Abteilungen nicht vollständig von der Hauptverwaltung getrennt sind, sind die Ausführungen nur teilweise zutreffend. So gibt es z. B. Fälle, wo eine Tochtergesellschaft nur Ware empfangen und bezahlen kann. In anderen Fällen dürfen Waren verkauft werden, aber die Rechnungen werden von der Hauptverwaltung ausgestellt, usw. Die Einteilung der Kapitel in der folgenden Besprechung gibt auch nicht unbedingt die Reihenfolge an, mit der der interne Revisor bei jeder Prüfung sein Programm ausführen muß.

## Handbücher

Mit dem Ausdruck „Internes Prüfungshandbuch" kann alles gemeint sein, was dem internen Revisor als eine schriftliche Anleitung bei der Ausführung seiner Arbeit dient. In diesem Sinne kann es grundsätzliche Vorschriften enthalten, die für das gesamte Unternehmen gelten, wie z. B. graphische Darstellungen der Organisation, Übersicht über die Geschäftspolitik und dgl., Richtlinien für die interne Prüfungsabteilung, formale Prüfungsanweisungen und verschiedene andere Vorschriften. Diese Materialsammlung — als internes Prüfungshandbuch — kann der Revisor immer mit sich führen, und jederzeit als Nachschlagewerk benutzen. Das allgemeine Problem liegt in der Art und dem Umfang solcher Handbücher, die dazu dienen sollen, ein wirksames internes Prüfungsprogramm auszuführen. Hier beschäftigen wir uns hauptsächlich mit den Bestandteilen, die von der internen Prüfungsabteilung selbst entwickelt werden.

### Sind interne Prüfungshandbücher wünschenswert?

Zuerst kann man wohl die allgemeine Frage behandeln, ob Prüfungsanweisungen erwünscht sind oder nicht. In der Praxis bestehen darüber verschiedene Ansichten. Viele Unternehmen haben überhaupt nichts, was man als Handbuch bezeichnen könnte. In den Fällen, wo Handbücher existieren, weichen ihre Form und ihr Inhalt weit voneinander ab; einige bestehen aus Briefen und Aufzeichnungen, die von Zeit zu Zeit über Angelegenheiten geschrieben wurden, von denen man annahm, daß sie von bleibendem Interesse und gegenwärtiger Bedeutung sind;

andere ähneln den Programmen der Wirtschaftsprüfungsgesellschaften; einige sind aus grundlegenden internen Kontrollnormen entwickelt; wieder andere geben viele Einzelheiten an und sind eng mit jedem Abschnitt des Buchungsvorgangs verbunden.

In verschiedenen Fällen wird das Fehlen eines systematisch entwickelten internen Prüfungshandbuches auf Zeitmangel oder auf den Vorrang dringenderer Arbeiten zurückgeführt. In anderen Fällen haben die Leiter der Revisionsabteilungen kein Handbuch aufgestellt, weil sie Bedenken hatten, daß ein Handbuch ihren Prüfungsarbeiten eine unerwünschte Unbeweglichkeit verleihen würde. Sie sind der begründeten Ansicht, daß der interne Revisor am besten durch Erfahrung, verbunden mit mündlichen Anweisungen und Besprechungen ausgebildet werden kann.

Auf der anderen Seite gibt es auch einige sehr gewichtige Gründe für ein gutes internes Prüfungshandbuch. In erster Linie besteht das Bedürfnis nach der Sicherheit, daß die Aufträge wenigstens in gewissen Grundfragen alle gleich ausgeführt werden. Z. B. kann eine Gesellschaft verlangen, daß Barbeträge grundsätzlich sofort gezählt, kontrolliert und gebucht werden. Das Handbuch liefert die Sicherheit, daß die wichtigsten Punkte eines Arbeitsganges nicht übersehen werden. In zweiter Linie dient das Handbuch als ein wichtiger Führer und als Ausbildungsmittel für neue und besonders für unerfahrene Mitglieder des Prüfungsstabes. Letztlich stellt es ein wichtiges Nachschlagewerk für diejenigen dar, die nicht zur Revisionsabteilung gehören und ein berechtigtes Interesse für das interne Prüfungsverfahren haben, wie Mitglieder der Geschäftsleitung und der außerbetriebliche Revisor.

## Schlussfolgerungen über die Notwendigkeit von Handbüchern

Eine objektive Betrachtung der bestehenden Bedürfnisse führt eindeutig zu dem Schluß, daß ein internes Prüfungshandbuch irgend welcher Art höchst wünschenswert ist. Das eigentliche Problem besteht darin, ein Handbuch zu entwickeln, das die Erfordernisse sinnvoll erfüllt und doch den Revisor nicht durch überflüssige Einzelheiten oder Anweisungen übermäßig in seiner Arbeit einschränkt. Der unbezahlbare Anteil einer wirkungsvollen internen Betriebsprüfung ist das selbständige Denken, und aus diesem Grunde darf das Handbuch den Revisor nicht einengen, so daß er seine ganze Phantasie, sein Denken oder seine Beweglichkeit verliert, die nötig sind, um das zu tun, was in der jeweiligen Lage getan werden muß.

Das richtige Vorgehen wird gut in der folgenden Einleitung eines internen Prüfungshandbuches erläutert:

> Das Programm beabsichtigt nicht, eine Anzahl von Einzelheiten zu geben, an die man sich mechanisch klammern kann. Es ist kein Ersatz für das Denken. Das weitaus beste Vorgehen bei einer Prüfung ist, eine innere Haltung einzunehmen,

bei der der Revisor die Vollständigkeit seiner Arbeit prüft, wobei er sich fragt — „Stellen diese Zahlen und Buchungen bestimmte Vorgänge dar? Habe ich sie genügend analysiert und geprüft, um von ihrer Richtigkeit überzeugt zu sein? Was wäre meine Antwort, wenn ich gefragt würde?"

Das Prüfungsprogramm ist eine Aufzählung repräsentativer Prüfungshandlungen, von denen von dem Revisor bei seiner Prüfung eine Kombination oder eine Auswahl benutzt werden kann. Das Programm sollte nicht so weit in die Einzelheiten gehen, daß der Revisor die ganze Übersicht über den Vorgang verliert, wenn er sich auf diese Einzelheiten als Anweisungen konzentriert. Der hauptsächliche Wert des Programmes liegt darin, daß es als ein allgemeiner Führer und Wegweiser dient, der weitere Arbeitsschritte vorschlägt und die Untersuchung anregt.

### Der Aufbau und der Inhalt des Handbuches zeigen das Vorgehen und die Grundgedanken der Prüfung

Es mag von Nutzen sein, wenn man hervorhebt, daß das Handbuch die grundlegenden Entscheidungen über die Art des Programmes widerspiegelt. So wird es teilweise oder ganz nach Abteilungen, anderen organisatorischen Untergliederungen oder nach Sachbereichen aufgestellt. Wie schon vorher festgestellt wurde, gilt als neuere und wirksamere Art das Vorgehen nach Sachgebieten. In bestimmten Fällen muß jedoch ein Teil des Programmes notwendigerweise in Anlehnung an die Hauptbuchkonten entwickelt werden.

Das Prüfungshandbuch gibt außerdem direkt oder indirekt die Einstellung der Geschäftsleitung wieder, unter der die interne Revisionsabteilung arbeitet und legt dar, wie die interne Prüfungsarbeit ausgeführt werden soll. Das bedeutet, daß der Inhalt des Handbuches angibt, wie weit die internen Prüfungsarbeiten ausgedehnt werden sollen und welcher Wert einerseits auf die Sicherheit und andererseits auf die konstruktiven Ziele gelegt wird. Es zeigt weiter, inwieweit es ein Ausbildungsmittel für neue Revisoren sein soll und bis zu welchem Umfang ausführliche Anweisungen für wünschenswert gehalten werden.

### Sollen die Verfahren des Handbuches zwingend sein?

Bei der Ausarbeitung eines Handbuches erhebt sich die Frage, wie weit die darin enthaltenen Verfahren und der Umfang der vorzunehmenden Untersuchungen als zwingend vorgeschrieben betrachtet werden sollen. Man mag einwenden, daß das Ziel der Einheitlichkeit der Prüfungsergebnisse und die Zuverlässigkeit nicht erreicht werden, wenn die Verfahren und der Umfang der Untersuchungen nicht zwingend sind. Auf der anderen Seite kann man behaupten, daß das „Erfordernis" zum Maximum wird und daß der Revisor sich so stark auf die Ausführung der vorgeschriebenen Prüfungshandlungen und der verlangten Anzahl von Stichproben konzentriert, daß er die wichtigeren allgemeinen Gesichtspunkte seines Programmes nicht beachtet. Die richtige Antwort scheint die zu sein, daß einige Prüfungshandlungen fest vorgeschrieben sein sollten, daß aber im allgemeinen die Wahl der Prüfungsvorgänge und die Arbeitsweise dem Revisor überlassen werden. Überdies sollte — wenn Prüfungshandlungen zwingend angeordnet werden, bei denen sich die Frage des Umfanges erhebt — die endgültige Entscheidung über den genauen Umfang normalerweise dem Prüfer überlassen werden. Dies führt dazu, daß das Handbuch nach bestimmten Prüfungsobjekten eingeteilt wird.

Zur Veranschaulichung der vorangegangenen Vorschläge diene folgende Möglichkeit: die Vorschriften der Abteilung verlangen, daß der interne Revisor immer einen Interimsbankauszug direkt von der Bank erhält, und daß er die Abrechnung der Schecks überwacht, die vorher als ausstehend vermerkt waren. Außerdem ist es wünschenswert, daß er alle weiteren Schecks überwacht, deren Ausstellungs- oder Zahlungsdatum auf die Zeit vor der laufenden Periode zurückgeht, und die deshalb auf der Liste der ausstehenden Schecks vermerkt gewesen sein *sollten*. Dies könnte mit gutem Grund als zwingendes Verfahren vorgeschrieben werden. Auf der anderen Seite kann verlangt werden, daß sich der interne Revisor davon überzeugt, ob die Belege der kleinen Kasse formell in Ordnung sind. Die Prüfungsanweisung könnte lauten: „Es ist mit Hilfe von Stichproben zu prüfen, ob die Quittungen oder Rechnungen für die kleine Kasse in Ordnung sind und ob diese Belege entweder einzeln oder insgesamt richtig abgezeichnet sind, und daß sie rechtzeitig als ‚bezahlt' gekennzeichnet werden, um ihren Wiedergebrauch auszuschalten." In diesem Fall sind die verschiedenen Ziele angegeben, aber nicht der genaue Arbeitsgang oder Umfang. Der interne Revisor würde wahrscheinlich eine Anzahl Auszahlungsbelege der kleinen Kasse prüfen und die Richtigkeit der entsprechenden Unterlagen feststellen. Er würde auch auf die Art der Abzeichnung achten und darauf, ob sie als „bezahlt" gekennzeichnet sind. Sodann würde er ermitteln, zu welchem Zeitpunkt die dazugehörigen Unterlagen ungültig gemacht wurden. Er würde wahrscheinlich nach eigenem Ermessen entscheiden, *wieviele* Auszahlungsbelege er prüfen soll, bei wievielen Personen er seine Nachforschungen anstellen und in welcher Form er seine Erkundigungen machen soll.

## Das Ausmass der Einzelheiten im Handbuch

Es besteht weiterhin die Frage, welches Ausmaß an Einzelheiten im Handbuch wünschenswert ist. Im allgemeinen scheint es vorteilhafter zu sein, möglichst wenig Einzelheiten zu bringen. Die Gründe dafür sind:
1. Ein Handbuch, das zu sehr auf Einzelheiten eingeht, ist gewöhnlich zu stark auf die besonderen Buchhaltungs- und Prüfungsverfahren der

Gesellschaft zugeschnitten, so daß durch die üblichen laufenden Änderungen in den Buchhaltungsverfahren das Handbuch sehr schnell veralten würde oder aber es müßte ständig geändert werden. 2. Die Angabe vieler Einzelheiten führt dazu, daß die wirklich wichtigen Dinge, auf die der Revisor seine größte Aufmerksamkeit richten soll, unklar werden. 3. Der Revisor wird entweder zu viel Zeit zum Studium des Handbuches verwenden oder es überhaupt nicht lesen und so nicht einmal eine ausreichende fachliche Anleitung erhalten. Die Empfehlung eines Handbuches mit wenigen Einzelheiten steht in Zusammenhang mit dem oben gemachten Vorschlag, die Ziele darzulegen und die detaillierten Verfahren den Kenntnissen und dem Urteil des Prüfers zu überlassen.

### Soll es besondere Prüfungsverfahren für die verschiedenen Tätigkeiten des Unternehmens geben?

Es geschieht verhältnismäßig häufig, daß ein Unternehmen verschiedene Tätigkeiten vornimmt, die in gesonderten Abteilungen oder Tochtergesellschaften ausgeführt werden. Es erhebt sich dann die Frage, ob getrennte Handbücher oder wenigstens getrennte Abschnitte des Handbuches für jede der verschiedenen Tätigkeiten gelten sollen. Wenn die Gesellschaft die verschiedenen Tätigkeiten ständig von besonderen Revisoren prüfen lassen will, mag es äußerst zweckdienlich sein, auch getrennte Handbücher auszuarbeiten. Normalerweise ist es jedoch besser, ein Handbuch zu haben, um sich die geistige Regsamkeit des Personals zu erhalten. Man kann dann einen allgemeinen Teil für die Vorfälle vorsehen, die allen Geschäftszweigen gemeinsam sind. Besondere Abschnitte können die jeweiligen Besonderheiten behandeln. Dadurch werden Wiederholungen vermieden, und außerdem werden die allgemeinen Gesichtspunkte jeder internen Prüfung betont.

### Die Arbeitsziele

Eine gute interne oder überhaupt jede gute Prüfungsanweisung muß dem Revisor das Ziel seiner Arbeit vor Augen führen. Wenn der Revisor nicht weiß, warum er etwas tut, wird die Arbeit mechanisch durchgeführt und meist ohne Erfolg sein. Dieser Grundsatz ist einleuchtend, aber nicht immer leicht anzuwenden. Erstens gibt es Ziele auf verschiedenen Ebenen. Es gibt allgemeine und besondere Ziele. Auf der unteren Ebene unterscheiden sich die kleinen Prüfungsanweisungen kaum von den Verfahrensvorschriften, so daß sie gewöhnlich zusammengefaßt werden, um unnötige Wiederholung zu vermeiden. Die allgemeinen Arbeitsziele müssen klar sein, damit der Revisor seine Gedanken auf die Ausführung dieser Aufgaben richten kann. Vom Standpunkt des Unternehmens sind die Prüfungsverfahren nichts weiter als ein Mittel zum Zweck, und die Erreichung der Ziele ist das wirklich entscheidende.

Die obigen Betrachtungen werden durch einen Auszug aus einem Handbuch, das in Kapitel 7 „Geld", Seite ... (120—125) wiedergegeben wird, veranschaulicht. Man wird bemerken, daß die allgemeinen Ziele zuerst festgesetzt werden. Die wichtigeren untergeordneten Ziele sind in der Form interner Kontrollbestimmungen dargestellt, wobei es in jedem Fall darauf ankommt, daß die bestimmten internen Kontrollnormen tatsächlich wirksam sind. Diesen untergeordneten Zielen folgen dann normalerweise die Prüfungshandlungen; in einigen Fällen wurde allerdings die Angabe von Prüfungshandlungen nicht für notwendig gehalten. In diesen Fällen hätte das Ziel wahrscheinlich wie in dem Beispiel von Seite .... (155) auch als ein Verfahren dargestellt werden können.

## Form und Kontrolle

*Die äußere Form.* Die äußere Form des Handbuches ist wichtig. Die Größe der Schrift, die Qualität des Papiers und des Druckes, die Anordnung und Raumaufteilung und dergleichen müssen so gewählt sein, daß es den Angestellten leicht möglich ist, den Inhalt zu lesen und zu verstehen. Gewöhnlich ist ein Format von 8½ × 11 Zoll* am zweckmäßigsten. Der Gebrauch eines Loseblatt-Einbandes ermöglicht es, neue Seiten einzufügen. Das Handbuch soll in Kapitel eingeteilt und mit Einteilungsstreifen versehen werden, damit die einzelnen Themen je nach Bedarf leicht gefunden werden können. Schließlich ist ein guter und fester Einband wichtig. Die Qualität des Einbandes soll dem Handbuch bei den Revisoren und dem übrigen Personal der Gesellschaft, mit dem der Revisor in Kontakt kommt, Ansehen verleihen.

*Kontrolle der Handbücher.* Es ist äußerst wünschenswert, daß die Handbücher numeriert werden und die Exemplare, die von dem Leiter der Revisionsabteilung an die verschiedenen Revisoren ausgegeben werden, unter strenger Kontrolle stehen. Das ist deshalb so wichtig, weil das Handbuch unter keinen Umständen dem allgemeinen Personal zugänglich sein soll. Obgleich der Inhalt gewöhnlich so ist, daß kein wirklicher Schaden entstehen kann, wenn es in unrechte Hände gelangt, ist es trotzdem von psychologischem Wert, den Inhalt des Handbuches geheim und vertraulich zu halten.

*Laufende Anpassung des Handbuches an die Erfordernisse.* Es sollte unnötig sein, zu betonen, daß Handbücher auf dem laufenden zu halten sind, aber in der Praxis sind sie oft nicht auf dem neuesten Stand. Wenn in einem größeren Zeitraum keine Überarbeitungen oder Zusätze gemacht worden sind, ist schon auf den ersten Blick zu erkennen, daß

* ca. DIN A 4

neue Probleme und Verhältnisse nicht beachtet wurden. Die Folge ist, daß das Handbuch nur als oberflächlich betrachtet und nicht mehr benutzt wird. Mit der Zeit wird es vollständig übersehen werden.

Wenn Überarbeitungen oder Zusätze gemacht werden, sollten die Seiten datiert werden, um leichter darauf Bezug nehmen zu können. Zugleich sollten die alten Seiten aus dem Einband herausgenommen und als Nachschlagewerk gesondert geordnet werden.

#### Die Ergänzung der Handbücher durch mündliche Informationen

Ehe wir die Diskussion über die Handbücher beenden, soll noch betont werden, daß die Handbücher allein nicht ausreichen, gleichgültig von welcher Qualität sie sind. Sie müssen den Revisoren durch mündliche Erklärungen und Gruppendiskussionen veranschaulicht werden. Das kann durch Zusammenkünfte der Revisoren oder durch formelle Anweisungen geschehen. Wenn jedoch ein gutes Handbuch vorhanden ist, das dem Sachbearbeiter richtig erläutert wird, ist die Grundlage für eine äußerst gründliche interne Prüfung vorhanden.

### Die Arbeitspapiere

Die Ausführung des Prüfungsprogrammes verlangt immer die Anfertigung von Arbeitspapieren. Die Form dieser Arbeitspapiere ist natürlich weitgehend von dem jeweiligen Programmabschnitt abhängig. Es gibt aber auch gewisse grundlegende Formen für alle Arbeitspapiere, die wir besprechen wollen, bevor wir das eigentliche Programm näher untersuchen.

#### Die Notwendigkeit von Arbeitspapieren

In weiterem Sinne gehören zu den Arbeitspapieren alle Aufzeichnungen, die während einer Prüfung oder bei der Ausführung eines anderen besonderen Auftrages gemacht werden. Im engeren Sinne, in dem der Begriff normalerweise gebraucht wird, bezeichnet er nur jene Eintragungen, die von dem internen Revisor selbst angefertigt oder für ihn aufgestellt sind und die nach Erledigung seines Auftrages offiziell aufbewahrt werden. Dieser Begriff schließt auch den Entwurf von Berichten ein, aber nicht den Bericht selbst, jedoch sollte eine Abschrift des endgültigen Berichtes mit den Arbeitspapieren abgelegt werden.

Am einfachsten ist es, wenn der Prüfungsbericht mit Durchschlägen geschrieben wird und die Durchschriften dann Arbeitspapiere darstellen. Das würde dann der Fall sein, wenn Prüfungsberichte die Form eines Fragebogens haben oder wenn bestimmte Verzeichnisse — Bankabstimmungen, Inventurlisten oder ähnliches — im Prüfungsbericht enthalten sein müssen. Selbst in solchen Fällen könnte es manchmal zweckmäßig sein, zusätzlich einige Berechnungen oder Unterlagen beizufügen, die mit den Angaben im Bericht zusammenhängen. Wenn der Umfang der Prüfungshandlungen zunimmt und sie sich auf einer höheren Ebene bewegen, weicht die Form des Berichtes weiter von den Analysen und Aufzeichnungen ab, die während der Prüfung gemacht werden. Dann sind Mittel notwendig, um die festgestellten Tatsachen systematisch zu ordnen und festzuhalten. Dies ist notwendig, um die Angaben im Bericht zu stützen und die Zahlen aufzubewahren, die nicht im eigentlichen Bericht behandelt sind. Die Arbeitspapiere stellen die Mittel hierfür dar.

### Laufende und urkundliche Aufgaben der Arbeitspapiere

Ein weiterer Einblick in die Aufgabe der Arbeitspapiere kann durch die Betrachtung ihrer laufenden und urkundlichen Aufgaben gewonnen werden. Zunächst benutzt der interne Revisor die Arbeitspapiere als Mittel zur ordentlichen Ausführung seiner Prüfungen. Die Anfertigung der einzelnen Papiere dient ihm als Stütze dafür, welche Prüfungsarbeiten ausgeführt sind, hilft ihm ferner, jede einzelne Prüfungsarbeit zu überwachen und liefert ihm Informationen, die ihm bei der Zusammenfassung der verschiedenen Teile der gesamten Prüfung eine wichtige Hilfe sind. Die Arbeitspapiere sind auch die Grundlage, auf der die im Bericht gebrauchten Angaben entwickelt werden und ermöglichen es, diesen Bericht richtig abzufassen.

Ferner ist die urkundliche Aufgabe wichtig. Der interne Revisor hat einen Bericht über den Ablauf seiner Prüfungsarbeiten geschrieben, der durch Analysen, Zusammenfassungen und Notizen ergänzt wird. Diese Papiere dienen als Beweis dafür, was der interne Revisor bearbeitet hat; sie beschreiben seine Beobachtungen und liefern die nötigen Unterlagen für die Angaben des Prüfungsberichts. Zu jedem späteren Zeitpunkt kann auf die Arbeitspapiere zurückgegriffen werden, entweder durch den internen Revisor selbst oder durch andere dazu befugte Personen. Es können dadurch zusätzliche Informationen oder Hinweise gegeben werden, die entweder mit dem Inhalt des Berichts im Zusammenhang stehen oder mit anderen bedeutenden Gesichtspunkten der Arbeiten des Unternehmens. Von besonderer Wichtigkeit ist die Tatsache, daß die internen Revisoren, die mit späteren Prüfungen des gleichen Gegenstandes beauftragt werden, diese Arbeitspapiere als Hinweis auf die vorangegangene Arbeit und als Ausgangspunkt für die neuen Prüfungsarbeiten benutzen können.

### Der Inhalt der Arbeitspapiere

Welche Informationen sollen nun wirklich im Hinblick auf diese allgemeinen Ziele und Funktionen in den Arbeitspapieren enthalten sein?

Zunächst sollen die wichtigsten Arten derartiger Angaben erörtert werden.

*Eintragung der ausgeführten Prüfungsarbeiten.* Es muß aufgeschrieben werden, welche Geschäftsvorfälle oder Konten geprüft wurden und in welchem Umfang. Gleichfalls sollte aufgeschrieben werden, welche Verfahren, Arbeitsabläufe oder Verhältnisse untersucht und was in diesem Zusammenhang getan wurde. Solche Notizen können als gesonderte Memoranden angefertigt oder als Anmerkungen auf finanzielle oder statistische Tabellen gesetzt werden. In vielen Fällen kann man die in diesen Verzeichnissen aufgeführten Posten mit einem Zeichen versehen, das besagt, wie sie entstanden sind. So wird dann ein Vermerk über die Prüfung der einzelnen Punkte auf dem gleichen Arbeitspapier geschaffen.

Die Aufzeichnung der Prüfungshandlungen ist dort besonders nötig, wo keine Verfahrensnormen der Gesellschaft bestehen oder wo von dem bestehenden Verfahren abgewichen wird. Wenn bestimmte Abschnitte der Konten oder verwandte Vorgänge stichprobenweise geprüft werden, muß ein Verzeichnis über Art und Umfang der Stichproben aufgestellt werden.

*Analytische Tabellen.* An verschiedenen Punkten des Prüfungsprogramms wird der interne Revisor analytische Tabellen über Bilanz- oder Gewinn- und Verlustkonten oder andere finanzielle Angaben ausarbeiten. In einigen Fällen werden sie ergänzende Analysen darstellen, die über die regulären Unterlagen der Buchhaltung hinausgehen. Oder aber es werden in ihnen auf anderem Wege Informationen ermittelt, um die in den Büchern angestellten Analysen zu bestätigen. Eine besondere Tabelle soll für die Arbeitspapiere nur dann angelegt werden, wenn sie aus dem Verfahren der Prüfung und Analyse entsteht, oder wenn sie sich auf die finanzielle Lage der Gesellschaft bezieht. Die Ausarbeitung von Tabellen, die in den regelmäßigen Buchhaltungsberichten enthalten sind, soll vermieden werden, soweit diese Berichte in ihrer Originalform in die Arbeitspapiere aufgenommen werden können.

Die Tabellen können auch finanzielle oder betriebliche Aufstellungen enthalten, die mit anderen Angelegenheiten in Zusammenhang stehen, und nicht unmittelbar in die formalen finanziellen Aufstellungen gehören. Als Beispiele hierfür können Vergleiche von Geldeingängen und täglichen Geldablieferungen bei der Bank in Frage kommen, ferner Kundenkonten, bei denen der Kredit überschritten wurde, Fehlmengen bei eingehenden Materiallieferungen, Ungenauigkeiten bei der Meldung der hergestellten Fertigerzeugnisse u. dgl.

*Notizen über Angelegenheiten von besonderem Interesse.* Während seiner weiteren Arbeiten wird der interne Revisor seine Ergebnisse bei bestimmten geprüften und beurteilten Angelegenheiten aufschreiben. In einigen Fällen werden die Notizen hauptsächlich Beschreibungen enthalten und später als Nachschlagewerk dienen. In anderen Fällen können sie sich auf ungewönhliche oder fehlerhafte Angelegenheiten, Möglichkeiten zur Verbesserung od. dgl. beziehen, die besondere Aufmerksamkeit verdienen. Ob diese Notizen mit einbezogen werden sollen, hängt davon ab, ob die darin enthaltenen Erkenntnisse im regulären Prüfungsbericht enthalten sind. Es ist anzustreben, in den Arbeitspapieren ein vollständiges Bild aller Punkte zu geben, die bei den internen Vorgängen eine wichtige Rolle spielen oder die mit Hinsicht auf die Finanzlage der Gesellschaft von Bedeutung sind.

## Gestaltung und Anfertigung von Arbeitspapieren

Ob die Arbeitspapiere ihre Funktionen wirksam erfüllen, hängt von ihrer Abfassung ab. Wenn ihr Niveau nicht hoch genug ist, ist der laufende Gebrauch der Papiere und ihre spätere Benutzung als Auskunftsquelle beeinträchtigt. Zur Form gehören auch der schematische Entwurf, die Anordnung der Arbeitspapiere und die Sorgfalt, mit der sie ausgearbeitet werden.

*Entwurf der Arbeitspapiere.* Als erstes sollte der interne Revisor das allgemeine fachliche Wissen über Arbeitspapiere besitzen, das er aus der Literatur[1] zu diesem Thema erwerben kann. Die für einen bestimmten Zweck gewünschten Papiere können am besten entworfen werden, wenn vorher sorgfältig untersucht wird, welche Zwecke verfolgt und welche Informationen gewünscht werden. Die Form kann dann dem jeweiligen Fall angepaßt werden, um den Erfordernissen jeweils zu entsprechen. Die Beweglichkeit sollte erhalten bleiben, indem man für unvorhergesehene Möglichkeiten Raum läßt. Papierkosten stellen keinen wesentlichen Faktor dar, und man soll es vermeiden, die Ausführungen zu sehr zusammenzudrängen, denn dann vermeidet man auch die Verzögerungen, die sich später ergeben, wenn man die Notizen nicht mehr richtig lesen kann oder sie vielleicht wegen ihrer Unvollständigkeit unbrauchbar sind.

*Sorgfalt und Sauberkeit.* Es genügt nicht, die Arbeitspapiere richtig zu entwerfen, sondern sie müssen auch sauber und sorgfältig ausgearbeitet werden. Diese Sorgfalt erfordert, daß die finanziellen und statistischen Angaben oder andere Bemerkungen genauestens und ausführlich genug aufgezeichnet werden. Man muß außerdem der Planung der Papiere genügend Aufmerksamkeit widmen, ehe mit den Prüfungsarbeiten tatsächlich begonnen werden kann. Die Papiere müssen klar und

---

1 C. Oliver Wellington, Audit Working Papers (Princeton, N. J.: D. Van Nostrand Co., Inc., 1948); Maurice E. Peloubet, Audit Working Papers (New York: McGraw-Hill Books Co., Inc., 1949); Leslie E. Palmer and William H. Bell, Accountants Working Papers (New York: The Ronald Press Co., 1950).

verständlich sein. Die eigentliche Übertragung der Angaben soll gut leserlich sein. Eine gute Handschrift ist in gewissem Sinne eine Begabung, aber man kann viel tun, um wenigstens leserlich zu schreiben. Der richtige Gebrauch der Zeilen und Spalten, die Einheitlichkeit der Raumaufteilung und richtige Bildung der Absätze sind Beispiele für die Faktoren, die die Brauchbarkeit der fertigen Papiere gewährleisten.

## Normung der Arbeitspapiere

Einige Gesellschaften haben die Gewohnheit, ihren internen Revisoren für ihre Prüfungsarbeiten genormte Formblätter zu geben. Solche Normung ermöglicht es, die Formblätter im voraus vorzubereiten, was dem Revisor Zeit erspart und zugleich die Durchsicht und den allgemeinen Gebrauch der Papiere erleichtert.

Durch sie kann bei dezentralisierten Prüfungsabteilungen die Hauptabteilung weitgehend einheitliche Prüfungsverfahren erreichen. Solche Normung ist oft für bestimmte Tabellen über Kasse, Forderungen, Vorräte, Anlagevermögen und ähnliches möglich. Einige Gesellschaften geben das Prüfungsprogramm selbst auf genormten Formularen heraus und sehen Spalten für die Abzeichnung durch die Prüfer vor, die damit die Einhaltung dieser Anweisungen bestätigen.

Der Nachteil der genormten Formulare liegt in der Tendenz zu einer gewissen Starrheit der Prüfungsarbeiten. Wenn dies zu weit getrieben wird, besteht die Gefahr, daß mehr Wert auf die Ausfüllung des Formulars gelegt wird und weniger auf die persönliche Urteilskraft. Trotzdem bringt der richtige Gebrauch solcher Formulare wesentliche Vorteile, und jede Gesellschaft sollte sorgfältig überlegen, was in dieser Hinsicht getan werden kann. Auf jeden Fall soll die Normung wenigstens soweit ausgeführt werden, daß gute Arbeitsblätter für den Revisor in verschiedenen Breiten, aber in gleicher Länge angefertigt, und daß diese dann einheitlich gelocht werden, damit man alle Blätter bequem ablegen und einbinden kann.

## Kennzeichnung und Einteilung der Arbeitspapiere

Die Arbeitspapiere müssen richtige Überschriften erhalten. Jedes Blatt soll deutlich zeigen, wer geprüft worden ist (Tochtergesellschaft, Zweigniederlassung oder Abteilung), und es soll folgende Angaben enthalten: Prüfungszeitraum, die besonderen Konten und Arbeiten, die geprüft wurden, die Unterschrift des Revisors, der dies Arbeitspapier angelegt hat und das Ausfertigungsdatum.

Bei Finanzprüfungen sollen alle Arbeitspapiere durch Buchstaben oder Nummern auf den *Rohbilanzen* registriert und in dieser Reihenfolge geordnet werden. Dadurch kann man eine bestimmte Tabelle oder eine bestimmte Notiz ohne viel Verzögerung finden. Wenn es bei der Art der Prüfung keine Rohbilanz gibt, sollte ein Register angefertigt werden, in das die Nummern der einzelnen Arbeitspapiere einzutragen sind. Während der Prüfung müssen alle Papiere sorgfältig aufbewahrt und bei Beendigung gut gebunden der Hauptabteilung der Revision bis zur nächsten Verwendung in Verwahrung gegeben werden.

### Laufende Akten und Dauerakten

Im allgemeinen erscheint es angebracht, die Unterlagen, Listen und Erläuterungen, die von bleibendem Interesse für die späteren Prüfungen sind, gesondert aufzubewahren. Diese Arbeitspapiere werden in einer sogenannten Dauerakte oder Handakte abgelegt. Der für eine bestimmte Aufgabe verantwortliche Revisor führt dann diesen Ordner mit den Papieren über die letzte Prüfung mit sich. Das Verfahren, einen ständigen Ordner zu halten, läßt sich besonders bei der internen Prüfung anwenden, wenn Untersuchungen über die Finanzlage einer Tochtergesellschaft, Hauptabteilung oder anderen internen Stelle gemacht werden. Wenn es sich nicht um eine Finanzprüfung handelt, ist diese Einrichtung zwar von geringerer Bedeutung, da die laufenden Angaben über die Organisation und dergleichen gewöhnlich leicht zu erhalten sind. Trotzdem sollten die Leiter von Revisionsabteilungen überlegen, ob sie nicht auch in diesen Fällen gesonderte ständige Ordner für angebracht halten.

### Mängel bei der Vorbereitung der Arbeitspapiere

Da die Arbeitspapiere sehr wichtig sind und bei ihnen häufig Fehler vorkommen, ist es angebracht, einige der häufigeren Fehlerquellen anzuführen:

1. Es ist oft am bequemsten, mit einer bestimmten Prüfungsarbeit zu beginnen und Angaben in die Arbeitspapiere einzutragen, ohne vorher zu überlegen, wie diese Angaben eingeteilt werden sollen. Das Resultat ist eine zusammengestümperte Liste, die schwierig zu verstehen ist.
2. Die eigentliche Prüfungsarbeit scheint oft von solch unmittelbarer Wichtigkeit zu sein, daß das richtige Anlegen der Arbeitspapiere eine zweitrangige Bedeutung erhält und deshalb oberflächlich ausgeführt wird. Solche Papiere sind gewöhnlich durch Ungenauigkeiten, Lücken und mangelhafte Sauberkeit gekennzeichnet, die ihren Wert beeinträchtigen.
3. Es ist ein ähnlicher Fehler, wenn wesentliche Angaben nicht in die Papiere aufgenommen werden. Bei den internen Revisoren herrscht oft die Ansicht, daß Einzelheiten unwichtig sind, und daß man sich

an die geprüften Angelegenheiten zu einem späteren Zeitpunkt ebensogut erinnern wird wie im Augenblick. Deshalb werden wichtige Listen, Berechnungen und Notizen ausgelassen, die aber einen bedeutenden Bestandteil der umfassenden Erläuterungen der Prüfungsergebnisse darstellen.

## Niveau der Arbeitspapiere

Der interne Revisor soll sich bei der Bearbeitung der Papiere überlegen, ob sie auch ein anderer Revisor übernehmen und verstehen kann. Bei den Wirtschaftsprüfungsgesellschaften wird diese Notwendigkeit stärker berücksichtigt, da bei den einzelnen Aufträgen mehrere Personen beschäftigt werden, so daß es notwendig ist, die laufende Durchsicht der Papiere auch von Mitarbeitern aus anderen Büros, die nicht an der Arbeit teilgenommen haben, durchführen zu lassen.

Bei den internen Prüfungsarbeiten ist diese Notwendigkeit nicht so stark vorhanden. Es ist nicht selten, daß ein Mann alle Papiere einer Aufgabe anfertigt und den Bericht selbst schreibt. In vielen Fällen werden Papiere, die angefertigt werden sollten, ausgelassen, so daß die Angaben unvollständig sind. Es ist für das Niveau der Arbeitspapiere oft nicht förderlich, daß der Prüfer sie zunächst nur für sich selbst schreibt. Zweifellos können die Arbeitspapiere der internen Revision auf vielen Gebieten verbessert werden, sowohl hinsichtlich ihrer Gestaltung als auch der Vollständigkeit. Der interne Revisor sollte immer das Endziel

---

Bemerkung:
Die Formulare sind in der Zentrale erhältlich. Um unnötigen Versand zu vermeiden, soll sich der Revisor jedesmal mit Vorrat versehen, wenn er die Zentrale besucht.
Anmerkung zu Abbildung 2 a

ERLÄUTERUNGEN ZU DEM ARBEITSBLATT

1. Die während der Prüfungszeit bestehenden Kontonummern (einzeln, nicht in Gruppen) und Posten (einschließlich der eröffneten und geschlossenen Konten, für die im Prüfungshandbuch Prüfungshandlungen vorgeschrieben sind, sind in der dort angegebenen Reihenfolge einzusetzen.

2. Die dazugehörigen Nummern der Prüfungshandlungen aus dem Handbuch (aber keine Unterteilungen der Arbeitsgänge wie A—9 [a], 9 [b] usw.) die auf die Kontonummern und Posten von Ziff. 1 zutreffen, sind einzusetzen. In diesem Zusammenhang ist es nicht nötig, die Verfahren C-50, C-51 oder C-52 einzusetzen, welche im Verfahren C 1 enthalten sind, da die Unterschrift für Verfahren C-1 auch für diese Verfahren, soweit anwendbar, gelten soll. Der verantwortliche Revisor soll nach Beginn der Prüfung sobald wie möglich die während des Prüfungszeitraums bestehenden Kontonummern und Posten auf dem Arbeitsblatt in die Rubrik „Kontonummern und Posten" und die dazugehörigen Verfahrensnummern in die Spalte „Nummern der Prüfungshandlungen" einsetzen. Es sollten Durchschläge zur Verteilung der Arbeiten an die einzelnen Revisoren als eine Kontrolliste für den Fortschritt der Arbeit gemacht werden.

3. Nach Beendigung aller ihm zugewiesenen Arbeiten soll jeder Revisor in der vorgesehenen Spalte unterschreiben und in der Rubrik darunter, gegenüber den dazugehörigen Konten oder Posten die Nummern der von ihm vorgenommenen Prüfungshandlungen einsetzen. Wenn die Nummern der ausgeführten Arbeiten gleichmäßig aufeinander folgen, genügen die ersten und letzten durch einen Schrägstrich getrennten Nummern (1/5). Auch wenn ein Verfahren nicht zutrifft, soll es unterschrieben werden, als Beweis dafür, daß es beachtet wurde.

*Allgemeines.* Vor Beendigung der Prüfung soll der verantwortliche Revisor die unter „Arbeit ausgeführt von" eingesetzten Verfahren mit den Verfahren der dazugehörigen Konten und Posten, die unter „Nummern der Prüfungshandlungen" eingesetzt sind, vergleichen um sich zu vergewissern, daß keine Prüfungshandlung übersehen wurde.

ARBEITSBLATT DER PRÜFUNGSHANDLUNGEN Abbildung 2 a

| XYZ Gesellschaft, New York | Hauptverwaltung | 31. 8. 57 |
|---|---|---|
| Gesellschaft u. Ort | Hauptverwaltung<br>Büro<br>Abteilung | Ende d. Prüfung |

| Kontonummern und Posten | Nummern d. Prüfungshandlungen | ausgeführt von | | | | |
|---|---|---|---|---|---|---|
| | | Schmitz | Meier | Braun | | |
| 100 | A-1,7,,8,9,10,11,12,13,14,15,16,17,18,19, | 1,7,8,18 | 1,9/16 | 1,17,19 | | |
| | 20,21,22 | 21,22 | | 20 | | |
| 102 | A-32 | 32 | | | | |
| 104 | A-1,2,3,4,5,6,7,8,9,10,11,12,13,14,15,16, | 1,7,8,18 | 1/6,9/16 | 1,17,19 | | |
| | 17,18,19,20,21,22 | 21,22 | | 20 | | |
| 130 | C-1,3,4,5,6,7,8,10,11,12,31 | 1,3/5,11 | 1,31 | 1,6/8,10 | | |
| | | 12 | | | | |
| 131 | C-1,3,4,5,6,7,8,10,11,12,31 | 1,3/6,11 | 1,31 | 1,6/8,10 | | |
| | | 12 | | | | |
| 139 | C-2,42,43 | 2,42,43 | | | | |
| 140 | C-1,3,4,5,6,7,8,9,10,11,12 | 1,3/5,11 | 1,9 | 1,6/8,10 | | |
| | | 12 | | | | |
| 141 | C-1,3,4,5,6,7,8,9,10,11,12 | 1,3/5,11 | 1,9 | 1,6/8,10 | | |
| | | 12 | | | | |
| 145 | C-2,32 | 2 | 32 | | | |
| | etc. | | | | | |
| AA | 1,2,3 | 3 | 1 | 2 | | |
| BB | 1,2,3,4,5,6,7 | 1/3,6,7 | 4 | 5 | | |
| CC | 1,2,3,4,5 | 1,2 | 3/5 | | | |
| DD | 1,2,3,4,5,6,7 | 6 | 7 | 1/5 | | |
| EE | 1,2,3,4,5 | | | 1/5 | | |
| FF | 1,2,3 | 1/3 | | | | |
| GG | 1,2,3,4,5.6 | 1,4/6 | 3 | | | |

seiner Arbeitspapiere im Auge behalten, und das ist der Prüfungsbericht. In diesem Bewußtsein sollten die Arbeitspapiere ausgearbeitet, Resultate niedergeschrieben und andere Angaben geordnet werden, um so die Formulierung des internen Prüfungsberichtes zu erleichtern. Bei einigen Gesellschaften verlangen die internen Prüfungsanweisungen, daß die Ergebnisse am Ende jedes einzelnen Abschnittes der Arbeitspapiere zusammengefaßt werden. Zum Beispiel sollen auf der Rückseite des Abschnitts „Kasse" alle wichtigen Feststellungen über Kassenvorgänge niedergeschrieben werden, damit sie in den Bericht aufgenommen werden können, ohne viel umgeschrieben zu werden.

## Bestimmungen im Handbuch über Arbeitspapiere

Eine Unternehmung gibt ihren internen Revisoren für die Anfertigung von Arbeitspapieren folgende Anordnungen:

1. Alle Arbeitspapiere, die von Revisoren für die Prüfungsabteilung bei den jährlichen Prüfungen von Bargeld und Wertpapieren ausgearbeitet wurden, bzw. bei den Prüfungen von Hauptabteilungen, Abteilungen oder Konten in der Zentrale oder anderen Bezirken innerhalb der Gesellschaft, müssen folgende Angaben enthalten:
   a) Name des Büros, der Hauptabteilung oder Abteilung, die geprüft wurden,
   b) Datum der Prüfung,

---

Anmerkung zu Abbildung 3a

ANMERKUNGEN ZUM ARBEITSBLATT DER REVISION — BEMERKUNGEN

1. Von dem für die Prüfung verantwortlichen Revisor zu bearbeiten und zu unterzeichnen.

2. Die Kontonummern oder Buchstaben der Posten (AA, BB usw.) und die dazu gehörigen Verfahrensnummern (aber keine Unterteilungen der Verfahren wie bei A-9 usw.), bei denen eine Bemerkung gemacht werden soll, sind in der Reihenfolge des Prüfungshandbuches einzusetzen.

3. Die Bemerkungen sollen aus den Beanstandungen der Lage und der Gewohnheiten in einem Büro bestehen, ferner aus den Vorschlägen, die zu deren Berichtigung gemacht wurden. Es ist dabei anzugeben, was vom Büro unternommen wird; weiter sind ungewöhnliche Vorfälle zur Information aufzuführen. Es sind die Monate, Daten oder andere nähere Bezeichnungen der durch den Revisor zur Prüfung ausgesuchten Arbeit anzugeben (Wenn Stichproben gemacht werden, sollen die Anmerkungen den Prozentsatz der gesamten geprüften Arbeit entweder nach dem Umfang oder der Menge und/oder dem Wert enthalten).

4. Der für diese Prüfung verantwortliche Revisor soll die Bemerkungen der Revisoren mit folgenden Zeichen versehen:

| | | |
|---|---|---|
| V | = | Wenn keine Handlung für notwendig gehalten wird. |
| Bub | = | Besprochen (mit der Geschäftsleitung) und berichtigt. |
| Bwb | = | Besprochen (mit der Geschäftsleitung) wird berichtigt. |
| Bib | = | Besprochen (mit der Geschäftsleitung) in Bearbeitung. |
| Bua | = | Besprochen (mit der Geschäftsleitung) und abgelehnt. |
| B | = | Berichtet (dem Buchstaben „B" soll die Nummer, die dem Posten im Prüfungsbericht gegeben wurde, beigefügt werden, z. B.: B 1, B 4 usw.). |

Der Revisor soll eine Darstellung der Bwb- und Bib-Posten mit Durchschlag anfertigen, wovon das Original bei der Buchhaltungsleitung bleibt und die Durchschrift dem Arbeitsblatt der Revision beigefügt wird.

5. Der für die nächste Prüfung verantwortliche Revisor soll bei der Durchsicht der Bemerkungen zur Kennzeichnung dessen, was er über ihre Durchführung festgestellt hat, folgende Zeichen verwenden:

| | | |
|---|---|---|
| V | = | Wenn keine Handlung für notwendig gehalten wird. |
| Nafg | = | Nicht angenommen, wurde fallen gelassen. |
| B | = | Berichtet (dem Buchstaben „B" soll die Nummer, die dem Posten im neuen Prüfungsbericht gegeben wurde, beigefügt werden, z. B. B 5, B 7, B 11 usw.). |

*Arbeitsblatt der Revision — Bemerkungen*
Abbildung 3 a

Ausgeführt von J. Braun (1)
verantwortl. Revisor

XYZ Gesellschaft, New York — Hauptverwaltung — 31. 8. 57
Gesellschaft u. Ort — Hauptverwaltung Büro-Abteilung — Ende d. Prüfung

| Nr. der Konten Posten od. Prüfungshandl. | Bemerkungen des Revisors | Dispositionen d. Prüfungsleiters gegenwärtige Prüfung | Prüfung nächste |
|---|---|---|---|
| 100— 1 | 23. 8. 57 (auch 104—1). | | |
| 100—10 | 16. 8. 57. | | |
| 100—11 | 18. 1., 26. 2., 26. 5., 24. 6., 12. 7. 57. | | |
| 100—15 | Liste d. ausstehenden Schecks ist beigefügt. | | |
| 100—18 | Es wurden Fälle bemerkt, wo Schecks von Kunden v. d. Postabteilung in die Buchhaltung statt an die Kasse kamen. Dem Leiter der Buchhaltung wurde klargemacht, daß dies die interne Kontrolle beeinträchtigt und mit Abschn. A — 16 der Internen Kontroll- und Genehmigungsverfahren nicht vereinbar ist. Er ordnete an, daß dies in Zukunft beachtet wird. | B — 7 | |
| 100—22 | Die Bankabstimmungen wurden v. d. Kasse gemacht. Der Büroleiter ist einverstanden, sie künftig in der Kontrollabteilung bearbeiten zu lassen. | Bwb | |
| 104— 4 | Einige Fälle, in denen die Bestände wesentlich höher waren als es dem durchschnittlichen Bedarf entsprochen hätte, wurden der Leitung gemeldet. Es wurde von ihr zugesichert, daß die Geldbestände in Zukunft laufend überprüft und wenn notwendig, berichtigt werden. | B — 8 | |
| 130— 1 | 31. 7. 57 (ebenso Konten 131, 132, 181, 185). | B — 2 | |
| 130—12 | Bescheinigung ist beigefügt (auch für Konto 131, 132, 140 . . .). | | |
| 140— 1 | 31. 8. 57 (auch Konto 141). | B — 2 | |
| | Der Vorschlag, die Zahl der Nebenkontrollkonten zu reduzieren, wurde nicht angenommen. Der Büroleiter will den Vorschlag noch weiter prüfen. | Bib | Nafg. |
| AA — 1 | Februar 1957. Die Journalbelege und Anlagen dazu sind für die Monate November u. Dezember nicht ungültig gemacht worden. Der Leiter der Buchhaltung wurde davon in Kenntnis gesetzt und er erließ Anordnungen, auf Grund deren die Belege während der Prüfung ungültig gemacht wurden. | B — 22 | |

c) Bezeichnung des geprüften Kontos oder Sachbereichs,
d) Umfang der Prüfung des Kontos oder Sachbereichs,
e) Art der Prüfung (soll nur dann angegeben werden, wenn das Prüfungsverfahren nicht genau festgelegt ist oder wenn vom festgelegten Prüfungsverfahren abgewichen wurde oder wenn andere Überlegungen diese Angaben erforderlich machen),
f) die bestätigten oder geprüften Belege (Angabe nur in besonderen Fällen nötig),
g) Einschränkungen des Prüfungsumfanges (infolge von Unvollständigkeit der Belege, Mangel an Zeit usw.),
h) Unterschrift des Revisors, der das Konto geprüft hat.
i) Abzeichnung durch den hauptverantwortlichen Revisor.

2. Alle Beanstandungen müssen mit Nummern oder Zahlen bezeichnet werden, um Hinweise darauf zu erleichtern.
3. Bei Beanstandungen müssen alle Einzelheiten aufgeführt werden, wie z. B. Daten, Beträge, an wen verwiesen, ob berichtigt oder nicht, in wie weit sie noch geprüft werden sollen usw.
4. Alle Arbeitspapiere müssen sauber und leserlich angefertigt werden.
5. Unleserliche, nachlässig verfaßte, unvollständige Arbeitspapiere werden nicht zum Binden angenommen und müssen vor der endgültigen Abzeichnung umgeschrieben werden.
6. Für gesonderte Konten oder Vorfälle sollten gesonderte Arbeitspapiere angefertigt werden.
7. Es ist die Pflicht des Assistenten des hauptverantwortlichen Prüfers, alle Arbeitspapiere, Notizen usw. ordentlich binden und registrieren zu lassen.
8. Die Arbeitspapiere sollen auf einem Bilanzbogen oder dergleichen eine Liste der geprüften Konten enthalten, die den Saldo jedes Kontos anzeigt.
9. Wenn die Kontosalden, Wertpapiere oder andere Posten von den Kunden bestätigt wurden, soll dies auf den dazugehörigen Arbeitspapieren entsprechend vermerkt werden.
10. Fehler im Verfahren, Differenzen auf den Konten und Belegen oder andere Arbeitsfehler sind auf den Standardarbeitsbogen nicht als Beanstandungen anzugeben, solange sie nicht endgültig erwiesen sind. Bis die Untersuchung abgeschlossen ist, sollten diese Fragen auf einem besonderen Arbeitsblatt vermerkt werden, das vernichtet wird, nachdem es seinen Zweck erfüllt hat.

Die Arbeitspapiere stellen eine Niederschrift über die bei einer Prüfung oder Untersuchung von der Prüfungsabteilung ausgeführten Arbeiten dar. Sie geben auch einen periodischen, unabhängigen Bericht über die Lage verschiedener Konten und Tätigkeiten der Gesellschaft. Die Arbeitspapiere der Revision werden sieben Jahre aufgehoben[1].

### Arbeitspapiere und dazugehörige Anweisungen als Beispiele

Abbildung 2a zeigt ein Arbeitspapier, das von einer großen Gesellschaft zur Kontrolle der durchgeführten Prüfungshandlungen in ihrem allgemeinen Prüfungsprogramm vorgesehen ist. Die dazu gehörigen Anordnungen der Gesellschaft sind in den Anmerkungen zu Abb. 2a wiedergegeben. Abb. 3a zeigt einen Arbeitsbogen, der von der gleichen Gesellschaft für die Anmerkungen des Revisors und die Disposition von

Seiten seines Vorgesetzten benutzt wird. In den Anmerkungen zu Abb. 3a sind die Anweisungen zur Erläuterung dieses Formulars dargestellt, die die Gesellschaft herausgegeben hat.

## Die Arbeitsweise der internen Prüfungsabteilung

In den vorangegangenen Abschnitten haben wir verschiedene allgemeine Grundsätze und die Hilfsmittel bei der Arbeit des internen Revisors, das Handbuch und die Arbeitspapiere, besprochen. In diesem Abschnitt wollen wir die Arbeit der internen Prüfungsabteilung untersuchen. Unserem Zweck entsprechend soll folgende Einteilung vorgenommen werden:

1. Organisation der Abteilung.
2. Ausführung der Prüfung und anschließende Maßnahmen.

## Organisation der Abteilung

Hierzu gehört die Arbeit der Personen, die mit den laufenden Arbeiten in der Abteilung — zum Unterschied von der eigentlichen Prüfungsarbeit — beschäftigt sind. Diese Arbeiten werden in den folgenden Abschnitten besprochen.

### Darstellung der Arbeitsziele

Bei der Organisation eines internen Prüfungsprogramms besteht das erste Problem darin, den allgemeinen Plan durch die Darstellung der Ziele zu entwickeln. Diese Darstellung ist natürlich von den Ansichten der Geschäftsleitung abhängig. Der Leiter der internen Prüfungsabteilung kann jedoch der Geschäftsführung Vorschläge dazu machen. In dem folgenden Auszug, der dem allgemeinen Organisationshandbuch einer Gesellschaft entnommen wurde, ist ein Beispiel gegeben, welche Form diese Ziele annehmen können.

## Übersicht über die Ziele der Prüfungsabteilung

1. Pläne und Prüfungshandlungen für das interne Prüfungsprogramm sind so zu formulieren, daß die Unterstützung aller Mitglieder der Geschäftsleitung in der wirksamen Erfüllung ihrer Pflichten erreicht wird. Hierzu ist folgendes notwendig[1]:

a) Prüfung und Beurteilung der Richtigkeit, Zuverlässigkeit und Durchführung der Buchhaltungs-, Finanz- und Verfahrenskontrollen.

---

[1] Anm. d. Übers.: vgl. § 44 HGB und das Gesetz vom 2. März 1959.

[1] Man wird bemerken, daß diese Darstellung der Ziele stark durch die Abhandlung über die Pflichten des internen Revisors aus dem Jahre 1957, in Kap. 2 besprochen, beeinflußt wurde.

b) Feststellung, wie weit die aufgestellten Richtlinien, Pläne und Verfahren eingehalten wurden.

c) Feststellung, ob die Vermögensgegenstände der Gesellschaft richtig erfaßt und ob das Vermögen vor Verlusten aller Art geschützt wird.

d) Prüfung der Zuverlässigkeit der Zahlen der Buchhaltung und anderer Angaben, die innerhalb der Unternehmung aufgestellt werden.

e) Beurteilung der Zuverlässigkeit bei der Ausführung der übertragenen Pflichten.

2. Der interne Prüfungsstab wird überwacht, ebenso die Prüfungen, die das interne Prüfungsprogramm vorsieht, damit diese in Übereinstimmung mit den festliegenden Richtlinien und Verfahren der Abteilung abgewickelt werden.
3. Von der Geschäftsführung verlangte besondere Untersuchungen sind durchzuführen.
4. Es werden Prüfungsberichte über die Feststellungen und Vorschläge, welche sich aus den Prüfungen ergeben, ausgearbeitet.
5. Die Korrespondenz über Maßnahmen, die sich aufgrund des Prüfungsberichtes ergeben haben, ist zu überwachen und — wenn das Büro des Controllers die Ausführung bestätigt — ein unabhängiges Urteil über die Richtigkeit der Darstellung abzugeben.

## Prüfungsgebiete und Befugnisse

Die Reichweite des Programms und die Befugnisse der Revision sollten festgelegt und die zu prüfenden Sachbereiche angegeben werden, so daß es keine Mißverständnisse über die Pflichten und Befugnisse des internen Revisors gibt.

Das Gutachten von 1957 über die Praxis der internen Revision zeigte, daß bei den Gesellschaften, die die Umfrage beantworteten, folgende Sachgebiete geprüft werden:

| | | | |
|---|---|---|---|
| Buchhaltung | 322 | Verkauf | 161 |
| Kasse und Zahlungsverkehr | 243 | Produktion | 98 |
| Einkauf | 224 | Personal | 52 |
| Transport | 70 | Werbung | 52 |

Dieser Überblick zeigt deutlich die Tendenz zur Erweiterung des zu prüfenden Bereichs, besonders die Ausdehnung auf nichtfinanzielle Abteilungen. Dies gilt besonders für die Prüfung des Einkaufs; jetzt sind es 70% gegenüber 50% im Jahre 1951.

## Graphische Darstellung der Organisation

Nachdem die Ziele und die Reichweite der Arbeit festgelegt sind, muß eine Organisation zur praktischen Ausführung geplant werden. Dazu ist zuerst eine graphische Darstellung der Organisation nötig, um die einzelnen internen Prüfungsaufgaben und die organisatorische Eingliederung zu zeigen. Das Organisationsschema einer internen Prüfungsabteilung kann zum Beispiel so aussehen:

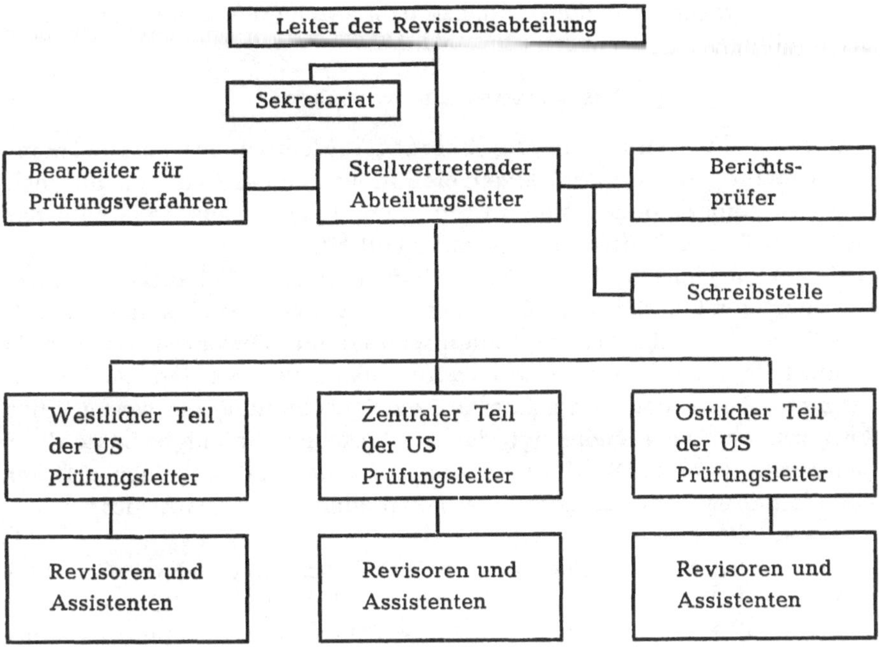


### Abgrenzung der Verantwortung des Personals

Im Zusammenhang mit dem allgemeinen Organisationsplan ist es notwendig, die Verantwortungsbereiche auf den einzelnen Ebenen der internen Prüfung abzugrenzen. Diese Bereiche sind im allgemeinen in großen Zügen festgelegt. Daraus werden dann die besonderen Pflichten abgeleitet. In groben Umrissen kann die Verantwortung wie folgt angegeben sein:

*Leiter der Revisionsabteilung.* Der Leiter der Revisionsabteilung hat aufgrund der Prüfungsergebnisse festzustellen und dem Controller mitzuteilen, ob die Betriebspolitik überall beachtet und das Vermögen sicher verwaltet wird. Er erledigt seine Führungsaufgaben selbst und überträgt die ihm zugeschriebenen sonstigen Aufgaben zur Ausführung in den Einzelheiten den Revisoren seines Stabes.

*Verantwortlicher interner Revisor.* Der als „verantwortlich" bestimmte Revisor ist nur von den Anweisungen des Leiters der Revisionsabteilung oder seines Stellvertreters abhängig und soll im Rahmen der Bestimmungen des Handbuches die ihm übertragenen Aufgaben ausführen, die Planung der Einzelheiten der Prüfung, die Überwachung des Personals und des Arbeitsfortgangs und die Ablieferung der Arbeitspapiere und anderer Angaben über die Prüfungsergebnisse an den Leiter der Revisionsabteilung.

## Die Auswahl der Mitarbeiter

Wie sind die Mitglieder des internen Prüfungsstabes auszuwählen? Grundsätzlich gibt es zwei allgemeine Möglichkeiten, um den internen Revisionsstab zu bilden oder zu ergänzen: 1. Versetzung innerhalb der Gesellschaft und 2. Anwerbung von außerhalb.

*Versetzung innerhalb der Gesellschaft.* In vielen Fällen ist es üblich, Versetzungen innerhalb des Betriebes vorzunehmen. Man ist der Ansicht, daß diese Leute die besten Kenntnise über die Verfahren der Gesellschaft haben und deshalb wertvollere Revisoren werden. Außerdem kann die Versetzung in die interne Revisionsabteilung ein wesentlicher Ansporn sein, wenn man zeigt, daß nur besonders befähigte Leute dazu genommen werden. Die Umfrage von 1957 ergab, daß ungefähr 48 % der Gesellschaften Versetzungen als Hauptquelle des Nachwuchses bezeichnen.

*Einstellungen von außerhalb der Gesellschaft.* Ein anderer Gesichtspunkt ist, daß ein Außenstehender einen größeren Überblick hat. Er ist wahrscheinlich auch mit einer größeren Zahl von Vorgängen in Berührung gekommen, besonders wenn er eine längere Zeit in der Wirtschaftsprüfung tätig war. Vertreter dieser Ansicht erklären, daß die in der Gesellschaft ausgebildeten Revisoren mit großer Wahrscheinlichkeit ein begrenztes Blickfeld haben. Das trifft besonders zu, wenn der Angestellte seine Erfahrungen nur in einem Teil einer speziellen Buchhaltungsabteilung gewonnen hat. Heute haben mehr Unternehmen als früher ein systematisches Ausbildungsprogramm und werben Mitarbeiter an, die eine Abschlußprüfung eines „College" haben. Gewöhnlich werden qualifizierte Absolventen im Januar und Juni jedes Jahr aus den Klassen ausgesucht. Die Praktikanten haben eine Ausbildung von ungefähr 2 Jahren, die nach einem planmäßigen Ausbildungsprogramm in der allgemeinen Buchhaltungsabteilung erfolgt. Dann kommen sie in die interne Prüfungsabteilung, wo sie 2—5 Jahre bleiben; danach werden sie an verantwortlicheren Posten eingesetzt. Die Umfrage von 1957 zeigte, daß die interne Prüfungsabteilung von den Gesellschaften immer mehr als Ausbildungsplatz geschätzt wird.

### Die Ausbildung des Personals

Die Umfrage von 1957 zeigt ,daß sich die meisten Gesellschaften mehr auf die Unterweisung innerhalb der Gesellschaft oder die Ausbildung am Arbeitsplatz durch die Dienstälteren verlassen, als auf ein Arbeitsprogramm. Die Umfrage brachte folgende Ergebnisse: formales Programm 2; ohne formales Programm 297.

Obwohl viele Gesellschaften offenbar kein formales oder geschriebenes Programm haben, führen jedoch fast alle eine einleitende Ausbildung und zwanglose Einführung durch. Zum Beispiel gibt es für die neuen Mitarbeiter häufig eine einleitende Ausbildung in der Hauptverwaltung, die normalerweise aus Zusammenkünften mit Hauptabteilungsleitern und Abteilungsleitern, dem Lesen von Berichten und allgemeinem Material der Gesellschaft, dem Studium von Handbüchern und Prüfungsberichten, der Beobachtung von Buchhaltungsarbeiten und Besprechungen mit anderen Revisoren besteht. Das nächste Stadium ist gewöhnlich eine praktische Prüfungstätigkeit unter der Aufsicht eines erfahrenen Revisors. Sobald der neue Angestellte seine Kenntnisse erweitert hat, wird ihm mehr Verantwortung übertragen, und wenn er sich eignet, wird er zum „verantwortlichen Revisor" für einen Prüfungsauftrag ernannt.

## Die Durchführung der Prüfung und die anschließenden Maßnahmen

Sobald die organisatorischen Angelegenheiten geregelt sind, kann der Leiter der Revisionsabteilung sein internes Prüfungsprogramm oder die Übersicht über die Prüfungsaufgaben des kommenden Jahres planen.

### Das interne Pprüfungsprogramm

Das Programm zeigt die verschiedenen zu prüfenden Stellen, die Zahl der einzusetzenden Revisoren und die erforderliche Zeit. In den meisten Fällen ist es ratsam, zwei Programme anzufertigen, ein langfristiges und ein kurzfristiges Programm.

Das langfristige Programm ist eine wesentliche Hilfe, einen Überblick über die auszuführenden Arbeiten zu gewinnen und zu bestimmen, welche Prüfungen den Vorrang haben. Es kann auch dazu benutzt werden, den Personalbedarf im voraus zu ermitteln und eventuell notwendige Personalanforderungen zu begründen. Dieses Programm ist auch ein gutes Mittel für den Leiter der Revision, die Zustimmung zur Besichtigung der verschiedenen Stellen zu erhalten. Dies ist besonders wichtig, wenn es sich um Neuerwerbungen handelt und es fraglich ist, ob eine Prüfung gemacht werden soll. Ferner bildet das Programm die Unterlage für einen Zeitplan, was besonders wichtig ist.

Das kurzfristige Programm kann vierteljährlich, monatlich oder sogar wöchentlich aufgestellt werden und geht mehr in die Einzelheiten als das langfristige. Man muß dabei sehr beweglich bleiben, da immer dringende Fälle eintreten können, schnelle Änderungen des Vorranges der Arbeiten, Krankheiten, Unfälle und Unterschiede zwischen der geplanten und tatsächlich gebrauchten Zeit. Wird diese Beweglichkeit berücksichtigt, so können Änderungen ohne Schaden für das langfristige Programm durchgeführt werden.

## Die Zeiteinteilung

Man geht immer mehr dazu über, für die einzelnen Arbeiten im voraus eine gewisse Zeitspanne vorzusehen. Zwar ist die Sachlage bei den einzelnen Unternehmen verschieden, aber man hat doch in vielen Fällen erkannt, daß ein Zeitplan ein sehr gutes Mittel ist, um zu entscheiden, worauf es bei der Prüfung besonders ankommt. Bei Stellen, die regelmäßig geprüft werden, ist es im allgemeinen angebracht, die Arbeiten periodisch zu wechseln. Wenn zum Beispiel der Zahlungsverkehr bei der vorangegangenen Prüfung in Ordnung war und es beim Personal oder sonstigen Faktoren keinen Wechsel gab, ist es sinnvoll, die Prüfung des Zahlungsverkehrs abzukürzen und mehr Zeit auf andere Arbeiten zu verwenden, z. B. auf die Vorgänge der Produktion, die bisher vielleicht noch nicht geprüft wurden.

Gewöhnlich wird der verantwortliche Revisor den Zeitplan für die Prüfung aufstellen, aufgeteilt nach Einzelprüfungen. Die Gesamtzeit für alle Einzelprüfungen soll mit der vom Leiter der Revisionsabteilung zugestandenen Anzahl von Tagen übereinstimmen. Das Arbeitsblatt enthält meistens einen Raum für die Angabe der tatsächlich gebrauchten Zeit für den Prüfungsvorgang der vorangegangenen Prüfung, für die zugebilligte und tatsächliche Zeit bei der gegenwärtigen Prüfung. Der Leiter der Revisionsabteilung prüft meistens die zugeteilte Zeit und vergleicht sie mit dem letzten Mal. Er wird sie einschränken, wenn es angebracht erscheint, den Vorrang auf andere Gebiete zu verlegen. Die Umfrage von 1957 zeigte, daß 174 von 308 Gesellschaften die Zeitaufteilung auf einzelne Prüfungsvorgänge durchführten.

## Die Kontrolle der eigentlichen Prüfungsarbeit

Wenn das interne Prüfungsprogramm fertig ist, bestimmt der Leiter der Revisionsabteilung die Prüfer. In einigen Fällen können die Revisoren ständig einer bestimmten Stelle zugewiesen werden; in anderen Fällen erfordert die Stelle oder das Arbeitsgebiet keinen ständigen Revisor. Es mag notwendig erscheinen, den Prüfern das eigentliche Arbeitsgebiet nach ihrer Eignung zuzuweisen. Das ist jedoch nicht immer durchführbar. Der für die Prüfung verantwortliche Angestellte sollte darauf sehen, daß wöchentliche Zeitberichte gemacht werden, die die beendete Arbeit im Vergleich mit der zugestandenen Zeit zeigen. Außerdem sind wöchentliche Reisekostenberechnungen erforderlich, die pünktlich der Hauptrevisionsabteilung zugeliefert werden sollen.

### Die Niederschrift, Durchsicht und Herausgabe der Berichte

Während der Prüfung soll der verantwortliche Revisor die verschiedenen Teile des beabsichtigten Prüfungsberichts entwerfen. Diese Niederschrift kann geändert werden, wenn spätere Feststellungen eine Änderung erforderlich machen. Oft ist das Entwerfen der Berichte für den durchschnittlichen verantwortlichen Revisor schwierig, und der Prüfungsleiter oder sogar der Leiter der Revisionsabteilung übernehmen diese Arbeit. Das ist falsch, denn der Bericht ist die ursprüngliche Darstellung desjenigen, der die Arbeit wirklich ausführt, und die Abfassung des Berichts sollte ihm nicht abgenommen werden. Es ist auch gefährlich, den Bericht zu ändern, ohne dies mit dem Prüfer, der die Arbeit ausgeführt hat, genau zu besprechen. Ferner lernen die Revisoren nicht, Berichte zu schreiben, wenn ihnen nicht die Fehler und die Möglichkeiten, sie zu vermeiden, gezeigt werden.

Es sollten besondere Anstrengungen unternommen werden, um die Frist zwischen dem Abschluß der Prüfungsarbeit und der endgültigen Freigabe des Berichts abzukürzen. Von der Wirkung des Berichts kann viel verloren gehen, wenn eine unnötige Verzögerung der Freigabe eintritt.

### Unterzeichnung und Verteilung des Berichts

Bei den meisten Unternehmen wird der Bericht vom Leiter der Revisionsabteilung unterschrieben. Dies ist richtig, da er ja die Verantwortung für den Inhalt des Berichtes übernehmen muß. Bei einigen Unternehmen schreibt der verantwortliche Revisor den Bericht und unterzeichnet ihn auch. Anschließend erfolgt die Gegenzeichnung durch den Leiter der Revisionsabteilung. Eine besonders zweckmäßige Lösung besteht darin, den Bericht vom Leiter der Revisionsabteilung unterzeichnen zu lassen, während der Name oder die Anfangsbuchstaben des verantwortlichen Revisors auf der gleichen Seite ziemlich unten erscheinen. Durch diese Methode erfährt man, wer geprüft hat, ohne auf die Arbeitspapiere zurückgreifen zu müssen.

Die Berichte werden gewöhnlich der Instanz zugeleitet, der der Leiter der Revisionsabteilung untersteht. Diese Instanz übernimmt dann die Verantwortung für die Verteilung.

### Massnahmen auf Grund des Berichtes

Es gibt zwei gegensätzliche Meinungen über die Aufgabe des Leiters der Revisionsabteilung. Nach der einen erfüllt er seine Verantwortung, wenn er den Bericht abgibt. Nach der anderen Ansicht trägt die interne Revision auch die Verantwortung darüber, ob die Beanstandungen behoben und wie Anregungen beachtet werden. Die Vertreter dieses Standpunktes sind jedoch auch der Ansicht, daß die eigentlichen Maßnahmen zur Behebung der Mängel eine Aufgabe der betreffenden Abteilung sind und durch die Abteilungsleiter durchgeführt werden müssen. In der Praxis kann der Leiter der Revisionsabteilung von Zeit zu Zeit von den Vorgesetzten der betroffenen Abteilungen Auskunft verlangen, ob geeignete Schritte unternommen worden sind. Gute Ergebnisse können dann erzielt werden, wenn der Leiter der Revisionsabteilung einen Durchschlag jedes Briefes bezüglich Verbesserungsmaßnahmen und einen Durchschlag jedes Briefes der geprüften Stelle erhält, in dem dargestellt wird, welche Verbesserungen inzwischen vorgenommen wurden.

## 6. Feststellungen und Berichte

### Feststellungen

Die Feststellungen des internen Revisors während der Prüfung können sich auf Zahlen der Buchführung, Verfahren, Betriebspolitik und andere Dinge beziehen. Die ermittelten Tatsachen können den Vorschriften des Verfahrens und der Betriebspolitik der Gesellschaft oder auch dem eigenen Urteil des internen Revisors entsprechen. Sie können aber auch ein Zeichen für irgendeinen unhaltbaren Zustand oder für Verbesserungsmöglichkeiten sein. Wir befassen uns jetzt hauptsächlich mit den Feststellungen, die möglicherweise eine Grundlage für die Abstellung von Mängeln oder sonstige konstruktive Maßnahmen abgeben können, und die als solche in den Prüfungsbericht aufgenommen werden.

Weil diese Tatsachen oder Feststellungen eine Grundlage für irgendwelche Maßnahmen werden können, wenn sie vom internen Revisor den beteiligten Stellen mitgeteilt werden, ist es wesentlich, daß sie genau und zuverlässig beschrieben werden. Sie stellen das grundlegende Material dar, von dem der Erfolg des internen Revisionsdienstes abhängt. Der interne Revisor ist dafür verantwortlich, daß:

1. die Tatsachen festgestellt werden, die in einer bestimmten Situation wichtig sind;
2. er sich vergewissert, daß diese Tatsachen hieb- und stichfest sind;
3. er die einzelnen Tatsachen, aus denen sich wichtige Folgerungen er-

geben, und die ihm das Beweismaterial bieten, auf dessen Grundlage er Verbesserungen oder die Abstellung von Mängeln empfiehlt, richtig unterscheiden und erklären kann.

### Diskussion der Feststellungen mit den beteiligten Angestellten

Wenn der interne Revisor in bestimmten Fällen festgestellt hat, daß Mängel abgestellt werden müssen oder Verbesserungen möglich sind, dann ist im allgemeinen eine Erörterung mit den beteiligten Angestellten höchst empfehlenswert in erster Linie deshalb, weil damit die Genauigkeit der Feststellungen geprüft werden kann. Weil diese Personen eine genauere Kenntnis der örtlichen Verhältnisse und Vorgänge haben, können sie häufig Fehler in den Feststellungen aufdecken, oder aber sie haben Kenntnis von weiteren Tatsachen, die für das zu behandelnde Problem von Bedeutung sind. Der interne Revisor sollte daher diese weitere Überprüfungsmöglichkeit nutzen. Dies ist eine reine Schutzmaßnahme und verhindert, daß die weitere Prüfungsarbeit sich in einer falschen Richtung vollzieht. Ferner zeigt eine Besprechung mit den beteiligten Angestellten, daß eine gute Zusammenarbeit erstrebt wird, wodurch sich ein angenehmes Betriebsklima ergibt; eine wichtige Grundlage für eine erfolgreiche Revisionstätigkeit.

Anders ist es allerdings, wenn eine Unterschlagung oder die Möglichkeit einer Unterschlagung vorliegt. In diesem Falle könnte eine vorherige Diskussion die Klarstellung und Behandlung der Angelegenheit, die sonst von den dafür zuständigen Personen erfolgt wäre, gefährden. Die meisten Unternehmungen legen daher für eine solche Situation besondere Richtlinien fest. Eine weitere Ausnahme liegt vor, wenn das Prüfungsergebnis persönliche Mängel der Abteilungsleitung aufzeigt, denn diese können aus naheliegenden Gründen nicht mit den davon betroffenen Personen erörtert werden.

### Sofortige Anordnungen auf Grund des Prüfungsergebnisses

Sobald sich der interne Revisor über die Art der Maßnahmen im klaren ist, die seiner Meinung nach auf Grund bestimmter Prüfungsergebnisse erforderlich sind, ist es vom Standpunkt des Unternehmens aus wichtig, daß die zuständigen Personen den Wert der Ergebnisse erörtern. Liegt dieser Wert klar auf der Hand, müssen die notwendigen Schritte auch tatsächlich unternommen werden. Gewisse Tatsachen zeigen eindeutig, welche Maßnahmen getroffen werden müssen, damit die Angestellten der betreffenden Abteilungen sofort die Fehlerquellen abstellen. Die Entdeckung einer unrichtigen Verkaufsrechnung verlangt z. B., daß unmittelbar eine berichtigte Rechnung ausgeschrieben und dem

Kunden übersandt wird, und daß zur gleichen Zeit die nötigen Berichtigungen in der Buchhaltung erfolgen. Andererseits ergibt sich vielleicht, daß für eine bestimmte Gruppe von Vermögenswerten ein falscher Abschreibungssatz angewandt wird. Die damit betrauten Angestellten müssen normalerweise dann sofort den richtigen Abschreibungssatz anwenden und eine Berichtigung für die falschen Belastungen vornehmen.

In anderen Fällen sind die Dinge vielleicht nicht so klar, aber durch weitere Nachforschungen und Unterhaltungen wird mit den Angestellten der Abteilung doch eine Übereinstimmung darüber erzielt, welche Maßnahmen erforderlich sind. Diese Maßnahmen müssen dann sofort durchgeführt werden. In manchen Fällen erstrecken sich jedoch die Untersuchungen über einen längeren Zeitraum, so daß es nicht möglich ist, Mängel bereits während der Dauer der Prüfung aufzuheben.

### Bis zu welchem Ausmass können die Prüfungsergebnisse sofort behandelt werden?

Es hängt von den Fähigkeiten des internen Revisors, von seinem Ansehen im Unternehmen und von der Mitwirkung der betroffenen Angestellten ab, in welchem Ausmaß er sofortige Maßnahmen auf Grund seines Prüfungsberichtes erreichen kann. Wie bereits gesagt, hat der interne Revisor gewöhnlich keine Anordnungsbefugnis über die Buchhaltungs- oder Fertigungsabteilungen und soll sie auch nicht haben. Man muß jedoch den Einfluß berücksichtigen, der ohne Rücksicht auf den offiziell bestehenden Instanzenweg normalerweise auf diese Abteilungen ausgeübt wird.

Dieser Einfluß ergibt sich daraus, daß die beteiligten Angestellten im allgemeinen wissen, daß ihre vorgesetzten Stellen von ihnen die Einhaltung der Vorschriften und der Geschäftspolitik der Gesellschaft verlangen. Ebenso ist ihnen bekannt, daß eine entschiedene Anordnung dieses Inhalts sofort gegeben wird, wenn der interne Revisor über einen bestehenden Mangel berichtet. Wenn der interne Revisor außerdem das Vertrauen und die Achtung der Angestellten gewonnen hat, so arbeiten sie so gut mit ihm zusammen, daß sie selbst Fehler abstellen und kleinere Verbesserungen ausarbeiten wollen. Somit ist es gar nicht notwendig, daß diese Maßnahmen auf dem normalen Instanzenweg veranlaßt werden.

### Abschlussbesprechung über die Prüfungsergebnisse

Die Prüfungsergebnisse werden im allgemeinen zunächst mit den Angestellten der Buchhaltung (einschließlich des Oberbuchhalters) und mit untergeordneten Angestellten besprochen. Dann ist es vorteilhaft, wenn die wichtigsten Prüfungsergebnisse, Folgerungen oder Empfehlungen mit dem zuständigen Leiter erörtert werden. Diese Besprechung muß normalerweise formell festgelegt werden. An ihr sollen der zuständige Leiter, der Oberbuchhalter und der für die Prüfung verantwortliche Revisor teilnehmen. Als Grundlage wäre eine Notiz zu schreiben, die die entsprechenden Prüfungsergebnisse und Folgerungen umreißt. Wenn es auch als Notiz für die Besprechung bezeichnet wird, ist es doch in Wirklichkeit schon der erste Entwurf für den Bericht. Diese Besprechung erfüllt mehrere äußerst wichtige Zwecke.

1. Der zuständige Leiter und die leitenden Herren der Buchhaltung haben Gelegenheit, formell das Material einzusehen, das anschließend für den Prüfungsbericht verwendet wird. Sie können seine Genauigkeit, seine Ergebnisse und seine Unparteilichkeit anzweifeln, wenn sie es für angebracht halten.
2. Damit wird vermieden, daß die betreffenden Angestellten überrascht und unnötig verärgert werden, wenn ihnen der formelle Bericht zugeht.
3. Die örtliche Leitung kann weitere Hinweise geben oder beabsichtigte Maßnahmen ankündigen, die für die Abfassung des Berichtes wichtig sind.
4. Die Besprechung bietet die Möglichkeit, dem zuständigen Vorgesetzten die Ergebnisse der Prüfung bekanntzugeben, so daß er mit entsprechender Einsicht festlegen kann, was der Leiter der betroffenen Abteilung unternehmen soll.

## Schlussbesprechungen mit den leitenden Angestellten

Es ist allgemein erforderlich, über möglichst viele Angelegenheiten einen Beschluß zu fassen, bevor der interne Revisor das Zweigwerk oder die Tochtergesellschaft verläßt. Daher lassen einige Unternehmen an den Schlußbesprechungen die gehobenen Angestellten aus der Betriebsführung, Buchhaltung und Revision teilnehmen. Auf diese Weise wird in vielen Angelegenheiten eine Übereinstimmung erreicht, und das Ergebnis kann dann in dem Schlußbericht des internen Revisors seinen Niederschlag finden.

Ein Unternehmen hat seine besonderen Anweisungen in seinem Handbuch für interne Revision wie folgt dargelegt:

### Schlußbesprechung

Vorbereitung der Schlußbesprechung:

Der Termin für die Schlußbesprechung ist rechtzeitig vorher zu vereinbaren. Eine Liste der Fragen, die auf der Besprechung erortert werden sollen, muß dem Leiter der Revisionsabteilung übermittelt werden, so daß die interessierten leitenden Herren der Zentrale unterrichtet und zur Teilnahme eingeladen werden können.

1. Etwa einen Monat im voraus soll ein Datum für die Revisions-Schlußbesprechung ausgewählt werden. Das gewählte Datum ist mit der örtlichen Leitung und dem Leiter der Revisionsabteilung zu besprechen.
2. Die Zusammenstellungen der Prüfungsergebnisse sind durchzusehen. Für die Besprechung sind Punkte von allgemeiner Wichtigkeit und allgemeinem Interesse auszuwählen. Dem Leiter der Revisionsabteilung ist eine schriftliche Aufstellung der vorgesehenen Besprechungspunkte zu übermitteln. Die Aufstellung muß mindestens zwei Wochen vor dem angesetzten Termin in der Zentrale eintreffen.

Vorläufiger Bericht für die Schlußbesprechung

Ein vorläufiger Bericht muß als Grundlage für die Schlußbesprechung vorbereitet werden.

1. Dieser Bericht wird von dem verantwortlichen Revisor zusammengestellt.
2. Der Bericht soll mit doppeltem Zeilenabstand mit Durchschlägen geschrieben werden (einzeilig für Tabellen und Beispiele). Für jeden Teilnehmer der Besprechung soll eine Kopie vorliegen.
3. Alle Kopien sollen nach der Besprechung wieder eingesammelt und den Arbeitsunterlagen für die Revision zugefügt werden.

Die Schlußbesprechung:

Der Wert der Revision hängt von der Darstellung ihrer Ergebnisse ab. Die Aussprache über die Revisionsergebnisse wird vom verantwortlichen Revisor geleitet. Da jeder Teilnehmer eine Berichtskopie vor der Besprechung erhalten hat, erübrigt es sich im allgemeinen, den Bericht nochmals vorzulesen. Der verantwortliche Revisor soll jedoch bei jedem einzelnen Punkt die Zusammenhänge in anschaulicher Form vortragen.

## Berichtswürdige Feststellungen

Die Feststellungen können grob in zwei Gruppen eingeteilt werden — in solche, für die alle notwendigen Maßnahmen erfolgt und solche, für die die notwendigen Maßnahmen noch nicht abgeschlossen sind. Im ersten Falle ist eine Aufnahme in den Bericht nicht notwendig, wenn es sich lediglich um einen Arbeitsfehler handelt, der sich nicht ständig wiederholt. Handelt es sich jedoch um eine wichtige Feststellung, z. B. um eine Verletzung der Grundsätze der Betriebspolitik, oder um Fälle, bei denen durch die Bemühungen des Revisors wesentliche Ersparnisse oder Verlustminderungen erreicht wurden, sollen die Feststellungen abgekürzt vorgelegt und mit genau errechneten Zahlenbeispielen untermauert werden.

Beanstandungen, die noch nicht abgestellt wurden, bestehen oft aus mehreren verschiedenen Punkten. Es gibt Fälle, bei denen die betreffenden Angestellten zwar zustimmen, aber nicht in der Lage sind, die geeigneten Maßnahmen einzuführen. In anderen Fällen ist in einer strittigen Angelegenheit zwischen dem internen Revisor und den betreffenden Angestellten keine Übereinstimmung zu erzielen. In einem solchen Fall muß die Sache von der zuständigen Stelle der Hauptverwaltung entschieden werden. Schließlich ist es noch denkbar, daß keine gegensätzlichen Auffassungen bestehen, daß aber genaue Vorschläge weitere Untersuchungen oder die Entscheidung einer höheren Instanz erfordern, z. B. bei einem Wechsel des Arbeitsverfahrens oder bei Vorschriften des Unternehmens. Die Darstellung all dieser Dinge wird ausführlicher auf den folgenden Seiten unter „Berichte" erörtert.

## Berichte

### Die Wichtigkeit guter Berichte

Ebenso wie die Leistungsfähigkeit der Buchhaltung unmittelbar von der Qualität ihrer Berichte und periodischen Aufstellungen abhängt, so hängt auch die Erreichung der Ziele des internen Revisionsprogramms weitgehend von der Art und dem Umfang der Berichterstattung durch den internen Revisor ab. Wenn die Angaben über seine Arbeit und Feststellungen nicht den zuständigen Stellen übermittelt werden, gibt es keine Kontrollgrundlage über die Tätigkeit der internen Revision oder Nutzbarmachung der getroffenen Feststellungen.

Die Wichtigkeit der Revisionsberichte kann nicht nachdrücklich genug betont werden. Oft sind die Berichte die einzige Grundlage für die Entscheidungen über die zu treffenden Maßnahmen. Oft auch stellen sie die einzige Grundlage dar, von der aus der Wert der Arbeit der Abteilung für interne Revision beurteilt wird. Vielen sonst guten Gruppen für interne Revision ist es wegen der Mängel in ihrer Berichterstattung nicht gelungen, ihre Ziele voll zu erreichen. Daraus ergibt sich, daß der Form und dem Inhalt des Berichtes sehr viel Überlegung und Aufmerksamkeit gewidmet werden muß.

### Verschiedene Berichte

Der interne Revisor erstattet Berichte verschiedener Art, deren Hauptzweck in der verwaltungsmäßigen Kontrolle des internen Revisors durch die Hauptverwaltung liegt. Beispiele hierfür sind die Tätigkeitsberichte, die Reiseberichte, die Reisekostenabrechnungen und dergleichen. Hier interessieren jedoch nicht diese Berichtsarten, sondern die Berichte, die sich auf die eigentlichen Revisionsfeststellungen beziehen. Diese Berichte werden zuerst vom einzelnen Revisor an den Leiter der Revisionsabteilung gegeben und dann von diesem an die zuständigen Vorgesetzten. Der Inhalt wird in beiden Fällen normalerweise der gleiche sein und kann hier zusammen besprochen werden.

### Mündliche Berichte

Die Berichte des Revisors über seine Feststellungen können zuerst in mündliche und schriftliche eingeteilt werden. Die mündlichen Berichte umfassen die Besprechungen des internen Revisors mit dem Leiter der

Revisionsabteilung, oder dessen Besprechungen mit dem Vorgesetzten, dem er verantwortlich ist, entweder in Konferenzen am Prüfungsort oder in der Hauptverwaltung oder durch Telefon.

Die mündlichen Berichte enthalten hauptsächlich eine vorläufige Betrachtung der Dinge, die später in schriftlichen Berichten behandelt werden. In vielen Fällen sind sie verwaltungsmäßiger Art — in ihnen fordert der Revisor weitere Anweisungen von seinem Vorgesetzten an —, während sie in anderen Fällen durch die Dringlichkeit der Angelegenheiten und die Notwendigkeit einer sofortigen Entscheidung auf höherer Ebene erforderlich werden.

Da durch mündliche Berichte keine Unterlagen für später geschaffen werden, sind diese allein nicht ausreichend. Sie sind daher nur eine Ergänzung der schriftlichen Berichte.

## Die Arten der schriftlichen Berichte

Schriftliche Berichte sind in Form und Inhalt verschieden. Für unsere Zwecke können sie in Briefe, Fragebogen und Abhandlungen eingeteilt werden. Jede dieser Arten hat ihre besonderen Anwendungsgebiete und gewisse deutliche Begrenzungen. Es wird zweckmäßig sein, kurz einige der Fragen über Form und Inhalt zu betrachten.

*Berichte in Briefform.* Bei den Berichten in Briefform gibt es zwei Möglichkeiten. Sie können — ähnlich wie die mündlichen Berichte — als zusätzliches Mittel für die Erledigung des regulären Arbeitsplanes benutzt werden, wobei normale Berichte in der Form von Abhandlungen nach Beendigung der Prüfung angefertigt werden; in anderen Fällen können sie als das einzige Mittel der Berichterstattung benutzt werden. In der ersten Art sind sie bei jeder internen Revision erforderlich; im zweiten Fall ist ihre Anwendung jedoch begrenzt.

Dort, wo man sich nur auf Berichte in Briefform verläßt, ist der Spielraum der Berichte gewöhnlich eng und beschränkt sich auf wenige der hauptsächlichen Merkmale, die bei der Revision interessieren. Im ganzen gesehen ist dies ein unvollständiges Mittel, um die oben genannten Zwecke schriftlicher Berichte zu erreichen.

*Fragebogen.* Schriftliche Berichte dieser Art bestehen in der Ausfüllung der Zeilen und Spalten, die auf einem vorgedruckten Formular für bestimmte Fragen vorgesehen sind. Eine zusätzliche Erläuterung kann gleichzeitig dem Vordruck beigefügt werden. Im wesentlichen besteht der Bericht jedoch aus dem Fragebogen. Diese Art von Berichten wird von vielen Unternehmen angewandt.

Der Vorteil dieser Berichte liegt darin, daß alle nach dem gleichen Schema erstellt werden, was die Bearbeitung durch alle Beteiligten erleichtert. Sie sind ferner ein Mittel, um durch die festliegenden Fragen eine laufende Kontrolle über jede Revision zu erreichen. Zugleich haben diese Berichte aber auch klare Nachteile und bestimmte Grenzen.

*Grenzen der Berichterstattung mit Fragebogen.* In erster Linie besteht die Gefahr, daß der Gebrauch der Fragebogen eine Wiederholung genau gleicher Prüfungshandlungen der internen Revision begünstigt. Die Beantwortung von Fragen — insbesondere wenn sie nur mit „Ja" oder „Nein" zu beantworten sind —, wird leicht mechanisch ausgeführt und es fehlt eine konstruktive Analyse und Erläuterung. Sie drängt dem Arbeitsplan eine Starrheit auf, die unerwünscht ist und mit der in diesem Buch erörterten Auffassung der internen Revision im Widerspruch steht.

Vom Standpunkt derer, die die Berichte auswerten sollen, ist ihr Wert ebenfalls begrenzt. Der Bericht auf einem Fragebogen führt eine komplizierte Angelegenheit auf eine einfache Frage zurück. Der Erfolg ist daher zweifelhaft und die Berichterstattung oft unzulänglich. Ein Leiter einer Revisionsabteilung, der es mit Berichten in Fragebogenform versucht und sie dann als unbrauchbar verworfen hat, drückte es so aus: „Was weiß man wirklich, wenn man einen dieser Berichte durchgesehen hat?"

Die allgemeine Schlußfolgerung ist, daß Berichte auf Fragebogen nur in einfachen Situationen angebracht sind, in denen die interne Revision mehr mechanischer Art ist. Als Grundlage für eine vollständige interne Revision sind sie allgemein nicht ausreichend. Ihre beste Anwendung finden sie als Gedächtnisstütze — eine gekürzte Übersicht der Prüfungen, die im regulären Revisionsplan angegeben sind —, und als solche können sie gut als Teil der Arbeitsunterlagen für jede Revision benutzt werden. Sie können auch als Anhang zu einem schriftlichen Bericht dienen; man soll sich aber auf sie nicht als einziges Mittel der Berichterstattung verlassen.

*Schriftliche Berichte in Form von Abhandlungen.* Die andere Hauptgruppe der schriftlichen Berichte sind diejenigen, die als Abhandlung abgefaßt werden. Diese Berichte sind bei den verschiedenen Unternehmen stark voneinander abweichend, je nach der gewünschten Gliederung und der Bedeutung der Angelegenheiten. Da diese weite Gruppe der Berichte für die interne Revision am wichtigsten ist, soll sie zunächst näher erörtert werden.

## Form und Inhalt der schriftlichen Berichte

Die Kernfrage bei der Abfassung der Berichte ist, welche Vorgänge berichtet werden sollen und in welcher Weise. Die allgemeinen Antworten auf diese beiden Fragen hängen zuerst davon ab, welchen Zwekken die Berichte bei der Geschäftsleitung dienen und welche Forderungen der Geschäftsleitung für die Darstellung der Revisionsergebnisse bestehen. Weiter hängen diese Fragen auch von der geistigen Befähigung der Revisionsabteilung selbst ab.

Die Qualität der abgefaßten Berichte wird weitgehend von der Fähigkeit der einzelnen internen Revisoren bestimmt. Sehr oft hat die Geschäftsleitung zu den Dingen noch nicht endgültig Stellung genommen, und der interne Revisor hat die Gelegenheit, die Berichte so aufzubauen, wie er es für richtig hält. Er kann dann ständig die Art seiner Darstellung verbessern. Selbst in Fällen, in denen die Form von der Geschäftsleitung im wesentlichen vorgeschrieben ist, können — auf längere Zeit gesehen — allmählich Änderungen vorgenommen werden.

### Hervorhebung des Wichtigsten

Man kann die schriftlichen Berichte danach einteilen, worauf bei der Darstellung der Berichtsdaten der größte Wert gelegt wird. Zwar gehen diese verschiedenen Darstellungsmöglichkeiten ineinander über, aber es ist doch von einigem Wert, ihre besonderen Merkmale kurz zu erörtern.

*Betonung der Einzelheiten der Prüfungshandlungen.* Diese Art der schriftlichen Berichte betont, was der interne Revisor bei seiner Prüfung getan hat und die Art und Weise, wie er es getan hat. Die verschiedenen einzelnen Prüfungshandlungen werden sehr ausführlich vorgetragen, und der Bericht wird eine Art Chronik des Ablaufs der Revisionstätigkeit. In einem Bericht dieser Art ist gewöhnlich eine ins einzelne gehende Erklärung aller vorgefundenen Beanstandungen und die Abstellung der Mängel enthalten — unabhängig von ihrer größeren oder geringeren Bedeutung.

Dort, wo die Prüfungsverfahren nicht vereinheitlicht wurden und nicht festliegen, kann eine Darstellung der vorgenommenen Prüfungshandlungen notwendig sein. Gewöhnlich jedoch haben diese Einzelheiten ihren Platz im Handbuch für interne Revision und nicht in den Revisionsberichten. Soweit keine Hinweise für das Gegenteil vorliegen, kann dann angenommen werden, daß der interne Revisor das gewöhnliche Arbeitsverfahren befolgt hat.

Eine zu ausführliche Darlegung der Prüfungshandlungen und der Einzelheiten kleinerer Beanstandungen und ihrer Beseitigung führt dazu, den Wert der Berichte zu verringern und von ihrer Auswertung abzuschrecken. Zur Sache gehörige Tatsachen werden mit anderen Darstellungen so vermischt, daß ihnen nicht der richtige Nachdruck gegeben wird, und sie leicht übersehen werden. Die Aufstellung solcher Berichte liegt an der mangelnden Fähigkeit des internen Revisors, wichtige Schlußfolgerungen zu entwickeln und darzulegen. Der Bericht wird dann so zusammengestellt, um alles wichtig erscheinen zu lassen.

*Betonung des Finanzwesens.* Bei einer anderen Art der Berichte liegt der Nachdruck auf einer intensiven und umfangreichen Analyse der finanziellen Daten der Gesellschaft. Alle verfügbaren Zahlen der Buchhaltung werden aufgenommen, dazu die weitere Aufgliederung, die der interne Revisor, mit dem Ziel, den Revisionsbericht zu einer Auskunftsquelle für alle Finanzangelegenheiten der geprüften Stelle zu machen, vorgenommen hat. In diesen Fällen werden oft umfangreiche Abschriften der Berichte der Buchhaltung in den Revisionsbericht aufgenommen. Soweit diese Berichtsart mit einer Gesamtzusammenstellung der Daten gefordert wird, führen Berichte in dieser Form zu dem erstrebten Ziel. Trotzdem hat auch diese Berichtsform gewisse Grenzen. Die Kosten für die Aufstellung eines solchen Berichts sind sehr hoch. Der interne Revisor wird davon so in Anspruch genommen, daß andere wichtige Revisionstätigkeiten möglicherweise vernachlässigt werden. Ferner wird der Bericht sehr umfangreich, so daß er von der Geschäftsführung nicht wirkungsvoll und schnell beurteilt werden kann; wichtige Tatbestände und Schlußfolgerungen werden nicht deutlich herausgestellt. Solche Berichte entsprechen jedoch oft gerade dem Wunsch des internen Revisors, seinen Bericht lang und eindrucksvoll erscheinen zu lassen.

*Betonung der Angelegenheiten, die von besonderem Interesse für die Geschäftsleitung sind.* Hier liegt der Nachdruck auf der Unterrichtung der Geschäftsleitung über ungewöhnliche oder mangelhafte Vorgänge und solche Angelegenheiten oder Ergebnisse, die ein konstruktives Eingreifen möglich machen. Routineangelegenheiten und Einzelheiten über die Abstellung geringfügiger Beanstandungen werden aus dem formellen Bericht, der nur Angelegenheiten von wirklicher Wichtigkeit für die Geschäftsleitung enthalten soll, weggelassen. Es wird angestrebt, die Geschäftsleitung mit den Informationen zu versorgen, die sie für eine wirkungsvolle Kontrolle des Unternehmens benötigt, ohne die betreffenden Vorgesetzten übermäßig mit Kleinigkeiten zu belasten. Routineangelegenheiten, die einer Verbesserung bedürfen, können in einer besonderen Aktennotiz zusammengestellt werden, die nur den Angestellten der geprüften Stelle zugestellt wird.

Die Geschäftsleitung will wissen, welche Schwächen sich in dem Arbeitsgang der geprüften Stelle zeigten, was von dem internen Revisor getan wurde, um die Schwächen zu beseitigen und was gegebenenfalls noch zu tun übrig bleibt. Auch wird nicht nur über Mängel berichtet. Eine vorbildliche Ausführung gewisser Arbeiten bei der geprüften Stelle kann die Möglichkeit ihrer Anwendung auch bei anderen Stellen mit sich bringen oder Änderungen der Vorschriften anregen. In all diesen Angelegenheiten soll sich der interne Revisor fragen, ob die Erläuterungen und die Zahlen, die der Bericht enthält, für die Geschäftsleitung von Interesse sind, und ob sie so dargestellt sind, daß sie richtig verstanden werden können.

Der Vorteil dieser Berichtsart liegt in der größeren Hilfe für die Geschäftsleitung. Diese Art der Berichte entsprechen den Erfordernissen der Geschäftsleitung, so daß sie als Grundlage für entsprechende Disziplinarmaßnahmen, für laufende Tätigkeiten jeder Art oder für die Abänderung allgemeiner Arbeitsanweisungen und Vorschriften verwendbar sind. Zugleich sollen die im Bericht enthaltenen Informationen so dargestellt werden, daß sie mühelos gefunden und ausgewertet werden können. Der Geschäftsleitung soll Zeit erspart werden, indem sie die einzelnen Daten schnell und leicht dem Bericht entnehmen kann.

### Die Wichtigkeit genauer Berichterstattung

Es muß betont werden, daß die Genauigkeit der Berichte von größter Bedeutung ist. Dies gilt nicht nur für Zahlen und Aufstellungen, sondern auch für Feststellungen aller Art. Persönliche Ansichten sollen als solche extra bezeichnet werden, aber die Feststellungen auf die sie sich begründen, müssen richtig belegt werden.

Häufig kommt es vor, daß nach der Angabe des Berichtes die darin enthaltenen Tatsachen von den Betroffenen bestritten werden. Oder die Geschäftsführung könnte den Wunsch haben, gute Vorschläge innerhalb des Unternehmens weiter zu verbreiten. Die Unterlagen für diese Dinge müssen dann besonders klar sein. Die interne Revision muß stets in der Lage sein, ihre Ausführungen nachzuweisen und zu belegen. Nichts kann die Revisionsabteilung so stark in Schwierigkeiten bringen, wie die Feststellung, daß ihre Ausführungen nicht auf richtige Nachweise und Untersuchungen begründet sind, und daß sie der Geschäftsleitung die Ungenauigkeit des ursprünglich unterbreiteten Materials gestehen muß.

### Kritik oder Darstellung von Vorschlägen

Die vom internen Revisor vorgeschlagenen Änderungen können leichter erfolgen, wenn die Erläuterungen taktvoll gegeben werden. Es sollte alles getan werden, um eine Bezugnahme auf bestimmte Personen zu vermeiden und um die Kritik oder den Vorschlag in passender und rücksichtsvoller Art darzulegen. Die untersuchten Angelegenheiten enthalten oft Betrachtungen, die verschiedene Personen übelnehmen. Diese Angelegenheiten müssen im Bericht so unparteiisch dargelegt werden, daß alle, die den Bericht lesen, von seiner Aufrichtigkeit und Objektivität überzeugt werden. Mit besonderer Sorgfalt sollten bei Anregungen, die vom Betriebspersonal gemacht worden sind, die Urheber angegeben werden, um zu vermeiden, daß die Ansicht entsteht, der interne Revisor würde sich mit irgend welchen Dingen brüsten, die nicht von ihm stammen.

Dies ist besonders wichtig für die interne Revision, weil die Beziehungen zwischen den betroffenen Angestellten des Unternehmens sehr eng sind, sie voneinander abhängig sind, und der Erfolg der internen Revisionstätigkeit weitgehend von der Mitarbeit aller Beteiligten abhängt. Der interne Revisor wird sicherlich manchmal bei einigen Personen Mißfallen erregen, aber er kann dies durch eine gute Art und Weise der Darlegung seiner Kritik oder seiner Vorschläge abschwächen.

### Der Aufbau des Berichtes

Der Geschäftsleitung wird die Benutzung des Berichtes der internen Revision durch einen richtigen Aufbau desselben erleichtert. Dies bedeutet, daß die dargelegten Angelegenheiten in der richtigen Reihenfolge und in einer Art angeordnet werden müssen, die eine wirkungsvolle Auswertung zuläßt. Es empfiehlt sich zum Beispiel, dem Kontenplan zu folgen und die Konten herauszugreifen, bei denen gewisse Erläuterungen notwendig sind. Allgemeine Angelegenheiten können am Schluß behandelt werden.

Die Erläuterungen sollten in Abschnitte eingeteilt und mit passenden Überschriften versehen werden. Dies ist für die Gliederung des Berichtes wichtig. Er wird dadurch übersichtlicher und die verschiedenen Vorgesetzten, die nur an einzelnen Teilen des Berichtes interessiert sind, können bei der Auswahl dessen, was sie lesen wollen, von den Überschriften ausgehen.

Insbesondere soll man die Feststellungen, Empfehlungen oder andere Schlußfolgerungen für jedes größere Gebiet trennen. Die Feststellungen müssen auf die Tatsachen und sonstigen Unterlagen beschränkt sein, die als Grundlage für eine Schlußfolgerung oder Empfehlung wichtig sind. Diese Art der Darstellung wird später in diesem Kapitel erläutert.

### Zusammenfassung der wesentlichen Feststellungen

Es ist oft nützlich, die wichtigen Feststellungen und Empfehlungen zusätzlich zum regulären Bericht kurz zusammen zu fassen. Zur Übermittlung kann ein Brief geschrieben werden, der unabhängig vom Hauptbericht ist und ihn ergänzt, und in dem die wichtigeren Punkte zusätzlich dargelegt werden. Leitende Angestellte, die an den darin behandelten Angelegenheiten näher interessiert sind, können dann im eigentlichen Bericht die betreffenden Punkte nachlesen.

Eine ähnliche Methode besteht darin, am Anfang des Berichts eine kurze Zusammenstellung der wichtigsten in dem Bericht enthaltenen Vorschläge einzufügen. In jedem Fall soll dann der Abschnitt angegeben werden, in dem weitere Ausführungen zu dem betreffenden Problem zu finden sind.

### Besondere vertrauliche Angelegenheiten

Es kommt häufig vor, daß gewisse Angelegenheiten, über die berichtet werden soll, vertraulich sind. Ein Beispiel hierfür wäre etwa eine Angabe über die allgemeine Leistung der Werksleitung oder Leitung der Tochtergesellschaft. Da die Revisionsberichte einen festen Umlauf innerhalb der Gesellschaft haben, so daß ein größerer Kreis ihren Inhalt erfährt, kann es angebracht sein, diese besonderen Angelegenheiten nicht mit in den regulären Bericht aufzunehmen. Gewöhnlich wird in solchen Fällen ein besonderer Brief oder sogar ein besonderer vertraulicher Bericht geschrieben, der direkt an die maßgebliche Instanz gerichtet wird.

### Die Anwendung der Fotografie

Eine Gesellschaft benutzt Fotos als Mittel einer wirkungsvolleren Berichterstattung. Die Anweisung im Handbuch dieser Gesellschaft lautet wie folgt:

Sobald sich eine Situation ergibt, die nicht klar beschrieben werden kann, sind Aufnahmen zu machen, d. h., dann, wenn eine Fotografie ein besseres Verständnis als Worte ergeben würde. Als Beispiel können Vorgänge bei der Bestandsaufnahme im Lager oder eine Materialverschwendung in der Produktion dienen. Andere Anwendungen werden sich später ergeben.

Es ist möglich, daß Mißverständnisse und Ärger über solche Aufnahmen entstehen, wenn das Vorgehen des Revisors nicht vorsichtig ist. An einigen Stellen ist das Fotografieren verboten, und es können Gefahren bestehen, die das Verbot rechtfertigen, wie z. B. bei Sprengstoffen. Wenn ein Mitarbeiter gegen die Aufnahme von Bildern Einwendungen macht, so hat der Revisor die Angelegenheit mit der verantwortlichen Stelle zu klären. Er muß begründen, warum er ein Foto anfertigen will und sich nötigenfalls auf das Rundschreiben Nr. ..... beziehen Er soll aber nicht unbedingt darauf bestehen, Bilder zu machen. Werden immer noch Einwendungen gemacht, so ist die Angelegenheit dem Leiter der Revisionsabteilung zu melden. Bei dieser Methode dürfte es keinen Ärger bei der Prüfung geben, wenn der Revisor diplomatisch vorgeht.

Im Verlauf der Prüfung ergeben sich Vorgänge, von denen Aufnahmen gemacht werden müssen. Entweder nimmt man die Bilder sofort auf oder zu einem späteren Zeitpunkt. Es ist jedoch nicht richtig, die Zeit dafür zu benutzen, nach Vorgängen zu suchen, die fotografiert werden müssen.

### Form und Stil der Niederschriften

Außer den bisher erwähnten Anforderungen ist es noch erforderlich, daß der Bericht gut geschrieben wird. Das bedeutet, daß Form und Inhalt des Schriftstückes mit dem Ansehen und der Bedeutung des Berichtes im Einklang stehen. Der Bericht muß klar, interessant und überzeugend sein. Unvollständige Sätze, Abkürzungen, scherzhafte Bemerkungen und dergleichen sollen vermieden werden, ebenso lange, umständliche Satzbildungen, Phrasen und andere schlechte Stilelemente.

Die folgende ausgezeichnete Übersicht über die Niederschrift von Berichten wurde von Arthur H. Kent zusammengestellt, in Verbindung mit dem Ausbildungsprogramm seines eigenen Personals von der Standard Oil Company in Kalifornien:

1. Entwickle die Fähigkeit, zur gleichen Zeit „Leser" und „Schreiber" zu sein, um instinktiv die „Reaktion des Lesers" festzustellen.
2. Stelle Dir Deinen Leserkreis vor. Mache Dir die notwendigen Gedanken über die Leute, die den Bericht lesen werden, und schreibe dann in der Art, die am besten geeignet ist, Interesse zu erwecken und zu erhalten und Ergebnisse zu erzielen.
3. Vier Erfordernisse sind bekannt:

   *Gehalt:* Ist der Stoff lohnend und bist Du im Besitz aller notwendigen Beweise?

   *Interesse:* Hast Du die Sache in einer Art behandelt, die die Aufmerksamkeit des Lesers für das, was Du zu sagen hast, erweckt und bis zum Schluß der Ausführungen wach hält?

   *Klarheit:* Hast Du die Tatbestände immer derart dargestellt, daß der Leser niemals im Zweifel ist, worauf es Dir ankommt, und warum es Dir darauf ankommt?

   *Takt:* Hast Du dem Wortlaut der Feststellungen genügend Sorgfalt und Gedanken gewidmet, um alle unkorrekten Folgerungen zu vermeiden und allen Gegenbeweisen zuvorzukommen? Mit anderen Worten: Hast Du eine günstige Atmosphäre für Deine Berichterstattung geschaffen?
4. Erprobe sechs Wörter an Deinen Tatbeständen: *Was passierte? — Wann? — Wo? — Warum? — Wem und Wie?*
5. Klares Denken ist die wichtigste Voraussetzung für gutes Schreiben. *Durchdenke* die Sache, *bevor* Du versuchst, über sie zu schreiben. Worte sind nur die lebenden Zeichen Deiner Gedanken.
6. Um *Interesse* zu erwecken und wach zu halten, spiele mit den Reaktionen: Anteilnahme, Neugierde und Freude.
   Der erste Satz und der erste Abschnitt sind besonders wichtig. Teile die wesentlichen Tatsachen sofort mit.
   Schreibe keine langen Absätze, gebrauche Zwischenüberschriften. Eine ganze Seite, ohne Absatz mit der Schreibmaschine geschrieben, erzeugt im Leser ein geistiges Gähnen. Er wird den Punkt verfehlen, auf den es Dir ankommt.
   Darstellungen von Zahlen sollen gewöhnlich einfach und kurz sein. Versuche nicht, in einer Tabelle zu viele Dinge darzulegen. Laß den Zahlen kurze Erklärungen vorangehen.
7. Um **deutlich** zu sein, lege die Tatsachen dar,
   jede für sich,
   frei von unnötigen Worten und unnötigen Angaben,
   in unmißverständlicher Sprache,
   in logischer Folge,
   mit kurzer, beschreibender Überschrift und mit klaren Einleitungen.

Kurz zu sein, ohne etwas zu vergessen, erfordert Konzentration. Es ist leichter, geistig träge zu sein und abzuschweifen. Eine klare Niederschrift kann nicht eben rasch hingeworfen werden. Beim Schreiben — wie in der Mathematk — ist eine gerade Linie die kürzeste Entfernung zwischen zwei Punkten.

8. *Takt* — glatte, gedankenreiche, geschickte Darstellung einer Gegebenheit. Du bist daran interessiert, was auf Grund Deiner Darlegung geschieht. Das ist wichtiger als schneidend kritisch zu sein. Angestellte meinen im allgemeinen, daß sie ihr Bestes getan haben. Sie lieben es nicht, scharf kritisiert zu werden. Du sollst nicht um den Kern herum reden, aber Du kannst das, was Du sagen willst, mit soviel Rücksicht und Vorsicht, wie die Gelegenheit erlaubt, ausdrücken, und Du wirst wahrscheinlich bessere Ergebnisse für die Gesellschaft erreichen, wenn Du es so machst.
9. Denke, bevor Du sprichst oder schreibst.
   *Wähle* Deine Worte. Sieh Dich vor, daß Du nicht gezwungen bist, zu erklären, daß das, was Du gesagt hast, nicht das war, was Du meintest. Sage nicht das erste, was Dir in den Sinn kommt; wäge ab!

*Arbeite hart an dem, was Du schreibst und freue Dich dann, Dir sagen zu können* „Ich habe mich richtig ausgedrückt."[1]

### Äussere Gesichtspunkte der Berichte

Die Aufmerksamkeit muß auch auf die Äußerlichkeiten der Berichte gelenkt werden, weil diese sehr oft vernachlässigt werden. Dazu gehören: eine gute Qualität des Papiers, gute Maschinenschrift mit leserlichen Durchschlägen und richtigen Zwischenräumen und ein guter Einband. Diese Dinge sind nicht allein deshalb wichtig, damit die Berichte leicht benutzt werden können, sondern auch wegen ihrer psychologischen Wirkung. Es ist menschlich, einem Schriftstück, das billig und unleserlich hergestellt wurde, einen geringeren Wert beizumessen. Die Wirkung eines äußerlich anziehenden Revisionsberichtes wird zu oft von den Revisionsabteilungen unterschätzt.

## Ein Beispiel aus der Praxis

Die folgenden Auszüge sind einem Musterbericht entnommen, der in dem Handbuch für interne Revision einer Gesellschaft enthalten ist:

New York,
1. Oktober 1957.

Revisionsgruppe der Abteilung des Controllers —

Sehr geehrter Herr!

Der folgende Bericht umfaßt die Prüfung der Konten und Belege der XYZ-Gesellschaft, Zentralbüro New York, New York.

*Geprüfter Zeitraum:* 1. Juli 1956 bis 31. August 1957.

*Prüfungsumfang:*

Die Prüfung wurde in Übereinstimmung mit den Verfahren durchgeführt, die im Revisionshandbuch für die Prüfungen des Abschnittes II (oder des Abschnittes I) beschrieben sind, da sie in Verbindung (oder ohne Verbindung) mit dem

[1] Diese Gedanken sind von Arthur H. Kent eingehend ausgeführt in „Writing the Report". The Internal Auditor, March 1952.

Wirtschaftsprüfer erfolgte. Die Unterlagen über die Revisionsarbeit werden gesondert vorgelegt.

1 A — Rohbilanz — 31. August 1957.
2 B — Ergebnis der eingeholten Saldenbestätigungen von den Kunden.
3 C — Alter der Kundenforderungen für Warenlieferungen — laufende Geschäfte und Teilzahlungsverträge.
(Diese Anlage ist nur für Verkaufsbüros erforderlich.)
4 D — Abnormale Warenbestandsunterschiede.

ERLÄUTERUNGEN

Der Revisionsbericht soll ähnliche Erläuterungen enthalten, wie die folgenden, wenn es sachdienlich erscheint.

a) Wenn die Bücher in den Büros von Gesellschaften im Ausland geführt werden.

5. Die Bücher werden in (Name der betreffenden Währung) und in US-Dollar geführt. Alle Beträge, die in den diesem Bericht beigefügten Anlagen gezeigt werden und die im Text des Berichts erwähnten Beträge sind ausgedrückt in (Bezeichnung der betreffenden Währung, in der die Bücher geführt werden).

*Oder:*

5. Die Bücher werden in (Name der betreffenden Währung) geführt und die US-Dollar-Beträge in den Finanzaufstellungen, die der Abteilung des Controllers in New York eingereicht werden, sind aus nachträglichen Aufzeichnungen entnommen. Alle Beträge, die in den diesem Bericht beigefügten Anlagen gezeigt werden und die im Text des Berichtes erwähnten Beträge sind ausgedrückt in (Bezeichnung der betreffenden Währung, in der die Bücher geführt werden).

b) Wenn die unabhängigen Revisoren einige Revisionsarbeiten, die dem internen Revisor zugewiesen wurden, durchführen oder an der Durchführung teilnehmen.

6. Die unabhängigen Revisoren haben an der Einholung von Saldenbestätigungen von gewissen Kunden teilgenommen. Das Ergebnis ist in Anlage 3 zu diesem Bericht gezeigt.

(Entsprechende Erläuterungen sind auch bei anderen Arbeiten zu geben, an denen die unabhängigen Revisoren teilgenommen haben.)

*Bargeld und Bankguthaben:*

7. Es wurde festgestellt, daß Schecks, die von Kunden eingingen, vom Postraum an die Buchhaltung, statt an die Kasse gingen. Der Leiter der Buchhaltung wurde darauf hingewiesen, daß diese Praxis die interne Kontrolle erschwert und mit dem Verfahren ... des Handbuches über die interne Kontrolle unvereinbar ist. Er gab entsprechende Anweisungen, dies in Zukunft zu ändern.

*Kleine Kasse:*

8. Mehrere Fälle, in denen die Bestände wesentlich höher zu sein schienen, als der durchschnittliche Bedarf, wurden der Geschäftsleitung gemeldet. Es wurde zugesichert, daß in Zukunft die Kassen laufend überprüft und, wenn notwendig, dem wirklichen Bedarf angepaßt würden.

*Laufende Debitorenkonten:*

9. Abschnitt ... des vorhergehenden Revisionsberichts machte auf die zu große Zahl von Journalbuchungen zum Ausgleich von Differenzen aufmerksam, die durch die Saldenbestätigungen entdeckt wurden. Ein ähnlicher Tatbestand

zeigte sich während der jetzigen Prüfung. Dies kann zu Verärgerungen des Kunden und zum Verlust der Geschäftsverbindung führen. In jedem Fall ist unnötige Arbeit damit verbunden. Der Ernst dieser Situation wurde mit dem Leiter der Buchhaltung besprochen, und Schritte zur endgültigen Beseitigung der Beanstandung sind unternommen worden.

10. Die Antworten auf die briefliche Bitte der Revisoren um Bestätigung des Saldos führten zur Feststellung verschiedener übermäßiger Verzögerungen bei der Meldung des Inkassos durch Angestellte im Außendienst. Alle diese Fälle wurden unmittelbar der Geschäftsleitung gemeldet, damit sie Nachforschungen anstellen und entsprechende Gegenmaßnahmen treffen kann.

11. Bei stichprobenweiser Prüfung des Alters der Posten, die sich in der Aufgliederung der überfälligen Rechnungen der Gesellschaft fanden, zeigte sich eine ungewöhnliche Zahl von Fehlern bei der Einordnung der Konten nach ihrer Fälligkeit. Der Leiter der Buchhaltung sicherte zu, daß Maßnahmen eingeleitet würden, um solche Fehler in Zukunft zu vermeiden.

12. Die Prüfung ergab eine unverhältnismäßig große Zahl von überfälligen Rechnungen mit einem entsprechenden Gesamtbetrag. Dieser Zustand wurde mit der Geschäftsführung erörtert. Sie bemerkte dazu, daß der Grund dafür die ungünstigen Geschäftsbedingungen sind, die durch die schlechte Ernte hervorgerufen wurden und eine Ausdehnung der Kredite über das normale Maß hinaus notwendig gemacht haben. Die Geschäftsführung ist jedoch der Meinung, daß die meisten der überfälligen Rechnungen wahrscheinlich noch bezahlt werden.

13. Eine sehr große Zahl von Salden übersteigt die genehmigte Höchstkredit-Grenze. Dieser Zustand wurde dem Leiter der Kreditabteilung zur Nachprüfung und Abstellung der Beanstandung gemeldet.

*Die Prüfung der Belege:*

22. Die Journalbelege nebst Anlagen waren für die Monate November und Dezember nicht ungültig gemacht worden. Der Leiter der Buchhaltung wurde hierauf hingewiesen und hat daraufhin während unserer Prüfung diese Unterlagen entwerten lassen.

23. Eine ungewöhnliche Anzahl von Fehlern wurde bei den Journalbelegen festgestellt:

a) Fehlen von Abzeichnungen,
b) Irrtümer bei der Aufteilung der Beträge,
c) Fehlen von Erläuterungen und Verweisungen auf andere Unterlagen.

Der Leiter der Buchhaltung versicherte, daß alles getan wird, um eine Wiederholung dieser Fehler zu vermeiden.

*Buchführungshandbuch:*

Der Revisionsbericht muß angeben, wie weit die Abteilung gegebenenfalls von den Forderungen des Buchführungshandbuches abgewichen ist. Die folgenden Beispiele erläutern die Form, die solchen Darstellungen gegeben werden kann:

24. Verschiedene Rechnungsposten, die nicht in Ubereinstimmung mit den Richtlinien des Handbuches für Buchführung gebucht wurden, wurden mit dem Leiter der Buchführung besprochen, wonach das Büro Richtigstellungen in den Büchern vornahm.

25. Briefe mit der Bitte um Angabe der richtigen Konteneinteilung entsprechend dem Buchführungshandbuch wurden an die Revisionsgruppe der Abteilung des Controllers gerichtet. Sie bezogen sich auf folgende Konten:

Konto ........
Konto ........ usw.

*Oder:*

26. Es wurde festgestellt, daß die Konten-Einteilung in den Büchern mit den Vorschriften des Buchführungshandbuches übereinstimmte.

*Büroarbeiten, Interne Kontrolle und Buchungsverfahren:*

Der Revisionsbericht muß Angaben über die Angemessenheit und Zweckmäßigkeit der oben genannten Verfahren enthalten und sollte kurz über jede Anregung berichten, die vom Revisor gemacht wurde und die entweder von dem Büro angenommen oder vom Leiter der Buchhaltung an die Hauptverwaltung mit der Bitte um Entscheidung weitergegeben wurde. Diese Darstellungen sollten nicht ins Einzelne gehen, da ein Bericht, der nur das Hauptsächliche enthält, vollkommen genügt. Einige Beispiele folgen:

27. Die Ausstellung der Schecks und des Beleges über Scheckzahlungen geht jetzt in zwei Arbeitsgängen vor sich. Eine Anregung, eine Maschine einzusetzen, um die Arbeit in einem einzigen Arbeitsgang zu erledigen, liegt dem Leiter der Hauptbuchhaltung vor.

28. Einer Anregung, daß die Lohnschecks an Arbeitnehmer von einem Zahlmeister statt vom Werkmeister ausgegeben werden sollen, wurde nicht stattgegeben, da die Geschäftsführung den Standpunkt vertritt, daß sich hieraus zusätzliche Kosten ergeben würden, die unter den vorliegenden Bedingungen nicht gerechtfertigt wären. Diese Angelegenheit ist der Revisionsgruppe der Abteilung des Controllers zugeleitet worden.

29. Die folgenden Anregungen, die vom Leiter der Buchhaltung angenommen wurden, werden sichtliche Einsparungen erbringen:

a) Das Schreiben der Namen von Zahlungsempfängern auf die Kassenausgabebelege einzustellen;
b) ausschließlich Kontonummern statt Kontonummern und Kontobezeichnungen auf den Kassenausgabebelegen und den Journalbelegen zu verwenden.

*Oder:*

30. Die Büroarbeiten, die interne Kontrolle und die Buchungsverfahren wurden als ausreichend befunden.

*Schlußfolgerung*

Der Revisor muß unter dieser Überschrift kurz über die Buchungsarbeit als Ganzes und die Zweckmäßigkeit ihrer Ausführung und Überwachung berichten. Einige wenige Beispiele folgen:
Die Arbeit der Buchhaltung war im allgemeinen sehr zufriedenstellend;
die Arbeit war gut beaufsichtigt und zweckmäßig ausgeführt.

*Oder:*

Die Buchhaltungstätigkeit kann allgemein als ausreichend angesehen werden. Die Arbeit wird gut beaufsichtigt und zweckmäßig ausgeführt, aber den Einzelheiten muß mehr Aufmerksamkeit gewidmet werden.

*Oder:*

Die Buchhaltungsarbeit im allgemeinen erscheint infolge eines Mangels an Aufsicht und wegen fehlenden Interesses beim ausführenden Personal nur leidlich ausreichend. Die Geschäftsführung ist sich dieses Zustandes voll bewußt, und es sind gewisse Personalveränderungen beabsichtigt, um den Zustand zu verbessern.

*Oder:*

Die Buchhaltungsarbeit im allgemeinen war nicht zufriedenstellend, insbesondere bei der Bearbeitung von Kreditangelegenheiten und Inkasso und in der Lagerbuchführung. Mangelnde Aufsicht und unfähiges Personal sind für diese Sachlage verantwortlich. Von der örtlichen Geschäftsführung wurden bereits auf Grund unserer Vorschläge Schritte unternommen, von denen erwartet wird, daß sie die gewünschten Erfolge bringen.

*Allgemeines*

Für die Höflichkeit und Mitarbeit der Vorgesetzten und Angestellten im Verlauf der Prüfung möchte ich meine Anerkennung zum Ausdruck bringen. Die Prüfung wurde vom Unterzeichneten mit Hilfe von Herrn X und Herrn Y durchgeführt, und der Bericht wurde unter der Aufsicht des Unterzeichneten entworfen.

Ihr sehr ergebener!
(Unterschrift)"

## Beispiel aus einem Handbuch

Die folgenden Unterweisungen, die aus dem Handbuch für interne Revision einer Gesellschaft entnommen wurden, zeigen einen anderen ausgezeichneten Weg zum Aufbau des Revisionsberichtes:

A. *Einleitung*

Die Einleitung bestimmt den Zeitabschnitt, der geprüft wird. Sie beginnt mit dem Datum der letzten Revision und geht gewöhnlich bis zum Ende des letzten Monats, der dem Anfang unserer Prüfungsarbeit vorangeht.

B. *Prüfungsumfang*

Der allgemeine Umfang der Prüfung wird in etwa zwei Abschnitten eingehend beschrieben. Dies ist besonders wichtig, wenn bei einer bestimmten Prüfung der Prüfungsumfang von der Norm abweicht.

C. *Römische Zahlen*

Die römischen Zahlen bezeichnen den Bilanzabschnitt oder allgemeine Themen, zu denen wir etwas Besonderes zu berichten haben.

D. *Die Behandlung von einzelnen Angelegenheiten*

1. Zunächst ist die Überschrift wichtig.
   Sie soll die Beanstandungen oder die aufgeworfenen Fragen bezeichnen und normalerweise einzeilig geschrieben werden.
2. Der Abschnitt über die Feststellungen soll über Tatsachen berichten, die zu der erörterten Angelegenheit gehören. Dieser Abschnitt kann so lang sein oder so viele Abschnitte enthalten, wie notwendig, um Material für eine Unterrichtung über die wesentlichen Tatsachen und für richtiges Verständnis unserer endgültigen Schlußfolgerungen oder Vorschläge darzulegen.
3. Im Abschnitt über die Maßnahmen sind die Arbeiten zu beschreiben, die von der geprüften Stelle während unserer Anwesenheit tatsächlich getan oder vervollständigt wurden. Hierher gehören die Berichtigung von Irrtümern, die Ausgabe von notwendigen Instruktionen und dergleichen.

Eine Vereinbarung, irgend etwas in Zukunft zu veranlassen, soll in diesem Abschnitt nicht dargestellt werden.

4. Der Abschnitt für Vorschläge berichtet, was nach unserer Meinung noch getan werden muß, und was von der Revision noch weiter verfolgt wer-werden sollte. Es ist ferner erforderlich, einige Erläuterungen über die Zustimmung oder Stellungnahme der örtlichen Leitung diesen Vorschlägen beizufügen und die evtl. unternommenen Schritte zu beschreiben, die nicht vollständig genug sind, um in dem Abschnitt über ergriffene Maßnahmen aufgeführt zu werden.
5. Einzelne Angelegenheiten können sowohl den Abschnitt über ergriffene Maßnahmen als auch den über Vorschläge betreffen oder nur einen dieser Abschnitte.
6. In manchen Fällen mag es notwendig sein, verschiedene zusammenhängende Angelegenheiten gleichzeitig zu behandeln. Da sind z. B. drei Arten von Beanstandungen bei der Anlagebuchführung. Statt jeden Punkt als eine besondere Angelegenheit zu behandeln, könnten sie unter dem Titel „Beanstandungen der Anlagebuchführung" zusammengefaßt werden. Dies wird dem Leser des Berichtes den Überblick erleichtern und wird den Anschein vermeiden, daß einer der einzelnen Fehler zu stark herausgestellt worden ist.
7. Bei der Art der Darlegung kommt es zuerst darauf an, den Bericht so aufzubauen, daß jede Einzelangelegenheit für sich behandelt wird und von den interessierten Stellen gesondert gelesen werden kann. Alles, was in dem Bericht steht, soll wichtig sein und sich auf Fehler und Fragen beziehen, die in ihm behandelt werden. Eine Abweichung von dieser Regel wird dem Verfasser bei kurzen Absätzen selbst deutlicher bewußt werden, so daß er sich noch rechtzeitig berichtigen kann.

E. Die Zusammenfassung des Prüfungsergebnisses am Anfang ist zugleich eine Art Inhaltsverzeichnis und ersetzt das sonst übliche Inhaltsverzeichnis. Ein einzelnes Thema sollte nur einmal erwähnt werden. Wenn es ergriffene Maßnahmen und Vorschläge berührt, wird es unter dem Abschnitt über die Vorschläge behandelt.

## Musterbericht

Herrn 14. Februar 19 . . .

. . . . . . . . . . . . . . . . .

stellvertretender Vorstandsvorsitzer.

Sehr geehrter Herr . . . . . . . . .

Herr . . . . . . führte unter Mitwirkung von Herrn . . . . . . eine Revision des . . . . . . Betriebes für den Stichtag 31. Oktober 19 . . . durch. Die Prüfung an Ort und Stelle fand vom 4. November bis zum 27. Januar 19 . . . statt.

*Prüfungsumfang*

Die Prüfung umfaßte den Zeitabschnitt vom 31. März 19 . . . — dem Datum der letzten Revision — bis 31. Oktober 19 . . . In einigen Fällen wurden auch Geschäftsvorgänge aus Dezember 19 . . . und Januar 19 . . . geprüft. Der Kassenbestand wurde nachgezählt, und die Bankkonten für Betriebsmittel und für Lohn- und Gehaltszahlungen wurden mit den Hauptbuchsalden abgestimmt, auf Grund der selbständig durch uns von den Banken angeforderten Bestätigungen.

Die Buchforderungen wurden durch Schriftwechsel mit den Kunden zufriedenstellend bestätigt. Zählungen von Motoren, Personen- und Lastkraftwagen einschließlich der Fahrzeuge im Dienst der Gesellschaft wurden mit der Zahl der nach den Unterlagen am 31. Oktober und zum Zeitpunkt der vorhergehenden Revision vorhandenen Motoren und Fahrzeuge abgestimmt. Ausgewählte Ersatzteile im Vorratslager wurden als Stichproben gezählt und mit den Beständen laut Lagerkartei verglichen. Festgestellte Differenzen wurden ausreichend geklärt.

Die wichtigsten finanziellen und buchungstechnischen Arbeiten wurden an Hand der entsprechenden Unterlagen geprüft, darunter die Eingänge und Ausgänge der Kasse, die Verbuchung der Verkäufe, die Rücksendungen, die Lohnlisten und andere entstandene Verpflichtungen. Besondere Aufmerksamkeit wurde den bestehenden organisatorischen Zusammenhängen geschenkt. Die Arbeitsverfahren wurden unter dem Gesichtspunkt des gewünschten Umfangs der internen Kontrolle betrachtet.

### Ergebnis der Prüfung

Die folgenden Angelegenheiten sind nach unserer Meinung von besonderem Interesse. Die angegebenen römischen Zahlen und Buchstaben bezeichnen die Abschnitte mit den zugehörigen Erklärungen.

### Vorschläge

Vom Kunden gezeichnete Blankoschecks im Besitz des Kassierers .... I
Anteil an der Eingangsfracht wurde nicht der Abteilung belastet .... II A
Ungenauer Bericht über die produzierten Stückzahlen ............... II B
Eingegangene Berichte über Unstimmigkeiten in den Lagervorräten wurden von der Abteilung nicht quittiert ........................ II E
Ungenügende Kontrolle über die Formulare für Kundenaufträge ...... IV A
Mangelnde Kontrolle über Rechnungen für Sendungen, die vor Erhalt der Firmenpreise herausgehen ....................................... IV B
Nicht gebuchte Verkaufsrechnungen ................................. IV C
Ungenügende Kontrolle über ausgeliehene Werkzeuge ............. V

### Eingeleitete Massnahmen

Unrichtige Abrechnung über Waren ................................. II C
Im Bericht über Differenzen irrtümlich nicht angegebene Über- oder Fehlbestände ....................................................... II D
Nicht in Anspruch genommene Steuerabsetzungen bei Gewährung von Skonto ............................................................ III

### Erläuterungen zu Einzelheiten

I. *Kasse:*

Vom Kunden gezeichnete Blankoschecks im Besitz des Kassierers.

*Feststellungen.* Am 15. November, dem Datum der Kassenaufnahme, hatte die Kasse 45 unterschriebene, aber nicht datierte, an die Gesellschaft zahlbare Blankoschecks von Kunden im Besitz, die vom Kassierer vervollständigt und bei der Bank eingereicht werden sollten, sobald für die 7 Kunden, von denen diese Schecks ausgestellt waren, die gewünschten Waren zur Verfügung ständen Die Annahme von unterzeichneten Blankoschecks durch den Kassierer als Zahlung für zukünftige Forderungen führt zu einer Lücke in der internen Kontrolle und wurde in den beiden früheren Revisionsberichten über ......-Betrieb vom 12. Januar 19... und 15. Juni 19... bereits beanstandet.

*Durchgeführte Maßnahmen.* In Verbindung mit der Verkaufsabteilung hat der zuständige Controller Maßnahmen ergriffen, diesen Zustand durch die Einführung des kürzlich vom Büro des Finanzdirektors bekanntgegebenen Entwurfs einer Arbeitsanweisung für den Kassenverkehr oder durch andere Mittel abzustellen. Am 15. Januar befanden sich nur noch von einem Kunden unterzeichnete Schecks im Besitz des Kassierers. Dieser lehnte weiterhin jede andere Zahlungsweise, die an Stelle der Hergabe der unterzeichneten Blankoschecks vorgeschlagen wurde, ab.

*Vorschläge.* Obwohl es sich zur Zeit nur noch um einen Kunden handelt, sollte weiterhin versucht werden, die Gewohnheit, unterzeichnete Blankoschecks anzunehmen, abzustellen, vielleicht durch Benutzung des Kontos ...... Es wurde abgesprochen, daß alle unterzeichneten Schecks ausschließlich von dem zuständigen Controller verwahrt werden, bis ihre Verwendung ganz eingestellt werden kann.

# III. FINANZWESEN

## 7. Geld

Da es bei den meisten Unterschlagungen darum geht, Geld in irgendeiner Form zu erlangen, sind die Verfahren beim Geldeingang und bei der Behandlung von Geldbeständen für den internen Revisor besonders beachtenswert. Im Gegensatz zu vielen anderen Vermögenswerten verlangt das Geld keinen weiteren Umtausch, wird allgemein angenommen, hat hohen Wert bei geringem Volumen und trägt kein besonderes Kennzeichen der Gesellschaft. Aus diesen Gründen ist es wichtig, daß der interne Revisor den Geldverkehr bei seiner Gesellschaft sorgfältig beobachtet und ermittelt, da bei ihm das Risiko am größten ist.

Es gibt eine umfangreiche Fachliteratur über die Faktoren, die manchmal dogmatisch als sogenannte „Prinzipien" für den Geldverkehr bezeichnet werden. In der Praxis sollten diese dogmatischen „Prinzipien" nur als Richtschnur angesehen werden, von der man abweichen kann, um den betrieblichen Bedingungen zu entsprechen. Es geht zuerst darum, daß Verfahren für den Geldverkehr entworfen werden, bei denen Verluste vermieden und die Versuchungen für das Personal auf ein Minimum beschränkt werden. Der interne Revisor muß in jeder Situation die verschiedenen Faktoren gegeneinander abwägen und seine Verfahren und sein Urteil den Bedingungen anpassen.

### Geldeingang

#### Wesen des Geldeingangs

Das Verfahren beginnt mit dem Eingang des Geldes, entweder von einem Kunden oder aus einer anderen Quelle. Die erste Forderung ist, daß das eingenommene Geld richtig und schnell gebucht und eine angemessene Unterlage geschaffen wird. Zugleich müssen die verschiedenen Quellen und die Umstände beachtet werden, unter denen gewöhnlich Geld eingeht, da das Verfahren je nach der Art des Vorganges unterschiedlich sein kann.

Bestimmte Eingänge sind einer scharfen Kontrolle unterworfen, wie in den Fällen, in denen der Angestellte, der das Bargeld empfängt, nichts mit Waren zu tun hat; andere Eingänge können mit Hilfe einer Lagerkartei kontrolliert werden; wieder andere sind einer geringeren Kontrolle unterworfen, so daß zusätzliche Vorkehrungen getroffen werden müssen, um sicherzustellen, daß das Geld tatsächlich so gemeldet wird, wie es empfangen wurde. Entscheidend ist, daß die Verfahren eine angemessene Kontrolle für die verschiedenen Geschäftsvorfälle liefern, ohne dabei zu sehr in Einzelheiten zu gehen oder zu kostspielig zu sein. Eine Kenntnis der Quellen der Bargeldeingänge und der ungefähr zu erwartenden Beträge ist notwendig, wenn der interne Revisor darüber entscheiden soll, ob das empfangene Bargeld richtig eingetragen wird. Um sich ein Urteil über die Verfahren zu bilden, sind sie mit den Grundsätzen einer guten internen Kontrolle zu vergleichen. Solche Grundsätze werden in den folgenden Kapiteln besprochen.

## Grundsätze der internen Kontrolle — Geldeingänge

1. *Geldeingänge sollen so schnell wie möglich eingetragen werden.* Das Risiko einer falschen Verwendung oder eines Fehlers ist am größten in der Zeit zwischen dem tatsächlichen Eingang und der Buchung, die dann eine Rechenschaftspflicht zur Folge hat. Diese Buchung muß schnell gemacht werden. Das kann mit Hilfe einer Registrierkasse oder anderer mechanischer Einrichtungen, einer Quittung oder in anderer geeigneter Weise geschehen.

2. *Der Vorgang soll nach Möglichkeit sichtbar sein.* Wenn Eingänge in Gegenwart von Einzahler und Kassierer registriert werden, so wird sich daraus eine sehr gute interne Kontrolle ergeben. Z. B. macht eine Registrierkasse, die den Betrag des Verkaufs wiedergibt, den Kunden zu einem unfreiwilligen Prüfer der richtigen Eintragung. Wenn man die Kunden dazu erzieht, immer ein Quittungsformular zu verlangen, so führt das gleichfalls dazu, daß die Eintragung offensichtlich vor sich geht und eine wirkungsvollere Kontrolle erreicht wird.

3. *Die Annahme von Geld sollte so stark wie möglich zentralisiert werden.* Je größer die Zentralisierung des Geldeinganges ist, desto wirkungsvoller ist die Kontrolle. Wenn viele einzelne Personen Bargeld empfangen, z. B. Vertreter, die im Außendienst Geldbeträge kassieren, ist die Kontrolle schwierig, da das Einziehen des Geldes gewöhnlich nur eine Nebenbeschäftigung ist, so daß sich die Möglichkeit für Fehler oder Nachlässigkeit in der Berichterstattung erhöht. Es sollte das Ziel sein, Geldeingänge so wenigen Angestellten wie möglich anzuvertrauen und wo immer es durchführbar ist, diese Arbeit in den Händen besonders bestimmter Kassierer zu zentralisieren.

4. *Für Personen, die Bargeld empfangen, sollten Buchhaltungsunterlagen nicht zugängig sein.* Angestellte, die Geld einnehmen, sollten außer der Zusammenfassung der Geldeingänge keine buchhalterischen Aufgaben haben. Ihre zusammengefaßten Aufstellungen und Quittun-

gen sollten dann an einen anderen Angestellten oder eine andere Abteilung weitergegeben werden. Kassierer sollten nicht unbeaufsichtigt Zugang zu den Kundenkonten, Journalen, Hauptbüchern oder Bankabstimmungen haben oder für sie zuständig sein.

5. *Geldeingänge sollen immer unabhängig registriert werden, wenn die sonstige Kontrolle schwach ist.* Wenn namhafte Geldeingänge ohne Kontrolle auf der Gegenseite bleiben (wie z. B. Spenden für Wohltätigkeitsorganisationen) ist es notwendig, daß Bargeld und Schecks beim Posteingang oder von einer anderen unabhängigen Stelle eingetragen werden, bevor der Kassierer die Beträge empfängt. Bestehen die Eingänge hauptsächlich in Kundenschecks, ist es nicht so wichtig, sie unabhängig einzutragen, sofern die Aufstellung einer solchen Liste nicht ohnehin im Rahmen der normalen Arbeit für die Scheckablieferungen bei der Bank oder die Bearbeitung der Kundenkonten anfällt.

6. *Alle eingegangenen Schecks sollen an die Gesellschaft zahlbar indossiert und bei einer Bank eingeliefert werden.* Banken sollten angewiesen werden, Schecks, die an die Gesellschaft zahlbar sind, nur zur Verrechnung anzunehmen, um der Möglichkeit vorzubeugen, daß ein Angestellter sich die Schecks aneignet und sie in Bargeld umtauscht. Die Aufschrift „Nur zur Verrechnung" sollte so bald wie möglich auf jeden Scheck gestempelt werden.

7. *Überall, wo es durchführbar ist, sollen unabhängige Kontrollen auf Grund der zu erwartenden Beträge eingerichtet werden.* Eingänge, die aus Barverkäufen stammen, werden gewöhnlich durch die Trennung der Geldbestände für verschiedene Verkaufsabteilungen und durch die Gesamtsummen der entsprechenden Registrierkassen oder Verkaufsbücher kontrolliert. Eingänge aus Forderungen für Warenlieferungen und Leistungen unterliegen der Kontrolle durch eine getrennte Behandlung der Kundenkonten und unabhängigen Versand von Kontoauszügen. Andere regelmäßige Vorfälle, wie die Miete für Gebäude, die Eigentum der Gesellschaft sind, kann man durch Tabellen über zu erwartende Eingänge kontrollieren.

8. *Die Rechenschaftspflicht sollte jedesmal festgelegt werden, wenn Geld übergeben wird.* Wird eingenommenes Geld an einen anderen Angestellten übergeben, soll der Übergang der Rechenschaftspflicht deutlich durch Quittung, Protokolle oder ähnliche schriftliche Unterlagen festgelegt werden. Sollten sich später Fehlbeträge oder andere Unstimmigkeiten ergeben, so ist die Verantwortung eines einzelnen Angestellten sofort sichtbar.

9. *Eingänge sollten so schnell wie möglich auf vorher festgelegte Weise bei einer Bank eingezahlt werden.* Werden Geldbeträge nicht schnell eingezahlt, wird das Risiko von Diebstahl, Unterschlagung oder von anderen Verlusten erhöht, und die Angestellten kommen in Versuchung,

von dem Gelde „vorübergehend etwas zu entleihen". Die Forderung, daß alles Geld schnell und richtig bei einer Bank eingezahlt wird, unterstützt die Forderung, keine Auszahlung aus dem Geldeingang vorzunehmen, solange es nicht bei der Bank eingezahlt ist.

10. *Geldbeträge auf vorläufigen Konten sollen unter der Kontrolle der Zentrale stehen.* Werden Beträge durch Zweigniederlassungen auf vorläufige Eingangs-Konten eingezahlt, soll die Kontrolle über die Abhebungen dieser Gelder nicht bei der Person liegen, die die Einzahlung durchführt. Alle Überweisungen von diesen Konnten sollten nur von der Zentrale veranlaßt werden. Benötigt die Zweigniederlassung Beträge für die Ausgaben, werden diese gewöhnlich auf einem getrennten Bankkonto, das aus Vorschüssen aufgefüllt wird, bereit gehalten.

11. *Gutschriften der Bank sollen direkt an die Zentrale gehen.* Ein wirksames Mittel der internen Kontrolle über Geldeingänge besteht darin, jede Bank zu veranlassen, die Gutschriften täglich an eine Abteilung oder einen Angestellten der Zentrale zu melden. Dieser Bericht kann dann mit den Berichten der Zweigniederlassung und auch mit den Eintragungen des Kassierers verglichen werden. Es ist wünschenswert, daß alle Rückbelastungen, wie z. B. falsche Schecks, nicht eingezogene Frachten und Gebühren für Dienstleistungen durch die Bank an einen dazu bestimmten Angestellten des Unternehmens — aber nicht an den Kassierer — gemeldet werden.

### Schutz gegen Unterschlagungen bei Geldeingängen

Der Prüfung des Geldverkehrs im Hinblick auf Unterschlagungen wurde in der letzten Zeit starke Beachtung in Büchern, Broschüren und anderen Schriften geschenkt. In diesem Buch beabsichtigen wir, die Aufmerksamkeit auf die weiteren Gesichtspunkte der internen Kontrolle und des Wohls des Unternehmens zu richten. Wir glauben, daß die Möglichkeit von Unterschlagungen sowohl bei der Betrachtung der internen Kontrolle wie auch bei der internen Prüfung über Gebühr betont wurde. Diese Betonung verleitet viele zu der Ansicht, daß das Hauptziel der internen Revision die Aufdeckung von Unterschlagungen ist und den viel größeren Beitrag — das Wohl der Gesellschaft durch die interne Revision zu fördern — nicht zu beachten. Die Frage der Unterschlagungen sollte nicht als eine gesonderte Überlegung behandelt werden, da sie eng mit allen Vorgängen verknüpft ist. Die besprochenen Maßnahmen der internen Kontrolle richten sich auf die Leistungsfähigkeit der laufenden Arbeit; dieselben Maßnahmen bilden zugleich die Sicherung gegen Unterschlagungen. Der interne Kontrollplan, ergänzt durch die Fähigkeit und Wachsamkeit des internen Revisors, ist die hauptsächliche Verteidigung gegen Unredlichkeiten.

Es ist jedoch wichtig, daß der Revisor auch über die häufigen Arten von Unredlichkeiten unterrichtet ist. In den folgenden Abschnitten werden kurze Beschreibungen der Unterschlagungsarten und der gebräuchlichen Verfahren, die einen angemessenen Schutz darstellen, wiedergegeben.

1. *Das Zurückhalten von Geldeingängen oder falsche Angaben darüber.* Die Leichtigkeit, mit der Geldeingänge zurückbehalten oder falsch angegeben werden können, hängt von der Art der Eingänge und den Formen der vorhandenen Kontrolle ab. Kontrollen durch Kundenkonten, Kontrollen über Vorräte, Registrierkassen, serienmäßig vornumerierte Quittungsformulare und so weiter sind allgemein gebräuchliche Schutzmaßnahmen, die von der jeweiligen Situation abhängen.

2. *Die Fälschung von Buchungen.* Die Fälschung von Buchungen über Geldeingänge erfordert ein heimliches Einverständnis zwischen den Angestellten, die mit Geld umgehen und denen, die die Buchungen ausführen. Die Verteilung der Pflichten unter die einzelnen Personen und die Kontrolle durch unabhängige Berichte und Abstimmungen können durch Analyse der Verfahren und Prüfung der Konten durch den internen Revisor kombiniert werden, um diese Möglichkeit auf ein Minimum zu beschränken.

3. *Verzögerungen.* Eine Methode der Unterschlagung besteht darin, Geldeingänge von Kunden nicht sofort zu registrieren. Die Verzögerung ermöglicht dem Kassierer, ständig Geld zu „entleihen" und laufende Eingänge zu benutzen, um vorher zurückgehaltene Beträge zu decken. Werden jedoch die Geldeingänge vorher von einer unabhängigen Person in eine Liste eingetragen, so ist diese Handlung entsprechend schwieriger. Wenn die Buchungen auf Kundenkonten von der Bearbeitung der Geldeingänge getrennt, und wenn monatliche Auszüge direkt an die Kunden verschickt werden, wird das Verzögern auf einen Monat beschränkt, da ein falscher Auszug im allgemeinen eine Beschwerde des Kunden zur Folge hat.

4. *Die Aneignung von Skonti.* Macht der Kunde von seinem Recht auf Skonto keinen Gebrauch, so kann es für den Kassierer möglich sein, den Geldeingang so zu buchen, als ob Skonto in Anspruch genommen wurde und dann den entsprechenden Betrag für sich zu vereinnahmen. Oder die Skonti können von dem Kassierer höher eingesetzt werden als die tatsächlichen Sätze. Die Benutzung von Quittungsformularen, die vorherige Eintragung von Geldeingängen in eine Liste und Stichproben bei Skonti gewähren eine Sicherung gegen diese Art der Unterschlagung.

5. *Andere Formen von Unterschlagungen.* Die Verletzung irgendeines Verfahrens, das ein Bestandteil des Arbeitsablaufs ist, kann eine Unterschlagung ermöglichen. Die beste allgemeine Vorbeugung ist die Förde-

rung der Übereinstimmung mit gut geplanten Verfahren in der gesamten Buchhaltung. Diese allgemeine Feststellung bezieht sich auch auf die Sicherung gegen Unterschlagungen in allen Teilen des Prüfungsprogramms.

## Geldauszahlungen

### Arbeitsverfahren bei Geldauszahlungen

Normalerweise werden alle Geldauszahlungen von dem zentralen Depot[1], in das alle Geldeingänge einbezahlt wurden, vorgenommen. Auszahlungen können durchgeführt werden, indem man Schecks direkt auf das Depot zieht oder indem man die Beträge zuerst auf besondere Konten überweist, wie z. B. Betriebsmittelkonto, Konto von Zweigniederlassungen, Konto für Lohn- und Gehaltszahlungen usw., von denen dann die Zahlungen geleistet werden. Schecks können auch in bar eingelöst und das Bargeld an einzelne Personen für Lohnzahlungen und Reisevorschüsse ausgegeben werden, oder an eine kleine Kasse zur späteren Auszahlung. Auf diese Weise können einige Auszahlungen direkt vorgenommen werden, während bei anderen eine Überweisung von Geld an eine Zwischeninstanz vorausgeht.

Die Überweisung auf besondere Konten erfolgt im allgemeinen durch einen Scheck. Die Hauptforderung besteht darin, daß die Geldzuweisungen mit der Geschäftspolitik übereinstimmen. Die Politik muß durch Verfahren verwirklicht werden, die die richtigen Zeiten und Arten der Zuweisungen und die verlangten Zustimmungen vorschreiben.

Der zweite Schritt in diesem Vorgang sind die Auszahlungen an Außenstehende. Hier geht es um die Bedingungen, unter denen diese Zahlungen stattfinden. Gleichgültig ob eine Auszahlung mit Bargeld oder Scheck vorgenommen wird, sind die wichtigen Überlegungen: 1. Die Auszahlung muß mit einer richtigen Vollmacht erfolgen, 2. Die Gesellschaft muß den entsprechenden Gegenwert in Waren, Dienstleistungen oder Minderung der Passiva erhalten, 3. Es müssen entsprechende Belege über die Auszahlung vorliegen.

### Grundsätze der internen Kontrolle für Geldauszahlungen

Die verschiedenen Grundsätze der internen Kontrolle für die Auszahlungen können wie folgt dargestellt werden:

1. *Vorschriften und Verfahren für die interne Überweisung von Beträgen sollen genau festgelegt sein.* Die interne Überweisung von Beträgen verlangt keine so strenge Kontrolle wie die Auszahlung an Außenstehende, da die überwiesenen Beträge bis zur Auszahlung an Außenstehende noch unter Kontrolle bleiben. Im allgemeinen sollen zur Aus-

1 Das zentrale Depot kann in der Praxis ein einzelnes allgemeines Konto oder eine Anzahl von Konten bei der Hauptverwaltung sein.

zahlung bestimmte Nebenkonten benutzt werden, die mit Vorschüssen aufgefüllt werden, wobei Berichte über Auszahlungen von dem Konto als Grundlage für neue Überweisungen dienen.

In einigen Fällen (z. B. große Lohn- und Gehaltszahlungen) kann die ursprüngliche Überweisung auf einem Vorbericht über den voraussichtlichen Geldbedarf beruhen. So stehen die voraussichtlich benötigten Beträge auf dem Lohnzahlungskonto zur Verfügung, wobei das Vorschußverfahren durch eine endgültige Abrechnung und Schlußüberweisung auf der Grundlage der tatsächlichen Lohn- und Gehaltsliste zu Ende geführt wird.

2. *Für alle Auszahlungen sollen entsprechende Belege mit den vorgeschriebenen Genehmigungen vorhanden sein.* Für interne Überweisungen sollte eine routinemäßige Zustimmung einer verhältnismäßig niedrigen Stelle genügen. Wo Auszahlungen an Außenstehende oder zur Wiederauffüllung der kleinen Kasse, der Lohnkasse oder anderer mit Vorschüssen gespeisten Kassen erfolgen, sollen als Unterlage Lieferantenrechnungen, Quittungen und Zusammenstellungen von Lohnlisten dienen und die vorgeschriebenen Abzeichnungen enthalten, wobei sie mit den Arbeitsanweisungen des Einkaufs, Wareneingangs und der Lohnzahlung übereinstimmen müssen. Solche Angaben liefern die nötige brauchbare Unterlage über die Gültigkeit jedes Geschäftes.

3. *Lieferantenrechnungen oder Quittungen sollen ungültig gemacht werden.* Rechnungen oder Quittungen von Lieferanten sollen durch Perforierung oder einen Stempel ungültig gemacht werden, wenn sie als Beleg für eine Zahlung benutzt wurden, so daß keine Möglichkeit besteht, die Belege noch einmal zu benutzen. Dieser Schritt ist notwendig, um einen Betrug oder einen unbeabsichtigten Irrtum zu verhindern, der leicht bei der Bearbeitung einer großen Anzahl von Lieferantenrechnungen oder ähnlichen Belegen vorkommen kann.

4. *Zahlungen sollen nach Möglichkeit mit Scheck geleistet werden.* Gewöhnlich sollen alle Auszahlungen — ausgenommen die der kleinen Kasse — mit Scheck geleistet werden, da die besseren Unterlagen von Scheckzahlungen einen größeren Schutz gegen Verlust bieten. Dieser Schutz ist gewöhnlich jede zusätzliche notwendige Ausgabe wert.

Obwohl die Höhe des Bestandes einer kleinen Kasse von sich aus eine Grenze für das Ausmaß jeder einzelnen Zahlung setzt, wird man gewöhnlich einen viel niedrigeren Höchstbetrag für eine einzelne Barzahlung festsetzen.

5. *Unterschriftsvollmachten und Unterschriften sollen streng kontrolliert werden.* Bei Scheckunterschriften ist es wichtig, daß 1. die Unterschriftsberechtigten nicht den Geldeingang selbst bearbeiten, 2. Unterschriften nur geleistet werden, nachdem die Schecks ausgefüllt wurden und 3. zu jedem Scheck die richtigen Unterlagen vorliegen.

Bevor der Scheck unterzeichnet wird, soll der unterzeichnende Angestellte die zugrundeliegenden Papiere durchsehen. Hier muß wieder darin erinnert werden, daß Arbeits- und Kostenfragen und das Risiko eines möglichen Verlustes bei der Anordnung der Kontrollmaßnahmen gegeneinander abgewogen werden sollen. Es kann zweckmäßig sein, Zahlungen von größeren Beträgen auf die eine Art zu bearbeiten und Zahlungen kleinerer Beträge auf einer niedrigeren organisatorischen Ebene oder durch einfachere Arbeitsgänge zu erledigen. Die Antwort hängt von einer Beurteilung der Kosten im Verhältnis zum Risiko und Ergebnis ab.

Wenn eine Scheckunterzeichnungsmaschine benutzt wird, sollte die Unterschriftsplatte bei einem Vorgesetzten aufbewahrt werden, der mit den betreffenden Arbeitsgängen nichts zu tun hat. Doppelte Unterschriften auf Schecks sind besser, trotz der Tatsache, daß dadurch der Zeitaufwand für die laufenden Arbeitsgänge erhöht wird. Besteht die Wahrscheinlichkeit, daß einer der Unterzeichner nicht immer anwesend ist, kann man drei oder vier Zeichnungsberechtigte ernennen.

Die Benachrichtigung der Banken über Unterschriftsvollmachten ist ein ständiges Problem, da die Zeichnungsberechtigung im Zuge des normalen Personalwechsels unter Umständen häufig geändert wird. Zwar müssen die Banken Unterschriftsblätter aufbewahren, aber eine Bank kann in dieser Hinsicht gelegentlich nachlässig sein und Schecks einlösen, die keine gültige Unterschrift tragen. Die Akte der Gesellschaft über die Zeichnungsberechtigten muß ständig auf dem Laufenden gehalten werden, so daß die Unterschriftsvollmacht sofort aufgehoben werden kann, wenn ein Zeichnungsberechtigter aus dem Arbeitsverhältnis ausscheidet oder die Vollmacht aus anderen Gründen erlischt. Alle neuen Vollmachten und alle Aufhebungen von Unterschriftsberechtigungen sollen sofort eingetragen werden.

6. *Möglichst große Trennung der Funktionen bei Bargeldauszahlung.* Das Prinzip der internen Kontrolle, die Funktionen zu trennen, ist hier besonders zweckmäßig. Vor allem die Ausstellung des Belegs und des Schecks, die Führung eines Belegverzeichnisses, die Bearbeitung der allgemeinen Hauptbuchkonten und das Unterzeichnen des Schecks sollten in den Händen verschiedener Personen liegen. Es muß nochmals betont werden, daß keiner dieser Angestellten Aufgaben im Zusammenhang mit Geldeingängen innehaben soll, und daß ihre Verbindung mit denen, die diese Arbeiten ausführen, auf ein Minimum beschränkt bleiben soll.

7. *Schecks sollen gegen Mißbrauch oder Fälschung geschützt werden.* Die Schecks sind gewöhnlich schon von der Bank serienmäßig numeriert, wobei über alle Nummern Rechenschaft abzulegen ist. Bei der Ausstellung von Schecks ist darauf zu achten, daß keine Änderungen vorgenom-

men werden. Beträge in Worten und Ziffern sollen in dem vorgesehenen Raum ganz links eingetragen werden, um die Möglichkeit auszuschalten, daß später vor die richtige Ziffer noch eine andere Zahl eingetragen wird. Schecks sollen auf die Person oder die Gesellschaft, die das Geld erhalten soll, ausgestellt werden und nicht in bar oder an den Überbringer zahlbar sein[1]. Sind die Schecks unterschrieben, dann sollen sie von dem Unterzeichner selbst sofort zur Post gegeben werden.

8. *Kleine Barauszahlungen sollen durch eine kleine Kasse aus einem Vorschuß erfolgen.* Eine richtige Kontrolle des eingehenden Bargeldes erfordert, daß keine Ausgaben von Bargeldeingängen gemacht werden. Zu diesem Zweck ist eine kleine Kasse zu führen. Diese Beträge sollen unabhängig kontrolliert und aus einem Vorschuß gezahlt werden, wobei der Kassenbestand auf einem bestimmten Betrag gehalten und in der genauen Höhe der belegten Ausgaben immer wieder aufgefüllt werden muß. Den Belegen, die zur Auffüllung des Bestandes angefertigt werden, müssen entsprechende abgezeichnete Warenrechnungen und Quittungen im Gesamtbetrag der zu leistenden Bestandsauffüllung beigefügt werden. Der für die kleine Kasse zuständige Mitarbeiter ist immer für einen festen Betrag verantwortlich, der sich aus Geld und aus Belegen zusammensetzt, für die die Hauptkasse ihm das Geld noch nicht wiedergegeben hat.

9. *Auszahlungen aus der kleinen Kasse sollen nur für bestimmte Zwecke und gegen ordnungsmäßige Belege geleistet werden.* Die Wichtigkeit der Kontrolle kleiner Barauszahlungen rechtfertigt die nochmalige Aufzählung verschiedener vorher erwähnter Punkte. Eine häufige Schwäche bei der Behandlung dieser Kassen besteht darin, daß persönliche Vorschüsse entnommen oder daß Ausgaben nicht durch ordnungsmäßige Unterlagen belegt werden. Obwohl der Betrag im Einzelfall nicht bedeutend zu sein braucht, ist die Gefahr vorhanden, daß diese Schwäche zu anderen schlechten Gewohnheiten anregt, aus denen sich eventuell ernstliche Verluste ergeben können. Deshalb muß ständig verlangt werden, die Ausgaben auf Posten zu beschränken, für die die Kasse vorgesehen ist, und für jede Zahlung eine Quittung oder einen anderen Beleg vorzuweisen.

## Verhütung von Unterschlagungen bei Bargeldauszahlungen

Eine wichtige Kontrolle der Bargeldauszahlungen besteht mehr in der *Vorbeugung* als in der *Aufdeckung* von Unterschlagungen. Die besprochenen Verfahren werden die Möglichkeiten der Unterschlagung schwieriger machen oder ganz ausschalten.

---

1 Anm. d. Übers.: Von den deutschen Banken wird gewöhnlich das Scheckformular mit dem gedruckten Vermerk versehen: „Schecks werden nicht eingelöst, wenn der Vermerk ‚oder an den Überbringer' gestrichen ist."

Es ist zweckmäßig, die üblichen Arten strafbarer Handlungen in Verbindung mit Bargeldauszahlungen zu erläutern.

1. *Fälschung oder Änderung von Belegen.* In den meisten Unterschlagungsfällen durch Fälschungen oder Änderungen von Belegen muß eine geheime Zusammenarbeit zwischen einem Angestellten innerhalb und einer Person außerhalb der Unternehmung bestehen. Selbst hier werden systematische Auszahlungsverfahren viel dazu beitragen, die Möglichkeit auszuschalten.

Die Gefahr ist bei kleinen Barauszahlungen am größten, da die Belege im allgemeinen weniger präzise sind und leichter gefälscht werden können. Ein Schutz liegt darin, ordnungsgemäße Belege zu verlangen, die sorgfältig gesichtet und beurteilt werden müssen, wenn die Kasse wieder aufgefüllt wird. Besteht irgendein Verdacht, so muß von den Zahlungsempfängern eine direkte Auskunft eingeholt werden.

2. *Doppelte Benutzung von Belegen.* Wenn Lieferantenrechnungen durch einen Stempel oder durch Perforierung ungültig gemacht werden, kann die doppelte Benutzung dieser Rechnungen für Zahlungen damit verhindert werden. Bei einem ordentlichen Verfahren werden die Formulare, sobald der Beleg zur Zahlung angewiesen ist, ungültig gemacht. Sie sollen nicht den Personen zugänglich sein, die sie ursprünglich ausgestellt haben.

3. *Fälschung von Schecks.* Die Fälschung von Schecks verlangt eine geheime Zusammenarbeit in irgendeiner Form, wenn sie eine Zeitlang durchgeführt wird, da die betreffenden Eintragungen geändert werden müssen, um das Ergebnis der Fälschung zu verdecken. Verfahren, die die Ausstellung und Buchung der Schecks, die Berichterstattung und die Bankabstimmungen trennen, dienen als Schutz gegen diese Urkundenfälschungen.

4. *Scheckmißbrauch.* Der Scheckmißbrauch wird meistens so ausgeführt, daß ein Scheck gegen Monatsende auf ein Bankkonto gezogen und dann auf ein anderes Konto eingezahlt wird, ohne die Auszahlung von dem ersten Konto zu buchen. Das Ergebnis ist am Monatsende ein zu hoher Saldo auf dem Konto, auf das der Scheck gezogen wurde. Der Scheck wird dann als Auszahlung im folgenden Monat gebucht. Um erfolgreich zu sein, verlangt diese Methode in jedem größeren Unternehmen eine geheime Zusammenarbeit. Wenn der interne Revisor bei seiner Prüfung von Banküberweisungen während der letzten Tage eines Zeitabschnittes sorgfältig darauf achtet, wann die Geschäftsvorfälle gemeldet und gebucht sind, wird er diesen Betrug gewöhnlich aufdecken. (Vgl.: Prüfung des Bankverkehrs.

5. *Zu geringe Angabe von Skonti oder zu hohe Angabe von Rückwaren.* Die zu geringe Angabe von Skonti oder die zu hohe Angabe von Rückwaren ist ein anderer Faktor, der eine geheime Zusammenarbeit

erfordert. In diesem Falle würde ein heimliches Einverständnis mit einer Person außerhalb des Betriebes bestehen und wäre nicht möglich, wenn die dargelegten Verfahren richtig arbeiten würden.

## Geldsalden

### Die Prüfung von Geldsalden — Allgemeines

Eine wichtige Aufgabe des internen Revisors besteht darin, die Zuverlässigkeit der angegebenen Salden der Aktiva und Passiva der Gesellschaft festzustellen; beim Geld bedeutet das die Prüfung der Salden auf den Geldkonten, die von der geprüften Stelle angegeben werden. Da die Arbeit des internen Revisors bei der Prüfung der Salden der Finanzkonten im wesentlichen dieselbe ist wie die, die von den betriebsfremden Revisoren ausgeführt wird und in den üblichen Anleitungsbüchern über Revisionstheorie und -praxis behandelt wird, wird unterstellt, daß der Leser mit einem so grundlegenden Stoff vertraut ist. Unsere Behandlung wird daher abgekürzt.

### Die Kassenaufnahme

Das Bargeld wird gewöhnlich am Ende des letzten Arbeitstages der Prüfungsperiode gezählt. In einigen Fällen ist es notwendig, das Bargeld zu einem späteren Termin zu zählen und das Ergebnis auf einen früheren Termin zurückzurechnen. Es ist wichtig, daß im Augenblick der Zählung alles Geld zusammen mit Wertpapieren oder anderen umsetzbaren Vermögenswerten einer gleichzeitigen Kontrolle unterzogen wird. Sonst können Geld und Wertpapiere zwischen den Konten geschickt manipuliert werden, um den Gesamtbetrag zu hoch anzugeben und so eine Unterschlagung zu verbergen. Die Zählung soll in Anwesenheit des Kassierers erfolgen, und der Prüfer soll sich von ihm nach Beendigung der Zählung eine Quittung darüber geben lassen, die bestätigt, daß er den richtigen Betrag zurückerhalten hat.

Es ist oft unmöglich, alles vorhandene Bargeld zu prüfen, wenn es über verschiedene Stellen verstreut ist. In solchen Fällen kann man sich eine Bestätigung geben lassen, oder in anderen Fällen (z. B. Nachtdepots) müssen die Beträge als unterwegs befindliches Geld bezeichnet werden. In diesem Fall wie bei jedem unterwegs befindlichen Geld soll die Prüfung den Weg des Depots in die Bank verfolgen und ermitteln, ob die Einlage oder ihre Bestätigung ohne anormale Verzögerung erfolgt ist.

Die körperliche Prüfung kann Schuldscheine, nachdatierte Schecks oder andere Posten aufdecken, die kein wirkliches Geld sind und anders kontiert werden müssen. Wenn Bargeld fehlt, muß die Differenz gesucht werden oder die verantwortliche Person damit belastet werden. Handelt es sich nur um einen kleinen Betrag, besteht die Bedeutung der Aufdeckung in dem möglichen Rückschluß auf unzureichende Arbeitsgewohnheiten und Verfahren, die den internen Revisor direkt angehen. Auf diese Weise liefert die Aufnahme der Geldbestände den Ausgangspunkt für seine Aufgabe, die Geldangelegenheiten konstruktiv zu beurteilen.

## Prüfung von Bankguthaben

Die Richtigkeit der Banksalden in den Büchern wird durch Abstimmung mit den Bankauszügen oder durch direkte Bestätigungen der Banken festgestellt. Im letzten Fall soll die Bank von der jeweiligen Stelle gebeten werden, den Banksaldo zu einem bestimmten Termin direkt an den internen Revisor zu berichten. Dies ist nicht notwendig, wenn der Revisor einen Bankauszug für den letzten Monat der Prüfungsperiode direkt von der Bank erhält. Gewöhnlich ergibt sich jedoch keine Wiederholung, wenn eine Bestätigung erbeten wird, da die Bank auch um einen Auszug aller Verbindlichkeiten und die Namen der zeichnungsberechtigten Personen ersucht werden muß, denn alle diese Punkte können bei einer einzigen Anfrage behandelt werden.

Wenn der interne Revisor die Auszüge direkt von der Bank erhalten kann, kann ein beträchtlicher Arbeitsaufwand gespart werden, da er sich sonst vergewissern muß, ob alle Schecks in den Bankauszügen enthalten sind, indem er den Gesamtbetrag der Schecks errechnet und diese Gesamtsumme mit den gesamten Belastungen auf den Bankauszügen vergleicht. Ferner soll geprüft werden, ob die Schecks während des Monats, den der Auszug umfaßt, von der Bank bezahlt wurden. Die beste Abstimmung erfolgt durch einen Vergleich der Bank- und Buchsalden am Anfang und Ende der Prüfungsperiode mit den Quittungen und Auszahlungen für diesen Zeitabschnitt. Der Zeitabschnitt wird normalerweise einen Monat betragen — der letzte Monat der Prüfungsperiode. Manchmal ist es besser, einen zusätzlichen Monat abzustimmen, oder die Abstimmung für die gesamte Prüfungsperiode zu verlangen. Ein Abstimmungsformular dieser Art wird in Tabelle 4 gezeigt.

Die gezeigte Abstimmung dient als Beispiel für besondere Prüfungsarbeiten. Die Abstimmung zu Beginn der Periode wird normalerweise als Ausgangspunkt genommen, und die Salden werden an Hand der Bücher und des Bankauszuges geprüft. Es ist notwendig, die Gesamtsumme der Geldeingangsbelege und der Registrierkasse sowie den Bankauszug zu prüfen, um die Zahlen für die Geschäftsvorfälle für die einzelnen Bücher und die einzelnen Banken zu erhalten[1]. Das dient zugleich dazu, die Einträge in das Bargeldjournal zu kontrollieren. Die ge-

---

1 Anm. d. Übers.: Hier ist vorausgesetzt, daß alles eingenommene Geld bei der Bank eingezahlt wird, und daß alle Ausgaben aus Kassen geleistet werden, die von Bankkonten aufgefüllt werden.

A. B. C. Gesellschaft

First National Bank
Blank City, Illinois
Abstimmung zum 31. Dez. 1957.

31. Dezember 1957

| Einzelheiten: | | Saldo 1. 12. 1957 | Einlagen | Abhebungen | Saldo 31. 12. 1957 |
|---|---|---|---|---|---|
| | | Dezember 1957 DM | | | |
| Geschäftsvorfälle lt. Bank | | 98 242,79 | 788 681,50 | *786 911,15* | 100 013,14 |
| Abstimmungsposten | | | | | |
| Durchgangsposten | | | | | |
| unterwegs befindliche Einlagen | | | | | |
| Datum d. Buchung | Datum d. Einlage i. d. Bank | | | | |
| 30. Nov. | 1. Dez. | 18 322,45 | *18 325,45* | — | — |
| 31. Dez. | 3. Jan. | — | 22 422,52 | — | 22 422,52 |
| *Ausstehende Schecks:* | | | | | |
| vor Dez. 1957* ausgestellt | | *9 850,00* | — | 4 862,51 | *4 987,49* |
| im Dez. 1957* ausgestellt | | — | — | *11 462,58* | *11 462,58* |
| *Andere Posten* | | | | | |
| Protestkosten für Dez. durch die Bank am 31. Dez. 1957 belastet, am 4. Jan. 1958 gebucht | | — | — | 20,00 | 20,00 |
| Inkassospesen der Bank vom 31. Dez. 1957, am 4. Jan. 1958 gebucht | | — | — | 00,25 | 00,25 |
| Geschäftsvorfälle lt. Buchführung | | 106 715,24 | 792 781,57 | 793 490,97 | 106 005,84 |

Anmerkung: Alle eingerahmten, schräggedruckten Zahlen sind rot.
* Durch eine ausführliche Tabelle ergänzt.

(Tabelle 4. Bankabstimmung)

buchten Einzahlungen bei der Bank sollen dann ausführlich an Hand der Bankauszüge abgestimmt werden, wobei den Daten besondere Beachtung geschenkt werden soll, um irgendwelche ungewöhnlichen Verzögerungen zwischen den Eingangsdaten in den Büchern und den Daten der Ablieferung an die Bank aufzudecken. Die in den Büchern gezeigten Einzahlungen bei der Bank können dann weiter lückenlos oder durch Stichproben auf Grund der Berichte und Uraufzeichnungen, wie z. B. Quittungen, Verkaufsbelegen und Rechnungen kontrolliert werden.

Die bezahlten Schecks sollen im einzelnen mit dem Scheckregister und auch mit der vorhergehenden Abstimmung verglichen werden. Bei diesem Arbeitsgang sind die Schecks auf Unterschriften, Indossamente und Reihenfolge der serienmäßigen Nummern zu prüfen. Posten, die in bar oder an das Personal der Gesellschaft zahlbar waren, sollen für eine besondere Untersuchung aufgeführt werden.

Das dargestellte Verfahren gibt dem internen Revisor die Möglichkeit, die Abstimmungsposten vom Anfang der Prüfungsperiode an zu verfolgen; und sein eigenes Verzeichnis der Abstimmungsposten am Ende des Zeitabschnittes aufzustellen. Diese neuen Abstimmungsposten sind für den internen Revisor besonders wichtig, vor allem am Bilanzstichtag. Einige von ihnen können Aufwands- und Ertragskonten betreffen und können unter Umständen Berichtigungsbuchungen auf Grund der Prüfung notwendig machen.

Unterwegs befindliche Einlagen und ausstehende Schecks sollten wenigstens zehn Tage nach der Revision an Hand eines neuen Bankauszuges geprüft werden. Für diesen Zeitabschnitt kann eine besondere und vollständige Abstimmung vorgenommen werden. Dies ist jedoch normalerweise nicht unbedingt erforderlich. Die Bedeutung des neuen Auszuges besteht darin, den Weg der unterwegs befindlichen Einlagen und der Bezahlung der ausstehenden Schecks zu verfolgen. Die Prüfung der gesamten entwerteten Schecks[1] für den erwähnten Zeitabschnitt ist wichtig, um festzustellen, ob alle von der Bank bezahlten Schecks auch in der Prüfungsperiode gebucht wurden. Solche Schecks können vor Ende der Prüfungsperiode ausgestellt und bei anderen Banken eingelöst worden sein. Schecks, die alte Daten tragen, und noch ausstehen, sollten besonders beachtet werden, da oft Unterschlagungen durch Manipulierung solcher Posten verborgen werden.

Wenn viele Bankkonten bestehen, ist es zu empfehlen, Listen für die Überweisungen zwischen den Banken für die letzten Tage der Prüfungsperiode und die ersten Tage der folgenden Periode aufzustellen, um sich zu überzeugen, daß nicht Überweisungen auf bestimmten Bankkonten als Einlage erscheinen, ohne auf einem anderen Konto als vom Saldo abzuziehende Posten oder als ausstehende Schecks aufgeführt zu werden. Alle fraglichen Posten sollen sorgfältig untersucht und zufriedenstellend geklärt werden.

### Die Prüfung von kleinen Kassen

Kleine Kassen, die von verschiedenen Angestellten geführt werden, müssen durch Zählung geprüft werden. Es ist wichtig, zu prüfen, daß Belege in kleinen Kassen, die an Stelle von Bargeld getreten sind, legi-

---

1 Anm. d. Übers.: Die amerikanischen Banken geben die bezahlten Schecks entwertet an den Kunden zurück.

time Auszahlungen betreffen, und daß eine richtige Abrechnung dieser Posten bei der Wiederauffüllung der Kassen vorgenommen wird. Sind die Kassen nicht zugänglich, muß eine direkte Bestätigung eingeholt werden. Gewöhnlich ist es zweckmäßig, kleine Kassen auf Grund von Vorschüssen zu führen und sie entsprechend der genauen Höhe der belegten Ausgaben wieder aufzufüllen.

### Die Darstellung der Geldbestände im Finanzstatus

Es gehört zu den Aufgaben des internen Revisors, die Genauigkeit und Zuverlässigkeit der Aufstellungen oder Berichte, die von der geprüften Stelle vorgelegt werden, zu prüfen. Beim Geld wird er sich mit der richtigen Darstellung der Geldbestände in der Bilanz, den Liquiditätsübersichten und anderen Berichten beschäftigen. Theoretisch sollten als Geld nur Beträge ausgewiesen werden, die für die Zahlung von Schulden zur Verfügung stehen. Dann würden kleine Kassen, allgemeine Kassenbestände und selbst geforderte Mindestbestände nicht dazu gehören. Die gewöhnliche Handhabung geht nicht so weit, aber Guthaben bei Banken, mit einem Vorbehalt versehene Salden und Posten, die die Natur von Forderungen haben, sollten umkontiert werden, wenn die Art und Höhe des betreffenden Postens eine solche Handhabung erfordert.

## Erläuternde interne Prüfungsanweisungen — Geld

Die folgenden Prüfungsanweisungen sind aus dem Handbuch einer großen in ganz Amerika bekannten Aktiengesellschaft entnommen. Die betreffende Gesellschaft verfolgte den ausgezeichneten Plan, zuerst die Ziele darzustellen und dann die tatsächlichen Prüfungsverfahren nach den wichtigsten Merkmalen der internen Kontrolle unter Berücksichtigung der besonderen Lage der Gesellschaft zu organisieren.

### Geld

*Ziele*

Es ist festzustellen,

ob die in den Büchern der Gesellschaft gebuchten Bestände tatsächlich in Form von Bargeld, bestätigten Bankguthaben oder von unterwegs befindlichem Geld vorhanden sind;

ob die Auszahlung von Beträgen mit der erforderlichen Genehmigung erfolgt.

### Interne Kontrollen und Prüfungsprogramm

Allgemein gesagt muß die Behandlung von Geld mit den Verfahren übereinstimmen, die in dem Geldhandbuch dargelegt sind. (Ein Exemplar dieses Buches ist zu besorgen und während der Prüfung des Geldverkehrs als Leitfaden zu benutzen.)

*Kleine Kasse*

Kleine Kassen müssen immer zugänglich sein, und man muß zu jeder Zeit Rechenschaft über sie ablegen können. Eine Vermengung einer kleinen Kasse der Gesellschaft mit persönlichen Geldern darf nicht gestattet werden.

1. Der Bestand der kleinen Kasse ist bei der Ankunft zu prüfen. Das Geld ist zu zählen. Die Belege über die geleisteten Zahlungen sind in eine Liste aufzunehmen und abzuzeichnen.
2. Die Belege sind auf ordnungsmäßige Genehmigungsvermerke, auf die Art der Ausgaben und die Angabe der Belastung zu kontrollieren. Es ist zu prüfen, ob die Belege als „bezahlt" gekennzeichnet sind, um ihre Wiederbenutzung zu verhindern.
3. Es ist sicherzustellen, daß Schecks, die im Geldbestand enthalten sind, richtig abgezeichnet und datiert sind.
4. Die Gesamtsumme ist mit dem Betrag, der laut Hauptbuch als Vorschuß gegeben wurde, abzustimmen.
5. Vom Kassierer ist eine Unterschrift einzuholen, die die Rückgabe der Beträge und Papiere bestätigt.
6. Die Protokolle über andere Kontrollen der kleinen Kasse sind zu prüfen. Es ist festzustellen, ob etwas ungewöhnliches berichtet wurde.
7. Es ist festzustellen, ob die Höhe des Geldbestandes und die Häufigkeit der Auffüllung des Bestandes den Erfordernissen entsprechen.

*Geldeingänge*

Der Kassierer darf zu der eingehenden Post keinen Zugang haben. Die Kontrolle über Geldeingänge muß von einem besonderen Angestellten ausgeführt werden, bevor die Geldsendungen an den Kassierer weitergehen. Kundenschecks, Bargeld oder andere Formen von Geldeingängen, die von anderen Abteilungen angenommen werden, müssen zur Bearbeitung schnell an den genannten Angestellten weitergeleitet werden.

1. Das Verfahren für eingehende Post bezüglich der Behandlung von Geldsendungen ist zu beobachten.
2. Wenn die eintreffende Post auf dem Postamt von einem Beauftragten der Gesellschaft abgeholt wird, so ist festzustellen, ob eine abgeschlossene Tasche benutzt wird.
3. Werden Geldsendungen zur Bearbeitung direkt an den zuständigen Mitarbeiter weitergegeben?
4. Alle Geldsendungen sind zu kontrollieren, auch solche, die der Kassierer vereinnahmt hat. An dem Tage, an dem das Verfahren beim Posteingang beobachtet wurde, sind alle eingegangenen Geldsendungen und alle Einnahmen des Kassierers zu kontrollieren.
5. Jeder Scheck oder jede andere Geldsendung ist in der linken oberen Ecke abzuzeichnen, damit eine Substitution irgendeiner Geldsendung verhindert wird.
6. Jede Geldsendung ist genau zu notieren, um den Einzahler und das Konto, dem sie gutgeschrieben ist, später feststellen zu können.

*Das Verfahren der Einzahlung bei der Bank*

Die Eingänge jedes einzelnen Tages müssen vollständig und ohne Verzögerung eingezahlt werden. Alle Schecks müssen sofort mit dem Vermerk „Nur zur Verrechnung" gestempelt werden.

1. Die Einlage ist mit dem Gesamtbetrag der Geldeingangsliste, die von dem Revisor aufgestellt wurde, abzustimmen.

2. Bei jedem Posten, der in der Einlage enthalten ist, ist zu prüfen, ob das entsprechende Zeichen des Revisors darauf erscheint.
3. Die Einzahlung an die Bank muß kontrolliert werden.
4. Die Buchung der Einzahlung ist zu verfolgen.
5. Jeder Posten in der Liste des Revisors ist an Hand der Kundenkonten nachzuprüfen, um sicherzustellen, daß er richtig gutgeschrieben wurde.
6. Für die nächsten zehn Tage nach der ausführlichen Prüfung ist die Einlage jedes Tages zu ermitteln und auf das Datum sämtlicher Schecks, auf persönliche Schecks von Angestellten und alle anderen fraglichen Faktoren hin zu prüfen. Die Einlage ist an Hand des Geldeingangsbuches zu kontrollieren.

Die täglichen Bankeinlagen durch den Kassierer müssen auf Grund der unabhängigen Kontrollaufzeichnungen des für Geldeingänge zuständigen Angestellten geprüft werden.

1. Es ist zu ermitteln, ob diese Prüfung entweder von dem Geschäftsführer oder dem Leiter der Buchhaltung ausgeführt wird.
2. Es ist festzustellen, ob der Geschäftsführer oder der Leiter der Buchhaltung einen zweiten, von der Bank beglaubigten Einlageschein erhält und täglich mit dem eigentlichen Bericht über den Geldverkehr vergleicht.

*Vordatierte Schecks*

Es muß ein Register geführt werden, das von dem Kassierer unabhängig ist, um alle vordatierten Schecks zu buchen und zu kontrollieren, die zur Einzahlung an einem bestimmten Termin aufbewahrt werden, und um falsch ausgestellte Schecks an die Kunden zurückzuschicken. Vordatierte Schecks müssen dem Kassierer anvertraut und in seinem Geldschrank bis zur Einreichung bei der Bank aufbewahrt werden.

1. Das Verfahren der Annahme und Buchung von Schecks dieser Art ist zu prüfen.
2. Die vordatierten Schecks sind vom Kassierer zu verlangen, und jeder ist mit den Eintragungen in dem Register der zurückgesandten und vordatierten Schecks zu vergleichen.
3. Es ist festzustellen, ob das Register mit Anmerkungen versehen wurde, um zu erklären, was mit den falsch ausgestellten Schecks geschehen ist.

*Der Inhalt des Geldschranks*

Wechsel, Wertpapiere, Couponbücher und andere wertvolle Papiere müssen im Geldschrank aufbewahrt werden.

1. Der Inhalt des Geldschranks ist zu kontrollieren und alle Wertpapiere, Wechsel und andere Unterlagen sind für spätere Prüfungen aufzuschreiben.
2. Alte Akten und andere unnötige Materialien, die sich im Geldschrank befinden, sind im Bericht zu erwähnen.

*Zurückgesandte Schecks*

Kundenschecks, die von den Banken wegen nicht ausreichender Deckung, falscher oder fehlender Indossierung oder aus irgendeinem anderen Grund zurückgesandt werden, müssen in einem Verzeichnis für zurückgesandte und vordatierte Schecks eingetragen werden.

Die zurückgesandten Schecks dürfen von den Banken nicht dem Konto belastet werden. Die Rückvergütung an die Bank muß durch einen Sichtwechsel erfolgen. Beträge von zurückgesandten Schecks müssen zusammen mit den Bankspesen dem Konto des Kunden belastet werden.

Nach der Eintragung und der Belastung des Kundenkontos sollen die Schecks an die Kreditabteilung zur Bearbeitung weitergeleitet werden.

1. Das Verzeichnis über zurückgesandte und vordatierte Schecks ist zu prüfen.
2. Der Grund der Rücksendung durch die Bank ist festzustellen.
3. Der Verbleib des Schecks ist zu ermitteln, und es ist an Hand ausreichenden Beweismaterials zu prüfen, wie über ihn verfügt worden ist.
4. Die Buchungen aller zurückgesandten Schecks sind zu kontrollieren. (Dies kann während der Prüfung der Debitorenkonten geschehen.)

*Abstimmung der Bankkonten*

Alle Bankkonten müssen monatlich durch Personen, die nicht mit Auszahlungen befaßt sind, abgestimmt werden. Kopien von allen Bankabstimmungen für die Prüfungsperiode sind anzufordern und auf irgendwelche ungewöhnlichen Eintragungen hin zu überprüfen.

Bei der Abstimmung der Bankkonten ist Rechenschaft über die Reihenfolge der Schecknummern abzulegen. Ungültige vornumerierte Schecks müssen zurückbehalten und bei der Abstimmung berücksichtigt werden. Kundenschecks bar abzuheben, ist ausdrücklich verboten. Schecks, die an die Gesellschaft zahlbar sind, dürfen nicht noch ein Indossament von einzelnen Personen außer dem Indossament der Gesellschaft tragen.

Bankauszüge und erledigte Schecks, die direkt von Banken eingehen, müssen wie folgt behandelt werden:

1. Scheckbeträge, die bei der letzten Abstimmung ausstanden, sind mit den erledigten Schecks zu vergleichen.
2. Wenn in dieser Zeit Schecks mit dem Vermerk „vom Aussteller indossiert" erledigt wurden, ist der Grund hierfür zu ermitteln.
3. Wenn Schecks drei Monate oder länger ausbleiben, ist der Grund festzustellen. Alle derartigen Schecks, die für Mieten, Löhne, Forderungen und ähnliche Posten ausgestellt sind, sind mit dem Zahlungsempfänger zu klären und festzustellen, warum sie nicht eingelöst sind. Die Aufstellung der ausstehenden Schecks, die abgeschrieben wurden, ist zu prüfen. Es ist festzustellen, ob vor der Abschreibung eine richtige Nachforschung angestellt wurde und ob die notwendige Eintragung vorgenommen wurde.
4. Bei allen Forderungsschecks ist das erste Indossament zu prüfen. Auf Lohn- und Gehaltsschecks ist das erste und zweite und auf anderen Schecks das zweite Indossament zu kontrollieren.
5. Alle Indossamente auf bezahlten Schecks, die bei der Bankabstimmung der vorhergehenden Prüfung ausstanden, sind zu prüfen.
6. Eine repräsentative Zahl von Lohn- und Gehaltsschecks sind mit der Lohnliste zu vergleichen.
7. Der Prüfer hat sich davon zu überzeugen, daß die Indossamente auf allen Schecks richtig kontrolliert wurden.
8. Es ist festzustellen, ob Bankauszüge und erledigte Schecks nur für solche Angestellte zugänglich sind, die nicht mit der Ausstellung der Schecks beschäftigt werden.
9. Wird darüber gewacht, daß die von einer Bank bestätigten Schecks von den Zahlungsempfängern eingezahlt und von der Bank abgerechnet, oder — wenn sie nicht benutzt werden — vom Zahlungsempfänger direkt zurückgesandt werden?

10. Es ist zu prüfen, ob zusammen mit der Bank oder dem Aussteller über die Abrechnung von Bankschecks, Schecks von Kassierern oder Bankanweisungen gewacht wird, die von der Gesellschaft erworben wurden.
11. Die Anfertigung der Bankabstimmung kann von dem Revisor dem Abteilungspersonal übertragen werden, wenn sie direkt überwacht wird.
12. Alle Journaleintragungen über Geld während der Prüfungsperiode sind zu kontrollieren.

*Bankkonten — Bezirksbüros*

Konten von Bezirksbüros müssen einer strengen Kontrolle unterliegen. Die Abstimmung solcher Konten muß in den Bezirksbüros erfolgen.

Wenn ein Bezirk Unterbüros mit Bankkonten hat, die zur Auszahlung von Geldern benutzt werden, so sind ein oder mehrere zu besuchen und das Kontrollverfahren im einzelnen zu prüfen.

1. Vor dem Besuch sind verschiedene Belege der Überweisungen des Bezirksbüros an das Unterbüro zu prüfen.
2. Es sind Notizen über Posten zu machen, bei denen eine Untersuchung im Unterbüro angebracht erscheint.
3. Es ist festzustellen, ob das Zahlungsverfahren einen Schutz gegen Nichtausnutzung von Skonto und gegen doppelte Bezahlung gewährt. Werden die Vollmachten des Unterbüros bezüglich der Höhe oder Art der Auszahlungen nicht überschritten?
4. Über alle Schecks, die nach dem letzten Bericht an das Bezirksbüro ausgestellt wurden, ist Rechenschaft abzulegen.
5. Es ist festzustellen, ob die Denzentralisation der Zahlungen durch die Kassen der Unterbüros und die kleinen Kassen eine allgemeine Ersparnis an Zeit und Kosten mit sich bringt.

*Die Sicherung von Scheckformularen, Scheckkopien und erledigten Schecks*

Der Vorrat an Scheckformularen, die Scheckkopien und erledigten Schecks müssen sorgfältig gegen Verlust oder Diebstahl gesichert werden, und sie dürfen nur einer geringen Zahl von Angestellten, die von dem Geschäftsführer bestimmt werden, zugänglich sein.

Die bestehenden Kontrollen und Sicherungen sind zu prüfen und alle Mängel an den Geschäftsführer zu berichten.

*Auszahlungen*

Weder der Kassierer noch der Angestellte, der die Belege bearbeitet, sollten etwas mit den Debitorenkonten zu tun haben. Zahlungen sind nur mit den im Handbuch für den Geldverkehr vorgeschriebenen Genehmigungen zulässig.

1. Die Kontrollverfahren für Geldauszahlungen sind zu prüfen.
2. Die Kontrollvermerke durch die Rechnungsprüfungsgruppe sind für einen ganzen Monat zu prüfen. Wenn die Prüfungsperiode ein Jahr überschreitet, sind die Arbeiten der Rechnungsprüfung auf zwei weit auseinanderliegenden Monaten zu prüfen.
   a) Die von der Rechnungsprüfung eingesetzten Nummern sind auf Lückenlosigkeit zu prüfen.
   b) Die Zahlungsanweisungen sind auf Grund des Handbuches der Vollmachten zu prüfen.
   c) Die Genauigkeit der Kontierung ist zu kontrollieren.
3. Etwa 75 geprüfte Rechnungen sind auszusuchen und die Einkaufsgenehmigung wie folgt zu prüfen:

a) Die dazugehörigen Anforderungen sind einzusehen und Einkaufsgenehmigungen zu prüfen.
b) Es ist festzustellen, ob von den Außenstellen Wareneingangsscheine vorliegen, die den Empfang der gekauften Materialien bestätigen.
c) Erledigte Schecks sind auf richtiges Indossament und Erledigungsstempel der Bank zu überprüfen.

Zahlungen für die Mitgliedschaft in Klubs oder Privatorganisationen müssen mit dem Bezirksbudget übereinstimmen, das von der Zentrale genehmigt wurde. Kosten dieser Art sind zu prüfen. Stimmen sie mit dem genehmigten Budget überein?

Warenrechnungen müssen schnell bearbeitet und nach Eingang im Bezirksbüro bezahlt werden. Die Gründe für alle verspäteten Zahlungen sind ausführlich zu untersuchen. Skonti müssen in Übereinstimmung mit dem Verzeichnis, das von der Einkaufsabteilung der Zentrale angefertigt wurde, oder — wenn der Lieferant nicht im Verzeichnis der Zentrale aufgeführt ist — in Übereinstimmung mit den Zahlungsbedingungen abgezogen werden.

1. Die Kontrollen, die sicherstellen, daß zutreffende Skonti bei allen Zahlungen abgezogen werden, sind zu überprüfen.
2. Die Gründe für Bezahlung von Warenrechnungen nach den Zahlungsterminen, die in den Bedingungen der Lieferanten festgelegt sind, sind zu untersuchen.
3. Unbezahlte Warenrechnungen, die in dem Verzeichnis am letzten Jahresende enthalten waren, sind nachzusehen.

Es ist festzustellen, ob die Belege bei der Bezahlung gestrichen oder mit „bezahlt" gestempelt werden. Alle Schecks müssen nach der Unterzeichnung direkt an den Zahlungsempfänger gesandt und nicht an den Belegbearbeiter oder Kassierer gegeben werden, ausgenommen solche, für die es unter ungewöhnlichen Umständen vom Geschäftsführer oder Leiter der Buchhaltung besonders genehmigt wurde. Der Postversand von Schecks darf nicht von dem Belegbearbeiter oder Kassierer kontrolliert werden.

1. Es ist festzustellen, ob irgendwelche Schecks zur Bearbeitung an Angestellte zurückgegeben werden.
2. Bei erledigten Schecks ist das Indossament zu prüfen.

Der Belegbearbeiter muß täglich von den zur Zahlung vorbereiteten Belegen eine Kontrollzahl feststellen.

1. Hat der Belegbearbeiter eine tägliche Kontrolle durchgeführt?
2. Die Kontrollzahl ist mit dem Gesamtbetrag des Scheckregisters zu vergleichen.

Die Scheckunterzeichnungsmaschine muß von dem Geschäftsführer oder Leiter der Buchhaltung aufbewahrt werden.

1. Die Kontrollen für die Scheckunterzeichnungsmaschine sind zu prüfen.
2. Es ist festzustellen, wer die Schlüssel in Verwahrung hat.
3. Wird eine Abstimmung zwischen den Schecknummern und dem Zahlenverzeichnis oder Zähler der Scheckunterzeichnungsmaschine durchgeführt?
4. Die Kontrolle über die Unterschriftsplatte ist zu prüfen.
5. Die Zugriffsmöglichkeiten bei unterzeichneten Schecks sind zu untersuchen. Wenn die unterzeichneten Schecks in ein verschlossenes Fach kommen, ist festzustellen, wer die Schlüssel für dieses Fach aufbewahrt. Hat die Maschine kein verschlossenes Fach, ist festzustellen, auf welche andere Weise die unterzeichneten Schecks kontrolliert werden.

## Die Beurteilung des Geldverkehrs

### Arten der Beurteilung

Hierher gehören drei verschiedene Vorgänge: 1. Arbeiten, die die Verteilung der Aufgaben auf die Angestellten betreffen, 2. Verfahrens- und Buchungsfragen und 3. Arbeiten, die sich mit der Aufbewahrung und Sicherung von Geld befassen.

*Beurteilung mit Hilfe von Tabellen.* Die Verteilung der einzelnen Aufgaben kann auf verschiedene Weise geprüft werden. In einigen Fällen wird vom Personal der Gesellschaft oder dem Revisor ein Fragebogen ausgefüllt. In anderen Fällen wird die Verteilung der Aufgaben durch eine Besprechung mit dem Personal der Gesellschaft ermittelt. In den letzten Jahren wurde es immer mehr üblich, Tabellen zu benutzen; besonders in Verbindung mit Finanzdarstellungen. Für den internen Revisor ist diese Methode sehr nützlich, besonders wenn die Verteilung der Aufgaben des Personals graphisch dargestellt wird. Streitigkeiten über Zuständigkeiten werden schnell und leicht geklärt, wenn sie sichtbar dargestellt sind, wie z. B. durch einen Organisations- und einen Arbeitsablaufplan.

*Die Beurteilung mit Hilfe von Normen.* Eine Norm wurde definiert als „das, was durch Vorschrift, Gewohnheit oder allgemeine Zustimmung als Modell oder Maßstab aufgestellt wurde". Es muß uns ein Maßstab zur Verfügung stehen, nach dem wir die tatsächliche Ausführung beurteilen. Es gibt zwei Hauptquellen, aus denen der interne Revisor schöpfen kann: 1. die allgemeinen internen Kontrollnormen, wie sie in verschiedenen Kapiteln dieses Buches und in anderen Veröffentlichungen über interne Prüfungen und Kontrollen dargestellt sind, und die praktisch auf alle Gesellschaften angewendet werden können und 2. die spezielleren Angaben, die nur für eine Gesellschaft zutreffen und in verschiedenen offiziellen Bekanntmachungen, Briefen und Notizen über die Geschäftspolitik enthalten sind.

Es ist nicht genug, daß Kontrollverfahren eingerichtet worden sind. Es muß systematisch geprüft werden, ob sie richtig ausgelegt und angewendet werden. Der interne Revisor muß den Wert der Richtlinien und Verfahren bei der tatsächlichen Anwendung beurteilen.

*Die Wichtigkeit einer weiten Sicht.* Bei der Beurteilung muß der interne Revisor alles in der richtigen Sicht sehen. Das trifft besonders bei der Beurteilung des Geldverkehrs zu. Er ist daran interessiert, festzustellen, ob die Verfahren sicher genug sind, um Unterschlagungen zu verhindern. Er sollte sich zur gleichen Zeit auch ein Urteil über die damit verbundenen Risiko- und Kostenfaktoren bilden. In einigen Fällen stehen die Kosten für ein Verfahren zur Verhütung von Unterschlagungen in keinem Verhältnis zu dem Risiko eines möglichen Verlustes. Wir möchten betonen, daß die allgemeinen Regeln und Normen, wie sie in den Auszügen aus den Handbüchern und an anderen Stellen in diesem Buch dargestellt sind, lediglich als Hinweis betrachtet werden sollen und nicht unterschiedslos angenommen werden dürfen. Eine starre Haltung des internen Revisors wird für ihn selbst und für seine Arbeit bei den geprüften Stellen nachteilig sein.

### Die Beurteilung von Geldeingängen

Bei der Beurteilung von Geldeingängen muß der interne Revisor sorgfältig die Risiko- und Kostenfaktoren abwägen. Wir können das grundlegende Kontrollproblem in einem kleinen Büro betrachten, wo die Eingänge ihrem Betrage nach sehr gering sind. Da hier nur ein oder zwei Angestellte zur Verfügung stehen, können die ursprünglichen Vorschriften über Trennung der Funktion nicht angewendet werden. Auf ihrer strengen Einhaltung zu beharren, wäre kostspielig und unnötig. In dem kleinen Büro kann es z. B. nicht angebracht sein, täglich die Geldeingänge bei einer Bank einzuzahlen, und daher können die Vorschriften so geändert werden, daß sie wenigstens wöchentlich erfolgen. In allen Fällen muß der interne Revisor die Arbeit beurteilen und bereit sein, sein Programm an die besonderen Umstände anzupassen, wenn es unpraktisch ist, die Verfahren zu ändern, um die Kontrollnormen zu erfüllen.

Bei der organisatorischen Beurteilung gegenseitiger Kontrollen ist ein Organisationsplan, der die Abteilungen und ihre organisatorische Gliederung bis zum höchsten Angestellten der geprüften Stelle zeigt, erforderlich. Ein Organisationsplan soll die Buchhaltung und ihre Gliederung bis zum Leiter der Buchhaltung zeigen. Mit einem solchen Plan kann die Trennung der Aufgaben bei der Bearbeitung von Geldeingängen leicht erläutert werden. Ein Arbeitsablaufschema, das die Verantwortung für den Umlauf von Geldbeträgen und die Führung der betreffenden Bücher zeigt, ist besonders wirkungsvoll bei der Darstellung des Verfahrens und sehr nützlich bei der Vorlage von Verbesserungsvorschlägen. Oft wird ein direkter Vergleich des gegenwärtigen und des vorgeschlagenen Verfahrens durch eine graphische Darstellung den Vorteil der vorgeschlagenen Verfahren viel wirkungsvoller zeigen als ein einfacher Bericht.

### Die Beurteilung von Auszahlungen

Soll die Kontrolle über Geldauszahlungen beurteilt werden, muß sich der Revisor mit der richtigen Trennung der Funktionen zwischen den verschiedenen Stellen in der Unternehmung beschäftigen. Dies erfordert jedesmal, wenn der Revisor eine Abteilung aufsucht, eine sorgfältige Prüfung. Er muß feststellen, ob die Person, die Schecks unterzeichnet, auch Geldbuchungen und Bankabstimmungen durchführt. Wie bereits erwähnt, kann die Teilung von Pflichten wirkungsvoll und graphisch mit Hilfe eines Arbeitsablaufschemas dargestellt werden, das die Beziehungen zwischen den einzelnen Personen und dem Arbeitsablauf bei der Bearbeitung von Geldangelegenheiten zeigt.

Einer der wichtigsten Punkte, der beurteilt werden muß, ist die Richtigkeit bestimmter Auszahlungen. In den meisten Fällen werden die Bekanntmachungen und Handbücher der Gesellschaft die Posten und Beträge näher erläutern, die aus einem bestimmten Guthaben bezahlt werden sollen. Sehr oft bedürfen bestimmte Posten, wie Mitgliedsbeiträge und Spenden, einer besonderen Zustimmung oder sind auf bestimmte Posten und Beträge in einem genehmigten Budget begrenzt.

Wenn man z. B. bei der Bankabstimmung bemerkt, daß einige Schecks lange Zeit ausbleiben, kann man im allgemeinen empfehlen, diese Schecks aus der Abstimmung auszuklammern und die Beträge auf ein Konto für sonstige Verbindlichkeiten umzubuchen. Eine solche Umbuchung vereinfacht die monatliche Abstimmung und macht die Posten für die Angestellten, die für Zahlungen verantwortlich sind, weniger zugänglich. Nachdem der vorher festgelegte Termin abgelaufen ist, können diese Beträge dann nochmals geprüft und anschließend durch eine Journalbuchung ausgeglichen werden.

Der interne Revisor sollte auch die Anwendbarkeit eines staatlichen Heimfallgesetzes auf Gelder der Gesellschaft berücksichtigen. In den letzten Jahren haben viele Staaten neue Heimfallgesetze erlassen oder die bestehenden Gesetze auf der Suche nach zusätzlichen Staatseinnahmen erweitert. Nach den meisten dieser Gesetze fallen nicht beanspruchte Gelder nach einer bestimmten Anzahl von Jahren an den Staat. Es ist strafbar, die betreffenden Gelder nicht zu der vorgeschriebenen Zeit an den Staat abzuführen.

### Die Beurteilung von Kassenbeständen

Eine Trennung der Aufgaben ist auch hier wichtig. Obwohl der Verwalter einer kleinen Kasse keine Schecks unterzeichnen oder Bankauszüge abstimmen soll, kann diese ideale Trennung der Aufgaben bei einer kleinen Zahl von Angestellten evtl. undurchführbar sein. In solchen Fällen wäre ein Beharren auf der Trennung der Aufgaben unzweckmäßig. Dann ist es besser, die Abstimmung in der Zentrale vornehmen zu lassen, oder die betreffende Filiale könnte das Konto abstimmen und dann den Bankauszug, die bezahlten Schecks und was sonst noch dazu gehört an die Zentrale senden, die die Kontrollen durchzuführen hätte. Die Methode der Bankabstimmung muß in den Verfahrenshandbüchern sehr ausführlich festgelegt werden, da es viele Unterschiede geben kann, die von der Lage in den betreffenden Filialen abhängen.

Zur allgemeinen Beurteilung der internen Kontrolle muß der interne Revisor vom betrieblichen Standpunkt aus die Verteilung der Bestände, die Spesen und ähnliche Posten abwägen. Erhält z. B. die Gesellschaft von einem bestimmten Geldbestand den größtmöglichen Nutzen? Indem der interne Revisor den wirklichen Geldbedarf feststellt, kann er ermitteln, ob der Bestand auf einem bestimmten Konto zu hoch ist, und er kann vorschlagen, daß die überschüssigen Gelder verzinslich angelegt oder an anderer Stelle verwendet werden.

## Schutz und Kontrolle von Kassenbeständen

In den vorangehenden Kapiteln haben wir protektive und konstruktive Aufgaben bei der Prüfung von Geld — besonders durch die internen Verfahren der Buchführung — besprochen. Dazu kommen nun die Gesichtspunkte der Sicherung von Bargeld.

1. *Die körperliche Sicherung von Bargeld.* Bargelder auf dem Wege zu den Banken oder in kleinen Kassen sind immer der Gefahr eines Diebstahls oder Überfalls ausgesetzt. Eine Sicherung wird gewöhnlich durch äußere Schutzvorrichtungen oder eine Versicherung erreicht. Zum Beispiel kann ein Inkassobearbeiter im Außendienst einen schweren Metallkasten benutzen, der ständig am Fahrgestell seines Wagens befestigt ist. Gitter um den Kassenraum, Geldschränke und andere Ausrüstungen können zum weiteren Schutz im Büro dienen, ferner die besonderen Fächer in einem Geldschrank, die nur von den verantwortlichen Leuten geöffnet werden können. Wenn Bargeld transportiert wird, können Wächter oder Geldtransportwagen eingesetzt werden.

2. *Versicherungsschutz.* Die Kosten für eine Versicherung hängen zum großen Teil von den vorhandenen Schutzmaßnahmen ab, da die Prämiensätze einer Versicherung gegen Einbruchdiebstahl und Beraubung sich im allgemeinen mit dem Grad des vorhandenen Schutzes ändern.

Die meisten internen Kontrollverfahren werden eine Unterschlagung schwer, aber nicht unmöglich machen. Eine Versicherung gegen Veruntreuung wird bei ungewöhnlichen Situationen benutzt, wo die eingeführten Sicherungsvorkehrungen aus dem einen oder anderen Grunde wirkungslos sind. Eine solche Versicherung schützt vor Verlust und liefert auch ein starkes psychologisches Abschreckungsmittel, da der Angestellte weiß, daß die Versicherungsgesellschaft immer zur Stelle ist, um ihn für jede falsche Handlung zur Rechenschaft zu ziehen.

3. *Die Verteilung der Gelder auf die Banken.* Die Auswahl der Banken ist gewöhnlich die Aufgabe des Finanzdirektors und nicht unmittelbar die des internen Revisors. Der Revisor befaßt sich hauptsächlich mit der Höhe der dort unterhaltenen Guthaben. Bei kleineren Banken kann der von der „Federal Deposit Insurance Corporation" gewährte Schutz

der Kontrollfaktor für den Höchstbetrag der Einlage sein. In einigen Fällen können von der Bank Mindestsalden festgelegt sein. In anderen Fällen können die Spesen den Betrag, der gehalten werden muß, bestimmen, um die Ausgaben auf ein Minimum zu reduzieren. Zum Beispiel kann ein Lohn- und Gehaltskonto bei einer besonderen Bank wegen ihrer bequemen Lage gehalten werden. Wenn nur dieses Konto existiert, werden vielleicht Spesen für die Einlösung der Schecks berechnet. Wird jedoch auch ein Kontokorrent- oder anderes Konto dort gehalten, dann können die dabei verdienten Zinsen ausreichen, um alle Kosten auszugleichen, die sich aus dem Lohn- und Gehaltskonto ergeben. Sind die Spesen hoch, sollte der interne Revisor den Fall prüfen und konstruktive Vorschläge machen, die die Spesen verringern würden, z. B. eine Änderung der Beträge oder Neuordnung der Fonds.

### Die Zusammenarbeit mit dem Wirtschaftsprüfer

In den letzten Jahren haben die Wirtschaftsprüfer den Prüfungsumfang beim Geldverkehr in der gewöhnlichen Bilanzprüfung auf seine Notwendigkeit neu überdacht. Im allgemeinen wurden sie aufgefordert, im Verhältnis zum Wert einen viel größeren Teil ihrer Zeit auf das Geld als auf andere Posten des Umlaufvermögens, wie z. B. Kundenforderungen und Vorräte oder sonstige Bilanzposten zu verwenden.

Dies ist verständlich, da es oft nötig war, den Geldverkehr ausführlich zu prüfen, um die Befürchtungen der Eigentümer und der für Finanzfragen zuständigen leitenden Angestellten auszuräumen, die bei dem heutigen Arbeitsumfang keine Zeit haben, um mit den vielen Verfahren des Geldverkehrs im einzelnen Schritt zu halten. Während der Geldverkehr ausführlich geprüft wird, ist es selten, daß jedes Kundenkonto kontrolliert wird, oder daß alle Salden der Kundenkonten bestätigt werden. Gleichfalls wurde es nicht für nötig befunden, jede körperliche Aufnahme der Bestände zu beochten oder jeden Schritt beim Tabellieren, Bewerten und Ausrechnen der Vorräte zu kontrollieren.

Wie erwünscht es für den Wirtschaftsprüfer ist, den Umfang seiner Prüfungen des Geldverkehrs entsprechend der fortlaufenden Verbesserung und augenscheinlichen Verläßlichkeit der internen Kontrolle neu festzusetzen, wird von Edward J. Taylor wiedergegeben[1]. Er stellt in seinem Artikel fest:

„... Wenn der unabhängige Wirtschaftsprüfer ein Urteil über die Richtigkeit der Darstellung in Finanzauszügen abgibt, das auf seiner Untersuchung beruht, so sollte von ihm jetzt erwartet werden, daß er für eine größere Genauigkeit der Geldbestände bürgt, als für die der Posten Forderungen und Vorräte oder der meisten anderen Bilanzposten. So kann das Streben nach

1 „The Audit of Cash", The Controller. Dezember 1956.

einer vollkommenen Revision des Geldverkehrs eine Last sein, die nicht übernommen zu werden braucht, sofern der Kunde nicht eine erweiterte Prüfung der Geldbestände verlangt und bereit ist, für diese zusätzliche Dienstleistung zu zahlen."

*Bessere Prüfungsverfahren für die Geldkonten.* Ein anderes Vorgehen bei demselben Problem wird in einem interessanten Artikel von Herman W. Bevis[1] dargelegt. Er bringt zum Ausdruck, daß im allgemeinen auch bei periodisch wiederkehrender Auftragserteilung jede der jährlichen Prüfungen als eine getrennte Untersuchung und nicht als ein besonderer Abschnitt in einer fortlaufenden Prüfung angesehen wird. Er stellt dann fest, daß „bei der jetzigen Gewohnheit die grundlegenden Prüfungsverfahren jedes Jahr ausgeführt werden, und daß von jeder jährlichen Prüfung erwartet wird, daß sie auf eigenen Füßen steht." Er befürwortet den Gedanken, „daß eine laufende Verpflichtung als ununterbrochen zu betrachten ist, bei der einmal im Jahr eine Meinungsäußerung erfolgt". Eine jede derartige Änderung der Prüfungsverfahren des Wirtschaftsprüfers würde natürlich von dem Umfang der vorhandenen internen Kontrolle abhängen. Dies wird wie folgt ausgedrückt: „Die Behandlung der Prüfungen als fortlaufender Vorgang kann als eine logische Ausweitung der Gewohnheit angesehen werden, die Arbeit zu einem anderen Zeitpunkt als am Jahresende auszuführen. Diese Gewohnheit wiederum ist nur dadurch zu rechtfertigen, daß die Prüfungen fortlaufend die Zuverlässigkeit der Buchungen und Darstellungen des Auftraggebers gezeigt haben."

Der interne Revisor kann mit dem Wirtschaftsprüfer eng zusammenarbeiten, um ihre gemeinsamen Anstrengungen so weit wie möglich zu koordinieren und die Geschäftsleitung darüber aufzuklären, was von den verschiedenen Prüfungsverfahren zu erwarten ist. Durch gute Koordination kann ein großer Teil der Einzelarbeit bei der Prüfung der Geldkonten anders erfolgen, als es dem Umfang der bestehenden internen Kontrolle entspricht. Durch derartige Bemühungen können sowohl der interne Revisor wie auch der Wirtschaftsprüfer den Interessen der Gesellschaft unmittelbar dienen.

## 8. Forderungen

In Übereinstimmung mit unserem allgemeinen Plan, den Schwerpunkt auf das Gebiet der Prüfungen der Arbeitsabläufe zu legen, haben wir die Ausführungen hinsichtlich Versand, Rechnungsausstellung, Preisfestsetzung und ähnliche Stoffgebiete in Teil IV dieses Buches im Kapitel 14 „Verkäufe und Rechnungsstellung" behandelt. Obgleich diese

1 „Streamlining Auditing Techniques." The Accounting Review, Januar 1957.

Stoffgebiete mit Kundenkonten zusammenhängen, glauben wir, daß sie — vom Standpunkt der internen Revision aus betrachtet — besser behandelt werden können, wenn man sie mit anderen Faktoren zusammenfaßt, die direkt mit dem Arbeitsvorgang zusammenhängen. Wie im einzelnen in Kapitel 14 ausgeführt wird, muß der interne Revisor bei der Prüfung des Verfahrens für die Ausstellung von Rechnungen ermitteln, ob die Rechnungen richtig und unverzüglich fertiggestellt und ob Änderungen bei Bestellungen möglichst niedrig gehalten werden. Wenn die Forderung nach Ausfertigung der Rechnung ordnungsgemäß festgelegt ist, sind die weiteren Schritte im allgemeinen ähnlich wie beim Buchen anderer Posten des Umlaufvermögens und der Disposition und Kontrolle über sie. Der erste Schritt auf dem Gebiet „Forderungen" ist die Gewährung von Kredit an den Kunden.

## Entstehen von Forderungen

### Kreditfunktionen

Der bei weitem größte Teil der geschäftlichen Vorgänge erfolgt unter Inanspruchnahme irgendeiner Art von Kredit. Ohne ihn könnte das heutige Wirtschaftsleben nicht mehr funktionieren. Kauf und Verkauf erfolgen auf der Grundlage von Vertrauen.

Wir befassen uns jetzt mit der Frage, wieviel Vertrauen ein Unternehmen den verschiedenen Kunden schenken kann. Wenn die Kreditgewährung zu kleinlich erfolgt, geht der Umsatz zurück; wenn die Kreditgewährung andererseits zu großzügig ist, werden die Verluste durch faule Kunden steigen. So ist eine erfolgreiche Tätigkeit der Stellen, die mit der Kreditgewährung zu tun haben, wesentlich für ein rentables Arbeiten des Betriebes.

Nachdem die allgemeinen Grundsätze von der Leitung des Unternehmens festgelegt sind, erfolgt ihre praktische Anwendung durch die Kreditabteilung. Die Arbeit der Kreditabteilung hängt in vielen Punkten mit dem Verkauf zusammen, und beide Abteilungen müssen eng zusammenarbeiten. Es ist jedoch wesentlich, daß die Kreditabteilung organisatorisch vom Verkauf unabhängig ist. Im allgemeinen gehört die Kreditgewährung zu den Aufgaben der Finanzabteilung.

### Organisation der Kreditabteilung

Die Hauptaufgaben der Kreditabteilung sind 1. die richtige Einschätzung der Zahlungsfähigkeit der Kunden und 2. das Einziehen von Forderungen des Unternehmens. Der interne Revisor muß sich vergewissern, daß ausreichende Informationsquellen zur Verfügung stehen, so daß eine zutreffende Beurteilung der Zahlungsfähigkeit eines Kunden durch die Kreditabteilung erfolgen kann. Verschiedene Auskunfteien machen Angaben finanzieller Art, die man leicht laufend erhalten kann. Nachdem ein Kredit eingeräumt worden ist, muß die finanzielle Lage des Kunden in Abständen überprüft werden. Wenn eine ungünstige Nachricht über die finanzielle Lage eines Kunden eingeht, muß sofort dem Verkauf bekanntgegeben werden, daß besondere Vorsicht und eine besondere Genehmigung erforderlich sind, bevor ein weiterer Verkauf erfolgt.

Die Verantwortung für die Kreditgewährung muß vollkommen von der Führung der Kundenkonten getrennt werden. Die Kreditabteilung muß den Stand vieler Einzelkonten genau prüfen, die Verantwortung für die Führung der einzelnen Kundenkonten darf jedoch nicht bei der Kreditabteilung liegen. Das ist die Mindestforderung, die auf diesem Gebiet an die Kontrolle gestellt werden muß. Die einzelnen Kundenkonten sollen durch ein entsprechendes Sammelkonto in der Hauptbuchhaltung überwacht werden, das von einem anderen Buchhalter geführt wird.

### Maßstäbe der internen Kontrolle — Kredit

1. Die Kreditabteilung muß der Finanzleitung unterstehen, nicht dem Verkauf.
2. Alle Aufträge müssen von der Kreditabteilung genehmigt werden, bevor sie zur Rechnungsstellung und zum Versand weitergeleitet werden, entweder in jedem Falle einzeln oder durch Festsetzung von Höchstkrediten.
3. Auskunfteien müssen der Kreditabteilung zur Verfügung stehen, um die finanzielle Lage jedes augenblicklichen oder künftigen Kunden zu beurteilen.
4. Es muß ein Verfahren ausgearbeitet werden, laufend den Kredit und das Kreditkonto des Kunden zu überprüfen.
5. Es sind Richtlinien aufzustellen, nach denen unverzüglich der Verkauf benachrichtigt wird, wenn der Kredit eines Kunden in voller Höhe in Anspruch genommen ist.

## Erlöschen der Forderungen

Die Rechenschaftspflicht des Personals, das die Kundenforderungen bearbeitet, ist durch den Verkaufsvorgang entstanden. Von dieser Rechenschaftspflicht wird es durch jede Gutschrift auf den Kundenkonten entlastet. Diese Gutschriften können vielerlei Art sein: 1. Zahlung auf das Konto; 2. Rücklieferung von Ware; 3. Berichtigung des Kontos aus anderen Gründen (Irrtümer, Rabatte oder dgl.) und 4. Abschreibung zweifelhafter Forderungen.

Die Entlastung durch Zahlungen hängt mit den Fragen der Zahlungseingänge zusammen und wurde in Kapitel 7 behandelt. Es muß darauf hingewiesen werden, daß es wichtig ist, die Entgegennahme der Zahlungen und ihre Buchung voneinander zu trennen, so daß beide Aufgabengebiete gegeneinander als Kontrolle wirken. Eine Entlastung durch Rücklieferung von Ware erfordert ähnliche Überlegungen wie bei Verkäufen und dieselbe Kontrolle, wie sie bei den Verkäufen und der Rechnungsstellung üblich ist. Gutschriften für zurückgelieferte Waren müssen durch eine zuständige Stelle genehmigt werden. Das dabei angewandte Verfahren muß die Sicherheit bieten, daß die Waren in zufriedenstellendem Zustand eingegangen sind, und daß das Warenkonto in der richtigen Weise belastet ist.

## Verschiedene Gutschriften

Das Problem anderer Richtigstellungen — ob Belastungen oder Gutschriften — ist komplizierter und mannigfaltiger. Da es sich bei ihnen um ein Gebiet ungewöhnlicher und nicht normaler Vorgänge handelt, werden sie gern nachlässig behandelt.

Der Weg ist dann frei für Richtigstellungen, die sich gerade noch am Rande des Erlaubten bewegen, Verschleierung von Irrtümern, die auf außergewöhnliche Geschäftsvorgänge zurückzuführen sind, oder wohlüberlegten Betrug.

Die Behandlung dieser Berichtigungen erfordert, daß für jede Buchung ein entsprechender Beleg vorhanden ist, und daß alle Richtigstellungen auf dem vorgeschriebenen Weg erfolgen, der die Genehmigung durch einen verantwortlichen leitenden Angestellten voraussetzt. Dieser muß eine höhere oder mindestens ebenso hohe Stellung haben wie die Angestellten, die mit den übrigen Arbeitsvorgängen auf dem Gebiet der Kundenkonten betraut sind. Er muß ferner von ihnen unabhängig sein. Es ist auch darauf zu achten, daß das richtige Gegenkonto belastet oder erkannt, und daß für das Hauptbuch ein genauer Kontrollbeleg erstellt wird.

## Abschreibung uneinbringlicher Forderungen

Wenn man von einem speziellen Konto glaubt, daß die Forderungen uneinbringlich sind, verlangt der Grundsatz vorsichtiger Bilanzierung, daß die Forderungen abgeschrieben werden, entweder direkt als Aufwand oder indirekt auf einem Wertberichtigungskonto. Das zweite Verfahren ist vorzuziehen, weil die Verminderung des Gesamtwertes des Vermögens klar erkennbar ist, wenn ein Wertberichtigungskonto eingerichtet wird. Der interne Revisor ist an der Führung eines Wertberichtigungskontos interessiert, damit am Bilanzstichtag nachweisbarer Aufwand gleichmäßig auf die Zeiträume der Rechnungslegung verteilt werden kann. Während die Übertragung eines bestimmten Kontos auf das Wertberichtigungskonto keine weitere Verminderung des Gesamtvermögens bedeutet, stellt sie doch das Verschwinden eines bestimmten Anspruches aus dem laufenden Konto „Forderungen" dar. Deshalb ist dieser Punkt von besonderer Bedeutung für den internen Revisor.

Bevor eine Forderung abgeschrieben wird, müssen Gründe vorhanden sein, die klar erkennen lassen, daß diese Forderung uneinbringlich ist. Vorher muß ernsthaft versucht worden sein, die Forderung einzuziehen, und aus dem Schriftwechsel muß sich der Beweis dafür ergeben. Wird die Forderung dann abgeschrieben, muß diese Buchung durch einen unabhängigen Vorgesetzten genehmigt werden. Der interne Revisor hat darauf zu achten, daß dieses Vorgehen befolgt wird, besonders die Einholung der Genehmigung eines unabhängigen Vorgesetzten.

### Weitere Überwachung uneinbringlicher Forderungen

Sind Forderungen abgeschrieben, ist es notwendig, daß sie weiter kontrolliert werden, um eine spätere mißbräuchliche Eintreibung dieser Forderungen auszuschließen. Dies kann man dadurch erreichen, daß man über sie gesondert Buch führt und so die nötige Kontrolle behält. Als Grundlage dieser Kontrolle eignet sich die zusammengefaßte Summe der Belastungen auf dem Wertberichtigungskonto für zweifelhafte Forderungen. Wenn Zahlungen auf solche Forderungen eingehen, müssen sie den Einzelkonten gutgeschrieben und von der Kontrollzahl abgezogen werden, entweder als Gutschrift auf dem Wertberichtigungskonto für zweifelhafte Forderungen, oder man kann sie als rote oder negative Belastung auf das Wertberichtigungskonto buchen und so das Erkennen der Kontrollzahl erleichtern. Diese faulen Konten müssen von der Kreditabteilung sorgfältig beobachtet werden. In bestimmten Zeitabschnitten sollten Meldungen darüber an die Hauptverwaltung gemacht werden. Der interne Revisor muß ferner von einem Teil dieser dubiosen Kunden Bestätigungen einholen, um eine etwa vorkommende mißbräuchliche Einziehung von Forderungen auf diesem Gebiet aufzudecken. Das gesamte Gebiet der faulen Konten wird oft vernachlässigt und muß daher von dem internen Revisor sorgfältig beachtet werden.

### Interne Kontrollnormen — Zweifelhafte Forderungen

1. Alle Berichtigungen, Geldeingänge oder Abschreibungen dubioser Forderungen müssen entsprechend belegt und von einem dazu bestimmten leitenden Angestellten abgezeichnet werden. Dieser darf selbst nichts mit Kundenkonten oder Geldeingängen zu tun haben.

2. Abgeschriebene Forderungen müssen weiterhin kontrolliert und auf einen späterhin möglichen Geldeingang beobachtet werden.

3. Der Hauptbuchhalter muß feststellen, ob die Gutschriften auf Kundenkonten für Zahlungen mit der Gesamtsumme des Geldeinganges übereinstimmen.

## Forderungs-Salden

### Die Prüfung von Kundenkonten

Die Prüfung der Salden und der Richtigkeit der Kundenforderungen ist eine wichtige Aufgabe für den internen Revisor. Dies erfolgt an Hand der Bücher und durch direkte Abstimmung mit den Kunden.

### Prüfen der Bücher

Wenn sich die Prüfung auf die Bücher beschränkt, besteht sie in der Feststellung der Übereinstimmung der Nebenbücher mit dem Hauptbuch, der Durchsicht der einzelnen Konten und der Abstimmung der Belege.

Zur Prüfung der Belege gehört in gewissem Umfang auch die kritische Betrachtung der damit in Zusammenhang stehenden Arbeiten. Das Hauptziel besteht in diesem Falle darin, die Richtigkeit und Zuverlässigkeit der Salden auf den Kundenkonten festzustellen. Man kann Stichproben an Hand der Versandpapiere machen, um festzustellen, ob die Belastungen zu Recht erfolgt sind, oder an Hand der Geldeingänge, um die Richtigkeit von Gutschriften festzustellen, oder an Hand des Hauptjournals oder anderer Unterlagen über Belastungen oder Gutschriften. Diese Prüfungen können auch umgekehrt ausgeführt werden, ausgehend von den Konten bis zu der ursprünglichen Quelle.

### Saldenbestätigungen

Das Prüfen der Bücher kann manchmal nicht zur Aufdeckung von Unstimmigkeiten führen, besonders wenn Geschäftsvorgänge in allen Büchern ausgelassen oder falsch gemeldet sind. Deshalb ist eine lückenlose Prüfung der Saldenbestätigungen der Kunden notwendig. Dieser Schritt erfolgt oft in Zusammenarbeit mit den unabhängigen Wirtschaftsprüfern. Da für viele Salden von den unabhängigen Wirtschaftsprüfern für ihre Prüfung des Jahresabschlusses Bestätigungen eingeholt werden, muß man darauf achten, daß nicht zu gleicher Zeit von demselben Kunden eine Saldenbestätigung von dem internen Revisor und von dem unabhängigen Prüfer angefordert wird.

### Arten des Bestätigungsverfahrens

Das von dem internen Revisor angewandte Bestätigungsverfahren kann negativer oder positiver Art sein. Die negative Art erfordert nur eine Beantwortung, wenn der Kunde eine Differenz zu berichtigen hat, während die positive Art in jedem Fall eine Antwort erfordert. Beide Arten können angewandt werden mit oder ohne ausführlichen Kontoauszug. Welche Art angewandt wird, richtet sich danach, ob die Bitten um Bestätigung zur gleichen Zeit abgesandt werden, zu der regelmäßig die Kontoauszüge herausgehen. Bei der negativen Art besteht keine Notwendigkeit für ein besonderes Formular, wenn der übliche Auszug verwendet und die Bitte um eine Bestätigung auf dem Auszug mit Stempel vermerkt wird. Die Verfahren zur Einholung dieser Bestätigungen werden in diesem Buch nicht im einzelnen besprochen, da sie ziemlich einheitlich und ausführlich in anderen Büchern über Revisionsfragen behandelt sind.

### Alter der Forderungen

Der zweite wesentliche Teil des Prüfungsprogramms betrifft die Beurteilung der Risiken in den Kundenkonten. Es beginnt im allgemeinen mit einer Gruppierung der Salden nach dem Alter. Dies hat den Zweck, die Aufmerksamkeit auf die alten Konten zu richten, die normalerweise diejenigen sind, die Verluste mit sich bringen können. Diese Konten müssen dann mit dem zuständigen Personal durchgesprochen werden. Die in Frage kommende Korrespondenz ist durchzusehen. Der interne Revisor muß sich jeder erreichbaren Informationsmöglichkeit bedienen, um zu einem objektiven Urteil über die Höhe des wahrscheinlichen Verlustes zu gelangen. Um sich dieses Urteil bilden zu können, muß der interne Revisor einen Mittelweg zwischen größtem Pessimismus einerseits und uangebrachtem Optimismus andererseits zu finden suchen. Bei den ausgeglichenen Konten oder denen, die aus anderen Gründen als gut betrachtet werden, kann ein zusätzlicher Kredit genehmigt werden, dessen Höhe von den Erfahrungen des Unternehmens abhängt.

### Die Bearbeitung der Kundenkonten

Im Zusammenhang mit der Prüfung muß sich der interne Revisor auch für die Art und Weise der Führung und Kontrolle der Kundenkonten interessieren, ferner für die laufende Berichterstattung an die Leitung der Kreditabteilung und andere damit verbundene Stellen sowie die Abstimmung mit den Kunden. Die Kundenkonten müssen durch ein oder mehrere Hauptbuchkonten kontrolliert und laufend mit diesen sorgfältig abgestimmt werden. Die betreffenden Mitarbeiter, die die Einzelkonten führen, dürfen nicht mit den Personen in Verbindung stehen, die die Unterlagen für die Buchungen ausstellen. Ihre Tätigkeit soll insbesondere unabhängig von der Kreditabteilung sein. Da jedoch Informationen über den Stand der Kundenkonten — einzeln oder in ihrer Gesamtheit — für die Stellen innerhalb des Betriebes, die mit diesen Informationen arbeiten müssen, laufend verfügbar sein sollen, ist es erforderlich, daß Arbeitsverfahren und Unterlagen entwickelt werden, die diese Forderung erfüllen und andererseits die Trennung der Aufgaben nicht aufheben. Es ist in jedem Fall unbedingt erforderlich, daß die Kundenkonten auf Grund von Unterlagen unabhängiger Stellen geführt werden, und daß niemand von diesen unabhängigen Stellen die Möglichkeit hat, die Buchungen über Außenstände in irgendeiner Art zu ändern.

### Bedeutung unabhängiger Übersendung von Kontoauszügen

In engem Zusammenhang damit steht die Aufstellung und Übersendung von monatlichen Kontoauszügen. Diese Auszüge müssen ein genaues Bild der Einzelkonten geben, und zum vorgeschriebenen Termin dem Kunden ohne jede Änderung zugehen. Bei Firmen mit einer großen Zahl von Kunden ist es üblich, den Abschluß für verschiedene Kontengruppen auf andere Daten zu legen als auf das Monatsende. Diese Methode, die als „Kreislauf" bekannt ist, hat ausgleichende Wirkung, da dann während des ganzen Monats Konten abgeschlossen und Kontoauszüge übersandt werden.

Die interne Kontrolle verliert ihre Wirksamkeit, wenn die Kontoauszüge von Mitarbeitern aufgestellt werden, die sich zugleich mit anderen Arbeitsgebieten befassen, oder wenn andere Personen die Möglichkeit haben, Kontoauszüge zu ändern oder zu vernichten, bevor sie abgeschickt werden.

### Interne Kontrollvorschriften — Kundenkonten

1. Die Buchungsunterlagen müssen den mit den Buchungen auf Kundenkonten beauftragten Mitarbeitern von unabhängigen Stellen zugehen und laufend kontrolliert werden.

2. Die Kundenkonten müssen durch Hauptbuchkonten kontrolliert und laufend mit ihnen abgestimmt werden.

3. Angestellte, die Kundenkonten zu führen haben, dürfen nicht mit anderen damit zusammenhängenden Geschäftsvorgängen, wie Versand, Geldeingängen oder dergleichen beauftragt werden, und umgekehrt sollen Personen, die auf diesen anderen Gebieten tätig sind, keinen Zugang zu den Kundenkonten haben.

4. Alle anfallenden Arbeiten müssen unverzüglich erledigt werden, so daß der genaue Stand jedes Kundenkontos jederzeit ersichtlich ist.

5. Alle vorkommenden Fehler bei der Führung der Kundenkonten müssen unmittelbar berichtigt und ihre Ursache sofort geprüft werden.

6. Kontoauszüge müssen von unbeteiligter Seite kontrolliert werden.

### Darstellung in der Bilanz

Normalerweise darf der Bilanzposten „Kundenforderungen" nur Beträge enthalten, die Forderungen an Werksfremde als Folge der Verkäufe darstellen. Forderungen gegen leitende und sonstige Angestellte, Tochterunternehmen, Lieferanten und dergleichen müssen aus dem Saldo der Kundenkonten herausgenommen und gesondert aufgeführt werden. Ebenso müssen Forderungen an Kunden für Bauarbeiten, Einrichtungsgegenstände oder ähnliche besondere Lieferungen oder Leistungen abgesondert werden.

Hohe Habensalden müssen den laufenden Verbindlichkeiten hinzugerechnet und dürfen nicht mit den üblichen Sollsalden aufgerechnet werden. Ebenso ist es notwendig, zwischen den Kundenkonten einen Unterschied zu machen, deren Ausgleich innerhalb einer festgelegten Frist erfolgen wird und die deshalb als kurzfristige Forderungen angesehen werden dürfen, und allen Forderungen, deren Ausgleich aufgeschoben ist, und die deshalb als „langfristig" bezeichnet werden.

## Beispiel aus einem Handbuch

Die folgenden Anleitungen für die Behandlung der Kundenkonten wurden von einem Unternehmen aufgestellt und mögen hier als Beispiel dienen:

### Kundenkonten und Wechselbestand

*Ziele*

Man muß sich vergewissern, daß fällige Beträge und Zahlungen für den Verkauf von Produkten, Material, Pachten und Dienstleistungen unmittelbar und korrekt gebucht werden, daß Krediterhöhungen an Kunden nur auf Grund einer vernünftigen Abschätzung des Wertes des Kunden, seines Charakters, seines Bedarfs und seiner Zahlungsfähigkeit erfolgen, und daß solche Krediterhöhungen dazu bestimmt sind, einen möglichst großen Verkauf bei kleinstem Risiko zu erzielen, daß das Einziehen der Forderungen in einer bestimmten, jedoch höflichen Weise erfolgt, um Erfolg zu haben und die guten Beziehungen zum Kunden zu erhalten.

*Interne Kontrollen und Revisionen*

Personal aus der Kreditabteilung oder Kundenbuchhaltung darf nichts mit dem Kassenwesen zu tun haben, ebensowenig mit der Ermittlung der Kontrollzahlen über Kreditverkäufe für das Hauptbuch.

Die für die Buchungen auf den Kundenkonten übermittelten Angaben müssen von unabhängigen Stellen stammen und unabhängig von ihnen auf Kontrollkonten im Hauptbuch gelangen. Der interne Revisor muß das Verfahren bei der Behandlung von Rechnungen für Kreditverkäufe und bei Habenbuchungen auf Kundenkonten überprüfen.

Die Kundenkontoauszüge müssen von Mitarbeitern, die nicht zur Kreditabteilung oder Buchhaltung gehören, abgesandt werden. (Der interne Revisor muß Saldenbestätigungen von einer ausgesuchten Anzahl von Kundenkonten anfordern.)

1. Der interne Revisor muß die Kontoauszüge direkt von der Buchhaltung erhalten und ihre Absendung an die Kunden kontrollieren.
2. Er muß eine entsprechende Anzahl Kontoauszüge mit Kundenkontokarten vergleichen.
3. Er muß eine mit einer „Schlüsselnummer" versehene Revisionskarte und einen an den internen Revisor adressierten Briefumschlag jedem Kontoauszug beilegen, dessen Bestätigung erbeten wird.
   Für Behördenkonten und Kreditsalden sind keine Bestätigungen anzufordern. Er muß eine Kopie des Kontoauszuges behalten, damit er weiß, um welche Konten es sich handelt. Diese sind dann mit der Analyse des Alters der Konten zu vergleichen und die entsprechenden Schlüsselnummern einzusetzen.
4. Der interne Revisor soll die eingegangenen Saldenbestätigungen in einer Tabelle der Anforderungen und ihrer Ergebnisse wie folgt zusammenstellen:

| | Gegenwärtiges Datum | | Datum der vorangegangenen Revision | |
|---|---|---|---|---|
| | Betrag | Prozent | Betrag | Prozent |
| Bis zu 30 Tagen | .... | .... | .... | .... |
| Länger als 30 Tage | .... | .... | .... | .... |
| Insgesamt: | .... | .... | .... | .... |

In einer Fußnote auf der Tabelle ist der tatsächliche Betrag von strittigen und nicht berichtigten Salden zu vermerken.

a) Alle Revisionskarten (Formular ....), auf denen strittige Salden von Kunden erscheinen, sind einzeln auf einer Liste zusammenzustellen und die Art der Differenzen zu erklären.
b) Der interne Revisor muß strittige Angelegenheiten mit der entsprechenden Abteilung zusammen besprechen und sie ersuchen, eine Möglichkeit der Klarstellung anzugeben. Er muß entscheiden, ob nicht anerkannte Konten eine Erörterung mit dem Abteilungsleiter erfordern.
c) Die Kreditunterlagen aller Konten sind durchzusehen, bei denen die Bestätigungsersuchen durch die Post als „nicht zustellbar" zurückgeschickt worden sind. Die Art des Saldos ist festzustellen, ebenso die Art der Überweisungen, das Alter und die Verhältnisse im allgemeinen.
d) Bestätigungen, die irgendwelche Beanstandungen enthalten, müssen der zuständigen Abteilung zugeleitet werden. Der interne Revisor muß sich alle Einzelheiten mitteilen lassen, wie die Beanstandung erledigt worden ist.
e) Er muß eine gewisse Anzahl von größeren und kleineren Konten prüfen, für die eine Bestätigung nicht eingegangen ist, die aber durch Zahlung oder Klärung ausgeglichen sind. Er muß sich von der Art dieser Klärung überzeugen.

Eine unabhängige Kontrolle durch das Hauptbuch muß von der Hauptbuchhaltung vorgenommen werden.

Die Großhandelskonten sind monatlich mit dem Hauptbuch abzustimmen.

Der Revisor muß sich eine Abschrift der Analysen des Alters der Forderungen und der monatlichen Abstimmung verschaffen. Er muß Stichproben von 5 % der Salden machen, die als ausgeglichen erscheinen, um die richtige Fälligkeit bestätigen zu können. Ebenso muß stichprobenweise die Addition in der Analyse geprüft werden. Jede in der Abstimmung enthaltene Eintragung soll geprüft werden. Die Gesamtsumme ist mit dem Hauptbuch zu vergleichen.

Die Mahnung der Forderungen muß genau festgelegt sein und in bestimmter, doch freundlicher Art und Weise erfolgen, um einmal die Begleichung der Forderungen wirklich zu erreichen, aber gleichzeitig die guten Beziehungen zum Kunden zu erhalten.

Berichtigungen auf Kundenkonten und Rückzahlungen von Habensalden müssen von dem Büroleiter oder dem Leiter der Buchhaltung und dem Leiter der Kreditabteilung genehmigt werden.

1. Der interne Revisor soll 10 % der Konten auswählen, bei denen Zahlung bereits 60 Tage oder länger fällig war. Er muß die Kreditunterlagen prüfen. Wenn nötig, muß er darüber mit dem Leiter der Kreditabteilung sprechen und erwägen, ob es ratsam ist, die Salden auf „zweifelhafte Forderungen" umzubuchen.
2. Der interne Revisor muß alle Konten für zweifelhafte Forderungen und alle Wertberichtigungskonten, auf die in der laufenden Revisionsperiode Beträge umgebucht sind, überprüfen. Die vor der gegenwärtigen Revisionsperiode liegenden Wertberichtigungskonten sind stichprobenweise an Hand der Kreditkorrespondenz zu überprüfen um festzustellen, welche Schritte unternommen wurden.
3. Er muß den Ton der Mahnbriefe unter dem Gesichtspunkt der Erhaltung guter Beziehungen zum Kunden prüfen.
4. Er muß die Gründe für die Mehrzahl der Kreditsalden überprüfen und darauf achten, welche Schritte zu ihrem Ausgleich unternommen worden sind. Dabei soll er sich von der Richtigkeit der Methode ihres Ausgleichs überzeugen. Die Höchstkredite müssen in bestimmten Zeitabständen überprüft werden.

Liegt die Genehmigung der Kreditabteilung der Hauptverwaltung vor, wenn der Kredit auf einem Konto auf mehr als DM 5000,— erhöht wird?

1. Es ist festzustellen, ob die Konten regelmäßig auf eine mögliche Änderung der Kreditbedingungen durchgesehen werden, wie dies in dem Schema im Handbuch über Kredite und Mahnungen vorgesehen ist.
2. Eine Anzahl Konten, bei denen die Kreditbestimmungen nicht eingehalten sind, soll ausgesucht werden, die Gründe hierfür und die von der Abteilung unternommenen Schritte sind zu kontrollieren.
3. Wird die Kreditabteilung von der Buchhaltung in Kenntnis gesetzt, wenn die Verkäufe die festgelegte Kredithöhe überschreiten?
4. Mehrere Revisionsberichte des Betriebes sind auf Bemerkungen über die Behandlung der Konten durchzusehen. Welche Schritte hat die Abteilung daraufhin veranlaßt?

Die Abschreibung zweifelhafter Forderungen muß von dem Leiter des gesamten Kreditwesens oder seinem Stellvertreter genehmigt werden.

1. Der interne Revisor hat die seit der letzten Prüfung abgeschriebenen Forderungen auf diese erwähnte Genehmigung hin zu prüfen.
2. Er muß feststellen, ob die genauen Gründe für die Buchung auf Wertberichtigungskonto laufend erfolgen.
3. Er muß feststellen, ob die Belege für zweifelhafte Forderungen in besonderen Aktenschränken aufbewahrt werden, um zu vermeiden, daß wichtige Unterlagen durch Anwendung der Vorschrift über die Aufbewahrungsfristen von Akten vernichtet werden.
4. Es ist festzustellen, ob die Karteikarten von faulen Kunden das Jahr zeigen, in dem die Abschreibung erfolgt ist, an wen die Forderung abgetreten wurde, wann die Abtretung erfolgte und das Datum, an dem ein Urteil erreicht wurde, falls ein solches vorliegt.

5. Er muß gemeinsam mit dem Abteilungsrevisor oder einem leitenden Angestellten der Kreditabteilung zur Inkassoabteilung gehen, um die Konten durchzusehen und sich zu vergewissern, daß Geldeingäge auf Konten auch ordnungsgemäß abgerechnet sind.
6. Er muß alle Übertragungen von „aktiven" zu „inaktiven zweifelhaften Forderungen" für den Revisionszeitraum überprüfen, ebenso die Kreditunterlagen, um sich zu vergewissern, daß keine Unregelmäßigkeiten vorliegen.

Die Unterlagen müssen ordnungsgemäß geführt und zweckentsprechend gegen Verlust durch Feuer oder Diebstahl gesichert werden.

1. Der Revisor muß feststellen, ob die Rechnungen über Kreditverkäufe, die Kundenkonten und die Kreditunterlagen für den Zeitraum aufbewahrt werden, der in den Vorschriften über die Aufbewahrungsfristen für Geschäftspapiere und über ihre Vernichtung angegeben ist.
2. Sind die Kundenkonten gegen Verlust gesichert, besonders außerhalb der Arbeitszeit?
3. Der interne Revisor muß sich über den Zustand der Bücher und der Ablage äußern. Die Aktenstücke müssen sauber sein, bei Vermeidung unnötiger Bemerkungen, Notizen und anderen nicht dazugehörenden Dingen. Die Kundenkonten müssen sauber gebucht sein und dürfen keine Bleistiftvermerke tragen.

## Bestand an Wechseln, Schuldscheinen und Akzepten

Wie bei den Kundenkonten kann es auch bei Schuldscheinen und Wechseln verschiedene Quellen geben, aus denen sie stammen, z. B. von Kunden, Angestellten, Lieferanten und dergleichen. Das besondere Kennzeichen dieser Vermögenswerte ist, daß der Anspruch in Form eines Schriftstückes ausgedrückt wird. Das macht normalerweise diese Papiere zu einer besonderen Form des Kredits, insofern als man aus ihnen die Berechtigung der Forderung klarer ersehen kann, und sie in einigen Fällen diskontiert oder auf andere Art als Gegenstand eines Wertes übertragen werden können. Andererseits ist es bei vielen Firmen üblich, solche Papiere als vorläufiges Mittel zum Einzug von Forderungen zu benutzen, d. h. sie werden angenommen, um zweifelhafte Forderungen auszugleichen, und sie haben daher weniger Wert hinsichtlich der Möglichkeit, sie einzuziehen, als die Forderungen selbst.

### Geschäftsvorgänge im Zusammenhang mit Wechseln, Schuldscheinen und Akzepten

Die Umstände, unter denen Wechsel, Schuldscheine und Akzepte angenommen werden, haben besondere Bedeutung wegen der meist längeren Laufzeit des Kredits und wegen der Folgen, die diese Umstände für den Wert der Forderung haben können. In manchen Unternehmen ist es üblich, solche Papiere bei bestimmten geschäftlichen Vorgängen als Ausgleich einer Forderung anzunehmen, während sie bei anderen Firmen nur als Sicherung zum späteren Einzug von Forderungen benutzt werden. Bei manchen Firmen ist es üblich, Zinsen zu belasten; bei anderen, darauf zu verzichten. Sichtpapiere können vorgezogen werden, Indossanten gefordert, zweifache Sicherheit verlangt werden, und andere besondere Vorschriften können bestehen. Es ist die Aufgabe des internen Revisors, sich mit den Vorschriften der Firma vertraut zu machen — soweit es solche gibt — und sich zu vergewissern, wieweit sie befolgt werden.

Ebenso wichtig wie die rein buchungsmäßigen Vorgänge ist die allgemeine Haltung, Führung und Tüchtigkeit des Personals, das mit diesen Aufgaben beschäftigt ist. In manchen Fällen kann die Umwandlung einer Forderung in einen Schuldschein oder Wechsel ein endgültiges Aufgeben der Inkassobemühungen bewirken. Die Verfallskarteien mögen zufriedenstellend funktionieren, aber die Angestellten, deren Aufgabe die Weiterbearbeitung von Schuldscheinen und Wechseln ist, können unter Umständen jede wirklich ernsthafte Bemühung unterlassen, den Posten einzuziehen. Das Ergebnis kann dann sein, daß sich eine Menge alter Schuldscheine und Wechsel ansammelt, die nicht ordnungsgemäß erneuert oder eingezogen werden, und daß als Folge Verluste für die Firma entstehen. Der interne Revisor muß solche Verhältnisse feststellen und sie in seinem Bericht erwähnen.

Die Geschäftsverfahren hinsichtlich der Schuldscheine und Wechsel sind häufig nicht festgelegt oder einheitlich geregelt. So entwickelt sich manches unter dem Zwang besonderer Umstände, die nicht die sorgfältige Prüfung erfahren, die ihnen zukommt. Ein gutes Beispiel ist das oft übliche Verfahren, auf Zinsen zum Zeitpunkt des Ausstellens des Wechsels oder an seinem Verfallstag zu verzichten. Der interne Revisor kann in dieser Hinsicht eine wirklich nützliche Tätigkeit ausüben, indem er über die üblichen Geschäftspraktiken berichtet, so daß sie zur Kenntnis der Geschäftsleitung gelangen, und indem er sie auf ihre Auswirkung auf den Geschäftsbetrieb, Gewinn und den allgemeinen Nutzen für die Gesellschaft untersucht.

### Behandlung der Wechsel, Schuldscheine und Akzepte

Nachdem die Papiere mit der vorgeschriebenen Genehmigung angenommen worden sind, muß entsprechend über sie Buch geführt werden; sie müssen sicher aufbewahrt werden. Es ist ein Hilfsbuch zu führen, das ordnungsgemäß durch das Hauptbuch kontrolliert wird, und die Einzelkonten müssen alle Angaben über die Wechsel usw. enthalten. Die Einzelkonten sollen so eingerichtet sein, daß in ihnen alle laufenden Zahlungen an Zinsen und Schuldsumme gebucht werden, so daß jederzeit ein Überblick über ihren Stand gegeben ist. Es müssen Verfallskarteien verwendet werden, aus denen die Fälligkeitsdaten für Zinsen und Schuldsumme hervorgehen. Die Verantwortung für die terminmäßige Überwachung dieser Daten muß festgelegt werden. Die Papiere selbst sollen in den Händen eines verantwortlichen leitenden Angestellten sein und in geeigneter Art und Weise von ihm unter Verschluß gehalten werden. Im allgemeinen ist es angebracht, auf der Rückseite der Papiere die eingegangenen Teilzahlungen einzutragen.

### Endgültige Erledigung der Wechsel, Schuldscheine und Akzepte

Die Vorgänge, durch die Wechselangelegenheiten schließlich zu Ende geführt werden, sind der Behandlung der Kundenkonten ähnlich. Folgende abweichende Merkmale sind bei diesen Geschäftsvorgängen zu beachten. Da alle Wechsel usw. mit Ausnahme der Sichtpapiere einen bestimmten Fälligkeitstermin haben, muß das Papier an dem Fälligkeitstag erneuert werden, wenn die Einziehung der Forderung in der üblichen Weise nicht möglich ist. Das erfordert dauernde Aufmerksamkeit und Kontakt mit dem Schuldner. Ein anderes Problem besteht in der Aufteilung von erfolgten Zahlungen zwischen Zinsen und Schuldsumme und der Bestimmung, ob die eingehenden Zahlungen zur Tilgung der Schuld oder zum Ausgleich der Zinsen verwendet werden soll. Schließlich muß, wenn der Wechsel bezahlt oder erneuert ist, der alte Wechsel ungültig gemacht und dem Schuldner übersandt werden.

### Diskontierte Wechsel

Ein besonderes Problem besteht bei der Diskontierung der Wechsel. Bei diesen Geschäften leisten Banken oder Makler Vorauszahlungen auf diese Wechsel nach Abzug der Zinsen und anderen Kosten. Obwohl es den Anschein hat, daß die Bank den Wechsel erwirbt, ist der Geschäftsvorgang durchaus kein Kauf, weil die Firma den Wechsel indossiert hat und als zweiter haftbar ist, wenn der Aussteller nicht zahlt. Für diese Vorgänge müssen genaue Richtlinien vorhanden sein, sowohl für die Behandlung des Wechsels als solchem, als auch für die Buchhaltung. Die Bücher müssen klar die Entstehung der Eventualverbindlichkeit zeigen und zu der entsprechenden Zeit ihren endgültigen Fortfall. Bei der Aufstellung der Bilanz muß das Obligo aus diskontierten Wechseln klar gezeigt werden.

### Interne Kontrollnormen für Wechsel, Schuldscheine und Akzepte

1. Von der Geschäftsleitung müssen genaue Vorschriften für die Annahme und die Form von Schuldscheinen und Wechseln und die Verantwortung dafür aufgestellt werden.

2. Schuldscheine, Wechsel und Akzepte sollen sich in Händen eines verantwortlichen leitenden Angestellten und an einem sicheren Platz befinden.

3. Es müssen Hilfsbücher geführt werden, die ordnungsgemäß durch die Hauptbuchkonten kontrolliert werden, und aus denen die notwendigen Einzelheiten über die Papiere und die darauf geleisteten Zahlungen hervorgehen.

4. Die Aufbewahrung der Wechsel und die Buchführung über diese Papiere müssen getrennt sein.

5. Bei den Wechseln usw. müssen die Fälligkeitstermine für Zinsen und Schuldsumme sorgfältig überwacht werden. Ein Papier ist neu auszustellen, wenn das alte am Fälligkeitstermin nicht eingelöst wird.

6. Diskontierte Wechsel müssen ordnungsgemäß gebucht und ausgewiesen werden.

### Prüfung der Wechsel, Schuldscheine und Akzepte

Die Prüfungsverfahren für solche Geschäfte sind im wesentlichen dieselben wie die, welche bei Kundenkonten besprochen wurden. Es gibt jedoch einige besondere Gesichtspunkte, die erwähnt werden müssen. Ein wichtiges zusätzliches Mittel zur Bestätigung der Richtigkeit ist durch die persönliche Überprüfung der Schuldscheine und Wechsel selbst gegeben. Sie müssen zur gleichen Zeit geprüft werden, in der Barbestand und Wertpapiere festgestellt werden. Der Revisor muß die wesentlichen Merkmale des Schuldscheines oder Wechsels einschließlich der auf der Rückseite eingetragenen Zahlungen notieren. Zu einem späteren Zeitpunkt kann ein ausführliches Blatt über die anderen einschlägigen Angaben angelegt werden, z. B. die Bedingungen, zu denen der Schuldschein oder Wechsel angenommen wurde, die zweifache Sicherheit, Daten der Eingänge von Zahlungen — für Zinsen und Schuldsumme —, den gegenwärtigen Saldo und die erwartete Einlösung. Die Einzelheiten über Papiere werden gewöhnlich in einem Hilfsbuch geführt, und der Revisor kann zum Teil seine Informationen diesem entnehmen. Diese Einzelheiten müssen auch mit den Kontrollaufzeichnungen im Hauptbuch verglichen und dann das übliche Abstimmungsformular abgesandt werden. Dieses Schreiben soll die Bitte um Bestätigung der Richtigkeit sowohl der Zinszahlungen wie auch der noch verbleibenden Schuldsumme enthalten.

## Beispiel aus einem Handbuch

Die folgenden Hinweise über Akzepte, Schuldscheine und Wechsel sind dem Handbuch einer großen Firma entnommen:

*Akzepte, Schuldscheine und Wechsel*

Jeder Saldo auf diesem Konto muß durch ein gültiges Dokument belegt sein. Diese Belege müssen im Gewahrsam des Kassierers und ordnungsgemäß sichergestellt sein.

1. Der interne Revisor muß sich eine Liste von allen Wechseln, Zahlungsanweisungen und Akzepten geben lassen und sie mit dem Hauptbuch vergleichen.
2. Er muß feststellen, ob jeder Saldo durch ein entsprechendes Dokument belegt ist.
3. Er muß ermitteln, ob diese Belege im Gewahrsam des Kassierers und ordnungsgemäß gegen Verlust oder Diebstahl gesichert sind.
4. In den Fällen, in denen Wechsel als Zahlung für Warenlieferungen entgegengenommen sind, muß er die näheren Umstände prüfen.
5. Es ist zu erläutern, ob es möglich ist, diese Papiere zu diskontieren.

Bei Schuldscheinen und Wechseln ist so sorgfältig auf Zahlung von Zinsen und Schuldsumme zu achten.

1. Der interne Revisor hat darauf zu achten, ob das Konto flüssig ist und festzustellen, ob die Tilgung in Übereinstimmung mit den schriftlichen Bedingungen erfolgt.
2. Er muß sich vergewissern, ob die Zinsen belastet und eingezogen werden.
3. Sind die Fälligkeitstermine eingetragen? Die Prolongationspapiere sind zu prüfen, wenn bei Fälligkeit keine Zahlung eingegangen ist.
4. Alle Schuldner sind um eine Bestätigung des Kontostandes zu bitten.
5. Diese Bitte ist zu wiederholen, falls innerhalb von 14 Tagen keine Antwort erfolgt.
6. Der interne Revisor muß alle unklaren Posten sofort verfolgen und die Konten, bei denen es notwendig erscheint, mit dem Abteilungsleiter durchsprechen.
7. Es muß eine Tabelle für die Saldenbestätigungen in folgender Form aufgestellt werden:

| | Konten | | Salden | |
|---|---|---|---|---|
| | Anzahl | % der gesamten Schreiben | Anzahl | % der gesamten Schreiben |
| Insgesamt lt. Hauptbuch | | | | |
| abgeschickte Bestätigungsgesuche | .... | .... | .... | .... |
| Bestätigt oder berichtigt | .... | .... | .... | .... |
| Strittig und nicht berichtigt | .... | .... | .... | .... |
| Unbeantwortet | .... | .... | .... | .... |

Wenn die Zahl der unbeantwortet gebliebenen Bestätigungsersuchen hoch ist, müssen alle bedeutsamen Schuldscheine und Wechsel, die in diesem Betrag enthalten sind, erläutert werden.

8. Der interne Revisor muß feststellen, ob bezahlte Wechsel oder Dokumente dem Aussteller sofort zurückgesandt werden.

## Besondere Arten von Forderungen

Fast jede Firma hat neben den üblichen Kunden-, Schuldschein- und Wechselkonten andere besondere Konten dieser oder jener Art. Zum größten Teil gelten für diese besonderen Konten dieselben Prüfungen und Überlegungen wie für die bisher besprochenen. Es gibt jedoch in jedem Fall besondere Gesichtspunkte, die Aufmerksamkeit erfordern. Es ist nicht möglich, alle diese besonderen Arten gründlich zu besprechen, aber mehrere der häufigsten sollen kurz als Beispiel behandelt werden.

### Forderungen gegen leitende und sonstige Angestellte

Diese Forderungen können in Form von Konten oder Schuldscheinen bestehen, ihre Ursachen und Fristen können verschieden sein. Für den internen Revisor sind sie aus vielen Gründen von besonderer Bedeutung. Erstens ist es notwendig, daß diese Forderungen — außer wenn sie unwesentlich sind — besonders gekennzeichnet und getrennt gehalten und nicht mit Forderungen aus regulären Handelsgeschäften zusammengefaßt werden. Das ist für Kontrollzwecke und für die richtige Bilanzierung erforderlich. Zweitens sind für solche Kredite — besonders wenn es sich um etwas anderes handelt, als um kleine laufende Käufe an regulären Waren der Gesellschaft — andere Genehmigungen von leitenden Angestellten erforderlich, als für gewöhnliche Forderungen. Der interne Revisor muß feststellen, ob Genehmigungen dafür vorliegen. Drittens muß er feststellen, welche Richtlinien bei der Erfüllung dieser Ansprüche befolgt werden oder befolgt werden sollen. Z. B. sollten Reisekostenvorschüsse nach Beendigung der Reise oder am Ende eines bestimmten Zeitabschnittes abgerechnet und — mit Ausnahme genehmigter Dauervorschüsse — das nicht verbrauchte Geld zurückgezahlt werden. Wegen der persönlichen Beziehungen in einem Betriebe und der Stellung von Angestellten oder leitenden Angestellten fehlt es hier oft an der richtigen Beachtung dieser Konten und dem Bemühen, die ausstehenden Beträge einzuziehen. Auf die Dauer führt dies nicht nur zu einer zusätzlichen Festlegung von Betriebskapital, sondern wirkt auch demoralisierend auf den Schuldner und das Personal im allgemeinen, wenigstens soweit andere Angestellte davon Kenntnis erhalten. Der interne Revisor trifft hier oft auf Angelegenheiten delikater Natur, aber es ist seine Pflicht, sie so taktvoll und gründlich wie möglich zu überprüfen.

### Kommissionsware bei Kunden

Ein Betrieb versendet seine Waren bisweilen auf Kommission und erwartet Bezahlung erst dann, wenn der Empfänger dieser Kommissionswaren etwas davon an seine eigenen Kunden verkauft. Verschiedene spezielle Fragen ergeben sich hierbei: wenn die Ware abgeschickt wird, kann die Buchung sich in vielen Fällen vollkommen auf den Bestandskonten abwickeln. Wenn eine Belastung in den Büchern als Forderung wirklich erfolgt, so sollte die Belastung nur für die Kosten erfolgen oder das Konto muß als bloßes Erinnerungskonto erkennbar sein, da es nicht zu vertreten ist, schon in diesem Stadium des Geschäftsvorgangs einen Ertrag auszuweisen. Für den späteren Zeitpunkt, in dem die Waren tatsächlich verkauft werden, muß sichergestellt sein, daß der Buchhaltung Mitteilung von den Verkäufen mit Angabe der eingeräumten Provisionen und dergleichen gemacht wird, so daß die Forderung gebucht werden kann. Von da an ist die Weiterbearbeitung dieselbe wie bei den gewöhnlichen Kundenkonten.

#### Schadensersatzansprüche

Diese Ansprüche gegen Außenstehende entstehen, weil die fremde Partei es unterlassen hat, eine Dienstleistung ordnungsgemäß auszuführen oder einen Gegenstand zu liefern. Hierher gehören im allgemeinen nicht Ansprüche gegen Warenlieferanten, da Ansprüche dieser Art besser von den Verbindlichkeiten abgebucht werden können. Häufiger sind in dieser Gruppe Ansprüche gegen Eisenbahnen oder andere Transportunternehmen, Versicherungen und andere Parteien enthalten, die aus diesem oder jenem Grunde der Firma gegenüber haftbar geworden sind. Der erste wesentliche Punkt für den internen Revisor ist, das übliche Verfahren und die Art und Weise zu erfahren, wie diese Ansprüche anerkannt werden, und bis zu welchem Grad die Sicherheit geschaffen ist, daß jeder rechtmäßige Anspruch der Firma erfaßt und als Forderung gebucht wird. Im Falle von Ansprüchen gegen die Eisenbahn ist es wichtig, die Frachtrechnungen zu kontrollieren, bevor mögliche Ansprüche durch Fristüberschreitung verfallen sind. Der zweite wichtige Punkt ist, nachdem der Anspruch ordnungsgemäß gebucht ist: wie wird er weiter beachtet und weiter verfolgt? Nachdem der Anspruch erfüllt ist, ist es wichtig, daß eine etwaige Differenz zwischen Forderung und endgültiger Regulierung genehmigt und auf den Konten berichtigt wird. Bei diesen Dingen handelt es sich oft um bedeutende Summen, und der interne Revisor sollte ihnen deshalb Sorgfalt und Aufmerksamkeit widmen.

### Beurteilung der Forderungen

#### Prüfung der Organisation auf dem Gebiet: Forderungen

Bei der in unserem alltäglichen Leben immer größer werdenden Bedeutung des Kredits, die aus verschiedenen Indexzahlen ersichtlich ist, wird die Tätigkeit auf dem Gebiete der Kundenkonten bei den meisten Firmen ein immer wichtigerer Faktor.

Noch vor wenigen Jahren bestanden praktisch alle Erträge der Firmen auf dem Einzelhandelssektor aus Bargeld. Der Geschäftsvorgang war gewöhnlich abgeschlossen, wenn der Betrag in die Registrierkasse eingetippt war und diese geklingelt hatte. In den letzten Jahren jedoch haben viele Warenhäuser, Ölgesellschaften und andere Firmen auf dem Einzelhandelssektor beträchtliche Eingänge aus Budgetkonten, Kreditkarten, Teilzahlungskonten und vielen anderen Kreditformen. Wenn der Kunde sich für eine bestimmte Ware entscheidet, beginnt der Geschäftsvorgang also erst. Bei Industriefirmen stammt der größte Teil der Erträge aus Verkäufen auf Kredit.

Der interne Revisor muß die Verteilung der verschiedenen Verantwortlichkeiten und Aufgaben der Angestellten bei allen Vorgängen auf dem Gebiete der Forderungen prüfen. Die festgelegte Delegierung der Verantwortung wird durch ein Organisationsschema dargestellt. Wenn eine solche Darstellung nicht vorhanden ist, kann der interne Revisor eine Arbeitsskizze an Hand der erreichbaren Informationen aufstellen. Bei der Aufgabenzuweisung müssen bestimmte Regeln beachtet werden, z. B. die Forderung, daß die Kreditabteilung dem Finanzdirektor oder einem anderen leitenden Angestellten auf dem Finanzsektor, nicht dem Verkauf, unterstehen soll.

Es ist besonders wichtig, daß eine klare Trennung der Aufgaben zwischen den Angestellten besteht, die Kundenkonten führen und denen, die mit dem Geld zu tun haben, Geldvorgänge buchen oder Abzüge, Rabatte oder andere Gutschriften genehmigen. Diese Aufgabentrennung kann deutlich durch einen einfachen Arbeitsablaufplan gezeigt werden. Ob die Aufgabenverteilung nun durch Zeichnungen, Tabellen oder anders dargestellt wird, ist unerheblich; auf jeden Fall muß sich der interne Revisor durch persönliche Beobachtung überzeugen, daß diese offizielle Organisation tatsächlich im beabsichtigten Sinne funktioniert. Sehr oft kann man finden, daß der tatsächliche Geschäftsablauf nicht mit der angeordneten Aufgabenverteilung übereinstimmt. Von Zeit zu Zeit können Kurzschlüsse vorkommen. Wenn sie längere Zeit nicht erkannt werden, können sie den Zusammenbruch des ganzen Systems der internen Kontrolle herbeiführen.

## Beurteilung der Bücher und der Verfahren

Einer der sich immer wiederholenden Teile des Revisionsprogrammes besteht darin, daß der interne Revisor die einzelnen geschäftlichen Vorgänge prüft, um sich zu vergewissern, ob die Bücher ordnungsgemäß geführt und auf dem laufenden gehalten werden. Zusätzlich muß er feststellen, ob die gesamte Handhabung auf dem Gebiet der Kundenforderungen mit den Richtlinien der Firma übereinstimmt.

Im Zusammenhang damit ist der interne Revisor in der Lage, die angewandten Geschäftspraktiken zu beobachten und ihre Wirksamkeit im tatsächlichen Ablauf der alltäglichen Geschäftsvorgänge zu beurteilen. Z. B. kann die Kreditpolitik beobachtet und ihre Auswirkung abgewogen werden, indem der interne Revisor die Summe der verweigerten Kredite auf der einen Seite mit der Höhe der zweifelhaften Forderungen auf der anderen Seite vergleicht.

### Beurteilung auf Grund unabhängiger Quellen

Eine sehr erfolgreiche unabhängige Methode, festzustellen, wie viele Tätigkeiten auf dem Gebiete der Kundenforderungen funktionieren, ist die, sich mit den Bestätigungen der Kontoauszüge weiter zu beschäftigen. Man muß daran denken, daß in vielen Fällen der Hauptkontakt eines Kunden mit der Gesellschaft in Geschäftsvorfällen auf dem Kundenkonto besteht. Es bilden sich für lange Zeit entweder gute oder schlechte Beziehungen zum Kunden heraus. Die Beantwortung einer Bitte um Saldenbestätigung ist eine Möglichkeit, die der Kunde besitzt, um seine Meinung über die Arbeitsweise in seinem speziellen Fall auszudrücken. Differenzen zwischen den Büchern der Gesellschaft und denen des Kunden können Angelegenheiten zutage bringen, welche durch eine Prüfung der Bücher allein nicht festgestellt werden können. Z. B. ist das Konto vielleicht nicht ausgeglichen, weil die Qualität der gelieferten Waren beanstandet wurde oder die empfangenen Dienstleistungen nicht zufriedenstellend waren, oder andere Dinge bemängelt wurden, die mit der Arbeit an den Kundenkonten irgendwie zusammenhängen. Eine weitergehende Nachforschung kann Mängel auf dem Gebiet der Produktion oder Qualitätskontrolle zutage bringen oder möglicherweise die Notwendigkeit eines wirksameren Beschwerdewesens.

### Prüfung sonstiger Forderungen

Obgleich die Beträge für sonstige Forderungen im allgemeinen im Verhältnis zu denen aus Warenlieferungen sehr niedrig sind, verdienen sie trotzdem die Aufmerksamkeit des internen Revisors. Meist gibt es keine große Zahl solcher Forderungen, und der Geschäftsgang ist nicht so vereinheitlicht wie bei den Verkäufen.

Wenn die Gesellschaft mehrere Zweigstellen hat, werden viele dieser sonstigen Forderungen in den Büchern der einzelnen Niederlassungen geführt, wo die Forderungen entstanden sind. Bisweilen ist die Weiterverfolgung und Regelung der Forderung nicht so korrekt wie sie sein müßte.

Oft ist der örtliche Buchhalter auch im unklaren über den Unterschied zwischen einer tatsächlichen Forderung und einem Rechnungsabgrenzungsposten.

Der interne Revisor kann in vielen Fällen wertvolle Dienste leisten, indem er mit dem örtlichen Buchhalter die verschiedenen derartigen Posten bespricht und Vorschläge über ihre Bearbeitung und Regelung macht.

## 9. Vorräte und Inventuren

Unter Vorräten versteht man die Fertigerzeugnisse oder Handelswaren, weiter das Material, aus dem diese Erzeugnisse hergestellt werden und die unfertigen Erzeugnisse, für die bereits Material, Lohn und Gemeinkosten aufgewendet worden sind. Diese Vermögenswerte machen in vielen Gesellschaften einen beträchtlichen Teil der Gesamtaktiva aus. Auch ist ihre Kontrolle für den Betriebserfolg von größter Wichtigkeit. Die einzelnen Vorgänge, die mit den Vorräten in Zusammenhang stehen, wie Einkauf, Materialkontrolle und Verkauf sind, vom Standpunkt des internen Revisors aus gesehen, so wichtig, daß diesen Fragen besondere Kapitel in Teil IV „Betrieb, Verwaltung und Vertrieb" gewidmet sind. Deshalb handelt dieses Kapitel in der Hauptsache von den an einem bestimmten Zeitpunkt vorhandenen Vorräten und den Fragen, die mit einer körperlichen Inventur zusammenhängen.

### Bestands-Aufnahme

#### Organisation der körperlichen Inventur

Die Jahresabschluß- oder jährliche körperliche Inventur ist von besonderer Bedeutung wegen ihrer Auswirkung auf die Feststellung der finanziellen Lage und ihrer Beziehung zum Jahresabschluß. Es gibt jedoch auch während der übrigen Zeit des Jahres wichtige Fragen der Bestandsaufnahme, die mit der monatlichen Erfolgsrechnung zusammenhängen und die Aufmerksamkeit des internen Revisors verlangen. Wenn monatliche körperliche Bestandsaufnahmen vorgenommen werden, um den laufenden Verbrauch festzustellen, können Ungenauigkeiten die monatlichen Ergebnisübersichten sehr entstellen.

Der interne Revisor kann Kontrollmaßstäbe für die körperliche Inventur ausarbeiten und vorschlagen. In vielen Betrieben empfiehlt es sich wegen der starken Abweichungen in Größe, Art, Lagerort und Beschaffenheit der einzelnen Vorratsposten nicht, ins einzelne gehende Inventurvorschriften zu geben.

Man kann jedoch allgemeine Maßstäbe aufstellen, denen die verschiedenen Verfahren entsprechen müssen. Diese Maßstäbe sollen die Verantwortung und Aufgaben der einzelnen, die bei der Inventur mitwirken, festlegen, dazu die Mindestforderungen hinsichtlich des Zählens, der Häufigkeit körperlicher Inventur, der Art der vorgeschriebenen Formulare und ähnlicher Angaben für alle Abteilungen.

### Verantwortlichkeit und allgemeine Richtlinien

Im allgemeinen tragen die Betriebsleiter und der Buchhaltungsleiter gemeinsam die Verantwortung für die regelmäßig wiederkehrenden Inventuren. Der Betriebsleiter ist im allgemeinen dafür verantwortlich, genügend geeignetes Personal abzustellen, um eine genaue Inventur durchzuführen. Die Verantwortlichkeit des Leiters der Buchhaltung besteht darin, die Angaben über Stückzahl, Preis, Maße und Zusammenstellung der körperlichen Inventur nachzuprüfen.

Körperliche Zählungen werden im allgemeinen von dem Betriebspersonal vorgenommen, das dem Leiter seiner Abteilung das Ergebnis meldet. Während der Inventur und während des Zählens geben diese Angestellten ihre Meldungen auch oft dem Leiter der Buchhaltung.

Schriftliche allgemeine Anweisungen für die Inventur über ihre Vorbereitung, das Zählen und das Aufschreiben der Inventurposten müssen allen an der Inventur Beteiligten zur Verfügung stehen. Die Anleitungen müssen auf dem laufenden gehalten werden, um ihren Zweck wirklich zu erfüllen und müssen wenigstens folgende Punkte enthalten:

1. Besondere Methoden zur Mengenbestimmung.
2. Anleitung zur Erfassung von Schrott und Ausschuß.
3. Beschreibung der zu benutzenden vornumerierten Inventurzettel oder -karten.
4. Alle anderen dazu gehörenden Angaben.

Für jede Inventur muß ein Inventurplan aufgestellt und mindestens eine Woche vor Beginn an die Gruppenleiter verteilt werden. Dieser Plan muß folgende Punkte festlegen:

1. Den Zeitpunkt, wann das Zählen in den einzelnen Abteilungen beginnt.
2. Die Anzahl der Personen (wenn möglich, namentlich aufgeführt), die für das Zählen bestimmter Vorräte verantwortlich sind.
3. Das Buchhaltungs- oder Revisionspersonal, das damit beauftragt ist, das Zählen in jeder Abteilung zu überwachen und zu überprüfen.
4. Jede nützliche Angabe, die den mit der Inventur Beauftragten eine Hilfe sein kann.

Der betriebliche Vorgesetzte ist direkt verantwortlich für richtige Lagerung und sichere Aufbewahrung des zu seiner Verfügung stehenden Materials. Vor der Inventur muß er persönlich folgendes klarstellen:

1. Der Lagerbestand ist so angeordnet, daß die Inventur möglichst einfach ist.
2. Die richtigen Verfügungen über Ausschuß, veraltetes Material und Schrott sind zu treffen.
3. Die im Arbeitsprozeß befindlichen Waren werden, soweit möglich, fertiggestellt, um die zu zählende Materialmenge zu vermindern.

Um sich von der Genauigkeit bei der Inventur zu vergewissern, muß der Inventurleiter oder der interne Revisor folgendes beachten:

1. Er muß sich vor dem Zählen durch Augenschein davon überzeugen, daß das Material so gelagert ist, daß das Zählen einfach durchgeführt werden kann.
2. Er muß feststellen, ob die Vorschriften bei der Inventur befolgt werden.
3. Er muß Stichproben von einem beträchtlichen Teil des Wertes aller Vorräte machen.

### Häufigkeit der Inventuren

Die Häufigkeit der körperlichen Inventuren hängt weitgehend von der Einstellung der Betriebsleitung zu der betreffenden Art von Vorräten und der Genauigkeit der laufend geführten Lagerkartei oder dergleichen ab. Für das in Arbeit befindliche Material und in gewissen anderen Fällen, in denen das Material schnell umgesetzt wird und sehr genaue Schrott- und Ausschußprozente festgestellt werden müssen, ist es empfehlenswert, körperliche Inventuren am Ende jeden Monats oder eines anderen Zeitraumes vorzunehmen. Es müssen jedoch in jedem Fall genaue Vorschriften vorhanden sein, wie oft mindestens alle Arten von Vorräten gezählt werden müssen.

### Mengenbestimmung

Um eine genaue Bestandsaufnahme zu erhalten, bestimmen die meisten Anleitungen für interne Revision, daß die Mengen durch wirkliches Zählen, Wiegen oder Messen festgestellt werden. Eine grundlegende Frage, die sich sogleich ergibt, ist, wie Mengen festgestellt werden. Einzelne Waren können leicht bestimmt und gezählt werden, während andere Posten in großen Mengen vorhanden sind, z. B. Schrauben, Bolzen oder Kleinteile. Manche Waren lagern in Tanks oder großen Fässern, und die Messungen müssen an Hand vorhandener Tabellen vorgenommen und berechnet werden. Temperatur, chemische Zusammensetzung und andere Faktoren müssen bei dieser Umrechnung berücksichtigt werden. Große Mengen Kohle, Holz oder anderes Material müssen geprüft und Maße und Gewicht von einem Techniker berechnet werden. Der interne Revisor kann einige Maße selbst aufnehmen und diese Angaben zu dem Entwurf des Technikers heften. Es ist notwendig, daß alle Tabellen, Umrechnungsunterlagen und dergleichen vorher bereitgestellt werden. Der interne Revisor muß auch vorher die Genauigkeit aller Umrechnungsunterlagen, die bei der körperlichen Inventur verwendet werden, überprüfen.

### Die Nachprüfung der Mengen durch den internen Revisor

Wenn der interne Revisor nicht alle Posten im einzelnen überprüft, muß er die Mengen auf andere Weise kontrollieren. Er kann die Genauigkeit durch Stichproben ermitteln. Nach Möglichkeit sollte er bei der Inventuraufnahme anwesend sein. Er kann dann beobachten, ob die vorgeschriebenen Bestimmungen bei der Inventur befolgt werden, und ob die mit der Inventur betrauten Personen ihre Aufgaben sorgfältig ausführen. Der interne Revisor muß sich vergewissern, daß alle Bestände, die dazu gehören, auch wirklich gezählt sind.

### Bewertung

Nach der mengenmäßigen Aufnahme bildet die Bewertung der Bestände den nächsten Schritt. Der interne Revisor muß sich vergewissern, daß die Bewertung der Bestände mit dem üblichen Verfahren und den Absichten der Gesellschaft übereinstimmt. Im weiteren Verlauf seiner Prüfung muß er sich davon überzeugen, daß die vorgeschriebenen Methoden ordnungsgemäß befolgt wurden, so daß als Ergebnis ein zutreffendes Resultat vorliegt. Dies trifft besonders dann zu, wenn Fragen der Bewertung nach der „Lifo-Methode" (last in — first out)[1] oder andere besondere Bewertungsfragen auftreten. Es ist auch notwendig, zusätzliche Fracht- oder andere Kosten zu prüfen.

Der interne Revisor muß auch etwa vorhandene Unstimmigkeiten in der Bewertung in verschiedenen Zeitpunkten in Betracht ziehen. Z. B. muß, wenn Material ganz oder teilweise abgeschrieben ist, darauf geachtet werden, daß dieses Material nicht jetzt wieder mit vollem Wert eingesetzt wird. Jede bedeutsame Änderung in den Stückpreisen kann durch Vergleichen mit den Stückpreisen entsprechender Posten bei der vergangenen Inventur ermittelt werden.

---

[1] Anm. d. Übers.: „Lifo-Methode" bedeutet: Wenn die gleiche Ware in der Zeit vor der Inventur mit unterschiedlichen Preisen eingekauft wurde, gelten die zuletzt eingegangenen Waren als zuerst ausgegeben und für die Bewertung des Bestandes die Preise, die für die davor bezogenen Posten bezahlt wurden.

Die häufigst angewandte Bewertungsmethode für Bestände ist der Grundsatz: Kostenwert oder augenblicklicher Marktpreis, wenn dieser niedriger liegt. Weitere Begriffsklärungen müssen erfolgen, um die Bestände richtig zu bewerten. Der interne Revisor kann oft einen wesentlichen Beitrag leisten, indem er die Geschäftsleitung auf den Mangel an einheitlichen, gültigen Begriffsbestimmungen hinweist. Z. B. erfordert der Begriff „Kostenwert" eine weitere Klarlegung, ob als Grundlage der Durchschnitt, der gewogene Durchschnitt, die letzten Einstandskosten oder eine andere Basis gemeint ist. Ebenso: soll der Begriff „augenblicklicher Marktwert" nach Sendungen bestimmter Größe oder von einer bestimmten Bezugsquelle bestimmt werden?

## Abgrenzungen

In vielen Fällen hat man besonders sorgfältig Inventurprogramme vorbereitet, Inventurteams geschult, die einzelnen Posten gezählt, die Zählungen nachgeprüft und die Bestände bewertet, und doch sind wesentliche Ungenauigkeiten vorgekommen. Im allgemeinen sind diese Ungenauigkeiten auf unrichtiges Vorgehen bei der Behandlung der mit dem Stichtag zusammenhängenden Fragen und nicht klar abgegrenzter Posten zurückzuführen. Es ist schon gesagt worden, daß die richtige Behandlung dieser Posten wichtiger ist als das tatsächliche Zählen, da sich hier durch Unterlassungen gewöhnlich größere Differenzen ergeben als durch andere Irrtümer beim Zählen, die nicht durch Beobachten und Prüfen festgestellt werden. Einige der wesentlichen Gesichtspunkte, die beachtet werden müssen, bevor der endgültige Inventurwert bestimmt wird, werden im folgenden besprochen.

## Fragen, die mit dem Stichtag zusammenhängen

Es muß besonders sorgfältig darauf geachtet werden, daß alle Posten, für die bereits Rechnungen ausgestellt sind, von der Bestandsaufnahme ausgenommen werden und ebenso, daß alle Posten berücksichtigt werden, die bereits versandt, aber für die noch keine Rechnungen ausgestellt sind. Dies kann man dadurch prüfen, daß man die Rechnungen mit dem Versand gegen Ende des Zeitraumes vergleicht. Es ist auch notwendig, auf Teillieferungen zu achten und sie zu berücksichtigen. Hierher gehören auch Verkäufe, die vorher erfolgt sind, für die die Rechnungsausstellung zurückgestellt ist, weil die Verkaufspreise noch nicht festgesetzt sind oder aus anderen Gründen. Die Verwendung von vornumerierten Versandpapieren für alle ausgehenden Sendungen in Verbindung mit einer Kontrolliste, die die Lieferscheinnummer und die entsprechende Rechnungsnummer zeigt, genügt im allgemeinen als Aufzeichnung über alle Lieferungen. Jeder Lieferscheinnummer, für die eine entsprechende Rechnungsnummer nicht vorhanden ist, sollte sogleich nachgegangen werden. Ein weiteres Problem bedeuten Rücklieferungen, wenn die zurückgelieferten Posten sich im Lager befinden und in die Bestandsaufnahme einbezogen werden, während die Gutschrift noch nicht erfolgt ist.

Bei den bezogenen Waren darf die körperliche Zählung nur die Posten einbeziehen, für die man die Verbindlichkeit gebucht hat. Im allgemeinen wird ein besonderes Konto „Waren auf dem Transport" für die Posten belastet, die noch nicht tatsächlich dem Lagerbestand zugeführt sind. Dazu gehören Posten, die schon eingegangen sind, mit denen aber das Konto „Warenbestand" noch nicht belastet ist, und Posten auf dem Transport. Das Buch über „Eingehende Waggonladungen" muß sorgfältig geprüft werden, um sicher zu gehen, daß die Belastung bereits erfolgt ist, wenn die Warenposten in die Bestandsaufnahme einbezogen werden. Besondere Aufmerksamkeit ist dort erforderlich, wo Waggons am Tag der Zählung bewegt werden. Im allgemeinen hat ein Irrtum bei der Buchung einer Waggonladung eine beträchtliche Auswirkung auf die Gesamtsumme der Vorräte. Das Problem des Stichtages wird noch komplizierter, wenn die Bestandsaufnahme sich über mehrere Tage erstrekken muß, während der Betrieb weiterläuft. Jede Produktion oder jeder Abgang muß dann auf den festgelegten Stichtag zurückgerechnet werden.

### Vorräte in Kommission

Oft erhält eine Gesellschaft Waren auf Kommission von einer anderen Firma. Diese Waren sind nicht Eigentum der Gesellschaft und dürfen daher nicht aufgenommen werden. Wenn diese Posten getrennt lagern, ist die Möglichkeit einer irrtümlichen Einbeziehung nicht groß, aber oft ist die getrennte Lagerung nicht praktisch, und daher muß hier sehr sorgfältig gearbeitet werden. Andererseits kann die Gesellschaft eigene Waren in Kommission gegeben haben; diese müssen in den Gesamtbestand einbezogen werden. Der interne Revisor muß sich vergewissern, wie oft Bestandsaufnahmen von in Kommission gegebenen Waren erfolgen und was beim Auftreten von Differenzen geschieht.

### Nicht aufzunehmende Posten

Es ist ein oft vorkommender Irrtum, Posten in die Warenbestandsaufnahme einzubeziehen, die ihrem Wesen nach nicht zum Warenbestand gehören. Eine Inventur soll nur Rohstoffe, unfertige Erzeugnisse, Fertigerzeugnisse und Handelswaren enthalten. Die Einbeziehung von Hilfsstoffen, die man normalerweise direkt als Kosten bucht, bedeutet ein

Abweichen von der allgemeinen Regel, ist jedoch nicht von besonders schwerwiegender Auswirkung, wenn der Betrag gering ist, und wenn man sich auf den Standpunkt stellt, daß im voraus bezahlte Kosten für das Arbeiten des Betriebes ja vorhandene Vermögenswerte sind. Beispiele für Posten, die keinesfalls in die Inventur der Vorräte einbezogen werden dürfen, sind Einrichtungen für den Gebrauch des eigenen Betriebes und Materialien, die für im Bau befindliche Anlagen erworben sind.

### Ausserhalb lagerndes Material

In vielen Fällen enthält der Herstellungsprozeß einen Arbeitsvorgang, der außerhalb des Betriebes ausgeführt werden muß, z. B. Anstrich oder besondere Bearbeitung. Es muß darauf geachtet werden, daß solche Posten nicht übersehen werden. In manchen Fällen kann dabei Schrott anfallen, so daß es besser sein kann, wenn das Datum der Zählung mit dem der Zählung der übrigen Vorräte zusammenfällt. Andererseits können Vorräte aus Platzmangel oder anderen Gründen außerhalb des Betriebes lagern. Neben der Bestätigung der richtigen Zählung müssen noch Fragen der internen Kontrolle solcher Posten erwogen werden.

Einzelne Bestandsposten liegen vielleicht gerade auf der Laderampe oder im Freien. Deshalb muß der interne Revisor auch überall dorthin, außerhalb des Betriebes gehen, wo Material übersehen werden könnte. Es muß bei solchen Materialien auch geprüft werden, ob sie verdorben oder veraltet sind.

### Zusammenstellung des Bestandsverzeichnisses

Nachdem die Mengen und die Einzelwerte geprüft sind, kommt der dritte Schritt im Ablauf der Inventurprüfung: die Prüfung der Addition der Mengen und ihrer Bewertung mit den festgelegten Preisen und der weiteren Addition dieser Werte, die den Gesamtwert für die Bilanz ergibt. Die Zusammenfassungen erfordern viel Einzelarbeit. Die Mengen werden auf Formblättern zusammengestellt und die Summen auf das endgültige Formular übertragen. Die Multiplikation mit den Werten je Mengeneinheit wird in manchen Fällen bis zum Schluß der Arbeit verschoben, manchmal erfolgt sie bereits früher. Das zweite Verfahren ist dann zu empfehlen, wenn die Bestände an verschiedenen Plätzen lagern und verschiedenen Frachtraten unterliegen. Bei allen diesen Zusammenstellungen ist viel Schreibtischarbeit erforderlich, bei der sich Irrtümer einschleichen können, die ein falsches Schlußergebnis zur Folge haben. Daher muß der interne Revisor diese Arbeiten — soweit es notwendig erscheint — im einzelnen oder durch Überschlagsrechnungen bzw. Stichproben nachprüfen.

### Berechnung von Mindermengen

Einen wichtigen Bestandteil der Kontrolltätigkeit des internen Revisors bildet die Prüfung von Mindermengen, die sich aus dem Vergleich von tatsächlichem zu buchmäßigem Bestand ergeben. Diese Mindermengen können entweder für die einzelnen Produkte — stück- oder wertmäßig — oder als Ganzes aufgeführt werden. Bei manchen Arbeitsvorgängen können mit diesen Minderungen einzelne Personen, die für sie verantwortlich sind, belastet werden, oder sie können als Beweis dafür dienen, daß irgend etwas nicht stimmt und die Geschäftsleitung veranlassen, dagegen etwas zu unternehmen. Die Ergebnisse des internen Revisors sind oft die Ursache, daß in dieser Hinsicht etwas veranlaßt wird. Deshalb muß die Errechnung dieser Differenzen und ihre wertmäßige Erfassung mit großer Sorgfalt und Genauigkeit erfolgen.

### Arbeitspapiere

Soweit es möglich ist, muß sich der interne Revisor Kopien der Inventurlisten und Zusammenfassungen verschaffen, die von dem zuständigen Personal angelegt sind und sie als Arbeitspapiere verwenden. Wenn solche Kopien nicht verfügbar sind, stellt der interne Revisor in der Regel gewisse größere Zusammenfassungen selbst auf. Doch darf er wertvolle Prüfungszeit nicht damit vergeuden, Listen oder andere Formulare, die ins einzelne gehen, abzuschreiben. Es genügt, in den Arbeitspapieren den Umfang der Proben anzugeben, die Art seiner Feststellungen und Einzelheiten über die gefundenen Irrtümer und Unstimmigkeiten. Hierbei wirkt sich die Tatsache, daß der interne Revisor im Verhältnis zu einem Wirtschaftsprüfer den Schwerpunkt seiner Tätigkeit weniger auf die Bestätigung der Richtigkeit legt, darin aus, daß seine Arbeitspapiere weniger umfangreich sind.

## Leitfaden

Die folgenden in einem Betrieb gültigen Vorschriften sollen dazu dienen, die Anleitungen für den internen Revisor für die Prüfung von Inventuren und Beständen zu veranschaulichen.

### Inventuren und Bestände

Der interne Revisor muß das Buchungsverfahren und die interne Kontrolle prüfen, um festzustellen, ob die Interessen der Gesellschaft entsprechend gewahrt sind. Er muß grundsätzlich die Belege für die Mengenkontrolle der Vorräte prüfen und die Vorschriften über die Durchführung der Inventur kennen, um sich zu vergewissern, daß die vorgeschriebenen Methoden befolgt werden.

Der interne Revisor muß sich vergewissern, ob die Leitung laufend über veraltetes Material, Waren und Lagerhüter informiert wird, und ob jeder mögliche Versuch gemacht ist, es abzustoßen.

## Lagerdifferenzen

a) Der interne Revisor muß den monatlichen Bericht über die Lagerdifferenzen für den Zeitraum der Prüfung oder irgend einen anderen Beleg, der die Abweichung der Mengen zeigt, prüfen. Er muß die Posten auf diesen Belegen stichprobenweise mit den Unterlagen über die Mengenkontrolle vergleichen; er muß sich überzeugen, ob die verantwortlichen Vorgesetzten von außergewöhnlichen Überbeständen oder Fehlmengen informiert sind, und ob alles versucht worden ist, ihre Ursache zu klären. Besonders große Überbestände oder Fehlmengen, die nicht genügend erklärt werden können, müssen in einem Anhang unter dem Titel „Abnormale Lagerdifferenzen" für den Prüfungsbericht zusammengestellt werden.

b) Der interne Revisor muß sich grundsätzlich die Summe der Lagerüberbestände und Fehlmengen bei Rohöl, Reifen, Schläuchen und Batterien für die Prüfungsperiode ansehen. Zu diesem Zweck muß er die Überbestände und Fehlmengen aus den bei der körperlichen Aufnahme am Beginn und Ende der Prüfungsperiode festgestellten Mengen und die gekauften, verkauften, verbrauchten Mengen errechnen, die sich aus den Kontrollkonten des Hauptbuches oder Fabrikationsbuches ergeben. Er muß die so errechneten Mengen mit den im Beleg über die Lagerdifferenzen erscheinenden Mengen vergleichen. Er muß eine Erklärung für bedeutende Differenzen anfordern, und wenn eine ausreichende Erklärung nicht zu erhalten ist, dieses in seinem Prüfungsbericht erwähnen.

Anmerkung: Bei Abteilungen, die mit dem Absatz zu tun haben, muß das vorher angegebene Verfahren auf jede der hauptsächlichen Produktgruppen angewendet werden, die auf den Verkaufs- und Einkaufskonten des Hauptbuches erscheinen. Bei großen Lagerbeständen in Raffinerien braucht jedoch diese Methode nicht bei jeder einzelnen Produktgruppe, sondern kann auf den Gesamtbetrieb der Raffinerie als Ganzes angewendet werden (um den Schwund für die Prüfungsperiode zu bestimmen). Ebenso sollte der Schwund, soweit praktisch möglich, analysiert werden, um festzustellen, welche Anteile auf Transport, Verarbeitung und Lager entfallen, getrennt nach Rohöl und Endprodukten. Die gesamten Überbestände und Fehlmengen bei der Raffinerie müssen in einem Anhang „Zusammenfassung der Inventur der Raffinerie (Überbestände und Fehlmengen)" für den Prüfungsbericht zusammengestellt werden. Wenn der Schwund abnormal ist, dann soll der interne Revisor in einer Anmerkung im Anhang die Verluste auf dem Transport, bei der Verarbeitung und Lagerung mit entsprechenden Erklärungen einzeln aufzeigen.

Der interne Revisor muß die Methode prüfen, wie die Meßzahlen bei Öl und Petroleumprodukten in Mengen umgerechnet werden, um sich zu vergewissern, daß Temperatur und andere Faktoren richtig berücksichtigt sind. Er muß sich ferner davon überzeugen, ob spezifisches Gewicht, Sorte usw. mit den Unterlagen übereinstimmen.

Er muß eine Anzahl von Meßzetteln oder anderen grundlegenden Unterlagen und Papieren beliebig aussuchen, auf denen die Kontrollkarten und Mengenangaben beruhen, und muß dabei auf Unterschriften und Umrechnungen achten. Er muß sich vergewissern, daß geeignete Meßtabellen verwendet werden. Der interne Revisor soll die mit ihnen berechneten Mengen mit den Kontrollkarten vergleichen.

Persönliche Beobachtung und Stichproben von Beständen: Besonders sollte darauf geachtet werden, soweit es sinnvoll und praktisch ist, Öllager, Tankanlagen und Lagerplätze anzusehen, die in der letzten Zeit nicht von einem internen Revisor oder von externen Prüfern besucht worden sind.

a) Betrifft alle Abteilungen: Der Revisor muß in Gegenwart eines im Lager Beschäftigten eine entsprechende Anzahl von Produktions- und Hilfsmaterialien im Hauptlager zählen und ähnliche Zählungen in einem oder mehreren ausgewählten Lagern an anderen Plätzen vornehmen. Er muß die so gezählten Posten bis zu den Kontrollkarten, auf denen ihre Menge eingetragen ist, verfolgen.

Der interne Revisor muß den Bestand an Stempelmarken usw. zählen und mit dem Gesamtwert im Hauptbuchkonto für das Prüfungsdatum vergleichen.

b) Betrifft nur Verkaufsbüros: Der interne Revisor soll ein oder mehrere große Anlagen aussuchen und in Begleitung eines Vertreters des betreffenden Büros (eines Beauftragten für die laufende Inventur oder eines Lagerschreibers) den Bestand an Öl und Ölprodukten, an Verpackungsmaterial und anderem Zubehör an einem Monatsende aufnehmen und sobald wie möglich diese Bestände mit den Unterlagen zur Mengenkontrolle im Büro der Abteilung vergleichen und sich die festgestellten Differenzen erklären lassen. (Wenn die Posten auf dem Konto „Zubehör" verhältnismäßig zahlreich sind, kann die körperliche Bestandsaufnahme sich auf Stichproben beschränken.)

c) Betrifft sonstige Büros: Der interne Revisor muß den Mann, der die Tanks peilt, mehrere Stunden begleiten, um zu sehen, ob diese Arbeit richtig ausgeführt wird und muß die Bestände, die gepeilt wurden, mit den Angaben der Kontrollunterlagen vergleichen.

Mit Unterstützung eines im Lager Beschäftigten muß er eine entsprechende Menge gepackter Ware im Lager zählen und die so gezählten Mengen mit denen der Kontrollunterlagen vergleichen.

d) Betrifft die Vorräte an allen Plätzen, an denen persönliche Wahrnehmungen und Stichproben gemacht wurden: Beachte, ob die Vorräte gut geordnet und in gutem Zustand sind.

Zusätzliche Prüfungshandlungen bei Verkaufsbüros:

a) Die Inspektionsberichte der Beauftragten für die laufende Inventur müssen untersucht werden, ob die Inspektionen in den vorgeschriebenen Abständen gemacht werden; eine entsprechende Anzahl von Inspektionsberichten ist zu prüfen und darauf zu achten, ob die Berichte in der richtigen Art und Weise aufgestellt, und ob sie sofort von der Abteilung ausgewertet werden. Der interne Revisor muß ferner prüfen, ob ins einzelne gehende Lagerbuchungen für jedes Lager von der Schlußinventur des vergangenen Monats bis zum Zeitpunkt der körperlichen Bestandsaufnahme durch den Lagerinspektor vorgenommen sind.

b) Hinsichtlich anderer verkäuflicher Artikel: Konto .... Der interne Revisor muß eine ausreichende Menge von Lagerberichten bei den Hauptniederlagen und Kundendienststationen nachprüfen, bei denen die Waren auf Verkaufspreisbasis geführt werden, um festzustellen, ob das System der Bestandskontrolle richtig funktioniert, und ob Bestandsdifferenzen sogleich nachgeprüft werden.

Vorräte am Revisionstag:

a) Der interne Revisor muß die Inventurergebnisse am Aufnahmetag so schnell wie möglich nach Fertigstellung der Inventurlisten erhalten und die darin verzeichneten Bestände mit den Kontrollkarten vergleichen. Wenn die Inventurlisten von unterzeichneten Zählzetteln übertragen werden, muß er in den Listen Stichproben an Hand der entsprechenden Zettel machen. Er muß Stichproben von Beständen auf dem Transport nach den Lagerberichten, Versandpapieren, Wareneingangsscheinen usw. machen, um sicher zu gehen, daß derartige Bestände auch richtig erfaßt sind. Wenn die Inventurlisten für einen anderen Stichtag als den Aufnahmetag angelegt werden, muß der interne Revisor auf Grund der Kontrollkarten die Geschäftsvorgänge zwischen den beiden Daten durchsehen und für bedeutende Abweichungen Klärung verlangen.

b) Der interne Revisor muß Stichproben der Preise, mit denen die Bestände bewertet worden, an Hand von Kostenkarten oder Lagerkarteikarten vornehmen. Ferner ist zu beachten, ob diese Preise im Einklang mit den bestehenden Vorschriften angewendet sind. Er muß außerdem die Zusätze und Summen der Inventurlisten stichprobenweise prüfen. Ihre Gesamtsumme ist mit dem Kontrollkonto des Hauptbuches zu vergleichen. (Siehe auch Abschnitt a oben.)

c) Der interne Revisor muß die Unterlagen über Produktions-, Herstellungs- und/oder Einkaufskosten prüfen, je nachdem, worauf die bei der Bestandsbewertung verwendeten Preise beruhen, um festzustellen, ob die Kosten in Übereinstimmung mit dem Buchhaltungshandbuch errechnet sind. Besonders sollten alle Ausgaben oder Gutschriften ungewöhnlicher Art bei diesen Kosten beachtet werden, da nur die normalen Posten die Grundlage für die Bestandsbewertung bilden. Bei Raffinerien muß der interne Revisor die Umrechnung in Endprodukte überprüfen, die bei der Bestandsbewertung am Aufnahmetag angewendet wurde, und er soll sich vergewissern, ob der Ausbeuteprozentsatz bei der Umrechnung von Rohprodukten in Fertigprodukte einem normalen Betriebsablauf entspricht.

d) Von einer ausreichenden Anzahl von Debit- und Krediteintragungen auf den Kostenkonten (oder Lagerkarteikarten bei Produktions- und Hilfsmaterial) sind an Hand entsprechender Belege Stichproben zu machen, um die Richtigkeit solcher Belege und Unterlagen (Wareneingangsscheine, Einkaufsrechnungen) zu prüfen.

e) Er muß sich eine Bestätigung der verantwortlichen Abteilungsleiter über die Bestände am Aufnahmetag geben lassen (Menge, Zustand und Wert, wenn in den revidierten Büchern Werte erscheinen), oder wenn es zu dem Datum nicht zweckmäßig ist, zu einem möglichst nahe davor liegenden Datum.

## Gesamturteil über die körperliche Bestandsaufnahme

Vom Standpunkt der internen Revision muß die körperliche Bestandsaufnahme mehr sein als eine mechanische Leistung, die nötig ist, um zu zählen und die körperliche Zählung mit den Büchern abzustimmen. Der interne Revisor muß die Möglichkeiten, sich ein Urteil über das Geschäftsverfahren und die Arbeitsweise zu bilden und die Gelegenheit zu praktischen Verbesserungsvorschlägen wahrnehmen.

### Beachtung der Vorschriften der Gesellschaft

Die richtige Befolgung der Vorschriften der Gesellschaft bei der körperlichen Inventur ist vom internen Revisor zu prüfen. Die vielen Probleme beim Zählen, Bewerten und anderen Inventurarbeiten, die zu ernsten Widersprüchen zwischen den Perioden und zu bedeutsamen Entstellungen in den Betriebs- und Finanzberichten führen können, verdienen alle seine besondere Aufmerksamkeit. Das trifft besonders für die monatlichen Betriebszahlen zu. Die Auswirkung eines Irrtums oder einer Ungenauigkeit kann bei einem Monatsbericht größer sein als bei einem Jahresbericht, da in beiden Fällen der Betrag, um den man sich geirrt hat, derselbe ist, aber im Verhältnis zum Geschäftsumfang eines Monats bedeutend mehr ausmacht als im Verhältnis zu dem eines Jahres. Weiter ist zu bedenken, daß im Gegensatz zu anderen Geschäftsvorgängen ein Irrtum bei der Inventur sich auf zwei Rechnungsperioden auswirkt. Wenn die Schlußinventur des laufenden Abschnittes ungenau ist, wirkt sich das auf das Ergebnis des laufenden Zeitabschnittes aus, und wenn die Eröffnungsinventur des folgenden Zeitraumes nicht stimmt, so wirkt sich das auf das Ergebnis dieses Zeitraumes aus.

### Vorschläge für neue Methoden

Der interne Revisor ist oft in der Lage, Fälle zu erkennen, in denen die Entwicklung einer Standardmethode das gegenwärtige Verfahren verbessern, möglicherweise den Zeitaufwand verringern und doch zu einem zufriedenstellenden Endergebnis führen kann. Wenn die Begriffserklärungen für wichtige Inventurbegriffe, wie „Kosten", „Marktpreise" usw. nicht klargestellt sind, kann der interne Revisor einen Entwurf dafür der Leitung vorlegen.

### Sicherheitsüberlegungen

Wenn Waren außerhalb des Betriebes lagern, sind bestimmte Fragen der Sicherheit zu berücksichtigen. Die vorhandenen Sicherungsmaßnahmen gegen Diebstahl müssen überprüft werden. Ebenso ist die Angemessenheit der Versicherung zu beachten. Je nach dem wo das Material gelagert ist, kann das Brandrisiko oder eine andere Gefahr größer sein.

Der interne Revisor muß auch bedenken, ob Material leicht von Arbeitnehmern gestohlen werden kann. Wenn die Gegenstände klein sind und leicht verwendet oder abgesetzt werden können, sollte eine genaue Untersuchung am Werkstor stattfinden.

Die Kosten solcher Sicherungsmaßnahmen müssen ebenfalls beachtet werden. In einigen Fällen wird es sich lohnen, eine Wach- und Schließgesellschaft mit der Bewachung zu beauftragen.

### Zeitliche Regelung der Inventur

Wenn Bestandsaufnahmen als Grundlage zur Bestimmung der Verkaufskosten monatlich stattfinden, muß sich der interne Revisor über die zeitliche Regelung der Bestandsaufnahme Gedanken machen. In den meisten Fällen wird die Arbeit im Betrieb zum Wochenende völlig oder zum Teil eingestellt. Deshalb kann es zweckmäßig sein, die Zählung der Bestände am Wochenende vorzunehmen, wobei allerdings die dadurch entstehenden Kosten für Überstunden berücksichtigt werden müssen. Wenn die betriebliche Arbeit nach Kalendermonaten ausgerichtet ist, kann die Bestandszählung am vorhergehenden oder folgenden Wochenende erfolgen.

Ist diese Methode nicht möglich, kann man sich durch Zugrundelegen eines Rechnungsmonats helfen, der immer am Wochenende schließt. Der Rechnungsmonat z. B. hat je nach dem angewandten System 4 oder 5 Wochen. In jedem Quartal gibt es dann immer 13 Wochen. In anderen Fällen kann es angebracht sein, den Stichtag zur Ermittlung der Kosten einige Tage vor das Monatsende zu legen, wenn die Bestände durch eine Lagerkartei kontrolliert werden können oder die Zählung schnell vorgenommen werden kann, was oft bei bestimmten Rohstoffen oder besonderen Vorräten der Fall ist. Wo eine ausreichende Lagerkartei geführt wird, sind viele Unternehmen dazu übergegangen, die körperliche Jahresinventur zwei oder drei Monate vor dem Ende des Rechnungsjahres vorzunehmen. Das hat sich als vorteilhaft erwiesen, weil die verbleibende Zeit vor Jahresende ein sorgfältigeres Nachprüfen von Bestandsdifferenzen gestattet. Diese Differenzen können vor Jahresende gründlich geprüft und berichtigt werden. Dieses System läßt in einem entscheidenden Zeitraum mehr Zeit zur Beschäftigung mit anderen Dingen, die mit dem Jahresabschluß zusammenhängen.

## Analyse von Überbeständen

Eine weitere wichtige Aufgabe des internen Revisors ergibt sich aus der Berechnung der Umschlagshäufigkeit der Vorräte. Überbestände lassen zunächst den Verdacht aufkommen, daß die betreffenden Waren veraltet sind oder in die Inventur mit einem Minderwert eingesetzt werden müssen, oder sie lassen darauf schließen, daß dies für die Zukunft notwendig sein wird. Ferner stellen diese Überbestände unnötige Kapitalbindung dar und verringern damit die Rentabilität des Unternehmens. Die Bestände können bei einzelnen Posten, oder bei bestimmten Niederlassungen zu groß sein. Die Ursachen können unvermeidlich gewesen sein oder an unrichtigen Methoden, untüchtigem Personal oder falschen betrieblichen Maßnahmen gelegen haben. Es ist oft äußerst schwierig, klar festzustellen, daß Überbestände vorhanden sind und dann die Ursachen dafür im einzelnen zu zeigen. Der interne Revisor hat aber hier die Möglichkeit, eigene gründliche Analysen anzustellen und Fragen für die zuständigen höheren Vorgesetzten aufzuwerfen, auf die sie sonst nicht aufmerksam gemacht worden wären.

ZUSAMMENARBEIT MIT DEM WIRTSCHAFTSPRÜFER

Ein vorbereitetes, mit dem Wirtschaftsprüfer abgestimmtes Programm für die körperliche Inventur ist nahezu unerläßlich für jedes größere industrielle Unternehmen. Durch sorgfältige Planung und Zusammenarbeit ist ein viel besseres Ergebnis erreichbar, das sich auch in Zeitersparnis für den Wirtschaftsprüfer und das Unternehmen auswirken kann. Manche Hinweise über die Art, wie bei den verschiedenen Niederlassungen die Vorräte behandelt werden, kann der Wirtschaftsprüfer aus den Berichten und Arbeitspapieren des internen Revisors entnehmen. Beanstandungen in Verbindung mit den Vorräten können vor der Jahresinventur behandelt und geklärt werden.

Wenn eine Gesellschaft eine größere Anzahl von Niederlassungen mit Lagerbeständen an weit voneinander entfernten Plätzen hat und die Höhe des Wertes sehr verschieden ist, muß ebenfalls eine sorgfältige Überlegung über die Kosten für die körperliche Inventur angestellt werden, sowie es bei allen anderen größeren Kosten für die Gesellschaft der Fall ist. Im allgemeinen ist es nützlich, eine Vorstellung von den ungefähren Bestandswerten bei den verschiedenen Niederlassungen zu haben. Das kann man dadurch erreichen, daß man eine Aufstellung der durch die Bücher ausgewiesenen Bestände der einzelnen Niederlassungen am Ende des letzten oder eines anderen Monats vor der körperlichen Jahresinventur macht. Der Prozentsatz, den jede Niederlassung zum Gesamtbetrag beiträgt, kann dann als ungefährer Anhaltspunkt bei der Planung der Prüfungen benutzt werden. Die verschiedenen Faktoren, wie der Stand der dortigen internen Kontrolle, bestehende Risiken und die notwendigen Reisekosten können dann abgewogen und mit den betreffenden Werten verglichen werden.

## 10. Anlagevermögen

Das Anlagevermögen umfaßt die Gegenstände, die dem Unternehmen dauernd zu dienen bestimmt sind, die Eigentum des Unternehmens sind und im normalen Betriebsablauf benutzt werden. Immaterielle Vermögenswerte, wie z. B. Patente, Konzessionen und Pachtbesitz fallen nicht unter diese Gruppe.

Häufig ist das Anlagevermögen der größte Einzelposten der Kapitalanlage in einem Industriebetrieb. Zwar sind die Gelegenheiten zu einer widerrechtlichen Aneignung hierbei nicht so groß, wie bei Geld oder Vorräten, aber es besteht doch die Möglichkeit zur Verschwendung, zu Mißbrauch und Verlust von Betriebseigentum. Die hier möglichen Verluste können größer sein als die, die durch Mißbrauch oder unrechtmäßige Verwendung anderer Arten von Betriebsvermögen verursacht werden.

Wegen der hohen Aufwendungen, die für zusätzliche Anlagen erforderlich sind und wegen der damit verbundenen Finanzierungsprobleme wird der Erwerb von Anlagevermögen bei den meisten Industrieunternehmen normalerweise durch den Finanzplan kontrolliert.

## Zugänge beim Anlagevermögen

### Beziehung zum Finanzplan

Die Verfahren bei der Anschaffung von Gegenständen des Anlagevermögens können zum größten Teil als ein Problem der Gesamtaufwand-Kontrolle betrachtet werden. Damit handelt es sich zum Teil um ein Problem der Planung und zum Teil um das Problem, entsprechende Rangstufen für die Zuständigkeit für Genehmigungen festzusetzen. Hierbei ist zu betonen, daß die Kontrolle des Finanzplanes von äußerster Wichtigkeit ist. Existiert keine entsprechende Kontrolle, so besteht die Gefahr, daß die finanziellen Mittel des Unternehmens in unverhältnismäßiger Weise für den Ankauf von Gegenständen des Anlagevermögens eingesetzt werden, und die allgemeine Finanzsituation des Unternehmens gefährdet wird.

Neben diesen Investitionskontrollen, die die Grenze für die Gesamthöhe der Investitionen festlegen, ist eine klare Bestimmung notwendig, welche Investitionen einzelne Angestellte oder Vorgesetzte genehmigen können. Dies wird normalerweise dadurch erreicht, daß spezielle Maximalbeträge festgelegt werden, über die ein Angestellter eines bestimmten Ranges verfügen darf. Durch die Abstufung dieser Beträge kann die Genehmigungsbefugnis vom Aufsichtsrat bis hinunter zu niederen Organisationsebenen delegiert werden.

Der interne Revisor kann auf die Schaffung dieser Kontrollmöglichkeiten hinwirken. Wenn die Planungs- und Genehmigungsbefugnisse einmal festgelegt sind, prüft und untersucht er ihren Ablauf.

### Ausgabengenehmigung

Nachdem ein bestimmtes Projekt in einen genehmigten Finanzplan aufgenommen ist, wird ein Formular für die Ausgabengenehmigung ausgefüllt und unterschrieben, das die weiteren Einzelheiten des Projekts enthält. Die geschätzten Kosten des Projektes sollten darin angegeben werden, ebenso die Kalkulation zu erwartender Einsparungen durch 1. Verringerung der Kosten, 2. Erweiterung der Kapazität, 3. Qualitätsverbesserung und 4. Ersatz bestehender Betriebseinrichtungen. Diese Berechnung kann auch die geschätzten steuerlichen Belastungen aufzeigen, die sich aus den angenommenen Einsparungen wiederum ergeben. Wertvoll wäre eine Berechnung, in wieviel Monaten sich die vorgeschlagenen Ausgaben durch die geschätzten Einsparungen amortisieren würden.

Die Forderung nach schriftlicher Begründung für den Erwerb von Anlagevermögen ist bei vielen Unternehmen noch relativ jungen Datums. Auf diesem Gebiet kann der interne Revisor einen wertvollen Beitrag zu dem Kontrollprogramm leisten, da er den Betriebsablauf genau kennt und — nachdem die neuen Anlagen installiert und in Betrieb genommen sind — die tatsächlichen Einsparungen mit dem Voranschlag vergleichen kann.

Um eine effektive Kontrolle zu gewährleisten, sollte in dem Verfahren festgelegt sein, daß keine Verpflichtung eingegangen und keine Arbeit an irgend einem Projekt begonnen werden darf, bevor nicht die vorgeschriebene Genehmigung eingeholt wurde. Als weitere Kontrollmöglichkeit sollen die Eintragungen spezieller Posten in der Anlagebuchführung so lange verboten sein, bis den entsprechenden Vorschriften Genüge getan ist. Wenn Ausgaben vorgenommen werden müssen, bevor die vorgeschriebenen Genehmigungen eingeholt werden konnten (z. B. in einem Notfall), sollten alle derartigen Vorgänge auf einem vorläufigen Konto gebucht werden, bis die Genehmigung erteilt ist.

## Zugang einzelner Vermögenswerte

Das Problem, den Zugang einzelner Vermögenswerte so wirksam und wirtschaftlich wie möglich zu kontrollieren, hängt zum großen Teil davon ab, ob die Anlage gekauft oder selbst gebaut wird. Wird sie gekauft, so ist das Problem ähnlich wie beim Einkauf von Gegenständen des Vorratsvermögens, und die Beschaffung würde dann normalerweise von der Einkaufsabteilung vorgenommen und könnte — mit Ausnahme einiger notwendiger Änderungen — nach dem normalen Einkaufsverfahren behandelt werden. Wird die Anlage jedoch von dem Unternehmen selbst gebaut, so ist ein Arbeitsablauf notwendig, in dem ein vorläufiger Kostenanschlag zur Genehmigung aufgestellt wird, mit dem dann die tatsächlichen Kosten während und nach der Fertigstellung des Projektes genau verglichen werden können. Die Differenzen zwischen den tatsächlichen und den geschätzten Kosten sollten sorgfältig analysiert und untersucht werden. Diese Verfahren stellen zusammen mit der Prüfung und Untersuchung der von der Investition erwarteten Einsparungen eine wesentliche Grundlage für eine effektive Kontrolle und die Förderung der Wirtschaftlichkeit des Unternehmens dar.

Ein besonderes Problem taucht auf, wenn Betriebsanlagen von anderen Firmen auf der Basis der Herstellungskosten zuzüglich einer Vergütung errichtet werden, die je nach Art des Vertrages fest oder variabel sein kann. Während viele Unternehmen diese Methode zufriedenstellend finden, sind andere davon weniger überzeugt. Sie ist dann angebracht, wenn die Art der Anlage einmalig ist und keine Möglichkeit besteht, die entstehenden Kosten mit hinlänglicher Genauigkeit im voraus zu schätzen. Es muß dann unbedingt festgestellt werden, ob die Lieferfirma ein brauchbares Verfahren einsetzt, um die Aufwendungen zu kontrollieren, deren Erstattung sie verlangt. Es ist ebenso notwendig, daß das Unternehmen selbst eine entsprechende allgemeine Überwachung und periodische Prüfung durchführt, um ständig die Gewähr dafür zu haben, daß nur rechtlich begründete Zahlungen an die Vertragsfirma erfolgen.

Häufig findet der interne Revisor falsche Belastungen für:

Materialtransporte an andere Arbeitsstellen,
zu hoch angegebene Versicherungsprämien,
überhöhte Mieten und Reparaturkosten für Maschinen und dergleichen.

Um eine ausreichende Kontrolle zu gewährleisten, sollen alle derartigen Verträge (auf der Basis von Kosten plus Vergütung) die Bestimmung enthalten, daß der interne Revisor bis zur endgültigen Feststellung und Abrechnung vollständigen und laufenden Zugang zu den Bauarbeiten und zu den Unterlagen der Lieferfirma über das Bauvorhaben hat.

## Grundsätze für Kapital und Kapitalaufwand

Es ist notwendig, daß jeder Betrieb Grundsätze aufstellt, welche Aufwendungen aktiviert und welche als Betriebsausgaben gebucht werden sollen. Dies trifft besonders für größere Erneuerungen, Ersatzbeschaffungen oder andere Aufwendungen zu, die sich an der Grenze zwischen beiden bewegen. Diese Grundsätze sollen so klar wie möglich formuliert und in Handbüchern oder Rundschreiben festgelegt sein. Die Anwendung dieser Vorschriften wird dann im Einzelfall ein wirkliches Problem. Es muß eine Entscheidung über die buchtechnische Behandlung bestehender Anlagen getroffen werden, die nun abgebrochen oder in den neuen Anlagen teilweise wieder verwendet werden. Wegen des relativ weiten Ermessensspielraums, in dem derartige Entscheidungen getroffen werden können, müssen endgültige Entscheidungen von den verantwortlichen Stellen des Unternehmens genehmigt werden.

Kleinere Aufwendungen sollte man nicht aktivieren, selbst wenn über ihre theoretische Zugehörigkeit zum Anlagevermögen kein Zweifel besteht, denn die Kosten für die Berücksichtigung solcher Posten in der Anlagebuchhaltung sind wahrscheinlich größer als die Vorteile einer solchen Einordnung, und es erscheint daher ratsamer, die Posten direkt als Betriebsausgaben zu buchen. Es können Mindestbeträge festgelegt werden, die von der voraussichtlichen Lebensdauer und der relativen

Bedeutung für das Unternehmen abhängen, um zu entscheiden, welche Posten aktiviert werden sollen. Der interne Revisor muß entscheiden, ob diese Minimalbeträge angemessen und vernünftig festgelegt sind[1].

## Prüfung von Anlagezugängen

Die Prüfung von Anlagezugängen, und zwar sowohl der ursprünglichen Käufe als auch späterer Erweiterungen und Verbesserungen kann in verschiedenem Umfang erfolgen. Im allgemeinen kann der interne Revisor die Zugänge lückenlos durchsehen; die genaue Prüfung beschränkt sich jedoch meist nur auf alle die zusätzlichen Anschaffungen, die einen bestimmten Betrag übersteigen, und ebenso auf alle Geschäftsvorfälle innerhalb eines bestimmten Zeitraumes — sagen wir, eines beliebig ausgewählten Monats. Die Aufgabe des internen Revisors ist es nun, festzustellen, was angeschafft wurde, ob die Zugänge entsprechend genehmigt waren und wie sie bewertet wurden. Hierzu gehört eine Prüfung der Rechnungsbelege und der anderen Buchungsunterlagen, die der Anschaffung in jedem zu prüfenden Einzelfall zu Grunde liegen.

Alle diese Aufgaben bringen spezielle Probleme mit sich. Bei der Entscheidung darüber, was angeschafft wurde, taucht schon die Frage auf, ob die derart verbuchten Vorgänge wirklich Kapitalaufwand darstellen, und ob sie als Anlagevermögen oder als irgendeine andere Art von Betriebsvermögen zu bilanzieren sind. In gewisser Hinsicht werden diese Fragen wohl durch Standardvorschriften des Unternehmens entschieden, in anderen Fällen jedoch erwartet man, daß der interne Revisor seine eigene Entscheidung trifft.

Dann ist zu prüfen, ob die entsprechenden Genehmigungen der Vorgesetzten eingeholt wurden, und ob die Belege alle vollständig in Ordnung sind. Der Umfang eines Anlagezuganges ist oft der entscheidende Faktor bei der Frage, welche Genehmigungen und sonstigen Unterlagen nach den Vorschriften des Unternehmens erforderlich sind, und die Übereinstimmung mit diesen Vorschriften muß ermittelt werden.

Das Problem der Bewertung ist eine der schwierigsten Fragen der Betriebswirtschaftslehre überhaupt. Die Kosten werden allgemein als die beste Grundlage für die Bewertung betrachtet, aber die Definition der Kosten bringt schon wieder andere spezielle Fragen mit sich. Das Problem wird besonders schwierig bei Firmenzusammenschlüssen und Sanierungen und ebenso dann, wenn das Betriebsvermögen für Obligationen belastet wird. Auch in den einfachsten Fällen entstehen Schwierigkeiten hinsichtlich der Behandlung von Skontoabzügen, Transport-

[1] Anm. d. Übers.: In Deutschland besteht steuerlich nach § 6 Abs. 2 EStG eine Bewertungsfreiheit für geringwertige Anlagegüter bis zu DM 600,—. Sie können im Jahr der Anschaffung oder Herstellung in voller Höhe als Betriebsausgaben abgesetzt werden.

kosten, Installierungskosten und anderen mit dieser Anlage zusammenhängenden Ausgaben. Wenn die Anlagen von dem Betrieb selbst errichtet werden, so bringt die Frage, mit welchem Anteil an den Gemeinkosten die Anlagen belastet werden sollen, weitere Schwierigkeiten mit sich. Das Problem löst sich für den internen Revisor zunächst dadurch, daß er die Übereinstimmung mit den Grundsätzen der Betriebspolitik des Unternehmens ermitteln muß. Liegen solche Grundsätze nicht vor, so muß er selbst die angesetzten Werte und die Einheitlichkeit des befolgten Verfahrens beurteilen. In allen Fällen, in denen Vorschriften und Richtlinien bestehen, kann und soll er sie den gleichen Überlegungen und Prüfungen unterwerfen.

*Die Arbeitspapiere.* Bei der Prüfung der Anlagenzugänge muß der interne Revisor Arbeitspapiere erarbeiten, um eine Unterlage über die vorgenommenen Prüfungen zu haben. Oft können diese Unterlagen aus den Hauptbucheintragungen entwickelt werden, um eine Gesamtkontrolle über die vorzunehmenden Einzelprüfungen zu haben. Daten, Beträge und Quellenangaben müssen eingesetzt werden. Es muß Platz freigelassen werden für die Beschreibung des Postens, für den Lieferanten, den Fabrikationsauftrag und für besondere Anmerkungen. Die Unterlagen können dann vervollständigt werden, wenn das entsprechende Belegmaterial geprüft wird. Solche Listen müssen für alle Arten des Anlagevermögens, die einzeln kontrolliert werden, aufgestellt werden. Die Arbeitspapiere dienen als wichtiges Mittel zur Planung und Durchführung der Revision und sind nach ihrer Fertigstellung eine gute Informationsquelle über das Anlagevermögen.

## Abgänge

Bei den Anlagenabgängen soll durch entsprechende Verfahren sichergestellt werden, daß keine Anlage verkauft, verschleudert, weggeworfen oder sonst in irgendeiner Art ohne Befugnis darüber verfügt, und daß alle Abgänge in der richtigen Weise gemeldet und gebucht werden. Die erste Forderung verlangt die Festlegung von Vorschriften, nach denen solche Vorgänge zunächst vorbereitend untersucht und unter verschiedenen Gesichtspunkten die entsprechenden Genehmigungen von den Vorgesetzten erteilt werden. Wenn die erforderlichen Genehmigungen dann erteilt sind, müssen die Vorgänge im einzelnen kontrolliert werden, ob die Verkaufspreise gezahlt wurden, ob die Schrottwerte realisiert wurden usw. Abgänge werden oft nur von einzelnen Betriebsangehörigen gefordert, um neue Anlagen zu erhalten. Diese mögen notwendig sein, vielleicht aber auch nicht. Daher ist es wichtig, daß die Entscheidungen darüber nur von verantwortlichen Stellen nach reiflicher Überlegung aller Faktoren getroffen werden.

Die Forderung, alle Abgänge entsprechend zu melden und zu buchen, verlangt die Notwendigkeit klar definierter Verfahren. Vor allem sind strenge Vorschriften notwendig, daß alle Abgänge auf dem normalen Wege und auf speziell für diesen Zweck geschaffenen Formularen der Gesellschaft abgewickelt werden. Sind diese Formulare genehmigt, und ist die Ausführung des Vorganges darauf bescheinigt, soll als Beleg ein Durchschlag an die Buchhaltung geschickt werden, damit die erforderliche Abbuchung von den Konten des Anlagevermögens erfolgt. In enger Beziehung hiermit steht die körperliche Nachprüfung, die von der internen Revisionsabteilung oder anderem Betriebspersonal durchgeführt wird, weil die Nachprüfung jede versäumte Meldung eines Abganges aufdeckt. Nachdem die Buchhaltung die oben erwähnte Mitteilung erhalten hat, steht sie vor der Aufgabe, die Kosten der Anlage und die Höhe der bisherigen Abschreibung zu ermitteln. Dies macht wiederum eine entsprechende Buchführung über das Anlagevermögen erforderlich und ist mit diesem Problem direkt verknüpft. Ist die Buchhaltung so organisiert, daß diese Werte nicht festgestellt werden können, müssen bestmögliche Schätzungen vorgenommen werden. Im Endergebnis sieht es dann so aus, daß die Vermögenswerte, die in der Bilanz erscheinen, geschätzte Zahlen darstellen, die mit dem tatsächlichen Wert nicht genau übereinstimmen.

### Prüfung der Anlageabgänge

Eine Verminderung der Werte des Anlagevermögens kann von den Abschreibungen oder aus Abgängen durch Verkauf, Demontage usw. herrühren. Beim ersten Vorgang wird die Wertminderung im Anlagevermögen durch eine periodische Gutschrift auf dem dadurch allmählich steigenden Bilanzkonto Abschreibungen mit der Gegenbelastung in der Betriebsbuchführung bewirkt. Scheidet eine Anlage aus, muß der reine Vermögenswert des Postens, der aus dem Wert auf dem Anlagenkonto abzüglich der angesammelten Abschreibung besteht, in beiden Konten ausgebucht werden. Die Prüfung des Abschreibungsvorganges wird weiter unten besprochen, aber seine Beziehung zum Problem der Abgänge muß an dieser Stelle erwähnt werden.

Die normalen Abgänge werden vom internen Revisor daraufhin geprüft, ob die entsprechenden Genehmigungen vorlagen, und ob sie mit den richtigen Beträgen von den Anlage- und den verwandten Konten abgebucht worden sind. Dazu ist festzustellen, welche Abschreibung während der Lebensdauer der einzelnen ausscheidenden Anlagegegenstände angesetzt worden ist, und ob die Abbuchung dieser Beträge von den betreffenden Konten genau vorgenommen wurde. Ergeben sich aus den Differenzen zwischen den Anlagewerten und den entstandenen Abschreibungen zusätzliche Gewinne oder Verluste, so können diese gleichzeitig geprüft werden. Die Abgänge werden dabei entweder einzeln geprüft, oder es werden umfangreiche Stichproben vorgenommen. Die Abgänge werden normalerweise in den Arbeitspapieren aufgeführt. Wenn diese Blätter angelegt werden, können zusätzliche Spalten für bisherige Abschreibungen und auf Grund der Abgänge entstandene Gewinne oder Verluste freigelassen werden. Die auf diese Weise erlangten Informationen können bei der Prüfung der Aufwand- und Ertragskonten wieder benutzt werden.

Der interne Revisor kann zwar die gebuchten Abgänge nachprüfen, aber er steht vor dem größeren Problem, ob alle materiellen Abgänge tatsächlich gebucht worden sind. Ein Mangel in dieser Hinsicht mag aus der bewußten Übergehung des Buchungsverfahrens resultieren, um die mit den Abgängen verbundenen Verluste aufzuschieben; häufiger dürften jedoch fehlerhafte Verfahren bei der Erarbeitung von Unterlagen daran schuld sein. Die Folge ist in beiden Fällen ein falscher Ausweis der Anlagen und der angesammelten Abschreibungen und — falls damit Verluste verbunden sind — auch des Reingewinnes. Ein wichtiger Schlüssel zu solchen Versäumnissen liegt in der Prüfung von Neuanschaffungen. Werden neue Einrichtungen oder Anlagen angeschafft, dienen sie häufig dem Zweck, abgenutzte und ausgeschiedene Anlagen zu ersetzen. Ist ein solcher Abgang nicht in den Büchern verzeichnet, so dient die Neuanschaffung als Ausgangspunkt für eine Untersuchung der besonderen Umstände.

## Abschreibungen

### Abschreibungspolitik

Die Verminderung der Anlagenwerte, die während jeder Rechnungsperiode durch die Abschreibung eintritt, bringt weitere Arbeits- und Verfahrensfragen mit sich. Vom Standpunkt der buchhalterischen Kontrolle sind diese Probleme ziemlich die gleichen wie diejenigen, die bei der Anlagenbuchhaltung besprochen wurden; das Kontrollschema entspricht in diesem Falle oft dem der Anlagenbuchhaltung. Aber die Wahl der Abschreibungsmethoden und die Schätzung und Verteilung des Abschreibungsaufwands werfen eine Reihe besonderer Fragen auf.

Die Wahl der Abschreibungsmethode für jede besondere Art oder Gattung des Anlagevermögens richtet sich größtenteils nach den mit den verschiedenen Methoden verbundenen Vorteilen im Vergleich zu ihren Kosten. Beispielsweise ergibt die Methode, bei der die Kosten der Anlage auf der Basis der produzierten Einheiten oder Betriebsstunden abgeschrieben werden, eine gleichmäßigere Verteilung der Abschreibungskosten auf die Zeiträume oder Arbeitsvorgänge mit einer tatsächlichen Nutzung der Anlagen. Aber die Anwendung der Methode und die Feststellung der erforderlichen Produktionsdaten ist vielleicht mit Kosten verbunden, die den zu erwartenden Vorteil bei weitem übersteigen. Was etwa im Falle der Kraftfahrzeuge sinnvoll sein mag, mag vielleicht bei einer anderen Art des Anlagevermögens nicht angebracht sein. Das pflichtgemäße Ermessen muß letzten Endes der entscheidende Faktor sein.

Die Schätzung der voraussichtlichen Lebensdauer und die anzuwendenden Abschreibungssätze bilden eine weitere Gruppe schwieriger Probleme. Für die Aufstellung zuverlässiger Abschreibungssätze ist man normalerweise auf die Hilfe des Technikers angewiesen. Außerdem ist es erforderlich, daß eine entsprechende Untersuchung und Analyse diesen Entscheidungen vorausgehen. Die Schätzungen hinsichtlich der Lebensdauer hängen auch davon ab, wie Unterhaltung und Reparaturen gehandhabt werden. Der Prüfstein für diese Verfahren über eine Anzahl von Jahren hinweg ist das Ausmaß, in dem sie die Kosten der Anlage amortisieren, bevor sie total abgenutzt oder anderweitig ausgeschieden ist. Der interne Revisor hat ausreichend Gelegenheit festzustellen, mit welchem Ergebnis dies geschieht, da er ja die Anlagekonten und die damit zusammenhängenden Passivposten prüft.

Die eigentlichen Verfahren der Buchung von Abschreibungen werden, nachdem einmal die Grundprobleme der Methoden und Abschreibungssätze entschieden sind, in Verbindung mit den Prüfungsfragen besprochen. Oft gibt es bei diesen Verfahren Gesichtspunkte, die vom Merkmal der Genauigkeit unabhängig sind und Gelegenheiten zu konstruktiver Änderung bieten. Die Ausrechnungen der Abschreibungen (die nicht mehr sind als Schätzungen der richtigen Amortisation) können so im einzelnen ausgeführt werden, daß sie nicht mehr wirtschaftlich sind. Sehr oft, etwa im Falle von zusätzlichen Anschaffungen oder Ersetzungen genügt die Errechnung von Abschreibungen für das nächste Jahr; jedenfalls ist sie nicht genauer als für die nächsten Monate erforderlich (also nicht etwa tageweise). In vielen Fällen kann die Berechnung der Abschreibung für die Monatsbilanzen auf der Grundlage eines bestimmten abgekürzten Berechnungsverfahrens erfolgen, worauf dann jedoch eine genauere Anpassung am Ende des Jahres folgt. Der interne Revisor soll diese Verfahren genau prüfen und in jeder möglichen Weise mithelfen, die gewünschten Ergebnisse mit ausreichender Genauigkeit und mit den niedrigstmöglichen Kosten zu erzielen.

### Körperliche Nachprüfung

Bisher haben wir wesentliche Prüfungen der Buchhaltung und der ihr zu Grunde liegenden Belege besprochen. Daneben ist aber auch die körperliche Inspektion des Anlagevermögens notwendig. Durch die Kenntnis der betrieblichen Vorgänge, der verschiedenen Arten der Anlagen und die Vertrautheit mit den verschiedenen Niederlassungen ist der interne Revisor für diese Arbeit geeignet. Die Frage, welche Anlagen körperlich überprüft werden sollen, in welchem Ausmaß und wie oft, ist nicht eindeutig zu beantworten. Erstens hängt die Antwort davon ab, inwieweit die Prüfung bereits durch anderes Betriebspersonal erfolgte, zweitens müssen die beim Anlagevermögen vorhandenen Risiken sowie die Kosten der Prüfung berücksichtigt werden. Bewegliche Güter kann man sich eher widerrechtlich aneignen, und sie können eher verloren gehen. Anlagen, die innerhalb scharf kontrollierter Produktionszentren verwendet werden, unterliegen dagegen weniger der Gefahr des Diebstahls, als solche, die sich an nicht so scharf kontrollierten Standorten befinden. Schon der Produktionsprozeß kann häufig eine ausreichende Kontrolle dafür sein, daß wichtige Anlagen vorhanden und in Ordnung sind; ausgeliehene Anlagen unterliegen besonderer Gefährdung. Alle diese Faktoren bedingen den Umfang einer körperlichen Nachprüfung.

### Im Bau befindliche Anlagen

Wenn Anlagen für betriebseigene Zwecke errichtet werden, erscheint es ratsam, die einzelnen Kosten, so wie sie anfallen, auf diesem Konto zu sammeln, bevor sie nach Fertigstellung der Anlage auf die normalen Anlagekonten umgebucht werden. Die Prüfung soll hier die Richtigkeit der den Kosten des Projektes belasteten Einzelposten bestätigen, insbesondere die Belastung irgendwelcher Art von Gemeinkosten des Unternehmens. Die seit dem Beginn der verschiedenen Projekte verstrichene Zeit und auch der Zeitraum, der vergangen ist, seit zum letztenmal an ihnen gearbeitet wurde, ergeben einen guten Anhaltspunkt für solche Projekte, die sich als unbrauchbar erwiesen haben und daher nur zeitweise verfolgt oder ganz aufgegeben wurden. Posten dieser Art sollten genau untersucht und etwa erforderliche Abschreibungen in Betracht gezogen werden.

*Überschüssige und nicht benutzte Anlagen.* Die Bewertung nicht in Betrieb befindlicher Anlagen bereitet besondere Schwierigkeiten. Besteht die Wahrscheinlichkeit, daß solche Anlagen auf unbestimmte Zeit unbenutzt bleiben werden, kann man im allgemeinen von vornherein eine Wertminderung annehmen. Oft verlieren solche Anlagen außerdem schneller an Wert, wenn sie außer Betrieb sind. Es ist notwendig, diese Anlagen in der Bilanz getrennt von den in Betrieb befindlichen Anlagen aufzuführen. Ein sehr ähnliches Problem besteht bei Spezialersatzteilen von großem Wert (zum Beispiel Armaturen für große Motoren), die für den Notfall bereit gehalten werden. Diese Teile werden oft ebenso abgeschrieben wie die Anlage, für die sie bestimmt sind.

## Maßstäbe für die interne Kontrolle

Kurz zusammengefaßt lassen sich die wichtigsten Sonderaufgaben der internen Kontrolle des Anlagevermögens etwa folgendermaßen darstellen:

1. Alle Zugänge von Anlagevermögen sollen von den zuständigen Stellen genehmigt sein.

2. Käufe von Anlagevermögen sollen mit den normalen Einkaufsverfahren des Betriebes und durch die oder mit Beratung der Einkaufsabteilung vorgenommen werden.

3. Vom Betrieb selbst zu errichtende Anlagen sollen zunächst sorgfältig vorkalkuliert werden, die Kalkulationen in allen Teilen mit den tatsächlichen Kosten verglichen werden, um Fehlleistungen oder Abweichungen jeder Art festzustellen.

4. Werden Anlagen auf der Basis der Erstattung der Selbstkosten erworben, müssen die Arbeiten der ausführenden Firmen genau festgelegt und ihre Durchführung ständig überwacht und geprüft werden.

5. Vorschriften und entsprechende Genehmigungspflichten für die Trennung zwischen Kapitalaufwand und Betriebsausgaben sollen festgelegt werden.

6. Eine detaillierte Anlagebuchhaltung muß in größtmöglichem Umfange geführt werden, der sich unter Berücksichtigung der dabei entstehenden Kosten noch rechtfertigen läßt, um Unterlagen über die Verantwortung und für andere wichtige Zwecke zu liefern.

7. Systematische Verfahren für Meldung und Buchung aller Abgänge müssen entwickelt werden.

8. Anlageabgänge müssen von den verantwortlichen Stellen genehmigt werden.

9. Abschreibungsmethoden sollen entwickelt werden, die auf einer entsprechenden Untersuchung beruhen und wirksam und wirtschaftlich angewendet werden.

## Beispiele für Revisionsverfahren

Der folgende Auszug aus dem internen Revisionshandbuch eines Unternehmens zeigt eine Möglichkeit zur Behandlung der Fragen des Anlagevermögens:

*Anlagevermögen*

*Ziele*

Es ist festzustellen, ob über die Anlagen des Unternehmens genau Buch geführt wird;
ob die Abschreibungen für diese Anlagen genau kalkuliert und in Einklang mit den Vorschriften des Unternehmens gebucht sind;
ob die gebuchten Anlagen tatsächlich vorhanden sind und sich an den in der Buchführung bezeichneten Standorten befinden.

*Interne Kontrollen und Revisionsprogramm*

Anlagenbuchführung

Detaillierte Hilfsbücher oder Anlagekarteikarten müssen geführt und monatlich mit den Kontrollkonten des Hauptbuches abgestimmt werden.

1. Die Additionsstreifen aus den Hilfsbüchern für Anlagen und im Bau befindliche Projekte sind anzufordern.
2. Die Gesamtsummen sind stichprobenweise nachzurechnen und mit den Salden im Hauptbuch abzustimmen.
3. Es ist nachzuprüfen, ob das Verfahren bei den Buchungen in den Anlagebüchern die vollständige Aufführung der einzelnen Positionen, ihre genaue Beschreibung und die richtige Verteilung der Kosten auf die Einzelposten gewährleistet.
4. Die Buchungsunterlagen für Anlagevermögen sind zu überprüfen, ob alle Anlagen entsprechend beschrieben und alle Kosten auf die entsprechenden Posten verteilt sind. Falls irgendwelche Pauschalsummen mit allgemeinen Beschreibungen erscheinen, wie z. B. „verschiedene Verbesserungen", so ist die Durchführung einer Inventuraufnahme an den betreffenden Stellen in Erwägung zu ziehen.
5. Mit den Anlagebuchungen ist eine repräsentative Anzahl von Mietverträgen über Baumaschinen und dergleichen im Zusammenhang mit noch nicht abgewickelten Bauaufträgen an Unternehmer zu vergleichen.
6. Die neueste Aufstellung über das Anlagevermögen und die Abschreibungen ist anzufordern und zu überprüfen, ob alle Buchungen mit dem Hauptbuch übereinstimmen.

Planung der Anlagenzugänge

Aufwendungen für Beschaffung von Gegenständen des Anlagevermögens müssen der Höhe nach begrenzt, und Käufe dürfen nur innerhalb des von der Hauptverwaltung genehmigten Planes vorgenommen werden.

1. Ein Exemplar des für die jeweilige Abteilung genehmigten Planes ist anzufordern.
2. Das Verzeichnis der Verbindlichkeiten als Anlage der Aufstellung über Aufwendungen für Anlagenzugänge (Formblatt ....) und diese Aufstellung selbst (Formblatt ....) sind zu prüfen. Die Ausgaben müssen mit dem genehmigten Plan verglichen werden.
3. Es ist zu prüfen, ob sich die Verbindlichkeiten innerhalb der für die einzelnen Anlageposten genehmigten Mittel bewegen.
4. Es ist festzustellen, ob zur Übertragung von Geldern von einem Planposten auf einen anderen eine schriftliche Genehmigung eingeholt wurde.
5. Es ist festzustellen, ob die Geschäftsleitung den Einsatz zusätzlichen Kapitals zur Eingehung von Verbindlichkeiten über die im ursprünglichen Plan vorgesehenen Mittel hinaus genehmigt hat.
6. Es ist zu prüfen, ob der Mehrbetrag bei den einzelnen bereitgestellten Posten, der über die genehmigten Verbindlichkeiten hinausgeht, am Jahresende gestrichen wurde.
7. Die bereitgestellten Investitionsmittel sind mit der Genehmigung der Hauptverwaltung und die am 31. Dezember vorliegenden Verbindlichkeiten mit der Genehmigung zur Übertragung auf den folgenden Finanzplan abzustimmen.
8. Es ist festzustellen, ob alle am Jahresende bestehenden Verbindlichkeiten eingetragen, und ob die Beträge an die tatsächlichen Aufwendungen für die fertiggestellten Posten angeglichen wurden.

Ausgabenbefugnis

Die Ausgabenbefugnis ist auf die von der Geschäftsleitung erteilten Genehmigungen beschränkt.

1. Der Ordner mit den Ausgabegenehmigungen ist anzufordern. Es ist festzustellen,
   a) ob die Genehmigungen im Einklang mit den im Handbuch für die Anlagenbuchführung festgelegten Höchstgrenzen eingeholt wurden;
   b) ob bedeutende Minderausgaben erklärt sind;
   c) ob zusätzliche Genehmigungen für Mehrausgaben eingeholt wurden;
   d) ob Genehmigungen, die während einer beträchtlichen Zeitspanne nicht ausgenutzt wurden, hinreichend erklärt oder gelöscht sind;
   e) ob die Konten über genehmigte Beträge nach Beendigung einer genehmigten Arbeit zu Lasten der Anlagekonten abgeschlossen wurden (Ungewöhnliche Verzögerungen sollten dem Abteilungsleiter zur Kenntnis gebracht werden);
   f) ob für alle Käufe von Grundstücken oder Kundendienststationen oder für deren Bau die Genehmigung der Hauptverwaltung vorliegt.
2. Die Belastungen in dem Buch für genehmigte Beträge sind stichprobenweise zu prüfen. Es ist festzustellen, ob die Ausgabenposten monatlich abgerechnet werden.
3. Alle Buchungen zu Lasten einer repräsentativen Anzahl erledigter Genehmigungen sind bis zu den Anlagekonten zu verfolgen.

Anlagenkäufe

Alle Anlagenkäufe müssen einzeln von der Hauptverwaltung genehmigt sein.

1. Eine Aufstellung der während des geprüften Zeitraumes erworbenen Anlagen ist anzufertigen.
2. Es ist festzustellen, ob die Käufe entsprechend genehmigt waren, und ob die Finanzierung der Ausgaben für die Anschaffung dieser Anlagen in Ordnung ist.
3. Es ist zu prüfen, ob die Kontierung der Anlagen nach den Vorschriften der Hauptverwaltung erfolgt.
4. Die Begründungen für den Kauf von Anlagen sind zu prüfen.

Kostenerstattungs-Verträge

Kostenerstattungsverträge müssen vor der endgültigen Abrechnung mit der Vertragsfirma erst von der jeweiligen Abteilung überprüft werden. Verträge, bei denen die geschätzten Kosten um DM 20 000,— oder 10 % überschritten werden, sollten vor der endgültigen Abrechnung der internen Revisionsabteilung bei der Hauptverwaltung vorgelegt werden.

1. Es ist festzustellen, ob die verschiedenen Kostenerstattungsverträge vollständig kontrolliert worden sind, und ob alle Posten im einzelnen geprüft wurden.
2. Es ist festzustellen, ob die jeweilige Abteilung solche Verträge vor der endgültigen Abrechnung mit der Vertragsfirma überprüft hat. Kopien des Prüfungsberichtes der Abteilung sollten zur Überprüfung durch den Revisor der Hauptverwaltung zur Verfügung stehen.

Materialumlagerungsschein

Ein entsprechend genehmigter Materialumlagerungsschein muß für jede Überweisung von Anlagen, sei es von einem Standort zu einem anderen oder zu oder aus dem Lager ausgestellt werden.

1. Die Materialumlagerungsscheine sind zu kontrollieren und die Genehmigungen nachzuprüfen.
2. Es ist festzustellen, ob die Überweisungen hinreichend detailliert sind, um eine genaue Verbuchung der Anlagen zu ermöglichen.
3. Es ist zu prüfen, ob die Überweisungen für jeden Ausrüstungsgegenstand, der seinen Standort verläßt, sofort ausgestellt werden.

### Abschreibung

Die Abschreibung muß nach den von der Hauptverwaltung vorgeschriebenen Verfahren errechnet werden.

1. Es ist festzustellen, ob die jeweilige Abteilung diese Vorschrift befolgt.
2. Es ist besonders darauf zu achten, ob die Abschreibungssätze mit den Vorschriften übereinstimmen.
3. Es ist festzustellen, ob die Berechnungen von dem Anschaffungsjahr ausgehen. Die Verzeichnisse sind in Stichproben zu prüfen, ob das Anschaffungsjahr richtig angenommen wurde.
4. Es ist zu prüfen, ob die Abschreibung beendet wird, wenn die Rückstellung für Abschreibungen einer bestimmten Anlagengruppe der Gesamtinvestition für diese Gruppe entspricht.
5. Die Berichtigungen der Rückstellungen für Abschreibung sind zu prüfen, und ihre Richtigkeit ist zu kontrollieren.
6. Große Abweichungen von Monat zu Monat sind besonders zu untersuchen.
7. Der Saldo der Rückstellung im Hauptbuch ist mit den Einzelaufzeichnungen über die Abschreibungen zum Revisionsdatum zu vergleichen.
8. Das Datum der Arbeitsausführung ist bei verschiedenen Bauprojekten festzustellen und mit der Abschreibungsbelastung zu vergleichen.

### Abgänge

Abgänge von Betriebseinrichtungen und anderem Anlagevermögen müssen danach unterschieden werden, ob die Anlagen unbrauchbar geworden sind und ob der Abgang „vollständig" oder „teilweise" ist. Sie müssen nach den Vorschriften des Hauptbuches für Anlagenbuchführung errechnet und gebucht werden.

1. Das Verzeichnis der Abgänge ist zu prüfen und die Genauigkeit der Gewinn- und Verlustkalkulationen bei den Abgängen festzustellen.
2. Es ist zu ermitteln, ob die Abgänge richtig als „unbrauchbar", „vollständig" oder „teilweise" behandelt sind.
3. Es ist zu prüfen, ob die ursprünglichen Belastungen für die Installation zum Abgang gerechnet werden, wenn die Anlagen nicht ersetzt werden.
4. Die letzte monatliche Aufstellung der Abgänge ist mit den Aufstellungen über das Anlagevermögen und die Rückstellung für Abschreibungen zu vergleichen.

### Konten für verlorene und unproduktive Anlagen

Anlagen, die auf Konten für verlorene oder unproduktive Anlagen gebucht sind, müssen besonders beachtet werden, damit endgültig über sie disponiert wird.

1. Die Zusammenstellung der Abteilung über Konten für neue und verlorene Verträge und ausgewählte Verlustkonten aus einem Zeitraum von zwei Monaten (vorzugsweise solche, die seit 60 Tagen als Verlust gemeldet wurden), sind auszuwählen und bis zur Anlagenbuchführung zu verfolfolgen, um die Disposition über die Anlagen festzustellen.

2. Aus den Anlagebüchern ist eine Reihe von Niederlassungen mit verschiedenartigen Betrieben im Gebiet von einem oder mehreren Depots auszuwählen und in eine Liste einzutragen. Die Leistungsfähigkeit dieser Niederlassungen ist durch den Vergleich der monatlichen Umsatzberichte zu prüfen. Die Gründe für die schlechte Leistung einzelner Stellen sind zu ermitteln.
3. Es ist zu klären, ob Anlagen von Niederlassungen, die an Konkurrenten verlorengegangen sind, deren Konto belastet wurden, und was zur Eintreibung solcher Forderungen unternommen wurde.

Überflüssiges und stilliegendes Anlagevermögen

Nicht benutztes Anlagevermögen muß entsprechend eingeteilt werden, wobei gemäß der bestehenden Vorschriften zwischen „überschüssig" und „stilliegend" zu unterscheiden ist.

1. Die in den Konten für „überschüssige und stilliegende Anlagen" aufgeführten Vermögenswerte sind zu prüfen. Es ist festzustellen, ob ihre Einordnung den Vorschriften der Hauptverwaltung entspricht.
2. Die Ausgabenkonten für stilliegende Anlagen und überschüssige Anlagevermögen sind zu prüfen.
3. Es ist zu prüfen, ob die Abteilung versucht, Erträge aus diesen Anlagen zu erzielen oder über sie zu verfügen.
4. Die Disposition über überschüssige Anlagen ist zu kontrollieren. Es ist festzustellen, ob die Belastungen auf Abgängen (Konto Nr. ....) und Rückstellungen für Abschreibung (Konto Nr. ....) den Vorschriften der Geschäftsleitung entsprechen.

Körperliche Nachprüfung der Anlagen

Die Buchungen über jede Art des Anlagevermögens müssen durch tatsächliche körperliche Bestandsaufnahme der Anlagen nach der von der Hauptverwaltung aufgestellten Häufigkeitsvorschrift überprüft werden.

1. Das letzte Datum der körperlichen Bestandsaufnahme durch die Abteilung ist für jede Gruppe des Anlagevermögens festzustellen.
2. Die letzten Inventurkontrollen sind anzufordern, und es ist festzustellen, ob die entsprechenden Berichtigungen vorgenommen wurden.
3. Erklärungen für ungewöhnliche Abweichungen sind anzufordern.
4. Verschiedene Tankstellen, Depots, Händler- und Kundenkonten sind auszuwählen, und eine körperliche Nachprüfung der Anlagegegenstände ist durchzuführen. (Dies kann im Zusammenhang mit anderen Dienstreisen erfolgen.) Wenn möglich, sollten auch einige geschlossene Anlagen einbezogen werden, wobei die zum Schutze der Gebäude und Anlagen getroffenen Maßnahmen geprüft werden sollen.
   a) Es ist ein spezieller Bericht über alle Vertragshändler anzufertigen, deren Geschäftsräume und Abschmierdienst nicht den Vorschriften entsprechen.
   b) Tankstellen, die die Forderung nach entsprechenden Toilettenräumen und nach Sauberkeit offensichtlich vernachlässigen, sind zu melden.

Aktivierung

Kein Posten, der seinem Wesen nach zum Anlagevermögen gehört, wie es durch das „Handbuch der Anlagenbuchführung" definiert wird, darf als Betriebsausgabe gebucht werden.

1. Die laufenden Unterhaltungskosten sind zu prüfen, und es ist darauf zu achten, daß zu aktivierende Posten nicht fälschlicherweise als Ausgaben gebucht werden. (Dies kann, falls erwünscht, bei der Prüfung der Betriebsausgaben erfolgen.)
2. Besonders größere Ausgabenposten für Verbesserungen sind zu berücksichtigen.

Anlagevermögens- und Nebenstellenregistratur

Die Akten für alle Depots, Händler und Verbrauchsstellen müssen sauber geführt und stets auf dem laufenden gehalten werden.

Während der Prüfung des Anlagevermögens ist der Zustand der Nebenstellenregistratur zu überprüfen und festzustellen, ob die Unterlagen laufend und sauber abgelegt sind.

## Allgemeine Beurteilung des Anlagevermögens

Im allgemeinen prüft der Revisor bei der Kontrolle von Kapitalaufwendungen, wie dies oben dargelegt wurde, Buchungsbelege, die diese Aufwendungen nachweisen. Er stellt fest, ob die einzelnen Projekte entsprechend genehmigt wurden und überprüft die Buchungsvorgänge und die Anlagekartei. Dies sind wesentliche Punkte seiner Revision und bilden einen notwendigen Teil seiner Prüfungstätigkeit. Viele interne Revisoren geben sich jedoch damit zufrieden und halten das Ziel der Revision für erreicht, wenn diese Prüfungshandlungen ausgeführt sind. Es gibt nur wenige Revisoren, die ihr Augenmerk darauf richten, auch die tatsächlich erreichten Ergebnisse zu beurteilen, wie z. B. die Frage nach den durch einen Anlagezugang wirklich erreichten geringeren Kosten und der größeren Kapazität im Vergleich zu Behauptungen, die aufgestellt wurden, bevor die Anschaffung ursprünglich genehmigt wurde.

Viele Unternehmen verwenden viel Zeit und Mühe auf die Kontrolle der Kassenausgänge, woran nichts auszusetzen ist. In zahlreichen Fällen jedoch werden Aufwendungen für Anlagevermögen genehmigt, die einen durchschnittlichen Kassenausgang um das tausendfache übersteigen können; die Begründung für solchen Aufwand wird jedoch nicht in der gleichen Weise wie bei den meisten Kassenausgängen geprüft. Der interne Revisor kann sich hier besonders verdient machen, indem er die Aufstellung einer Arbeitsanweisung anregt und bei ihrer Ausarbeitung hilft. Diese soll vorschreiben, daß jedem Antrag auf Genehmigung von Anlagezugängen umfassendes und vollständiges Belegmaterial beigefügt wird, das die Investition begründet.

### Prüfung der angegebenen Einsparungen

Angesichts der ständig steigenden Kosten des Anlagevermögens und der großen Kapitalaufwendungen, die erforderlich sind, um ein Unternehmen konkurrenzfähig zu erhalten, wird es immer wichtiger, daß diese Aufwendungen auf die Gebiete gerichtet werden, die einen Ertrag gewährleisten.

Eine der wirksamsten Methoden, die in steigendem Maße von den Unternehmen angewandt wird, macht es zur Bedingung, daß alle Aufwendungen außer direkten Ersatzbeschaffungen mit Einsparungen für das Unternehmen begründet werden müssen. In vielen Fällen sehen schon die Formulare für Ausgabengenehmigungen die Schätzung der erwarteten Einsparungen vor. Außerdem wird auch allgemein eine Tilgungsberechnung aufgestellt. Häufig wird die Anzahl der Monate angegeben, in denen die Aufwendungen durch die erwarteten Einsparungen getilgt werden sollen. Beträgt die „Tilgungszeit" für eine Anlage, die nur eine Lebensdauer von 10 Jahren hat, 240 Monate oder 20 Jahre, so ist offensichtlich eine weitere Begründung erforderlich.

Der interne Revisor hat eine ausgezeichnete Gelegenheit, sich auf einem Gebiet verdient zu machen, auf das sich interne Revisoren im allgemeinen bisher nicht gewagt haben. Er kann die Methode und auch die mit der Errechnung des geschätzten Betrages verbundenen Einzelheiten prüfen. Wenn die Anlage in Betrieb genommen ist, kann er die tatsächlichen Ergebnisse mit den vorher erwarteten Einsparungen vergleichen. Diese Arbeit soll an dem Punkte einsetzen, an dem die Forderung nach einer Kapitalaufwendung entstand, also beispielsweise in der technischen Abteilung eines Werkes, das sich in einiger Entfernung von der Hauptverwaltung befindet. Der interne Revisor muß sich selbst überzeugen, daß die angegebenen Einsparungen praktisch und nicht nur theoretisch möglich sind. Die endgültigen Einsparungen, die dann festgestellt werden können, wenn die Anlage genügend lange in Betrieb ist, müssen ebenfalls durch den internen Revisor sorgfältig geprüft werden.

## 11. Aktive Rechnungsabgrenzung

Wir wollen nicht den Versuch machen, alle Arten der aktiven Rechnungsabgrenzung zu erörtern. Wir glauben, daß die Betrachtung der Pflichten des internen Revisors bei einigen besonderen Posten dieser Art zweckmäßiger sein wird. Der interne Revisor muß besonders die hiermit verbundenen Arbeitsvorgänge prüfen und beurteilen. Er hat die Übereinstimmung mit den Grundsätzen und Vorschriften des Unternehmens zu prüfen, festzustellen, ob bei den Arbeitsvorgängen genügend interne Kontrollen eingefügt sind, und ob an alles gedacht ist, was die Interessen des Unternehmens fördert.

## Transitorische Aktiva

Transitorische Aktiva sind zwar im allgemeinen im Vergleich zu solchen Aktivposten wie Forderungen oder Warenvorräte nicht groß, aber sie sind wegen ihrer direkten Beziehung zu Gewinn und Verlust besonders wichtig. Eine Über- oder Unterbewertung eines vorausbezahlten Betrages wird wahrscheinlich im selben Maße das Ergebnis für die Periode beeinflussen. In früheren Jahren, als die Bilanzen noch vierteljährlich oder sogar für einen längeren Zeitabschnitt angefertigt wurden, war ein Irrtum bei einem vorausbezahlten Aufwand im Verhältnis nicht so groß, wie er sich jetzt bei der im allgemeinen kürzeren Rechnungsperiode auswirkt.

Die richtige Bewertung der vorausbezahlten Aufwendungen ist ein ständiges Problem für den internen Revisor. Wenn monatliche Betriebsübersichten gemacht werden, kann ein Irrtum bei einem vorausbezahlten Betrag eine erhebliche Auswirkung auf die Aufwendungen haben und die Stückkosten des Produktes für den laufenden Monat ernstlich verfälschen. Außerdem würde der Irrtum die Stückkosten im folgenden Monat in der entgegengesetzten Richtung verzerren. Deshalb muß der interne Revisor die Methoden zur Verteilung dieser Aufwendungen über die Rechnungsperioden sorgfältig prüfen.

## Die Arbeitsvorgänge bei den transitorischen Aktiva

Die transitorischen Aktiva durchlaufen wie andere Aktivposten die drei Stadien der Anschaffung, der laufenden Kontrolle und der Verfügung. Im ersten Stadium hängt das Verfahren allgemein von dem Wesen des betreffenden Postens ab. Handelt es sich um materielle Werte — wie im Falle der Betriebsstoffe —, können sie durch den normalen Einkauf beschafft werden. Wenn es sich um immaterielle Werte oder besondere Aufwendungen, wie z. B. Versicherung, Zinsen, Werbung oder dergleichen handelt, werden entsprechende Verträge unter der Aufsicht dafür bestimmter Vorgesetzter abgeschlossen.

Zur laufenden Kontrolle der vorausbezahlten Aufwendungen ist bei materiellen Vermögensgegenständen — soweit dies zweckmäßig erscheint — eine ähnliche Bestandsüberwachung notwendig, wie bei den normalen Vermögensgegenständen. Bei materiellen und immateriellen Gegenständen ist es erforderlich, daß richtige buchhalterische Kontrollen eingerichtet werden, so daß sich mit ausreichender Genauigkeit feststellen läßt, welche Werte zu einer bestimmten Zeit vorhanden sind und wie sie auf Abteilungen, Aufgaben oder zeitliche Perioden zu verteilen sind. Um dies zu erreichen, müssen die Hilfsbücher oder Karteien für die einzelnen Posten ordentlich geführt und — wie schon früher dargestellt —

mit dem dazugehörigen Kontrollkonto in der Hauptbuchhaltung abgestimmt werden.

Die Verfügung über die vorausgezahlten Aufwendungen geschieht entweder automatisch durch Zeitablauf, wie bei vorausgezahlten Versicherungsprämien, oder erfordert die besondere Bearbeitung durch einen Angestellten, z. B. bei Verfügung über den vorausbezahlten Anzeigenraum bei Insertionsverträgen. Der interne Revisor muß wissen, ob der Verbrauch der Ware oder die Inanspruchnahme der Dienstleistung genehmigt war und die Verwendung in den Konten so genau wie möglich dargestellt ist.

### Andere Gesichtspunkte bei vorausgezahlten Aufwendungen

Den internen Revisor interessiert bei den vorausgezahlten Aufwendungen weiterhin das Wesen der beschafften Gegenstände und die Art, wie sie den einzelnen Geschäften der Gesellschaft belastet werden. Hierher gehört z. B., daß er sich mit der Eignung und Wirtschaftlichkeit der beschafften Güter oder Dienstleistungen befaßt. Es könnten beispielsweise zu geringe oder zu große Mengen eingekauft sein; ihre Art oder Qualität kann einer wirtschaftlichen Anwendung entgegenstehen, oder sie können aus anderen Gründen in unwirtschaftlicher Weise beschafft oder behandelt sein. Ihre Verwendung wirft wieder weitere Fragen auf: werden sie verschwendet oder für unrechtmäßige Zwecke benutzt, und was geschieht, damit die Gesellschaft den größten Nutzen aus den Geschäftsvorfällen ziehen kann?

### Betriebsstoffe

Eine wichtige Gruppe der vorausgezahlten Aufwendungen sind die Betriebsstoffe, wie Schmiermittel, sanitäre Hilfsstoffe, Treibstoff, Büromaterial oder ähnliche von der Gesellschaft verwendete Betriebsmittel. Oft findet man die Neigung, diese Dinge wenig systematisch als Vermögensgegenstände zu behandeln, und es kann daher leicht vorkommen, daß Buchungen oder Bestandsschätzungen unrichtig sind. Eine wirkliche Aufnahme führt oft zu der Entdeckung, daß Betriebsstoffe ohne einen entsprechenden Beleg ausgegeben oder verbraucht worden sind.

Es kommt häufig vor, daß gewisse Betriebsstoffe — wie Farbe, elektrische Birnen, Büromaterial usw. — an Kunden oder Händler verkauft werden. In solchen Fällen besteht die Gefahr, daß die Gegenstände herausgegeben werden, ohne daß eine Bezahlung erfolgt, oder daß der kassierte Betrag unrechtmäßig verwendet wird. Die Gefahr ist groß, weil solche Geschäftsvorfälle mit denen vermischt sind, bei denen das Unternehmen selbst diese Gegenstände benutzt, und weil es daher oft unterbleibt, diese Arbeitsvorgänge systematisch zu erfassen. Außerdem besteht die Möglichkeit, daß solche Teile von Mitarbeitern zum eigenen Gebrauch oder zum Weiterverkauf mitgenommen werden. Ferner können Verluste durch schlechte Lagerung, Verschwendung und ähnliche Fehler vorkommen.

Es ergibt sich die Frage, wie die Buchführung eingerichtet werden muß, um eine wirksame Kontrolle zu garantieren. Wenn Umfang und Wert des einzelnen Postens eine vollständige Kontrolle rechtfertigen, sollte sie in Form einer laufenden Inventur durchgeführt werden. Die Verantwortung ist dann klar festgelegt und die Grundlage für den Nachweis über den Verbrauch der einzelnen Gegenstände durch bestimmte Abteilungen oder Zweigbetriebe geschaffen. In anderen Fällen ist die vollständige Kontrolle nicht angebracht, und man muß sich auf die körperliche Aufnahme verlassen. In jedem Fall sollen jedoch alle Vorräte übersichtlich und unter der Kontrolle besonders dazu bestimmter Personen aufbewahrt werden. Sie sollen dann unmittelbar an die Personen ausgegeben werden, die sie verbrauchen und nur dann, wenn sie tatsächlich benötigt werden. In vielen Fällen können Aufzeichnungen über die angegebene Menge geführt werden, damit man übermäßig große Anforderungen erkennen kann. Auch andere Sicherungen können sich als notwendig erweisen, z. B. in vernünftigen Grenzen Untersuchung von Werksangehörigen beim Verlassen des Betriebes.

## Prüfung der vorausbezahlten Aufwendungen

Der interne Revisor hat bei seiner Prüfung festzustellen, ob die aufgeführten Werte zu aktivieren sind. Im allgemeinen sind sie deshalb zu aktivieren, weil Aufwendungen der laufenden oder einer früheren Rechnungsperiode den zukünftigen Arbeiten des Unternehmens zugute kommen. Diese Werte sind weitgehend nur dann berechtigt, wenn das Unternehmen sein Geschäft in der gewohnten Weise fortführt. Trifft dies zu, erscheint eine Aktivierung angemessen. Eine größere Schwierigkeit entsteht bei der Bestimmung, wann und in welchem Maße der Nutzen aus den Aufwendungen wirklich in der Zukunft eintreten wird. Bei Drucksachen für das Büro z. B. kommt es darauf an, wann die Formulare gebraucht werden. Bei Werbeanzeigen dagegen ist der Fall nicht so klar. Es muß daher genau überlegt werden, ob diese Posten als Aktivwerte anzuerkennen sind. Hierbei ist der Grundsatz der Bilanzkontinuität zu wahren. Es kann außerdem der Wunsch der örtlichen Leitung sein, sich in Grenzfällen für die Aktivierung zu entscheiden, um das Betriebsergebnis für die betreffende Periode zu verbessern, und der interne Revisor muß in solchen Fällen das Für und Wider objektiv abwägen. Wenn der spätere Verbrauch erwiesen ist, besteht die Prüfung hauptsächlich in der Durchsicht der Geschäftsvorfälle im Zusammenhang mit der ursprünglichen Ausgabe und in der Feststellung der Genauigkeit, mit der der Aufwand anteilmäßig belastet worden ist. Diese Prüfung hat den doppelten Zweck: die Zuverlässigkeit des Aktivpostens und ebenso die dem Aufwand belasteten Beträge festzustellen. Dazu gehört die Prüfung des Bewertungsschlüssels und seiner genauen und vollständigen Anwendung. In vielen Fällen kann man bei der Prüfung von körperlichen Bestandsaufnahmen ausgehen, und dann sollte man davon auch Gebrauch machen. In anderen Fällen kann man Beweisdokumente — Verträge, Versicherungspolicen usw. — zur Prüfung heranziehen. Wenn Hilfsbücher oder Karteien geführt werden, müssen diese ständig mit den dazugehörigen Kontrollkonten abgestimmt werden.

### Vorausbezahlte Versicherungsprämien

Im Rahmen der vorausbezahlten Aufwendungen sind die Versicherungsprämien meist nicht die wichtigsten Posten. Bei ihnen liegt die Bedeutung mehr in den Vorgängen, die mit diesem Konto zusammenhängen. Der Abschluß von Versicherungsverträgen gehört bei typischen Industrieunternehmen zu den Arbeiten, die mit größter Sorgfalt erledigt werden müssen. Dies ist darum so wichtig, weil ein Schutz gegen Verluste geschaffen werden muß, die sonst das Unternehmen ernsthaft schädigen können. Außerdem sind die Versicherungsprämien einer der größeren Posten unter den fixen Kosten der Unternehmung.

### Arbeitsweise und Verfahren bei Versicherungen

Der interne Revisor hat sich davon zu überzeugen, ob für Versicherungsangelegenheiten brauchbare Arbeitsverfahren bestehen. Für die erforderliche Deckung muß zu den richtigen Terminen und mit den richtigen Beträgen gesorgt werden. Die Buchführung über die Versicherung muß alle notwendigen Informationen liefern. Verlängerungen, Kündigungen, Ansprüche usw. müssen rechtzeitig bearbeitet werden. System und Arbeitsgang für jeden Teil des Verfahrens ist so klar festzulegen, daß die Gefahr von Irrtümern auf ein Minimum beschränkt bleibt. Vor Versicherungsabschluß ist es z. B. erforderlich, daß die Geschäftsleitung zuerst ihre eigenen Entscheidungen über die notwendigen Deckungsarten und die Grenzen der Versicherungssummen formuliert. Sie könnte z. B. entscheiden, daß es in bestimmten Fällen für die Gesellschaft wirtschaftlicher ist, ihre Risiken selbst zu tragen; in anderen Fällen dagegen könnten höhere, als die üblichen Versicherungssummen notwendig sein. Ist dies geregelt, so ist der nächste Schritt, einer Abteilung oder Person die Verantwortung zu übertragen — mit entsprechender Genehmigung eines Vorgesetzten —, die gewünschten Versicherungsverträge abzuschließen. Weiterhin ist festzulegen, auf welche Weise die Informationen über die Abschlüsse systematisch den Stellen, die die Verträge tätigen, zugeleitet werden sollen. Die Vorräte können bei Niederlassungen anwachsen, Gebäude können verbessert oder neu errichtet worden sein, weitere Anlagen können hinzukommen oder irgend welche sonstigen Veränderungen können zu höheren Versicherungswerten geführt haben. Für jeden Fall muß festgelegt werden, wer verantwortlich ist, diese Informationen der Versicherungsgruppe zuzuleiten, damit für ausreichende Deckung gesorgt wird.

Ist die Deckungszusage erteilt, dann müssen die Kosten der Versicherungsprämie nach betriebswirtschaftlichen Grundsätzen verteilt werden. Handelt es sich um geringe Prämien, ist es zweckmäßig, diese im laufenden Monat dem Aufwand zu belasten, ohne sie über die Perioden anteilig aufzuteilen. Jedoch werden die Kosten gewöhnlich nach dem Zeitraum aufgeteilt, für den die Prämie gilt, um eine Verzerrung der Betriebsergebnisse der laufenden Periode zu vermeiden.

Der Geschäftsablauf wird aber auch Kündigungen oder Herabsetzungen der Versicherungssumme erfordern, z. B. wenn die Warenvorräte geringer oder Vermögensgegenstände verkauft werden. Die Arbeitsvorgänge zur Übermittlung von Informationen über diese Verminderungen an die Versicherungsabteilung sind von der gleichen Bedeutung wie bei Neuabschlüssen. Wenn die Versicherungssumme in diesen Fällen nicht vermindert wird, erleidet die Gesellschaft einen unnötigen Verlust durch zu hohe Prämien.

Ein weiteres Problem besteht, wenn Verluste eintreten, die nach den Versicherungsbedingungen gedeckt sind. Es müssen dann sofort die richtigen Schadensersatzansprüche gestellt werden. Die Arbeitsanweisungen müssen für solche Fälle die sofortige Meldung der Verluste oder Schäden durch die unmittelbar verantwortlichen Personen und die sofortige Anmeldung der Forderungen bei der Versicherungsgesellschaft vorsehen. Diese Schadensmeldungen sind sorgfältig vorzubereiten unter Berücksichtigung der Deckung und der Versicherungswerte. Es müssen alle Posten aufgeführt werden, die mit Recht der Versicherungsgesellschaft belastet werden können. Sie sind dann systematisch weiterzuverfolgen, bis eine endgültige Regelung durch die Versicherungsgesellschaft erreicht worden ist. Es ist wichtig, daß die Verantwortung in jedem Stadium festgelegt ist, damit nichts übersehen wird und Irrtümer ausgeschlossen werden. Schließlich gibt es Fälle, in denen die Deckung durch den Schaden erschöpft ist, so daß ein Neuabschluß erforderlich wird, was nicht übersehen werden darf.

## Die aktive Rechnungsabgrenzung

Außer den vorausbezahlten Aufwendungen, die wir erwähnt haben, gibt es verschiedene Arten von Vorauszahlungen, die sich über eine längere Periode als ein Jahr erstrecken, und die man als aufgeschobene Belastungen bezeichnet. Dazu gehören langfristige Mietvorauszahlungen, Gründungskosten und andere Zahlungen, die auf irgend eine Art amortisiert und dem Betrieb im Laufe von mehreren Jahren belastet werden müssen. Die Prüfungsüberlegungen sind im allgemeinen dieselben wie die, welche wir bei den transitorischen Aktiva erörtert haben; jedoch stellen diese Posten häufig viel größere Bilanzwerte dar, und in vielen Fällen sind bei ihnen eher Entscheidungen über die Basis oder Methode der Amortisation möglich. In jedem Fall gibt es Sonderfragen, die aus dem Wesen des betreffenden Problems entstehen. Hier wollen wir unsere Aufmerksamkeit nur einigen der häufigeren Arten zuwenden.

### Ungewisse Posten

In vielen Fällen gibt es Posten, die man als ungewisse oder aufgeschobene Belastungen bezeichnen kann. Sie stellen eine vorläufige Buchung eines Aufwands dar — manchmal werden Gutschriften auch auf demselben Konto gebucht — bis zur Entscheidung über die endgültige Buchung. Diese Situation ist z. B. gegeben, wenn eine Lieferantenrechnung eingeht, deren Verbindlichkeit anerkannt werden muß, aber noch nicht entschieden ist, ob die berechneten Posten den Aufwand des Unternehmens belastet oder einem Kunden weiter berechnet werden sollen. Ein anderer Fall ist der, daß zur Erleichterung der Abstimmung von Konzernforderungen die Regel eingeführt ist, daß an eine Konzerngesellschaft nach einem bestimmten Monatsdatum, sagen wir z. B. dem 27. eines Monats, keine Rechnungen mehr herausgehen sollen. Wenn nach diesem Datum Belastungen oder Gutschriften entstehen, müssen sie bis zum Monatsende transitorisch in dem Konto für ungewisse Posten gebucht werden.

Es gibt also einen rechtmäßigen Gebrauch dieses Kontos; wenn es für diese Zwecke benutzt wird, kann der Revisor dies nicht beanstanden. Andererseits kann ein solches Konto leicht eine Sammelstelle für alle Angelegenheiten werden, deren Aufklärung immer wieder hinausgeschoben wird. Auch ist es denkbar, daß Posten darauf erscheinen, die vielleicht als Verlust hätten behandelt werden müssen, bei denen dies aber verzögert wird, um das Betriebsergebnis der laufenden Periode zu verbessern. Deshalb muß der interne Revisor in jedem Falle feststellen, ob die einzelnen Beträge ihre Richtigkeit haben oder der Aufschub ihrer Bearbeitung eine Nachlässigkeit anzeigt. Seine Analyse erfüllt den notwendigen Zweck der Bilanzprüfung und gibt gleichzeitig einen wertvollen Maßstab für die internen Leistungen.

### Regeln der internen Kontrolle — Aktive Rechnungsabgrenzung

1. Für materielle Gegenstände soll entweder laufend ein Bestandsverzeichnis buchmäßig geführt werden, oder es soll periodisch eine körperliche Aufnahme erfolgen.
2. Für jedes einzelne Konto sollen Hilfsaufzeichnungen mit allen Einzelheiten geführt werden, um seine Eingruppierung als vorausgezahlte oder aufgeschobene Posten zu begründen.
3. Wenn ein laufendes Bestandsverzeichnis besteht, soll es periodisch durch eine vollständige körperliche Aufnahme geprüft werden.
4. Sind Beträge transitorisch gebucht worden, z. B. Posten, die am Ende des Monats gebucht sind, weil vor dem Abschluß noch keine genauen Informationen über sie vorlagen, dann sollen sie weiter verfolgt und sobald wie möglich von dem Konto wieder ausgebucht werden.
5. Die Salden der Hilfsbücher oder Tabellen sollen in festgelegten Zeitabständen mit dem Kontrollkonto des Hauptbuches abgestimmt werden.
6. Die Hilfsaufzeichnungen sind periodisch vom Leiter der Buchhaltung durchzusehen, um die richtige Eingruppierung und den Saldo zu prüfen.

### Beispiel aus einem Handbuch

Der folgende Auszug aus dem Abschnitt über die aktive Rechnungsabgrenzung aus dem Handbuch einer Gesellschaft behandelt speziell die Frage der vorausgezahlten Versicherungsbeiträge wie folgt:

Vorausbezahlte Versicherungsbeiträge:

1. Das Kostenverteilungsregister ist wie folgt zu prüfen:
   a) Die einzelnen Salden sind zu dem Datum der Zwischenprüfung mit den Summen im Hauptbuch abzustimmen.
   b) Rechnungen für eine repräsentative Anzahl neuer Policen sind zu prüfen.
   c) Buchungen auf den Gewinn- und Verlustkonten auf Grund der Kostenverteilung sind auf die Richtigkeit des Betrages und des belasteten Kontos stichprobenweise zu prüfen.
2. Die wichtigsten Versicherungspolicen sind zu prüfen. In den Arbeitspapieren ist zu vermerken:
   a) ob Bezeichnungen und Einzelheiten stimmen;
   b) ob die besonderen Vereinbarungen, die zu den Versicherungspolicen gehören, in den Verzeichnissen eingetragen sind;
   c) an wen evtl. Schadenszahlungen geleistet werden müssen;
   d) ob die Policen Deckung für das Eigentum von mehr als einer Gesell-

schaft bieten. Ist dies der Fall, dann ist das Verfahren zur Aufteilung der Prämien festzustellen und die Gesamtprämie mit den Einzelbeträgen abzustimmen.

3. Die Veränderungen seit der letzten Prüfung sind durchzusehen.
4. Die größeren Beträge, die in früheren Jahren gezahlte Prämien darstellen, sind mit dem Kostenverteilungsbuch des Vorjahres zu vergleichen. Policen, die erloschen, gekündigt oder abgelaufen und nicht erneuert sind, müssen notiert werden.
5. Der Grund für das Erlöschen oder die Kündigung bzw. die Nichterneuerung von Versicherungen ist zu besprechen.
6. Bestätigungen über Policen, die sich im Besitz von Treuhändern oder anderen Personen befinden, sind unmittelbar einzuholen.
7. Die Buch- und Versicherungswerte einiger der versicherten Gegenstände sind zu vergleichen (z. B. Maschinen, Betriebsgebäude und Einrichtungen, Vorräte usw.). Mit den Sachbearbeitern sind alle größeren Abweichungen oder größeren Vermögensgegenstände oder Vorräte, die nicht versichert zu sein scheinen, zu erörtern.
8. Die während des Jahres eingetretenen Schäden sind zu untersuchen und:
   a) die Korrespondenz und andere Unterlagen über Schäden und Schadensmeldung ist einzusehen;
   b) die vorgenommenen Schadensregulierungen sind an Hand der Geldkonten zu prüfen, und die abgeschriebenen Verluste an Hand der jeweils in Frage kommenden Kostenkonten.
   c) die Ansprüche, die am Jahresende oder einem dazwischen liegenden Datum bestehen, sind zu untersuchen und zu erklären. Der Schadensbetrag, der noch nicht reguliert ist, ist zu ermitteln.
9. Es ist zu untersuchen und zu erläutern, wie das Unternehmen seine Versicherungen auf die verschiedenen Versicherungsunternehmen und -agenturen verteilt, und nach welcher Methode zu versichernde Vermögensgegenstände und die Deckungsbeträge ermittelt werden.
10. Die während des Jahres eingetretenen oder für die Zukunft beabsichtigten Änderungen dieser Methode sind ebenfalls festzustellen.
11. Es ist zu untersuchen, ob die Verbindlichkeiten für unbezahlte Prämien aus laufenden Versicherungsverträgen am Ende des Jahres oder zu einem dazwischen liegenden Stichtag abgegrenzt sind.
12. Der nicht verbrauchte Teil der Prämien am Jahresende oder einem dazwischen liegenden Stichtag ist mit dem unverbrauchten Teil am vorherigen Jahresende, bzw. dem entsprechenden Stichtag, zu vergleichen. Größere Abweichungen sind zu klären.
13. Wenn nötig, sind zusätzliche Angaben oder Erklärungen von der Versicherungsabteilung einzuholen.

Verschiedene sonstige Arten von Vorauszahlungen sind in dem internen Revisionshandbuch eines anderen Unternehmens wie folgt behandelt:

Vorausgezahlte Kraftfahrzeugsteuer (Konto Nr. ....)

1. Ist die Kraftfahrzeugsteuer richtig berechnet und auf den gesamten Zeitraum verteilt worden?
2. Erfolgte die Abschreibung des Steueranteils für das laufende Jahr in dem Monat, der vom Hauptbüro in der Buchungsanweisung zu diesem Konto bestimmt ist?

3. Enthält der Jahresendsaldo nur solche Beträge, die die folgenden Jahre betreffen?

Vorausgezahlte Miete (Konto Nr. ....)

Werden Mieten für mehr als einen Monat im voraus bezahlt und liegt ihr Betrag höher als DM .... jährlich, so müssen sie diesem Konto belastet werden.

1. An Hand des Hilfsbuches ist festzustellen, ob diese Bestimmung eingehalten wird.
2. Werden die Belastungen auf dem Aufwandskonto in gleichen Monatsraten für die Mietdauer vorgenommen?
3. Stimmt der Saldo des Hilfsbuches mit dem des Hauptbuches überein?

Wenn die Mieten nachträglich gezahlt werden, und zwar für einen längeren Zeitraum als einen Monat (bei höheren Jahresmieten als DM ....), müssen anteilige Beträge für die abgelaufenen Monate auf diesem Konto verbucht werden.

Nach den Mietjournalen ist zu prüfen, ob auf diesem Konto die Mieten für die abgelaufenen Monate gebucht sind.

Dieses Konto muß auch für die mit dem Abschluß von Mietverträgen verbundenen Kosten belastet werden, die im allgemeinen nach den Bestimmungen des Mietvertrages endgültig von dem Vermieter zu tragen sind.

1. Mit dem Leiter der Buchhaltung und dem Leiter der Grundstücksabteilung ist das Verfahren zu besprechen und zu ermitteln, ob derartige Kosten diesem Konto belastet werden. Dazu können auch Aufwendungen für Reparaturen oder Unterhaltskosten gehören, und die Zahlung an den Vermieter oder Vermittler kann in Geld, in einer Leistung des Unternehmens oder in einer direkten Zahlung des Unternehmens an die Gesellschaft bestehen, die die Reparaturen ausführt.
2. Werden die Belastungen auf dem Mietaufwandkonto in gleichen monatlichen Beträgen über die Mietzeit verteilt? (Die geringste Monatsrate soll DM .... sein.)

Die gesamten Beträge, die in dem Hilfsbuch am Monatsende übrig bleiben, müssen mit dem Kontrollkonto des Hauptbuches übereinstimmen.

Das Nebenbuch ist zu prüfen und mit dem Saldo des Hauptbuches abzustimmen.

Das Aufwandskonto „Ansprüche und Berichtigungen" muß belastet werden, wenn auf einem Konto ein Saldo verbleibt, z. B. weil das Mietverhältnis eher als im Vertrag vorgesehen, endet.

1. Es ist zu ermitteln, ob für alle verbleibenden Salden das Mietverhältnis noch besteht.
2. Ist das genannte Aufwandskonto mit den übriggebliebenen Salden belastet worden, wenn ein Mietverhältnis vorzeitig aufgehoben wurde?

Mietvorauszahlungen mit Sicherungsleistungen (Konto Nr. ....)

Auf diesem Konto sollen nur solche Mietvorauszahlungen gebucht werden, die durch Wechsel, Hypotheken, Sicherungsübereignung oder sonstige Sicherheiten gedeckt sind.

1. Die Salden sind zu prüfen und die Dokumente über die Sicherheiten einzusehen.
2. Der Prüfer hat sich zu überzeugen, ob die Sicherheiten ausreichen. Der Kassierer muß alle diesbezüglichen Dokumente aufbewahren. Hiervon soll sich der Revisor überzeugen.

Mietbelastungen müssen für die Mietzeit in gleichen monatlichen Beträgen vorgenommen werden. Das Hilfskonto mit den monatlichen Belastungen ist zu prüfen.

Die Salden am Monatsende im Hilfsbuch müssen mit dem Hauptbuch übereinstimmen.

Das Hilfsbuch ist zu addieren und mit dem Kontrollkonto des Hauptbuches abzustimmen.

Wenn für Mietvorauszahlungen Wechsel angenommen worden sind, dann müssen laufend auf der Rückseite der Wechsel Gutschriften eingetragen werden, wovon sich der Prüfer überzeugen soll.

## Beurteilung der aktiven Rechnungsabgrenzungsposten

### Beurteilung der Versicherungen

Es versteht sich von selbst, daß der interne Revisor im allgemeinen nicht die Qualifikation eines Versicherungssachverständigen hat oder sich selbst dafür hält. Jedoch soll er sich auf diesem Gebiet einigermaßen auskennen und mit den üblichen Deckungsarten und den Beziehungen zwischen Buch- und Sachwerten vertraut sein. Bei Vorräten sollte er die Bewertung zu Marktpreisen und bei dem Anlagevermögen die Bewertung zu Wiederbeschaffungspreisen kennen. Der interne Revisor muß sorgfältig prüfen, wie weit für verantwortliche Angestellte und Organe der Gesellschaft Kautionsversicherungen abgeschlossen sind. Im allgemeinen soll der Abschluß von Versicherungen gegen Veruntreuung nicht auf die Personen beschränkt bleiben, die mit Geld umgehen, sondern auch diejenigen nach Möglichkeit erfassen, die andere Vermögensgegenstände, bei denen Verluste für das Unternehmen möglich sind, bearbeiten oder Zutritt dazu haben.

Auch die Vorschriften und Gewohnheiten, die nicht direkt mit der Buchführung zusammenhängen, sollen untersucht werden. Vielleicht sind Policen mit längerer Laufzeit wirtschaftlicher, oder vielleicht sollte das Unternehmen eine Selbstversicherung erwägen, wenn die Risiken verteilt werden können. Der interne Revisor kann oft bei den Versicherungsansprüchen wertvolle Dienste leisten. Oft werden bei Schäden die Anteile, die das Unternehmen selbst zu tragen hat und diejenigen, die durch Versicherung gedeckt sind, von Personen ausgerechnet, die mit den Versicherungsangelegenheiten nicht vertraut sind. Wenn z. B. die Versicherungspolice den Schaden deckt, der durch die Betriebsstörung einer Maschine entsteht, kann der interne Revisor den Fall prüfen, ob die Gesellschaft nicht irgendwelche Belastungen trägt, die durch die Versicherungsgesellschaft bezahlt werden müßten und mit Recht in den Versicherungsanspruch einbezogen werden könnten. So kann z. B. der Fall eintreten, daß durch die Betriebsstörung einer Maschine ein Fundament oder ein anderes Bauwerk wieder hergestellt werden muß. Dann hat der interne

Revisor genau festzustellen, ob die Kosten richtig aufgeteilt sind, und ob das Unternehmen nur seinen Anteil trägt. Ebenso muß er im Falle der Betriebsstillstands-Versicherung die vom Betriebspersonal aufgestellten Berechnungen sorgsam kontrollieren, ob die eingesetzten Stückkosten richtig sind.

Es sollte auch die Möglichkeit erwogen werden, Versicherungsschutz an Stelle einer anderen Kontrollform zu wählen. So könnte der gegenwärtige Schutz bestimmter Vorräte z. B. durch Wachpersonal vorgesehen sein. Es wäre zu überlegen, ob es zweckmäßiger ist, die Stärke des Werkschutzes zu verringern und durch Versicherung einen vielleicht noch besseren Schutz zu erreichen.

### Konzernunternehmen

Bei Konzernen wird die richtige Eingruppierung der vorausbezahlten oder aufgehobenen Posten in der Regel noch wichtiger. Wie schon früher zum Ausdruck gebracht wurde, besteht die Tendenz, Posten als transitorische Aktiva zu kontieren, für die im Zeitpunkt der Kontierung noch nicht alle Informationen vorlagen. In vielen Fällen wird man solche Konten als ungewisse Posten bezeichnen. Ein großer Teil dieser Posten wird aber in Wirklichkeit eher eine Kundenforderung als einen aufgeschobenen Posten darstellen. Bei Konzernen kann eine falsche Kontierung als transitorische Aktiva einen wesentlichen Betrag ausmachen, und die Klarheit der konsolidierten Bilanz wird beeinträchtigt, wenn Kundenforderungen, die zum Umlaufvermögen gehören, als transitorische Aktiva ausgewiesen werden, die im allgemeinen nicht zum Umlaufvermögen zu rechnen sind. Der interne Revisor kann während seiner Prüfungen bei den verschiedenen Gesellschaften einen nützlichen Beitrag leisten, wenn er mit dem örtlichen Personal die verschiedenen falsch kontierten Fälle bespricht und den Grund erklärt, warum solche Beträge besser als Kundenforderungen angesehen werden sollen.

## 12. Verbindlichkeiten, Wechsel und Schuldscheine

Die Geschäftsvorgänge, die den in diesem Kapitel unter „Verbindlichkeiten" Behandelten vorausgehen, sind wegen des engeren Zusammenhanges mit dem Betrieb im Teil IV „Betrieb, Verwaltung und Vertrieb" im Kapitel 15 „Einkauf" behandelt.

Bei der Revision der Passiva hat sich der interne Revisor, genau wie bei den Aktiva, mit der Prüfung der eingesetzten Werte und der Beurteilung der damit im Zusammenhang stehenden Arbeitsvorgänge zu befassen. Obgleich das Prüfungsverfahren für Aktiva und Passiva in vieler Hinsicht ähnlich ist, gibt es doch bedeutende Unterschiede, die sich auf die Arbeit des internen Revisors auswirken. Ein Hauptunterschied ist, daß die Einbeziehung fraglicher Posten oder Überbewertung einzelner Aktiva ein zu günstiges Bild der Finanzlage ergibt, während auf der Passivseite die Weglassung oder Unterbewertung von einzelnen Posten zu demselben Ergebnis führt. Aus diesem Grunde muß der interne Revisor ständig auf die Unterbewertung von Passivposten achten und versuchen, zu vernünftigen und zuverlässigen Bewertungen zu kommen. Ein weiterer Unterschied besteht darin, daß Aktiva in sehr vielen Fällen körperliche oder konkrete Dinge sind, die körperliche Wartung und Kontrolle erfordern, während dies bei den Passiva nicht der Fall ist.

## Verbindlichkeiten und andere Verpflichtungen

Der Ausdruck „Verbindlichkeiten" bedeutet in der Buchhaltungssprache Ansprüche von Lieferanten gegen das bilanzierende Unternehmen, die in der Bilanz erscheinen müssen. Es kann in vielen Fällen nicht klar definiert werden, wann eine allgemeine Verpflichtung zu einer Verbindlichkeit wird. Das wird weitgehend durch die Grundsätze ordnungsmäßiger Buchführung bestimmt. Zu den Verpflichtungen, die normalerweise nicht in der Bilanz erscheinen, wenn es sich nicht um ungewöhnliche Situationen handelt, gehören Mietverträge, Verkaufsabmachungen, Kaufverpflichtungen, Garantien auf Erzeugnisse und vieles andere. Sie sind zwar keine Verbindlichkeiten im Buchhaltungssinne, bergen aber doch in sich genau abgegrenzte Verpflichtungen der Gesellschaft, in der Zukunft Zahlungen oder Dienste zu leisten oder Waren zu liefern. Es ist klar, daß diese Verpflichtungen von entscheidender Bedeutung für die finanzielle Lage und die Rentabilität eines Unternehmens sind, unabhängig davon, ob sie in der Bilanz erscheinen. Aus diesem Grunde müssen sie vom internen Revisor geprüft werden. Zur Prüfung der Verbindlichkeiten gehört daher die Nachprüfung aller Vereinbarungen der Gesellschaft, unabhängig davon, wieweit sie in der Bilanz erscheinen.

### Verfahren und ihre Anwendung

Die Vorgänge, die mit Verbindlichkeiten oder Eingangsrechnungen in Zusamenhang stehen, gehören zu den wichtigsten Arbeiten der Gesellschaft. Der größte Teil der bargeldlosen Zahlungen wird in diesem Zusammenhang geleistet, und das Gedeihen des Unternehmens hängt daher direkt von dem System ab, nach dem diese Zahlungen bearbeitet werden und der Leistung der damit betrauten Angestellten. Die einzelnen Vorgänge können in vier Abschnitte gegliedert werden, nämlich: Anlegen der Kreditorenkonten, abstimmen, buchen und zahlen. Nun sollen die besonderen Probleme der Kreditorenkonten betrachtet werden.

## Einrichten der Kreditorenkonten

Der größte Teil der Kreditorenkonten ergibt sich — in weiterem Sinne gesehen — durch den Einkauf von Vorräten oder durch andere Einkäufe aus der Tätigkeit der Einkaufsabteilung. Das Problem ist, die Führung der Kreditorenkonten mit den Arbeiten des Einkaufs in Einklang zu bringen. Andere Zahlungsverpflichtungen mögen bei Arbeiten entstanden sein, die nicht so systematisch geordnet sind wie die des Einkaufs. Die Belege über Reisekosten können z. B. aus verschiedenen Quellen herrühren und entweder reguläre oder zusätzliche Aufwandsentschädigungen darstellen. Es gibt auch eine Menge von Vorgängen, die sich z. T. aus Blankoermächtigungen ergeben, und die später zu regelmäßigen oder unregelmäßigen Zahlungen führen. Z. B. kann ein Pachtvertrag genehmigt worden sein, der eine wiederkehrende monatliche Zahlung festsetzt, die wieder ein fester Betrag sein oder von einem gleitenden Faktor abhängen kann, z. B. vom Umsatz. Bankkredite mögen genehmigt sein, aus denen sich später Zinszahlungen ergeben. Rechnungen für eine große Menge anderer Posten — Wasser, Elektrizität, Dienstleistungen und verschiedene Aufwandsposten erscheinen ständig auf den Kreditorenkonten. Man sollte in all diesen Fällen, soweit möglich, den Arbeitsablauf regeln und die Verantwortung für das Eingehen, die Bestätigung und die Genehmigung der einzelnen Verpflichtungen festlegen.

*Schriftliche Genehmigungen.* Bei all diesen Fällen der Bearbeitung von Rechnungen gibt es einige allgemeine Erfordernisse, die möglichst weitgehend erfüllt werden sollen, bevor die Forderung als berechtigt anerkannt wird. Die erste Forderung ist, daß die Genehmigung für den Vorgang und für das Geschäft schriftlich erteilt ist. Wie viele solcher Genehmigungen es geben soll, wer sie zu erteilen hat, hängt weitgehend von der Organisation und der Politik der Gesellschaft ab. Auf jeden Fall sollen die Vorschriften so umfassend sein, daß sie die Verantwortung in einer Weise festlegen, die den besonderen Bedürfnissen des Unternehmens entspricht. Ausführlicher werden sie im Kapitel 15 „Einkauf" behandelt.

## Abstimmung von Kreditorenkonten

Die andere Forderung ist, daß entsprechende schriftliche Belege vorhanden sind, daß die Gesellschaft den angemessenen Wert erhalten hat. Der Beleg muß klar den Empfang von Waren oder Dienstleistungen ergeben, ferner, daß die einzelnen Posten und der Transport mit den Angaben übereinstimmen, und daß Preise, Bedingungen und Zusätze auf der Lieferantenrechnung stimmen.

Bei einigen Unternehmen erhält die Lieferantenrechnungen zuerst der Einkauf, wo sie an Hand der Bestellungen und Wareneingangsscheine geprüft werden. Dieses Verfahren hat hinsichtlich der internen Kontrolle den Nachteil, daß die Abteilung, die den Lieferanten gewählt und mit ihm den Preis vereinbart hat, jetzt auch die Durchführung bestätigt und die Rechnung zur Zahlung anweist. Im allgemeinen ist die Gruppe im Einkauf, die diese Prüfung vornimmt, getrennt und untersteht nicht den Einkäufern. Diese Trennung ist das wenigste, was unter solchen Umständen von der Kontrolle verlangt werden muß.

Nach dem Bericht des Institute of Internal Auditors[1] wird die beste Kontrolle wie folgt erreicht werden:

1. Der Einkauf, der auf Grund einer Anforderung einer anderen Abteilung Material bestellt hat, schickt eine Kopie der Bestellung an die Kreditorenbuchhaltung, die nicht dem Einkauf untersteht.
2. Die Warenannahme, die gleichfalls nicht dem Einkauf untersteht, sendet einen Wareneingangsschein über Art und Stückzahl der eingegangenen Materialien an die Kreditorenbuchhaltung.
3. Eingehende Rechnungen gehen direkt an die Kreditorenbuchhaltung.
4. Die Kreditorenbuchhaltung schreibt nach Prüfung der Rechnung an Hand der Bestellung und des Wareneingangsscheins einen Zahlungsbeleg zur Bezahlung des Lieferanten aus.

Wenn eine derartige Organisation nicht möglich ist, muß eine möglichst weitgehende Trennung durchgeführt werden zwischen 1. Anforderungen, 2. Auftragsvergabe, 3. Warenannahme und 4. Zahlungsanweisungen für Rechnungen. Je weniger diese Vorgänge voneinander getrennt sind, desto gründlicher muß die Prüfung des internen Revisors sein.

## Kreditorenbuchhaltung

Aufgabe der Buchführung ist es, geeignete buchmäßige Kontrollen für die Kreditorenkonten einzurichten und durchzuführen. Die Wirksamkeit der Kontrolle durch die Finanzdirektoren der Gesellschaft hängt davon ab, ob durch die Unterlagen der Buchhaltung genügende Informationen vermittelt werden. Diese Unterlagen müssen zugleich als Informationsquelle für alle anderen interessierten Stellen dienen. Das bedeutet, daß Angaben über die Zahlungsverpflichtungen sowohl im ganzen als auch je Lieferant verfügbar sein müssen. Ob zur Erfüllung dieser Aufgaben ein Kreditorenkontensystem mit ausführlichen Nebenkonten oder das

[1] Internal Audit and Control of a Purchasing Department, Research Committee, Report No 2 (New York: Institute of Internal Auditors, 1955).

(in Amerika) übliche Belegscheinsystem erforderlich ist, hängt in weitem Maße von den besonderen Umständen ab. Im allgemeinen ist es die beste Lösung, besondere Kreditorenkonten nur in den Fällen zu führen, bei denen Abschlagszahlungen geleistet werden oder bei denen Käufe sich oft wiederholen.

Es ist im allgemeinen anzustreben, eine Verbindlichkeit möglichst schnell zu buchen. Dann können die Unterlagen nicht so leicht verlegt und die Zahlungsverpflichtungen nicht übersehen werden. Eine zuverlässige Kontrolle wird im allgemeinen auch besser durch Buchungen erzielt als durch lose und ungebuchte Belege. Es kann jedoch Umstände geben, bei denen Ausnahmen gerechtfertigt sind. So kann es praktischer sein, laufende Rechnungen eines Lieferanten während des Monats zurückzuhalten und sie nach Vergleich mit einer Monatszusammenfassung als Ganzes zu buchen. Man muß die Ersparnis an Verwaltungsarbeit bei einem solchen Vorgehen gegen die Nachteile durch die Verzögerung der ordnungsmäßigen Buchung abwägen. Der laufende Nachweis muß in solchen Fällen durch Hinweise auf die vorliegenden Rechnungen oder die Akten, in denen sie sich befinden, geführt werden.

*Skonti.* Für die Kreditorenkonten gelten oft viele verschiedene Skontosätze. Diese Skonti stellen bedeutende Einsparungen für das Unternehmen dar, da sie die normalen Zinssätze im allgemeinen bei weitem übersteigen. Deshalb muß in den Unterlagen der Buchhaltung die Eintragung der Zahlungstermine vorgesehen sein, damit möglichst hohe Skonti erzielt werden. Zugleich ist es aber auch aus Liquiditätsgründen erwünscht, die Zahlungen bis zum letzten Tag der Skontogewährung aufzuschieben. Die Notwendigkeit, diese Zahlungen zeitlich genau abzustimmen, ist daher ein wesentlicher Punkt bei der Kontrolle der Konten.

*Klarheit über alle Verbindlichkeiten der laufenden Periode.* Es ist wichtig, daß soweit wie möglich alle auf die laufende Zeitspanne fallenden Belastungen aus den Büchern zu entnehmen sind; sonst können spätere Zeitabschnitte mit Ausgaben belastet werden, die nicht im Zusammenhang mit Geschäftsvorgängen dieser Zeitspanne stehen, und die Bilanz am Ende der laufenden Periode weist zu niedrige Verbindlichkeiten aus.

In einigen Fällen sind Lieferantenrechnungen bereits in Händen der Gesellschaft, aber es war nicht genügend Zeit vorhanden, die notwendigen Bestätigungen darauf anzubringen. In solchen Fällen bildet man häufig einen besonderen Berichtigungsposten, indem man die Verbindlichkeiten für Abschlußzwecke zunächst anerkennt, am Anfang der nächsten Periode wird die Buchung dann auf das normale Konto übertragen. In anderen Fällen kann es notwendig sein, die Verbindlichkeiten zu schätzen, wenn für erhaltene Dienstleistungen oder Waren noch keine Rechnungen eingegangen sind.

## Bezahlung von Lieferantenrechnungen

Das Endstadium bei der Behandlung der Kreditorenkonten bildet die Bezahlung der Verbindlichkeiten. Hierbei ist das Ziel, daß nur genehmigte Zahlungen für begründete Ansprüche geleistet werden. Die vorher erwähnte Kontenkontrolle hat gezeigt, zu welchem Termin Zahlungen erfolgen sollen, und damit beginnt das Verfahren zum Ausgleich des Kontos.

Es kommt besonders darauf an, daß erstens auf die ordnungsmäßige Erledigung aller davor liegenden Arbeiten geachtet wird und zweitens die Zahlung mit der Genehmigung des entsprechenden Vorgesetzten übereinstimmt. Wie bereits ausgeführt, setzt die Zahlung die Einholung der vorgeschriebenen Genehmigungen und das Belegen mit entsprechenden schriftlichen Unterlagen voraus. Die Überprüfung der Zahlungsverpflichtung zum Zahlungstermin besteht daher größtenteils darin, sich zu vergewissern, daß diese Unterlagen vollständig sind. Die Person, die die Zahlungen genehmigt, kann nicht mit den Einzelheiten der einzelnen Einkäufe vertraut sein, aber sie kann sich durch eine Durchsicht der Belege vergewissern, daß die notwendigen Schritte von anderen getan worden sind, denen diese Aufgaben übertragen sind.

Die zweite Forderung beim Zahlungsvorgang besteht darin, daß die Ausführung der Zahlung in Übereinstimmung mit den Anweisungen des entsprechenden Vorgesetzten erfolgt. Diese Frage hängt nicht mit der Berechtigung des Anspruches zusammen. Sie betrifft vielmehr die Zweckmäßigkeit der Zahlung zu einem bestimmten Termin, vom finanziellen Standpunkt aus gesehen. Die Notwendigkeit, über Liquidität zu verfügen, kann in manchen Lagen der ausschlaggebende Faktor sein und in besonderen Fällen sogar dazu führen, auf die Inanspruchnahme möglicher Skonti zu verzichten. Das ist in jedem Fall der Entscheidung des Vorgesetzten vorbehalten. Der interne Revisor ist daran interessiert, daß diese Anweisung des Vorgesetzten schriftlich gegeben wird.

*Vermeidung von Doppelzahlungen an Lieferanten.* Es gibt zwei Möglichkeiten, Doppelzahlungen an Lieferanten zu vermeiden. Einmal, indem man die Originalrechnungen als Unterlage für die Zahlungen verwendet. Bei diesem Verfahren darf nur bei Vorhandensein der Originalrechnung gezahlt werden. Zusätzlich sollte die Originalrechnung, die einmal als Unterlage einer Zahlung verwendet worden ist, mit einem Stempel oder durch Lochen ungültig gemacht werden, um so jede nochmalige Verwendung für denselben Zweck auszuschließen. Eine andere, damit eng zusammenhängende Vorsichtsmaßregel besteht in der Vorschrift, daß Zahlungen nur geleistet werden dürfen, wenn das Original oder eine numerierte Kopie des Wareneingangsscheines als Unterlage vorliegt. Wenn Wareneingangsscheine schon im voraus numeriert sind, hat man die Gewißheit, daß die Zahlung nur einmal auf der Grundlage dieses einen Wareneingangsscheines für die in der Rechnung aufgeführten Waren erfolgt.

Die zweite Möglichkeit zur Lösung dieses Problems sind richtige Buchungen der Käufe und Zahlungen an die einzelnen Lieferanten. In diesem Fall kann man immer auf die Buchungen zurückgreifen und unberechtigte Zahlungen vermeiden. Wenn für jeden Lieferanten ein besonderes Konto geführt wird, ist diese Übersicht im allgemeinen in ausreichendem Maße vorhanden, doch bei dem (in Amerika) üblichen Belegscheinsystem ist die Lösung des Problems schwieriger. Im letzteren Falle besteht das Vorgehen darin, bei Leistung einer Zahlung die Schecks mit zwei Kopien auszuschreiben. Auf diesem Buchungsscheck sind die Rechnungen, die bezahlt werden, notiert. Die zweiten Kopien werden dann alphabetisch nach Lieferanten abgeheftet und können jederzeit, wenn ein neuer Scheck ausgestellt wird, zur Kontrolle benutzt werden. Bei beiden Verfahren sollen die bezahlten Rechnungen mit den dazugehörigen Unterlagen systematisch abgeheftet werden und jederzeit zum Nachschlagen verfügbar sein.

*Abzug von Gegenforderungen.* Eine andere Frage ist die Ausarbeitung von Vorschriften für den richtigen Abzug aller Gegenforderungen bei der Zahlung. Der Abzug von Gegenforderungen ist nicht nur ein Mittel, sofort die Forderung zu erhalten, sondern in vielen Fällen sogar die einzige Möglichkeit dafür. Die Behandlung solcher abziehbaren Forderungen sollte einer bestimmten, dafür verantwortlichen Person übertragen werden, und es müssen bestimmte Vorschriften vorhanden sein, daß alle Zahlungen von dieser Person daraufhin untersucht werden.

*Arbeitsablauf der Zahlung und Skontoabzug.* Obwohl die Buchungsunterlagen in erster Linie dafür da sind, die Termine für die Fälligkeit der Zahlungen anzugeben, um in den Genuß der Skonti zu kommen, hängen doch die Arbeitsabläufe bei der Zahlung eng mit dem Skonto zusammen, so daß wir etwas näher darauf eingehen müssen. Eine bedeutende Rolle spielt die Frage nach der Zeit, die für die Arbeitsabläufe bis zur Zahlung erforderlich ist. Verzögerungen können den Verlust möglicher Skonti zur Folge haben. In anderen Fällen können die guten Beziehungen zum Lieferanten gestört werden, wenn die Gesellschaft die Skonti in Anspruch nimmt, obgleich sie den vom Lieferanten genannten Zahlungstermin überschritten hat. Die Lieferanten sind dann über dies unbillige Verfahren verärgert, wollen aber keinen Grund zur Verstimmung geben, indem sie eine Streitfrage daraus machen, weil sie auf die betreffenden Geschäfte angewiesen sind. Beide Ergebnisse sind unangenehm, und ihre Ursachen müssen abgestellt werden, indem entweder die Verzögerungen bei den Arbeitsabläufen bis zur Zahlung beseitigt werden, oder vorher unter Vorbehalt gezahlt wird.

*Vorauszahlungen für Käufe.* Es gibt Fälle, in denen Vorauszahlungen für Käufe geleistet werden. Der Grund für diese Vorauszahlungen kann der Wunsch sein, Skonti zu erhalten, bevor die zugestandene Skontofrist abläuft. In manchen Fällen sind die in der Rechnung genannten Waren noch nicht eingegangen; in anderen Fällen sind sie zwar eingegangen, aber die Weiterleitung der Belege zur Buchhaltung hat sich verzögert. Im ersten Falle ist es zweifelhaft, ob Zahlung vor Eingang der Waren erwartet werden kann oder ob durch den Aufschub der Bezahlung bis zum Eintreffen der Waren das Unternehmen das Recht Skonto abzuziehen verliert. Im zweiten Falle besteht die Lösung darin, die Verzögerungen bei der Weiterleitung der Belege durch Verbesserung des bisherigen Verfahrens zu verkürzen. In jedem Falle ist Bezahlung vor dem Vorliegen sämtlicher Unterlagen wegen der erwähnten Mängel nicht nur gefährlich, sondern schafft auch ein besonderes Kontrollproblem, das unnötigerweise belastet.

Es kann jedoch andere berechtigte Gründe für Vorauszahlungen geben. Sie können z. B. nötig sein, um die Vorkosten des Lieferanten für bestimmte bestellte Waren zu decken oder um die Arbeit der Lieferanten zu finanzieren und dadurch günstigere Preise zu erzielen. Vorauszahlungen dieser Art müssen natürlich von dem bevollmächtigten Vorgesetzten genehmigt werden. In solchen Fällen ist es richtig, mit diesen Vorauszahlungen das Debitorenkonto „Verschiedenes" zu belasten und sie später bei der endgültigen Regelung als Gegenforderung abzuziehen.

*Kontrolle aller Zahlungen durch ein Konto.* Die Führung des (in Amerika) üblichen Belegscheinsystems für die Kreditoren hat ein Merkmal, das besondere Aufmerksamkeit verdient. Bei diesem System werden alle Verbindlichkeiten, die beglichen werden sollen, zuerst als zu bezahlende Belege klassifiziert, und mit allen dafür ausgestellten Schecks wird e i n Konto belastet. Dies erlaubt die Kontrolle aller Zahlungsvorgänge durch eine einzige Stelle in der Buchhaltung. Das bedeutet nicht, daß die reguläre Unterteilung der Verbindlichkeiten aufgegeben wird. Die verschiedenen Verbindlichkeiten können in der gewünschten Art und mit den gewünschten Einzelheiten geordnet und gebucht werden. Für bestimmte Fälle können auch besondere Kreditorenkonten geführt werden. Es besteht nur die Hauptforderung, daß die Unterlagen für alle Verbindlichkeiten vor der Zahlungsleistung in die zu bezahlenden Belege einsortiert werden. Dieses Verfahren hat weiter den Vorteil, daß in den Buchungen dieser Belege und in der Belegsammlung alle Zahlungen enthalten sind. — Dies stellt eine wichtige Informationsquelle dar.

*Formulare und Verwaltungsarbeiten bei Zahlungen.* Die tatsächliche Ausstellung des Schecks und seine Übersendung bilden das letzte Stadium der Zahlungsleistung. Die Vorgänge sind dieselben wie bei der

Barzahlung, die vorher behandelt wurde. Der Scheck muß ordnungsgemäß ausgestellt werden und genau mit dem geschuldeten Betrag übereinstimmen. Sehr oft schreibt man in einem Arbeitsgang mit der Schreibmaschine gleichzeitig den Scheck, eine Zahlungsbenachrichtigung an den Lieferanten, den Belegumschlag und eine Kopie der Zahlungsbenachrichtigung für die Ablage. Die dazugehörigen Papiere werden dann in den Belegumschlag gesteckt. Die Umschläge werden in numerischer Ordnung abgelegt. Unterdessen ist die entsprechende Buchung im Kreditorenbuch und im Scheckregister erfolgt. Der Scheck ist von dem verantwortlichen Leiter auf Richtigkeit geprüft und unterzeichnet, nachdem dieser die Unterlagen eingesehen hat. Er wird dann sofort zur Post gegeben.

Alle diese Aufgaben sollen so weit wie möglich auf verschiedene, voneinander unabhängige Personen verteilt werden. Das heißt, daß jeweils ein anderer das Kreditorenbuch, das Scheckregister und die Einzelkonten für die Kreditoren führen, die Rechnungen anerkennen, den Scheck ausstellen, die Zahlungen genehmigen und den Scheck unterzeichnen soll. Die monatliche Abstimmung der Lieferantenaufstellungen mit den Kreditorenkonten durch einen anderen Angestellten ist zu empfehlen. Diese Aufteilung der Arbeiten ist notwendig, um Irrtümer oder Manipulationen auszuschließen, und sie sollte wenigstens soweit durchgeführt werden, daß die wichtigsten Stadien, nämlich Genehmigung, tatsächliche Zahlung und Buchung voneinander getrennt sind.

## Betrug mit Kreditorenkonten

Für betrügerische Handlungen werden die Kreditorenkonten häufig bevorzugt. In manchen Fällen wird ein Beleg zweimal verwendet, um auf diese Weise einen Scheck zu erhalten, den der Täter einlöst. In anderen Fällen werden Rechnungen von fingierten Firmen verwendet, um eine reguläre Zahlung von dem Unternehmen zu erhalten. Praktisch werden alle diese Betrugsfälle nur durch die Nichtbefolgung der in diesem Kapitel dargelegten Grundsätze und Vorschriften ermöglicht. Oft ist die Verletzung der Vorschriften offenkundig und hätte sich bei einer einigermaßen brauchbaren internen Kontrolle nicht ereignen dürfen. Bisweilen ist der Fehler jedoch schwieriger zu erkennen, besonders wenn alle anderen Schritte bei dem Arbeitsablauf genau aufeinander abgestimmt sind, und der Gesamtvorgang den Anschein großer Zweckmäßigkeit hat. Es gibt natürlich keine absolute Sicherheit gegen Betrügereien, aber schon die bestehende Möglichkeit von Unregelmäßigkeiten muß eine dauernde Mahnung an den internen Revisor sein, alle Einzelheiten der Arbeiten, die mit den Kreditorenkonten zusammenhängen, sorgfältig zu prüfen. Es steht dabei viel auf dem Spiel und vom internen Revisor muß gewissenhaftes Arbeiten verlangt werden.

### ANDERE FRAGEN

Die Prüfung der Kreditorenkonten und der Belege, die die Unterlage dafür bilden, bringt den internen Revisor auf das Gebiet der Ausgaben des Unternehmens. Sie betreffen in der Hauptsache den Erwerb von Werten und die Bezahlung laufender Aufwendungen. Beides wirft sehr viele Fragen auf, die das Gedeihen des Unternehmens beeinflussen. Diese Fragen beziehen sich direkt oder indirekt darauf, ob das Unternehmen für sein Geld einen angemessenen Gegenwert erhalten hat, und wenn nicht, welches die Gründe dafür sind. Diese Fragen greifen auf die anderen Abschnitte des Revisionsprogrammes über: — die Prüfung der Aktiva, des Einkaufs und der Aufwendungen — aber das besondere Merkmal dieser Seite der Revision besteht darin, daß hier alle Geschäftsvorgänge, die mit Ausgaben zu tun haben, überprüft werden.

Es können für den internen Revisor auch Fragen über die Führung der Kreditorenkonten auftauchen. Werden zu oft Zahlungen geleistet? Ist der Verzicht auf Skonti notwendig und unvermeidbar? Werden gute Beziehungen zu den Lieferanten aufrecht erhalten und wird der gute Ruf des Unternehmens für Zuverlässigkeit und Leistungsfähigkeit gepflegt? Solche Fragen kann der interne Revisor prüfen, während er die technische Seite seines Revisionsprogramms behandelt. Sie bilden wiederum das Mittel, der Geschäftsleitung neben der routinemäßigen allgemeinen Revisionstätigkeit noch zusätzliche Dienste zu leisten.

## Maßstäbe für die interne Kontrolle

1. Die oberste Leitung muß die Vollmachten und die Verantwortung für die Genehmigung aller Ausgaben festlegen.

2. Ergänzend hierzu müssen genaue Ausführungsvorschriften ausgearbeitet werden.

3. Genehmigung, Buchung und Bezahlung von Verpflichtungen müssen von verschiedenen Personen vorgenommen werden.

4. Zu zahlende Rechnungen müssen so schnell wie möglich gebucht werden.

5. Belastungsbuchungen müssen mit einem Vermerk über den Fälligkeitstermin versehen werden, um den höchsten Skontoerlös zu erzielen, der mit den Vorschriften über den Mindestbestand an sofort verfügbaren Zahlungsmitteln gerade noch vereinbar ist.

6. Zahlungen dürfen nur geleistet werden, wenn das Original oder die dafür bestimmte Kopie der Rechnung ordnungsgemäß bearbeitet und anerkannt ist.

7. Rechnungen müssen in der vorgeschriebenen Weise ungültig gemacht oder gestempelt werden, um ihre Wiederverwendung auszuschließen.

8. Ein dazu bestimmter Angestellter muß alle Belege durchsehen, ob sämtliche Bearbeitungsvermerke und Genehmigungen vorhanden sind.

### Beispiel aus einem Handbuch

Die folgenden Hinweise für den internen Revisionsstab einer Gesellschaft sollen die Arbeitsweise bei den Kreditorenkonten veranschaulichen:

1. Die Buchhaltung muß eine Liste (oder eine für Revisionszwecke geeignete Zusammenstellung) der Posten erstellen, die am Revisionstag im Saldo jeden Kreditorenkontos erscheinen, mit Ausnahme der Konten, die später im Teil „Verfahren hinsichtlich Zahlungsbelege" behandelt werden. Die Liste ist mit den Hilfskonten zu vergleichen. Die Summen der Listen sind zu prüfen und die Gesamtsummen mit den Salden auf den entsprechenden Konten des Hauptbuches zu vergleichen.
2. Die Buchhaltung muß eine Liste (oder eine für die Zwecke der internen Revision geeignete Zusammenstellung) aller Posten erstellen, die bei den Konten.... am Revisionstag den Saldo ausmachen und bei dem Konto.... für den Tag, an dem die Wechsel giriert worden sind. Die Listen sind mit den Hilfskonten zu vergleichen. Die Summen der Listen sind zu prüfen und die Gesamtsumme mit den Salden der entsprechenden Konten des Hauptbuches zu vergleichen.
3. Die internen Geschäftsverfahren bei der Bearbeitung von Zahlungsverpflichtungen und beim Eingang von Steuererstattungen und von Gutschriften sind zu prüfen, um sich zu vergewissern, ob die Interessen des Unternehmens gebührend gewahrt werden.
4. Alle Salden, die lange Zeit offenstehen, sind zu prüfen, ob es sich um tatsächlich bestehende Verbindlichkeiten handelt und wenn ja, ob es einen triftigen Grund gibt, die Zahlung zurückzuhalten.
5. Verbindlichkeiten von beträchtlicher Höhe, die am Prüfungstag bestehen oder aufgelaufen sind, aber nicht in den Büchern erscheinen, sind herauszusuchen. Dabei kann folgendermaßen vorgegangen werden:
   a) Die Belege und Zahlungen, die nach dem letzten Prüfungstag gebucht sind, sind einzusehen. Die ungebuchten Belege und Rechnungen sind zu prüfen.
   b) Die monatlichen Kontoauszüge, die von Kreditoren mit großen Salden übersandt werden, sind nachzuprüfen. Große Bauverträge sind zu prüfen und die Korrespondenz über strittige Fragen usw. ist durchzusehen.
   c) Für die letzten Tage des Prüfungszeitraums sind die Eingangsbelege zu prüfen.
   d) Von einer begrenzten Anzahl von beliebig ausgewählten Kreditoren sind Bestätigungen über alle Buchsalden anzufordern, die unrichtig erscheinen, ebenso von einigen regelmäßigen Lieferanten, deren Konten am Prüfungstage keinen Saldo zeigten.
6. Von den verantwortlichen Stellen ist die schriftliche Bestätigung anzufordern, daß alle Verbindlichkeiten, einschließlich der Eventualverbindlichkeiten am 30. Juni oder 31. Dezember (je nachdem, welches Datum näher liegt) gebucht sind.
   Eine solche Bestätigung für den vorhergehenden 31. Dezember ist jedoch nicht nötig, wenn die Konten für dieses Datum vom Wirtschaftsprüfer geprüft sind.

*Prüfung der Auszahlungs- und Journalbelege*

1. Zur Prüfung der Belege ist ein beliebiger Monat auszuwählen. Wenn jedoch die Konten des Unternehmens zum erstenmal geprüft werden oder das Unternehmen kein vollwertiges System für interne Kontrolle besitzt, ist die Prüfung auf so viele Monate auszudehnen, wie es nach Meinung des Revisors notwendig ist. Folgendermaßen ist vorzugehen:

a) Die Belege und die entsprechenden Einkaufsrechnungen, Wechsel, Dokumente, Zusammenstellungen und Vermerke usw. einschließlich unterzeichneter „Duplikate" oder formeller Quittungen (in Ländern, in denen diese verlangt werden oder üblich sind) und Quittungen von öffentlichen Dienststellen für die Zahlung von Hafenabgaben, Zöllen und ähnlichem sind zu prüfen. Bei dieser Prüfung ist auf folgendes zu achten:
Auf Daten und Bestätigungen des Einganges von Waren oder Dienstleistungen und auf die Prüfung der Summen und Zusätze sowie auf die Anweisung zur Buchung und Zahlung.
Entsprechen Duplikate, formelle Quittungen usw. hinsichtlich Unterschriften, Stempelmarken und anderen Merkmalen den örtlich geltenden Gesetzen?
Entsprechen die Einkäufe, Eintragungen usw. den geschäftlichen Erfordernissen?
Stichprobenweise ist die Aufteilung auf Bilanz- und Erlöskonten und die Verteilung von Aufwand- und Erlösposten auf die zugrunde liegenden Unterkonten zu prüfen.

b) Bei Belegen, die Konten mehrerer Gesellschaften des Konzerns oder mehrere Abteilungen betreffen, sind alle Belastungen und Gutschriften, die ganz oder teilweise durch Gutschriften oder Belastungen der geprüften Stelle ausgeglichen sind, genau zu kontrollieren. Bei solchen Posten sind die Unterlagen der Ausgleichsbuchungen und die entsprechenden Gegenbuchungen genau zu prüfen.

c) Es ist festzustellen, ob die Belege und entsprechenden Unterlagen durch Lochung (oder Stempel) mit Datumangabe ungültig gemacht sind. (Wenn die benutzte Lochungsmaschine nicht das Datum angibt, ist bei einer Neuanschaffung eine Maschine mit Datumangabe zu erwerben.)

d) Jeder Rechnungsbetrag usw. ist mit den entsprechenden Belegen zu vergleichen; die Summen der auf den Belegen aufgeführten Beträge sind zu überprüfen.

e) Es ist festzustellen, ob das Unternehmen von der Möglichkeit der Skontoabzüge Gebrauch gemacht hat, wo es angebracht war.

f) Die Kontierung auf den Belegen ist mit dem Journal und/oder den Verteilungsblättern zu vergleichen. (Wenn eine lückenlose Prüfung für einen Monat infolge des Umfanges eine zu große Belastung darstellt, kann man sich auf Stichproben beschränken, vorausgesetzt daß die interne Kontrolle ausreichend ist. Die Summen des Journals und/oder die Verteilungsblätter sind zu prüfen. (Wenn das Journal und/oder die Verteilungsblätter auf Lochkartenmaschinen geführt werden, und die interne Kontrolle ausreicht, kann die Prüfung auf einige Konten beschränkt werden.)

g) Die Namen der Zahlungsempfänger und die Rechnungsbeträge auf den Kassenbelegen sind mit den entsprechenden Buchungen im Kassenbuch zu vergleichen. Eine bestimmte Zahl (etwa 25 %) der bezahlten Schecks für Rechnungen ist zu prüfen. Es muß darauf geachtet werden, ob der

Name des Zahlungsempfängers und der Betrag mit den entsprechenden Buchungen im Kassenbuch übereinstimmen[1]. (Wo die bezahlten Schecks von den Banken nicht zurückgesandt werden, muß man dafür Quittungen oder abgezeichnete Scheckabschnitte verwenden.) Bei Postscheckkonten genügen die von der Post abgestempelten Überweisungsabschnitte oder Sammelüberweisungslisten.

h) Eine ausreichende Zahl der Rechnungen ist mit den entsprechenden Bestellungen zu vergleichen: Menge, Art der Waren oder des Materials, Preise, Bedingungen. Ferner sind diese Rechnungen mit den Lieferscheinen oder Eingangsbuchungen für diese Waren oder Materialien zu vergleichen.

i) Eine ausreichende Zahl der Rechnungen für Fracht, Rollgeld und Fuhrlohn ist mit den entsprechenden Einkaufs- oder Verkaufsrechnungen, Aufträgen usw. zu vergleichen, um festzustellen, ob diese Rechnungen auf tatsächlich für das Unternehmen ausgeführten Dienstleistungen beruhen. Sind Sicherungen zur Vermeidung von Doppelzahlungen für solche Rechnungen vorhanden? Werden Frachtraten und -ausrechnungen laufend bei dem Unternehmen überprüft?

j) Eine Anzahl der Rechnungen für Hafenabgaben, Gebühren und dergleichen, für die von den amtlichen Stellen keine Quittungen vorliegen, ist auszuwählen und festzustellen, ob die für solche Rechnungen geleisteten Zahlungen wirklich an die zum Zahlungsempfang Berechtigten erfolgt sind. Weiter ist zu prüfen, ob diese Rechnungen mit den Konossementen, Entladepapieren usw. übereinstimmen. In einigen Fällen kann es sinnvoll sein, bezahlte Schecks, die von der staatlichen Stelle giriert sind, zu überprüfen, oder Duplikate von Bankdepositenscheinen mit dem offiziellen Stempel der Bank anzufordern, aus dem sich ergibt, daß die gezahlten Beträge der betreffenden staatlichen Stelle gutgeschrieben sind, oder — wenn das nicht möglich ist — sich mündlich von empfangsberechtigten Personen den Eingang der Zahlung bestätigen zu lassen. Abrechnungen oder andere Papiere von Maklern oder Agenten sollen nicht als alleinige Belege für die Genauigkeit und Berechtigung von Zahlungen für Hafenabgaben, Gebühren usw. dienen.

2. Für jeden anderen Monat des Prüfungszeitraumes sind aus den verschiedenen Aufwands- und Ertragskonten 25 repräsentative Geschäftsvorfälle je Monat auszuwählen (teils Kassen-, teils Journalbelege); es ist dabei die Höhe des Betrages, die Art des Postens, woher er stammt und wofür er bestimmt ist, die damit zusammenhängenden Konten usw. zu beachten. Diese Posten sind mit den entsprechenden Belegen und Rechnungen usw. zu vergleichen. Stimmen diese Posten und sind sie richtig kontiert?

3. Der Vorgang bei der Materialannahme ist hinsichtlich Ausfertigung, Kontrolle und Abzeichnung der Belege zu überprüfen. Werden die Interessen der Gesellschaft gebührend gewahrt?

---

1 In Amerika werden bezahlte Schecks in der Regel von der Bank ungültig gemacht und an den Aussteller zurückgeschickt.

## Beurteilung der Kreditoren-Konten

Einige Stadien des Verfahrens haben noch nicht die notwendige Beachtung gefunden. Während die eigentliche Prüfung in den üblichen Büchern über die Revision genügend behandelt wird, erfassen wir hier besondere Gesichtspunkte einer allgemeinen Beurteilung, die der interne Revisor immer beachten muß. Es handelt sich hauptsächlich um den Geschäftsablauf, besonders um das Weiterleiten von Belegen und um die Ausarbeitung von zweckmäßigen Anleitungen und Vorschriften für den Ablauf der einzelnen Vorgänge.

### Weiterleitung der Belege

Für Vorgänge, die sich regelmäßig wiederholen, müssen einheitliche Verfahren geschaffen werden. Das vereinfacht die Verfahrensvorschriften und macht jede Spezialbehandlung eines Geschäftsvorganges überflüssig, welcher leicht zu Irrtümern führt, besonders bei nicht eingearbeitetem Personal. Einheitliche Methoden erleichtern auch die Einfügung verschiedener interner Abstimmungen in den Arbeitsablauf der Buchhaltung. Die meisten Gesellschaften haben Verfahren zur Bearbeitung der Belege eingeführt, die sich in längerer Zeit entwickelt haben.

In einigen Fällen fordern diese Vorschriften, daß alle Belege ohne Rücksicht auf den Betrag denselben Weg im Geschäftsablauf gehen. Sehr oft werden alle Belege in gleicher Weise bearbeitet, ob es sich dabei um DM 1,— oder um DM 100 000,— handelt. Zwar ist Einheitlichkeit erstrebenswert, daraus darf jedoch nicht folgen, daß alle Vorgänge ohne Berücksichtigung des Betrages in gleicher Weise bearbeitet werden müssen. Irgendwo wird bei diesem Vorgehen die Verminderung der entsprechenden Gegenwerte wirksam; die Kosten der Bearbeitung nach diesen Vorschriften sind größer als ein möglicher Verlust. Bei solchen Verhältnissen kann der interne Revisor wertvolle Arbeit leisten, indem er die verschiedenen Faktoren gegeneinander abwägt. Es kann vorkommen, daß die durch dieses einheitliche Verfahren erzielte Kontrolle nicht die Kosten dafür rechtfertigt, und daß einige Vorgänge auf diese Art bearbeitet werden sollten, andere aber auf eine andere Art. Ganz allgemein muß der interne Revisor darum bemüht sein, festzustellen, ob sein Unternehmen für jede ausgegebene Mark auf diesem Arbeitsgebiet einen möglichst großen Gegenwert erhält.

Wenn die interne Revision auf eine Zahl von Belegen mit geringen Beträgen stößt, muß der interne Revisor eine gruppenweise Aufteilung der einzelnen Posten nach ihrem Betrag vornehmen, um den Prozentsatz der Posten in verschiedenen Wertstufen festzustellen. Z. B. zeigte eine Prüfung in einem Falle, daß von den gesamten Belegen, die von einer staatlichen Stelle bezahlt wurden, etwa 25 % unter DM 10,— betrugen. Es ergab sich dabei, daß die aufgewendeten Kosten für die Bearbeitung höher waren als der ausgezahlte Rechnungsbetrag. Es ist nahezu unglaublich, daß bei einer von je 4 Rechnungen die Kosten für die Bearbeitung höher waren als der Rechnungsbetrag. In solchen Fällen muß der interne Revisor die Geschäftsleitung auf das Verhältnis der aufgewendeten Kosten zum erzielten Nutzen hinweisen. Eine weitere Möglichkeit ergibt sich, wenn von einem Lieferanten zahlreiche kleinere Rechnungen eingehen. In diesem Falle sollte der Vorschlag einer Zusammenfassung auf einem monatlichen Beleg gemacht werden.

### Schuldwechsel und Schuldscheine

Die verschiedenen Probleme der internen Revision bei der Behandlung von Schuldwechseln und Schuldscheinen zeigen einige besondere Merkmale gegenüber den Betrachtungen über allgemeine Verbindlichkeiten, die vorher behandelt wurden. Bei ihnen handelt es sich in erster Linie um einen schriftlichen Vertrag auf einem Formular, durch das sich das Unternehmen schriftlich verpflichtet, in Zukunft bestimmte Zahlungen zu leisten. Wenn diese schriftliche Verpflichtung von den dazu bevollmächtigten leitenden Angestellten unterzeichnet ist, stellt sie ein juristisches Dokument dar, das vor Gericht Klage und Beweis erleichtert. Oft ist es übertragbar, und das Unternehmen besitzt dann keine Kontrolle darüber, auf wen der Anspruch gegen sie übertragen wird. Im allgemeinen enthalten diese Papiere auch Verpflichtungen zu Zinszahlungen, und diese zusätzliche Verpflichtung ergibt weitere Probleme. Wenn die Wechsel auf Banken gezogen sind, lauten sie gewöhnlich über hohe Beträge und stellen einen der verwundbarsten Punkte der finanziellen Lage der Gesellschaft dar. Die Prüfung dieser besonderen Verpflichtungen und der damit zusammenhängenden Vorgänge sind daher von größter Bedeutung für den internen Revisor.

*Ausstellen von Wechseln und Schuldscheinen.* Die erste Forderung besteht darin, daß von dem Unternehmen klare allgemeine Vorschriften gegeben werden, unter welchen Umständen und für welche Arten von Geschäften Wechsel und Schuldscheine ausgestellt werden dürfen. Zweitens müssen die Einzelheiten vorgeschrieben werden. Wer ist berechtigt, Wechsel und Schuldscheine zu unterschreiben und bis zu welchem Betrag? Welche Art von Schuldpapieren soll gegeben werden, zu welchen Zinssätzen und mit welchem Fälligkeitstermin? Der interne Revisor muß sich dann damit befassen, inwieweit diese Bestimmungen befolgt werden und inwieweit sie den Erfordernissen einer guten internen Kontrolle genügen.

*Behandlung von Wechseln und Schuldscheinen in der Buchführung.* Die Geschäftsvorfälle, die zur Ausstellung von Wechseln und Schuldscheinen führen, müssen der Buchhaltung regelmäßig und systematisch mitgeteilt werden. Entsprechende Aufzeichnungen müssen geführt werden, in die Art und Höhe dieser Verbindlichkeiten einzutragen sind. Das bedeutet Ordnung nach Hauptgruppen und die Verwendung von entsprechenden Hilfsbüchern. Diese einzelnen Aufzeichnungen müssen alle wesentlichen Tatsachen zeigen, die mit dem Wechsel oder dem Schuldschein zusammenhängen, und die laufende Eintragung der Zahlungen von Schuldsumme oder Zinsen müssen darin vorgesehen sein. Diese Aufzeichnungen sollen von unabhängiger Stelle geführt und monatlich mit den entsprechenden Kontrollkonten des Hauptbuchs abgestimmt werden.

Zur buchhalterischen Kontrolle müssen darüber hinaus die notwendigen Einrichtungen in Form von Karteien usw. geschaffen werden, durch die die Angestellten, die dieses Gebiet bearbeiten, auf die Fälligkeits- und Zinstermine aufmerksam gemacht werden. Das muß früh genug im voraus geschehen, um sich über die nötigen Schritte in der Behandlung des Schuldpapiers klar zu werden. Ein weiterer gewichtiger Gesichtspunkt besteht darin, sorgfältig alle Zugeständnisse und Verpflichtungen zu überprüfen, die einen Teil der vertraglichen Abmachungen bilden. Z. B. kann der Schuldner sich verpflichten, bestimmte Arten von Ausgaben oder Bankabhebungen einzuschränken, solange die Schuldsumme aussteht. Weiter kann der Schuldner sich verpflichten, an festgelegten Terminen Auszüge oder Aufstellungen verschiedener Art zu liefern. In allen diesen Fällen muß ein Programm entwickelt werden, das die Ausführung dieser Punkte sicherstellt, ob es sich nun darum handelt, etwas zu unternehmen oder etwas zu unterlassen.

*Bezahlung von Wechseln und Schuldscheinen.* Die Einlösung von Wechseln und Schuldscheinen kann jederzeit während ihrer Laufzeit oder am Fälligkeitstermin erfolgen. In einigen Fällen wird der Gesamtbetrag bezahlt, in anderen werden Teilzahlungen geleistet. Im letzteren Falle ergibt sich die Notwendigkeit, die Zahlungen in Zinsen und Tilgung aufzuteilen. Da bei dieser Aufteilung verschiedene Möglichkeiten bestehen, ist es wichtig, sich darüber mit dem Inhaber des Papiers zu verständigen, damit die Buchungen beider Parteien übereinstimmen.

Wenn das Papier in voller Höhe bezahlt ist oder durch ein neues ersetzt wird, muß das ursprüngliche der Gesellschaft zurückgegeben und ordnungsgemäß ungültig gemacht werden. Es kann dann mit den Unterlagen, die die Buchung des Ersatzpapieres belegen oder zu den Kassenbelegen für die Zahlung abgelegt werden.

*Weitere Gesichtspunkte auf dem Gebiet Wechsel und Schuldscheine.* Der Revisor muß sich mit der Frage befassen, ob die verschiedenen Handlungen des Unternehmens, durch die Wechsel und Schuldscheine entstehen, zweckmäßig sind. Die Auswirkung auf die finanzielle Lage des Unternehmens und auf den laufenden Geschäftsgang ist zu prüfen und darüber zu berichten. Die Beschaffung von Kredit ist auch eine Beschaffungsfunktion und muß genau so wie jede andere derartige Tätigkeit genau überprüft und beurteilt werden. Es ist möglich, daß der interne Revisor auf Grund seiner Beobachtungen und regelmäßigen Revisionen imstande ist, in dieser Hinsicht praktische Vorschläge zu machen, die von der Leitung begrüßt werden. Die Notwendigkeit, diese Kreditquellen in Anspruch zu nehmen, kann einen anderen Abschnitt im Revisionsprogramm berühren. So kann die unzweckmäßige Arbeit im Einkauf der Grund für übermäßige Bestände sein, die dann zur weiteren Aufnahme von Bank- oder sonstigen Krediten zwingen. Ähnlich kann die Analyse der Aufteilung des Barbestandes auf Konten von Zweigstellen oder Betriebsmittel ergeben, daß Minderungen vorgenommen werden sollten, die die Notwendigkeit, Wechsel und Schuldscheine auszustellen, verringern würden.

In finanzieller Hinsicht ist es wichtig, wie weit ein klarer Plan für die Einlösung von Wechseln und Schuldscheinen besteht. Es ist anzustreben, daß ein bestimmter Plan aufgestellt und in seinen Bestimmungen befolgt wird. Was tatsächlich hinsichtlich der Bezahlung von Wechseln oder Schuldscheinen erfolgt ist, kann später aus den Büchern ersehen werden und dieser Beweis zeigt dann den Erfolg, den ein solcher Plan gehabt hat. Häufig stellt man z. B. mehrere Wechsel mit verschiedenen Fälligkeitsterminen aus, um damit automatisch ein Programm für die systematische Zahlung von Raten zu haben. Der interne Revisor kann beim Aufstellen eines solchen Planes behilflich sein oder die Wirkung eines vorhandenen Planes verbessern.

## Prüfung der Schuldwechsel und Schuldscheine

Die Buchungen der Wechsel und Schuldscheine müssen, sofern sie nicht zu umfangreich sind, für den ganzen Revisionszeitraum genau geprüft werden. Der Saldo am Ende des Revisionszeitraums kann so für sich entwickelt und damit eine Grundlage für Listen der Schuldwechsel und Schuldscheine in den Arbeitspapieren sein. In diesen Listen müssen Schuldverpflichtungen gegenüber Banken, solche, die sich aus dem normalen Geschäftsgang ergeben und andere getrennt aufgeführt werden. Aus den Unterlagen muß folgendes ersichtlich sein: Datum, Gläubiger, der augenblickliche Inhaber, ursprünglicher Betrag, Fälligkeitstermin, Zinssatz, alle Zahlungen auf die Schuldsumme oder Zinsen, Sicherheit und andere wichtige Punkte. Ebenso muß sich ergeben, wer die Ausstellung genehmigt hat. Zugleich kann man zwischen den Beträgen unterscheiden, die während des nächsten Rechnungszeitraums fällig werden und daher als laufende Verbindlichkeiten in der Bilanz erscheinen und solchen, die sich über längere Zeiträume erstrecken.

Die so aufgestellten Listen dienen als wichtige Informationsquelle über Wechsel und Schuldscheine und bieten auch eine Grundlage für andere Prüfungen. Sie können z. B. mit den Wechsel- und Schuldregistern verglichen und die Übereinstimmung dieser Bücher mit den Kontrollkonten festgestellt werden. Die Angaben über die Zinsen können später bei der Betrachtung der Zinsaufwendungen verwendet werden, und die aufgelaufenen Beträge für zu zahlende Zinsen können bequem berechnet werden. Die Angaben über Zahlungen an Zinsen und Schuldsumme können verwendet werden, um festzustellen, welcher Tilgungsplan von dem Unternehmen befolgt wird. Die Listen können weiterhin zur direkten Abstimung mit den Inhabern der Papiere dienen. Diese Abstimmungen müssen sämtliche zu den Wechseln oder Schuldscheinen gehörigen Punkte umfassen: Fälligkeit, Zinssatz, gezahlte Zinsen, Sicherheiten und gegenwärtiger Stand. Damit sind sie ein Mittel, die vollkommene Zuverlässigkeit der Angaben über die Verpflichtungen aus Wechseln und Schuldscheinen klarzustellen. Die Abstimmung von Bankkrediten ist bereits als ein Teil der Überprüfung von Banksalden behandelt worden.

## 13. Passive Rechnungsabgrenzung und andere Verbindlichkeiten

### Die passive Rechnungsabgrenzung

Für die Richtigkeit der Bilanz des Unternehmens ist es wesentlich, daß die bereits entstandenen Verbindlichkeiten für Steuern, Löhne, Zinsen und dergleichen für Zwecke der Bilanzierung als Passivposten ausgewiesen werden. In ähnlicher Weise müssen diese Posten — soweit sie sich auf die laufende Periode beziehen — in den Aufwendungen enthalten sein, die in den verschiedenen Aufstellungen gezeigt werden. Dieser Ausweis in der Bilanz beruht oft zum größten Teil auf einer Schätzung, ist aber nichtsdestoweniger notwendig, wenn die Informationen, die die Buchhaltung der Geschäftsleitung gibt, als zuverlässige Basis für deren Entscheidungen dienen sollen. Außerdem gehören die verschiedenen hier in Frage stehenden Aufwendungen zu einigen der wichtigsten Buchhaltungs- und anderen Arbeitsvorgänge und verdienen deshalb sorgfältige Beachtung durch den internen Revisor.

#### Steuern

Die Rechnungsabgrenzungen für Steuern stellen eine wichtige Untergruppe innerhalb der Rechnungsabgrenzungen überhaupt dar. Zu den

Steuern, an die hierbei zu denken ist, gehören[1] die Grundsteuer, Vermögensteuer, Körperschaftsteuer, Arbeitgeberanteile zur Sozialversicherung, Konzessionsteuern, Lizenzen und sonstige Gebühren usw. Es können kommunale, staatliche oder Bundessteuern oder -abgaben sein. Zunächst werden wir uns kurz mit den Grund- und Vermögensteuern befassen.

*Die Buchhaltung und die Vermögensteuern.* Die Buchhaltung hat die geschätzten Verpflichtungen für Vermögensteuer abzugrenzen und Listen aufzustellen, aus denen hervorgeht, wann die Steuerzahlungen fällig werden. Die Abgrenzungen können im einzelnen nach Vermögensgegenständen oder falls die einzelnen Beträge nicht hoch sind, nach Gruppen von Vermögensgegenständen gemacht werden. Allgemein ist erforderlich, daß die Beträge, gemessen an vernünftigen Normen, hoch genug sind, und daß sie gerecht auf die einzelnen Arbeitsperioden verteilt werden. Im allgemeinen sind noch Hilfsaufzeichnungen erforderlich, besonders wenn Tochtergesellschaften vorhanden sind. Für jeden Vermögensgegenstand kann so seine vollständige steuerliche Vorgeschichte festgehalten und später jederzeit wieder nachgeschlagen werden. Sobald die wirklichen Verbindlichkeiten ermittelt sind, muß die Basis der Abgrenzung für die nächste Periode gegebenenfalls berichtigt werden. Es kommt häufig vor, daß die wirklichen Steuerzahlungen innerhalb der Periode geleistet werden, auf die sich die Steuern beziehen. In diesem Falle sind passive Rechnungsabgrenzungsposten für Steuern im ersten Teil und aktive im späteren Teil der Steuerperiode erforderlich. In solchen Fällen sind die Vorauszahlungen in der Bilanz gesondert als Aktiva auszuweisen.

Weiterhin ist es Aufgabe der Buchhaltung, die Fälligkeitstermine in eine Liste einzutragen, damit die Zahlungstermine eingehalten werden. Wenn nicht — was in einigen Fällen vorkommt — bei früheren Zahlungen ein Skontoabzug erlaubt ist, sollte die Gesellschaft normalerweise bis kurz vor dem Termin warten, von dem an Säumniszuschläge zu zahlen sind. Wichtig ist, daß gezahlt wird, ehe ein Säumniszuschlag fällig ist. Es gehört zu den Kontrollaufgaben der Buchhaltung, Fehler hierbei zu verhindern.

*Prüfung der abgegrenzten Grund- und Vermögensteuer.* Bei der Prüfung der passiven Rechnungsabgrenzung für Vermögensteuer besteht die Aufgabe des internen Revisors in der Feststellung, ob die für das einzelne Vermögensobjekt gemachte Abgrenzung richtig ist und ob wirklich für jedes Vermögensobjekt des Unternehmens oder eine seiner Filia-

[1] Unter deutschen Verhältnissen kommt eine passive Rechnungsabgrenzung für Vermögensteuer nur bei Körperschaften in Frage, für die Einkommensteuer überhaupt nicht, wohl aber für die Körperschaftsteuer. Infolgedessen wurde „income tax" mit „Körperschaftsteuer" übersetzt. Die Arbeitgeberanteile zur Sozialversicherung u. dgl. rechnen wir nicht zu den Steuern, aber Rechnungsabgrenzungsposten für sie sind auch bei uns zu bilden. Eine klare Abgrenzung zwischen passiven Rechnungsabgrenzungsposten und Rückstellungen wird im Text nicht gemacht.

len oder Tochtergesellschaften, für die es die Zahlung der Vermögensteuer übernommen hat, eine Abgrenzung gebildet worden ist.

Auf die erste Frage gibt es im allgemeinen keine eindeutige Antwort. Die Beurteilung der Vermögensteile und der anzuwendende Steuersatz sind am Anfang der Periode, auf die sich die Abgrenzung bezieht, meist unbekannt. Normalerweise ist die Erfahrung in dem vorangegangenen Jahr der beste Anhalt für die Steuern des laufenden Jahres. Man sollte dabei jedoch die Entwicklungsrichtung der Steuersätze berücksichtigen, den besonderen Finanzbedarf der betreffenden Steuerbehörde und dergleichen. Wenn man keine früheren Erfahrungen hat — wie im Falle von Neuerwerbungen — hat die Schätzung einen noch spekulativeren Charakter. Hauptsächlich kommt es darauf an, daß die Grundlage, von der man bei der Schätzung ausgegangen ist, im Hinblick auf die erreichbaren Informationen vernünftig erscheint. Der Betrag des Abgrenzungspostens hängt dann weiter von der Periode ab, auf die sich die Steuerzahlung bezieht. Die Steuerperiode ist bei den einzelnen Steuerbehörden sehr verschieden. Die Abgrenzungsposten werden in der Regel in der Höhe eingesetzt, die dem Verhältnis der bereits abgelaufenen Zeit zur gesamten Steuerperiode entspricht, obwohl unter Umständen die ganze Steuerzahlung zu einem Termin im ersten Teil der Periode fällig ist. Diese Praxis ist gerechtfertigt, denn sie beruht auf dem Gesichtspunkt, die anfallenden Kosten gleichmäßig auf die verschiedenen Monate zu verteilen.

Die zweite Frage ist, ob für alle Vermögensgegenstände des Unternehmens Abgrenzungen gemacht worden sind. Man kann so vorgehen, daß man alle im vorangegangenen Jahr wirklich geleisteten Steuerzahlungen analysiert, oder so, daß man die Abgrenzungsposten nach Filialen und Tochtergesellschaften mit den Listen der Aktiva des Unternehmens vergleicht. Es besteht sehr wohl die Möglichkeit, daß notwendige Abgrenzungen übersehen werden, und daß Steuerzahlungen für vergangene Jahre versehentlich nicht geleistet wurden. Auch aus anderen vertraglichen Abmachungen können Steuerpflichten entstehen, und die Aufzeichnungen, die im Zusammenhang damit gemacht worden sind, sind zu prüfen.

Die Abgrenzungen für Steuern brauchen nicht in besondere Hilfsbücher eingetragen zu werden; wo dies jedoch geschieht, sollte die Übereinstimmung dieser Bücher mit den betreffenden Kontrollkonten geprüft werden.

*Steuerzahlungen.* Wenn die vorhergehenden Arbeiten richtig ausgeführt worden sind, wird die Bezahlung der Steuern keine besonderen Probleme gegenüber allen anderen Zahlungen aufwerfen. Ein besonderes Merkmal ist jedoch, daß die Steuerbehörde nach Eingang der Zahlungen im allgemeinen Steuerquittungen schickt. Der Eingang dieser Quittungen ist systematisch zu verfolgen, denn diese Quittungen stellen wichtige Belege für die Steuerzahlungen dar.

*Andere Gesichtspunkte der Vermögensteuer.* Zur Geschäftspolitik des Unternehmens in Steuerangelegenheiten gehört insbesondere auch die Frage, ob sie bei den geschätzten Bewertungen mit der Aufstellung vernünftiger Werte Erfolg gehabt hat. Hier ist das Ziel nicht, einen gerechten Anteil an der Aufbringung der örtlichen Steuern zu umgehen, sondern die unfaire Behandlung zu vermeiden, die manchmal fremden Unternehmen zuteil wird. Im allgemeinen ist der beste Weg der, diese Dinge den örtlichen Leitern des Unternehmens zu überlassen. Diese kennen die örtliche Situation und können durch persönlichen Einsatz eine gerechtere Lösung des Problems erreichen.

Weitere Gesichtspunkte sind die Leistungsfähigkeit der in der Hauptverwaltung des Unternehmens mit der Bearbeitung der Steuerangelegenheiten betrauten Personen, die Bedeutung der Steuern für die Frage, ob man in bestimmten Gebieten die Arbeiten ausdehnen oder einschränken soll, und die gesetzmäßige Verwendung der in jedem Jahr in den verschiedenen Gebieten gezahlten Steuern in der Werbung.

## Abgrenzung für Körperschaftsteuern

Die Abgrenzung der Körperschaftsteuern betrifft bedeutende Beträge, zumindest in den Jahren, in denen Gewinne erzielt werden. Ihre genaue Schätzung bereitet erhebliche Schwierigkeiten. Die Anwendung der Steuergesetze ist schwierig wegen ihrer vielen Sonderbestimmungen und der Unsicherheit, die oft bei der Behandlung von Problemen besteht, um die ständig Prozesse geführt und Berufungen eingelegt werden. Die Besteuerung durch die Staaten (der USA) ist auch verwickelt wegen der Schwierigkeit, das Einkommen eines Unternehmens je Staat festzustellen, wenn die Tätigkeit des Unternehmens über den eigenen Staat hinausreicht.

Die Aufgabe des internen Revisors besteht in der Prüfung, ob die Abgrenzungsposten für die Steuern des laufenden Jahres ihrer Höhe nach angemessen sind, und ob für strittige Fragen, die das vergangene Jahr betreffen, hinreichende Rückstellungen gebildet worden sind. Zu diesem Zweck kann er die neuen Abgrenzungsposten nachrechnen und die Unterlagen über Verhandlungen wegen Steuerangelegenheiten des Vorjahres prüfen. Die wirkliche Verbindlichkeit aus den umstrittenen Angelegenheiten mag sehr ungewiß sein, aber der interne Revisor muß auf jeden Fall über die betreffenden Streitfragen und die für ihre Beantwortung wichtigen Tatsachen berichten. Die Abgrenzung für die Körperschaftsteuer und andere Steuerangelegenheiten ähnlicher Art — Konzessionsteuern und andere Abgaben für Körperschaften — sollen von einer besonderen Abteilung bearbeitet werden. Die Aufgabe des internen Revisors besteht dabei darin, sich zu vergewissern, daß diese Dinge ordentlich bearbeitet und die Angaben in den Rechenschaftsberichten enthalten sind.

Der interne Revisor ist zwar kein Steuerspezialist, aber er muß auf diesem Gebiet ein allgemeines Grundwissen besitzen. Es werden sich häufig Gelegenheiten ergeben, wo er der Steuerabteilung nützliche Anregungen geben kann. Sein engerer Kontakt mit den Arbeiten und Aufzeichnungen der Gesellschaft befähigt ihn oft, der Steuerabteilung durch Erklärung bestimmter Vorgänge oder Buchungsarten beizustehen. Diese Zusammenarbeit muß für die Steuerabteilung normalerweise von wirklichem Wert sein. Sie dient zu gleicher Zeit dazu, die Fähigkeiten des internen Revisors auf diesem Gebiet noch mehr zu erweitern.

### Abgrenzungsposten für Sozialversicherungsbeiträge

Zum Schluß wollen wir noch die Abgrenzungsposten für Sozialversicherungsbeiträge betrachten. Diese Abgrenzungen bestehen normalerweise aus mindestens drei Arten: Bundes-Altersversorgung, Bundes-Arbeitslosenversicherung und staatliche Arbeitslosenversicherung. Im Falle der Bundes-Altersversorgung gibt es den Abgrenzungsposten, der zu Lasten der Gemeinkosten gebucht wird — den Arbeitgeberanteil — und die Verbindlichkeit, die durch die Abzüge von den Löhnen und Gehältern der Arbeitnehmer entstanden ist — den Arbeitnehmeranteil[1].

*Prüfung der Abgrenzung für Sozialversicherung.* Die Prüfung der Abgrenzungen für Sozialversicherungsbeiträge hängt sehr eng mit der Prüfung der Lohnlisten zusammen. Der Lohnbetrag, von dem die Beiträge berechnet werden, ist wegen der Befreiungen und anderer Sonderbestimmungen in den Gesetzen nicht der wirkliche Bruttolohn. Deshalb ist es notwendig, daß diese miteinander abgestimmt und alle Unterschiede erklärt werden. Diese Abstimmung ist ein Teil der regulären Arbeit der Lohnbuchhaltung, aber ob sie richtig gemacht ist, ist eine Angelegenheit, die der Revisor zu prüfen hat. Der Revisor soll zugleich die laufenden Abgrenzungsposten nachrechnen und sich ein Urteil über das allgemeine Maß an Genauigkeit bilden, mit dem sie aufgestellt worden sind. Er muß die wichtigsten Befreiungen kennen, die es bei den verschiedenen Beiträgen gibt und feststellen, ob sie berücksichtigt worden sind.

## Beispiel aus einem Handbuch — Steuern

Die folgenden Anweisungen über Steuern sind dem internen Revisionshandbuch eines Unternehmens entnommen.

[1] Wird in Deutschland unter „Sonstige Verbindlichkeiten" ausgewiesen.

## Steuern

*Ziele*

Es sind Ermittlungen anzustellen,
ob die Verpflichtung zur Zahlung von Steuern und Abgaben, die von Steuerbehörden festgesetzt sind, korrekt gebucht worden ist;
ob erlaubte Steuerbefreiungen in Anspruch genommen und mit Belegen glaubhaft gemacht sind;
ob Steuern so pünktlich und korrekt gezahlt werden, daß die guten Beziehungen zum Finanzamt erhalten bleiben und Säumniszuschlage vermieden werden.

*Interne Kontrollen und Prüfungsprogramm*

Bundes-, Staats- und kommunale Mineralölsteuer. Es müssen Kontrollen eingerichtet werden, um die Steuerzahlung an den jeweiligen Steuergläubiger für alle steuerpflichtigen Verkäufe in Übereinstimmung mit den richtigen Steuersätzen sicherzustellen.

1. Der interne Revisor muß sich Kopien aller von der Abteilung aufgestellten Steuerberichte und Analysen von Steuerkonten geben lassen.
2. Ein Vergleich der Literangaben auf steuerlichen statistischen Aufstellungen mit der Lagermeldung ist vorzunehmen.
3. Prüfung der Kontrollen bei der Einziehung und Bezahlung der Bundesverbrauchssteuer auf Verkäufe von Fett und Spezialwaren.
4. Wenn die staatliche Steuer auf Grund des Wareneingangs zu zahlen ist, muß eine Prüfung der Kontrollen darüber erfolgen, daß Steuer gezahlt wird, wenn steuerpflichtige Produkte mit nicht steuerpflichtigen vermischt eingehen.
5. Die Sendungen und Verkäufe in anderen Staaten sind zu prüfen, damit die Steuer an den richtigen Staat gezahlt wird.
6. Es ist zu prüfen, ob nicht gebuchte Verpflichtungen, Überzahlungen und verspätete Steuererklärungen vorliegen.
7. Der interne Revisor hat in Aktennotizen und Akten über Prüfungen, die während des geprüften Zeitraums von Revisoren des Bundes oder Staates durchgeführt worden sind, Einsicht zu nehmen.

*Steuerfreiheit*

Alle Ansprüche auf Befreiung von Steuerzahlungen auf steuerpflichtige Produkte, die für nichtsteuerpflichtige Zwecke gebraucht worden sind, müssen mit Steuerbefreiungszeugnissen belegt werden. Dazu ist notwendig:

1. Einsichtnahme in das Steuerhandbuch und die Literatur über staatliche Steuern.
2. Prüfung der Steuerbefreiungszeugnisse, die für die Prüfer des Bundes bereit gehalten werden.
3. Prüfung der Vollständigkeit des Formulars und Ermittlung, ob der gezeigte Gebrauch des Produktes als Grund für die Befreiung von der Steuerzahlung gelten kann.
4. Sicherstellung, daß die Befreiungszeugnisse gegen Feuer und Diebstahl geschützt sind.
5. Prüfung der verbindlichen Unterschriften (Unterschriftsstempel, Maschinenschrift oder Abzeichnungen nur mit den Anfangsbuchstaben genügen nicht).
6. Vergleich der Zeugnisse von zwei oder mehr Monaten mit den Abzügen auf den Steuererklärungen.
7. Prüfung, ob für Eigenverbrauch für nicht steuerpflichtige Zwecke — wie

Öl für hydraulisches Hebezeug und Petroleum zur Reinigung — eine Steuerbefreiung in Anspruch genommen ist.

8. Prüfung, ob keine Bundesverbrauchssteuer für Öle oder Fette bezahlt worden ist, die als Muster oder Geschenke verteilt worden sind.
9. Prüfung, wie beim Steuerbefreiungskonto Klärungen erfolgen und wie alt die unerledigten Posten sind.

*Umsatz-, Verbrauchs- und Ausgleichs-Steuern*

Die Unterlagen über Verkäufe von Produkten und über den Einkauf, Verkauf und die Übertragung von Materialien müssen genügend Einzelheiten enthalten, um die Verbrauchs- oder Ausgleichssteuern danach festzustellen. Dazu ist notwendig:

1. Einsichtnahme in die Steuerliteratur, um die Steuersätze und damit die Höhe der Verpflichtung der Gesellschaft zu ermitteln.
2. Prüfung der Umsatzsteuer-Einziehung und Feststellung, ob für die Produkte und Dienstleistungen, die steuerpflichtig sind, auch tatsächlich Steuern einbehalten werden.
3. Ermittlung, ob für die eingeführten Materialien Verbrauchssteuer bezahlt wird. Falls der Steuersatz für Ausgleichssteuer anzuwenden ist, ist zu ermitteln, ob nicht irrtümlich der volle Satz bezahlt wird.
4. Feststellung der Steuerschuld auf gebrauchte Materialien, die in den Staat eingeführt worden sind.
5. Prüfung, ob die Steuererklärungen den Vorschriften entsprechend ausgefüllt sind.

*Informatorischer Bericht für die Bundes- und Staats-Einkommensteuer*

Für alle Zahlungen von Mieten und Lizenzgebühren müssen informatorische Berichte an die Bundes- und Staatsbehörden eingereicht werden. Dazu ist notwendig:

1. Einsichtnahme in den jährlich herausgegebenen Rundbrief der Hauptverwaltung, um die Erfordernisse und Termine festzustellen und Prüfung, ob danach verfahren wurde.
2. Ermittlung, auf welche Weise die Informationen gesammelt werden und ob sie zuverlässig sind.

*Steuerlisten der Finanzabteilung*

Diese Listen, die vom Hauptbüro bei der Zusammenstellung der Steuererklärungen benutzt werden, müssen entsprechend den Vorschriften der Hauptverwaltung aufgestellt werden. Dazu ist notwendig:

1. Einsichtnahme in die letzten Jahreslisten und Prüfung auf Übereinstimmung mit den Vorschriften der Hauptverwaltung.
2. Stichprobenweise Prüfung der Genauigkeit der Listen.

*Abgrenzungsposten für Vermögensteuer*

Die Steuerschuld muß abgegrenzt werden. Die Zahlungen müssen in Übereinstimmung mit den Einschätzungen geleistet werden.

1. Sind die Abgrenzungen auf die Steuerzahlungen der Vorjahre aufgebaut?
2. Sind die Steuerabgrenzungen bei Anschaffungen oder Verfügungen über Vermögensteile entsprechend berichtigt worden?
3. Sind die richtigen Gemeinkostenkonten belastet worden?
4. Ist die Abgrenzung bei erfolgter Steuerzahlung richtig geändert worden?
5. Sind die Nebenbuch-Salden mit den Kontrollkonten des Hauptbuches abgestimmt worden?

*Ermäßigung auf staatliche Treibstoffsteuern*

Es muß eine Kontrolle eingerichtet werden, um sicherzustellen, daß der Antrag auf Steuerermäßigung bei den staatlichen Treibstoffsteuern gestellt wird.

In die staatlichen Steuergesetze ist Einsicht zu nehmen und festzustellen, ob die beantragte und bewilligte Steuerermäßigung richtig ist.

Eine andere Gesellschaft hat folgende Vorschriften speziell für das Problem der Abgrenzung der Körperschaftsteuer herausgegeben:

1. Prüfung der Verbindlichkeiten an Hand der vom Büro aufgestellten Liste oder Zusammenstellung durch Vergleich mit der Korrespondenz, den kurzen schriftlichen Notizen usw. vom Finanzamt oder Hauptverwaltung (wenn die Hauptverwaltung die Steuererklärungen abgibt), und durch Vergleich mit den Kopien der abgelegten Steuererklärungen. Nachrechnung der geschätzten Steuerschuld, die nach Beginn des laufenden Steuerjahres als Abgrenzungsposten ausgewiesen worden ist.
2. Prüfung der Kopie der Steuererklärung in den Akten der Verwaltung für das letzte Steuerjahr, um festzustellen, ob die Angaben richtig aus den Büchern zusammengestellt worden sind; Prüfung der Steuererrechnung auf der Erklärung.
3. Der Zweck dieser Prüfungen ist, den wahrscheinlichen Betrag festzustellen, der noch für frühere Jahre nachzuzahlen ist oder aber der zurückerstattet werden müßte, ebenso die Steuerschuld für die Periode vom Beginn des laufenden Steuerjahres an. Es ist zu ermitteln, ob hierfür entsprechende Buchungen gemacht worden sind.

## Transitorische Posten

Das Kennzeichen für die transitorischen Posten der Passivseite ist, daß vor dem Bilanzstichtag Gelder eingezogen oder Debitorenkonten belastet worden sind für Beträge, die einem Zeitraum nach dem Bilanzstichtag betriebswirtschaftlich zuzurechnen sind. Es können z. B. Mieten, Zinsen oder Vorauszahlungen verschiedener Art von Kunden sein. Zum Teil sind es unbedeutende Posten, in anderen Fällen handelt es sich um wesentliche Beträge. Z. B. erhält ein Zeitschriftenverleger Geld von seinen Abonnenten im voraus, und dieser noch nicht erarbeitete Ertrag kann an einem bestimmten Zeitpunkt sehr wohl ein wesentlicher Passivposten sein. Wann und in welchem Umfange solche transitorischen Posten ausgewiesen werden sollen, hängt in erster Linie von der Bedeutung des Postens ab und soll sorgfältig überlegt werden.

Das Ziel der Bildung von transitorischen Passiva ist sowohl theoretisch wie auch vom Standpunkt des internen Revisors darin zu sehen, daß die Verpflichtungen der Gesellschaft zur Leistung von Diensten, denen ein bestimmter Wert beizumessen ist, richtig ausgewiesen werden sollen. Ferner soll den Arbeitsperioden, in denen die Erträge erarbeitet werden, ein angemessener Betrag zugewiesen werden. Manchmal können es auch besondere Überlegungen sein, die den Ausweis transitorischer Passiva begründen. So scheint die Praxis bei der Passivierung des Gewinnes aus

Teilzahlungsverkäufen zum Teil von den einkommensteuerlichen Gesichtspunkten geleitet zu sein, andererseits von dem allgemeinen Wunsch, die aus diesen Verkäufen stammenden Forderungen vorsichtig zu bewerten.

Die Prüfung der transitorischen Passiva wird normalerweise in einer Untersuchung der Grundlage bestehen, auf der die Passivierung beruht und in einer Nachrechnung der Zahlen. Da die Personen, die die Zahlungen geleistet haben, im allgemeinen mit der Passivierung durch das Unternehmen nichts zu tun haben, erfordern diese Fälle keine Bestätigung von außen. Diese Passivposten sollen richtig und systematisch errechnet und begründet werden, aber die Art, wie dies geschieht, soll zugleich auch wirtschaftlich sein. Angemessene Schätzungen und Überschlagsrechnungen sind berechtigt. Es ist darauf zu achten, daß die zusätzliche Genauigkeit, die durch genauere Methoden erreicht wird, keine zu hohen Kosten verursacht.

Es kann jedoch vorkommen, daß unter Umständen das Wesen des Postens genaues Arbeiten erfordert. Ein Beispiel hierfür ist der Verkauf von Gutscheinbüchern an Kunden, die später einlösbar sind. Hier muß die Möglichkeit ausgeschlossen werden, daß jemand Gutscheinbücher auf unredliche Weise erhält oder sich schon einmal benutzte Gutscheine wieder aneignet und ein zweites Mal vorlegt. Hier sind Verfahren für eine strenge Kontrolle über noch nicht ausgegebene Bücher notwendig, für die Registrierung der ausgegebenen Bücher und für die Vernichtung der gebrauchten Gutscheine, wenn sie eingelöst sind.

### Verschiedene Passivposten

Jedes Unternehmen wird andere Arten von „verschiedenen Passivposten" bilanzieren, je nach der Natur ihres Unternehmens, ihrer Geschäftspolitik und den besonderen Erfordernissen. Ein Unternehmen erhält z. B. Pfandgelder für Behälter, ein anderes macht für Selbstversicherung eine Rückstellung, um ihre eigenen Versicherungsrisiken zu decken, während wieder andere wegen verschiedener geschätzter Schäden gewisse Verbindlichkeiten übernehmen. Jeder dieser Fälle hat besondere Eigentümlichkeiten, die die Aufmerksamkeit des internen Revisors erfordern. In allen Fällen muß er jedoch die Richtigkeit des Betrages der Verbindlichkeiten so gut wie möglich prüfen und sich ein Urteil über die Verfahren bilden, die mit dem fraglichen Passivposten zu tun haben.

## Beispiel aus einem Handbuch — Rückstellungen

Die folgenden Vorschriften aus dem internen Revisions-Handbuch einer Gesellschaft beleuchten die verschiedenen Arten von Rückstellungen für Verbindlichkeiten.

*Rückstellungen*

1. Die Protokolle, Dokumente usw. sind einzusehen, um Einzelheiten über die Pläne und Politik des Unternehmens hinsichtlich der Rückstellungen für Renten, Versicherungen usw. zu ermitteln. Es ist festzustellen, ob die im Buchführungshandbuch gegebenen Vorschriften befolgt werden.
2. Die Gutschriften auf Rückstellungen sind an Hand der Dokumente, Belege usw. daraufhin zu prüfen, ob sie in Übereinstimmung mit der Absicht der Geschäftsleitung — wie diese in den offiziellen Dokumenten zum Ausdruck gekomen ist — errechnet sind, ob die so errechneten Zuweisungen auf einer richtigen Grundlage beruhen, und ob andere Posten (Gewinnausschüttungen aus Gruppen-Versicherungsverträgen usw.) den richtigen Rückstellungen entsprechend den Angaben des Buchführungs-Handbuches gutgeschrieben worden sind.
3. Alle Belastungen bedeutender Beträge sind an Hand der dazugehörigen Dokumente, Belege usw. zu prüfen. Es ist festzustellen, ob diese Belastungen solche Verluste oder Kosten betreffen, für die die Rückstellung gebildet worden ist.
4. Es ist zu prüfen, ob der Saldo auf jedem Rückstellungskonto am Revisionstag für die Verluste oder Kosten ausreicht, für die die Rückstellung gebildet wurde. Hierbei sind schwebende Verluste oder Kosten und die bisherigen Erfahrungen der Gesellschaft zu berücksichtigen. Der Revisor soll sämtliche Rückstellungen, die nicht ausreichend, zu hoch oder nicht mehr notwendig sind, mit den zuständigen Angestellten besprechen und Empfehlungen für entsprechende Berichtigungen machen.

## Eventualverbindlichkeiten

Um unsere Prüfung der Passiva zu vollenden, müssen wir alle vorhandenen Eventualverbindlichkeiten von wesentlicher Bedeutung anerkennen und offenlegen. Von Eventualverbindlichkeiten spricht man dann, wenn im Augenblick noch keine wirkliche Verbindlichkeit vorhanden ist, wohl aber eine gewisse Wahrscheinlichkeit, daß sie aus der Angelegenheit entsteht. Die einfachsten Beispiele sind: schwebende Prozesse, Indossamente, Garantien und unter gewissen Voraussetzungen Einkaufsverpflichtungen. Sie können durch Eintragung einer Anmerkung auf der Vorderseite des Bilanzbogens, durch eine Fußnote zur Bilanz oder durch eine entsprechende Erläuterung im Geschäftsbericht offengelegt werden. Die Art der Prüfung und die damit verbundenen Probleme, über die wir schon bei den Passiva im allgemeinen gesprochen haben, gelten zum größten Teil auch hier. Das Aufzeigen und die Identifizierung einer Eventualverbindlichkeit sind jedoch oft schwierig. Die Schlüssel dazu existieren möglicherweise nur in der Korrespondenz oder in Aktenvermerken, und ihre Entdeckung wird oft zufällig sein. Der beste Weg besteht in der besonderen Durchsicht aller Angelegenheiten, die zu Eventualverbindlichkeiten führen können und zweitens in dem Vertrauen auf die Gewandtheit des internen Revisors, solche Hinweise auch in anderen Teilen seines Prüfungsprogrammes zu entdecken. So kann der interne Revisor wegen schwebender Prozesse mit der Rechtsabteilung sprechen und sich den Stand und die Aussichten aller anhängenden Rechtsstreitigkeiten erklären lassen. Verkaufsverträge und ähnliche Abmachungen sind auf Garantien hin durchzusehen. Das Personal der Einkaufsabteilung kann ebenfalls befragt und ihre Unterlagen stichprobenweise auf ungünstige Zukunftsverpflichtungen eingesehen werden.

*Vorgänge und Verfahren — Eventualverbindlichkeiten.* Über die allgemeinen Überlegungen hinaus, die bei allen Passivposten anwendbar sind, müssen die Vorgänge und das Verfahren den jeweiligen Besonderheiten angepaßt werden. In allen Fällen ist das Ziel, eine möglichst weitgehende Kontrolle über die Schaffung des Passivpostens und eine angemessene Information über ihn im Rahmen der Buchführung zu erlangen. Ein besonderes Beispiel mag in dieser Hinsicht genügen. Ein Unternehmen hilft in gewissen Fällen einem Händler, notwendige Einrichtungsgegenstände anzuschaffen, indem sie für die von ihm für diese Einrichtungsgegenstände gegebenen Wechsel bürgt. Wenn dies nach reiflicher Überlegung durch die Geschäftsleitung als zweckmäßig erscheint, dann ist die Erlaubnis, die fragliche Unterschrift zu leisten, ausdrücklich zu erteilen, und die in jedem Falle zu erfüllenden Bedingungen sind festzulegen. Es ist auch dafür Sorge zu tragen, daß die Buchhaltung richtige und vollständige Angaben erhält, um alle solche Verpflichtungen festzuhalten. Dies bezieht sich sowohl auf ihre Entstehung wie auch auf die spätere Verfügung.

*Andere Gesichtspunkte bei Eventualverbindlichkeiten.* Der interne Revisor kann eine wertvolle Arbeit leisten, wenn er die Geschäftspolitik in bezug auf die Übernahme von Risiken durch ungewisse Verbindlichkeiten prüft. Zur Beurteilung der geltenden Politik kann er vielleicht Zahlen vorlegen, die diese Kosten zeigen. Bei der oben erwähnten Bürgschaft kann es vielleicht sein, daß die Händler, die diese Zugeständnisse erhalten, nicht einmal eine gewinnbringende Gruppe darstellen. Die Vorlegung vollständiger Tatsachen kann sehr gut zu einer Änderung der Politik führen.

Einige Eventualverbindlichkeiten entstehen unabhängig von irgendeinem vorgefaßten Plan und sind u. U. unvermeidlich. In anderen Fällen wird eine sorgfältige Bearbeitung der betreffenden Angelegenheiten vielleicht das Entstehen solcher Verbindlichkeiten seltener machen. Die Verbesserung kann vielleicht in einer engeren Zusammenarbeit mit der Rechtsabteilung liegen, indem deren Meinung über mögliche Verpflichtungen in Vertragsformularen, Anzeigen u. dgl. erfragt wird. Vielleicht ist andererseits auch die Einrichtung oder Verbesserung einer Rechtsabteilung notwendig. Der interne Revisor bemüht sich in allen diesen Fällen, ein unparteiisches Urteil abzugeben.

### Beispiel aus einem Handbuch — Eventualverbindlichkeiten

Die Vorschriften einer Gesellschaft bezüglich Eventualverbindlichkeiten in ihrem internen Revisions-Handbuch lauten wie folgt:

1. Der Revisor soll sich von der Buchhaltung Aufstellungen (oder andere für Prüfungszwecke geeignete Zusammenstellungen) der Posten geben lassen, die den Saldo am Prüfungstag ergeben. Er soll die Aufstellungen mit den Hilfsbelegen und — soweit sie in wechselseitiger Beziehung zueinander stehen — miteinander vergleichen. Die Gesamtsummen sind mit den Salden auf den entsprechenden Hauptbuchkonten abzustimmen.
2. Die Protokolle, Verträge, Korrespondenzen usw. sind zu prüfen, ob alle Pfandgelder, Nebenausgaben usw., die am Prüfungstag bekannt waren, den Vorschriften im Buchführungs-Handbuch entsprechend gebucht sind. Wenn sich die Wahrscheinlichkeit wesentlicher Verluste aus Eventualverbindlichkeiten ergibt, deren Existenz bekannt ist, sind die Sachbearbeiter zu veranlassen, angemessene Rückstellungen dafür zu bilden.
3. Der Revisor soll sich von der Rechtsabteilung schriftlich Einzelheiten über die evtl. Verpflichtungen aus schwebenden Prozessen, Ansprüchen usw. am Prüfungstag oder danach mitteilen lassen. Sind diese Posten in der letzten Bilanz entsprechend den Vorschriften im Buchführungs-Handbuch ausgewiesen? Die nicht ausgewiesenen wichtigen Posten sind im Prüfungsbericht zu erwähnen.
4. Sind die Eintragungen auf den Hauptbuchkonten während des geprüften Zeitraums richtig, insbesondere die Buchungen auf dem Konto für Pfandgelder? Sind die ausgebuchten Pfandgelder wirklich an die Gläubiger zurückgezahlt?

## Andere Verbindlichkeiten

Die Verpflichtungen des Unternehmens, die nicht in der Bilanz auszuweisen sind, sind zum größten Teil in Verträgen verschiedener Art, die das Unternehmen abgeschlossen hat, enthalten. Wir haben schon früher ihre Bedeutung für das Unternehmen erwähnt und auch darauf hingewiesen, was der interne Revisor hier zu tun hat. In früheren Teilen des Prüfungsprogramms sind diese Verträge als wichtige Quellen für Daten benutzt worden, die sich auf die betreffenden Prüfungsaufgaben bezogen. So war es z. B. bei der Versicherung und der Vermögensteuer. Die Prüfung der Verträge für diese Zwecke kann zur gleichen Zeit als Mittel zur Entdeckung irgendwelcher Verpflichtungen benutzt werden, die regulär gebucht werden müßten.

*Prüfung der „Anderen Verbindlichkeiten".* Der interne Revisor prüft die Verträge in erster Linie, um die Vollständigkeit und Genauigkeit festzustellen, mit der die wichtigen Abmachungen systematisch gebucht werden. Ein zweiter Punkt ist die Frage, ob die Bedingungen und Abmachungen von dem Unternehmen erfüllt worden sind. Drittens ist die Richtigkeit der Unterschriften und Genehmigungen zu prüfen — die Ermächtigung, auf Grund derer der Vertrag unterschrieben worden ist. So kann ein bestimmter Pachtvertrag eine Vereinbarung enthalten, daß das

Unternehmen die Bezahlung aller laufenden Steuern übernimmt. Ist dies dem Sachbearbeiter mitgeteilt worden, der für die Vermögensteuer verantwortlich ist? Ist in den entsprechenden Aufstellungen oder Büchern ein entsprechender Vermerk eingetragen worden? Sind bis jetzt alle Steuern bezahlt worden? War der Vertrag, durch den diese Verpflichtung übernommen worden ist, ordnungsgemäß genehmigt?

Diese Verträge sind in einigen Fällen lückenlos, in anderen stichprobenweise zu prüfen. Gewisse Arten von Verträgen, bei denen es sich um größere Werte handelt, wird man in ihren Einzelheiten prüfen. Man kann in den Arbeitspapieren Aufstellungen über alle geprüften Einzelheiten anlegen, kann aber auch darauf verzichten. Wenn es sich jedoch um einen größeren Vertrag handelt, sollte ein Auszug für die Arbeitspapiere angefertigt werden.

*Praxis und Verfahren — „Andere Verbindlichkeiten".* Die Notwendigkeit ausreichender Kontrolle über Vorgänge, die zu vertraglichen Verpflichtungen führen und die Notwendigkeit systematischer Arbeitsabläufe für Buchung, Abstimmung und Kontrolle sind schon früher erwähnt worden. Solange noch über Verträge verhandelt wird, ist eine angemessene Kontrolle besonders notwendig. Man macht allgemein die Erfahrung, daß gewünschte Einzelbestimmungen oder Schutzklauseln in diesem Zeitpunkt mit weniger Mühe erreicht werden können, während sie in einem späteren Zeitpunkt schwer, wenn nicht unmöglich durchzusetzen sind.

Es ist oft schwer zu sagen, wie gebucht werden soll, besonders wenn in einem Vertrag Wahlrechte festgelegt sind, die später das ganze Wesen des Vertrages ändern können. So kann in einem Mietvertrag z. B. ein Wahlrecht enthalten sein, innerhalb einer bestimmten Zeit zu kaufen, wobei dann die geleisteten Mietzahlungen auf den Einkaufspreis angerechnet werden können. Bei der Buchung eines solchen Vertrages sollte der vorsichtigere Weg vorgezogen werden; aber in vielen Fällen ist die beste Behandlung der Angelegenheit nicht klar.

Hauptsächlich ist jedenfalls zu prüfen, ob alle die Verträge betreffenden Tatsachen in den Buchungen zum Ausdruck kommen und den Beteiligten bekannt sind. Für die Erfüllung der Vereinbarungen muß die Grundlage geschaffen werden, andererseits muß das Unternehmen in der Lage sein, seine Rechte so wirksam wie möglich geltend zu machen.

## Andere Gesichtspunkte bei vertraglichen Abmachungen

Der interne Revisor muß die Bedeutung der Verträge und Vereinbarungen für die erfolgreiche Führung des Unternehmens in vollem Umfang kennen. Die Form, die diese Vereinbarungen annehmen sollen, beschäftigt die Geschäftsleitung ständig. Zwar gibt es bei jedem Vertrag mindestens zwei Parteien, die eine Übereinstimmung erreichen müssen, aber dennoch kann eine Analyse der Formulierung des Vertrages durch den Revisor oft zu Lösungen führen, die für beide Teile von Vorteil sind. Die Überprüfung bestehender Verträge auf ihre Vorteilhaftigkeit und auf Schwierigkeiten bei ihrer Ausführung kann sehr wohl die Grundlage für den Entwurf geeigneterer Bestimmungen werden. So kann der Revisor bis zu einem gewissen Grade helfen, zu besseren vertraglichen Abmachungen zu gelangen.

### Gesamtbeurteilung der passiven Rechnungsabgrenzungsposten und anderen Verbindlichkeiten

Bei der Gesamtbeurteilung der passiven Rechnungsabgrenzungsposten kommt es vor allen Dingen darauf an, daß systematische und ordnungsgemäße Arbeitsabläufe bestehen, durch die richtige Abgrenzungen mit vertretbarem Aufwand vorgenommen werden können. Hierbei ergeben sich viele Fragen. Welche Aufwendungen abgegrenzt werden sollen und mit welcher Genauigkeit, hängt — wie wir gesehen haben — in erster Linie von der Bedeutung des Postens und den Kosten der Errechnung des Betrages ab. Es kommt oft vor, daß solche Berechnungen so weit geführt werden, daß der Aufwand an Zeit und Mühe nicht gerechtfertigt ist. Es gehört zu den Aufgaben des internen Revisors, zu helfen, daß das richtige Gleichgewicht zwischen Kosten und Nutzen erreicht wird und darauf zu achten, daß bei der Planung und Durchführung von Abgrenzungen die Erfordernisse der Praxis mit gesundem Menschenverstand erfüllt werden.

Es ist jedoch wichtig, daß alle Abgrenzungen, die gemacht werden, planvoll geschehen. Ein Plan ist für jede Aufwandart aufzustellen und soll die Quelle der Daten und die Art zeigen, wie die Errechnung oder Schätzung durchzuführen ist. Dieses Vorgehen ist erforderlich, um vorzubeugen, daß Abgrenzungen beim Abschluß ausgelassen werden, und damit Irrtümer möglichst selten vorkommen. Es sind geeignete Hilfsbelege oder Formulare zu entwickeln, die klar die Errechnung des Abgrenzungspostens und seine Einteilung nach Abteilungen, Niederlassungen oder anderen Gesichtspunkten zeigen. Die Entwicklung systematischer Arbeitsabläufe und Unterlagen fördert zugleich die wirtschaftliche und genaue Durchführung dieser Aufgaben.

Bei den Abgrenzungsposten entstehen die Fragen von größerer Bedeutung aus den Vorgängen, für die Abgrenzungen gemacht werden. Dies trifft besonders in den Fällen zu, in denen das Unternehmen genaue Monatsbilanzen aufstellt. Die richtige Verteilung der Aufwendungen auf die verschiedenen Monate — um die monatlichen Kosten nicht zu verzerren — ist ein ständiges Problem, das unmittelbar mit den Abgrenzungsposten zusammenhängt. Jede Art von Aufwendungen, die entstanden ist, bringt ihre eigenen besonderen Probleme der Kontrolle und Verwaltung mit sich, und die Aufgabe des internen Revisors wird jeweils von den Erfordernissen des einzelnen Falles bestimmt.

## Abgegrenzte Provisionen, Löhne und Gehälter

Die Abgrenzungen, die wegen verdienter, aber noch nicht gezahlter Provisionen, Löhne oder Gehälter gebildet werden, stellen einen der wichtigsten Abgrenzungsposten überhaupt dar. Im allgemeinen besteht ein zeitlicher Abstand zwischen der Leistung der Dienste und ihrer wirklichen Bezahlung. Jede Verbindlichkeit, die aus diesem zeitlichen Abstand entsteht, muß an jedem regulären Abschlußdatum ausgewiesen werden. Für die Einkommensaufstellung ist es ebenfalls notwendig, daß der Betrag dieser bereits entstandenen Aufwendungen sich in den Belastungen der betreffenden Arbeitsperiode widerspiegelt. Die Prüfung dieser Beträge bezieht sich zugleich auf das ganze Verfahren, durch das diese wichtigen Betriebsausgaben während des Prüfungszeitraums abgegrenzt und wieder aufgelöst worden sind. Die hiermit zusammenhängenden Fragen gehören zu den schwierigsten Angelegenheiten auf dem Gebiet der internen Kontrolle und erfordern die ständige Aufmerksamkeit des internen Revisors.

## Andere Abgrenzungsposten aus dem Lohnbereich

In den letzten Jahren haben viele der Nebenleistungen, die in verschiedenen Tarifverträgen vereinbart sind, das Abgrenzungsproblem noch weiter vergrößert. In vielen Fällen, z. B. bei den schon entstandenen Feiertagslöhnen, ist das Problem bei den Jahresbilanzen nicht so groß wie bei den Monatsbilanzen, weil es sich hauptsächlich um die Frage eines Ausgleichs innerhalb eines Wirtschaftsjahres handelt. Z. B. können von den im Tarifvertrag genehmigten bezahlten Feiertagen zwei in denselben Monat fallen. Um die Kosten für diese Periode nicht zu verzerren, wird ein proportionaler Teil des jährlichen Gesamtbetrages monatlich dem Betrieb belastet. Auf Grund des Tarifvertrages sind unter Umständen noch andere Verbindlichkeiten abzugrenzen, z. B. Urlaubslohn, Zuweisungen zu einem Wohlfahrtsfonds für die Arbeitnehmer und Verpflichtungen aus den Bestimmungen über garantierten Jahreslohn. In gewissen Fällen schaffen Mitteilungen über die Politik des Unternehmens — wenn die Arbeitnehmer sich darauf berufen können — bereits Verpflichtungen ohne formelle Verträge. Es kann notwendig sein, ein Rechtsgutachten über solche Verpflichtungen an einem Bilanzstichtag einzuholen. Manchmal ist es nicht klar, ob die Rechte der Arbeitnehmer ihnen während einer bestimmten Periode zukommen oder in einer späteren Periode fällig werden.

Der interne Revisor soll die geschätzte Summe bei jedem Betrag prüfen und die monatliche Belastung feststellen. Bei den monatlichen Beträgen sind etwa erforderliche Korrekturen so früh wie möglich zu machen, damit die letzten Monate des Jahres nicht über Gebühr belastet werden.

# IV. VERWALTUNG UND VERTRIEB

## 14. Vertrieb und Rechnungsausstellung

Die interne Revision des Vertriebs hat im allgemeinen nicht denselben Grad der Entwicklung und Anerkennung erreicht, wie es auf einigen anderen Gebieten der Fall ist. Verschiedene Unternehmen mit einer größeren Anzahl von Verkaufsbüros in weit voneinander entfernten Orten unterhalten jedoch seit langem einen Stab von reisenden Prüfern. In den meisten Fällen war die Vertriebsprüfung, wie sie von den reisenden Prüfern ausgeführt wurde, in erster Linie auf die Prüfung der Richtigkeit der Buchführung ausgerichtet, und weniger auf die Beurteilung der Arbeitsvorgänge.

Aus der weiteren Entwicklung der internen Revisionstätigkeit auf allen anderen Gebieten, besonders auf benachbarten Gebieten der Unternehmenstätigkeit, ergibt es sich, daß dem Beitrag, den der interne Revisor in bezug auf den Vertrieb leisten kann, größere Aufmerksamkeit gewidmet werden sollte. Die offiziellen Veröffentlichungen des Institute of Internal Auditors haben betont, daß das wichtige Ziel des internen Revisors darin besteht, die Geschäftsleitung bei den Verwaltungsarbeiten zu unterstützen. Der beste Weg dazu führt über das Gebiet, auf dem er besonders qualifiziert ist. Das ist das Gebiet der Beurteilung der Kontrollen. Der interne Revisor ist im allgemeinen kein Spezialist auf irgendeinem Arbeitsgebiet, wie Vertrieb, Beschaffung, Produktion usw., noch bildet er sich das ein. Er ist Spezialist für die Beurteilung der Kontrollen. Er hat jahrelange Erfahrung in der Untersuchung und Beurteilung der praktischen Durchführung der Ziele der Geschäftsleitung auf vielen verschiedenen Gebieten des Geschäftslebens.

### Das Vorgehen der internen Revision

Die Prinzipien der internen Revision des Vertriebs unterscheiden sich nicht von denen für andere geschäftliche Vorgänge. Zu vergleichen ist nur die wirkliche Ausführung mit der erwarteten Ausführung, die durch Vertriebspolitik, Pläne und Verfahren festgelegt ist. Der interne Revisor nimmt daher nicht an der Bestimmung der Vertriebsziele teil, ihn geht das Verhältnis der tatsächlichen Ausführung zur Zielsetzung an, nachdem das Ziel festgelegt ist. Ziele oder Vertriebspolitik der Geschäftsleitung sind von Davies[1] wie folgt formuliert worden:

1. Festsetzung der Vertriebsziele des Unternehmens.
2. Ausarbeitung von Grundsätzen und Plänen zur Erreichung dieser Ziele.
3. Aufteilung der Verantwortlichkeiten auf dem Gebiete des Vertriebs.
4. Aufstellung von Normen für annehmbare Leistungen im Vertrieb.
5. Ausführung der Pläne durch wirksame Verfahren.
6. Untersuchung des Erfolges, um die zukünftige Leistung zu verbessern.

Die Größe, Organisation, Arbeitsmethode und die Gewinne des Unternehmens als Ganzes hängen wesentlich von seinen Vertriebsleistungen ab. Die Tätigkeit der internen Revision besteht auf diesem wie auf anderen Gebieten in der Untersuchung und Messung der erreichten Leistung gegenüber den festgesetzten Zielen.

## Grundlegende Faktoren des Vertriebs

Der Umsatz von Produkten, Waren und Dienstleistungen stellt die hauptsächliche Quelle des Unternehmensertrages dar. Der größte Reingewinn wird durch einen angemessenen Umsatz zu einem auskömmlichen Preis erzielt, der die damit verbundenen Aufwendungen übersteigt. Die Erreichung des höchsten Gewinnes hängt nicht unbedingt vom höchsten Umsatzvolumen ab. Der Preis und die Kosten müssen untersucht und beeinflußt werden, um das gewünschte Ergebnis zu erreichen.

Der interne Revisor kann durch eine Prüfung der wirklichen Vorgänge feststellen, wie die wichtigen Faktoren: Umsatz, Preis und Stückkosten sich zur Geschäftspolitik verhalten, die in Plänen, Schätzungen oder ähnlichen Normen festgelegt ist. Außerdem muß der interne Revisor feststellen, ob das Unternehmen beim Verkauf der Güter den richtigen Gegenwert erhält und ob Verkaufsaufträge vor ihrer Annahme hinreichend auf ihre Gewinnaussichten untersucht werden. Bevor er das Prüfungsprogramm im einzelnen aufstellt, muß er die grundlegenden Faktoren wie 1. Umsatz, 2. Preis, 3. Auftragsbeurteilung und 4. Stückkosten sorgfältig betrachten.

*Umsatz.* Obwohl der Umsatz in vielen Fällen zur Messung der Vertriebstätigkeit benutzt wird, muß man daran erinnern, daß ein hoher Umsatz allein noch nicht hohen Gewinn bedeutet. Wenn eine große Anzahl von Produkten mit verschiedenen Gewinnspannen verkauft wird, ist der Umsatz von geringerer Bedeutung als dort, wo es weniger Produkte mit der gleichen allgemeinen Spanne sind. In vielen Unternehmen ist das Verhältnis der verschiedenen Produkte (Produktmischung) inner-

---

[1] Maurice B. T. Davies, Auditing Sales Operations-Internal Auditing for Profit (New York: The Institute of Internal Auditors, 1955)

halb des Gesamtumsatzes ein wichtiger Faktor bei der Beurteilung des Ergebnisses. Wenn auch der geplante oder normierte Umsatz erreicht sein mag, kann doch der höhere Anteil von Posten mit geringerem Gewinn den Gesamtgewinn ernstlich gegenüber dem erwarteten vermindert haben.

Als Teil seiner Arbeit soll der interne Revisor feststellen, ob die Geschäftsleitung genaue Umsatzzahlen erhält, also Analysen nach Art und Höhe des Umsatzes je Produkt, nach Verkäufen, nach Gebieten und anderen ähnlichen Gesichtspunkten. Diese Analysen sollen zu den geplanten oder geschätzten Umsätzen in Beziehung gesetzt werden, um die Abweichungen festzustellen.

*Preis.* Vom volkswirtschaftlichen Standpunkt sind die Preise der Regulator unserer Wirtschaft, indem sie auf lange Sicht die Verteilung von Gütern und Dienstleistungen bestimmen. Wenn die Preise in einer bestimmten Industrie nicht genügen, um einen angemessenen Gewinn abzuwerfen, tendieren Kapital und Arbeit dazu, auf attraktivere Gebiete hinüberzuwechseln. Demnach spielen Preise eine wichtige Rolle in unserem Wirtschaftsleben[1].

Mit stärkerem Wettbewerb werden die Genauigkeit und Schnelligkeit, mit der Preise bestimmt werden, immer wichtigere Faktoren für die Rentabilität der Gesellschaft. Die Notwendigkeit ständiger Beobachtung des Verhältnisses der Preise zu den Produktionskosten und der sofortigen Mitteilung an die Geschäftsleitung, wenn das Verhältnis ungünstig wird, hat dazu geführt, daß die Preisbildungsfunktion sich mehr zum Verantwortungsbereich des Comptrollers und weg von dem der Vertriebsleitung bewegt hat. Es ist jedoch wesentlich, daß eine sehr enge Zusammenarbeit zwischen den Vertriebs- und Produktionsabteilungen gepflegt wird.

Die Beherrschung des Rechnungswesens und die Kenntnis der Produktionsprozesse, der Vertriebsmethoden und Marktverhältnisse sind im allgemeinen genügende Qualifikationen für den Preisbildungs-Stab. Die Funktion einer Preisbildungsgruppe hat man folgendermaßen beschrieben:

1. Durchführung der Preispolitik; es werden Preislisten für normale Produkte und Größen aufgestellt und an die Händler verteilt.
2. Errechnung von Preisen auf Anfrage; Preise für nicht der Norm entsprechende Produkte müssen auf Anordnung schnell zur Verfügung stehen.
3. Prüfung der Richtigkeit der Preise; die berechneten Preise werden auf Übereinstimmung mit Preislisten oder besonderen Daten geprüft.

---

[1] J. Brooks Heckert and James D. Willson, Controllership (New York: The Ronald Press Co., 1952).

4. Analyse von Daten; die laufende Zusammenstellung und Analyse der Grunddaten, die für die Berechnung der Preise erforderlich sind.
5. Verbindung mit den Niederlassungen; es ist wichtig, daß eine enge Verbindung mit den Rechnungsabteilungen bei den Niederlassungen gepflegt wird, um jede Verzögerung in der Rechnungsausstellung zu vermeiden.

Bei seiner Prüfung soll der interne Revisor über die Arbeit der Preisgruppe mit ihrem Leiter sprechen. Er soll Preislisten prüfen und stichprobenweise die Kalkulation repräsentativer Positionen nachrechnen. Die Methoden, die von der Gruppe für die Prüfung von Preisen und die Sammlung und Analyse von Daten angewendet werden, wären ebenfalls zu prüfen. Bei Besuchen in auswärtigen Niederlassungen kann der interne Revisor sich ein Urteil über die Leistung der Preisgruppe bilden, indem er die Genauigkeit und Schnelligkeit ermittelt, mit der den Niederlassungen Preise angegeben werden. Im allgemeinen können Preise vergleichbaren Zahlen gegenübergestellt werden. Auch die Art und Anzahl von Preisänderungen auf Rechnungen, Bestellungen und anderen Dokumenten kann unkorrekte Preisangaben anzeigen, wenn sie häufig vorkommen. Übermäßige Verzögerungen bei der Preisangabe lassen sich innerhalb eines normalen Prüfungsprogramms schon ermitteln, wenn man Rechnungs- und Versanddatum vergleicht und die Gründe für verspätete Rechnungserstellung heraussucht.

*Auftragsprüfung.* Dies ist eine Hilfsfunktion, die in enger Beziehung zur Preisbildungsfunktion steht. Durch eine laufende Analyse von Verkäufen und Produktion werden Empfehlungen für bestimmte Gebiete erarbeitet, um die Gewinne zu steigern. Die hauptsächlichen Pflichten können wie folgt angegeben werden:

1. Alle Aufträge sind zu prüfen, bevor sie angenommen werden, so daß unwirtschaftliche Aufträge abgelehnt werden können.
2. Kostenberichte über ausgeführte Aufträge sind auf ihre Resultate zu untersuchen — Gebiete, wo eine Verbesserung notwendig ist, werden abgesteckt, und dem betreffenden Bezirk werden genaue Berichte zugesandt.
3. Es sind Analysen und Empfehlungen hinsichtlich der Annehmbarkeit neuer Entwicklungen zu machen — Berichterstattung über Möglichkeiten des Marktes, Kosten der Herstellung, Produktionskapazität, geschätzten Verkaufspreis und möglichen Gewinn.
4. Aufzeichnungen über Gewinnmöglichkeiten sind zu führen, die die gewinnbringendsten Arten und Größen der Produkte zeigen. Nach Berücksichtigung aller Faktoren werden Empfehlungen gegeben, welchen Artikeln bei den Verkaufsanstrengungen der Vorzug gegeben werden sollte.

5. Es sind Spezialuntersuchungen für die Geschäftsleitung durchzuführen — so z. B. Spezialuntersuchungen der Grunddaten für die Entscheidung, ob eine bestimmte Einrichtung gekauft werden soll. Es sind Daten über das Marktpotential, die Kosten des Arbeitsganges, den möglichen Gewinn und ähnliche Faktoren zu sammeln.

Die Arbeit der Auftragsprüfungsgruppe ist mit dem Leiter dieser Gruppe zu diskutieren. Stichproben über ihre Verfahren sind so auszuführen, daß man eine Gruppe repräsentativer Fälle nimmt und ermittelt, ob die Prüfungsverfahren ordnungsmäßig angewendet worden sind. Auch sollte man die Aufzeichnungen, die geführt werden und die Häufigkeit und Art der erstatteten Berichte prüfen. Ferner ist die Zahl und Art der angefertigten Sonderberichte zu untersuchen.

*Stückkosten.* Auf einem Wettbewerbsmarkt werden die Preise nicht allgemein nach einer starren Formel festgesetzt, die allein von den Kosten ausgeht. Wenn der Preis zu hoch ist, wird das Geschäft an die Konkurrenz gehen; wenn der Preis zu niedrig ist, geht der Gewinn verloren. Auf lange Sicht kann kein Unternehmen seine Produkte nur für die Kosten oder weniger als die Kosten verkaufen. Es ist anzustreben, daß bei jedem Produkt ein Gewinn gemacht wird, um einen größeren Gesamtgewinn für das Unternehmen zu erreichen. Deshalb ist es unbedingt notwendig, daß der Preisbildungsgruppe so schnell wie möglich genaue Kosten zur Verfügung stehen.

In allen Fällen, in denen die Kosten die Grundlage für die Berechnung der Verkaufspreise bilden, soll der interne Revisor die Genauigkeit der zugrunde liegenden Kosten prüfen. Oft kann diese Prüfung in das Prüfungsprogramm ohne zu große Schwierigkeit eingefügt werden, weil der Revisor im allgemeinen die Kosten als Teil seiner regulären Prüfungstätigkeit untersuchen wird.

### Ausdehnung der internen Revision auf neue Gebiete

Die meisten Unternehmen, besonders die Produktionsunternehmen, hatten die Tendenz, ihre Revisionstätigkeit auf die Produktion zu konzentrieren. Man hatte allgemein das Gefühl, daß die Größe der einzelnen Verkaufseinheit, wie etwa eines Bezirksverkaufsbüros, nicht den Zeit- und Geldaufwand rechtfertige, den eine interne Revision verursache. Jedoch haben die Vorteile, die durch die Anwendung der heutigen internen Prüfungstechniken erreicht werden können, viele Unternehmen veranlaßt, Wege zur Lösung dieses Problems zu suchen. Neuerdings geht man dazu über, Revisionen auf bisher noch nicht erfaßte Gebiete des Vertriebs auszudehnen. Um die Kosten niedrig zu halten, sollte man den Besuch des internen Revisors bei einem Verkaufsbüro möglichst mit einer Prüfung bei einer Fabrik in demselben Gebiet verbinden.

### Verantwortung

Hier geht es vor allem um die hinreichende und genaue Aufstellung von Grundsätzen für die Buchführung, die Beschaffung angemessener Informationen für die Geschäftsleitung für Kontrollzwecke und die Abstimmung aller Arbeitsvorgänge auf eine zweckmäßige Förderung der guten Beziehungen zu den Kunden. Der erste dieser Gesichtspunkte erfordert angemessene Kontrolle der Vorräte, Versand- oder Lieferungsverfahren, Verfahren der Rechnungsschreibung und bei Barverkäufen eine geeignete Kontrolle über die Geldeinnahme. Der Zweite erfordert eine richtige Analyse der Verkaufsgeschäfte und laufende Berichte über diese Dinge für den Gebrauch der Geschäftsleitung. Der dritte Gesichtspunkt betrifft den Kundendienst bei den Verkaufsgeschäften, die Schnelligkeit der Lieferung, die Genauigkeit bei der Ausführung der Bestellungen, systematische und genaue Ausstellung der Rechnungen und allgemeine höfliche Behandlung der Kunden bei allen Angelegenheiten, die zum Vertrieb gehören.

## Kreditverkäufe

In den meisten großen industriellen Unternehmungen wird die Mehrzahl der Verkäufe auf Kreditbasis abgewickelt. Daher werden wir zuerst die Verfahren und Probleme untersuchen, die hiermit in Verbindung stehen und dann können — soweit es sinnvoll erscheint — Abwandlungen davon diskutiert werden, die sich auf Barverkäufe beziehen. Kreditverkäufe führen letzten Endes zu Belastungen auf Kundenkonten und stehen daher unmittelbar in Verbindung mit dem Problem der Forderungen. An dieser Stelle sei darauf hingewiesen, daß alle Tätigkeiten des Unternehmens direkt oder indirekt miteinander in Beziehung stehen. Der interne Revisor wird zum Beispiel sowohl bei der Prüfung von Belegen als auch bei der Prüfung der Arbeitsabläufe alles prüfen, was sich auf Vorräte und Verkäufe bezieht. Die Einteilung der Tätigkeit täuscht vielleicht eine Unabhängigkeit dieser Probleme voneinander vor, die aber nicht der Wirklichkeit entspricht.

### Auftragseingang

Der erste Vorgang beim Kreditverkauf ist der Eingang des Kundenauftrages. Er kann durch die Post eingehen, durch direkten Kontakt mit dem Kunden in einem Büro des Unternehmens oder durch einen Vertreter. In jedem Fall muß er so früh wie möglich schriftlich bestätigt werden, wenn nicht auf einem vornumerierten Formular der Gesellschaft, dann auf ähnliche Art. Das Auftragsformular wird dann sorgfältig auf Genauigkeit geprüft und für die notwendigen Genehmigungen vorbereitet. Jetzt hat die Kreditabteilung den Kredit des Kunden zu beurteilen; bestimmte Angestellte müssen evtl. Sonder-Preise, -Bedingungen, -Rabatte und dergleichen genehmigen. In anderen Fällen muß festgestellt werden, ob das Unternehmen in der Lage ist, den Auftrag in der erteilten Form auszuführen. Ist er annehmbar, kann der Auftrag dem Kunden bestätigt werden.

### Ausführung des Auftrags

Die Auftragsbestätigung wird normalerweise mit einer Anzahl von Durchschlägen geschrieben. Unter Umständen werden bestimmte Kopien ergänzt und dienen als Rechnungen. Einer der Durchschläge wird eventuell zum Lager geschickt und dient als Unterlage für die Warenausgabe. Ein anderer Durchschlag geht vielleicht an die Versandabteilung und wird dort mit den Gegenständen verglichen, die vom Lager gekommen sind, um versandt zu werden. Es ist äußerst wichtig, daß keine Ware versandt wird, solange kein genehmigter Verkaufsauftrag erteilt und eine sorgfältige Prüfung der genauen Übereinstimmung mit seinen einzelnen Positionen durchgeführt ist. Angaben über Versandkosten können auch auf der Bestätigung notiert werden, wenn sie angefallen sind und dem Kunden belastet werden müssen. Je ein Beleg vom Lagerverwalter und von der Versandabteilung sind dann unabhängig voneinander zur weiteren Bearbeitung des Auftrags an die Rechnungsabteilung zu schicken.

Es ist notwendig, daß die Arbeiten, die mit dem Versand der Waren zusammenhängen, von den Arbeiten bei der Warenannahme völlig getrennt sind. Diese beiden Tätigkeiten müssen durch vollständig getrennte und unabhängige Abteilungen ausgeführt werden. Vor allem soll es an keiner Stelle des Wareneinganges und der Warenausgabe irgendeine Vermischung dieser Arbeiten geben.

### Verfahren der Rechnungsausstellung

Auf Grund der Belege über den erfolgten Warenausgang kann die Rechnung in der erforderlichen Anzahl von Exemplaren ausgeschrieben werden. Sie wird fortlaufend numeriert und alle Bedingungen, Preise, preisändernde Faktoren, Maße und die Summe müssen sorgfältig geprüft werden. Durch unabhängige Personen sollen Vergleiche mit der Originalbestellung und den Durchschlägen durchgeführt werden, die vom Lager und der Versandabteilung gekommen sind. Es muß alles getan werden, um sicherzustellen, daß der Kundenauftrag genau ausgeführt und richtig berechnet wird, und daß alle eventuellen Irrtümer ausgeschlossen sind. Die Rechnung wird dann von unabhängigen Personen in das Verkaufsregister eingetragen oder auf irgendeine andere Art für die Buchungen zusammengefaßt und dadurch die Grundlage für die Kontrolle der Belastungen auf den Konten für Kundenforderungen geschaffen. Gleichzeitig wird die Rechnung für den Kunden sofort zur Post gegeben.

### Anpassungsmöglichkeiten in den Vertriebsmethoden

Die dargelegten Verfahren für Kreditkäufe sollen diese Vorgänge nicht in allen Einzelheiten beschreiben. Ebensowenig sollen sie ein bestimmtes Schema für die Arbeit angeben. Das Verfahren muß den jeweiligen Umständen und besonderen Bedürfnissen angepaßt werden. Das Ziel ist mehr, die wichtigsten Schritte in jedem Verkaufsprogramm zu zeigen und darauf hinzuweisen, daß es angebracht ist, diese Arbeiten in Übereinstimmung mit bestimmten Vorschriften oder Grundsätzen auszuführen. Die Verantwortung für die verschiedenen Tätigkeiten muß klar festgelegt sein; die Arbeiten müssen in unabhängiger Weise koordiniert werden; Normalarbeitsabläufe müssen aufgestellt werden, um die Abwicklung dieser Angelegenheiten zu erleichtern; die Schreibarbeit muß sorgfältig überprüft werden; und allgemein sollte man — soweit es wegen der damit verbundenen Kosten ausführbar ist — solche Maßnahmen treffen, die die oben angegebenen Ziele bei den Verfahren des Vertriebs fördern. Vor allem ist es wesentlich, daß eine systematische Verbindung zwischen Versand und Rechnungsausstellung besteht, so daß man sicher ist, daß jeder Versand tatsächlich zu einer Belastung auf einem Kundenkonto in der Debitorenbuchhaltung führt.

## Barverkäufe

Die Verkäufe, die in bar abgewickelt werden, werfen eine Anzahl besonderer Probleme auf. In einigen Fällen ist es möglich, die Vorgänge zuerst über die normalen Wege für Kreditverkäufe abzuwickeln, das Kundenkonto zu belasten und dann den Bargeldeingang dem Konto gutzuschreiben, wodurch die Forderung sofort wieder aufgelöst wird. Dieses Verfahren hat den Vorteil, für alle Verkäufe dieselben Aufzeichnungen in den Büchern zu schaffen. In anderen Fällen kann auch der Bargeldeingang von den Warenvorgängen getrennt werden, wobei die Auslieferung der Ware dann auf Grund von Kasseneingangsformularen oder von Rechnungen mit „Bezahlt"-Stempel erfolgt.

Zu den schwieriger zu kontrollierenden Situationen gehören jene, bei denen die Annahme des Geldes und die Aushändigung der Ware von derselben Person vorgenommen werden oder von mehreren Personen, deren Tätigkeit in sehr enger Verbindung miteinander steht. Wenn die Annahme des Geldes in diesen Fällen mit der Bestandskontrolle verbunden werden kann, erreicht man eine bessere Kontrolle über die Barverkäufe. Zum Beispiel liefert bei einer Ölgesellschaft ein Verkaufsfahrer mit einem Tankwagen eine bestimmte Menge Benzin und andere dazugehörige Produkte. Wenn er von seiner Fahrt zu dem Lager zurückkommt, muß er über alle ursprünglich an ihn herausgegebene Ware abrechnen, indem er sie entweder zurückgibt oder indem er Bargeld oder Belastungszettel abliefert. Hier ist die Annahme von Bargeld so direkt mit den Bestandseinheiten verbunden, daß eine ausreichende Kontrolle erreicht wird.

In anderen Fällen besteht die Gelegenheit zur Verbindung der Kassen- und Bestandsvorgänge nicht in solchem Maße. Wenn die Bestände aus vielen Arten zusammengesetzt sind, ist es oft undurchführbar, eine genügende Einzelkontrolle über die Vorräte zu erreichen. In solchen Fällen müssen die Vorgänge auf andere Weise überwacht werden. Man kann eine Gesamtwertkontrolle ausüben, indem man den Verkäufer mit den Waren zu Verkaufspreisen belastet. Gutgeschrieben werden ihm die Verkäufe, der zulässige Schwund — wenn es ihn gibt — Preisnachlässe usw., und er wird dann für die vorhandenen Bestände zu Verkaufspreisen verantwortlich gemacht. Dies ist das übliche Verfahren der Kontrolle durch Inventur beim Einzelhandel und wird häufig von Kaufhäusern, Filialgeschäften und für bestimmte Zwecke bei normalen Industrieunternehmen angewendet. Selbst in diesen Fällen jedoch muß auf andere Weise ein unmittelbarer Schutz geschaffen und für die größtmögliche Sicherheit gesorgt werden, damit der Warenverkauf sofort und genau festgehalten wird. Dies kann geschehen, indem noch andere Personen in die Vorgänge eingeschaltet werden, die alle eine besondere Aufgabe zu erfüllen haben. So kann z. B. eine Person das Geld einnehmen, eine andere die Ware verpacken, so daß der Verkäufer sich nur mit dem eigentlichen Verkauf zu befassen hat. Oder — wo diese Trennung nicht möglich ist — kann man die Benutzung von Registrierkassen vorschreiben, die eine gedruckte Quittung ausgeben und die den Betrag deutlich vor den Augen des Kunden zeigen. Wo Verkaufszettel benutzt werden, sollen sie numeriert werden, so daß für alle Zettel am Ende jedes Tages Rechenschaft abgelegt werden kann.

Die Schwierigkeit, Kontrollen zu schaffen, die volle Sicherheit gegen Irrtümer oder Unterschlagungen geben, macht es oft erforderlich, auf eine Aufsicht zu vertrauen. Die Wirkung einer guten Aufsicht besteht darin, daß durch sie der Arbeitseifer gefördert wird und betrügerische Handlungen unterbunden werden. Aber auch hier muß das Ausmaß der vorgesehenen Aufsicht durch einen Vergleich der Kosten mit dem erwarteten Nutzen bestimmt werden.

## Waren-Rücksendungen und Nachlässe

Bei der Rücksendung von Ware durch den Kunden ist zuerst durch einen bestimmten Angestellten zu prüfen, ob der Kunde dazu berechtigt ist. Im allgemeinen bildet das Verfahren dann zum Teil eine Parallele zu dem des Einkaufs. Die zurückgesendete Ware ist in die Lagerkartei einzutragen und Wareneingangsscheine in derselben Weise wie bei Einkäufen auszufüllen. Die Vorgänge sind nach einem gleichbleibenden systematischen Verfahren zu behandeln. Die Gutschriften auf den Forderungskonten sind sorgfältig zu kontrollieren. Wenn die Warenrückgabe mit Barrückzahlungen verbunden ist, müssen diese Vorgänge mit dem Arbeitsablauf bei Geldzahlungen abgestimmt werden. Der Arbeitsablauf muß in diesem Fall die Rücknahme der Ware — wenn die Rücknahme nicht abgelehnt wird —, die richtige Anerkennung durch den bestimmten Angestellten und die Quittungsleistung für das Geld durch den Kunden sicherstellen. Es ist die Unterschrift des Kunden als Beweis, daß er das Geld erhalten hat, erforderlich.

Einer der wichtigsten Gesichtspunkte bei der Warenrückgabe betrifft die Analyse und Erforschung der Ursachen. Diese Gründe können sein: fehlerhafte Produkte, falsche Behandlung, falscher Verkauf oder irgendwelche anderen Fehlleistungen. Über die Rücksendungen und ihre Gründe ist ein Bericht an die verantwortlichen Angestellten zu senden, wenn die sich hier bietenden Gelegenheiten zur Förderung der Interessen des Unternehmens wirksam genutzt werden sollen.

## Interne Kontroll-Normen

Die besonderen Anwendungen der internen Kontrolle auf die Verfahren im Vertrieb seien nun kurz zusammengefaßt. Sie sind wie in allen anderen Fällen in Verbindung mit den allgemeinen Gesichtspunkten zu betrachten, die in Kapitel 3 behandelt worden sind.

1. Jeder Abschnitt des Arbeitsablaufs im Vertrieb sollte im größtmöglichen Maße von den anderen getrennt und die zu jedem Vorgang gehörigen Belege unabhängig geprüft werden.
2. Die Bestandskontrolle soll mit dem Empfang von Bargeld oder der Entstehung von Forderungen beim Verkaufsvorgang koordiniert oder damit abgestimmt werden.
3. Es ist eine systematische Verbindung zwischen den Belegen, auf deren Grundlage der Versand stattgefunden hat und den Belegen herzustellen, die den Beweis liefern, daß die Belastungen auf den Kundenkonten richtig vorgenommen wurden.
4. Waren, die in Konsignation geliefert worden sind, sind einer sorgfältigen buchhalterischen Kontrolle zu unterwerfen, und es sollte für die laufende Meldung der Verkaufsdaten gesorgt werden.

5. Laufend ist für vollständige Verkaufsinformation zu sorgen.
6. Barverkäufe sind der richtigen Kontrolle durch besondere Sicherungen und angemessene Aufsicht zu unterwerfen.
7. Rücksendungen verkaufter Waren müssen in Übereinstimmung mit einem systematischen, festgelegten Arbeitsablauf behandelt, und die Gründe dafür müssen analysiert und erforscht werden.

## Beispiel aus einem Handbuch — Vertrieb

Der folgende Auszug aus dem internen Revisions-Handbuch eines Unternehmens möge als Erläuterung für Anweisungen dienen, die für die Prüfung des Vertriebs gegeben werden können:

### *Verkäufe*

1. Prüfe die Buchungen auf Konto .... Umsatzerlöse für zwei vom Revisor auszusuchende Monate auf der Grundlage des Verkaufsbuches, der Verkaufszusammenstellung oder einer gleichwertigen Aufstellung.
2. Prüfe eine repräsentative Anzahl von Rechnungen auf die Korrektheit der Mengen an Hand von Lieferscheinen usw., und auf die Richtigkeit der Preise je Einheit auf Grund von Preislisten, Verträgen usw.
3. Prüfe eine repräsentative Anzahl von Rechnungen in bezug auf Verkäufe von Erzeugnissen mit den Daten der letzten zwei Tage der Monate Juni und Dezember, um zu sehen, daß sie sich auf wirkliche Lieferungen beziehen, die ihren Niederschlag in Frachtbriefen, Lieferscheinen usw. von denselben Tagen gefunden haben.
4. Prüfe eine repräsentative Zahl von Bar- und Kreditverkäufen, darunter Verkäufe von Material und Vorräten, Kommissionsware, Schrott, gebrauchten Gegenständen usw., um festzustellen, ob die Preise und Mengen richtig sind. Prüfe das Verfahren zur Behandlung dieser Art von Verkäufen, um dich zu vergewissern, daß das Interesse des Unternehmens wahrgenommen wird.
5. Prüfe stichprobenweise die Aufstellung über Warenrücklieferungen und Nachlässe, um festzustellen, ob die rückgesandten Waren wirklich bei dem Unternehmen eingegangen, und die Nachlässe richtig anerkannt sind.
6. Überprüfe das Verfahren der Meldung von Verkäufen und der Rechnungsausstellung, um zu sehen, ob eine richtige Kontrolle ausgeübt und der Versand noch im Versandmonat berechnet wird.
7. Bei regionalen Verkaufsbüros sind folgende Gesichtspunkte anzuwenden:
   a) Verfolge den Weg der an einem Tag eingegangenen Verkaufsmeldungen von der Poststelle bis zu den verschiedenen Angestellten. Prüfe die Preise und preisändernden Faktoren bis zu dem Punkt der Eintragung in die entsprechenden Verkaufskontrollbücher oder -listen, um festzustellen, ob der Arbeitsfluß reibungslos vonstatten geht und die an einem Tage eingegangenen Verkaufsmeldungen sofort bis zum Schluß bearbeitet worden sind;
   b) Nicht mehr als je fünf der in a) erwähnten Verkaufsmeldungen sind beliebig auszuwählen und es ist festzustellen, ob sie richtig aufgemacht sind und ob das Verkaufsbüro die Prüfungsarbeit hinsichtlich der Preise und Abmessungen, die unter a) beschrieben wurden, richtig ausgeführt hat.

### *Warenrücksendungen*

1. Lege eine Liste aller offenstehenden Materialrückgabescheine an, die älter sind als sechzig Tage und nimm von jedem folgende Angaben auf:

a) Nummer des Rückgabescheins,
b) Eingangsdatum,
c) Kunde,
d) Bezeichnung des Materials,
e) Datum des Materialeingangs,
f) Kurze Erklärung für den Bearbeitungsstand.

2. Im Falle von Material, das von Kunden gegen Ersatzleistung zurückzusenden ist, überzeuge dich, daß die Rücksendung auch tatsächlich erfolgt, besonders wenn bereits Ersatz geleistet worden ist, ehe das beanstandete Material zurückgegeben wurde.

3. Untersuche die schriftliche Arbeitsanweisung für Aufzeichnungen über Eingang und Prüfung des Materials, für das eine Gutschrift zu erteilen ist.

4. Wenn für das zurückgesandte Material eine Gutschrift erteilt oder kostenlos Ersatz geleistet ist:

a) liegt die erforderliche Genehmigung vor?
b) wem ist das Recht zur Erteilung solcher Genehmigungen übertragen und welche Wertgrenzen sind dafür bestimmt?

Der folgende Auszug aus dem internen Revisionshandbuch einer Ölgesellschaft legt Wert auf die sorgfältige Prüfung, ob der Versand genehmigt und richtig berechnet wurde.

### *Versand*

1. Es ist zu ermitteln, ob auf dem täglichen Versandbericht alle ausgegangenen Sendungen eingetragen werden, ob die Rechnungsabteilung auf ihrer Kopie des täglichen Versandberichts vermerkt, wann jeder einzelne Posten berechnet worden ist. Mit anderen Worten: der tägliche Versandbericht soll eine Aufstellung über alle vorgenommenen Sendungen darstellen. Die Kopie der Rechnungsabteilung soll deutlich alle ausgelieferten, aber noch nicht berechneten Aufträge zeigen.

2. Alle bis zum Ende des vorigen Monats ausgegangenen Sendungen sind mit den Rechnungen zu vergleichen und mit entsprechenden Erklärungen die Anzahl der am Ende des vorigen Monats noch unberechneten Sendungen aufzuführen. Diese Liste soll nach folgenden Angaben gegliedert sein:

a) Verkaufsaufträge:
   1. Teilsendungen,
   2. Letzte Teilsendung und vollständige Sendungen,
b) Reparaturaufträge.
c) Direkte Sendungen von Lieferanten an Kunden.

Für jede nicht berechnete Sendung sind folgende Einzelheiten anzugeben:

a) Auftragsnummer,
b) Kunde,
c) Bezeichnung des Materials,
d) Datum des Versands,
e) Ungefährer Rechnungsbetrag,
f) Kurze Erklärung, warum der Posten noch nicht berechnet ist.

3. Es ist zu ermitteln, ob alle ausgehenden Sendungen im täglichen Versandbericht aufgeführt werden. Wenn der tägliche Versandbericht irgendwelche Versendungen nicht zeigt, wo sind sie aufgeführt?

4. Durch Stichproben ist zu ermitteln, ob alle Güter, die versendet worden sind oder das Werk verlassen haben, im täglichen Versandbericht eingetragen und entweder

a) an den Kunden berechnet oder
b) an den Lieferanten berechnet oder
c) an Werksangehörige berechnet oder
d) mit Genehmigung ohne Berechnung ausgeliefert sind.

Welches Verfahren wird angewendet, um in den Fällen, in denen Produkte mit einem Passierschein das Werk verlassen, den Ausgang an Hand der Beschreibung in den Passierscheinen zu prüfen?

5. Wenn ausgehende Sendungen ab Werk mit vorausbezahlter Fracht zu berechnen sind, ist zu ermitteln, ob Kunden oder Lieferanten richtig belastet werden.

6. Es ist zu ermitteln, ob die Aufträge in bezug auf den Versand entsprechend den Vorschriften in den Dienstanweisungen der Versandabteilung behandelt werden.

7. Es ist zu prüfen, ob alle Aufträge, die von der Produktion als versandbereit gemeldet sind, in angemessener Zeit versendet werden.

8. Wer genehmigt das Verlassen des Werksgeländes bei nachfolgend aufgeführtem Material?

a) Altmetall, Gerümpel usw.,
b) Einkäufe von Werksangehörigen,
c) Veraltete Einrichtungsgegenstände, Waren usw.
d) Abfall und Ausschuß,
e) Behälter.

Sind die Personen, die hierfür die Genehmigung erteilten, von der örtlichen Leitung bevollmächtigt?

9. Es ist zu ermitteln, ob in den Fällen, in denen Versandkosten zu unseren Lasten gehen, der Versand in der wirtschaftlichsten Weise erfolgt, es sei denn, daß Termine, bei denen eine Vertragsstrafe vereinbart ist, dies verhindern.

10. Wie sind die folgenden Punkte auf dem Durchschlag des täglichen Versandberichtes bei der Rechnungsabteilung durch Stempelaufdruck kenntlich gemacht?

a) vollständiger Versand,
b) teilweiser Versand,
c) Restlieferung bei vorangegangenem teilweisen Versand,
d) direkter Versand, teilweise oder vollständig?
e) anderer Versand, nicht direkt an den Kunden.

11. Es ist zu ermitteln, ob die Rechnungsabteilung bei Teilverladungen in zweckmäßiger Weise kontrolliert. Z. B. ist es sehr wohl möglich, daß die Versandabteilung im täglichen Versandbericht „Teilversand" angibt, wenn in Wirklichkeit die Ware bereits voll ausgeliefert ist. Es ist darüber zu berichten, ob eine solche Kontrolle durchgeführt wird.

12. Es ist zu prüfen, ob die Aufstellungen der Versandabteilung ordentlich geführt werden und Teilversendungen in den Auftragspapieren und vorhandenen Dokumenten richtig kenntlich gemacht sind.

13. Es ist zu ermitteln, ob eine richtige buchhalterische Kontrolle über Versand unseres Materials an Lieferanten zur Fabrikation und über die spätere Rückkehr dieses Materials ausgeübt wird. Auch an Lieferanten ausgeliehene Werkzeuge und Modelle sollen beachtet werden.

## Beurteilung der Vertriebspolitik

Für die Entwicklung der Vertriebsmethoden und die Bestimmung der Geschäftspolitik hinsichtlich des Produktionsprogramms des Kundendienstes und dergleichen ist der Leiter des Vertriebs oder ein anderer leitender Angestellter des Vertriebs verantwortlich. Die Gründe der Entscheidung sind dem übrigen Personal des Unternehmens nicht immer bekannt oder verständlich. Nichtsdestoweniger ist es sehr oft möglich, daß die Analyse von Daten und Tätigkeiten die Wahl zwischen mehreren Möglichkeiten erheblich beeinflußt. Das Verhalten der Kunden gegenüber einer bestimmten Verkaufspraxis oder ihr Einfluß auf den Gewinn ist der Geschäftsleitung nicht immer bekannt; Produkte können gute oder schlechte Aufnahme finden; die Preise können zwar wissenschaftlich bestimmt, aber auf Grund besonderer Wettbewerbsbedingungen in bestimmten Gebieten ungeeignet sein. Die Rolle des internen Revisors in diesen Angelegenheiten besteht darin, solche Kräfte zu beobachten, wenn er auf sie aufmerksam wird und auf dem geeigneten Wege darüber zu berichten. In vielen Unternehmen hat die Zusammenarbeit des internen Revisionsstabes mit den für die Verkäufe verantwortlichen Stellen in bemerkenswerter Weise zu besserer und gewinnbringenderer Verkaufstätigkeit geführt.

### Prüfung der Verkäufe und Rechnungserteilung bei den Aussenstellen

Der interne Revisor ist in der Lage, die Verkaufsarbeiten und das Ausschreiben der Rechnungen in der Praxis zu beurteilen. Die Art, wie diese Aufgaben gelöst werden, beeinflußt direkt viele andere Tätigkeitsgebiete des Unternehmens. Einige Gebiete, die die Aufmerksamkeit des Revisors verdienen, werden im folgenden besprochen.

*Schnelligkeit der Rechnungserteilung.* Die Schnelligkeit, mit der Rechnungen erteilt werden, gibt einen Hinweis für die Beurteilung gewisser Tätigkeiten des Vertriebs. Der Vergleich des Versanddatums mit dem Rechnungsdatum zeigt, ob es irgendwelche bedeutenden Verzögerungen bei der Rechnungserteilung gegeben hat. Der interne Revisor muß die Ursache für verspätete Rechnungserteilung finden. In einigen Fällen mögen sie in den Bedingungen bei der Niederlassung liegen, z. B. in zu geringer Personalbesetzung der Rechnungsabteilung. In anderen Fällen mag die Verzögerung auf Probleme in der Hauptverwaltung zurückzuführen sein,

z. B. darauf, daß man die notwendigen Preise zu langsam von der Preisbildungsgruppe erhält.

*Änderung der Aufträge.* Ein anderer Faktor innerhalb des Vertriebsbereichs, den der interne Revisor zu prüfen hat, ist die Änderung der Aufträge nach Eingang des ursprünglichen Auftrages. Auftragsänderungen kosten viel Zeit und Geld und verursachen manchmal andere Verluste für das Unternehmen, wenn das fertige Produkt nicht mit der Bestellung des Kunden übereinstimmt. Die Änderungen sind nach ihrer Art zu ordnen, z. B. Preisänderungen, Änderungen von Einzelpositionen, Änderungen des Versanddatums oder dergleichen. Der interne Revisor soll diese Dinge für die jüngste Vergangenheit prüfen und veranlassen, daß die Geschäftsleitung Angaben über das Verhältnis von Auftragsänderungen zur Gesamtzahl der Aufträge erhält, damit Schritte unternommen werden können, um die Zahl der Änderungen zu vermindern.

*Preise.* In dem natürlichen Bestreben, möglichst viel zu verkaufen, ist das Verkaufspersonal geneigt, dem Kunden jeden Vorteil zu gewähren, der noch mit der Preispolitik des Unternehmens vereinbar ist. Das kann sogar so weit gehen, daß es zu einem Verstoß gegen die Preispolitik des Unternehmens oder gegen staatliche Preisvorschriften kommt. Infolgedessen ist es notwendig, daß diese Faktoren bei der Prüfung des Vertriebs untersucht werden, und daß der Revisor ein Urteil darüber abgibt.

## 15. Einkäufe

Der Einkauf ist der Anfang der geschäftlichen Tätigkeit in praktisch jedem Unternehmen, gleich welcher Größe. Er umfaßt im allgemeinen alle Vorgänge, die mit dem Erwerb von Gütern zu tun haben, die zur eigenen Produktion oder zum Wiederverkauf in unveränderter Form gebracht werden, ebenso die Beschaffung einer Vielzahl von anderen Gütern und Dienstleistungen, die zur Durchführung der allgemeinen Aufgaben des Unternehmens gehören. Die Bedeutung der eingekauften Güter ist entweder geringfügig — wie bei einem reinen Finanzunternehmen — oder sie wird erheblich — wie bei einer Lebensmittelfabrikation. In vielen industriellen Unternehmungen machen Roh-, Hilfs- und Betriebsstoffe sowie Dienstleistungen mehr als 50 % der Kosten aus.

Die Heranziehung fremder Unternehmer für Transportleistungen steht in enger Beziehung zur Beschaffung von Roh-, Hilfs- und Betriebsstoffen. Dies ist insbesondere bei Rohstoffen mit hohen Transportkosten der Fall. Wegen der Ähnlichkeit in der Arbeitsweise und in den notwendigen Kontrollen werden wir die Beschaffung von Roh-, Hilfs- und Betriebsstoffen sowie Transportleistungen für unseren Zweck zusammen betrachten.

Bei der Beschaffung von Anlagegegenständen mag die Einkaufsabteilung die Bestellungen durchführen; jedoch wird die Kontrolle allgemein in ganz anderer Form durch den Investitionsplan ausgeübt. Im allgemeinen wird ein besonderer Investitionsplan aufgestellt, der sorgfältig mit dem kurzfristigen und dem langfristigen Finanzplan koordiniert werden muß. Die Erteilung von Aufträgen ist anders als bei den Gütern des täglichen Bedarfs und im allgemeinen streng beschränkt auf Gegenstände, die in dem vorher genehmigten Investitionsplan enthalten sind. Der Einkauf der Anlagegüter ist in Kapitel 10 untersucht worden.

In den letzten Jahren hat die wachsende Anerkenung der Einkaufsfunktion ihren Niederschlag in der höheren Stellung des Einkaufsleiters innerhalb des Unternehmens gefunden, ebenso darin, daß alle Beschaffungstätigkeiten mehr und mehr in der Einkaufsabteilung zentralisiert wurden. Die benötigten Güter müssen in der Weise und zu den Kosten beschafft werden, die für das Unternehmen am günstigsten sind. Die wiederkehrenden Arbeiten und die Arbeitsabläufe müssen so organisiert sein, daß über diese Vorgänge mit Sicherheit eine wirksame Kontrolle ausgeübt werden kann.

In vielen Fällen war die periodische Prüfung des Einkaufs nicht als zum Aufgabengebiet des internen Revisors gehörig anerkannt worden. Diese allgemeine Einstellung hat sich jedoch in den letzten Jahren entschieden geändert. 1951 zeigte eine vom Institute of Internal Auditors angestellte Umfrage, daß nur etwa 50 % der berichtenden Unternehmen den Einkauf intern prüfen ließen. Eine ähnliche Umfrage des Jahres 1957 ergab, daß bereits 70 % interne Revisionen dieser Funktion durchführten.

Die Prüfung des Einkaufs ist eine logische Erweiterung der Arbeit, die der interne Revisor schon früher auf anderen Gebieten geleistet hat, die eng mit dem Einkauf verbunden sind. Durch seine Prüfung der Anforderungsverfahren im Zusammenhang mit der Kontrolle der Vorräte hat er bereits eine erhebliche Kenntnis von den Beschaffungsvorgängen erworben, die vor der Bestellung liegen. Beschaffungsvorgänge, die nach der Bestellung liegen, hat er durch seine lange Beschäftigung mit Wareneingangsscheinen und der Buchung und Bezahlung von Einkäufen genau kennengelernt. Diese Kenntnis von Arbeiten innerhalb der Unternehmung zusammen mit seiner Übung und Erfahrung in der Prüfung von internen Kontrollen befähigen den internen Revisor, diesen konstruktiven Dienst für die Einkaufsabteilung und die Geschäftsleitung zu leisten.

## Die organisatorische Stellung der Einkaufsabteilung

Wie auch bei anderen anerkannten Funktionen, die allgemein zum Geschäft gehören, hat der Einkauf in der organisatorischen Struktur keinen ein für allemal feststehenden Platz. Dieser Platz muß von jeder Unternehmung nach ihren eigenen Bedürfnissen bestimmt werden.

Im allgemeinen hängt das Maß der Verantwortung der Einkaufsabteilung und ihre Stellung von dem Grade ab, in dem die Arbeit der einzelnen Unternehmen von auswärts gekauftem Material abhängig ist. Bei der Herstellung von Erzeugnissen ergibt der günstige oder ungünstige Einkauf u. U. den Gewinn oder Verlust. In vielen Fällen, wie z. B. bei der Herstellung von Lebensmitteln, erreichen die Aufwendungen für den Einkauf bis zu 90 % der gesamten Kosten.

In gewissen Fällen muß das Material lange im voraus gekauft werden. Es müssen Bestellungen vorgenommen werden, um für Verkäufe zu einem späteren Zeitpunkt vorzusorgen. Es ist eine sehr wichtige Entscheidung hinsichtlich der Termine für den Einkauf zu fällen, ob sofort oder zu einem späteren Zeitpunkt geliefert werden soll. Berichtigungen oder Änderungen des Bedarfs als Folge von Abweichungen von der Verkaufsplanung muß sehr viel Aufmerksamkeit gewidmet werden. Wenn die Verkäufe niedriger sind als erwartet, dann ist es gegebenenfalls notwendig, früher gekauftes Material auf spätere Lieferung umzudisponieren. In solch einem Falle handelt der Einkauf auf Anweisung eines höheren Angestellten des Unternehmens nach Anordnungen, welche von einer Gruppe leitender Angestellter gemeinsam gegeben werden.

### Interne Revision

Gleich zu Anfang muß betont werden, daß das Hauptgebiet für den internen Revisor beim Einkauf die Prüfung der internen Kontrollen ist. Man erwartet von ihm nicht, daß er durch Übung oder Erfahrung ein Einkaufsfachmann ist, und im allgemeinen wird er es auch nicht sein, ebensowenig wie man von ihm erwarten kann, daß er ein Fachmann für den Verkauf, das Personalwesen oder die Produktion ist. Jedoch ist er gewöhnlich ein geübter Analytiker, der die Aufgabe von einem objektiven Standpunkt anfassen kann und verwandte Funktionen in anderen Teilen der Unternehmung kennt. Er hat Zeit, den Arbeitsgang zu analysieren und die Gebiete zu untersuchen, auf denen den Interessen der Gesellschaft noch besser als bisher gedient werden kann. Er wird nicht wie die Angestellten, die die Arbeit selbst ausführen, durch Bearbeitung einer großen Anzahl dringender täglicher Geschäftsvorfälle behindert und kann so das Problem aus einem anderen Gesichtspunkt sehen.

Das Vorgehen der internen Revision ist von Professor H. T. Lewis in seinen Ausführungen in dem Untersuchungsbericht „Internal Audit and Control of a Purchasing Department" (interne Revision und Kontrolle einer Einkaufsabteilung) klar dargelegt worden, der von dem Institute of Internal Auditors veröffentlicht worden ist.

Hier ist wirklich Platz für eine interne Revision der richtigen Art. Eine unabhängige und sich einfühlende Revision der Arbeiten, die innerhalb der Unternehmung ausgeführt wird von jemand, der in gleicher Weise an der Finanzierung der Produktion, dem Verkauf und Einkauf interessiert ist, kann sehr wertvoll sein. Aber die Prüfung muß richtig ausgeführt werden ........ Als Theoretiker kann der Revisor auf keinem dieser Gebiete von Nutzen sein. Wirksame Kontrolle (oder Verwaltung) hat nur Sinn, wenn sie sich auf konkrete Arbeiten in einem bestimmten Gebiet und auf bestimmte Funktionen bezieht. Wenn der interne Revisor auch nicht ein erfahrener und geübter Einkäufer zu sein braucht, muß er doch etwas davon verstehen.

## Vorgehen der internen Revision

Die internen Revisionsverfahren für den Einkauf müssen sich wie bei anderen Funktionen der Organisation der betreffenden Abteilung anpassen. Im allgemeinen können die Tätigkeiten der Revision in 1. Funktions- und 2. Abteilungsprüfungen eingeteilt werden.

Die Funktionsprüfung besteht in der Prüfung der gesamten Funktion der Unternehmung, quer durch alle Abteilungen oder Stellen. Diese Art der Prüfung ist besser anwendbar, wenn die Einkaufstätigkeit zentralisiert ist, d. h. wo eine Stelle alle Einkäufe für die Unternehmung durchführt. Dann bezieht sich die Revision auf alle damit zusammenhängenden Arbeiten. So kann z. B. die Verkaufsabteilung betroffen sein, da die geschätzten Verkäufe für eine bestimmte Periode in Einkaufsanforderungen umgewandelt werden müssen. Die Stückzahl der Fertigprodukte wird dann berichtigt entsprechend der Anzahl der verfügbaren fertigen oder in der Produktion befindlichen Produkte. Der Rest der angeforderten Einheiten der Fertigerzeugnisse muß dann in eine entsprechende Anzahl Einheiten des Rohmaterials, der Hilfsstoffe und des sonstigen Bedarfs umgerechnet werden, denen wiederum die Menge vorhandenen Lagerbestandes gegenübergestellt werden muß. Für die übrigen angeforderten Materialien müssen Bestellungen verschickt und als Folge davon später Schecks gezogen werden. Wie wir sehen, haben wir den Verkauf, die Produktion, das Rechnungswesen und die Finanzabteilung berührt, indem wir diesen einen Vorgang der Einkaufsfunktion betrachtet haben.

Die Abteilungsprüfung wird in der Regel als Teil der Arbeit bei einer bestimmten Abteilung, einem Werk oder einer Zweigniederlassung stattfinden. Diese Art der Prüfung ist im allgemeinen anwendbar, wenn die Einkaufstätigkeit dezentralisiert ist. Dann prüft der Revisor den Einkauf als Teil des Prüfungsprogrammes für das bestimmte Werk usw. Er wird etwa in Verbindung mit der Prüfung der Verbindlichkeiten und ähnlicher Posten bei dem Werk untersucht.

Während die völlig zentralisierte Einkaufsfunktion und die völlig dezentralisierte Funktion bei gewissen Unternehmungen vorkommen, was von deren Größe, der Zahl ihrer Niederlassungen und der Zahl ihrer Produkte abhängt, ist man in den letzten zehn Jahren immer mehr zu einer Kombination von Zentralisation und Dezentralisation gekommen, besonders bei größeren Gesellschaften. Im allgemeinen werden von der Hauptverwaltung Pläne und Verfahren für die dezentralisierten Stellen vorgeschrieben. Wenn die allgemeine Einkaufsfunktion erst einmal organisiert ist, dann ist es notwendig, Verfahren für die Arbeit der verschiedenen Einkaufsstellen zu entwickeln, die in bezug auf ihre Funktion gemäß den Weisungen des Einkaufsleiters arbeiten, aber dem jeweiligen örtlichen Leiter der betreffenden Niederlassung unterstehen.

Der Zug zur Dezentralisierung hat ein neues Problem der internen Kontrolle des Einkaufs aufgeworfen. Diese Entwicklung hat allgemein zu zusätzlicher Verantwortung und zusätzlichen Gelegenheiten für den internen Revisor als Teil seines regulär entworfenen Programms geführt. In allen Fällen ist es notwendig, daß die dezentralisierten Stellen geprüft werden, um festzustellen, ob die Politik der Zentrale befolgt wird, und ob irgend eine Änderung der Politik in Betracht gezogen werden sollte. Ein wichtiger Faktor ist die Koordinierung der Tätigkeit der Zentrale mit der der Außenstellen. Der interne Revisor, der direkten Kontakt mit beiden Seiten hat, kann einen wichtigen Beitrag zur Verbesserung der Koordinierung und Verbindung leisten.

## Bestimmung der Menge

Die Verantwortung für die Bestimmung der einzukaufenden Menge liegt oft nicht allein bei der Einkaufsabteilung. Diese wichtige Frage hängt von der Politik und dem Verfahren ab, die von der betreffenden Unternehmung festgelegt sind. Wie gezeigt wurde, sind die in der Einkaufsabteilung durchgeführten Arbeiten nur ein Vorgang der gesamten Beschaffungstätigkeit; es gibt noch andere Vorgänge, wie z. B. die Kontrolle, die in der Warenannahme ausgeführt wird, und das Ausstellen von Belegen, das in der Buchhaltung erfolgt.

Beschaffung hat man definiert als die Kunst, das richtige Produkt zum richtigen Preis in der richtigen Menge zur rechten Zeit und am rechten Platz zu bekommen. Die wichtigsten Faktoren neben dem Preis sind das „Wieviel?" und das „Wann?", d. h. welche Mengen von jedem Teil gekauft und für welchen Termin die Lieferung vorgesehen werden soll.

Es ist notwendig, die Teile und Materialien zu der Zeit zur Verfügung zu stellen, zu der sie gebraucht werden. Wenn sie knapp werden, kann dies die Produktion ernsthaft verzögern. Andererseits jedoch dürfen die Bestände nicht zu groß werden. Dieses Problem ist besonders wichtig für solche Unternehmen, deren Produkte sich schnell ändern, und für die die Frage des Veraltens von Teilen lebenswichtig ist.

Zur Bestimmung der Menge und Festlegung der Liefertermine werden im allgemeinen zwei Methoden benutzt, und zwar 1. die Programm-Methode und 2. die Verbrauchsmethode.

*Die Programm-Methode.* Bei der Programm-Methode beruhen die festgelegten Mengen auf einem bestimmten Programm, einem Plan oder einer Schätzung des Umsatzes für eine bestimmte Periode. Die Mengen der Fertigprodukte müssen dann in die benötigte Anzahl bzw. Menge des Roh-, Hilfs- und Betriebsstoffes umgerechnet werden.

*Bedarfsmaterial.* Für Gesellschaften mit einer Montage oder Fabrikation ist das Problem des Einkaufs der richtigen Menge besonders wichtig, weil das Material nicht in irgend einem anderen Modell verwendet werden kann und so die Gefahr des Veraltens besonders beachtet werden muß. Es gibt natürlich auch Industrien, für die das Problem etwas anders liegt. Selbst wenn bei ihnen das benötigte Material kein Standardmaterial ist, besteht vielleicht ein ständiger Bedarf, so daß Material, das in der laufenden Periode nicht gebraucht wird, in der nächsten Periode benutzt werden kann, ohne daß das Problem des Veraltens besteht.

*Vorratsmaterial.* In dem Material, das eingekauft werden muß, sind gewisse Dinge enthalten, wie z. B. kleine Teile, die aber in großen Mengen, und zwar gewöhnlich in mehr als einem Fertigprodukt, gebraucht werden. Dann werden darunter vielleicht auch gewisse Rohmaterialien wie Chemikalien oder Metalle sein, die in gleicher Qualität von mehreren Lieferanten bezogen werden. Es ist denkbar, daß deren Mengen und Termine nach der Verbrauchsmethode festgestellt werden.

*Die Verbrauchsmethode.* Die Festlegung der Mengen beruht bei dieser Methode im allgemeinen auf den Lagerabgängen. Es wird der Verbrauch in einer nahegelegenen vergangenen Periode festgestellt, und dann werden einige Berichtigungen daran vorgenommen, um den zu erwartenden künftigen Verbrauch zu schätzen. Dabei kann es sich sowohl um Roh- wie um Hilfsstoffe handeln. Um eine straffe Kontrolle über diese Dinge zu haben, unterhalten viele Unternehmen Zentrallager an einer Stelle der Fabrik unter Leitung eines Lagerverwalters. Dadurch hat man nicht mehrfach dieselben Stoffe in verschiedenen Teilen der Fabrik und erreicht eine bessere Kontrolle, da das Lager im allgemeinen abgeschlossen und der Zutritt nur bestimmten Personen gestattet ist. Materialanforderungen werden dem Lager, das eine Lagerkartei führt und nicht der Einkaufsabteilung vorgelegt. Die Kontrolle, wann diese Stoffe eingekauft werden müssen, geschieht durch Festlegung von Höchst- und Mindestbeständen.

*Höchst- und Mindestbestände.* Im allgemeinen kann man mit Höchst- und Mindestbeständen arbeiten, wenn der Verbrauch einigermaßen konstant ist, und die Lieferzeit nicht zu lang ist. Bei Festlegung der Höchst- und Mindestpunkte sind folgende Faktoren abzuwägen:

1. Verbrauchsrate.

   Diese muß sich auf Erfahrungen aus der Vergangenheit stützen, die entsprechend den zu erwartenden laufenden Produktionsbedürfnissen berichtigt werden.

2. Optimale Bestellmenge.
Die Rabattstufe, Lagerverhältnisse und ähnliche Dinge müssen bei der Festlegung der Bestellmenge berücksichtigt werden.
3. Lieferfrist.
Das ist die Zeit von der Abgabe der Bestellung bis zur Lieferung, zuzüglich eines üblichen Zuschlages für Verzögerungen.
4. Investition in Vorräten.
Die Investitition von Kapital in Vorräten muß mit der allgemeinen Politik abgestimmt werden.
5. Kosten der Lagerhaltung.
Hierzu gehören Miete, Steuern, Versicherungen usw.

Wenn man diese grundlegenden Informationen gesammelt hat, können die Maximum- und Minimum-Punkte bestimmt werden. Das Maximum ist die oberste Grenze der festgelegten Menge und gewöhnlich gleich dem Minimum zuzüglich der optimalen Bestellmenge. Das Minimum ist die unterste Grenze der Vorratshaltung und ist eine Sicherheitsgrenze. Die Mindestmenge zuzüglich geschätzter Verbrauch zwischen Bestellung und Lieferung gibt den Punkt an, an dem wieder bestellt werden muß. Die Höchst- und Mindestgrenzen müssen periodisch überprüft und bei einem Wechsel der Bedingungen geändert werden.

Welche Art der Bestellung gewählt wird, hängt davon ab, welche Einkaufspolitik die Unternehmung betreibt. Rohstoffe werden im allgemeinen in bestimmten Partien zum Marktpreis oder auf langfristiger Basis gekauft.

Die Entscheidung, ob in bestimmten Partien gekauft werden soll, wird vom Markt beeinflußt — ob er gerade günstig oder ungünstig ist — und von der Dringlichkeit des Bedarfs. Wenn eine Änderung zugunsten der Käufer in Kürze erwartet wird, wird man nur eine kleine Menge sofort bestellen und den Bestand dann bis zu der erwarteten günstigen Änderung etwa auf der entsprechenden Höhe halten. Gewisse Materialien können auf Grund langfristiger Verträge gekauft werden, im allgemeinen von einer kleinen Gruppe von Lieferanten. Beispiele für diese Art der Beschaffung sind Kohle für Energieversorgungsunternehmen und Holzfällrechte für die Papierindustrie. Gewöhnlich werden in die Verträge Klauseln aufgenommen, die bei Änderung der Löhne oder anderer Kosten Preisberichtigungen zulassen. In einigen Fällen sehen die Verträge eine Berichtigung auf der Grundlage eines veröffentlichten Index vor. In anderen Fällen geht man in den Verträgen von den Kosten zuzüglich eines Gewinnanteils aus, der dem Lieferanten in Form eines festen Betrages oder eines Prozentsatzes je Einheit garantiert wird.

## Transport

Es gehört zu den Aufgaben der Einkaufsabteilung, den Spediteur und die Versandart für das eingekaufte Material zu bestimmen. Da die Transportkosten ein bedeutender Teil des Einstandspreises sein können, soll der interne Revisor die Arbeiten im Zusammenhang mit dem Transport sorgfältig prüfen. Auf diesem wie auf anderen Gebieten kann der umsichtige Revisor wesentliche Beiträge zur Senkung des Aufwands leisten. Der Wert seiner Arbeit liegt in seiner objektiven, analytischen Untersuchung des Vorganges.

In anderen Fällen ist es vorgekommen, daß interne Revisoren das Problem untersuchen und analysieren und dann darüber mit Fachleuten diskutieren konnten. Zwar können die Fragen des Prüfers von den für die Arbeit Verantwortlichen leicht beantwortet werden, aber es gibt viele Fälle, in denen die Bedingungen seit Festlegung des Verfahrens sich stark geändert haben, und die Verantwortlichen auf die Änderungen noch nicht aufmerksam gemacht worden sind.

Einige der Punkte, an die man bei einer Prüfung des Transports denken muß, sind folgende:

1. Einfluß der Transportkosten auf die Preise.
   Sind die Transportkosten bei der Feststellung des günstigsten Angebotes berücksichtigt worden? Unter Berücksichtigung der Transportkosten kann u. U. ein niedriges Angebot eines Lieferanten, dessen Bedingungen „ab Werk" lauten, in Wirklichkeit höher sein als der Preis des nächsthöheren Anbieters mit den Bedingungen „frei Werk".
2. Sonderkosten.
   Der Revisor soll den Grund für die Sonderkosten, die z. B. für Luftfracht oder Eisenbahnexpreß bezahlt worden sind, ermitteln
   a) Wer legt die Transportart fest? Wird sie richtig genehmigt?
   b) Für welchen Zweck wurden die Sonderkosten übernommen? Rechtfertigt der betreffende Gegenstand oder Kunde die Sonderkosten?
   c) Wenn es ein dringend benötigtes Teil für eine Reparatur war, warum war kein Ersatzteil zur Hand?
   d) Wenn es ein dringendes Teil anderer Art war, lag eine Nachlässigkeit zugrunde, die den Bedarf in der letzten Minute dringend machte?
3. Sammelfrachten.
   Der interne Revisor hat zu prüfen, ob zur Verringerung der Transportkosten die Möglichkeit der Sammelfracht oder ähnlicher Verbilligung in Anspruch genommen wurde. Vielleicht kann sich eine Verminderung der Transportkosten ergeben, wenn andere Nieder-

lassungen, mit denen der interne Revisor vertraut ist, in diese Möglichkeiten einbezogen werden.

4. Fremde Frachtprüfung.
Eine weitere Angelegenheit, die zu untersuchen ist, ist die Inanspruchnahme eines selbständigen Frachtprüfungsdienstes. Im allgemeinen wird dieser Dienst für ein Erfolgshonorar arbeiten, und alle Einsparungen durch Verbesserung der Klassifizierung, der Wahl der Transportwege usw. werden mit dem Auftraggeber geteilt.

### Preise

Die Prüfung der Preise ist einer der wichtigsten, aber auch zeitraubendsten Teile der Einkaufsprüfung. Es kann auch der lohnendste sein, was die Erreichung materieller Einsparungen und den Nutzen für die Gesellschaft angeht. Der Revisor wird die Preise einer repräsentativen Anzahl von Käufen prüfen, um nach Möglichkeit bestätigen zu können, daß das Unternehmen den niedrigsten Preis unter Berücksichtigung der Qualität und der Lieferungsbedingungen erhält.

*Konkurrenzangebote.* Der interne Revisor sieht die Konkurrenzangebote und sonstige damit zusammenhängende Korrespondenz durch, die sich auf die Einkaufsbedingungen der von ihm ausgewählten Periode beziehen. Er bespricht mit der verantwortlichen Person die Gründe für die Wahl des Lieferanten, wenn a) keine Konkurrenzangebote eingeholt worden sind oder b) nicht der Lieferant mit dem billigsten Angebot den Auftrag erhalten hat.

In solchen Fällen dürfte es zweckmäßig sein, bei der Preisangabe den Grund für die Erteilung des Auftrages gerade an diesen Lieferanten zu notieren. Dies wäre eine Hilfe für die Einkaufsabteilung und für jeden, der die Unterlagen zu einem späteren Zeitpunkt durchsieht. Denn es könnte ein Personalwechsel stattfinden, und die Person, die den Auftrag erteilt hat, später nicht mehr erreichbar sein. Oder aber der Grund für diese Auftragserteilung könnte ein paar Monate später nicht mehr so klar ersichtlich sein. Wenn das Formular für die Preisnotierung entworfen wird, ist ein Raum für die Angaben über den Grund der Auftragserteilung an den bestimmten Lieferanten vorzusehen, besonders wenn keine Konkurrenzangebote vorliegen oder wenn der Auftrag einem Lieferanten erteilt wurde, der nicht das niedrigste Angebot abgegeben hatte. Um zu zeigen, daß der Leiter der Einkaufsabteilung solche besonderen Fälle gesehen hat, ist es zweckmäßig, auf dem Formular einen Platz für seinen Genehmigungsvermerk vorzusehen.

*Preisänderungen.* In gewissen Fällen sind die Preise gestaffelt. Die Preisänderung wird wirksam, wenn eine bestimmte Menge geliefert worden ist. Nachdem der Lieferant seine Werkzeugkosten oder fixen

Sonderkosten durch Lieferung einer festgelegten Menge amortisiert hat, tritt eine vereinbarte Preisermäßigung ein. Der Revisor soll auf solche Vereinbarungen achten und den Namen des Lieferanten, die Bestellnummer, die zu liefernde Menge, die nach der Menge gestaffelten Preise und andere dazugehörende Angaben in seine Arbeitspapiere eintragen. Diese Angaben gehören in die ständige Handakte, um später wieder aufgegriffen zu werden. Es hat schon Fälle gegeben, in denen die Möglichkeit zu beachtlichen Einsparungen gezeigt werden konnte, weil bei der täglichen Preisprüfung der Nachlaß der Aufmerksamkeit des Sachbearbeiters entgangen war.

*Werkzeugkosten.* Häufig sehen die Vereinbarungen über den Kauf bestimmter Teile die Herstellung von Werkzeugen beim Lieferanten vor, deren Kosten nicht in den Einzelpreis einkalkuliert, sondern gesondert angegeben und bezahlt werden. Bei manchen Unternehmen sind die jährlichen Kosten solcher Werkzeuge sehr hoch. Ein interner Revisor sollte hierzu u. a. folgende Fragen stellen:

1. Geht aus den Bestellungen hervor, daß die Werkzeuge Eigentum des bestellenden Unternehmens werden?

2. Wird vom Einkauf oder einer anderen Abteilung eine Kartei über alle bisher gekauften Lieferantenwerkzeuge geführt mit genauer Beschreibung und Angabe, wo sie sich befinden, um dadurch kostspielige Doppelanfertigungen von Werkzeugen zu vermeiden?

3. Sind diese Werkzeuge ausreichend versichert?

*Sonderkosten.* In vielen Fällen zeigt der Auftrag zusätzlich zum Preis je Einheit Sonderkosten für eine Sonderbehandlung oder eine besondere maschinelle Bearbeitung. Der Prüfer hat zu untersuchen:

1. ob für die Übernahme dieser Sonderkosten die erforderliche Genehmigung gegeben worden ist;

2. auf wie viele Einheiten die Kosten verteilt werden sollen. Die Preisänderung nach Eingang der vereinbarten Menge ist zu überwachen;

3. durch Rücksprache mit Technikern muß festgestellt werden, ob die Kosten noch notwendig sind. Vielleicht haben sich die Verfahren geändert, und der ursprüngliche Grund für Übernahme der Sonderkosten ist entfallen.

*Rabatte oder Skonti.* Bei Feststellung des Angebotspreises müssen verschiedene Faktoren berücksichtigt werden. So müssen — um zum Nettopreis zu kommen — Rabatte oder Skonti zusammen mit Lieferspesen und anderen ähnlichen Kosten berücksichtigt werden.

*Auslassung des Preises.* Der interne Revisor muß die Möglichkeit feststellen, Bestellungen auf der Basis von „Preisempfehlungen" herausgeben. Möglicherweise läßt sich der Kreis, auf den sich das Verfahren bezieht, durch die Art der Auswahl der Stichproben noch nicht ohne weiteres feststellen. Dann ist es notwendig, die Prüfung zu vertiefen, um festzustellen, ob die Methode sich nur auf eine Art Material, einen besonderen Lieferanten oder einen anderen speziellen Faktor bezieht.

*Kosten plus Gewinn.* Die Preise können auf der Grundlage des Ersatzes von Kosten plus Gewinn vereinbart werden mit Garantie eines festen Prozentsatzes von den Kosten oder vielleicht eines festen Betrages je Einheit für den Hersteller. Im allgemeinen wird die Vereinbarung eine Prüfung der Unterlagen des Herstellers zur Festlegung der Preise vorsehen. Dies ist für den internen Revisor eine gute Möglichkeit zu zeigen, daß er mit seiner Arbeit außer der Erhöhung der Sicherheit materielle Ersparnisse für das Unternehmen erreichen kann.

*Häufigkeit der Einkäufe.* Die Häufigkeit der Einkäufe muß vom internen Revisor sorgfältig geprüft werden. Er muß feststellen, ob die Preise evtl. durch Zusammenfassung und damit Bestellung größerer Mengen nennenswert niedriger sein können.

*Steuern.* Es ist sorgfältig zu prüfen, ob den verschiedenen steuerlichen Gesichtspunkten Rechnung getragen wurde. Zum Beispiel kann eine Umsatzsteuer je Auftrag für Güter, die in einem bestimmten Zeitabschnitt eingekauft werden, eine Obergrenze haben. In solchen Fällen haben sich schon erhebliche Einsparungen ergeben, wenn der Revisor herausfand, daß man für dasselbe Gut mehrere Aufträge erteilt hatte, statt für den Bedarf des betreffenden Zeitraumes nur einen Auftrag zu erteilen.

### Einkaufspolitik

Bisher haben wir die Einkaufsfunktion allgemein beschrieben, das Verhältnis der Einkaufsabteilung zu anderen beteiligten Abteilungen sowie die Vorgänge der Beschaffung, die in den anderen Abteilungen weitergeführt werden. Nun wollen wir die allgemeine Geschäftspolitik und das Verfahren in der Einkaufsabteilung betrachten.

Die richtige Festlegung der Vollmacht und der Verantwortung ist im Einkauf genau so wichtig wie bei anderen betrieblichen Tätigkeiten. Von der Geschäftsleitung muß die Einkaufspolitik etwa in folgenden Fragen genau festgelegt werden:

1. Stellung der Einkaufsabteilung in der Organisation.
2. Umfang der Verantwortung für den Einkauf: Es kann z. B. entschieden werden, daß die Einkaufsabteilung nichts mit dem Einkauf der Maschinen und Einrichtungen für die Produktion zu tun hat.
3. Ein Plan über die Delegierung der Einkaufsvollmacht.
4. Übertragung von begrenzten Verantwortungen für den Einkauf an dezentralisierte Fertigungsstellen oder an Spezialabteilungen[1].

---

[1] Internal Audit and Control of a Purchasing Department, Research Committee Report No 2 (New York: Institute of Internal Auditors, 1955).

Die allgemeinen Richtlinien sollen die Grenze festsetzen, innerhalb derer das Unternehmen organisiert und verwaltet werden muß. Wenn die Geschäftspolitik festgelegt worden ist, beginnt die endgültige Festlegung der Vollmacht und der Verantwortung. Der nächste Schritt umschließt die Entwicklung der Verfahren, die darlegen, wie das Unternehmen innerhalb der Grenzen der allgemeinen Geschäftspolitik geführt werden muß. Die genaue Art, in der das Einkaufsverfahren fest gesetzt wird, wird bei verschiedenen Unternehmen sehr unterschiedlich sein. Unterschiedlicher Bedarf und die verschiedene innere Organisation verlangen jedoch verschiedene Anordnungen und Anpassungen. Standardverfahren sind notwendig, wenn das Unternehmen in der Lage sein soll, die Einkaufstätigkeit wirksam zu kontrollieren. Mittels dieser Verfahren können verschiedene Tätigkeiten in der Hand von Spezialisten zusammengefaßt, und es können zwischen ihnen unabhängige Sicherungen eingerichtet werden. Die Verantwortung für jeden Schritt kann festgelegt werden, und ein verantwortlicher höherer Vorgesetzter kann den Einkauf des Unternehmens prüfen und überwachen. Bei einer derartigen Organisation ist eine Auskunft über die verschiedenen Gesichtspunkte des Gesamteinkaufs oder über irgendeine bestimmte Einkaufsrechnung sofort zu erhalten.

Der interne Revisor hat festzustellen, ob das Kontrollsystem über angemessene Sicherheitsvorkehrungen gegen Verschwendung, Verlust oder Betrug verfügt. Er wird sich mit dem Plan für die Zuweisung der einzelnen Tätigkeiten und mit ähnlichen Angelegenheiten beschäftigen und muß feststellen, wie der Plan sich in der Praxis wirklich auswirkt. Die besten Pläne werden manchmal umgangen. Der zuständige leitende Angestellte erkennt das vielleicht erst, wenn ein Schaden eingetreten ist.

Der Prüfer soll die Beziehungen zwischen den Abteilungen untersuchen und Wege zur Steigerung der Wirtschaftlichkeit vorschlagen. Ein Beispiel wäre ein Vorschlag für eine wirkungsvollere Zusammenarbeit zwischen dem Einkauf und der Produktionsplanung, die zu Einsparungen führt. Die Berichterstattung betrifft zum großen Teil die Frage, wie die Geschäftspolitik wirklich funktioniert. Z. B. kann er feststellen, daß die Einkaufsgrenzen weit überschritten worden sind, was auf einen Zusammenbruch der Kontrolle hinausläuft.

### Die Vollmacht zum Einkauf

Im allgemeinen werden die Einkaufsrichtlinien eine formelle Vollmacht und die Genehmigung durch einen bestimmten Angestellten in Übereinstimmung mit der allgemeinen Geschäftspolitik und den Verfahrensvorschriften vorsehen. Die Vollmacht wird auf Grund der Stellung innerhalb der Organisation und der Art des einzukaufenden Materials erteilt (siehe Tabelle 5).

Aus Sicherheitsgründen muß die Revision feststellen, ob die vorgeschriebenen Arbeitsabläufe beachtet und die Genehmigungen richtig eingeholt werden. Bei seiner Prüfung kann der Revisor feststellen, daß keine Anforderung an die Einkaufsabteilung gegeben wird, oder der Lieferant in Wirklichkeit außerhalb der Einkaufsabteilung bestimmt wird. Ferner kann er feststellen, daß die Einkaufsabteilung bei den Vertragsverhandlungen nicht hinzugezogen wird.

*Die Anforderung.* Der erste Schritt im Arbeitsablauf des Einkaufs ist die Anforderung, die der Einkaufsabteilung vorgelegt wird. Die Vorschriften des Einkaufs legen das Formular und die notwendigen Genehmigungen für die Anforderungen einzeln fest. Nach Erhalt der Anforderung gibt die Einkaufsabteilung einen direkten Auftrag an einen eingeführten Lieferanten, oder sie holt Angebote ein, um einen Lieferanten auszuwählen.

*Die Auswahl des Lieferanten.* In den meisten Unternehmen sind die Maßnahmen, die sich auf die Einholung der Angebote beziehen, sehr genau bestimmt. Z. B. können die Vorschriften für den Einkaufsauftrag im einzelnen festlegen, daß für jeden Einkauf Angebote eingeholt werden müssen, mit Ausnahme solcher, für die Verträge bereits vorliegen.

Die Anfrage soll an drei oder mehr Lieferanten gerichtet werden, um mehrere Angebote zu erhalten, die in bezug auf Preise, Rabatte und sonstige Bedingungen miteinander konkurrieren. In anderen Beispielen mag die Rückfrage an einen vorbestimmten Lieferanten gehen, um den gesamten Auftrag unterzubringen. Hier wieder müssen Entscheidungen aus der Praxis erfolgen. Für immer wieder benötigtes Kleinmaterial kann die Einholung von Konkurrenzangeboten für Zeiträume von 3—6 Monaten unterlassen und dann wieder durchgeführt werden, um die Auswahl des Lieferanten gegebenenfalls als richtig zu bestätigen.

Die Anfragen sollen in geeigneter schriftlicher Form erfolgen, damit sie als Nachweis dienen können und zur Einsicht für interessierte Vorgesetzte oder interne Revisoren zur Verfügung stehen.

Die Auswahl des Lieferanten erfordert ein beträchtliches Maß an Erfahrung. Der interne Revisor muß folgende Punkte beachten, wenn er diesen Teil der Beschaffung überprüft:

1. *Zwei Bezugsquellen:* Der interne Revisor soll feststellen, ob man daran gedacht hat, gleichzeitig zwei oder mehr Bezugsquellen für betriebsnotwendige Güter zu erhalten, um teure Rückschläge in der Herstellung zu vermeiden, die eintreten können, wenn Streiks, Feuer oder höhere Gewalt die Lieferung aus einer Quelle abschneiden.

2. *Finanzielle Zuverlässigkeit:* Die finanzielle Zuverlässigkeit und die Produktionskapazität des Lieferanten müssen gesichert sein. Bei neuen Lieferanten, bei denen es fraglich sein mag, ob sie in der Lage sind, den

Auftrag auszuführen, sollen der Einkäufer oder ein Beauftragter aus der Herstellung das Werk des Lieferanten aufsuchen. In anderen Fällen wird die Zuverlässigkeit des Lieferanten durch Kreditprüfungen oder auch durch Erfahrungen anderer Unternehmen festgestellt.

3. *Bestechung.* Die Auswahl des Lieferanten kann sehr leicht mit persönlichen Verbindungen zusammenhängen, und im extremen Fall kann es zu Unredlichkeiten kommen. Die Einkäufer sind ständig den Einflüssen der Freundschaft, der Protektion oder vorsätzlichen Bestechung ausgesetzt, um sie zu einer Begünstigung bestimmter Lieferanten zu veranlassen. Solche Möglichkeiten erfordern, daß periodisch eine objektive Prüfung durch die interne Revision erfolgt.

4. *Begrenzung des Einkaufs:* Bei allen Unternehmen werden die Angaben in den Stücklisten häufig so bestimmt sein, daß tatsächlich der Einkauf auf nur einen Lieferanten angewiesen ist. In diesem Falle wird die Einkaufsabteilung zu einer Bearbeitungsstelle für die Auftragserteilung. Die Notwendigkeit für irgendwelche einschränkenden Begrenzungen sollte durch die interne Revision untersucht werden.

5. *Gegenseitigkeit:* Die Geschäftspolitik der Gesellschaft kann dahin gehen, daß Einkäufe im größten, praktisch möglichen Umfange bei Unternehmen erfolgen sollen, an die der Käufer selbst seine eigenen Erzeugnisse verkauft. Die interne Revision hat die tatsächliche Einhaltung dieser Politik zu prüfen, sowie ferner die Art, nach der das Ausmaß der Gegenseitigkeit festgelegt wird.

*Die Bestellung.* Der Bestellungsvorgang umfaßt auch die Ausfüllung eines richtigen Einkaufs-Auftragsscheines, der ordentlich gezeichnet und geprüft ist. Dieser kann in verschiedenen Exemplaren geschrieben werden, von denen z. B. je eines an folgende Abteilungen geht: 1. Auftragserteilung, 2. Warenannahme, 3. Kontrolle, 4. Lager, 5. Buchhaltung.

Der Revisor muß das Verfahren bei der Erteilung des Auftrages prüfen. Unter Umständen können die Verfahren für die einzelnen Anfragen zu umständlich sein, z. B. können häufige Einkäufe von Ersatzteilen mittels eines handgeschriebenen Abrufformulars unter bezug auf einen Gesamtauftrag erfolgen. Der Lieferant kann dann besser eine monatliche Rechnung statt einer Einzelrechnung für jeden Rechnungsposten ausstellen und erspart dem Unternehmen viele Verwaltungsarbeit. Wichtige Fortschritte sind durch den Revisor mittels Änderung des Auftragsformulars oder der Art der Auftragserteilung erzielt worden.

*Abwicklung des Auftrags.* Die Abwicklung des Auftrags gehört zu den Aufgaben der Einkaufsabteilung, die sich zu vergewissern hat, daß die Warensendung in Übereinstimmung mit den festgelegten Terminen erfolgt ist. Die Güter müssen so geliefert werden, wie es den Bedürfnissen der Unternehmung und ihren Plänen entspricht. Wenn Verzögerungen eintreten oder erwartet werden, muß die Einkaufsabteilung durch ihre Kontrolle in der Lage sein, diese Tatsache sofort zu erkennen und die Angelegenheit zu beschleunigen.

## Warenannahme

Die eingekauften und vom Verkäufer gelieferten Güter sollen körperlich in einer separaten und unabhängigen Warenannahme-Abteilung aufgenommen werden. Alle eintreffenden Waren müssen auf diesem einen Dienstweg eingehen. Diese Abteilung trägt die Verantwortung dafür, daß sämtliche gelieferten Güter auf ihre Art und ihren Zustand geprüft werden. Technische Überlegungen können hierbei die Hilfe von anderen Einzelpersonen erfordern, aber sonst macht die Warenannahme-Abteilung die notwendigen Untersuchungen und Kontrollen der empfangenen Waren. Wenn die Warenannahme eine Kopie des Einkaufsauftrags von der Einkaufsabteilung erhält, kann diese als Grundlage für die Kontrolle der eingegangenen Mengen benutzt werden. Manche Unternehmen ziehen es jedoch vor, der Warenannahme keine Kopie zu geben, selbst wenn Preise und Termine auf ihr weggelassen sind, weil sie glauben, daß es für die Warenannahme besser ist, unabhängig festzustellen, welche Waren geliefert worden sind und dies zu melden. In den meisten Fällen wird diese Methode jedoch zu Zeitverlust und unerwünschten Verwechslungen bei den Bezeichnungen führen.

Der Wareneingangsschein, der serienmäßig vornumeriert sein soll, geht dann an die Einkaufsabteilung mit einer Kopie für die Buchführung, wo der Wareneingang notiert oder eine Kopie des Wareneingangsscheines festgehalten wird. Dieser Schein gibt der Einkaufsabteilung Mitteilung von dem Eingang der Waren und informiert sie genau über irgendwelche Unstimmigkeiten zwischen dem, was eingegangen ist und dem, was eingehen sollte. Das Material wird dann an die Betriebsabteilung geschickt, die den Auftrag veranlaßte, oder es wird von dem Lager aufgenommen, bis es für den tatsächlichen Verbrauch angefordert wird.

Die Arbeit dieser Abteilung ist von großer Wichtigkeit und muß gewissenhaft erledigt werden. Die Wareneingangsscheine müssen sorgfältig ausgefüllt werden, da sie die Grundlage für die Materialbelastung der Läger und anderer Abteilungen sind. Aus diesem Grunde ist es notwendig, daß diese Abteilung völlig unabhängig vom Einkauf und Verkauf arbeitet. Wenn z. B. die Einkaufsabteilung diese Arbeit auch noch zu erledigen hätte oder in der Lage wäre, die Tätigkeit der Warenannahme zu beeinflussen, würde die Möglichkeit gegeben sein, durch Fälschungen Zahlungsansprüche zu schaffen, und zwar ohne die Wahrscheinlichkeit einer Aufdeckung.

Es ist ebenfalls wesentlich, den Arbeitsgang der Warenannahme so festzulegen, daß nur ein Wareneingangsschein für einen Einzelposten der empfangenen Güter ausgestellt wird. Im anderen Fall könnte eine Doppelzahlung für das gleiche Material erfolgen. Es muß nochmals betont werden, daß der Wareneingangsschein ein Hauptteil aller Unterlagen ist, auf dessen Grundlage die Unternehmung die Zahlungen leistet, und seine Zuverlässigkeit muß in jeder Hinsicht gewährleistet sein.

Um das Ausmaß der vorhandenen internen Kontrolle abzuschätzen, soll der interne Revisor die folgenden Faktoren beachten:

1. *Zentrale Warenannahme.* Der interne Revisor stellt fest, ob für bestimmte Waren eine bestimmte Empfangsstelle festgelegt ist, und ob alle Eingänge dieser Warenart diese Stelle durchlaufen. Ein Lageplan oder ein Entwurf, der diese Empfangsstelle bezeichnet, soll in der Daverakte enthalten sein.

2. *Unabhängige Zählung.* Alle Roh-, Hilfs- und Betriebsstoffe, die eingegangen sind, sollen von unabhängigen Personen gezählt, gewogen oder gemessen werden:

a) Wie werden die Eingänge kontrolliert?

b) Welcher Prozentsatz wird gezählt? 50 % oder 100 % der Eingänge? Wer bestimmt den Prozentsatz, der zu zählen ist?

c) Was erfolgt, wenn der Eingang die bestellte Menge übersteigt?

d) Was erfolgt, wenn der Eingang niedriger ist als die bestellte Menge?

e) Werden alle Posten sofort kontrolliert oder erfordern einzelne Posten eine Inspektion?

Nachdem alle vorgeschriebenen Kontrollmaßnahmen durchgeführt sind, sollen die Warenrechnungen durch denjenigen abgezeichnet werden, der in der Aufstellung der Zeichnungsvollmachten hierfür bestimmt ist, wie in einem vorhergehenden Kapitel ausgeführt wurde. Der Beleg geht nun an die Buchhaltung zur regulären Buchung als zu bezahlende Rechnung. Die Art und Weise der Bearbeitung der Warenrechnung und deren Bezahlung wurde in Kapitel 12 „Verbindlichkeiten, Wechsel und Schuldscheine" erörtert.

## Einzelfragen beim Einkauf

In verschiedenen Fällen gibt es besondere Umstände, die eine Abweichung von den allgemeinen Grundsätzen des Wareneinkaufs verlangen.

## Örtliche Einkäufe

Sehr oft sind verschiedene Artikel dem Verderb ausgesetzt und müssen nach dem jeweiligen Bedarf ohne Zeitverlust eingekauft werden, der mit dem normalen Arbeitsablauf im Einkauf verbunden ist. Hier wird eine mehr oder weniger ständige Einkaufsvollmacht von der Einkaufsabteilung an Einzelpersonen übertragen, und es werden besondere Formulare für sie geschaffen, die sie benutzen sollen. Diese Tätigkeit soll dann durch diejenigen, die den regulären Wareneinkauf ausüben, periodisch kontrolliert werden.

### Dringende Einkäufe

Eine andere besondere Lage ist gegeben, wenn verschiedene Abteilungen oder Arbeitsgruppen Noteinkäufe machen müssen. Ein Ersatzteil z. B. wird unverzüglich gebraucht, und die gegebenen Umstände erlauben nicht den Zeitverlust, einen Einkauf auf dem üblichen Wege vorzunehmen. Nach Erledigung des Auftrags ist es jedoch notwendig, daß der Vorgang doch noch über den festgelegten Weg weitergeleitet wird. Die nachträgliche Erfassung dient dazu, alle Beteiligten zu unterrichten, und deshalb erscheinen die anfallenden Mehrkosten gerechtfertigt. Es besteht die Neigung, daß solche Noteinkäufe zur Gewohnheit werden und so die beabsichtigte Kontrolle des Einkaufsweges verhindern. Diese Neigung zu bekämpfen, bedarf besonderer Aufmerksamkeit.

### Direkte Sendungen an Kunden oder Lieferanten

Eine besondere Abweichung vom allgemeinen Arbeitsablauf ist geboten, wenn Einkäufe zur sofortigen Lieferung an den Kunden erfolgen. Ein System, das Empfangsscheine vom Kunden vorsieht, wird hier vielleicht nicht lückenlos funktionieren; deshalb kann die Bezahlung der Warenrechnung in der Regel nicht aufgeschoben werden, bis ein solcher Schein vorliegt. Der wichtigste Punkt dieser Frage bezieht sich auf die Kundenforderungen. Das heißt, es muß sorgfältig darauf geachtet werden, daß der Kunde, der die Waren erhalten soll, belastet wird, und es müssen Verfahren für solche Geschäftsabschlüsse festgelegt werden. Bei Fehlen eines Wareneingangsscheines soll eine entsprechende Angabe über den Zusammenhang auf der Bestellung als Anzeige gelten, um den Kunden zu belasten. Wenn dies geschehen ist, soll eine genaue Notiz über die Belastung auf der Vorderseite der Wareneingangsrechnung erfolgen. Bevor dies nicht erledigt ist, darf die Warenrechnung nicht zur Buchung in der Kreditorenbuchhaltung angenommen werden.

### Rücksendungen

Häufig ist es notwendig, Material an den Lieferanten wegen schlechter Qualität, ungenauer Ausführung und dergleichen zurückzugeben. Solche Angelegenheiten sollen in der Buchhaltung sofort registriert werden, während die tatsächlichen Verhandlungen mit dem Lieferanten besser von der Einkaufsabteilung vorgenommen werden. Zumindest soll die Einkaufsabteilung Informationen über alles erhalten, was sich direkt auf ihre Einkaufsarbeit bezieht. Der Versand der Rückwaren soll durch die Versandabteilung erfolgen, und zwar in derselben Art und Weise wie beim Verkauf, und wie es im vorhergehenden Kapitel behandelt wurde. Die Angaben über alle Vorgänge dieser Art sollen der Buchhaltung und den anderen interessierten Stellen sofort mitgeteilt werden.

## Andere Probleme

Außer den Fragen, die bereits behandelt wurden, gibt es noch zwei andere wichtige Probleme, die mit der Einkaufstätigkeit zusammenhängen: 1. Gefälligkeitseinkäufe für Arbeitnehmer, 2. Verkauf von Schrott.

### Gefälligkeitseinkäufe für Arbeitnehmer

Bei vielen Unternehmungen ist es üblich, den Arbeitnehmern Einkäufe durch die Gesellschaft zu gestatten, besonders dort, wo Einzelhandelsbetriebe zu weit abliegen, oder wenn niedrigere Preise durch den Großeinkauf des Unternehmens möglich sind. Manchmal können diese Einkäufe erhebliche Arbeitszeit und -kraft für die Durchführung der Aufträge, Annahme der Waren, Ausstellung der Schecks für die Lieferanten und Einziehung der Gelder von den Arbeitnehmern erfordern. Sehr oft können dieselben Vorteile für die Arbeitnehmer bei einem Direktgeschäft mit dem Lieferanten erreicht werden; in diesem Fall gibt es für das Unternehmen verhältnismäßig wenig Arbeit und kein Problem der Rechnungserteilung oder des Geldeinzuges. Der interne Revisor kann oft eine andere Methode vorschlagen, die für das Unternehmen Ersparnisse bedeutet.

### Verkauf von Schrott

Der Schrottverkauf wird im allgemeinen der Einkaufsabteilung übertragen. Es gibt wenig Betriebe, die keine Fragen in dieser Beziehung haben. Da dieses Material nicht zu den regulären Produkten gehört, besteht die Neigung, die Ersparnismöglichkeiten zu übersehen, die bei einer genauen Kontrolle des Schrotts gegeben sind. Im allgemeinen wird bei den Erlösen aus Schrottverkäufen keine große Anstrengung unternommen, um festzustellen, ob die zurückgewonnenen Beträge auch so hoch sind, wie sie sein sollten. Eine ordentliche Schrottkontrolle ist schwierig, weil hier verschiedene Faktoren mitwirken. Im Hinblick auf den Schrottanfall bei der Produktion sollte der interne Revisor sorgfältig den Produktionsvorgang prüfen und auch die Art, in der der Schrott buchmäßig erfaßt wird. Manchmal können geschätzte Mengen festgelegt werden, und alle wesentlichen Abweichungen von den geschätzten Mengen sind zu erklären.

## Vorschriften für die interne Kontrolle

Die Erörterung des Einkaufsvorganges hat gleichzeitig dazu gedient, die verschiedenen internen Kontrollmerkmale aufzuzeigen, die damit verbunden sind. Sie sollen kurz wie folgt zusammengefaßt werden:

1. Allgemeine Einkaufsrichtlinien sollen festgelegt werden, die dann zu befolgen sind.
2. Alle Einkäufe müssen auf einem richtig festgestellten Bedarf beruhen und sollen durch einen Vorgesetzten genehmigt sein, bevor Verbindlichkeiten für die Gesellschaft entstehen.
3. Das tatsächliche Einkaufen soll in einer besonderen Stelle zusammengefaßt werden — der Einkaufsabteilung —.
4. Ein Bestellungssystem soll angewandt werden, bei dem Verbindlichkeiten aus dem Einkauf nur auf Grund einer genehmigten Bestellung entstehen dürfen.
5. Konkurrenzangebote sollen soweit irgend möglich eingeholt, und alle Preise periodisch verglichen werden.
6. Serienmäßig vornumerierte Wareneingangsscheine sollen von einer unabhängigen und zentralen Warenannahme ausgefüllt werden.
7. Abweichungen von den allgemeinen Vorschriften, die durch besondere Umstände notwendig sind, sollen sorgfältig überwacht und in möglichst engen Grenzen gehalten werden.
8. Alle Schritte im Einkaufsverfahren sollen in der Ausführung so weit wie möglich getrennt gehalten werden. Die verschiedenen Spezialabteilungen sollen vollkommen unabhängig voneinander bleiben.
9. Bestimmte Verfahren zur Bearbeitung aller Verbindlichkeiten gegenüber den Lieferanten und zu deren Ausgleich sollen festgelegt werden.
10. Rechnungen, die an die Kreditorenbuchhaltung gehen, sollen richtig durch Bestellungen, Wareneingangsscheine, Nachweis einer büromäßigen Prüfung und Genehmigung verantwortlicher leitender Angestellten belegt sein.

## Beschreibung des Verfahrens der internen Revision

Die nachfolgenden Verfahren der internen Revision sind auf alle Unternehmungen in verschiedenem Umfange, der von dem Organisationsaufbau des Unternehmens abhängt, anwendbar. Wenn das Unternehmen z. B. eine Kombination von zentralisiertem und dezentralisiertem Einkauf hat, werden einige dieser Prüfungsverfahren — z. B. die unter „Organisation der Beschaffung" — für die Tätigkeit der Zentrale geeignet sein, wo entsprechende allgemeine Anweisungen festgelegt sind. Einige dieser Schritte können auch für eine Außenstelle geeignet sein, was von der Art der Tätigkeit und dem Ausmaß ihrer Selbständigkeit im Einkauf abhängt.

### Die Organisation der Beschaffung

1. An Hand der Organisationstabelle, der Rundschreiben oder schriftlich festgelegter Verfahrensvorschriften ist festzustellen, wem die Leitung der Einkaufsabteilung unterstellt ist.
2. Kopien von allen Rundschreiben oder Verfahrensvorschriften des Unternehmens, die das Ausmaß der Kontrolle durch Ausschüsse oder andere Gruppen außerhalb der Einkaufsabteilung festlegen, sind zu beschaffen.
3. Ein Exemplar des Handbuches für den Einkauf ist — wenn möglich — zu besorgen.
4. Die hauptsächlichen Beschaffungswege, die nicht der Kontrolle des Einkaufs unterliegen, wie Beschaffung von Gegenständen des Anlagevermögens usw., sind zu ermitteln.
5. Aus dem Handbuch und durch Besprechung mit dem Leiter der Einkaufsabteilung ist festzustellen, wie die Beziehungen der anderen Abteilungen mit den Lieferanten geregelt sind.
6. Kopien des Organisationsplanes und des Arbeitsablaufschemas der Einkaufsabteilung sind einzusehen oder — wenn nicht vorhanden — aufzustellen.
7. Die genannten Darstellungen oder andere Unterlagen sind zu überprüfen, um zu entscheiden, ob durch Teilung der Pflichten die Prinzipien der internen Kontrolle eingehalten werden. Es soll nicht vorkommen, daß dieselbe Person, die die Einkaufsanforderung veranlaßt, den Auftrag erteilt, das Material annimmt und für die Bestellung verantwortlich ist.
8. Das Formular für Angebote, das Verfahren zur Einholung von Angeboten und der Mindestbetrag, von dem an Konkurrenzangebote einzuholen sind, ist mit dem Leiter der Einkaufsabteilung zu besprechen. Alle damit zusammenhängenden Verfahrensvorschriften oder Angaben im Einkaufshandbuch sind einzusehen.

### Einkaufs-Vollmacht

1. Eine Liste der Vollmachten für Genehmigungen, die den Namen und die Stellung der Bevollmächtigten und ferner Umfang und Art der

Ausgaben ergibt, für die die verschiedenen Einzelpersonen Vollmacht zur Zahlungsgenehmigung erhalten haben, ist zu beschaffen oder anzufertigen.

2. Die Einkaufspolitik des Hauptbüros für Einkäufe durch die dezentralisierten Einkaufsbüros ist festzustellen. Welche Anweisungen bestehen bezüglich der Vollmachtsabgrenzung, der Bestellungskopien und ähnlicher Angelegenheiten?

3. Es ist festzustellen, ob irgendwelche Einkäufe ohne Anforderung oder ohne eine andere Genehmigung vorgekommen sind.

### Prüfung der Bestellmenge

1. Mit der Leitung der Einkaufsabteilung oder anderer in Frage kommender Abteilungen ist die Methode zur Festsetzung der Mengen der verschiedenen eingekauften Materialien zu besprechen, und diese ist kurz zu beschreiben.

2. Wenn die Menge außerhalb der Einkaufsabteilung bestimmt wird, ist zu entscheiden, ob die tatsächliche Handhabung mit den Vorschriften der Gesellschaft übereinstimmt.

3. Von jeder der oben erwähnten Arten der Mengenbestimmung sind repräsentative, bedeutendere Posten auszuwählen und

a) die Menge der Fertigprodukte, von der der Einkauf oder die andere Abteilung bei der Berechnung ausgegangen ist, ist mit dem festgesetzten Jahresplan oder dem kurzfristigen Voranschlag zu vergleichen;

b) der vorhandene Warenbestand, der der Berechnung zugrunde lag, ist an Hand des Warenbestandsverzeichnisses zu prüfen;

c) der angewandte Prozentsatz für die Bestimmung des Schwunds und des Bearbeitungsabfalls ist mit dem tatsächlich eingetretenen Verlust zu vergleichen;

d) die zu bestellenden Mengen, die sich in den Arbeitspapieren des Revisors als Saldo ergeben, sind mit den bestellten Mengen zu vergleichen. Wenn diese Mengen abgeändert wurden, um aus dem Mengen-Preis-Rabatt Nutzen zu ziehen, ist die Handhabung zu erklären und sind die in Frage kommenden Werte zu zeigen.

4. Die Aufstellung der Lieferdaten, die sich aus den Bestellungen ergibt, ist mit dem Produktionsprogramm für die ausgewählten Posten zu vergleichen. Auch die Lieferfristen für die verschiedenen Posten sind durchzusehen, die Schnelligkeit festzustellen, mit der der Einkauf auf höhere oder niedrigere Anforderungen reagiert.

6. Die Arbeitspapiere und Unterlagen, die bei der Mengendisposition benutzt werden, sind in folgenden Punkten zu prüfen:

a) Allgemeine Sorgfalt und Qualität der Arbeit.
b) Vollständigkeit der Daten.
c) Angewandte Formulare. — War das Verfahren vielleicht zu umständlich? Vorgeschlagene Änderungen der Formulare oder der Methode sind genau darzulegen.

### Prüfung der Bestellungen

Alle Bestellungen für den neuesten Monat und einige Geschäftsvorfälle der letzten früheren Monate sind nachzuprüfen, um eine ausreichende Beurteilungsmöglichkeit für folgende Punkte zu erhalten:

a) Die von jedem Einkäufer vorgenommenen Einkäufe.
b) Anforderungen von jeder größeren Betriebsabteilung;
c) Ausmaß der Eilbestellungen und Bestätigungen für telefonische oder mündliche Bestellungen.
d) Bestellungen, bei denen nicht von dem billigsten Anbieter gekauft wurde;
e) Änderung in der Spezifizierung oder in den Mengen;
f) Bestellungen, bei denen der Preis nicht genau angegeben ist;
g) Abrufe, die auf Grund eines Blankoauftrages oder eines langfristigen Vertrages erteilt wurden;
h) Wesentliche Transportkosten;
i) Skonti.

Soweit nicht der Vorstand oder der Finanz-Hauptausschuß der Muttergesellschaft etwas anderes ausdrücklich genehmigt hat, soll die Vollmacht und die Verantwortung für die Genehmigung aller Einkaufsanforderungen oder Warenrechnungen, die nicht Gegenstände des Anlagevermögens betreffen, wie folgt festgelegt werden:

| | Art des Aufwands | Betrag |
|---|---|---|
| Vorstandsvorsitzender oder Vorstandsmitglied des Unternehmens | Alle Aufwendungen | beschränkt auf die Gattung sowie auf die annähernden Beträge des bestätigten Finanzplanes |
| Abteilungsleiter und Betriebsleiter | Aufwendungen, die ihre jeweilige Abteilung oder ihren jeweiligen Betrieb betreffen | " |
| Einkaufsleiter | Produktionsmaterial | Einkaufsverbindlichkeiten, die höher liegen als der Bedarf für die Produktion von ...... Monaten, müssen vom Vorstand bestätigt werden. |

| | Art des Aufwands | Betrag |
|---|---|---|
| Stellvertretender Einkaufsleiter | „ | DM ................ |
| Stellvertretende Abteilungsleiter und stellvertretende Betriebsleiter | Aufwendungen, die ihre jeweiligen Abteilungen oder ihren jeweiligen Betrieb betreffen | DM ................ |
| Gruppenleiter | Aufwendungen, die ihre jeweilige Gruppe betreffen | DM ................ |
| Stellvertretende Gruppenleiter | „ | DM ................ |
| Andere v. d. Abteilungsleiter od. d. Betriebsleiter besonders Beauftragte | Die besondere Art der Aufwendung, auf die sich der Auftrag bezieht | DM ................ |

Die Bestimmung der Einzelpersonen, die jeweils zu einer der oben genannten Gruppen gehören, soll auf den im Organisationshandbuch des Unternehmens festgelegten und definierten Einteilungen beruhen.

*Tabelle 5.* Allgemeine Vorschriften über die Vollmacht und die Verantwortung für die Genehmigung aller Aufwendungen, die sich nicht auf Gegenstände des Anlagevermögens beziehen. Von: Walter H. Kamp und James A. Cashin Internal Control Standards and Related Auditing Procedures" (Stamford, Conn: Brock and Wallston, 1947).

## Auswahl der Lieferanten

Es ist festzustellen, ob außer den Lieferanten, die die Aufträge erhielten, noch anderen Gelegenheit geboten wurde, Angebote zu machen. Deshalb sind wichtige Unterlagen dazu auszuwählen und festzustellen:

a) ob von den meisten Lieferanten während der geprüften Periode Angebote angefordert und eingereicht wurden;

b) weshalb Aufträge nicht den billigsten Lieferanten erteilt wurden, wenn nicht Gründe, wie Kundendienst, Qualität usw. vorlagen;

c) weshalb Aufträge erteilt wurden, ohne daß Angebote verlangt wurden;

d) welche Zahl der Bestellungen und in welcher Höhe bei jedem Lieferanten vorgenommen wurden;

e) ob die Preise der Bestellungen mit den bekanntgegebenen Preisen übereinstimmen, die aus Preislisten, Katalogen, Rabattlisten usw. hervorgehen.

### Gesamtbeurteilung der Arbeit des Einkaufs

Bei der Gesamtbeurteilung der Arbeit des Einkaufs wird der interne Revisor anders als sonst vorgehen müssen, weil im allgemeinen keine Arbeitsberichte über diese Tätigkeit vorliegen werden. Er wird Tätigkeiten abzuschätzen haben, die sehr schwer in Zahlen ausgedrückt werden können, darunter auch verschiedene Dinge, die unten besprochen werden.

Außer den normalen Einkaufsarbeiten müssen andere Faktoren beachtet werden, die sich vor allem auf die Organisation der gesamten Einkaufsfunktion erstrecken und von denen folgende genannt seien:

.1. Stellung der Einkaufsabteilung innerhalb des Unternehmens; 2. Begrenzungen des Einkaufs, z. B. hinsichtlich der Anschaffung der Betriebseinrichtungen; 3. die Verantwortung für den Einkauf bei Dezentralisierung der Arbeiten.

Während die laufenden Arbeiten wie etwa Einholung der Angebote und Ausstellung der Bestellungen verhältnismäßig einfach sind, gibt es weniger gut erkennbare Dinge bei der Einkaufsabteilung, die zu prüfen sind, wie:

1. Marktentwicklung — Ist die Abteilung über die Marktänderungen auf dem laufenden und werden diese Kenntnisse in der Terminbestimmung für die Einkäufe berücksichtigt?
2. Gegenseitigkeit — Ist daran gedacht worden, von solchen Lieferanten zu kaufen, an die das Unternehmen selbst seine Erzeugnisse verkauft?
3. Preisanalyse — Gibt es ein Programm für die Preisanalyse, nach dem die Einkaufsabteilung mit den Lieferanten und mit anderen Angestellten des eigenen Unternehmens zusammenarbeitet, um einzelne Teile neu zu konstruieren, Spezifikationen zu ändern usw., um die Kosten zu senken?
4. Kauf oder Herstellung — Gibt es ein laufendes Programm zur Untersuchung der Kosten für jedes Teil, um festzustellen, ob es wirtschaftlicher ist, es zu kaufen oder selbst herzustellen?

## 16. Kontrolle des Lagerbestandes

Der interne Revisor findet in der Kontrolle des Lagerbestandes ein Feld neuer Verantwortung und eine zusätzliche Möglichkeit für konstruktive Tätigkeit. Die Arbeitsgänge bei der Bewegung der Lagerbestände haben mit dem Betrieb zu tun und sind daher hier in Teil IV zusammengefaßt. Die Betriebsvorgänge, die sich mit der Anschaffung von Gütern und Verfügungen darüber befassen, wurden daher mit anderen verwandten Betriebsfragen verbunden und im einzelnen mit den Titeln „Einkauf" und „Vertrieb und Rechnungsausstellung" in den beiden vorhergehenden Kapiteln behandelt. Die Tätigkeit der internen Revision zur Bestätigung und Wertbestimmung der Salden der Vorratskonten an einem bestimmten Zeitpunkt wurde in Kapitel 9 „Vorräte" in Teil III behandelt.

Die Arbeitsgänge bei der Behandlung und Kontrolle der verschiedenen Arten der Vorräte werden im einzelnen in diesem Kapitel erklärt. Sie beziehen sich mehr auf die Vorräte im Verlauf der Rechnungsperiode als am Ende der Periode und werden daher viel mehr von einem Betriebsstandpunkt oder vom Standpunkt der Gewinn- und Verlustrechnung als von einem Bilanz-Standpunkt besprochen.

## Definition der Kontrolle des Lagerbestandes

Der Ausdruck „Kontrolle des Lagerbestandes" drückt die Erhaltung einer richtigen Zusammensetzung und Größe des Lagerbestandes und die Erhaltung eines richtigen Materialflusses aus, vom Schiffsanlegeplatz ins Lager, in den Betriebsablauf und durch die Fabrik bis zum Kunden[1].

Es gehört zur Aufgabe der Geschäftsführung, die allgemeine Geschäftspolitik festzulegen, die bei der Behandlung der Warenbestände befolgt werden soll — wieviel zu lagern ist und wie die Bestände aufzunehmen sind, sowie das Ausmaß der Änderungen, wenn die Bedingungen sich ändern. Die Kontrolle des Lagerbestandes muß dann innerhalb der Grenzen der allgemeinen Geschäftspolitik vor sich gehen. Größe und Beschaffenheit des Lagerbestandes müssen dann mit der allgemeinen Geschäftspolitik in Übereinstimmung gehalten werden. Die Kontrolle des Lagerbestandes kann man wie folgt einteilen:

1. Kontrollen im Betrieb — Diese dienen dazu, die Lagerbestände auf der gewünschten Höhe zu halten.
2. Buchhalterische Kontrollen — die mit der buchmäßigen Erfassung und der Meldung der Lagerbestände, vom Eingang bis zum Versand an den Kunden zu tun haben.

### Arten der Kontrolle im Betrieb

In manchen Veröffentlichungen über die Revision wurde der Schwerpunkt mehr auf die buchhalterische Kontrolle gelegt oder sogar nur auf bestimmte Teile davon. Obwohl diese Kontrollen wichtig sind, sind sie weder das einzige noch das bedeutendste Mittel dazu. Buchhalterische

[1] J. Brooks Herbert and James D. Willson, Controllership (New York: The Ronald Press Co., 1952.)

Kontrollen verzeichnen die Bewegung des Materials, aber sie zeigen nicht an, wieviel Material hätte bewegt werden müssen. Daher sind die betrieblichen Kontrollen vom Blickpunkt der internen Revision sehr wichtig. Durch wirkungsvolle betriebliche Kontrollen ist es oft möglich, die Kosten der Buchhaltung oder anderer Kontrollmittel auf ein angemessenes Maß zu vermindern. Der interne Revisor kann durch seine Kenntnis der Arbeitsverfahren diejenigen Kontrollen im Betrieb aussuchen, die am zweckmäßigsten sind. Wenn betriebliche Kontrollen bereits angewendet werden, wird der interne Revisor — wie bei allen Kontrollen — die Auswirkung auf das tatsächliche Betriebsgeschehen überprüfen und sich ein Urteil darüber bilden.

Die hauptsächlichen Kontrollen im Betrieb können für unsere Zwecke nach den angewandten Kontrollgrundlagen eingeteilt werden, nämlich: Produktion, Umschlag, Maximum und Minimum und Planung.

*Die Produktion als Basis der Kontrolle.* Die Produktion oder — wie es oft ausgedrückt wird — der Verbrauch wird zur Grundlage der Kontrolle, indem die Menge an Material, die verwendet werden soll, geschätzt wird. Für eine festliegende Produktionsmenge fordern die Stücklisten oder Formeln eine bestimmte Menge von jedem Material. Der Vergleich dieser theoretischen Anforderung mit dem tatsächlichen Verbrauch zeigt Art und Menge des Materials an, das von dem normalen oder festgelegten Bedarf abweicht.

Bedeutende Unterschiede zwischen dem theoretischen und dem tatsächlichen Verbrauch sollen von dem internen Revisor untersucht werden, um die Ursache zu bestimmen. In einigen Fällen wird ein solcher Vergleich den Beweis für unrichtige Inventuren erbringen, die zu ungenauen Zahlen für den tatsächlichen Verbrauch führen. In anderen Beispielen können die Unterschiede anzeigen, daß erhebliche Verschwendung oder vielleicht Unterschlagung vorliegt. Vom Standpunkt der Leitung ist dies ein wirkungsvolles Kontrollmittel, da das Verfahren sich direkt auf die Produktion bezieht und die Gebiete, auf denen Überschreitungen vorkommen, rasch bestimmt werden können.

*Der Umschlag als Basis der Kontrolle.* Eine Methode zur Kontrolle, die von vielen Unternehmen angewandt wird, ist die Kontrolle auf der Basis des Umschlags, bei der Richtsätze für den Umschlag eines vollständigen Lagers oder für besondere Teile des Lagers festgelegt werden.

Diese Kontrollart wird von vielen Warenhäusern angewandt, wobei die Einkäufer in jeder Abteilung dafür verantwortlich gemacht werden, die geforderten Umschlags-Richtsätze einzuhalten. Der Umschlagsrichtsatz wird allgemein durch Teilung des Verbrauchs für eine Periode durch die durchschnittlich vorhandene Lagermenge berechnet. Wenn also ein sechsmaliger Umschlag pro Jahr gefordert wird und der voraussichtliche Verbrauch oder die Kosten der verkauften Güter DM 900 000,—

betragen, so soll die durchschnittliche Lagermenge DM 150 000,— nicht übersteigen.

Der gleiche allgemeine Grundsatz gilt auch für das in Arbeit befindliche Material, Rohmaterial und Hilfsmaterial. Gewöhnlich wird der Richtsatz nach der Umschlagshäufigkeit pro Jahr festgelegt. In einigen Fällen jedoch wird er als ein Zeitfaktor bestimmt; so bedeutet z. B. ein sechsmaliger Umschlag pro Jahr, daß es zwei Monate dauert, bis das Warenlager umgesetzt wird. Es kann also der Umschlagsrichtsatz für Hilfsstoffe in der Anzahl von Monaten ausgedrückt werden, für die der vorhandene Bestand an diesen Hilfsstoffen ausreicht. Daher würde in dem obigen Beispiel der Regelverbrauch für einen Monat DM 75 000,— betragen, durch den dann die durchschnittliche Lagermenge geteilt würde, um festzustellen, für wieviel Monate die Hilfsstoffe verfügbar sind.

Der interne Revisor muß die Berechnung der Umschlagsfaktoren prüfen, um ihre Genauigkeit und Angemessenheit feststellen zu können. Die Umschlagsrichtsätze können einen guten Wirtschaftlichkeitsgrad anzeigen. Sie können aber auch anzeigen, daß Aufträge verloren gingen, weil verschiedene Posten nicht auf Lager waren oder daß die Kosten pro Einheit höher liegen, weil zu geringe Mengen eingekauft wurden.

*Maximum und Minimum.* Eine andere Art der Lagerbestandskontrolle ist durch Festsetzung von Höchst- und Mindestbeständen möglich. Diese Methode ist dort allgemein zweckmäßig, wo der Materialverbrauch ziemlich gleichmäßig und die Auftragszeit verhältnismäßig kurz ist. So können z. B. die Hilfsstoffe für die Instandhaltung gegebenenfalls für diese Kontrollart geeignet sein, während andere Arten von Hilfsstoffen oder Materialien nicht gleichermaßen geeignet sind.

Auf dieser Grundlage werden Maximal- und Minimal-Punkte bestimmt und mehr oder weniger automatische Kontrollpunkte für den Einkauf festgelegt. Z. B. ist die untere Grenze die Sicherheitsmarke, bevor der Posten verbraucht ist. Ein besonders wichtiger Punkt für Kontrollzwecke ist der Punkt für die Neubestellung, der sich aus dem Minimalpunkt zuzüglich der geschätzten Verbrauchsmenge zwischen dem Bestelldatum und dem Liefertermin ergibt. Der Maximalpunkt ist die obere Grenze für die Menge, die von dem jeweiligen Einzelposten im Lager vorhanden sein muß.

Bei dieser Kontrollart soll der interne Revisor feststellen, ob das zuständige Personal die festgelegten Ober- und Untergrenzen oft genug durchsieht und Änderungen in der Höhe der Produktion oder des Absatzes richtig und pünktlich berücksichtigt werden. Der interne Revisor muß auch das Verfahren zur Bestimmung der Bestellmenge nachprüfen, wenn sie von der üblichen Norm abweicht. Es ist ferner zu ermitteln, ob bei Auftragserteilung genügend Angaben bekannt sind. Wenn z. B. ein bestimmter Artikel neu bestellt werden muß, sollen auch andere Ge-

gebenheiten, wie etwa die früheren Abgänge mit beachtet werden. In manchen Fällen ist es vorgekommen, daß Aufträge auf Grund eines Neubestellungspunktes erteilt wurden, obwohl der Posten einige Monate lang nicht gebraucht wurde. Daraus ging hervor, daß die Maximal- und Minimal-Punkte nicht richtig lagen. Es müssen daher vom internen Revisor Stichproben über die allgemeine Genauigkeit dieser Punkte gemacht werden.

*Kontrolle durch Planung.* Die genannten Kontrollarten auf der Basis der Produktion, des Umschlags oder der Höchst- und Mindestgrenzen können in vielen verschiedenen Kombinationen angewandt werden. So kann z. B. die Umschlagsbasis für Fertigerzeugnisse benutzt werden, die Maximal- und Minimal-Punkte für Hilfsmaterial, oder es können sogar mehrere Kontrollarten für eine Gruppe der Lagermaterialien Anwendung finden. In manchen Unternehmen wird eine mehr einheitlich zusammengefaßte und formale Kontrollart angewandt, die als Kontrolle durch Planung bezeichnet werden kann. Bei dieser Methode sind die Bestände mehr auf den allgemeinen Plan abgestimmt.

Der interne Revisor wird sorgfältig das Verfahren zur Berechnung der Mengen prüfen müssen, die für die im Plan vorgesehenen Verkäufe erforderlich sind. Er sollte besonders darauf achten, mit welcher Geschwindigkeit Änderungen im Plan sich in den Sollzahlen für die Lagerbestände auswirken.

## Arten der buchhalterischen Kontrolle

Die Kontrollarten, die für die Lagerhaltung vorgesehen sind, können sich in vielfältiger Form zeigen. Für Erläuterungszwecke sollen sie jedoch in drei allgemeine Gruppen eingeteilt werden. Als ein Extrem haben wir hier die rein körperliche Inventur, wo keine oder nur wenig buchmäßige Kontrolle für die Lagerbestände vorgesehen ist; im anderen Falle haben wir die vollständige laufende Inventur. Zwischen diesen beiden extremen Fällen können alle anderen Kontrollarten eingestuft werden, da sie mindestens in gewissem Ausmaß Kompromisse zwischen den beiden Gruppen darstellen. Die körperliche Inventur als Grundlage für die Lagerkontrolle wird zuerst betrachtet.

*Körperliche Inventur.* Bei dieser Kontrollart werden die Einkäufe zu Kosten- und die Verkäufe zu Verkaufspreisen nur in der Gesamtsumme aufgezeichnet. Es gibt keine laufenden Mitteilungen für die Buchhaltung, weder über die Abgänge vom Lagerbestand noch über den Wert der vorhandenen Erzeugnisse. Am Ende der Rechnungsperiode ist es notwendig, eine körperliche Bestandsaufnahme zu machen, um festzustellen, wieviel eingekauftes Material, zu Kostenpreisen gerechnet, am Lager ist. Die Feststellung des Wertes der Abgänge erfolgt bei dieser Methode durch Rückrechnung.

Hierbei wird unterstellt, daß die Werte des Lagerbestandes, die z. Z. der körperlichen Bestandsaufnahme nicht vorhanden sind, verbraucht wurden, obwohl sich tatsächlich manche Abgänge durch Diebstahl, Verschwendung oder andere Verluste ergeben haben können. Als Kontrollgrundlage ist die Methode der körperlichen Bestandsaufnahme zu mangelhaft, um als Mittel zur Festlegung der Verantwortung zu dienen und um angemessene Informationen zu liefern. Die Person oder die Personen, die mit den Beständen zu tun haben, sind nicht für die einzelnen Einheiten oder für den Gesamtwert verantwortlich. Zwar kann der Bruttogewinn-Prozentsatz für verschiedene Abrechnungsperioden oder eine andere Kennziffer als ein Anhaltspunkt für Unterschlagung und Verschwendung benutzt werden, aber dies ist bestenfalls eine lose Kontrollart, und es wirken dabei zu viele andere veränderliche Faktoren mit. Es ist möglich, daß die gewünschte Kontrolle auf anderem Wege besser erreicht wird, z. B. durch Kontrolle des Personals beim Verlassen des Betriebsgrundstücks; diese Methode mag in manchen Fällen am zweckmäßigsten sein. Es bleibt nichtsdestoweniger die Tatsache bestehen, daß das Abrechnungssystem bei dieser Methode keine endgültige Verantwortung festlegt.

Es muß auch der Mangel an angemessenen Informationen erwähnt werden. Das Buchungsverfahren liefert bei dieser Methode nicht die Grundlage für die Kosten der Verkäufe, der Umbuchungen oder anderer Abgänge bei den Vorräten und liefert keine Angaben über die Lagerbestände. Solche Angaben werden im allgemeinen von den Betriebsleitern, vom Einkaufspersonal und anderen benötigt. Fehlen diese Angaben, so kann dies zu Fehlleistungen führen. Es muß jedoch darauf hingewiesen werden, daß es möglich und oft wirtschaftlicher ist, solche Angaben auf andere Weise zu erhalten. Diese Angaben werden jedoch auch bei der hier behandelten Methode der Kontrolle der Lagerbestände nicht nur auf buchhalterischem Wege geliefert.

*Die laufende Inventur als Grundlage der Kontrolle.* Diese Art der Kontrolle des Lagerbestandes erfordert in ihrer vollständigen Form irgendeine Art einer Karteikarte oder eines Buchkontos für jeden Lagerposten. Diese einzelnen Karten oder Konten werden ordnungsgemäß als separate Hilfsbücher geführt und werden durch zugehörige Konten des Hauptbuches kontrolliert. In einigen Systemen werden nur die Mengen aufgezeichnet, in anderen nur die Werte und wiederum in anderen beides, Menge und Wert. Wenn die Werte eingesetzt werden, soll die Kontrolle über sie durch Konten des Hauptbuches erfolgen. Bei all diesen Verfahren werden die einzelnen Lagerkarten usw. mit allen Eingängen belastet und für alle Bewegungen vom Lager nach außen entlastet. Zu jeder Zeit steht somit eine Unterlage über die einzelnen Bestände am Lager zur Verfügung, entweder in Mengen- oder Wertansätzen, wie es der angewandten Methode entspricht.

Bei dieser Verfahrensart ist die Verantwortung klar bestimmt. Die für die Lagerhaltung verantwortliche Person wird auf Grund von unabhängigen Wareneingangsscheinen belastet und für herausgegebenes Material auf Grund von genehmigten Anforderungen oder von Verkaufsbelegen entlastet. Die Menge des Lagerbestandes, der vorhanden sein muß, ist dabei bekannt und eine körperliche Prüfung zu irgend einer Zeit zeigt an, wieweit der Lagerverwalter seiner Verantwortung gerecht geworden ist. Die Untersuchung von Unstimmigkeiten ist dann eine grundsätzliche Notwendigkeit. In manchen Fällen mögen es Schreibfehler in den Buchungen sein, die die Unstimmigkeiten verursachen, in anderen Fällen berechtigte Abweichungen, die dem Wesen des Materials zuzuschreiben sind, während in einigen Fällen die Ursache in einem endgültigen körperlichen Fehlbestand liegt. Durch die Feststellung dieser Unterschiede und die Untersuchung der Gründe wird die Verantwortung für die Verwaltung der Vorräte immer wieder aufs Neue geklärt.

Hinsichtlich der angestrebten Information liegt einer der größten Vorteile in den Angaben über die Kosten des ausgegebenen Materials. Diese Zahlen werden — falls es sich um Rohmaterial handelt — für richtige Kostenbuchungen und für die Produktionskontrolle benötigt. Wenn es sich um Fertigerzeugnisse handelt, werden die Daten für leitende Angestellte des Verkaufs und anderer Stellen gewünscht. Ferner weiß man, wieviel von den verschiedenen Lagerposten vorhanden ist, und die Einkäufer haben z. B. eine Grundlage, um richtig disponieren zu können. Gleichfalls hat auch der Leiter der Produktion und andere Vorgesetzte eine schnelle Informationsquelle, die sie für ihre besonderen Zwecke verwenden können.

*Zwischenarten der Lagerbestandskontrolle.* Zwischen diesen beiden Extremen — der körperlichen Inventur und der laufenden Inventur — gibt es viele Variationen und Kompromisse. Diese stellen zumeist Versuche dar, gewisse Vorteile des Systems der laufenden Inventur zu gewinnen, ohne sich mit den Kosten zu belasten, die mit dem vollständigen System verbunden sind. In gewissen Fällen sind Methoden entwickelt worden, die für die speziellen Bedürfnisse besonders geeignet sind, z. B. wurde für den Kleinverkauf die Einzelhandelsinventur erfunden, um die sonst notwendigen körperlichen Zwischenaufnahmen zu vermeiden und zugleich die Verantwortung für den Lagerbestand als Ganzes in einer bestimmten Abteilung festzulegen. Diese Methode beruht auf der Anwendung von Durchschnitten für die Verkäufe und Kosten der verkauften Waren und stellt — wie allgemein geglaubt wird — die beste Kontrolle dar, die mit Rücksicht auf die Kosten gerechtfertigt ist.

Andere Unterlagen über die Lagerbestände können in mehr formloser Art gehalten sein oder aber in der Form von Notizen. Diese mögen gewisse Zwecke erfüllen, wenn sie einigermaßen systematisch geführt werden. Wenn jedoch nicht ein gewisses Ausmaß von buchmäßiger Kontrolle für sie vorgesehen ist, wird die Gefahr zu groß, daß sie ungenau und schließlich ganz vernachlässigt werden.

Bei der Wahl der Methode für die Lagerbestandskontrolle wird jedes Unternehmen verschiedene Verfahrensarten für verschiedene Teile seines Lagerbestandes auswählen. Gewisse Posten von hohem Wert z. B. können durch eine laufende Inventur nachgeprüft werden[1], einige Teile durch gemischte Kontrollkarten und andere Teile nur durch körperliche Stichtagsinventur. Die Geschäftsführung muß so die Vorteile und Nachteile in jeder Beziehung abwägen und die Art aussuchen, die am zweckmäßigsten erscheint. Das System der Kontrolle von Gesamtsummen stellt eine Kombination der verschiedenen Möglichkeiten dar.

## Technische Gesichtspunkte bei der Lagerbestandskontrolle

Das Programm der buchmäßigen Kontrolle von Lagerbeständen ist in vielen Punkten eng mit den körperlichen Methoden bei der Behandlung der verschiedenen Lagerbestandsposten verbunden. Das Interesse gilt hier hauptsächlich den Gesichtspunkten, von denen der Erfolg der Lagerbuchhaltung abhängt und nach denen die Güter geordnet werden, während sie sich auf dem Lager befinden. Bei einem Lagerraum z. B. hat die Lagerordnung direkten Einfluß auf die Lagerbuchführung. Eine schlechte Lagerordnung bringt eine schlechte Raumausnutzung mit sich, verursacht Zeitverschwendung beim Auffinden der Lagerposten und erschwert die Erfassung der Lagerbestände. Sie führt auch sonst zu Trägheit, die einer wirkungsvollen Bestandskontrolle nicht dienlich ist.

Andere Verfahren der Lagerhaltung haben gleichfalls Einfluß auf den Erfolg der Buchungsverfahren. Die Zentralisation der Vorräte in größtmöglichem Umfange führt zu einer wirkungsvolleren Kontrolle und der Gebrauch von zweckmäßigen Lagereinrichtungen steht in direkter Beziehung zur Klarheit in der Verantwortung. Wenn Teile der Bestände aus Gütern bestehen, die in Kommission bezogen werden, sollten auch diese so weit wie möglich körperlich abgesondert werden.

### Die Mechanisierung

Die große Zahl sich wiederholender Arbeiten und die ungeheure Menge von Einzelheiten, aus denen die Lagervorgänge bestehen, haben die

---

[1] Jedoch ist nach Abschn. 30, Abs. 6 EStR 1958 bei Beständen, die besonders wertvoll und außerdem leicht aufnehmbar sind, in jedem Falle eine körperliche Stichtagsinventur erforderlich.

Geschäftsführung veranlaßt, nach Mitteln zu suchen, um dieses Sachgebiet zu mechanisieren.

Eine Lochkarteneinrichtung hat sich wegen der zusätzlichen Unterlagen und Berichte, die man mit ihrer Hilfe von den Lagervorgängen erhalten kann, als sehr wertvoll erwiesen. Man kann eine Lagerkartei mit Angaben über Eingänge, Ausgänge und Salden führen, und man kann verschiedene zusätzliche Berichte und Unterlagen schnell erstellen. Kontrolldaten für die Geschäftsführung, wie eine Zusammenstellung der durchschnittlichen Bestände und der Umschlagshäufigkeit kann man ebenfalls von den gleichen Karten anfertigen. Die neuen Elektronenrechner mit ihrer unglaublichen Geschwindigkeit liefern weitere Möglichkeiten für eine wesentlich genauere Kontrolle der Lagerbestände.

### Posten mit kleinem Einzelwert

Bei der Besprechung der verschiedenen Methoden zur Kontrolle über die Lagerbestände müssen wir immer die Kosten, die dadurch entstehen, im Auge behalten und sie im Verhältnis zu dem Nutzen, den die Gesellschaft aus ihr zieht, betrachten. Als Beispiel wollen wir die Frage der Lagerraumkontrolle für Posten mit kleinem Einzelwert nehmen. Allgemein wird ein solcher Lagerraum eine große Anzahl von Schrauben, Nägeln und kleinen Artikeln enthalten, die einen relativ geringen Wert darstellen. Durch eine Prüfung einer Inventurliste oder eine Durchsicht der Karteikarten kann der interne Revisor feststellen, daß eine große Anzahl von Posten mit geringem Einzelwert vorhanden sind. Wenn die Inventuraufzeichnungen auf Lochkarten erfolgen, ist es verhältnismäßig einfach, eine Aufteilung vorzunehmen, die die Nummer und den Wert jedes Postens zeigt. Bei Durchsicht einer solchen Aufteilung kann der interne Revisor den Einzelpreis vorschlagen, der als unterste Grenze für die Posten gelten soll, die einzeln in der Inventurliste aufzuführen sind. Im allgemeinen reicht der Gesamtwert der niedrigen Einzelwerte nicht aus, um die Kosten für die Abrechnungsperiode zu verzerren.

### Bewegung von Vorräten

Ein anderer Teil der Verfahren, die sich auf die Vorräte beziehen, betrifft die Form, in der über diese Posten verfügt wird. Eine Zwischengruppe dieser Arbeitsgänge sind zunächst die vielen notwendigen internen Materialbewegungen. Dazu gehören die Bewegung vom Lager in die Produktion und die Übertragung aus der Produktion in die Läger für Fertigerzeugnisse. In jedem Stadium können auch Bewegungen zwischen den Niederlassungen für Zwecke des Unternehmens erfolgen oder für alle möglichen anderen Zwecke. Bei all diesen internen Bewegungen gibt es gewisse grundsätzliche Erfordernisse. Die Bewegung der Bestände von einem gegebenen Lagerort soll auf richtig überprüfte Anforderungsscheine hin erfolgen, und diese Anforderungsscheine sollen den Beleg für die Entlastung des am ursprünglichen Lagerort Verantwortlichen bilden. Die gleichen Anforderungsscheine dienen ferner als Unterlage, um die Verantwortung für diejenigen festzulegen, die die Posten aus den Lagerbeständen erhielten. Die Verantwortung für die Vorräte ist so in allen Stadien festgelegt, wo sie sich auch immer innerhalb der betrieblichen Organisation befinden. Diese Verfahren sollen so systematisiert werden, daß die Bestände sich schnell bewegen und all der Sorgfalt und Kontrolle unterliegen, die oben besprochen wurden.

In gewissen Industrien besteht die Produktion in einem fortlaufenden Prozeß, und der Verbrauch muß auf jeder Stufe auf Grund einer körperlichen Bestandsaufnahme berechnet werden. In anderen Fällen muß man sich für richtige Abbuchungen von den Beständen auf die Anwendung von Durchschnittsformeln verlassen. Häufig jedoch können einzelne Teile des eingehenden Materials getrennt gelagert oder in getrennten Gruppen aufbewahrt werden, so daß schließlich jede Sendung einmal ganz verbraucht ist und in diesem Zeitpunkt die Lagerkartei von den Abweichungen bereinigt werden kann, die aus der Benutzung der Formeln hervorgegangen sind.

### Übertragung an Aussenstehende

Wenn Lagerbestände an Außenstehende übertragen werden, ohne daß ein tatsächlicher Verkauf erfolgt, ist wegen der geringeren körperlichen Kontrolle, die dann über die Vermögensgegenstände möglich ist, besondere Sorgfalt angebracht. Beispiele solcher Übertragungen sind die Übergabe von Warenbeständen des Unternehmens in Konsignation oder die Ausgabe von Lagerposten als Warenproben, für Ausstellungszwecke oder zur Ansicht. Es ist gewöhnlich zu empfehlen, für solche Posten eine Belastung auf einem Kommissionskonto vorzunehmen. Wenn dies nicht sorgfältig erfolgen kann, muß eine andere buchhalterische Kontrolle geführt werden. Diese Unterlagen dienen einem doppelten Zweck: sie schaffen eine Grundlage für die Festlegung der Verantwortung und haben die psychologische Wirkung auf die Außenstehenden, sie zur größten Sorgfalt zu veranlassen.

### Unterschlagungen bei Vorräten

Verschiedene Schriftsteller haben der Frage der Entdeckung und Verhütung von Unterschlagungen bei den Vorräten große Aufmerksamkeit geschenkt. Manche dieser Möglichkeiten sind bereits bei der Erörterung der entsprechenden Arbeitsgänge aufgezeigt worden. Der Ansatzpunkt ist bei dieser Frage zum größten Teil derselbe wie bei der allgemeinen Frage unwirtschaftlicher Arbeitsweise. Das heißt, die Entwicklung von Arbeitsabläufen und Verfahren, die die Verantwortung festlegen und angemessene Kontrollmeldungen schaffen, bilden gleichzeitig das wirksamste Mittel gegen Unterschlagungen. Der interne Revisor ist an der Frage der Unterschlagung als eines wichtigen Falles unwirtschaftlicher Arbeitsweise interessiert, weil dadurch Verluste für das Unternehmen entstehen. Seine Hauptarbeit gegen Unterschlagung wird er jedoch im Rahmen der allgemeinen Tätigkeit leisten, die besprochen wurde und der größte Nutzen wird im allgemeinen erzielt, wenn die Unterschlagung nur als ein einzelner Gesichtspunkt im Rahmen des Gesamtproblems der Revision angesehen wird.

## Allgemeine Maßstäbe für die interne Kontrolle

Die wichtigsten Grundsätze für die interne Kontrolle des Lagerbestandes können wie folgt zusammengefaßt werden:

1. Die Verantwortung für die Lagerung und die Mengenkontrolle soll genau festgelegt sein, und soweit wie möglich sollen zentrale Lagerräume benutzt werden.
2. Lagerräume sollen günstig gelegen und so abgeschlossen sein, daß Unbefugte nicht hinein können.
3. Die Verfahren für Warenannahme und Kontrolle sollen festgelegt und mit dem Einkauf und anderen zugehörigen Tätigkeiten abgestimmt werden.
4. Für die Vorräte sollen laufende Bestandskontrollen in größtmöglichem Umfange eingerichtet werden.
5. Keine Ausgabe von Lagervorräten darf ohne richtig abgezeichnete Anforderungsscheine oder Versandaufträge erfolgen.
6. Alle Posten müssen körperlich gezählt, gewogen oder gemessen und müssen periodisch durch Vergleich mit der Lagerkartei überprüft werden.
7. Wesentliche Unterschiede des Bestandes auf Grund der körperlichen Inventur und der Lagerkartei sollen festgehalten und ihre Ursachen ermittelt werden.
8. Die Lagerkartei soll am Ende der einzelnen Rechnungsperioden mit dem Kontrollkonto der Hauptbuchhaltung abgestimmt werden.
9. Die Unterlagen müssen periodisch auf veraltete und beschädigte Materialien sowie auf Lagerhüter durchgesehen und Abweichungen oder Berichtigungen müssen veranlaßt werden.
10. Die Grundlage der Preisfestsetzung für die Vorräte und die Verantwortung für die Aufstellung solcher Preise müssen genau festgelegt werden.

11. Materialien, die für andere gehalten werden, sollen gesondert kontrolliert und getrennt gelagert werden.

12. Materialien, die sich in Konsignation außerhalb oder die sich in Gewahrsam von anderen befinden, müssen an Hand der Inventurliste geprüft werden.

## Beispiel aus einem Handbuch

Die folgenden Vorschriften, die sich auf die Behandlung der Vorräte beziehen, stammen aus dem Handbuch einer bekannten Aktiengesellschaft:

1. Über die Zahl der Lagerräume, das Personal und die allgemeine Bezeichnung des Materials in jedem Lagerraum, seinen allgemeinen Zustand sowie die körperlichen Kontrollen, die ausgeübt werden, ist zu berichten.

2. Wie ist der allgemeine Zustand der Lagerkartei?

3. Werden offene Lagerräume benutzt? Wenn dies der Fall ist, ist über ihren Zustand und die Kontrolle, die hier ausgeübt wird, zu berichten.

4. Sind im Rahmen der laufenden Inventur ausreichend Kontrollen erfolgt? Wie hoch war die Zahl, und was war das Ergebnis dieser Kontrollen in den letzten drei Monaten?

Das Verfahren, mit dem die laufenden Kontrollen bei den Vorräten durchgeführt werden, ist kurz zu beschreiben, wobei Angaben über das Personal zu machen sind, das für diese Arbeiten angesetzt ist und über die Gesamtzahl der Stunden pro Woche oder Monat, die dafür verwendet wurden. Es ist zu beachten, daß wir nur auf Grund einer ausreichenden Lagerkontrolle — wobei alle Posten mindestens einmal im Jahr erfaßt werden — eine detaillierte jährliche Prüfung der Vorräte durch auswärtige Buchprüfer vermeiden können.

5. Über Lagerhüter und veraltete Posten, die offensichtlich zur Abschreibung empfohlen werden müssen, ist zu berichten.

6. Über welche erledigten Lageraufträge liegen noch keine Rechnungen vor?

7. Wieviel Zeit vergeht im Durchschnitt von der Ausgabe des Materials bis zum Eingang der Ausgabescheine in der Betriebsbuchhaltung? Wie hoch ist die ungefähre Durchschnittszahl der Scheine, die für die Buchung im Lagerbuch anstehen?

8. Bei den in letzter Zeit abgeschlossenen Lageraufträgen sind Stichproben zu machen. Ungewöhnliche Kostenveränderungen sind zu erläutern.

9. Von der Produktion oder der Lagerbuchhaltung ist zu ermitteln, auf welcher Grundlage die Mindestmengen festgesetzt werden.

10. Wenn falsche Kosten eingesetzt wurden, sind diese mit den tatsächlichen Kosten zu vergleichen. Es ist zu ermitteln, ob die Unterschiede der Geschäftsführung mitgeteilt wurden und ob wegen größerer Unterschiede Ermittlungen eingeleitet worden sind.

11. Es ist festzustellen, ob beim Verbrauch von abgeschriebenem Material der volle Preis eingesetzt und ob ein dadurch entstehender Gewinn nicht zur Deckung von irgendwelchen Fehlbeträgen gebraucht wird.

12. Wenn die Verschrottung bestimmter Posten vorgeschlagen und genehmigt wurde, ist zu ermitteln, ob diese a) wirklich verschrottet, b) als Schrott verkauft, c) als Schrott verwandt wurden, mit richtigen Be- und Entlastungen auf den betreffenden Konten.

## Beurteilung der Lagerbestandskontrolle

Der interne Revisor hat bei der Beurteilung der Lagerbestandskontrolle eine ausgezeichnete Gelegenheit, auch außerhalb der reinen Buchführung etwas Nützliches für das Unternehmen zu leisten.

### Betriebliche Kontrollen

Eine der wichtigsten Aufgaben wird für den internen Revisor auf dem Gebiete der betrieblichen Kontrolle liegen, da es sich gewöhnlich um erhebliche Werte handelt und die Verantwortung oft nicht so wirkungsvoll zur Geltung kommt wie auf anderen Gebieten.

Der interne Revisor kann z. B. feststellen, daß große Mengen von Vorräten veraltet sind. Häufig ist es nicht leicht, die Ursache zu ermitteln und die Verantwortung dafür zu klären. In vielen Fällen kann er jedoch durch seine Prüfung des Einkaufs, der Produktion, des Verbrauchs und der Versandunterlagen die Gründe für die unnötige Ansammlung solcher Bestände feststellen oder einigermaßen abgrenzen.

Eine weitere Untersuchung, welcher Art die vorhandene betriebliche Kontrolle ist — ob sie sich auf die Herstellung oder den Umschlag der Bestände stützt oder sonstwie erfolgt — wird zeigen, wie die Kontrolle tatsächlich funktioniert. Sehr oft ist es der Fall, daß der angewandte Kontrollplan nicht funktioniert. Das ist dann für manchen eine Überraschung, sogar für die, die ihn ausüben.

Es gibt nicht nur Fragen, die sich aus Überbeständen ergeben, sondern es sind auch Fragen auf Grund eines ungenügenden Bestandes denkbar, wodurch es u. U. zu einem Stillstand der Produktion kommen kann. Für die Beurteilung der angewandten Betriebskontrolle ist es wichtig, wie oft die Maschinen stillgesetzt werden mußten und welche Maschinenzeit dadurch verloren gegangen ist.

### Buchhalterische Kontrollen

In den folgenden Abschnitten sind Beispiele angegeben, die auf dem Gebiete der buchhalterischen Kontrolle die besondere Aufmerksamkeit des Revisors fordern.

*Lagerkartei.* Bei der Prüfung der Vorräte muß der interne Revisor die Kontrolle beobachten, die für die verschiedenen Arten der Lagergüter angewandt wird. Die Vorteile der laufenden Inventur müssen abgewogen werden mit den zusätzlichen Kosten, wobei die verstärkte Kontrolle, die besseren Unterlagen und ähnliche Faktoren berücksichtigt werden müssen. Lagerkarteien können umfangreich sein und beträchtliche Kosten verursachen. Trotzdem können die verborgenen Kosten eines anderen

Systems größer sein als die Kosten für die Lagerkartei. Wenn die Kosten für die verkauften Güter auf Grund einer monatlichen körperlichen Bestandsaufnahme errechnet werden, können die Kosten für die Bestandsaufnahme höher liegen, als man annimmt. Ein Teil der Zählung, Bewertung und Zusammenstellung kann erhebliche Überstunden erfordern, die teurer sind als die Führung einer Lagerkartei. Wenn der interne Revisor auch nicht die technische Ausbildung hat, um die genaue Form der Lagerkartei vorzuschlagen, so wird er doch mit den wesentlichen Tatbeständen vertraut sein und kann vorschlagen, daß eine Untersuchung durch den Spezialisten der Organisationsabteilung erfolgt. Die Anwendung von Büromaschinen hilft in vielen Fällen, das Problem der laufenden Inventur zu lösen.

*Durchsicht der schriftlichen Unterlagen.* Für eine richtige Kontrolle ist es notwendig, daß Aufzeichnungen über alle Lagervorgänge geführt werden. In manchen Fällen sind wegen veränderter Umstände, z. B. wegen stark angewachsenen Umschlags, die benutzten Belege nicht mehr geeignet.

Bei der Beurteilung der Kontrolle, die sich auf die Materialausgabe bezieht, muß der Revisor nicht nur fragen, ob die Kontrollen ausreichend sind, sondern er soll auch erwägen, ob sie unter Berücksichtigung der Kosten und des Risikos praktisch sind. Die folgenden Punkte sollen beachtet werden:

1. Sind die Aufstellungen und Belege über den Eingang und die Materialbewegung, die Ausgabe und die Verfügung über Material unter den gegenwärtigen Bedingungen angemessen?

2. Ist zuviel Schreibarbeit damit verbunden? Könnte mit einfacheren Unterlagen der gleiche Zweck erreicht werden?

.3 Kann auf Grund der Beobachtung des internen Revisors auf einige Unterlagen verzichtet werden? Wirtschaftlich ist es, bei geringwertigen Posten auf viele Schreibarbeiten zu verzichten. In den meisten Fällen können geringwertige Posten, wie etwa Schrauben und Bolzen beim Einkauf oder beim Öffnen von größeren Verpackungen als Aufwand gebucht werden, ohne die Kosten zu verzerren. Die Kosten, die mit der Preisfestsetzung, der Bewertung und mit der Entlastung für jede Entnahme verbunden sind, können höher sein, als der Wert der Posten selber.

4. Der interne Revisor soll darauf achten, ob die Lagerkarten richtig geführt werden und auf dem laufenden sind. Eine gute Gelegenheit für die Beurteilung dieser Frage ergibt sich, wenn Probezählungen oder Durchsichten von verschiedenen Teilen der Lagerbestände gemacht werden.

### Körperliche Kontrolle

Auch die körperliche Kontrolle der Vorräte muß vom internen Revisor sorgfältig geprüft werden. Verluste hierbei werden oft nicht sichtbar, weil sie ihre Identität verlieren, wenn sie in einer Gesamtkosten-Schätzung aufgehen. Die folgenden Faktoren müssen sorgfältig bearbeitet werden:

*Warenannahme.* Im allgemeinen ist es günstig, eine zentrale Annahmestelle zu bestimmen und alle geeigneten Materialien über diese Stelle zu leiten. Der interne Revisor kann durch Beobachtung und durch Besprechung mit der Warenannahmeabteilung feststellen, wo verschiedene Arten der Eingänge bearbeitet werden. Wenn die interne Kontrolle durch Neuordnung der Empfangsstellen oder Verminderung ihrer Zahl verbessert werden kann, muß der interne Revisor eine Skizze anfertigen oder sich eine Kopie des Planes der Betriebsanlagen beschaffen und die verschiedenen Stellen sowie auch die Materialarten anzeigen, die an jeder Stelle angenommen werden. Anregungen für Verbesserungen müssen mit der örtlichen Geschäftsführung besprochen werden.

*Zentralisierte Lagerung.* Zur besseren Kontrolle müssen zentralisierte Lagerräume eingerichtet werden, soweit es praktisch möglich ist. Die Räume müssen abgeschlossen bleiben, so daß Zutritt für jeden Unbefugten unmöglich ist. Die Zahl der benutzten Schlüssel muß beschränkt sein. Es muß notiert werden, welche Personen im Besitz eines Schlüssels sind. Der interne Revisor muß die verschiedenen Eingänge zu den Lagerräumen prüfen. Hier ist es wiederum gut, eine Skizze für die Arbeitsunterlagen anzufertigen oder eine Kopie des Lageplanes der Betriebsanlagen zu beschaffen und die Eingänge zum Lagerraum anzuzeigen. Es kann sich erweisen, daß die Kontrolle für bestimmte Eingänge ausgeübt wird, während eine abgelegene Tür nicht richtig kontrolliert wird. Vom internen Revisor muß festgestellt werden, ob während der letzten Schicht und während der betrieblichen Ruhezeit ausreichende Kontrolle ausgeübt wird. In vielen Fällen ist während dieser Zeit kein Personal vorhanden, und manchmal sind die Lagerräume dann nicht verschlossen. Die bisherigen Erfahrungen mit Fehlbeständen müssen berücksichtigt werden. Die besonderen Kosten für einen zusätzlichen Angestellten können wesentlich größer sein als die Differenzen bei den Lagerbeständen.

*Schutz des Materials.* Die Lagergüter erfordern z. B. Schutz gegen qualitative Verschlechterung. Licht, Luft, Staub, Lagerzeit, Feuchtigkeit usw. mögen jeweils im Einzelfalle von Bedeutung sein, ebenso Bruch, Rost, Verdunstung usw. Hier muß der interne Revisor darauf achten, ob die richtigen Maßnahmen ergriffen werden, um die Lagerbestände so gut wie möglich zu schützen, solange sie sich im Besitz des Unternehmens befinden. In vielen Fällen kann die Ausstattung und Einrichtung dabei ausschlaggebend sein, in anderen Fällen die Haltung und Fähigkeit des Personals, das die Arbeiten verrichtet. Natürlich ist es auch möglich, daß die Fehler in schlecht durchdachten Methoden liegen. Irgend einer dieser Posten kann der Grund für vermeidbare Verluste des Unternehmens sein. Der interne Revisor hat diese Fehler aufzudecken und geeignete Gegenmittel vorzuschlagen.

*Sorgfalt beim Umgang mit Material.* Hierzu gehört eine ordentliche Aufbewahrung der Bestände, die einen leichten Zugang ermöglicht. Eine planmäßige Kennzeichnung und Lagerortsbestimmung muß erfolgen. Wenn die Lagerortsbestimmung mangelhaft ist, können viele Stunden bei der Suche nach bestimmten Artikeln verschwendet werden. Der Revisor kann hier die Kontrolle beurteilen und zur Verminderung der Arbeitskosten beitragen.

## 17. Löhne und Gehälter

Das ständige Steigen der Lohnkosten, zusammen mit den vielen, durch die Nebenleistungen verursachten zusätzlichen Arbeiten haben dazu geführt, den Gesamtbetrag der Lohnkosten und die Fragen, die sich aus der Lohnerrechnung ergeben, bedeutend zu vergrößern. Viele zusätzliche Arbeiten und manche Erläuterungen sind notwendig, um die unterschiedlichen Bruttolöhne zu berechnen: Urlaubsgeld, Lohnausgleich, Überstundenzuschläge und Zuschläge für garantierten Jahreslohn, sowie die zahlreichen Abzüge für Gruppenversicherungen, Sparfonds usw., die bisher in weit geringerem Maße vorkamen.

Die Bedeutung der Prüfung der Lohn- und Gehaltsabrechnung liegt in dem großen Umfang, in den hohen Geldbeträgen, um die es insgesamt dabei geht und den dabei gegebenen Unterschlagungsmöglichkeiten. Die Prüfung soll erreichen, daß die Arbeitnehmer in richtiger Höhe durch ordnungsgemäß bevollmächtigte Angestellte für anerkannte Dienste für das Unternehmen bezahlt werden, und daß das Lohnbüro wirtschaftlich arbeitet.

### Personalangelegenheiten

Der erhöhte Arbeitsanfall in Personalangelegenheiten ist die Folge der größer und größer werdenden Forderungen der Geschäftsführung, der Regierung und der Gewerkschaften nach Einzelangaben zur Person. Außer den Berichten und Unterlagen, die die Geschäftsführung für ihre Kontrollmaßnahmen braucht, werden von verschiedenen Bundes- und Landesdienststellen zahlreiche Berichte über Personalsachen angefordert. Weiterhin hat auch die ständige Entwicklung zu Tarifverträgen die Anforderungen wachsen lassen. Diese Faktoren haben zu der Erkenntnis beigetragen, daß es notwendig ist, die Personalangelegenheiten in einer einzigen Abteilung zusammenzufassen. Da eine derartige Abteilung sich auf diese Arbeit spezialisiert, hat sie Gelegenheit, zweckmäßige Methoden dafür zu entwickeln. Sowohl über Bewerber wie über Personen, die Beschäftigte der Gesellschaft sind oder waren, müssen Unterlagen vorhanden sein. Von besonderer Bedeutung für die interne Kontrolle ist hierbei, daß man so aus einer anderen Quelle Unterlagen über das Personal erhalten kann, die in späteren Abschnitten bei der Prüfung der Lohnlisten als Hilfsmittel dienen können.

Wenn die Personalabteilung neue Arbeitnehmer so günstig wie möglich ausgewählt hat, wird eine entsprechende Benachrichtigung an die Abteilung weitergegeben, die den Arbeitnehmer beschäftigen soll, an die Abteilung für die Zeitkontrolle und an die Lohnbuchhaltung, die für die Lohnlisten verantwortlich ist.

## Aufstellung der Lohn- und Gehaltslisten

Die interne Kontrolle beschäftigt sich mit dem gesamten Arbeitsablauf für die Aufstellung der Lohn- und Gehaltslisten. Von besonderem Interesse sind die Einzelheiten der Arbeitsgänge für die Stundenlohnliste. Diese Arbeitsgänge werden teils im Betrieb erledigt oder — allgemein gesehen — dort, wo die Arbeiten ausgeführt werden, teils in der Lohnbuchhaltung, wo die Lohnliste aufgestellt wird.

### Betriebliche Kontrolle über Einzelangaben

Die ursprünglichen Produktions- und Zeitbelege werden im Betrieb geprüft, zusammengestellt und abgezeichnet. Die Zuverlässigkeit dieses Verfahrens hängt davon ab, in welchem Ausmaß die einzelnen Vorgänge unabhängig voneinander ausgeführt und von dem Umfang, in dem diese Einzelangaben mit den Produktionsunterlagen abgestimmt werden. So kann z. B. der ursprüngliche Beleg von einem Kontrolleur geprüft, von einem Dritten zusammengefaßt und von einer weiteren Stelle mit den eigentlichen Produktionsmeldungen verglichen werden. Die Zeitkontrolle kann in diesen Fällen als eine unabhängige Kontrolle handeln oder kann die ursprünglichen Belege selbst ausstellen.

Das Wesen der Arbeitsvorgänge innerhalb des Unternehmens bestimmt weitgehend die Methode der Ausstellung der Belege und auch ihre Genauigkeit. Wenn die Produktion nach körperlichen Einheiten gemessen werden kann, wie bei Stückarbeit, ist die Grundlage der Kontrolle genauer und daher befriedigender. In anderen Fällen kann man von der Bewilligung von Sollzeiten entweder für die einzelnen oder für die Gruppen ausgehen. Die vorgesehene Kontrolle soll in diesen Fällen laufend wirksam sein und soll Irrtümer in den Einzelangaben, die der regulären Buchhaltung zugeleitet werden, ausschalten. Dazu gehört zu jeder Zeit die beste Aufsicht und ein Maß an Disziplin, damit die oben beschriebenen Arbeitsvorgänge eingehalten werden.

### Tätigkeit der Lohnbuchhaltung

Die Lohnbuchhaltung kann als abgetrennte Einheit bestehen oder als eine Abteilung der regulären Buchhaltung arbeiten. Ihre Aufgabe besteht in der Durchsicht, Kontrolle und Zusammenfassung der Angaben, die ihr von der Produktionsabteilung und der Zeitkontrolle zugehen und in der Aufstellung der Lohn- und Gehaltslisten. Als ein Teil dieser Arbeitsgänge müssen die in der Liste aufgeführten Arbeitnehmer anhand der Unterlagen der Personalabteilung überprüft, die Lohnsätze — reguläre oder Speziallöhne — mit richtig abgezeichneten Lohnkarten verglichen und alle büromäßigen Ausrechnungen und Additionen nachgerechnet werden. Häufig kann die Kontrolle der Arbeiter und der Sätze am besten anhand von Veränderungsmeldungen geprüft werden, die von der maßgebenden Stelle unterschrieben sind. Wenn Zusätze und Zusammenstellungen von dieser Gruppe gemacht werden, sollen sie von unabhängigen Personen der Abteilung nachgeprüft werden.

Es ist zu empfehlen, daß die Summe der Stunden soweit wie möglich mit den Produktionsmeldungen für den Zahlungszeitraum und die Lohnbelastungen in den Unterlagen der Betriebsbuchhaltung mit den Beträgen der Lohnlisten abgestimmt werden. Wenn die Bezahlung sich auf prozentuale Berechnungen stützt, wie z. B. bei den Verkäufern, muß die Quelle der Daten auf die der Prozentsatz anzuwenden ist, kontrolliert werden. Die fertiggestellten Lohn- oder Gehaltslisten können dann als Anforderung des Geldes für die nötigen Zahlungen an die Finanzabteilung weitergegeben werden.

### Besondere Fragen der buchhalterischen Kontrolle

Sind alle Personen in der Aufstellung tatsächlich Arbeitnehmer der Gesellschaft? Wir haben festgestellt, daß die Genauigkeit der Lohn- und Gehaltslisten durch die Unterlagen der Personalabteilung kontrolliert werden kann. Diese Kontrollmöglichkeit dürfte ziemlich wirksam sein. Damit sie genau ist, ist jedoch erforderlich, daß alle Personalabgänge unverzüglich von der Betriebsabteilung an die Personalabteilung gemeldet werden. Wenn dies irrtümlich oder absichtlich nicht geschehen ist und der Name des entlassenen Arbeitnehmers für Lohnzahlungen weitergeführt wird, dann müssen andere Sicherheitsmaßnahmen durchgeführt werden, wie sie oben erörtert wurden. Sehr oft kann der interne Revisor diese Sicherheitsmaßnahmen ergänzen, indem er die Anwesenheit aller Beschäftigten des Unternehmens prüft. Diese Prüfung besteht aus einer persönlichen Identifizierung aller Arbeitnehmer im Betrieb anhand der Namen in der Lohn- und Gehaltsliste — entweder lückenlos oder stichprobenweise — und ist ein wichtiges Mittel, um festzustellen, ob die Liste mit nicht mehr vorhandenen Arbeitnehmern verfälscht ist. Diese Prüfungen haben jedoch oft den Nachteil, den Geschäftsablauf zu stören. Der interne Revisor kann auch von Zeit zu Zeit die Auszahlungen an die Arbeitnehmer beobachten[1].

Sind die Lohnsätze richtig? Die Richtigkeit der Lohnsätze, die bei der Aufstellung der Lohnliste verwandt werden, kann durch die Feststellung geprüft werden, ob diese Sätze von den zuständigen Vorgesetzten genehmigt sind. Gleichfalls ist es notwendig, daß jede Änderung in den Sätzen genehmigt wird. Die Arbeitsverrichtungen, durch die diese Änderungen in Kraft gesetzt werden, müssen normalerweise die gleichen sein, wie bei der Festlegung der ursprünglichen Sätze. Keine Erhöhung der Lohnsätze darf von der Lohnbuchhaltung anerkannt werden, bevor nicht diesen Anforderungen entsprochen worden ist.

Eine andere schwierige Frage ist die, ob der einzelne Arbeitnehmer auch tatsächlich die Arbeit verrichtet hat, für die er den gegebenen Lohnsatz erhielt. In vielen Fällen kann ein Arbeitnehmer für dringende Arbeiten mit höherer Lohneinstufung vorgesehen sein, wobei er für seine gesamte Arbeit Anspruch auf den höheren Lohn hat. In anderen Fällen kann er vorsätzlich höher eingestuft worden sein. Der interne Revisor kann wohl kaum diese Frage vollständig klären, aber trotzdem kann er wichtige Beiträge hierzu leisten.

## Anerkennung von Lohn- und Gehaltsabzügen

Ein anderer wichtiger Vorgang bei der Aufstellung der Lohn- und Gehaltsliste betrifft die Anerkennung und Erledigung aller notwendigen Abzüge von den Bruttobeträgen, die den Arbeitnehmern geschuldet werden. Diese Abzüge können für den Einkauf bei dem Unternehmen, für Vertragsstrafen, für Privatversicherung, für Sozialversicherung, für Lohnsteuer und so weiter erfolgen. In vielen Fällen sind sie bereits als Forderungen anerkannt worden. Es handelt sich dann um eine richtige Übermittlung dieser Mitteilungen an die Lohnbuchhaltung. In anderen Fäl-

1 In Deutschland hat der Prüfer die Möglichkeit, die Lohnliste mit den Invaliden- oder Angestelltenversicherungskarten und Lohnsteuerkarten zu vergleichen. Wenn diese an den Arbeitnehmer ausgeliehen sind, muß eine Quittung vorhanden sein. Für fingierte Arbeitnehmer würden diese Unterlagen fehlen.

len — z. B. bei Steuern und Versicherung — läuft der Abzug nicht über die Debitorenkonten. Auch Abzüge, die sich durch Pfändungen ergeben, müssen zwangsläufig als Sonderfälle behandelt werden. In allen Fällen jedoch besteht die Notwendigkeit, alle Abzüge ohne Verzug an die Lohnbuchhaltung mitzuteilen und sie hier systematisch und genau zu prüfen, ehe sie anerkannt werden.

### Beachtung der Gesetze und anderer Vorschriften

Ein besonderes Problem bei der Feststellung der Lohnsätze hängt mit der Gesetzgebung für Mindestlöhne zusammen. Die jetzigen Bundes- und Staatsgesetze sehen gewisse Mindestlöhne und Überstundensätze für Arbeitnehmer vor. Andere staatliche Regelungen und Bestimmungen in den Tarifverträgen müssen berücksichtigt werden. Diese Dinge sind lebenswichtig für das Unternehmen, und es ist notwendig, daß die Verfahren sorgfältig überwacht werden, um festzustellen, ob diese Forderungen erfüllt werden. Außerdem muß sich der interne Revisor vergewissern, daß das Unternehmen nicht mehr zahlt als notwendig. Z. B. muß die Einstufung der Arbeiter in die Tarifgruppen sorgfältig geprüft werden, damit sie nicht zu hoch ist und den wirklich geleisteten Arbeiten entspricht. Im allgemeinen können Überstundenzuschläge unberücksichtigt bleiben. Der interne Revisor muß sich vergewissern, daß die Überstunden in der Berechnungsgrundlage nicht enthalten sind. Ein anderer ähnlicher Fall betrifft die Einstufung für die Arbeitslosengesetze verschiedener Staaten. Günstigere Sätze werden im allgemeinen dort länger gewährt, wo der Arbeitsplatzwechsel gering ist. Der interne Revisor muß feststellen, daß die angewandten Verfahren der Unternehmung Gewißheit geben, für Abgänge von der Lohnliste nicht ungebührlich bestraft zu werden, die viel eher als freiwillige, denn als unfreiwillige Abgänge bezeichnet werden müssen.

## Zahlung der Löhne und Gehälter

Die von der Lohnbuchhaltung aufgestellte Lohn- und Gehaltsliste wird nun geprüft und — wenn in Ordnung — vom Finanzleiter abgezeichnet. Wo Barauszahlung erfolgen soll, wird die Finanzabteilung diese Barbeträge abheben und sie mit einer Durchschrift der Lohn- und Gehaltsliste an unabhängige Personen weitergeben, die die Löhne eintüten und die Auszahlung vornehmen. Wenn die Zahlung durch Schecks erfolgt, soll die Liste an eine unabhängige Gruppe der Buchhaltung zur Fertigstellung der Schecks, als ein Teil der regulären Auszahlung, weitergegeben werden. Wenn die Zahlungen durch Schecks erfolgen, werden die Beträge häufig über ein getrenntes Bankkonto ausgezahlt, das für diese besonderen Zwecke eingerichtet wurde. Dieses Bankkonto muß vom internen Revisor gleichzeitig mit den anderen Bankkonten geprüft werden, und die Ergebnisse dieser Untersuchung sollen mit der hier besprochenen Revisionsfrage abgestimmt werden.

*Der Arbeitsablauf bei der Auszahlung.* Die Entlohnung muß unmittelbar an die Beschäftigten erfolgen, gleichgültig, in welcher Form die Bezahlung erfolgen soll, und zwar durch Angestellte, die mit der Erstellung der Lohn- und Gehaltslisten nichts zu tun haben. Wenn die Auszahlung bar vorgenommen wird, müssen unterzeichnete Quittungen in irgend einer Form verlangt werden. Diejenigen, die an der Erstellung der Listen mitwirken, müssen völlig unabhängig von den Mitarbeitern sein, die die Barbeträge auszahlen. Die Gefahr zu hoher Ansätze in der Lohn- und Gehaltsliste wird durch die Beachtung dieser grundsätzlichen Erfordernisse vermindert, weil dazu dann mehrere Personen zusammenwirken müßten.

*Zahlung durch Scheck oder bar.* Ob Schecks oder Bargeld für die Lohn- und Gehaltszahlungen benutzt werden sollen, hängt von den besonderen Erfordernissen der Gesellschaft ab. Zahlungen durch Schecks verschaffen zweifellos die besten Buchungsunterlagen, schließen die Diebstahlsgefahr aus und vermindern wesentlich die Schwierigkeiten der internen Kontrolle. Andererseits kann es sein, daß die Arbeiter wegen der Schwierigkeiten beim Einlösen der Schecks Barzahlung verlangen, oder geringere Verwaltungskosten oder verminderte Bankspesen und andere Faktoren machen die Barzahlung notwendig. Allgemein läßt sich sagen, daß man Schecks vorzugsweise benutzen sollte; nur aus eindeutigen und wichtigen Gründen soll für Teile der Lohn- und Gehaltsliste Barzahlung in Frage kommen. In jedem Fall muß dem Beschäftigten eine Aufstellung über seinen Lohn oder sein Gehalt gegeben werden.

*Nicht abgeholte Löhne und Gehälter.* Wenn Löhne und Gehälter nicht abgeholt wurden, muß der entsprechende Geldbetrag sofort an die Kasse zurückgegeben werden. Der für die Auszahlung verantwortliche Angestellte muß der Buchhaltung hierüber sofort Mitteilung machen. Unter keinen Umständen dürfen die Beträge beim Meister im Betrieb bleiben oder anderen Beschäftigten ausgehändigt werden, die sich als Vermittler anbieten. Eine Verletzung dieser Forderung ist eine häufige Ursache von Unterschlagungen, und diese Regel hat daher besondere Bedeutung.

Wenn es den Beschäftigten nicht möglich ist, zur nachträglichen Auszahlung in die Kasse zu kommen, soll der Betrag für eine begrenzte Zeit bei dem für die Auszahlung verantwortlichen Mitarbeiter bei der Außenstelle bleiben. Jedoch soll nach Beendigung der regulären Auszahlung der nicht angeforderte Betrag so registriert werden, daß eine Kontrollmöglichkeit besteht, solange er sich bei diesem Angestellten befindet. Für den internen Revisor muß es zu jeder Zeit möglich sein, über die gesamte Lohn- und Gehaltsliste Rechenschaft zu erhalten, und zwar entweder durch einen Beweis für die richtige Aushändigung an die Beschäftigten oder durch Vorlage der nicht angeforderten Beträge.

### Kontrolle durch Analyse der Lohnkosten

Die obigen Ausführungen befassen sich mit den laufenden Arbeiten, durch die die Aufstellung der Lohn- und Gehaltsliste und die Auszahlung der Beträge gesichert wird. Nachdruck wurde dabei auf eine Trennung der Funktionen und eine wirkungsvolle Kontrolle durch ausreichende Aufsicht und durch höhere Vorgesetzte gelegt. Darauf beruht hauptsächlich das Vertrauen in die Genauigkeit und Richtigkeit aller Einzelheiten der Auszahlung. Es gibt jedoch noch ein wichtiges Mittel für eine zusätzliche Kontrolle, das ist die Aufgliederung der Lohn- und Gehaltskosten.

Durch diese Analyse werden die Löhne und Gehälter auf die Erzeugnisse, die Abteilungen oder die Sachgebiete verteilt. Die Verteilung auf Kostenträger und Kostenstellen ermöglicht es in vielen Fällen, Unterschiede festzusteleln, die Aufschluß über Fehler oder Ungenauigkeiten im Verfahren der Lohnbuchhaltung gewähren. Für die verschiedenen Unterteilungen können die Kosten mit der vorhergehenden Periode und mit Standardkosten oder Plankosten verglichen werden, und man kann ungewöhnliche Kostensteigerungen feststellen. Diese Aufgliederungsarbeiten dienen nicht nur dazu, die Lohnbuchhaltung zu prüfen, sondern sie sollen dem Unternehmen auf vielen anderen Gebieten nützen. An dieser Stelle soll zunächst auf ihre Bedeutung für eine sofortige wichtige und unabhängige Prüfung der richtigen Lohnauszahlungen hingewiesen werden.

## Grundsätze für die interne Kontrolle

Wir wollen nun die Grundzüge der internen Kontrolle kurz zusammenfassen, die bei der Lohn- und Gehaltsliste besondere Aufmerksamkeit verdienen:

1. Die Einstellung von Arbeitnehmern, Änderungen der Lohnsätze und Trennungsentschädigungen müssen in der Personalabteilung zentral erfaßt werden. Diese Abteilung muß eigene Unterlagen für alle Beschäftigten führen.

2. Es muß dafür gesorgt werden, daß die Unterlagen für die Arbeitsleistungen sorgfältig geführt und unabhängig geprüft werden.

3. Die der Lohn- und Gehaltsliste zugrunde liegenden Einzelangaben müssen systematisch kontrolliert und mit den Produktionsmeldungen abgestimmt werden.

4. Die Hauptteile des Lohnverfahrens — Niederschrift der Einzeldaten, Aufstellung der Lohn- und Gehaltsliste, Genehmigung, Auszahlung der Beträge, Kostenverteilung — müssen organisatorisch getrennt werden.

5. Lohn -und Gehaltszahlungen müssen soweit wie möglich durch Schecks erfolgen.

6. Die Löhne und Gehälter müssen durch einen unabhängigen Auszahler an die Beschäftigten selbst ausgehändigt werden. Bei Barauszahlungen sind die Beträge sofort von den Empfängern zu quittieren.

7. Nicht abgenommene Beträge müssen zur Kontrolle registriert und solchen Personen ausgehändigt werden, die vom Vorarbeiter oder Meister unabhängig sind.

### Andere Hinweise für das Lohnverfahren

Die Prüfung des Lohnverfahrens durch den internen Revisor gibt wieder Gelegenheit zu allgemeinen Beobachtungen. Vor allem ist zu prüfen, ob die einzelnen Arbeiten rationell ausgeführt werden, da dies nicht nur den Buchungsablauf, sondern auch die allgemeinen Interessen des Unternehmens berührt.

In der besten Organisationsform müßte z. B. die Personalabteilung gewisse besondere Maßnahmen zur Auswahl der Beschäftigten durchführen. Um eine wirkungsvolle Kontrolle über das Personal auszuüben, muß sie die Leistungen ermitteln, die Fähigkeiten des Beschäftigten, sich seiner besonderen Arbeit anzupassen und seinen allgemeinen Fortschritt innerhalb der Gesellschaft. Sehr oft müssen Beschäftigte wegen ihrer besonderen Eignung und Fähigkeit von einem Teil des Betriebes in einen anderen versetzt werden. In den Personalunterlagen der Abteilung müssen alle Einzelangaben über die Beschäftigten und ihre Verwendung enthalten sein. Wenn die Personalabteilung diese Arbeiten nicht oder unzureichend ausführt, hat der interne Revisor bei der Lohn- und Gehaltsprüfung Gelegenheit, auf diese Notwendigkeit hinzuweisen.

Bei der Personalverwaltung, der Behandlung von Beschwerden, den Methoden der Entlohnung, den Arten von Bestrafungen, Vorschriften für Entlassungen u. dgl. gibt es viele Dinge, die der interne Revisor erfährt. Doch ist dies ohne Frage eine besonders geartete Tätigkeit. Es ist nicht der Sinn dieser Ausführungen, daß sich der interne Revisor als Schiedsrichter oder als Autorität für die Personalpolitik fühlen soll. Die Sachlage ist vielmehr die, daß er bei seiner Revision Gelegenheit hat, gewisse unparteiische Feststellungen zu treffen und sie mit seiner Kenntnis der finanziellen Analysen und den Bestrebungen der Geschäftsführung auf diesem Gebiet zu kombinieren. Seine Aufgabe ist es, falls es zweckmäßig erscheint, den verantwortlichen Personen bei der Erledigung ihrer Obliegenheiten zu helfen und der Geschäftsführung über solche Dinge zu berichten, die ihm einer weiteren Überlegung der Vorgesetzten wert erscheinen.

Die Auszahlungen sollen im übrigen erfolgen, ohne die übrigen Arbeiten im Betrieb zu beeinträchtigen. Häufig kann die Auszahlung durch die Abteilungen an verschiedenen Tagen vorgenommen werden, um übermäßige Stockungen zu vermeiden. Manche Gesellschaften halten tragbare Kassen für die Auszahlung auf den einzelnen Stationen für zweckmäßig. Wichtig ist, die Arbeiten der Lohnbuchhaltung und Auszahlung dem Betriebsgeschehen so anzupassen, daß sie möglichst rationell verlaufen und eine möglichst wirkungsvolle interne Kontrolle gewährleistet ist.

Den Interessen der Unternehmung ist es auch sehr dienlich, wenn der Revisor ein Verfahren entwirft, durch das die staatlichen Erhebungen und die allgemeine Verwaltung von Arbeitslosenansprüchen unterstützt und erleichtert werden. In den meisten Staaten richtet sich die Zahlung der Arbeitslosengelder nach dem unmittelbaren oder nachträglichen Steuersatz. Häufig kann ein Programm der Zusammenarbeit mit den zuständigen staatlichen Dienststellen dabei helfen, unrichtige Ansprüche und damit ungerechtfertigte Geldstrafen zu vermeiden, die zur Zahlung eines höheren Satzes führen würden.

## Beispiel aus einem Handbuch

Ein Unternehmen hat die folgenden Anweisungen für die Prüfung der Lohn- und Gehaltsliste in ihrem Handbuch für die interne Revision niedergelegt. Diese Unterweisungen — das soll bemerkt werden — behandeln auch Abkommen mit den Gewerkschaften, Überstundengelder, Lohnfortzahlung im Krankheitsfall und Haftpflichtansprüche der Arbeitnehmer.

### Zielsetzung

Der Revisor muß sich vergewissern, daß die Zahlung von Löhnen oder Gehältern mit abgezeichneten Gehaltsgenehmigungen oder anerkannten Tarifverträgen übereinstimmt, daß die Abzüge richtig erfolgen, daß Zulagen mit den festgelegten Vorschriften übereinstimmen.

### Interne Kontrollen und Revisionsprogramm

*Lohn- und Gehaltslisten für Verwaltung und Betrieb*

Die Personalunterlagen müssen für jeden Beschäftigten ordentlich geführt werden und folgende Angaben enthalten:

Beschäftigungsnachweis (Formular . . . . . .)
Bewerbung (Formular . . . . . .)
Ärztlicher Untersuchungsbefund (Formular . . . . . .)

Einstellungsgenehmigung (Formular......)
Referenzen (Ausbildung, Beruf, persönliche Angaben)
Antrag für den Fürsorgefonds (Formular......), soweit er in Frage kommt
Fürsorgefonds...... Gehaltsgenehmigung (Formular......)
Vertrag über Erfindungen (Formulare oder Zustimmung zur Klausel über Erfindungen)
Geburtsurkunde
Zustimmung zur Beschäftigung von Minderjährigen (Formular......) soweit notwendig.

1. Die Personalakten sind zu prüfen und die Vollständigkeit sowie der Zustand der Akten ist darzulegen.
2. Die Vollständigkeit des Beschäftigungsnachweises ist zu prüfen und festzustellen, ob er den gegenwärtigen Beschäftigungsstand wiedergibt. Die zuletzt aufgeführten Gehaltssätze müssen durch eine individuelle Genehmigung belegt sein oder mit der Gehaltsliste der Hauptverwaltung für das Jahresende übereinstimmen.
3. Der Prüfer muß ermitteln, ob der ärztliche Untersuchungsbefund vorhanden ist.
4. Er muß ferner feststellen, ob genügend Referenzen über Ausbildung, Beruf und persönliche Verhältnisse vor der Einstellung eingeholt wurden.
5. Der Revisor soll das Memorandum des Vorstands mit dem Titel „Personalbewilligungen" vom..... berücksichtigen, das sich mit der örtlichen Vollmacht zur Genehmigung der Gehälter und der Änderungen der Lohnsätze befaßt. Der Revisor soll sich davon überzeugen, ob das Memorandum beachtet worden ist und feststellen, ob eine vorschriftsmäßige Genehmigung des Hauptbüros ohne unnütze Verzögerung eingeholt worden ist.
6. Der Revisor muß sich überzeugen, daß ein Verfahren festgelegt wurde, welches zur richtigen Zeit für die Belegschaft automatische Lohnerhöhungen vorsieht. Wenn bei Beförderungen keine Lohnerhöhung erfolgt, müssen die Gründe untersucht und im Bericht erläutert werden.
7. Der Revisor muß sich überzeugen, daß die Anordnungen der Hauptverwaltung über die Beschäftigung von Minderjährigen beachtet wird.

Lohn- und Gehaltsschecks müssen sorgfältig vorbereitet und an alle Beschäftigten — außer den Angestellten der Personalabteilung und Lohnbuchhaltung — ausgehändigt werden.

1. Der verantwortliche Revisor muß sich die Lohn- und Gehaltsschecks geben lassen und ihre Versendung oder Austeilung überwachen, nachdem er ihre Richtigkeit durch Vergleich mit den Personalunterlagen und der Lohn- oder Gehaltsliste festgestellt hat. Wenn möglich, sollen sie persönlich an die Angestellten des Bezirksbüros oder an das Büropersonal und die im Betrieb Beschäftigten eines Verkaufsbezirks ausgegeben werden (gewöhnlich zur Zeit der Revision der betreffenden Niederlassung).
2. Es ist festzustellen, weshalb Schecks an andere Personen als die Zahlungsempfänger abgesandt wurden. Das Indossament dieser Schecks ist zu untersuchen.
3. Nicht übergebene Schecks sind zu prüfen. Es ist festzustellen, warum diese Schecks ausgestellt und nicht abgeliefert worden sind. Die Personalpapiere des betreffenden Beschäftigten sind besonders zu untersuchen.
4. Die Akten der Ausgeschiedenen und die Kündigungsgründe sind zu untersuchen. Die Genauigkeit und fristgerechte Erledigung der Endzahlungen und die Ausgabe der Bescheinigungen über die Abzüge an die Beschäftigten ist zu prüfen.

5. Die Stundenzettel der Arbeiter sind stichprobenweise mit den Stundenlohnlisten zu vergleichen.

Lohnabzüge können nur auf Grund einer entsprechenden Genehmigung oder in Übereinstimmung mit den gesetzlichen Bestimmungen erfolgen.

1. Die Überwachung und Buchung der Beiträge zur Krankenkasse sind zu prüfen. Lohnabzüge müssen anhand der Zustimmungserklärungen der Beschäftigten stichprobenweise kontrolliert werden, ob die Beiträge mit den Vorschriften übereinstimmen.
2. Die Ordner mit den von den Beschäftigten unterzeichneten Vordrucken über Steuerbefreiungen sind durchzusehen und eine repräsentative Anzahl von Abzügen mit der Lohnliste zu vergleichen.
3. Die Analyse der Zwangsbeiträge zur Sozialversicherung ist zu prüfen. Es ist festzustellen, ob die dafür entstandenen Verbindlichkeiten mit den vierteljährlich gemeldeten Beiträgen übereinstimmen. Die Kontrollgrundlage für die steuerpflichtigen Einkommen ist festzustellen.
4. Verschiedene einzelne Salden der US-Sparanleihe-Konten (Konto Nr. . . . .) sind stichprobenweise zu prüfen, indem für mehrere Monate die Abzüge in der Lohn- und Gehaltsliste mit den Anleihekäufen verglichen werden. Darunter sollen sich auch einige Konten befinden, bei denen die Zukäufe nicht jeden Monat genau dem Betrag des Lohnabzugs entsprechen. Die Anlage Nr. . . . ist zu benutzen, um die Bestätigung des Beschäftigten einzuholen. Die Salden aller Konten sind zu prüfen.
5. Die Abzüge für die Gruppen-Lebensversicherung und die Einkommens-Schutzversicherung sind anhand der Anträge der Beschäftigten für diese Risiken zu prüfen.
6. Die rechnerische Genauigkeit der Abzüge ist zu prüfen und mit den entsprechenden Kontrollkonten des Hauptbuches zu vergleichen.

Die Bestimmungen des Tarifvertrages oder des Arbeitsvertrages müssen beachtet werden.

1. Die anzuwendenden Tarifverträge sind einzusehen. Es ist festzustellen, ob die Bestimmungen durch die Unternehmung und die Beschäftigten eingehalten werden.
2. Abweichungen sind mit dem Abteilungs- und dem Betriebsleiter zu besprechen.

Die gesamte Lohnsumme des laufenden Monats müßte logischerweise mit der des vorhergehenden Monats in etwa übereinstimmen.

1. Die Lohnanalyse ist zu prüfen. Falls keine aufgestellt wurde, ist dies nachzuholen, und ist mit der des vergangenen Monats zu vergleichen. Wenn sich die Zahl der Beschäftigten oder der bezahlten Gehälter geändert hat, sind die Gründe dafür zu ermitteln.
2. Die Unterlagen für Änderungen der Lohn- und Gehaltssummen sind zu prüfen.
3. Der gesamte ausgezahlte Betrag eines Monats für Löhne und Gehälter ist mit den Überweisungen vom normalen Bankkonto auf das Bankkonto Lohn- und Gehaltszahlungen zu vergleichen.
4. Die Verteilung der Lastschriften auf die monatlichen Journalbelege muß überprüft werden.

Personalunterlagen müssen ausreichend geschützt sein. Nur ein ganz begrenzter Personenkreis darf Zugang dazu haben. Hierauf ist besonders zu achten.

### Überstundenbezahlung — in Verwaltung und Betrieb

Überstunden müssen allen Beschäftigten bezahlt werden, soweit sie nicht durch das Fair Labor Standards Gesetz ausgeschlossen sind, und an die in Tarifverträgen angegebenen Beschäftigten. Die Zahlung muß mit dem Walsh Healy Gesetz und den Tarifverträgen übereinstimmen.

1. Überstundenzahlungen nach der Gehaltsliste für die Verwaltung und der Lohnliste für den Betrieb sind zu prüfen. Ein Vergleich mit den Zeitkarten der Beschäftigten ist anzustellen.
2. Die Sätze und die Ausrechnungen sind stichprobenweise zu prüfen.
3. Die Einhaltung des (a) Fair Labor Standards Gesetz, (b) Walsh Healy Gesetz und (c) der Tarifverträge ist zu bestätigen.
4. Es sind Stichproben zu machen, um zu sehen, ob die Vorschriften der Gesellschaft über Mitnehmen von Arbeit nach Hause und Arbeit außerhalb der festgesetzten Arbeitszeit eingehalten werden. Der Zuschlag für Stunden außerhalb der festgelegten Arbeitszeit ist zu kontrollieren.
5. Wenn Beschäftigte, die keine Überstundenvergütung erhalten, für Feiertagsarbeit herangezogen werden, so soll innerhalb von 60 Tagen eine entsprechende Freizeit gewährt werden. Sollte das nicht geschehen, sind die Gründe dafür festzustellen.
6. Durch Stichproben ist bei den Nachtschicht-Zuschlägen festzustellen, ob die Vorschriften der Personalabteilung eingehalten werden.
7. Jeder Fall, in dem der gesamte Normallohn eines Beschäftigten zuzüglich der Überstundenbezahlung das Gehalt seines Vorgesetzten, dem keine Überstunden vergütet werden, übersteigt, ist mitzuteilen.

### Krankenurlaubsgelder — Krankheit und Unfall ausserhalb der Arbeitszeit

Gehaltszahlungen als Krankenurlaubsgelder an Belegschaftsmitglieder müssen den Vorschriften des Unternehmens entsprechen.

1. Es ist zu prüfen, ob für solche Fälle nicht mehr als ein Wochengehalt in einem Kalenderjahr für jedes Dienstjahr und höchstens das Gehalt von 3 Monaten gezahlt worden ist. Für Krankenurlaubsgelder, die höher liegen als oben angeführt, und für Krankenurlaubsgelder an Beschäftigte mit einer Beschäftigungszeit unter 6 Monaten muß die Genehmigung der Hauptverwaltung vorliegen.
2. Wenn Krankenurlaubsgelder nicht im Rahmen dieser Vorschriften gezahlt wurden, ist der Grund festzustellen.

### Betriebsunfall-Entschädigungsansprüche

Die Ansprüche müssen entsprechend den staatlichen Vorschriften oder der Genehmigung der Hauptverwaltung behandelt werden.

1. Die Ansprüche sind auf die Einhaltung der folgenden Vorschriften zu prüfen:
   a) Angestellte.
      1. Sind alle Schäden unverzüglich gemeldet worden?
      2. Übersteigt die Zahlung des Gehalts (abzüglich der Schadensersatzvergütung) nicht den Höchstzeitraum, der sich auf Grund der Dienstjahre für das Krankenurlaubsgeld ergibt? Der Scheck über das reguläre Gehalt ist um den Betrag der Schadenersatzzahlung zu vermindern, weil

diese nicht zum steuerpflichtigen Einkommen des Beschäftigten gehört, aber der verbleibende Teil des Gehalts rechnet als volle Gehaltszahlung für die Bestimmung des Zeitraums, für den auf Grundlage der Dienstjahre Gehalt zu zahlen ist. Beiträge zur Krankenkasse werden nach dem ungekürzetn Gehalt berechnet.

3. Entsprechen die Schadenersatz-Zahlungen den staatlichen Bestimmungen oder der Genehmigung der Hauptverwaltung?

b) Stundenlohn-Arbeiter oder Betriebsarbeiter.
   1. Sind alle Schäden unverzüglich gemeldet worden?
   2. Entsprechen die Schadenersatz-Zahlungen den staatlichen Bestimmungen oder der Genehmigung der Hauptverwaltung?
   3. Zahlungen an Betriebsarbeiter wegen Arbeitsunfähigkeit betragen 100 % des Durchschnittsverdienstes, das sich nach dem Arbeitseinsatzprogramm ergeben hätte, abzüglich der Zahlungen der Arbeitsunfallversicherung.
   4. Der Zeitraum, in dem Zahlungen wegen Arbeitsunfähigkeit geleistet werden, ist auf den Höchstzeitraum auf Grund der Dienstjahre begrenzt.

c) Die der Hauptverwaltung eingereichte Zahlungsübersicht ist genau zu prüfen.

d) Die Vergütungen bei Sterbefällen sind zu prüfen. Wurden die gesetzlichen Vorschriften eingehalten? War der Zahlungsempfänger wirklich der ordnungsgemäß ermittelte Bezugsberechtigte?

## Die Arbeitsweise des Lohnbüros

Bei der Revision des Lohnbüros sollten auch Bereiche erfaßt werden, die über die eigentliche Lohnbuchhaltung hinausgehen. Die Lohnprüfung bietet dem internen Revisor wegen der engen Beziehung zwischen der Personalabteilung, den Meistern der Produktion, den Zeitnehmern und anderem Betriebspersonal eine ausgezeichnete Gelegenheit zu einer konstruktiven Beurteilung des gesamten Sachgebietes.

### Überprüfung der Organisation

Es ist für den internen Revisor viel wichtiger, sich einen Gesamtüberblick zu verschaffen und die verschiedenen Einzeltätigkeiten im Lohnverfahren und ihre Beziehungen zueinander zu studieren, um Rationalisierungen zu erreichen, als sich auf die Prüfung der vorhandenen Unterlagen zu beschränken. Wünschenswert ist es, daß außer der üblichen Prüfung der Einzelheiten der internen Kontrolle, wie angemessene Trennung der Funktionen, Genehmigung der Lohnsätze usw. auch eine Überprüfung der damit verbundenen Tätigkeiten erfolgt. So muß sich der Revisor z. B. die Unterlagen und Arbeitsverfahren der Personalabteilung ansehen, sowie die von ihr benutzten Veröffentlichungen, um sich zu vergewissern, daß die in Frage kommenden Bundes- und Staatsgesetze sowie die internen Vorschriften eingehalten werden. Der Prüfer muß auch die allgemeinen Arbeitsanweisungen des Betriebes berücksichtigen. Sie beschreiben meist ausführlich die personellen Gesichtspunkte im Betrieb und enthalten häufig eine Auslegung der folgenden Punkte:

a) Mindestlöhne,
b) Beschäftigung von Frauen und Minderjährigen,
c) Bezahlung von Überstunden,
d) Bezahlung des Urlaubs,
e) Zahlungen bei Krankheit oder Arbeitsunfähigkeit,
f) Verpflichtungen aus den Tarifverträgen.

### Aufstellung von Arbeitsanweisungen

Im Verlauf der Revision eines umfangreichen Betriebes bemerkte ein interner Revisor, daß das Lohnbüro häufig bei verschiedenen Meistern der Produktionsabteilung anrief um festzustellen, ob gewisse Zeiten, in denen nicht gearbeitet worden war, bezahlt werden sollten. Weitere Nachforschungen ergaben, daß eine bestimmte Art Freizeit von einem Meister gestattet worden war, während die gleiche Freizeit von dem Meister einer anderen Abteilung nicht erlaubt wurde.

Es existierte kein Handbuch für das Lohnbüro und keine allgemeine Arbeitsanweisung, die für die ganze Unternehmung gegolten hätte und den verschiedenen Abteilungen zur Verfügung gestellt worden wäre. Jede Freizeitgewährung war daher eine separate Angelegenheit, die eine persönliche Behandlung verlangte. Die Angelegenheit wurde mit der örtlichen Geschäftsführung besprochen mit dem Ergebnis, daß schriftliche, allgemeine Betriebsvorschriften aufgestellt wurden, die an alle Abteilungen gingen und so die bisher notwendige persönliche Prüfung zum größten Teil ausschalteten.

### Förderung der Festlegung einer allgemeinen Geschäftspolitik

Während seiner Prüfung begegnet der interne Revisor oft Situationen, bei denen für eine bestimmte Angelegenheit keine allgemeinen Vorschriften des Unternehmens vorhanden sind. Dies kommt bei vielen großen Gesellschaften häufig vor, die bestehende Unternehmen übernommen haben, wo seit geraumer Zeit verschiedene Gewohnheiten, besonders auf dem Gebiet der Lohnbuchhaltung gegolten haben. In einem Falle zeigten interne Betriebsprüfungen eine ganz verschiedene Handhabung der einzelnen Niederlassungen in der Frage der Bezahlung von Arbeitskleidung und Sicherheitsschuhen der Beschäftigten. In einigen Fällen trug die Firma die vollen Kosten, wenn die Art der Arbeit diese Gegenstände erforderte. In anderen Fällen wurde allen Beschäftigten ein angemessener Teil für diese Gegenstände ohne Berücksichtigung der Art ihre Arbeit vergütet. In weiteren Fällen wurde noch anders verfahren. Eine Zusammenstellung der verschiedenen Verfahren wurde auf Grund der Arbeitspapiere der Revision aufgestellt und der Personalabteilung zugestellt. Auf Grund dieser Angaben wurde ein allgemein gültiges Verfahren für das ganze Unternehmen vorgeschrieben, welches die gleiche Behandlung der Frage in allen Zweigniederlassungen vorsieht.

### Prüfungen anderer Betriebsabteilungen

Wie schon am Anfang dieses Prüfungsabschnittes erwähnt wurde, kann ein gründliches Revisionsverfahren Verhältnisse aufdecken, die in anderen Abteilungen als der gerade geprüften verbesserungsbedürftig sind. Zum Beispiel kann die Lohnliste nur die Wirkung zeigen, während die Ursache bei einer anderen Abteilung liegen mag, welche genauer überprüft werden muß.

So wurde beispielsweise bei einer Lohnprüfung bemerkt, daß die eine Niederlassung beträchtlich mehr Überstunden zeigte, als andere entsprechende Niederlassungen. Genauere Überprüfung ergab, daß die Überstunden meist am Ende des Monats in der Rechnungsabteilung gemacht wurden. Die Überstunden waren notwendig, um die Rechnungen so rechtzeitig fertigzustellen, daß sie noch in den Abschluß des laufenden Monats hineingenommen werden konnten. Ein kurzer Überblick über die täglich ausgestellten Rechnungen in den letzten Monaten ergab, daß ein unverhältnismäßig großer Teil der gesamten Monatsarbeit in der letzten Woche und besonders während der beiden letzten Tage ausgeführt wurde. Die von der Revision gefundenen Tatsachen trugen entscheidend dazu bei, allgemein gültige Vorschriften auszuarbeiten, welche genauer die Arbeitsweise hinsichtlich des Abrechnungstages für den Versand bestimmten — die Bestimmung eines anderen Stichtages gestattete es, die Rechnungen ohne anfallende Überstundenarbeit fertigzustellen.

## 18. Herstell- und Verkaufskosten

Die ständig steigenden fixen Kosten, der dauernde Druck des Wettbewerbs und der damit zusammenhängende Zwang zu schnelleren Entscheidungen ergeben die wachsende Notwendigkeit eines steigenden Niveaus der Berichterstattung. Im besonderen Maße trifft dies für die Meldungen über Kosten und Aufwand zu. Die Geschäftsleitung kann sich nicht mehr mit Berichten begnügen, welche nur die Kosten der Vergangenheit oder statistische Angaben enthalten.

Die Berichte müssen umgehend abgefaßt werden und müssen so ausführlich sein, daß die Entscheidung der Leitung und notwendige Umstellungen der Planung schnell getroffen werden können. Um den größtmöglichen Nutzen zu bringen, muß die Berichterstattung über Produktionskosten außerdem in den verschiedenen Stadien des Produktionsablaufs gemacht worden. Die Angaben müssen gegliedert, Unstimmigkeiten beseitigt und Kontrollen beachtet und — wenn notwendig — den Verhältnissen angepaßt werden. Produktionskontrolle ist deshalb viel mehr als nur die Feststellung, daß Material, Arbeitskraft und Gemeinkosten entstanden sind, und daß für sie Rechenschaft abgelegt ist. Sowohl externe wie interne Revisoren haben immer intensiv das Rechnungswesen geprüft. Die Überprüfung von finanziellen Vorgängen ist ein notwendiger und wichtiger Bestandteil der meisten Revisionen. Jedoch sind die Arbeitsvorgänge im Kassenwesen in der Hauptsache nur alltägliche Büroarbeiten, mit denen Entscheidungen durchgeführt werden, welche wahrscheinlich Monate vorher von ganz anderer Stelle gefällt sind.

Viele Entscheidungen, welche den Lebensnerv der Unternehmung berühren können, werden ständig in der Produktion und auf anderen Arbeitsgebieten getroffen. Infolgedessen können weit größere Verluste in diesen Abteilungen auftreten, Verluste, die der Leitung in vielen Fällen unbekannt sein können, bis es zu spät ist. Überflüssiges Material mag erworben werden, unbrauchbares Material sich ansammeln und eine übermäßig hohe Beschäftigtenzahl wesentlich den Gewinn vermindern. So sehen wir, daß sehr bedeutsame Entscheidungen von seiten der Produktion getroffen werden, und der interne Revisor sollte sich daher mit ihre Bedeutung vertraut machen.

## Ausdehnung der Revision auf Produktionsfragen

Einer der Gründe dafür, daß die interne Revision sich in der Vergangenheit nicht an den Bereich der Produktion herangewagt hat, ist die Tatsache, daß sie hier auf ein ihr nicht vertrautes Gebiet trifft.

Die Revision des Rechnungswesens hat sich schon in der Vergangenheit Ansehen erworben, und es ist genügend darüber geschrieben worden. Wegweiser für die Revision sind in den Bücherregalen jeder Bücherei leicht zugänglich. Bei den Verfahren der internen Revision für die Prüfung von Vorgängen der Produktion ist dies nicht der Fall. Erst in den letzten Jahren ist Material, welches die Produktionsrevision behandelt, in nennenswertem Umfang veröffentlicht worden. Jedoch bedeutet das nicht, daß unsere Bemühungen sich nicht auf dieses Gebiet richten sollen; es bedeutet, daß wir unsere Anstrengungen auf diesem Gebiet verstärken müssen, um unsere Beschränkung auf überwiegend rein finanzielle Angelegenheiten in der Vergangenheit wettzumachen.

Der interne Revisor wird sich auf dem Produktionsgebiet anderen Problemen gegenübersehen als auf dem Gebiet des Finanzwesens. Er wird sich mit den einzelnen Produktionsvorgängen und den einzelnen Produkten mehr vertraut machen müssen, als es bei anderen Arbeitsgebieten erforderlich ist. Insbesondere muß er mit Personalfragen hinsichtlich der Arbeitskräfte besser vertraut sein. Gemeinschaftliche Schulung und Erfahrung sind hier wichtiger als auf anderen Gebieten.

Der interne Revisor wird herausfinden, daß die Arbeiter ebenso darauf bedacht sind, die Interessen des Betriebes zu fördern wie es der Revisor und Buchhalter sind. Sie sind an allem interessiert, was Gewinn und Verlust angeht und werden richtige Vorschläge, die ihnen bei ihrer Arbeit helfen, gerne annehmen.

### Planung und Kontrolle der Produktion

Die Aufgabe von Produktionsplanung und -kontrolle geht Produktion und Rechnungswesen an. Die Planung des besten Einsatzes von Menschen, Material und Maschinen gehört zur Aufgabe der Produktionsleitung. Die Ermittlung der Produktionskosten, welche die Ergebnisse der Verwendung dieser Faktoren zeigen, zusammen mit finanzieller Planung und Veranschlagung für die Zukunft gehört gewöhnlich zur Aufgabe des Rechnungswesens.

Da der interne Revisor ja auch die anderen Kontrollgebiete überprüft und bewertet, liegt es im Interesse des Unternehmens, daß er seine Schulung und Erfahrung in der Analyse auch für die Prüfung und Beurteilung der Produktionskontrolle einsetzt. Die Kontrollen, welche er überprüft, müssen notwendigerweise auf der allgemeinen Planung der Leitung beruhen. Er muß deshalb die tatsächliche Ausführung der Produktionsplanung prüfen. Um dazu imstande zu sein, muß er die Grundlagen verstehen, auf denen die allgemeine Planung beruht, z. B. die erwartete Beschäftigtenzahl, die erwarteten Materialkosten oder der erwartete Produktionsumfang. Unter Umständen findet man, daß die Voraussetzungen sich seit der Aufstellung der allgemeinen Produktionsplanung wesentlich geändert haben. Während im Verlauf der Ausführung zahlreiche kleinere Änderungen getroffen wurden, ist der Gesamtplan nicht von Grund auf überprüft worden, um den neuen Voraussetzungen gerecht zu werden. Die Produktionsbedingungen ändern sich dauernd und ebenso der Produktionsumfang. Die für ein bestimmtes Produktionsvolumen geeignete Planung kann für ein anderes Volumen ungeeignet sein und ebenso die Methode der Ermittlung und Verteilung der Gemeinkosten. Ferner ist es nicht wahrscheinlich, daß Art und Zusammensetzung der Produktion über längere Zeiträume unverändert bleiben werden. Der technische Fortschritt unserer Tage fordert dauernde Umstellung. Ständiger Wechsel in Ausführung, Arbeitsweise und Verwendungszweck des Produkts verlangen einen großen Stab von gut geschulten Forschungsspezialisten, deren Hauptaufgabe es ist, die Erzeugnisse zu verbessern. Deshalb, könnten wir sagen, ist Umstellung unvermeidbar. Wie wir im alltäglichen Leben sehen, waren sehr viele Produkte, die wir heute gebrauchen, noch vor wenigen Jahren unbekannt. Der interne Revisor muß imstande sein, sich alle bedeutsamen Veränderungen hinsichtlich ihrer Auswirkung auf die Produktion genau zu veranschaulichen. Sollte die Verteilung der Gemeinkosten von einer anderen Basis aus geschehen? Sollten neue Kostenstellen eingerichtet werden? Diese und ähnliche Fragen müssen wahrscheinlich von dem internen Revisor beantwortet werden.

## Produktionsplanung

Produktionsplanung ist im wesentlichen eine Aufgabe der Betriebsleitung und steht in direkter Beziehung zur Vorausplanung für den wirkungsvollsten Einsatz von Kapazität, Arbeitskräften und Material für die Produktion.

Nach Kirk[1] ist Produktionsplanung in erster Linie eine Aufgabe der Betriebsleitung und bedeutet, im voraus all die verschiedenen industriellen Faktoren, die für die Produktion wichtig sind, einzuplanen und klarzulegen. Sie muß den richtigen Einsatz von Menschen, Material und Maschinen berücksichtigen und die anzuwendende Herstellungstechnik festlegen. Sie bestimmt, was getan wird, und wie es getan wird.

Der interne Revisor erhebt nicht den Anspruch, auf dem Gebiet der Produktionsplanung mehr zu verstehen, als er auf dem damit in Verbindung stehenden Gebiet ihrer Ausführung versteht. Jedoch hat er viele der mit der Produktionsplanung in Verbindung stehenden Arbeiten genau studiert und zergliedert und hat die beste Möglichkeit, das Umsetzen der Produktionsplanung in ihre tatsächliche Ausführung zu studieren. In seinem Artikel „Auditing the Planning Activity"[2] weist Kimball darauf hin, daß „jede Arbeit und Tätigkeit geplant werden muß, bevor sie ausgeführt werden kann. Gewöhnlich lassen sich Stärken oder Schwächen der Arbeit in vielen Fällen auf die Planung zurückführen und nicht auf die Ausführung". Er weist darauf hin, daß interne Revisoren der Kontrolle viel Aufmerksamkeit gewidmet haben, der Planung jedoch zu wenig. Kontrolle ist die Ergänzung der Planung. Die Kontrolle mißt, berichtet, vergleicht und berichtigt oder ändert die Planung. Je mehr Planungsunterlagen zur Verfügung stehen, desto mehr werden die internen Revisoren die praktische Ausführung mit ihnen vergleichen, ja, sie haben

---

1 Rufus Wixon (ed.), Accoutant's Handbook (4th ed.; New York: The Ronald Press Co., 1956).

1 The Internal Auditor, March 1956.

möglicherweise vielleicht zum erstenmal etwas, womit sie die Ausführung vergleichen können.

Wahrscheinlich werden interne Revisoren der Planung, besonders kurzfristiger Planung, in Zukunft mehr Aufmerksamkeit schenken, als sie es in der Vergangenheit getan haben.

### Produktionskontrolle

Nach Alford und Bangs:

**Die Produktionskontrolle umfaßt Organisation, Planung und Prüfung von Material, Methoden, Werkzeugen und Arbeitszeiten, Festlegen des Arbeitsvorganges, Führung von Listen und Zusammenarbeit mit der Aufsicht, so daß die Versorgung mit Material seine richtige Lenkung, die Arbeit der Menschen, der Einsatz von Maschinen und damit in Beziehung stehende Tätigkeiten in den Betriebabteilungen — jedoch unterteilt — die erstrebten Produktionsergebnisse hinsichtlich Menge, Güte, Termin und Ort ergeben[1].**

Die Grundlage für die Produktionskontrolle ist der Produktionsplan in der Form eines Kostenplanes. Der Produktionsplan muß im allgemeinen mit der Verkaufsperiode übereinstimmen und mit dem allgemeinen Absatzplan abgestimmt sein. Der Vergleich von wirklicher und erwarteter Leistung, die in Form eines Soll-Ist-Planes oder auf andere Weise ihren Ausdruck gefunden hat, ist das besondere Gebiet des internen Revisors. Er muß diese Art der Kontrolle so prüfen, wie er es mit anderen ähnlichen Kontrollarten tut. In diesem Zusammenhang ist der allgemeine Kostenplan ein sehr wichtiger Bestandteil des Gesamtproduktions-Kontrollplanes, da ja die Kontrolle zum großen Teil auf den Kostenangaben beruht.

### Der allgemeine Kostenplan

Wenn der allgemeine Kostenplan aufgestellt wird, müssen Entscheidungen getroffen werden, wie die einzelnen Kosten ermittelt werden sollen. Z. B. können die Kosten ermittelt werden, untergliedert nach 1. Erzeugnissen, 2. Fertigungsstufen, 3. Abteilungen, 4. Arbeitsgängen, 5. Kostenstellen oder nach verschiedenen anderen Gesichtspunkten. Jede dieser Gruppen kann für Kontrollzwecke weiter untergliedert werden. Z. B. können gewisse Kosten in direkte und indirekte gegliedert werden oder danach, ob sie sich mit dem Beschäftigungsgrad ändern oder nicht und als fixe Kosten betrachtet werden.

Alle diese und noch mehr damit zusammenhängende Entscheidungen müssen über die Darstellung der Kosten getroffen werden. Die Feststel-

---

1 L. P. Alford and John R. Bangs (eds.), Production Handbook (New York: The Ronald Press Co., 1944)

lung, wie günstig diese Entscheidungen oder Vorschriften sich auf die tatsächliche Arbeit auswirken, ist ein bedeutsames Arbeitsgebiet für den internen Revisor. Selbst wenn der allgemeine Kostenplan für die Zeit seiner Aufstellung vollkommen zutreffend gewesen ist, können veränderte Bedingungen bedeutsame Änderungen im Gesamtplan rechtfertigen. Z. B. können eine größere Anzahl von Produkten, die Notwendigkeit schnellerer Kostenbestimmung oder der Zwang zu sparsamerer Kostenfeststellung dem internen Revisor die Möglichkeit geben, Angaben zu machen, in welchen Punkten der gegenwärtige Kostenplan nicht — wie angenommen — funktioniert. In vielen Fällen können der Grad der Abweichung von dem Produktionsplan und die Ursachen dafür nicht aus den gewohnheitsmäßigen Berichten entnommen werden.

Der interne Revisor kann auf der Grundlage seiner Ermittlungen einen anderen Kostenplan vorschlagen, der zu genaueren Kostenangaben führen könnte. Z. B. kann ein Standardkostenplan unter gewissen Umständen vielleicht mehr angebracht sein, als der geltende Kostenplan für effektiv angefallene Kosten.

## Arten der Kostenrechnung

Die Art der Kostenrechnung hängt im allgemeinen von der Art des betreffenden Herstellungsverfahrens ab. Z. B. können die Kosten bei fließendem Arbeitsvorgang abteilungsweise für jede Stufe in dem Ablauf zusammengezählt und die Stückkosten dann errechnet werden, indem man die Gesamtkosten durch die Gesamtzahl der produzierten Stücke gleicher Art teilt. Diese Art der Kostenrechnung nennt man Divisionskalkulation, und sie ist typisch für die Stahl-, Papier- und Zementindustrie. Wenn es sich um eine Montage oder Fabrikation handelt, werden die Kosten im allgemeinen je Werkstattauftrag ermittelt. Die Kostenelemente müssen klar nach Partien oder Werkstattaufträgen bestimmt werden.

Meist hat man in einem Betrieb mehrere Kostensysteme, um den verschiedenen Erfordernissen gerecht zu werden. Z. B. kann die Reparaturabteilung ein Kostensystem nach Werkstattaufträgen gebrauchen, während das eigentliche Erzeugnis auf Grund der Kostenrechnung für Serien- und Massenfertigung kontrolliert wird. Ferner ist zu überlegen, ob die Kostenrechnung auf Standardkostenbasis oder auf effektivem Kostenanfall beruhen soll.

Der interne Revisor hat unmittelbares Interesse daran, welcher Art die benutzte Kostenrechnung ist. Während der Überprüfung der verschiedenen Kosten wird er vertraut mit der Methode der Ermittlung und dem Verfahren der Verteilung dieser Kosten auf die einzelnen Erzeugnisse. Seine Erfahrung und Schulung im Aufgliedern helfen ihm bei der Feststellung, ob die Kosten, wie sie schließlich im Kostenbereich stehen, angemessen sind.

*Materialkosten.* Materialkosten hängen weitgehend von dem Stand der im Betrieb angewandten Materialkontrolle ab. Materialkontrolle bedeutet, Material in der erforderlichen Menge und Qualität rechtzeitig für den Platz, wo es gebraucht wird, zu beschaffen. Allgemein wird Material als direkt oder indirekt bezeichnet. Direktes Material stellt ein spezifisches Material dar, welches mit einem bestimmten Erzeugnis gleichgesetzt werden kann. Indirektes Material sind wichtige Teile, welche nicht mit einem bestimmten Erzeugnis gleichzusetzen sind oder Teile von geringeren Kosten, welche besser mit anderen Herstellungskosten zusammen auf anteilmäßiger Grundlage errechnet werden.

Der interne Revisor ist an der Materialkostenkontrolle besonders interessiert, da ja in einem Industriebetrieb das Material einen Hauptposten der Gesamtkosten der Endproduktion darstellt. Er stellt fest, ob die verwendete Menge und der gezahlte Preis nicht über das hinausgehen, was die Leitung mit Recht annimmt. Bei den Materialkosten, ebenso wie bei anderen Kosten, müssen die vorliegenden Verhältnisse mit irgend einem Maßstab oder Standard gemessen werden. Der interne Revisor soll sich vergewissern, daß auf den besonderen Erfordernissen des Produkts, den Produktionsmethoden und Kostenüberlegungen basierende technische Überlegungen angestellt werden, um die Art und Qualität des verwendeten Materials festzulegen. Die Materialkosten können zu Materialkosten für ähnliche Erzeugnisse in Vergleich gesetzt werden. In einigen Fällen zeigten sich Irrtümer in Spezifizierungen, wenn Vergleiche zum gegenwärtigen Verbrauch angestellt wurden. Um Materialkosten genau zu prüfen, müssen die Kosten, die Kuppelprodukten und instandgesetzten Materialien zugerechnet werden, in Betracht gezogen werden. Die Methode der Angabe von Gründen für die anfallende Schrottmenge und der Umfang der Schrottverkäufe soll überprüft werden. Möglicherweise müßten die Schrottverkäufe, verglichen mit dem Anfall viel größer sein.

*Arbeitskosten.* In den letzten Jahren sind die Arbeitskosten stark gestiegen und stellen jetzt einen viel größeren Prozentsatz der Gesamtkosten dar. Ferner sind die Lohnnebenkosten gewachsen, in manchen Fällen sogar in größerem Maße als die eigentlichen Arbeitskosten. Nebenkosten sind heute ein bedeutsamer Posten der Arbeitskosten und müssen bei jeder Kostenzusammenstellung sorgfältig in Betracht gezogen werden. Die meisten Betriebe bezahlen mehr Feiertage, längeren Urlaub und andere freiwillige soziale Leistungen. Ferner sind die Beiträge zur Altersversorgung gestiegen, und in manchen Fällen haben garantierte Lohntarife und verschiedene Arbeitslosenunterstützungs-Vorschriften die Nebenkosten in schwindelnde Höhe getrieben.

Es gibt zwei allgemeine Arten für die Bestimmung des Lohnes: 1. nach der Arbeitszeit, 2. nach der Stückzahl. Der interne Revisor ist damit vertraut, Arbeitskosten nach der geleisteten Arbeitszeit auf ihre Richtigkeit zu überprüfen. Er besitzt jahrelange Erfahrung darin, die auf der Stechkarte angegebenen Stunden mit den entsprechenden Arbeitsstunden im Bericht des Meisters zu vergleichen. Aber dieses Vorgehen gibt nur Rechenschaft über die aufgewendete Zeit, es beantwortet nicht die Frage, ob diese Zeit auch *nutzbringend* für den Betrieb verwendet wurde. Verschiedene Vorschläge sind entwickelt worden, um den direkten Anteil des einzelnen Arbeiters an der Produktion festzustellen. Wahrscheinlich der bis heute erfolgreichste ist der Lohnanreizplan (ein Akkordsytem) gewesen. Dieser Plan gibt die Möglichkeit, eine Norm für die Lohnkosten für jede Arbeitsleistung aufrecht zu halten, und er bietet die Möglichkeit, dem Arbeiter zusätzlichen Verdienst für höhere Leistung zu gewähren. Lohnanreize gehen im allgemeinen von Arbeitsnormen aus, die auf Zeit- und Bewegungsstudien beruhen. Es ist wichtig, daß diese Arbeitsnormen zuverlässig sind. Wenn der Revisor auch kein Techniker ist, ist er doch in der Lage, die Anwendung der Normen im Hinblick auf besondere Kostensituationen zu untersuchen. Z. B. sind diese Normen in letzter Zeit überprüft worden, um Veränderungen in technischer Hinsicht gerecht zu werden? Wie hoch ist der allgemeine Ermüdungszuschlag, oder welche anderen allgemeinen Zuschläge werden gemacht? Welche Zuschläge werden bei außergewöhnlichen Arbeiten gewährt? In einem Fall fand ein kluger interner Revisor heraus, daß in einer Abteilung für alle Arbeitsvorgänge, außer einem, Arbeitsnormen bestanden. Er fragte, warum dieser Arbeitsvorgang nicht genormt war, konnte jedoch von niemand eine sofortige Antwort erhalten. Es zeigte sich später, daß eine Norm bereits vor einiger Zeit festgelegt worden war, aber durch irgend einen Zwischenfall die Lohnrechnungsstelle die Norm nicht erhalten hatte. Drei oder vier Angestellte hatten die Stellung nach der Errechnung der Norm schon innegehabt, aber jeder hatte sich damit begnügt, so zu verfahren, wie es vor ihm gemacht worden war, mit dem Ergebnis, daß die Norm nicht in Kraft getreten war, bis der interne Revisor sich darum kümmerte.

*Fertigungsgemeinkosten.* Im Unterschied zu den Material- und Arbeitskosten zeigen die Fertigungsgemeinkosten zahlreiche Kostenarten, die sich ganz verschieden verhalten. Z. B. kann sich eine Art auf das Kapital beziehen und Kosten wie: Vermögensteuer, Versicherung und Abschreibung enthalten. Andere Kosten können mit der Arbeit zusammenhängen, z. B. Beiträge zur Sozialversicherung, Erwerbslosenversicherung und Berufsunfallversicherung. Etwaige andere Kosten sollten so

[1] Controllership — The Work of the Accounting Executive (New York: The Ronald Press Co., 1952).

weit wie möglich auf Grund einer Basis verteilt werden, mit der sie in Zusammenhang stehen.

Eins der schwierigsten Kostenprobleme stellt die richtige Verteilung der Gemeinkosten dar. Die Art der Verteilung berührt sowohl die Kostenkontrolle wie die Kostenfeststellung. Nach Heckert und Willson[1] sind für diese Fragen folgende Entscheidungen zu treffen:

1. Einrichten von Abteilungen oder Kostenstellen, für die die tatsächlichen Kosten zusammengetragen werden und für die Feststellung von zu hohen Kosten.
2. Methoden, die Kosten den Produkten oder Abteilungen zwecks Kostenfeststellung zuzuweisen.
3. Bestimmung des Kapazitätsausnutzungsgrades, um die Kosten der Verkäufe daran zu messen oder Standardkosten aufzustellen.
4. Fertigungsgemeinkosten bestimmten Betriebszeiten zuzuordnen.

## Grundlagen der Kontrolle

Das Mittel, Fertigungsgemeinkosten zu kontrollieren, ist im Grunde dasselbe wie bei der Kontrolle direkter Kosten: die Festsetzung eines Standards für die Ausführung, das Vergleichen der tatsächlichen Ausführung mit diesem und die Vornahme von Verbesserungen. Ein bedeutsamer Unterschied zwischen direkten Kosten und Fertigungsgemeinkosten ist die Tatsache, daß die Kosten pro Einheit sich sehr mit der Zu- oder Abnahme des Beschäftigungsgrades ändern. Im allgemeinen bleiben einige Kosten verhältnismäßig gleich, während andere je nach Beschäftigungsgrad steigen oder fallen. Diese Tatsache hat dazu geführt, die Gemeinkosten in zwei Gruppen zu teilen: variable und fixe. Im allgemeinen steigen oder fallen variable Kosten proportional zum Beschäftigungsgrad. Die Kontrolle wird durchgeführt durch Vergleiche des tatsächlichen Aufwandes mit dem für diesen Beschäftigungsgrad festgelegten Aufwand. Fixe Kosten schwanken nicht so sehr, selbst bei bedeutendem Schwanken des Beschäftigungsgrades. Dazwischen liegen noch einige Posten, die nicht genau zu den variablen oder fixen zu rechnen sind, und die deshalb als „halbvariable" bezeichnet werden.

Im Zusammenhang mit dieser Betrachtung soll der interne Revisor sich mit der Frage vertraut machen, was hinter dem Fertigungsgemeinkostenplan steht. Welche Annahmen stehen hinter manchen Posten? Wie kam man zu der Einteilung der Kostenträger? Der interne Revisor muß als Teil seiner Tätigkeit die augenblickliche Lage dieser Kostenträger überprüfen. Zeigt der Blick darauf wirklich die Kosten des Produkts? Sind die Normen auf dem laufenden gehalten und sind die Belastungen mit Kundendienstkosten überprüft, um nötigenfalls bedeutsame Änderungen widerzuspiegeln?

In einem Fall fand der interne Revisor, daß die Gemeinkosten auf die verschiedenen Aufträge unter Zugrundelegung eines Normauftrages verteilt waren. Diese Aufteilung traf zu für eine bestimmte Zeitspanne, aber der Revisor fand, daß die Aufträge hinsichtlich der Menge nicht dem Normauftrag entsprachen. Alle anderen Stellen des Standard-Kostensystems waren revidiert worden, nur die Mengen für einen Standardauftrag waren nicht geändert worden, und deshalb waren die Gemeinkosten nicht zutreffend.

*Berichterstattung über die Produktion.* Die Genauigkeit von Kostenberichten und -statistiken der Produktion hängt weitgehend von der Sorgfalt ab, die auf die Abfassung der zugrundeliegenden Produktionsmeldungen verwendet worden ist. Wenn diese Meldungen nachlässig abgefaßt sind oder ungenügend geprüft oder geklärt werden, können sich schwerwiegende Entstellungen zeigen, die diese Berichte ziemlich wertlos machen. Manchmal denken die Arbeiter, derartige Berichte seien nicht wichtig, so daß dann die Angaben über Produktion und Verbrauch nicht zuverlässig sind. Wenn der Akkordlohn durch zu hohe Produktionsangaben erhöht werden kann, ergibt sich ein neues Problem für die Kontrolle.

Um größere Zuverlässigkeit der Meldungen zu erreichen, haben viele Betriebe Zeitnehmer oder Kontrolleure, die für die verschiedenen Zeit- oder Fertigungsmeldungen verantwortlich sind. Im allgemeinen berichten die Kontrolleure der Buchführung und nicht der Produktionsabteilung. Wenn ein derartiges unabhängiges Berichtssystem in Kraft ist, ist die interne Kontrolle viel gründlicher, und die Berichte sind genauer.

Regelmäßige Revisionen können die Wirksamkeit der internen Kontrolle und die allgemeine Zuverlässigkeit der Berichte stärken.

*Revision der Produktion.* Bei Beginn der Produktionsprüfung in jeder Abteilung ist es für den internen Revisor zweckmäßig, mit dem Abteilungsleiter den Arbeitsablauf in seiner Abteilung durchzusprechen und ebenso die Aufstellung der verschiedenen Produktionsberichte. Er muß die Entstehung wesentlicher Berichte in jeder Abteilung beobachten, er muß feststellen, in wieweit mechanische Hilfsmittel wie Waagen, Zählapparate oder andere Mittel zur Feststellung der Quantität benutzt werden. Dabei muß er darauf achten, ob diese Hilfsmittel regelmäßig nachgesehen werden und wann die letzte Inspektion stattgefunden hat. Der interne Revisor hat ferner die Genauigkeit der mechanischen Hilfsmittel zu prüfen. Hinsichtlich der Menge muß der interne Revisor die Zuverlässigkeit der Produktionsmeldungen in jeder Abteilung prüfen. Eine Möglichkeit besteht darin, die Gesamtproduktion einer Abteilung mit dem gesamten Zugang einer gewissen Zeitspanne zu vergleichen. Z. B. muß der Anfangsbestand plus Zugang für diese Zeitspanne, abzüglich Ausschuß und Endbestand die Zahl guter Zwischenerzeugnisse ergeben, die zum nächsten Arbeitsgang gehen. Diese an die folgende Abteilung weitergegebenen Zwischenerzeugnisse können auf Grund der Aufstellung dieser Abteilung in bezug auf Stückzahl nachgeprüft werden. Den Weg von Schrott und Ausschuß kann man an Hand von Schrottberichten und Schrottverkauf verfolgen. Der Endbestand kann durch Nachzählen kontrolliert werden. Spezielle Faktoren wie Schrumpfung, Verdampfung oder Verluste während des Arbeitsablaufs müssen berücksichtigt werden. Schwierigkeiten treten manchmal auf, wenn ein langer Arbeitsweg vorliegt und das Fehlen erst am Ende des gesamten Arbeitsvorganges bemerkbar wird. Jedoch genügt in den meisten Fällen die Prüfung der Gesamtmenge, um zu zeigen, daß eine weitergehende Prüfung angebracht ist, wenn ein beträchtlicher Teil der Produktion nicht belegt werden kann.

In einem Falle konnte ein interner Revisor aus den Produktionsberichten feststellen, daß beträchtliche Mengen verbrauchten Materials nicht in dem Bericht erschienen. Er konnte das Gesamtgewicht des in dieser Abteilung fertiggestellten Materials feststellen und das jedem in dieser Zeitspanne bearbeiteten Werkstattauftrag belastete Gewicht. Weiter bekam er Anfangs- und Schlußbestand. Die Prüfung ergab, daß für eine beträchtliche Menge Material keine Rechenschaft abgelegt worden war. Die Prüfung im folgenden Monat zeigte, daß den Werkstattaufträgen mehr Material belastet worden war als produziert worden war. So war es klar, daß irgend etwas nicht in Ordnung war. Weitere Nachforschung ergab, daß der Verbrauch absichtlich künstlich mit einer früheren Serie in Übereinstimmung gebracht worden war, weil die Leitung angeordnet hatte, daß alle Werkstattaufträge, die für dieselbe Ausführung einen höheren Materialverbrauch zeigten als diese frühere Serie, gemeldet werden müßten. Durch eine Personaländerung wurde dieser Mißbrauch abgestellt. Eine andere Möglichkeit besteht darin, einen Arbeitsauftrag durch verschiedene Stadien des Arbeitsablaufs zu verfolgen. Die Prüfung beginnt im allgemeinen beim Rohmaterial und geht dem Auftrag durch die verschiedenen Arbeitsvorgänge bis zum Endprodukt nach. Wenn sich zeigt, daß in einer Abteilung Materal nicht richtig abgerechnet ist, ist eine weitere Nachprüfung angebracht.

## Produktionsberichte und Statistiken

Um feststellen zu können, daß die übertragenen Aufgaben richtig ausgeführt sind, müssen zutreffende Berichte über die erreichte Leistung geliefert werden. Diese Berichte beziehen sich auf eine höhere oder niedridere Führungsschicht und sollen alle für diese Stelle bedeutsamen Angaben enthalten. Z. B. pflegen Berichte an Meister mehr ins einzelne zu gehen und eine kürzere Zeitspanne zu betreffen als Berichte an die Geschäftsleitung oder höhere Vorgesetzte. Die Berichte an den Meister zeigen unter Umständen bei Material, Lohn oder Gemeinkosten Abweichungen von der Norm und gestatten schnelleres Eingreifen als es bei Berichten, die einen längeren Zeitraum behandeln, möglich sein würde. Die Berichte nennt man bisweilen „Tätigkeitsberichte" oder „Kontrollberichte". Berichte an höhere Vorgesetztenstellen sind meist kürzer und umfassen einen längeren Zeitraum, etwa einen Monat und nicht nur einen Tag oder eine Woche.

Welche Art von Bericht es auch immer ist und an welche Stelle er auch immer geht, der interne Revisor muß die Angaben nachprüfen. Die den Berichten zugrunde liegenden Unterlagen müssen kontrolliert und ihre Zuverlässigkeit festgestellt werden. Der interne Revisor muß auch feststellen, ob diese Berichte mit dem Hauptbuch übereinstimmen. Wenn eine Betriebsabrechnung benutzt wird, muß der Revisor die Angaben der Berichte mit denen des Betriebsabrechnungsbogens vergleichen. Statistische Angaben wie Beschäftigungszahl, geleistete Arbeitsstunden und dergleichen Angaben über die Beschäftigten müssen durch unabhängige Unterlagen geprüft werden, soweit dies möglich ist. Der Materialverbrauch muß mit dem Normverbrauch verglichen werden und alle größeren Abweichungen sind nachzuprüfen. Im allgemeinen ist es vorzuziehen, die Betriebsbuchhaltung mit der Finanzbuchhaltung zu verbinden. In diesem Falle werden Materialverbrauch und Gesamtkosten, die den Verkäufern zu belasten sind, auf Kontrollkonten des Hauptbuches geführt. Material, das wenig Bewegung zeigt oder veraltet ist, kann durch Umschlagsziffern entdeckt werden. Der interne Revisor muß sich vergewissern, daß die Berechnung des Umschlags genau ist. Z. B. bemerkte ein Revisor in einem Falle eine äußerst langsame Bewegung von Teilen im Lager. Bei weiterer Prüfung fand er, daß viele dieser Teile lange Zeit überhaupt keine Bewegung zeigten und deshalb gesondert klassifiziert werden mußten. Auf Grund seiner Empfehlungen wurden sie im Buch gesondert aufgeführt und so eine genauere Grundlage für die Berechnung des Umschlags geschaffen.

Es kann sehr viele verschiedene Arten von Produktionsberichten geben, je nach Bedarf und Wunsch der Geschäftsleitung. In allen Fällen muß der interne Revisor feststellen, ob die der Leitung gemachten Angaben genau und zutreffend sind. Die Angaben müssen auch an Hand genau geführter Unterlagen geprüft werden. Die allgemeine Tendenz, die Erträge und andere zusätzliche Angaben müssen ebenfalls auf Richtigkeit geprüft werden. Eine andere wichtige Überlegung, die der interne Revisor ständig bedenken soll, ist die Frage, ob die Berichte auch wirklich Aussagekraft haben. Als Ergebnis seiner Prüfung weiß er, wie die Kosten auf die verschiedenen Erzeugnisse verteilt worden sind. Der interne Revisor kann deshalb z. B. in der Lage sein, statt willkürlicher Verteilung eine geeignete Grundlage für die Kostenzurechnung vorzuschlaschlagen. Es gibt viele Möglichkeiten für einen tüchtigen Revisor seiner

Unternehmensleitung zu helfen, und besonders das Gebiet der Produktion bietet ihm eine gute Gelegenheit, wertvolle Arbeit zu leisten, indem er die Arbeitsabläufe prüft und entsprechend beurteilt, und so beträchtliche Einsparungen für seine Gesellschaft ermöglicht.

## Kosten der Verkäufe

Die vorangegangenen Abschnitte bezogen sich auf die interne Revision eines Produktionsbetriebes. Bei einem Handelsbetrieb sind die Kosten des Einkaufs mit den Herstellkosten eines Produktionsbetriebs vergleichbar. Allgemein gesprochen schließen die Kosten der Verkäufe den Anfangsbestand plus Einkäufe oder Produktion abzüglich Endbestand ein. Fracht auf eingehende Waren ist normalerweise ein Teil des Einkaufswertes, andere Posten wie Lagerhaltung, Kosten für den Transport, Skonti beim Einkauf und dergleichen können verschieden behandelt werden. Dazu können die Gesamtkosten der Verkäufe für eine Zeitspanne als Grundlage eine laufende Inventur oder eine körperliche Stichtagsinventur haben. Diese und viele ähnliche Gesichtspunkte muß der interne Revisor bei seiner Prüfung der Kosten der Handelsware bedenken.

*Einheitlichkeit.* Der interne Revisor muß feststellen, ob für Eröffnungs- und Schlußinventur dieselbe Basis benutzt wird. Z. B. wurde ein interner Revisor beauftragt, den Grund für einen beträchtlichen Widerspruch bei der Inventur von Fertigprodukten herauszufinden.

Das örtliche Personal hatte die körperliche Zählung sorgfältig nachgeprüft, ebenso Preise, preisverändernde Faktoren, Teile, die ausgesondert werden mußten und die allgemeine Zusammenstellung der Inventurangaben. Doch konnte das Personal nicht den Grund der Unstimmigkeiten herausfinden. Als der interne Revisor eintraf und fand, daß das Zählen, Preise und ähnliche Fragen überprüft waren, schöpfte er Verdacht, daß die Unstimmigkeiten auf nicht einheitliches Vorgehen bei den Inventuren zurückzuführen sein könnten. Mit diesem Verdacht begann er die Eröffnungs- und Schlußinventuren für den Monat in jeder Einzelheit zu überprüfen. Er fand heraus, daß verschiedene Posten, die zu Monatsanfang mit einem ziemlich hohen Stückpreis bewertet waren, zu Monatsende als „ohne Wert" eingesetzt waren, obgleich während dieser Zeit wenig Bewegung stattgefunden hatte. Der Revisor fand weiter heraus, daß einige ähnliche Posten in der Bewertung sehr stark gegenüber dem Stückpreis zu Monatsbeginn herabgesetzt waren. Auf diese beiden Faktoren war die Differenz zurückzuführen.

Es zeigte sich, daß diese fraglichen Posten, die als „ohne Wert" bezeichnet waren und ebenso die niedriger bewerteten kleiner waren als genormte, und daß der Markt für diese Größe ziemlich begrenzt war.

Zu Monatsbeginn lagen Aufträge in Höhe nahezu des ganzen Lagerbestandes vor. Jedoch waren während des Monats die Bestellungen anulliert worden, und es war zweifelhaft, ob weitere Bestellungen für diese Mindestgrößen eingehen würden, so daß man das Material wahrscheinlich würde verschrotten müssen. Deshalb war es von dem lokalen Personal als „ohne Wert" bewertet worden. Ebenso waren einige ähnliche Posten mit geringer Übergröße niedriger bewertet worden, da die Geschäftsleitung annahm, daß Verluste eintreten würden, weil man einige dieser Posten verkleinern müßte, um vorliegende Aufträge auszuführen. Eine solche Änderung des Vorgehens kann die Ursache beträchtlicher Differenzen sein. Sie kann sich auch in der entgegengesetzten Richtung auswirken und die Möglichkeit bieten, Fehlmeldungen oder Unterschlagungen zu decken. Z. B. kann es dort, wo Waren zurückgeliefert sind und keine Gutschrift erfolgt ist, oder wo Waren als „ohne Wert" geführt werden, vorkommen, daß man solche Waren am Ende eines Zeitabschnittes bewertet, um eine Fehlmenge zu verschleiern. Der interne Revisor muß das Verfahren der Bewertung zurückgelieferter Waren oder von Posten „ohne Wert" sorgfältig prüfen.

*Buchung der Materialabgänge.* Ein anderer Faktor, der mit der Bewertung, besonders der Produktionsbewertung zusammenhängt, verursacht bisweilen Kopfzerbrechen. Es mag z. B. in dem Betrieb so verfahren werden, daß man die laufende Produktion zur Eröffnungsinventur addiert und so zu neuen Einheitskosten für den Zeitraum kommt, die dann für die Bewertung des Abganges dieses Zeitraumes zugrunde gelegt werden. Der interne Revisor muß sorgfältig nachprüfen, wie sich dieses Verfahren auswirkt. In welchem Verhältnis stehen die Einheitskosten des Monats zu denen der Eröffnungsinventur? Z. B. können die Kosten für den laufenden Monat einen beträchtlichen Betrag für den Stillstand von Maschinen enthalten, woraus sich ein viel höherer Einheitspreis ergibt. Am besten würden solche Kosten aus der Errechnung der Einheitskosten herausgenommen werden und gesondert in den Kosten der Verkäufe erscheinen. In anderen Fällen mag man, um das Problem eines Monats mit hohen Kosten zu überbrücken, so verfahren, daß man den Durchschnitt der letzten drei Monate als Grundlage für die Kosten der Verkäufe benützt. Der interne Revisor muß die mit diesem Vorgehen erzielten Ergebnisse sorgfältig auf ihre Zweckmäßigkeit überprüfen. Er kann einen Vergleich der Verfahren und Ergebnisse mit denen einer anderen Niederlassung desselben Unternehmens, die unter denselben Bedingungen arbeitet, anstellen. Wie verhalten sich die Verkaufspreise bei den verschiedenen Erzeugnissen zu den Kosten? Vielleicht sind diese Kosten bei einigen Produkten höher als die Verkaufspreise. Der interne Revisor kann Zusammenhänge und Entwicklungsmöglichkeiten, die in den üblichen Berichten nicht vorgesehen sind, aufzeigen.

*Standardkosten.* Standardkosten können bei den Kosten der Verkäufe auf verschiedene Weise verwendet werden. Bei Zugrundelegen eines Standards gelangt man schneller zu dem Betrag der Kosten der Verkäufe als bei den meisten anderen Methoden. In einigen Fällen werden Standardkosten nur für einige Posten der Warenvorräte verwendet, z. B. für Fertigprodukte, während für andere Posten die tatsächlichen Kosten zugrunde gelegt werden. Im Zusammenhang mit den Standardkosten muß der interne Revisor sorgfältig die Aufstellung von Unterschieden zwischen den Kosten der Verkäufe und den vorhandenen Beständen prüfen.

*Eingangsfrachten.* An dieser Stelle ist über das Interesse des internen Revisors an Fracht- und Transportkosten zu sprechen. Transportkosten können sich bei Wareneingängen jeder Art ergeben, ebenfalls wenn Waren zu Händlern oder Kunden zum Versand gelangen. Diese Aufgaben werden bei den meisten Firmen von einer besonderen Abteilung — der Speditionsabteilung — ausgeführt. Die Aufgabe dieser Abteilung ist es, alle mit dem Transport zusammenhängenden Fragen auf möglichst billige und zweckmäßige Weise zu lösen. Das schließt die Wahl der Spediteure, des Versandweges, die Überprüfung von Frachtraten und die Bearbeitung von Schadensersatzforderungen ein.

Die Aufgabe des internen Revisors auf diesem Gebiet liegt darin, seine zweckentsprechende Bearbeitung zu prüfen. Sind die Versandwege so geplant und die Spediteure so gewählt, daß die niedrigsten Frachtraten erzielt werden? Werden verschiedene Versandposten zusammengestellt, um Raten für volle Wagenladungen zu erhalten? Werden die Produkte richtig klassifiziert, um die Anwendung möglichst niedriger Frachtsätze zu erreichen? Werden die Frachtrechnungen sorgfältig auf richtige Raten und richtiges Ausstellen geprüft? Werden Schadenersatzforderungen unverzüglich eingereicht und bis zum Abschluß weiterverfolgt? Der interne Revisor muß genau abwägen, wie diese verschiedenen Aufgaben durchgeführt werden und über Beanstandungen oder Verbesserungsvorschläge berichten.

Schließlich muß man bei den Fragen des Transports auch die Aufmerksamkeit darauf richten, ob es in technischer und finanzieller Hinsicht praktisch ist, geschäftseigene Transportmittel an Stelle von gemieteten oder von öffentlichen Transportunternehmen zu verwenden oder umgekehrt. Wegen dieser und der früher erwähnten Fragen ergeben sich aus der Tätigkeit der Transportabteilung bedeutende Möglichkeiten, Kostensenkungen zu erreichen. Deshalb muß sich der interne Revisor sehr sorgfältig damit befassen.

## Beispiel für ein Programm der internen Revision der Herstellungskosten

Wegen der großen Unterschiede der Verfahren, der Produktion und der Arbeitsabläufe zwischen den einzelnen Unternehmungen ist es nicht möglich, ein Programm aufzustellen, das für alle Unternehmen anwendbar ist. Wir glauben aber, daß das folgende Programm den Anforderungen der meisten Betriebe angepaßt werden kann.

### Ziel

Es muß festgestellt werden, ob die Anleitungen und Vorschriften des Unternehmens für die Kostenrechnung beachtet werden, ob die Kosten richtig sind und Abweichungen gemeldet werden.

### Produktionsmeldungen

Um die Kostenrechnung für die Produktion richtig und genau durchführen zu können, müssen die Produktionsmeldungen zuverlässig sein. Deshalb müssen entsprechende Prüfungen der Produktionsmeldungen erfolgen.

1. Zunächst müssen mit dem Abteilungsleiter der Produktion die verschiedenen Arten der Unterlagen, die in dieser Abteilung erstellt werden, besprochen werden.
2. Man muß beobachten, wie bestimmte Produktionsunterlagen aufgestellt werden und wie die erzeugte Menge festgestellt wird.
3. Man muß mehrere Produktionsunterlagen als Stichproben aussuchen und den Gang der Produktion bis zum Endstadium verfolgen und eine Zählung der Fertigprodukte vornehmen.
4. Man muß einzelnen Produktionsmeldungen bis zu den Übersichten nach Kostenstelle, Abteilung, Arbeitsablauf usw. nachgehen.
5. Man muß die Richtigkeit von Erweiterungen und Zusätzen auf Produktionsunterlagen und Zusammenfassungen prüfen.
6. Man muß überprüfen, ob die Gesamtproduktion verhältnismäßig genau angegeben ist, indem man Gesamtverbrauch und Gesamtproduktion mit Standardzahlen vergleicht oder mit dem Istbestand, der durch körperliche Zählungen festgestellt worden ist, und mit den an nachfolgende Arbeitsgänge weitergeleiteten Mengen.

### Material

Material wird eingeteilt in direktes Material, indirektes Material und Reparatur- und Instandsetzungsmaterial.

1. Man stelle fest, ob eine laufende Inventur oder eine körperliche Stichtagsinventur zur Bestandskontrolle benutzt wird. Es sind die Gründe anzugeben, falls keine laufende Inventur stattfindet.
2. Es sind die Vorschriften anzugeben, nach denen die Bestandsaufnahmen gemacht werden und wann die letzte körperliche Zählung vorgenommen wurde.
3. Auf einem Arbeitsbogen ist die Gesamtdifferenz zwischen Soll- und Istbestand aufzuzeigen. Es ist eine Aufstellung der Hauptposten anzulegen, die den größten Teil der Gesamtzahl ausmachen.
4. Man lasse sich von der Geschäftsleitung die Gründe für bedeutsame Differenzen bei einzelnen Materialien angeben.

5. Es ist festzustellen, ob alle Eingänge, besonders gegen Monatsende, richtig als Belastungen eingetragen sind, und ob die Preise mit der Bestellung übereinstimmen und den früheren Kosten entsprechen.

6 Materialverbrauch: Sind die vorhandenen Kontrollen für Materialanforderungen und für das Buchen dieser Vorgänge ausreichend?

a) Für einzelne Arbeitsaufträge sind die Produktions- und Hilfsmaterialanforderungen in ihrem ganzen Ablauf vom Beginn bis zur Bestellung und bis zur Kostenzusammenfassung zu verfolgen.
b) Es ist anzugeben, in welcher Art und Weise Produktions- und Hilfsmaterial den einzelnen Arbeitsaufträgen zugewiesen werden.
c) Die verbrauchte Materialmenge ist mit der, die für denselben Posten in den vergangenen Monaten verbraucht wurde, zu vergleichen.
d) Es ist festzustellen, ob angefordertes, aber noch nicht verbrauchtes Material in das Lager zurückgeliefert und richtig bewertet ist.

7. Schrott.

a) Der Prozentsatz des Anfalls für den laufenden Monat ist zu ermitteln.
b) Dieser Prozentsatz ist mit dem Anfall der letzten 6 Monate zu vergleichen und — wenn möglich — mit technischen Normen.
c) Es ist festzustellen, wie Schrott gemeldet wird und ob Schrott wieder in die Produktion zurückgegangen ist.
d) Die Schrottliste der letzten 3 Monate ist nach den einzelnen Produktionsgebieten aufzugliedern und festzustellen, wo ungewöhnliche Schwankungen vorliegen.
e) Die Schrottverkäufe der letzten 3 Monate sind zusammenzustellen und zu ermitteln, ob die Schrottmenge zum Produktionsumfang in einem vernünftigen Verhältnis steht.

## Arbeit

*Allgemeines*

1. Es ist zu ermitteln, auf welcher Grundlage die Arbeitszeit berechnet wird, d. h. möglichst genau, bis auf eine Viertelstunde, $^1/_{10}$ Stunde usw.

2. Es ist festzustellen, ob die Verteilung der Arbeitszeit auf die einzelnen Arbeitsleistungen richtig auf Stundenzetteln festgehalten und vom Meister abgezeichnet wird.

3. Es ist festzustellen, ob die Stechkarten und die Stundenzettel der Meister abgestimmt werden, bevor Lohnzahlung erfolgt.

4. Wenn ein Akkordsystem verwendet wird:

a) Wie werden die Akkordsätze bestimmt?
b) Werden die Akkorde auf dem laufenden gehalten?
c) Für einen bestimmten Teil der Beschäftigten ist der Akkordverdienst zu prüfen.

*Produktive Löhne*

1. Die Basis, auf der die Belastungen für produktive Lohnkosten erfolgen, ist zu beschreiben.

2. An Hand von Stempelkarten sind die Stundenzettel für einige bestimmte Werkstattaufträge zu prüfen.

3. Die Belastungen für produktive Löhne für die letzten drei Monate im Vergleich zu den produzierten Erzeugnissen sind zu analysieren und alle bedeutenden Abweichungen genauer zu untersuchen.

*Gemeinkostenlöhne*

1. Für die Gemeinkostenlöhne ist eine Übersicht aufzustellen, unter Darlegung ihres Verteilungsschlüssels.
2. Die Gemeinkostenbelastungen der letzten drei Monate sind zu untersuchen und jede wesentliche Änderung nachzuprüfen.
3. Es ist festzustellen, ob die an Reparaturen und Wartungen Beschäftigten an Wochenenden mit Zuschlägen arbeiten. Falls ja, ist zu untersuchen, ob zur Vermeidung der Überstunden eine andere Methode angewendet werden kann.
4. Für einzelne Werkstattaufträge ist die Zeit mit den Stundenzetteln zu vergleichen.

### Fertigungsgemeinkosten

1. Es ist eine Aufstellung der verschiedenen Kostenstellen, auf die die Kosten verteilt werden, anzulegen.
2. Die Verteilung in früheren Monaten ist zu untersuchen und ihre Zweckmäßigkeit zu prüfen.
3. Die Belastungen für variable Gemeinkosten sind für drei Monate zu überprüfen und die Gründe für bedeutsame Veränderungen zu untersuchen.
4. Die Belastungen für fixe Gemeinkosten sind für drei Monate zu überprüfen, und jeder bedeutsamen Änderung ist nachzugehen.
5. Die veranschlagten Raten für Urlaub, Feiertage usw. sind mit den Beträgen des vergangenen Jahres und mit dem geschätzten Restbetrag für die übrigen Monate des Jahres zu vergleichen.

### Kosten-Übersicht

1. Es ist festzustellen, ob alle Zahlen in der Kostenübersicht des letzten Monats mit der Betriebsabrechnung übereinstimmen.
2. Die der Kostenübersicht zugrundeliegenden Unterlagen sind zu prüfen und festzustellen, ob sie richtig angelegt, entsprechend miteinander abgestimmt und für ihren Verwendungszweck geeignet sind. Es ist auch in Erwägung zu ziehen, ob für die Arbeitsunterlagen Formulare eingeführt werden könnten.
3. Welche Stundenzahl ist für die Aufstellung der Kostenübersicht ungefähr erforderlich? Könnten einige Angaben weggelassen, zusammengezogen oder weniger häufig gemeldet werden?
4. Erhalten die Produktionsabteilungen brauchbare Berichte, so daß sofort Schlußfolgerungen für praktische Maßnahmen aus ihnen gezogen werden können?

## Beurteilung der Produktion

### Beurteilung der mit der Produktion zusammenhängenden Tätigkeiten

Die Organisation, Verwaltung und der richtige Einsatz der Produktionsfaktoren: Material, Menschen und Maschinen gehören zum Aufgabengebiet der Produktions- oder Betriebsleitung. Obgleich dies ein technisches Gebiet ist, beruht ihre Kontrolle weitgehend auf finanziellen und Produktions-Angaben, die durch reguläre Buchungsvorgänge gewonnen werden. Deshalb muß der interne Revisor die Unterlagen, auf denen diese Angaben beruhen, ebenso wie die allgemeine Zuverlässigkeit der Angaben überprüfen und kritisch beleuchten.

Der wirkliche Beweis für die Wirtschaftlichkeit des Betriebes liegt in der Fähigkeit des Unternehmens, Produkte gewünschter Art zu möglichst niedrigen Kosten herzustellen. Für Vergleichszwecke sollten die von anderen Betrieben gleicher Art erzielten Ergebnisse herangezogen werden. Unter Umständen sollte der Betrieb sich auf die Produktion bestimmter Erzeugnisse konzentrieren und die Herstellung weniger einträglicher Erzeugnisse aufgeben. Sehr oft sind die für derartige Entscheidungen notwendigen grundsätzlichen Angaben nicht in den regelmäßigen Betriebsberichten enthalten. Vielleicht sind diese Angaben in den regelmäßigen Berichten so zusammengefaßt oder so eingeordnet, daß wesentliche Zusammenhänge nicht klar zum Ausdruck kommen. Auf diesem Gebiet kann der interne Revisor bedeutsame Beiträge liefern und in vielen Fällen wesentliche Einsparungen für seine Unternehmung erzielen.

### Innehaltung der Betriebspolitik und der Verfahren des Unternehmens

Eine der Hauptaufgaben des internen Revisors ist die Feststellung, ob Produktion und Betriebsbuchhaltung der Betriebspolitik und den Verfahrensvorschriften des Unternehmens entsprechen.

Er wird feststellen, daß von der Leitung viele Mitteilungen, Anweisungen, Anleitungen oder sonstige Informationen über die verschiedensten Einzelheiten der Verfahren in Produktion und Betriebsbuchhaltung herausgegeben worden sind. Der interne Revisor muß sich durch Stichproben persönlich davon überzeugen, ob diese Vorgänge entsprechend den Vorschriften behandelt werden. So können die Kostenzusammenstellungen für bestimmte Aufträge, Arbeitsvorgänge oder Abteilungen überprüft werden ,ob die einzelnen Posten vollständig und richtig angegeben, ob die angewandten Normen ordnungsgemäß genehmigt und Abweichungen davon sorgfältig errechnet sind. Die in dieser Hinsicht überprüften Angaben müssen bis zu ihrem Anfang verfolgt werden, um die Genauigkeit festzustellen, mit der sie von einer Abteilung zur anderen weitergeleitet werden. Der interne Revisor muß die mengenmäßigen Angaben — Gewichte, Maße oder andere Einheiten, je nachdem, worum es sich handelt — ebenso prüfen wie die entsprechenden Werte.

### Beurteilung der Betbriebsbuchhaltung

Im Verlauf seiner Prüfungen hat sich der interne Revisor mit vielen Geschäftsvorgängen vertraut gemacht, die in direktem Zusammenhang mit der Tätigkeit der Betriebsbuchhaltung stehen. Er hat sich gründlich mit dem Eingang, der Bezahlung und der körperlichen Kontrolle des Materials befaßt; er hat auch die mit den Kosten zusammenhängenden Lohnlisten und viele der zu den Fertigungsgemeinkosten gehörenden Posten geprüft. So hat er auf diesen Gebieten eine gute Grundlage für seine weitere Arbeit. Wenn die Betriebsbuchführung z. T. auch auf technisches Gebiet übergreift, so ist der interne Revisor doch in der Lage, wertvolle Mitarbeit zu leisten. Wenn Spezialrevisoren mit Kostenerfahrung zur Revision der Herstellung bestimmt werden, gibt es im allgemeinen weitere Möglichkeiten für eine erfolgreiche Tätigkeit.

*Das System der Betriebsbuchhaltung.* Eine der wichtigsten Fragen, die der Revisor beantworten muß, ist die, ob das vorgeschriebene System gewährleistet, daß die Kosten so genau und doch so wirtschaftlich wie möglich ermittelt werden. Im Grunde beruht die Kostenrechnung auf vielen Schätzungen und mehr oder minder willkürlich festgelegten Kostenverteilungen. Es kann sein, daß einige dieser Verteilungsschlüssel nicht mehr zutreffen, besonders wenn die Umstände sich geändert haben. Weiter gibt es auch die Möglichkeit, daß einige dieser Verteilungen zu weit gehen. Kleine Posten können auf Abteilungen oder Kostenstellen verteilt sein, und so unnötig viel Verwaltungsarbeit und Zeit beanspruchen, und das zu einem Zeitpunkt, in dem für die Arbeit Überstundenzuschläge bezahlt werden müssen. In einigen Fällen hat es sich als praktisch erwiesen, manche der unbedeutenderen Posten auf vorher festgelegter Basis am Ende des Monats zu verteilen. Kurz vor Jahresende kann die Verteilung überprüft und können bedeutende Abweichungen berichtigt werden. Bisweilen kann auch der Betriebsbuchhalter selbst die richtige Übersicht verlieren. Eine unabhängige Prüfung durch eine geeignete Person kann dann zu einer endgültigen Lösung beitragen.

*Die Anwendung des Systems.* Der interne Revisor muß ebenso die Anwendung wie den Plan der Kostenrechnung prüfen. Selbst wenn das System in Ordnung ist, können sich doch aus der Art seiner Anwendung Schwierigkeiten ergeben. Der Revisor muß deshalb die Art und die Zahl der vorkommenden Fehler feststellen und die Pünktlichkeit prüfen, mit der die Berichte für die vorgesehenen Stellen geliefert werden. Geht die Betriebsbuchhaltung von sich aus mit Phantasie und Initiative größeren Verlusten nach, indem sie z. B. vollständige Analysen des Schrottanfalls, Überstundenlisten und dergleichen aufstellt, um direkt zur Verminderung zukünftiger Verluste beizutragen?

*Unterlagen und Verfahren.* Die Prüfung der Kostenrechnung muß sich auch auf alle Unterlagen und Vorgänge beziehen, auf denen die Kostenrechnung beruht. Das Formular, das verwendet wird, um Materialbelastungen zu sammeln, kann für den beabsichtigten Zweck ungeeignet sein, oder vielleicht kann ein bestimmtes Formular für Stundenzettel geändert werden, um seinen Zweck besser zu erfüllen.

Die Methode, nach der die Gemeinkosten verteilt werden, mindert vielleicht die Brauchbarkeit der Kostenangaben für die Zwecke der Betriebsleitung. Die Behandlung von Leerlaufzeiten und unausgenutzten Kapazitäten kann die Kosten wesentlich entstellen. Diese und viele andere ähnliche Ursachen für schwerwiegende Verzerrungen im Kostenbild können durch eine Prüfung und Auswertung durch den internen Revisor aufgedeckt werden.

## 19. Vertriebskosten; Verwaltungs- und Finanzaufwand

Die Vertriebskosten werden zu einem immer bedeutenderen Faktor in allen Unternehmen, die Erzeugnisse absetzen oder Dienste leisten. Da der Wettbewerb immer schärfer wird und die Vertriebskosten laufend steigen, müssen die Mittel und Wege, Kunden zu finden, immer weitergehen und zu weiteren bedeutsamen Änderungen der Absatztätigkeit führen.

Diese Veränderungen werden besonders deutlich in der Wirkung, die zunächst das Radio und später das Fernsehen auf dem Gebiete des Absatzes gehabt haben. Manche Erzeugnisse, besonders Verbrauchsgüter, haben sich überhaupt nur dadurch durchsetzen können, daß für sie dauernd bei den in Frage kommenden Kunden geworben wurde. Bei größeren Ausgaben für den Vertrieb und dem daraus sich ergebenden höheren Umsatz wird ein stärkeres Sinken der Herstellkosten möglich. Bei den größer und größer werdenden Anstrengungen um Steigerung des Absatzes ist es klar, daß auf dem Gebiet des Absatzes Führung und Kontrolle genau so notwendig sind wie auf dem Gebiet der Produktion. Bis heute hat der Versuch, die Vertriebskosten unter Kontrolle zu bringen, noch nicht den Erfolg gehabt, wie die Kontrolle der Herstellkosten. Man muß weiter danach streben, bessere Methoden zur Kostenkontrolle auf diesem Gebiet zu entwickeln. Der interne Revisor muß auf Grund seines weiten Tätigkeitsgebietes und seiner besseren Kenntnis der Unternehmung imstande sein, ihr bei diesen Bemühungen wertvolle Hilfe zu leisten.

### Definition der Vertriebskosten

Wenn man die Gesamtheit der Frage betrachten will, die mit den Vertriebskosten zusammenhängt, ist es sinnvoll, zunächst den Begriff zu definieren. Der Begriff „Vertriebskosten" kann weit oder eng aufgefaßt werden. Das hat dazu geführt, daß die ganze Frage etwas unklar geworden ist. In dem weiteren Sinne definieren Heckert und Willson: „Vertriebskosten umfassen die Kosten aller Tätigkeiten vom Ende der Herstellung der Erzeugnisse oder — im Falle eines nicht selbst produzierenden Unternehmens — vom Zeitpunkt des Erwerbs der Waren bis sie in die Hand des Kunden gelangen[1]." Dies würde also bedeuten, daß gewisse Teile der allgemeinen Verwaltungs- und Finanzierungskosten dazuzurechnen sind. Wir rechnen jedoch diese Art Kosten nicht zu den Vertriebskosten und befassen uns nur mit den Gemeinkosten, welche gewöhnlich der Kontrolle des Vertriebsleiters unterliegen. Wir können sie wie folgt einteilen:

1. Direkte Vertriebskosten: Sie bestehen aus direkten Aufwendungen bei der Auftragswerbung, wie die Vergütung für die Verkäufer, ihre Reisekosten und Bewirtungsspesen und die Aufwendungen der Zweiggeschäfte, der Verkaufsleitung und des Kundendienstes.
2. Indirekte Vertriebskosten: Sie umfassen die Aufwendungen, die dem Vertrieb allgemein zugute kommen, die jedoch nicht auf bestimmte Waren, Kunden oder einzelne bestimmte Arbeitsleistungen bezogen werden können. Sie bestehen aus Aufwendungen wie Transport, Bevorratung und Lagerung und allgemeinen Vertriebskosten. In Anbetracht der damit zusammenhängenden großen Beträge und der abweichenden Kontrollmöglichkeiten wird die Werbung gesondert behandelt.
3. Werbung und Verkaufsförderung: Hierzu gehören die Aufwendungen, die durch die verschiedenen Arten der Werbemittel entstehen: Zeitschriften-, Zeitungs-, Radio- und Fernsehwerbung und andere Aufwendungen zur Umsatzsteigerung wie gemeinschaftliche Werbung, Werbematerial zur Verkaufsförderung, Zugabe von Gutscheinen und ähnliche Aufwendungen.

## Direkte Vertriebskosten

Zu den direkten Vertriebskosten gehören die Aufwendungen, die bei der Erlangung von Aufträgen entstehen, und die normalerweise unmittelbar auf ein bestimmtes Produkt oder auf eine bestimmte einzelne Vertriebsleistung bezogen werden können und daher keine weitere Verteilung erfordern. Direkte Vertriebskosten kann man nach ihrer Beziehung zu den Veränderungen des Umsatzes in verschiedene Gruppen einteilen: 1. variable, 2. zum Teil variable und 3. fixe Kosten.

Die variablen Kosten ändern sich in nahezu direktem Verhältnis zu den Änderungen des Umsatzes. Die z. T. variablen Kosten ändern sich mit dem Umsatz, aber nicht in direktem Verhältnis. Die fixen Kosten bleiben im wesentlichen gleich, auch bei bedeutsamen Änderungen des Umsatzes. Direkte Kosten pflegen sich zu wiederholen und eignen sich des-

[1] Controllership — The Work of the Accounting Executive (New York: The Ronald Press Co., 1952)

halb zur Festlegung von Standardkosten. Kosten pro Kunde, pro Verkaufsauftrag, pro Ausführung eines Auftrages, pro Dollar Verkaufspreis netto und pro Verkäufer werden von vielen Gesellschaften als Grundlage für Standards benutzt. Im folgenden führen wir einige der wichtigeren direkten Verkaufskosten an.

*Vergütung der Verkäufer.* Diese Gruppe umfaßt Gehälter und Provisionen für das gesamte Personal, das direkt mit Kundenwerbung zu tun hat. Die angewandten Vergütungsmethoden sind sehr verschieden, sogar bei ähnlichen Gesellschaften derselben Branche. In manchen Fällen arbeiten die Verkäufer mit festem Gehalt, wobei die Vergütung sehr wenig von dem erreichten Erfolg abhängt. Das andere Extrem sind Vergütungen im direkten Verhältnis zu den Verkaufserfolgen. Beide Methoden haben gewisse Vor- und Nachteile. Die meisten Gesellschaften haben sich bemüht, eine Basis zu finden, die die Vorteile beider Methoden vereinigt. Der allgemeine Gedanke ist, ein Mindestfixum und zusätzliche Provisionen für größere Verkaufserfolge zu gewähren. Dieses Verfahren gibt dem Verkäufer ein festes Einkommen und damit eine gewisse Sicherung, zugleich verbindet es Kosten und Verkaufserfolge enger miteinander.

Ein solches Verfahren muß auf die Unterschiede im Verdienst an den verschiedenen Waren und mit den verschieden gelagerten Verhältnissen in verschiedenen Gebieten abgestimmt werden. Man muß die Zustimmung des Verkäufers zu dieser Lösung erreichen. Zur gerechten Lösung des Problems sind klug durchdachte Vergütungsvorschriften entstanden, die weitgehend auf Angaben der Buchhaltung beruhen. Viele Unternehmen haben gute Lösungen gefunden, den Verkaufserfolg zu bewerten. Im allgemeinen beruhen sie mehr auf der Budgetierung für irgend eine Einheit als auf der des Gesamtbetrages. Z. B. wird eine gewisse Anzahl Telefongespräche des Verkäufers budgetiert. Aus dem Verkaufsprogramm und einer geschätzten Umsatzzahl pro Gespräch ergibt sich der gesamte budgetierte Betrag. Unabhängig davon, welche Vergütungsmethode angewandt wird, muß der interne Revisor feststellen, ob der Plan wirklich im Sinne der festgelegten Vorschriften durchgeführt wird. Der Plan kann einmal auf seine Eignung für den gedachten Zweck und dann hinsichtlich der erreichten Erfolge bewertet werden.

*Reisekosten.* Reisekosten können als direkte oder indirekte Kosten angesehen werden, je nachdem, wovon man bei der Betrachtung ausgeht, so sind die Kosten für Gehalt, Reisespesen und Bewirtung direkte Kosten. Geht man aber von der Ware aus, so kann man sie als zum Teil variable oder fixe ansehen. Oft findet der interne Revisor die Prüfung und die Auswertung der Reiseberichte unbefriedigend, weil unvollständige Unterlagen eingereicht wurden. Die meisten Unternehmen verlangen Quittungen für größere Beträge wie Hotelrechnungen, Eisenbahn- und Flugkarten. In manchen Fällen werden Pauschalbeträge für Essen, Telefon, Taxen und verschiedene andere Posten gezahlt. Jedoch kann die Festsetzung eines Pauschalbetrages zu Schwierigkeiten führen, wenn die Kosten je nach der Stadt erheblich voneinander abweichen. In jedem Fall müssen diejenigen, die die Reisekostenabrechnungen genehmigen — wie z. B. Abteilungsleiter — jede Rechnung genau prüfen, um Mißbräuche zu verhindern.

Der interne Revisor muß solche Reisekostenabrechnungen sorgfältig untersuchen. Welches sind z. B. die allgemeinen Vorschriften für Benutzung einer höheren Wagenklasse und dergleichen? Sind besondere Möglichkeiten, das Reisen bequemer zu gestalten, nur für Abteilungsleiter, Geschäftsleiter oder andere höhere Angestellte zugelassen? Wenn das der Fall ist, werden diese Bestimmungen eingehalten? Hat man Kosten für Flugreisen mit denen für Eisenbahnfahrten verglichen? Wenn häufig ein Flugzeug benutzt werden muß, müssen verbilligte Flüge in Erwägung gezogen werden, die vielleicht zu etwas ungünstigerer Zeit, aber mit beträchtlicher Preisermäßigung möglich sind. Wenn Reisende geschäftseigene Wagen benutzen, müssen Kilometerzahl, Kosten und andere Faktoren überprüft und an die Möglichkeit gedacht werden, Wagen zu mieten.

*Kundenbewirtung.* Kundenbewirtung kann ebenso wie die Reisekosten zu den direkten oder indirekten Kosten gerechnet werden, je nachdem um welche Betrachtung es sich handelt. Sie kann ein bedeutender Faktor sein, wenn die Kosten untersucht werden, die durch einzelne bestimmte Reisende entstehen, da im allgemeinen in den Ansichten der Reisenden über Kundenbewirtung große Unterschiede bestehen. Der eine Reisende mag dazu neigen, hohe Bewirtungskosten zu haben, während ein anderer Reisender mit gleich großem Gebiet beträchtlich niedrigere Kosten hat.

Das Bewirtungsbudget kann von bestimmten Standards ausgehen wie z. B. der Anzahl der Kunden, die bewirtet werden müssen, mit einer bestimmten Summe pro Kunden. Der interne Revisor muß diese Kosten sehr sorgfältig prüfen, ob ein angemessenes Genehmigungsverfahren vorhanden ist und ob irgend ein Maßstab für die Beurteilung dieser Kosten besteht.

*Verkaufsbüros.* Verkaufsbüros können verschiedene Bedeutung haben, angefangen von solchen, die wenige Angestellte und begrenzte Vollmachten haben, bis zu solchen, die praktisch wie selbständige Gesellschaften arbeiten. In den meisten Fällen sind jedoch die Aufgaben der Zweigbüros auf Auftragswerbung und Kundendienst beschränkt. Zusätzliche Kontrollprobleme ergeben sich, wenn das Verkaufsbüro berechtigt ist, Geld einzuziehen und Nachlässe zu gewähren. Die meisten der größeren Kosten wie Miete, Gehälter und Provisionen werden vom Stammhaus bezahlt. Es gibt jedoch verschiedene Kosten, wie Kosten für die Lagerhaltung, Telefonrechnungen und in manchen Fällen Vorschüsse an die Reisenden, die im Zweigbüro kontrolliert werden können.

Der interne Revisor muß alles versuchen, um die Verkaufsbüros in den normalen Revisions-Ablauf einzubeziehen. Wegen der geringen Größe des Büros und der weiten Entfernung von der Kontrolle des Stammhauses besteht dort oft die große Gefahr, daß das Verkaufsbüro viele Kontrollmaßnahmen unbeachtet läßt, die im Stammhaus oder den großen Filialen angewendet werden. Um hohe Reisekosten für den Revisionsstab zu vermeiden, führen einige Unternehmen die Revision der Verkaufsbüros auf dem Weg zur Revision eines Werkes oder auf dem Rückweg von dort durch. Normalerweise kann die Revision in einigen Tagen beendet sein und das Erscheinen des internen Revisors hat eine starke moralische Wirkung — zumindest, um in vielen Fällen von vorschriftswidrigem Handeln abzuschrecken. Der interne Revisor muß in seiner Prüfung und Beurteilung sorgfältig die Art der Tätigkeit berücksichtigen, ferner hat er zu prüfen, ob gewisse Aufgaben besser im Stammhaus oder einem Abteilungsbüro ausgeführt werden können. Z. B. fand ein interner Revisor in einem Verkaufsbüro, daß wegen unzulänglicher Arbeitsmethoden und unzulänglichen Personals ein Angestellter praktisch seine ganze Arbeitszeit mit Rechnungsausstellung zubrachte. Der interne Revisor hatte die Gesamtzahl der Rechnungen für den Zeitraum festgestellt und es ergab sich eine außerordentlich niedrige Anzahl von Rechnungen pro Tag. Es wurde der Vorschlag gemacht, die Rechnungen von einem Abteilungsbüro ausstellen zu lassen, welches für diese Tätigkeit besser eingerichtet war.

### Indirekte Vertriebskosten

Zu den indirekten Vertriebskosten gehören verschiedene Kosten, die man nicht direkt den Erzeugnissen, Kunden oder Arbeitsvorgängen zurechnen kann. Diese Kosten werden im allgemeinen weniger durch psychologische Momente beeinflußt als die direkten Kosten und bieten keine wesentlichen Schwierigkeiten für die Aufstellung von Standards. Die wichtigsten indirekten Kosten sind Kosten für Transport, Lagerhaltung und Umschlag und allgemeine Vertriebskosten.

Unter Transportkosten versteht man die Kosten von dem Augenblick der Versandbereitschaft bis zur Ankunft beim Kunden. Der Arbeitsvorgang ist hauptsächlich körperlicher oder mechanischer Art und läßt sich gut durch eine Norm festlegen und kontrollieren.

Die Grundlagen dieser Norm können sein:

1. Kosten im Verhältnis zum Wert der Lieferung
2. Kosten pro Stück der gelieferten Waren
3. Kosten pro Gewichtseinheit der Produkte
4. Kosten pro Stück, getrennt nach Erzeugnisgruppen[2].

Die Kosten für Lagerhaltung und Lagerumschlag umfassen die Kosten für Warenannahme, Lagerung und Versandvorbereitung. Diese Vorgänge können auch sehr gut genormt und ihre Kosten kontrolliert werden. Solche Normen können sein:

1. Kosten pro umschlagene Einheit
2. Kosten pro Versand
3. Kosten pro Auftrag
4. Kosten pro Verkauf[3].

Die allgemeinen Vertriebskosten umfassen die Kosten für die Buchführung und andere Kosten, die nicht bereits in anderen Gruppen erfaßt sind. Auf die verschiedenen Posten, die unter „allgemeine Vertriebskosten" zusammengefaßt werden, können sowohl allgemeine wie auch spezielle Standards angewendet werden.

Der interne Revisor muß die verschiedenen indirekten Vertriebskosten sehr sorgfältig prüfen. Wenn mit Standardkosten gerechnet wird, muß jede Abweichung sorgfältig geprüft werden. Außerdem muß die Bezugsgröße beurteilt werden, ob sie tatsächlich ein richtiger Maßstab ist. Der interne Revisor muß nicht nur feststellen, ob die Vorschriften des Unternehmens hinsichtlich der indirekten Vertriebskosten eingehalten werden, sondern er muß auch die Arbeitsvorgänge selbst unter dem Gesichtspunkt von Einsparungen für das Unternehmen untersuchen. Z. B. kann der interne Revisor Angaben machen, wann und wo es für das Unternehmen vorteilhafter ist, Transporte selbst durchzuführen. Mit Rücksicht auf die Kosten für ein eigenes Lager der Gesellschaft kann es möglicherweise vorteilhafter sein, gewisse Waren auf Kommission anderswo unterzubringen. Wenn die Gesellschaft beide Vertriebsmethoden anwendet, können die relativen Nettoeinnahmen verglichen werden. Die Provisionen für die Kommissionsverkäufe können geringer sein als die Gehälter für die Reisenden und ihre Provisionen und die Lagerhaltungs- und Verwaltungskosten. Der interne Revisor muß auch dem Umschlagskoeffizienten seine Aufmerksamkeit widmen: er wird durch Vergleich des Bestandes am Lager mit den Verkäufen während eines Monats gebildet.

## Werbung und Verkaufsförderung

Die Kosten für Werbung und Verkaufsförderung bilden bei vielen Unternehmen einen der größten Aufwandsposten. Millionen können von einer Gesellschaft jährlich zur Förderung des Verkaufs ihrer Produkte ausgegeben werden. Darunter fallen verschiedene Arten von Aufwendungen, wie z. B. Kosten für Werbung in Zeitschriften und Zeitungen, für

[2] Rufus Wixon (ed.), Accountant's Handbook (4th ed.; New York: The Ronald Press Co., 1956).
[3] ebenda

Sendezeit und Programme in Radio und Fernsehen und verschiedene andere Arten der Verkaufsförderung. Bis heute haben die meisten Unternehmen keine regelmäßigen internen Revisionen auf diesem Gebiet durchgeführt und die Verfahren und das betreffende Personal sind nicht in gleichem Maße kontrolliert worden wie andere Tätigkeiten. Jedoch besteht auf diesem Gebiet eine ebenso große Möglichkeit der Fehlleistung oder Unredlichkeit wie bei irgend einer anderen geschäftlichen Funktion auch.

Bei den stetig steigenden Ausgaben auf diesem Gebiet ist es wichtig, daß die Tätigkeit der internen Revision so erweitert wird, daß sie eine sorgfältige Prüfung und Beurteilung aller solcher Aufwendungen einschließt.

### Die Notwendigkeit einer gesonderten Behandlung

Obgleich Werbung eine Form der Verkaufsförderung ist und zu den Vertriebskosten gehört, ist es besser, sie gesondert zu behandeln. Jedoch muß das Anzeigenprogramm, um die größtmögliche Wirkung zu erzielen, mit den Verkäufen und den anderen Vertriebskosten genau abgestimmt sein. Einige Gründe, die Kosten für Werbung gesondert zu behandeln, werden von Heckert und Willson wie folgt angeführt:

1. Werbung ist wichtig genug, um einen größeren Aufwandsposten darstellen zu dürfen.
2. Die Durchführung des Werbeprogramms wird häufig einer besonderen Abteilung oder einer fremden Agentur übertragen.
3. In manchen Unternehmen sieht man das Werbeprogramm als nicht so unmittelbar und direkt zusammenhängend mit dem Verkaufsprogramm an wie die übrigen Posten der Vertriebskosten. Dies trifft besonders dann zu, wenn von den Aufwendungen für die Werbung erst auf lange Sicht und nicht unmittelbar Verkaufsresultate erwartet werden. Derartige Verhältnisse gestatten einen hohen Grad von Beweglichkeit bei den Werbeaufwendungen[4].

### Geschäftsverbindungen mit fremden Agenturen

Zu Beginn war es bei den meisten Unternehmen üblich, die Werbung selbst durchzuführen, besonders wenn diese Tätigkeit enger mit den anderen Aufgaben des Verkaufs zusammenhing. Folglich mußte das Unternehmen große Werbeabteilungen aufbauen, die die volle Verantwortung für die gesamte Bearbeitung der Abschlüsse mit den verschiedenen Zeitungen und Zeitschriften und die anderen Werbemittel trugen. Als die Werbung ständig zunahm und umfassender und kostspieliger wurde, war es in vielen Fällen besser, diese Tätigkeit Spezialisten zu übertragen. Mit der Ausweitung der Werbung entstanden gleichzeitig Firmen, die sich darauf spezialisierten, als Agenturen die Werbung für viele ver-

[4] Business Budgeting and Control (2d ed.; New York: The Ronald Press Co., 1955).

schiedene Gesellschaften durchzuführen. Sie sind alle als Werbeagenturen bekannt. Diese Agenturen konnten es sich leisten, Sachverständige auf jedem Gebiet anzustellen, wie Lay-out und Vervielfältigung und allen anderen Gebieten, was für jede einzelne Gesellschaft nicht möglich gewesen wäre. Diese Agenturen arbeiten für viele Gesellschaften der verschiedensten Arten und gewinnen so Erfahrungen auf vielen Gebieten.

Gewöhnlich hat eine Gesellschaft eine Agentur, die bestimmte Produkte behandelt. Manchmal wird eine Agentur eine Gruppe von Produkten behandeln und eine andere Agentur eine andere solche Gruppe. Das Programm wird gewöhnlich für einen bestimmten Zeitraum, im allgemeinen ein Jahr, festgelegt, was die Vorbereitung eines ausgewogenen Programms gestattet und gegebenenfalls Mengenrabatte ermöglicht.

Der interne Revisor muß sich mit den Abmachungen zwischen der Gesellschaft und jeder einzelnen Agentur vollkommen vertraut machen. Die Entgelte für diese Abmachungen sind bei den meisten Agenturen einheitlich, es können jedoch spezielle Provisionen berechnet werden, die besondere Aufmerksamkeit erfordern. Wenn die Gesellschaft selbst ihr Werbeprogramm bearbeitet, sind die Fragen ähnlich denen bei anderen Prüfungsaufträgen. Statt die Rechnungen der Agenturen auf ihre Richtigkeit zu prüfen, muß der interne Revisor dann die Rechnungen der Werbungsträger prüfen. In den folgenden Paragraphen sind die wesentlichen Schritte dargelegt, die der interne Revisor ausführen muß, wenn die Werbung durch eine Agentur durchgeführt wird.

### Arbeitsmethoden der Werbeabteilung

Um ein besseres Verständnis für die verschiedenen Faktoren zu erhalten, die bei der Revision der Werbeaufwendungen mitwirken, ist es angebracht, die einzelnen Schritte bei der Aufstellung des Werbeetats zu zeigen. Die Kontrolle der Werbung beruht zum großen Teil auf der sorgfältigen Vorbereitung und genauen Befolgung der im einzelnen vorgeschriebenen Werbepläne, die den Werbeetat erläutern.

Die folgende Übersicht zeigt die Arbeitsweise einer typischen Werbeabteilung bei Durchführung der Werbung durch eine Werbeagentur.

1. Im letzten Teil des Jahres werden von der Werbeabteilung Voranschläge der Werbekosten für die einzelnen Produkte, in denen alle Werbemöglichkeiten enthalten sind, aufgestellt. Überschreitungen müssen vom Vorstand genehmigt werden.
2. Genaue Arbeitspläne werden auf Grund der Voranschläge und der Besprechungen mit der Werbeabteilung von den Agenturen aufgestellt. Der Leiter der Werbeabteilung genehmigt diese Arbeitspläne und ihre Bedingungen, indem er sie unterzeichnet und eine Kopie jedes Planes an die Agentur zurückschickt.

3. Es werden getrennte, ausführliche Pläne für Zeitschriften, Zeitungen, Radio und Fernsehen aufgestellt. Folgende Angaben sind in den verschiedenen Plänen enthalten:

*Zeitschriften*

a) Der Name der Zeitschrift und ihre Auflage
b) Die Aufteilung des Jahresbetrages nach Monaten
c) Gesamtkosten pro Zeitschrift
d) Gesamtkosten pro Monat und Jahr.

*Zeitungen*

a) Die Stadt, in der die Zeitung erscheint
b) Bevölkerungszahl dieser Stadt
c) der Name der Zeitung
d) Zeit der Ausgabe (Morgen und Abend)
e) Auflage
f) Anzeigentarif
g) Gesamtkosten
h) Aufteilung nach Monaten
i) Gesamtkosten pro Monat und Jahr

*Radio und Fernsehen*

Die Pläne werden fast in derselben Weise aufgestellt wie die Pläne für Zeitschriften und Zeitungen, mit der Ausnahme, daß eine weitere Gliederung erfolgen muß, aus der die Kosten für die Sendezeit, den Ansager usw. getrennt ersichtlich sind.

4. In der Regel wird einer Agentur die gesamte Werbung für ein Erzeugnis übertragen mit Ausnahme, daß für ein solches Produkt in einem Radio- oder Fernsehprogramm geworben wird, das von einer anderen Agentur durchgeführt wird. Die Provision geht dann an die Agentur, die die Werbung in Radio und Fernsehen durchführt.
5. Rechnungen für Inserate in Zeitschriften werden von der Agentur in doppelter Ausfertigung eingereicht. Sie werden in der Werbeabteilung an Hand des aufgestellten Planes für die Werbung geprüft und genehmigt. Die Agentur prüft die Zeitschriften, ob die Anzeigen tatsächlich erscheinen.
6. Rechnungen für Inserate in Zeitungen kommen in dreifacher Ausfertigung von der Agentur. Ein Durchschlag bleibt bei der Werbeabteilung. Diese prüft und genehmigt die Rechnungen. Die Agentur achtet auf das tatsächliche Erscheinen des Inserates in der Zeitung.
7. Rechnungen für Radio- und Fernsehwerbung übermittelt die Agentur in dreifacher Ausfertigung, von denen eine in der Werbeabteilung bleibt. Die Rechnungen weichen oft von dem Werbeplan ab, einmal

wegen Ausfall von Sendungen und zweitens wegen Einschaltung anderer Personen (Ansage usw.) bei Rundfunk und Fernsehen. Diese Rechnungen werden mit dem Plan verglichen und ihre Bezahlung von der Werbeabteilung genehmigt.

8. Rechnungen für Werbung auf den Gebieten Handel, Schulung und Marktanalyse werden von der Werbeabteilung ebenfalls mit den Plänen abgestimmt.

### Revision der Werbung

Bei vielen Gesellschaften ist es üblich, sich damit zu begnügen, daß die Agentur das richtige Erscheinen der Inserate in den Zeitschriften und Zeitungen und die richtige Durchführung von Radio- und Fernsehprogrammen prüft. Sie weisen darauf hin, daß sie der Agentur Vertrauen schenken, daß die geschäftlichen Beziehungen seit vielen Jahren zufriedenstellend gewesen sind und daß die Agentur selbst viel zu verlieren hätte, wenn sie nicht die entsprechende Gegenleistung liefern würde. Jedoch treffen diese allgemeinen Übrlegungen auch auf Lieferanten für andere Leistungen zu, z. B. für Rohmaterial. Auch dort muß die Gesellschaft Vertrauen zu den Lieferanten haben, auch dort können die Geschäftsverbindungen mit dem Lieferanten seit Jahren zufriedenstellend gewesen sein und der Lieferant würde ebenso verlieren, wenn die Gesellschaft ihre Einkäufe bei ihm einstellte. Dasselbe trifft auf viele andere Leistungen zu.

Aus diesem Grunde ist vom Standpunkt der internen Revision eine weitere Prüfung der Werbeaufwendungen berechtigt. Im allgemeinen kann eine jährlich einmal wiederkehrende kurze Revision in Stichproben genügen, wenn die Kontrolle der Aufwendungen durch die Werbeabteilung zu ihrem Arbeitsprogramm gehört. Z. B. kann der interne Revisor die Sorgfalt prüfen, mit der die einzelnen Kontrollmaßnahmen in der Werbeabteilung erfolgen. Im allgemeinen ist anzustreben, daß ein schriftliches Programm ausgearbeitet wird, wie die einzelnen Schritte dieser Kontrolle erfolgen müssen und daß bei der Anerkennung der Rechnungen der Agentur auch dementsprechend verfahren wird.

Nachdem der interne Revisor die Verträge zwischen dem Unternehmen und der Agentur durchgesehen und sich von der Kontrolle seitens der Werbeabteilung durch Stichproben überzeugt hat, kann er die Belege der Agentur prüfen, um die Richtigkeit der eingegangenen Rechnungen festzustellen. Gewöhnlich sieht der Vertrag mit der Agentur vor, daß der Kunde berechtigt ist, alle Bücher und Unterlagen zu prüfen, um die Richtigkeit der Rechnungen festzustellen. Das Vorgehen des internen Revisors ist der Prüfung des Einkaufs ähnlich. Er muß feststellen, ob entsprechende Kontrollen und Genehmigungsvorschriften vorhanden sind und von der Agentur auch befolgt werden. Wenn man sich keiner Agentur bedient, kann der interne Revisor die Kosten durch einen direkten Vergleich mit den Rechnungen der einzelnen Werbeträger prüfen. Es ist darauf zu achten, ob Mengenrabatte gewährt worden sind, ob für Abbestellung von Inseraten in Zeitschriften und Zeitungen Gutschriften erteilt wurden, und ob ebenso Gutschriften für nicht durchgeführte Werbung in Radio und Fernsehen erfolgten.

## Verkaufsförderung

Neben der Werbung durch die gewöhnlichen Werbeträger (Zeitungen, Zeitschriften, Radio und Fernsehen) gibt es noch andere Methoden, durch verschiedene Formen der Verkaufsförderung die Verbraucher anzusprechen. Einige der hauptsächlichen Aufwendungen auf diesem Gebiet sind folgende:

1. gemeinsames Inserieren,
2. Broschüren, Flugblätter u. dgl. zur Umsatzsteigerung und
3. die Abgabe von Gutscheinen.

*Gemeinsames Inserieren.* Gemeinsames Inserieren kommt in der einen oder anderen Form praktisch bei jeder Gesellschaft, unabhängig von ihrer Größe, vor. Die übliche Vereinbarung besteht darin, daß der Hersteller einen Teil der Werbekosten des Einzel- oder Großhändlers trägt, der die Produkte der Gesellschaft vertreibt. Z. B. kann ein Teil der Kosten eines Inserates in einer Zeitung von dem Hersteller übernommen werden, wenn seine Erzeugnisse in diesem Inserat erwähnt werden. In anderen Fällen kann das Inserat direkt von einer Mater oder einem Klischee, die der Hersteller zur Verfügung stellt, abgedruckt werden.

Der interne Revisor muß alle derartigen Vereinbarungen über die Zuschüsse zu gemeinschaftlichen Inseraten in seine Prüfung einbeziehen. Er muß feststellen, ob das Inserat tatsächlich in der vereinbarten Form aufgegeben ist. Gewöhnlich werden mit der Rechnung zusammen Belegexemplare o. dgl. mitgeschickt. Ferner ist es notwendig, klarzustellen, ob die geleisteten Zahlungen in Übereinstimmung mit den Bestimmungen des Vertrages über das gemeinschaftliche Inserieren errechnet worden sind.

*Werbematerial zur Verkaufsförderung.* Dieses Gebiet umfaßt einen großen Kreis von Einzelposten, wie z. B. verschiedene Arten von Prospekten, Schaufensterauslagen und andere Möglichkeiten, den Namen des Herstellers zu zeigen. In vielen Fällen sind die Kosten hierfür beträchtlich und rechtfertigen eine sehr genaue Kontrolle.

Oft besteht die Neigung, der Kontrolle dieser Posten zu wenig Aufmerksamkeit zu schenken. Dabei kann das Empfinden mitspielen, daß das Material ohne Wert ist, da es ja kostenlos abgegeben wird, in Wirklichkeit kann es sich aber um bedeutende Beträge handeln. Der in diesem Material zur Umsatzsteigerung investierte Betrag erfordert sehr oft eine laufende Inventur mit einer vollständigen Lagerkartei und mit in bestimmten Zeitabständen wiederkehrenden körperlichen Zählungen, wie es auch bei anderen Vorräten verlangt wird. Die Unterlagen können auch dabei helfen, diese Kosten richtig auf die Rechnungsperioden zu verteilen.

*Abgabe von Gutscheinen.* Gutscheine sind schon viele Jahre zur Verkaufsförderung für Verbrauchsgüter wie Seife, Lebensmittel und andere Haushaltsartikel verwendet worden. Die Abgabe kann durch Abdruck der Gutscheine in Zeitungen erfolgen, durch Verkauf von Tür zu Tür oder auf viele andere Arten, mit der Masse der Käufer in Berührung zu kommen. Auf dieser Grundlage wird wahrscheinlich nur ein kleiner Prozentsatz der Gutscheine eingelöst.

Eine der wesentlichen Kontrollmöglichkeiten für die Gutscheine besteht darin, daß der Händler über sie abrechnen muß. Die Kontrolle wird dadurch ausgeübt, daß man die eingelösten Gutscheine mit den verkauften Produkten vergleicht. Sehr oft nimmt der Verkäufer oder Händler den Warenbestand zu Beginn und Ende des Werbefeldzuges auf und die Zahl der Gutscheine kann nicht die der verkauften Waren übersteigen. Auch die eingelösten Gutscheine müssen kontrolliert werden. Die Gesamtzahl der eingelösten Gutscheine muß geprüft und dabei auch an die Möglichkeit von Unredlichkeiten gedacht werden. Die eingelösten Gutscheine müssen ungültig gemacht werden, um ihre Wiederverwendung auszuschließen. Der ganze Werbeplan muß von dem internen Revisor wegen der vorhandenen Schwächen der Kontrolle bei seiner Durchführung genau überprüft werden.

## Programm der internen Revision

Das folgende Programm der internen Revision umfaßt die Hauptpunkte der Werbung und Verkaufsförderung. Weitere Prüfungsvorgänge können erforderlich sein, um den besonderen Erfordernissen der einzelnen Gesellschaft gerecht zu werden.

### *Allgemeines*

Wenn die Gesellschaft die Werbung einem Werbebüro überträgt, muß der interne Revisor eine Durchschrift des Vertrages mit dem Werbebüro erhalten und sorgfältig in allen Punkten prüfen.

### *Werbeabteilung der Gesellschaft*

Wenn ein Werbebüro beauftragt ist, muß der interne Revisor die Arbeitsvorgänge der Werbeabteilung bei der Prüfung der Rechnungen der Agenten untersuchen. Er muß Stichproben von typischen Rechnungen machen, um festzustellen, ob die Arbeitsverfahren richtig sind und die Arbeit selbst ordnungsgemäß ausgeführt wird.

1. Die Rechnungen der Agenturen müssen mit dem entsprechenden Plan hinsichtlich des Betrages, des zugestandenen Diskonts und des Datums des Inserates oder der Sendung verglichen werden. Bei jedem anerkannten Posten muß auf dem Plan und der Rechnung „Bezahlt" vermerkt werden, um die Möglichkeit doppelter Bezahlung auszuschließen.
2. Der Betrag der Provision für die Agentur muß auch auf seine Richtigkeit geprüft werden.
3. Die Kontierung zur Aufteilung auf die einzelnen Erzeugnisse muß auf der Rechnung vermerkt werden.
4. Die Rechnungen müssen in Übereinstimmung mit den festgelegten Vorschriften über ihre Genehmigung abgerechnet werden.

*Die Werbeagentur*

1. Der interne Revisor muß mit dem entsprechenden Personal der Werbeagentur die Arbeitsverfahren zur Prüfung der Kosten der Werbung besprechen.
2. Er muß typische Rechnungen der Werbeträger aussuchen und prüfen auf:
   a) ihre Genehmigung im Werbeplan,
   b) ihre Übereinstimmung mit den veröffentlichten Preislisten und ihre Einzelangaben,
   c) die Rechnungen des Verlegers, der Rundfunkgesellschaft und der Künstler, zusammen mit dem Beleg, daß diese Beträge tatsächlich bezahlt sind,
   d) Bestätigung der Rundfunkgesellschaft über die Ausführung des Auftrages,
   e) Abschaltungen, örtliche Kürzungen, Rabatte für Daueraufträge, ausfallende Stationen, Unterbrechungen und andere Gutschriften,
   f) Die bezahlten Provisionen, nachdem festgestellt ist, ob diese Provisionen dem Vertrag entsprechen.
3. Der interne Revisor muß die Belege über die durchgeführte Werbung prüfen, wie Probedrucke, Bestätigungen über durchgeführte Sendungen usw.
4. Er muß feststellen, ob Mengenrabatte bei allen von der Gesellschaft vergebenen Werbeaufträgen berechnet und von den Vertragspartnern gewährt worden sind, soweit sie in Frage kamen.
5. Er muß den Schlüssel untersuchen, nach dem Werbekosten, die mehrere Produkte betreffen, auf diese aufgeteilt werden.
6. Er muß feststellen, ob Gutschriften erteilt worden sind für die zunächst vorgesehenen Werbungen in Zeitschriften, Zeitungen, Radio oder Fernsehen, wenn diese später gestrichen worden sind.
7. Der interne Revisor muß alle Sonderbelastungen, wie Layout, Vor-

bereitung und ähnliche Posten überprüfen. Er muß ihre Höhe mit der der Schätzung und der des Etats vergleichen.

8. Er muß die Grundlage der Belastungen für Marktuntersuchungen oder irgendwelche anderen Untersuchungen überprüfen.
9. Er muß unabhängig davon in einer öffentlichen Bücherei stichprobenweise typische Inserate in Zeitschriften oder Zeitungen prüfen.

*Gemeinschaftliche Werbung*

1. Der interne Revisor muß den Vertrag über gemeinschaftliche Werbung mit den Händlern genau kennen.
2. Er muß sich vergewissern, daß entsprechende Belege vorhanden sind, daß die Werbung tatsächlich durchgeführt ist.
3. Er muß die Kostensätze an Hand der Preislisten oder durch Anforderung direkter Bestätigungen prüfen.
4. Er muß feststellen, ob die gewährten Mengenrabatte der gesamten vergebenen Werbung entsprechen.
5. Er muß unabhängig in einer öffentlichen Bücherei typische Inserate in einigen Zeitschriften oder Zeitungen prüfen.

*Material für die Verkaufsförderung*

1. Der interne Revisor muß den Schlüssel für die Belastung der einzelnen Produkte beobachten und prüfen.
2. Er muß durch persönliche Prüfung bei typischen Händlern die für den Einsatz von Werbematerial geleisteten Zahlungen feststellen.
3. Er muß prüfen, ob das Werbematerial ordnungsgemäß kontrolliert und richtig gelagert wird.
4. Er muß die Verfahren beim Versand und der Rechnungsstellung überprüfen, um festzustellen, ob richtige Kontrollen ausgeübt werden.

*Gutscheine*

1. Der interne Revisor muß die Verfahren für die Ausgabe und die Einlösung von Gutscheinen prüfen.
2. Er muß die Zahl der eingelösten Gutscheine mit der der Verkäufe in einer ausreichenden Anzahl von Fällen vergleichen.
3. Er muß die Angemessenheit der Inventurmethode zu Beginn und am Ende eines Werbefeldzuges prüfen und ebenso den Maßstab, nach dem die angemessene Gutscheinzahl festgelegt wird.

## Verwaltungs- und Finanzkosten

Verwaltungskosten sind die Kosten, die mit der Festlegung der allgemeinen Betriebspolitik, der Leitung und der Kontrolle zusammenhängen. Finanzkosten sind die Kosten, die bei der Durchführung des Finanzprogramms des Unternehmens entstehen. Die Verwaltungs- und Finanzkosten sind routinemäßiger und immer wiederkehrender Art und deshalb kann es vorkommen, daß bisweilen ihre Kontrolle vernachlässigt wird.

### Verwaltungskosten

Zu den Verwaltungskosten gehören die normalen Kosten der einzelnen Abteilung, wie z. B. Gehälter, Büromaterial, Telefon und Telegramme, Porti usw. Mehrere dieser Posten sollen kurz als typische Beispiele besprochen werden.

*Gehälter.* Eine der besten Prüfungsmethoden für die Gehälter besteht in einem Vergleich mit dem vergangenen Jahr oder dem Budget. Der interne Revisor muß die Zahl der Angestellten und ihr Entgelt mit dem vergangenen Jahr oder dem Budget vergleichen. Sehr oft sinkt der Aufwand für Gehälter nicht entsprechend, wenn der Arbeitsumfang abnimmt. Es ist auch möglich, daß in einzelnen Fällen Gehaltszulagen regelmäßig erfolgt sind mit dem Ergebnis, daß das augenblickliche Gehalt bei weitem das übersteigt, was bei der Art der Tätigkeit und der mit ihr verbundenen Verantwortung angemessen wäre. Die meisten dieser Fragen können durch Aufstellen einer Leistungstabelle mit verschiedenen Leistungsstufen und den entsprechenden Gehaltsklassen kontrolliert werden. Höchstgehälter für verschiedene Tätigkeiten müssen festgelegt werden, die dann auch die oberste Grenze für diese Art der Tätigkeit bilden.

*Büromaterial.* Die Ausgaben für das Büromaterial verschiedener Art und für Formulare können in vielen Fällen durch Verschwendung zu hoch sein. Wenn eine Gesellschaft viele Zweigbüros hat, können die Kosten für Büromaterial übermäßig hoch sein, da es örtlich eingekauft wird und die Bestellmengen gering sind. Die meisten Gesellschaften vermeiden das dadurch, daß sie bei großen Lieferanten Blankobestellungen zum Mengenpreis aufgeben. Die verschiedenen Zweigbüros können dann auf diese Blankobestellung hin das Nötige beziehen. In vielen Fällen hat der Lieferant vielleicht Verkaufsstellen oder Lager in verschiedenen Teilen des Landes, welche oft für die Orte der Zweigbüros günstig liegen. Hierher gehören auch die Kosten für das Drucken verschiedener Büroformulare. Die Kosten dieser Formulare können sehr hoch sein, besonders wenn mehrere Farben oder viele Lagen Kohlepapier benötigt werden. Der interne Revisor muß zur Prüfung einige der für Büromaterial gezahlten Preise pro Einheit mit denen vergleichen, die in dem Blankoabschluß festgelegt sind. In einigen Fällen fand der interne Revisor, daß der Stückpreis bei Artikeln, welche in beträchtlichen Mengen gebraucht wurden, mehr als doppelt so hoch war als der Abschlußpreis.

Der interne Revisor muß die Kosten einiger der verwendeten gedruckten Formulare überprüfen. Er sollte auch prüfen, ob die Verwendung gewisser teurer Formularsätze notwendig ist. Möglicherweise kann er Konkurrenzangebote für einige der teuren Posten einholen, wenn die in Frage kommenden Beträge es notwendig erscheinen lassen. In manchen Fällen hat man gefunden, daß ein blauer oder roter Rand, der besondere Liniierung erforderte, einen großen Teil der Kosten ausmachen kann. Beträchtliche Einsparungen können auch gemacht werden, wenn die Gesellschaft die Formulare selbst herstellt, statt gedruckte Formulare zu kaufen. Z. B. fertigte ein interner Revisor eine Übersicht über die verschiedenen verwendeten Formulare an mit dem Ziel, die Anzahl der Formulare zu verringern und fand dabei heraus, daß die Gesellschaft selbst über Maschinen verfügte, mit denen viele der Formulare hergestellt werden konnten. Es wurde festgestellt, daß schätzungsweise 75 % der Formulare von der Gesellschaft unter beträchtlichen Einsparungen hätten hergestellt werden können.

*Telefon und Telegramme.* Die Kosten für Telefon und Telegramme können oft übermäßig hoch sein, wenn sie nicht ordungsgemäß kontrolliert werden. Die Aufteilung der Telefongebühren auf Abteilungen oder Einzelpersonen kann, wenn die Beträge eine bestimmte Grenze überschreiten, zur Kontrolle der Kosten beitragen. Die Beträge können im Budget festgelegt werden und dann können für Überschreitungen der budgetierten Telefon- und Telegrammkosten Begründungen verlangt werden. In einigen Fällen stellt die Abteilungsleitung Mitteilungen auf, die die Kosten des laufenden Monats im Vergleich zum vergangenen zeigen und eine Kostensenkung für den nächsten Monat vorschlagen. Man kann Rundschreiben in Umlauf setzen mit dem Vorschlag, vieles lieber brieflich als telefonisch zu erledigen. Man kann auch die Gründe für Telefonanrufe genauer prüfen.

## Finanzkosten

Die wichtigste Art der Finanzkosten sind normalerweise die zu zahlenden Zinsen. Die Analyse dieses Postens durch den internen Revisor ist wichtig, nicht nur, weil es erwünscht ist, die Notwendigkeit der betreffenden Darlehensaufnahme und die Sparsamkeit, mit der diese erfolgt ist, abzuschätzen, sondern auch wegen der Möglichkeit, Verbindlichkeiten aufzudecken, die sonst vielleicht nicht erkannt werden. Ihre Prüfung ist, wie wir gesehen haben, eng verknüpft mit der Prüfung der Wechsel oder Schuldscheine, der Amortisation von Damnum oder Prämien bei Anleihen und dem Anwachsen der zu zahlenden Zinsen. Bei Bankkrediten werden die Zinsen normalerweise im voraus gezahlt und deshalb kommen hier im voraus gezahlte Zinsen in Betracht.

## Andere Aufwendungen und Erträge

Zu den anderen Aufwendungen und Erträgen können Einkommensteuern gehören, Verluste beim Verkauf von Betriebseinrichtungen und verschiedene Berichtigungen, die nicht direkt mit dem Zweck des Betriebes zusammenhängen. Diese Posten müssen in der üblichen Weise geprüft werden und es muß geprüft werden, wie sie in der Zukunft zu senken sind. Ferner muß darauf geachtet werden, ob es berechtigt ist, diese Posten als betriebsfremde Aufwendungen einzuordnen, besonders dann, wenn das Betriebsergebnis als Grundlage für die Berechnung eines Bonus oder anderer besonderer Vergütungen für das leitende Personal dient.

## Kostensenkung

Wenn der interne Revisor seine Prüfung der verschiedenen Unterlagen und Verfahren vornimmt, muß er jederzeit Erkundigungen über Gebiete einziehen, auf denen Einsparungen erfolgen können. Er muß das spezielle Produkt oder die spezielle Dienstleistung sorgfältig daraufhin untersuchen, wieweit sie für den Zweck der Gesellschaft notwendig sind. Vielleicht kann eine Dienstleistung, die billiger ist, in Anspruch genommen werden, vielleicht ist sie überhaupt nicht nötig. Vielleicht kann dasselbe Ziel auf einem ganz anderen Wege mit niedrigeren Kosten erreicht werden. Z. B. kann man vielleicht billiger Deckung durch Abschluß einer Versicherung erhalten statt des jetzigen Schutzes durch die Ausstellung von Wächtern.

Das Ziel der Kostensenkung wird zum Teil durch Verwendung von Methoden zur Kontrolle der Kosten unter Aufstellung eines Budgets und durch die sorgfältige Untersuchung und den Vergleich der wirklichen Kosten mit Normen dieser oder jener Art erreicht. Diese Verfahren wurden bereits als Mittel erwähnt, die Richtigkeit der Kosten festzustellen, aber an dieser Stelle interessiert uns ihre Verwendung zur Feststellung ungenügender Leistungen bei den Tätigkeiten, die diese Kosten verursachen. Es ist deshalb höchst wichtig, daß Arbeitsverfahren dieser Art in jeder Gesellschaft vorgeschrieben und sorgfältig ausgeführt werden. Die einmal aufgestellten Normen müssen ständig geprüft und revidiert werden, um jede Möglichkeit der Leistungssteigerungen auszunutzen. Sie sollten, soweit möglich, auf Zeitstudien, technischer Untersuchung und anderen wissenschaftlichen Analysen beruhen.

## Spezielle Arten der Kostenüberwachung

Die Aufstellung und Durchführung eines speziellen Programms zur Kostenüberwachung ist ein wichtiger Faktor in jedem Gesamtplan der internen Kontrolle. Neben der Tatsache, daß direkte Vorteile durch Einsparungen damit verbunden sind, hat ein Programm zur Kostenüberwachung auch die Wirkung, die Aufmerksamkeit des ganzen Personals auf ein gemeinsames Ziel zu lenken und ein stärkeres Empfinden ihrer Tätigkeit als einer Gemeinschaftsarbeit zu entwickeln. Die Angestellten lernen das vorliegende Programm kennen und werden sich ihrer Verantwortung für die Verwirklichung des Programms bewußt. Jeder Beteiligte soll bei der Kostensenkung mitwirken. Es ist die Aufgabe des internen Revisors, das Programm zur Kostenüberwachung in derselben Weise zu beurteilen, wie er den Erfolg anderer Kontrollen mißt und abschätzt. Die Hauptpunkte des Programms zur Kostenüberwachung sind:

1. Kontrolle durch das Budget,
2. Kontrolle durch Standardkosten und
3. Kontrolle durch ein Kostensenkungs-Programm.

*Kontrolle durch das Budget.* Ein Budget ist im Grunde der Entwurf eines Arbeitsplans. Im allgemeinen hat ein Unternehmen, das groß genug ist und eine Abteilung für interne Revision hat, auch irgendeine Art von Budget. Wenn das nicht der Fall ist, muß der interne Revisor empfehlen, daß seine Einführung überlegt wird. Die Art des Haushaltsplans wird bei jeder Gesellschaft verschieden sein und sich nach den speziellen Anforderungen, der Art ihrer Tätigkeit und der Ansicht der Leitung richten. Wenn auch vielleicht nicht ein vollständiger Haushaltsplan vorliegt, gibt es doch gewöhnlich irgendeine Form der Budgetkontrolle über den Aufwand. Die Zahlen im Budget beruhen gewöhnlich auf den Erfahrungen der Vergangenheit und sie werden den Annahmen für die Zukunft angepaßt.

Als Ziel des internen Revisors hinsichtlich des Ausgabenbudgets kann die unabhängige Prüfung und Beurteilung der Tätigkeit bei der Aufstellung und Anwendung des Budgets bezeichnet werden, um festzustellen, ob sie eine zuverlässige Vorschau der Arbeit in der Zukunft und ein wirksames Mittel zur Kontrolle gibt.

*Standardkosten.* Eine besondere Art der Kontrolle ist in der Form von Standardkosten möglich. Sie werden gewöhnlich auf die Arbeitsgänge bei der Herstellung angewendet, obgleich man sie auch auf vielen anderen Arbeitsgebieten verwenden kann.

Standardkostern stellen eine sorgfältig geplante Methode dar, ein Erzeugnis herzustellen oder einen Dienst zu leisten. Standardkosten sind im voraus festgelegte Kosten, die auf Grund wissenschaftlicher Untersuchung der Vorgänge ermittelt sind. Diese Methode steht im Gegensatz zu der früheren Methode, die Kosten nach Beendigung der Arbeit zu berechnen. Die hauptsächlichen Vorteile von Standardkosten können wie folgt zusammengefaßt werden:

*Sie liefern einen brauchbaren Maßstab.* Normen bieten einen brauchbaren Maßstab, um den Grad der tatsächlichen Leistung zu beurteilen.

So wird die gegenwärtige Leistung besser mit einem anerkannten Wert verglichen als mit einer anderen tatsächlichen Leistung, welche selbst vielleicht irgendwie verzerrt oder ungenügend sein mag. Es ist möglich, das „Prinzip der Ausnahme" ganz anzuwenden. Deshalb ist es für die Leitung nicht notwendig, ins Einzelne gehende Berichte über alle Teile der Geschäftsvorgänge zu verlangen, sondern sie muß ihre Aufmerksamkeit hauptsächlich auf die Ausnahmen richten, welche in den Berichten als Abweichungen von der Norm erscheinen.

*Senkung der Kosten für das Büro.* Eine beträchtliche Senkung der Kosten für das Büro ist möglich, da es ja nicht, wie bei dem üblichen System der nachträglichen Errechnung der tatsächlich angefallenen Kosten, nötig ist, die große Zahl von Durchschnittsberechnungen vorzunehmen, und aus ihren Ergebnissen wiederum den Durchschnitt zu ziehen. Wenn z. B. das Material mit Standardkosten abgerechnet wird, ist es nicht nötig, jedesmal, wenn ein neuer Wareneingang gebucht wird, einen neuen Durchschnitt auszurechnen. Viel von der Arbeit am Monatsabschluß, wie die Verteilung der Gemeinkosten auf die Abteilungen, kann auf Normen beruhen. So wird kostbare Zeit eingespart, wenn sie am nötigsten gebraucht wird.

*Schnelles Berichten über Kosten und Gewinn.* Ein sehr bedeutender Vorteil der Standardkosten, der immer mehr ausgenutzt wird, ist der, daß über Kosten und Gewinn schnell berichtet werden kann. In der Vergangenheit wurden die Berichte hauptsächlich monatlich geliefert. Jedoch erhalten durch Anwendung von Standardkosten und schnellen Tabelliermaschinen eine Anzahl Gesellschaften vollständige Gewinnangaben wöchentlich und in manchen Fällen sogar täglich. Dazu gehören Gesellschaften mit vielen Niederlassungen, die über weite Bezirke verstreut sind.

*Programm für eine prozentuale Kostensenkung.* Eine andere Art der Kontrolle durch ein Budget ist das Programm zur prozentualen Kostensenkung. Es ist eine einfache Art der Überwachung der Aufwendungen, die nicht die vielen Aufstellungen und Analysen erfordert, wie sie bei einem vollständigen Budget notwendig sind. Bei diesem Verfahren werden den einzelnen Niederlassungen bestimmte in Prozenten ausgedrückte Senkungen vorgeschrieben, hauptsächlich bei den Personalkosten. Einstellungen von Personal als Ersatz oder Neueinstellungen werden für einen bestimmten Zeitraum nicht genehmigt. Es wird sehr genau verfolgt, ob sich wirkliche Einsparungen im Vergleich zu dem vorausgegangenen Zeitraum zeigen. Natürlich muß das Programm auf einem Geschäftsumfang beruhen, der dem des vorangegangenen Zeitraums entspricht und es zeigt, daß sich bis zu einem gewissen Grad ein unrationeller Personaleinsatz eingeschlichen hatte.

### Kostenprüfung

Bei den Kosten verfolgt der interne Revisor einmal das Ziel, festzustellen, ob die in den Büchern erscheinenden Posten tatsächlich Aufwand darstellen und zweitens, ob die Kosten für den gegenwärtigen und zukünftigen Geschäftsablauf auf den tiefsten Stand gesenkt werden, der mit den von dem Aufwand erwarteten Vorteilen vereinbar ist. Die spezielleren Ziele vom Prüfungsstandpunkt aus sind die Feststellungen, ob die aus den Büchern ersichtlichen Aufwendungen rechtmäßigen und ordnungsgemäß genehmigten Aufwand darstellen, ob sie genau gebucht und richtig kontiert sind und ob sie ganz allgemein als zuverlässige Unterlage für Berichte geeignet sind.

Wie bei den Erträgen kann auch beim Aufwand eine Ungenauigkeit auf einem speziellen Konto durch einen Fehler auf einem anderen Kostenkonto ausgeglichen werden. Da ja die Kostenanalyse die Grundlage der Kostensteuerung ist, müssen diese Fehler weitgehendst vermieden werden. In anderen Fällen kann ein Irrtum bei der Kontierung die Bilanzkonten beeinflussen. Mit echten Kosten kann z. B. ein Konto des Anlagevermögens belastet und so das Vermögen und das Eigenkapital zu hoch ausgewiesen werden; oder der Fehler kann einen falschen Bilanzausweis noch ernsterer Natur nach sich ziehen. Der zu niedrige Ansatz an Kosten kann damit zusammenhängen, daß der Verlust eines Vermögensgegenstands der Gesellschaft nicht erkannt wird oder daß angewachsene Verbindlichkeiten nicht ausgewiesen werden.

*Das Vorgehen bei der Prüfung.* Die Prüfung eines speziellen Kostenkontos besteht normalerweise darin, die Buchungen für den Prüfungszeitraum mehr oder weniger im einzelnen zu analysieren. Das kann in manchen Fällen zu Belegen über Barauszahlungen führen oder in anderen zu Journalbuchungen über Vorauszahlungen oder zum Erkennen von Abgrenzungsposten — Vorgänge, die bereits in anderen Prüfungsabschnitten gründlich behandelt sind. In allen Fällen wird die Richtigkeit der Genehmigung des Postens geprüft und die Sorgfalt, mit welcher er kontiert und eingeordnet ist. Wenn Stichproben an Stelle vollständiger Analysen gemacht werden, müssen diese Stichproben für bestimmte Zeitabschnitte und für alle Posten ungewöhnlicher Höhe in den anderen Zeitabschnitten erfolgen.

Der Vergleich der Spesen mit denen früherer Jahre ist besonders nützlich. Dieser Vergleich kann nach Monaten geschehen und jede wesentliche Zu- oder Abnahme kann als Grundlage für weitere Untersuchungen dienen. Die Berechnung des prozentualen Verhältnisses dieser Kosten zu den Verkäufen hilft in den meisten Fällen auch weiter, obgleich auch noch andere Faktoren hierbei berücksichtigt werden müssen. Die dafür im Budget vorgesehenen Beträge können in ähnlicher Weise geprüft und alle wesentlichen Abweichungen festgestellt werden.

## Allgemeiner Überblick über Aufwand und Ertrag

Die Pflichten des internen Revisors auf dem Gebiet von Aufwand und Ertrag werden durch die folgenden Anleitungen, die dem Handbuch für interne Revision einer Gesellschaft entnommen sind, gut dargelegt.

### Überblick über die Wirtschaftlichkeit

Während der ganzen Revision muß der interne Revisor ständig Mittel und Wege zu finden suchen, die Erträge der Gesellschaft zu erhöhen und ihre Aufwendungen zu senken. Der Zweck dieses speziellen Abschnittes ist eine Besprechung der verschiedenen Möglichkeiten, die bei den entsprechenden Abschnitten des Handbuches zu beachten sind.

1. Möglichkeiten zur Steigerung der Erträge werden sich in einzelnen Fällen von selbst darbieten und die Vorschläge des internen Revisors zeigen dann, daß er Initiative besitzt
2. Die Möglichkeit von Personaleinschränkungen verdient sorgfältige Beachtung und die folgenden Fragen gehören hierher:
   a) Gibt es irgendwelche Angestellte, denen zusätzliche Aufgaben übertragen werden können?
   b) Können irgendwelche Berichte oder Aufzeichnungen weggelassen oder zusammengefaßt werden?
   c) Gibt es einen besseren Weg als augenblicklich, um dieselben Ergebnisse zu erzielen?
   d) Kann irgendeinem Leiter eines Büros neben seiner eigentlichen Aufgabe noch Routinearbeit zugewiesen werden?
   e) Gibt es irgendwelche Aufgaben, die besser einer Nebenstelle oder dem Stammhaus übertragen werden können?
3. Die Angelegenheiten, bei denen es sich um Gehaltsberichtigungen handelt, müssen mit größtem Takt behandelt und vertraulich mit der Leitung des Büros, welches gerade revidiert wird, durchgesprochen werden. Es dürfen nur die Fälle aufgegriffen werden, in denen die Gehälter nach Meinung des internen Revisors für die geleistete Tätigkeit im Verhältnis zu den anderen Gehältern für ähnliche Aufgaben in demselben Büro überhöht sind.
4. Wenn Büroräume gemietet sind, muß der interne Revisor die Aufteilung der Räume überprüfen und ebenso die Möglichkeiten, die benutzte Fläche zu verkleinern oder eine Senkung der Miete herbeizuführen.
5. Telefon- und Telegrammkosten erfordern dauernde Überwachung. Allein dadurch, daß man die Aufmerksamkeit auf diese Posten gelenkt hat, hat man schon sehr zufriedenstellende Resultate erreicht. Man muß auf folgende Punkte achten:

   Übermäßige Anzahl von Anrufen,
   Gespräche über 3 Minuten,
   die Möglichkeiten, Telegramme an Stelle von Telefongesprächen zu benutzen oder
   Briefe statt Telegrammen,
   übermäßig hohe Anzahl von Telefonapparaten und sorgfältige Prüfung aller Posten der Mietrechnungen der Telefongesellschaft.
6. Die Kosten für Schreib- und Büromaterial sind oft übermäßig hoch, weil zu hohe Preise gezahlt werden, oder weil Formulare am Ort gedruckt werden,

oder Formulare nicht ordnungsgemäß verwendet werden oder sogar als Schmierpapier dienen.

7. Reisekosten enthalten oft Posten, die mit den Richtlinien der Gesellschaft nicht vereinbar sind; Privatwagen werden benutzt und Kilometergeld abgerechnet, obgleich Fahrgeld für Eisenbahn niedriger wäre, einzelne Posten auf der Abrechnung können nicht erstattet werden.
8. Oft findet der interne Revisor, daß die Gesellschaft für Aufträge, wie z. B. Vervielfältigen, Abziehen von Formularen, Blaupausen und Gestellung von Personen- und Lastwagen Zahlungen leistet, obgleich es wirtschaftlicher wäre, wenn diese Aufgaben vom Betrieb selbst ausgeführt würden.

## Beispiel aus einem Handbuch — Aufwand

Die folgenden Anleitungen, die den Aufwand verschiedener Abteilungen und deren Büros betreffen, sind dem Handbuch für interne Revision einer Gesellschaft entnommen.

### Betriebskosten

*Ziele*

Der interne Revisor muß sich vergewissern, daß die Genehmigung von Ausgaben für die betriebliche Arbeit von vernünftigen Gesichtspunkten bestimmt wird, daß Ausgaben nur von den Stellen genehmigt werden, die dazu berechtigt sind, daß die Aufteilung der Belastungen richtig ist, und es ermöglicht, daß die statistischen Angaben als zuverlässige Grundlage für die Überwachung der Aufwendungen und eine erfolgreiche Geschäftstätigkeit dienen.

*Interne Kontrolle und Revisionsprogramm*

Allgemeine Analyse der Aufwendungen der Abteilung (Formblatt ......)

Die allgemeine Analyse der Aufwendungen der Abteilung muß mit dem Hauptbuch für die Konten, die auf dem Formblatt eingetragen sind, übereinstimmen.

1. Der interne Revisor muß Durchschläge aller allgemeinen Analysen der Aufwendungen der Abteilung, die in den zu revidierenden Zeitraum fallen, verlangen, und die Gesamtsummen jedes Kontos mit den entsprechenden Summen des Hauptbuches abstimmen. (Dieser Bericht wird vierteljährlich aufgestellt und die Abstimmung erfordert, daß ein Zeitraum von 3 Monaten geprüft wird.)

Aufwandsänderungen müssen untersucht und zufriedenstellend begründet werden.

1. Der interne Revisor muß die monatlichen Einzelposten der Aufwendungen mit der Vierteljahressumme, die in der allgemeinen Analyse der Aufwendungen der Abteilung erscheint, vergleichen. Er muß die Gründe für größere Aufwandsänderungen feststellen.
2. Er muß darauf achten, ob die Aufwendungen zum Steigen oder Fallen neigen und die Gründe für außergewöhnliche Aufwendungen feststellen.

Die Genehmigung der einzelnen Aufwendungen darf nur durch die dazu ausdrücklich Bevollmächtigten erfolgen. Die Aufteilung der Belastungen auf die verschiedenen Hauptbuchkonten, Abteilungen und Kostenarten muß ordnungsgemäß erfolgen.

1. Der interne Revisor muß zwei weit auseinanderliegende Monate für eine genaue Prüfung der Kostenbelastungen auswählen.
2. Er muß sich die Journalbelege und Kostenberichte für einige ausgewählte Monate geben lassen und sie auf Richtigkeit der Belastung, der Genehmigung und der Kostenverteilung hin prüfen.
3. Der interne Revisor muß auf Verzögerungen bei Zahlungen achten und diesen Punkt gründlich untersuchen. Er muß sich in seinem Bericht speziell darüber äußern, ob die Rechnungen laufend bezahlt werden und ob ein Anwachsen von Verbindlichkeiten gestattet ist oder nicht.
4. Es muß bestätigen, daß Wartungskosten über DM 2000,— grundsätzlich dem Hauptbüro zur Genehmigung vorgelegt werden.
5. Er muß die Methode feststellen, nach der die tatsächlichen Instandhaltungskosten durch Vergleich mit der ursprünglichen Schätzung überwacht werden.
6. Außergewöhnliche Arbeitsaufträge für Instandhaltung (geschätzte Kosten DM 2000,— oder mehr) und Arbeitsaufträge, für die die Kosten weiter belastet werden können, werden über das Konto „Noch nicht erledigte Arbeitsaufträge" (Konto-Nr. ....) verrechnet. Der interne Revisor muß feststellen, ob diese Arbeitsaufträge ordnungsgemäß genehmigt und laufend auf Kosten- oder Kundenkonten umgebucht werden. Er muß feststellen, ob Mehr- oder Minderkosten genügend begründet und genehmigt werden.

*Aufwendungen des Abteilungsbüros*

Die Meldung über die Kosten des Abteilungsbüros müssen mit dem Betrag auf dem Hauptbuchkonto Nr. ...... übereinstimmen, der auf Gewinn und Verlust, Konto Nr. ...... übertragen ist.

1. Der interne Revisor muß Durchschläge der Meldungen über die Aufwendungen für die Abteilung anfordern und die Endsumme mit dem Hauptbuch abstimmen.
2. Er muß nach diesen Angaben die Kosten für den Zeitraum der Revision zusammenstellen und untersuchen, ob die Kosten steigen oder sinken. Er muß die Journalbuchungen und Kassenberichte revidieren, um die Gründe für Kostenbeträge festzustellen, welche ungewöhnlich hoch erscheinen oder große Schwankungen aufweisen.
3. Er muß größere Posten, die unter „Verschiedenes" und in der Meldung über die Verkaufsentwicklung erscheinen, überprüfen und die Richtigkeit der Belastungen, die ordnungsgemäße Genehmigung und einwandfreie Kostenverteilung prüfen.
4. Er muß Telefon- und Telegrammkosten überprüfen. Er muß darauf achten, ob Ferngespräche in unnötigem Umfang geführt werden und muß sich vergewissern, ob Genehmigungsvorschriften zur Kontrolle dieser Kosten bestehen.
5. Er muß die Belastungen für Beiträge und Mitgliedschaften für Vereine prüfen. Er muß feststellen, ob die Aufwendungen in einem genehmigten Budget vorgesehen sind und daß die Ausübung der Haushaltkontrolle ausreicht.
6. Der interne Revisor muß die Belastungen der Kostenart, Ersatzansprüche und Berichtigungen prüfen.
   a) Er muß beachten, wie häufig derartige Buchungen erfolgen und die Genehmigung dazu prüfen.
   b) Er muß die Richtigkeit der Buchungen feststellen. Schäden an Kundeneigentum, die auf eine gelegentliche Lieferung von schlechten Waren zurückzuführen sind, Schäden durch Einrichtungen der Gesellschaft, durch Feuer, Explosion, Sturm oder ähnliche Ursachen sind versichert und die

Kostenkonten dürfen damit nicht belastet werden. Er muß feststellen, ob in die Bearbeitung aller dieser Ansprüche laufend das Hauptbüro eingeschaltet wird.

c) Die Vollmacht einer Abteilung zur Regelung nicht versicherter Ansprüche ist auf Beträge bis DM 250,— begrenzt. Er muß feststellen, ob diese Grenze nicht überschritten worden ist.

d) Der interne Revisor muß feststellen, ob die entsprechenden Gutschriften für die Regelung solcher Ansprüche gegen die Gesellschaft eingegangen sind.

7. Er muß die Aufwendungen für die Versetzung von Angestellten für den Zeitraum der Revision zusammenstellen. (Einschließlich Trennungsentschädigung.) Er muß sich vergewissern, daß die schriftliche Genehmigung des Vorstands für die Anweisung derartiger Aufwendungen für Zeiträume über einen Monat vorliegt. Der interne Revisor muß sich in solchen Fällen auf die bestehenden Anordnungen über Entschädigungen des Personals beziehen.

## Beurteilung der Vertriebs-, Verwaltungs- und Finanzkosten

### Kostenkontrolle

In den vorangehenden Abschnitten sind die Fragen der internen Kontrolle und der internen Revision besprochen worden, die mit den verschiedenen Arten von Vertriebskosten, Verwaltungs- und Finanzkosten zusammenhängen. Es gibt jedoch einzelne grundsätzliche Ansatzpunkte der Kontrolle, welche sich nicht speziell auf eine dieser Kostenarten beziehen, sondern allen Kosten auf diesem Gebiet gemeinsam sind. Sie können unterteilt werden in (1) Steuerung des Anfalls und der Höhe der Aufwendungen und (2) Überwachung durch Buchführung.

### Beurteilung der Steuerung des Anfalls

Es ist notwendig, daß das Entstehen von Aufwendungen richtig gesteuert wird. Dies geschieht zunächst durch Entscheidungen der Geschäftsleitung, welche die Aufwendungen für Güter oder Dienstleistungen planen, bevor die Bestellung selbst erfolgt. So besteht z. B. die ursprüngliche aktive Planung und Regelung bei der Elektrizität in der Entscheidung, die entsprechenden Einrichtungen zu beschaffen, in zweiter Linie folgt die Überwachung, bis zu welchem Grad diese Einrichtungen wirklich verwendet werden. Das Engreifen durch die zuständigen Vorgesetzten an diesen Schlüsselpunkten ist der Beginn einer ordnungsgemäßen Kostenkontrolle.

### Beurteilung der Kontrolle durch Buchführung

Der zweite Punkt im Ablauf der Kontrolle betrifft die Art und Weise der Buchung der betreffenden speziellen Aufwendung. Dazu gehört die Genauigkeit der Buchung, die Methoden der Aufteilung und die verschiedenen Zusammenfassungen, die in den Aufstellungen über die Geschäftstätigkeit erscheinen können. Die Leitung verlangt genaue Angaben, die so ausführlich sein müssen, daß die spezielle Kostenart kontrolliert und die Geschäftspolitik bestimmt werden kann. Dabei muß man immer die Kosten unter dem Gesichtspunkt der Genauigkeit und Ausführlichkeit betrachten. Übertriebene Genauigkeit und Ausführlichkeit können unnötige Kosten verursachen. Bei der Buchung der Aufwendungen ist es erforderlich, beständig abzuwägen, ob die Aufwendungen für diese Angaben auch wirklich notwendig sind.

## 20. Maschinenbuchhaltung und elektronische Datenverarbeitung

### Die Aufgabe

In einem modernen Unternehmen ist das Führen der Unterlagen ein wichtiges Problem geworden. Da die Geschäftstätigkeit immer umfassender wird, die Leitung sich in immer größer werdender Entfernung von den eigentlichen Arbeitsvorgängen befindet und der Wettbewerb intensiver wird, wird das Bedürfnis nach schneller, genauer Berichterstattung immer größer. Dazu besteht ein noch nicht erfülltes Bedürfnis nach bestimmten Informationen, das jedoch mit der heutigen Ausrüstung auf wirtschaftliche Weise nicht befriedigt werden kann. Viele Angaben werden heute häufiger als früher gefordert, monatlich statt vierteljährlich, wöchentlich statt monatlich oder täglich statt wöchentlich. Wenn ein Unternehmen noch vor einigen Jahren finanzielle Aufstellungen einmal vierteljährlich gemacht hat und sie jetzt monatlich macht, so hat es sich in vielen Fällen als notwendig erwiesen, sie mit geschätzten Wochenberichten zu ergänzen. Es ist klar, daß im Zuge der Automation die Tendenz dahin geht, finanzielle Berichte und Abschlüsse noch häufiger zu fordern.

Die ständig wachsende Zahl der Geschäftsvorfälle in den vergangenen Jahren hätte nicht bewältigt werden können ohne die entsprechende Entwicklung der Maschinenbuchführung. Parallel mit dieser Entwicklung ergaben sich Leistungssteigerungen, die für einige Zeit die Steigerung der Kosten für das Führen der Unterlagen verlangsamten. Jedoch sind weitere Leistungssteigerungen durch technische Überlegungen recht begrenzt. Die Forderung nach noch schnelleren und genaueren Berichten bei ständig wachsenden Verwaltungskosten hat wieder die Suche nach leistungsfähigeren Maschinen angeregt.

Neue Fortschritte der Technik, besonders auf dem Gebiet der elektronischen Datenverarbeitung, versprechen in hohem Maße, die Leistungsgrenze der heutigen Maschinen zu überwinden und den heutigen und zukünftigen größeren Bedürfnissen zu genügen, dabei aber doch die Kosten in Grenzen zu halten. Dieser weitere technische Fortschritt zur elektronischen Datenverarbeitung wird jedoch keine größere Revolution in den Verwaltungsarbeiten mit sich bringen, als die vielen vorangegangenen, entsprechenden Fortschritte.

### Die Möglichkeiten für den internen Revisor

Bei jedem neuen Fortschritt auf dem Gebiet der Buchungsmaschinen hat es von verschiedenen Seiten Einwände gegeben, daß die Maschinenbuchungen schwieriger zu revidieren sind. Derartige Behauptungen wurden gewöhnlich von denen aufgestellt, die sich nicht die Zeit nahmen, sich mit den neuen maschinellen Möglichkeiten vertraut zu machen. Die Schwierigkeiten bei der Revision von Maschinenbuchungen wurden vor einigen Jahren bei der Lochkartentechnik besonders betont. Jedoch sind die Revisionsprobleme bei Lochkartenmaschinen gründlich studiert und gelöst und bieten jetzt keine besonderen Schwierigkeiten mehr. Die Ziele änderten sich nicht; nur die Art, wie diese Ziele erreicht werden, änderte sich und das trifft auf alle anderen Tätigkeitsbereiche der Revision ebenfalls zu. Die internen Revisoren haben festgestellt, daß das Lochkartenverfahren eine entscheidende Hilfe auf vielen Gebieten der Revision sein kann.

Wenn bereits Karten gelocht sind ,können besondere Listen wie etwa für Bestände mit wenig Lagerbewegung und für ähnliche Angaben mit geringen Kosten tabelliert werden.

Man kann so ersehen, daß einer der wesentlichen Maßstäbe für einen Beruf seine Fähigkeit ist, sich technischer Fortschritte zu bedienen, um den veränderten Umständen zu genügen, obwohl die berufliche Zielsetzung dieselbe bleibt. Der interne Revisor soll deshalb bei dem Fortschritt auf dem Gebiet der elektronischen Datenverarbeitung lieber in vorderster Linie stehen als hinten. Seine Schulung und Erfahrung geben ihm das Wissen, positive und erfolgreiche Leistungen für sein Unternehmen zu erbringen. Er muß sich daher selbst soweit schulen, daß er dieser Forderung genügt.

### Ablauf der Arbeitsgänge

Bei der Verarbeitung von Daten wiederholen sich einzelne Arbeitsgänge, die ausgeführt werden müssen ohne Rücksicht darauf, ob die Verarbeitung mit der Hand, durch Lochkarten oder mittels elektronischer Maschinen geschieht. Die Grundarbeitsgänge werden allgemein wie folgt eingeteilt:

1. Herstellung der Grundbelege.
2. Eingabe der Daten aus diesen Belegen in das Aufzeichnungssystem.
3. Datenverarbeitung, nämlich Zusammenstellen, Sortieren und Klassifizieren der Angaben; auf dazugehörige Angaben, die schon früher gesammelt waren, wird Bezug genommen und sie werden herausgezogen; das Ergebnis wird ausgerechnet.
4. Speicherung der Angaben, einschließlich vorübergehender Aufbewahrung von Zwischenergebnissen und anderen noch benötigten Angaben und das Führen von Karteien mit den Angaben, die später benötigt werden.
5. Ausgabe der Ergebnisse.
6. Zusammenfassung der Ergebnisse.

Die Zusammenhänge dieser allgemeinen Arbeitsgänge mit den verschiedenen Arten der Datenverarbeitung sind in den folgenden Paragraphen beschrieben.

### Die verschiedenen Arten der Datenverarbeitung

Die Datenverarbeitung wird gewöhnlich nach der Art der Energie, die bei der Verarbeitung gebraucht wird, eingeteilt. Deshalb können wir für unsere Zwecke die Datenverarbeitung in 4 Gruppen einteilen, und zwar:

1. manuell,
2. durch Tastatur,
3. durch Lochkarten und
4. durch elektronische Maschinen.

*Manuelle Bearbeitung.* Vor der Entwicklung der Buchungsmaschinen geschah der ganze Ablauf der Datenverarbeitung mit der Hand. Als die Maschinen ihren Wert bewiesen, besonders bei Arbeitsgängen, die sich in hohem Maße ständig wiederholten, wie z. B. bei Lohnlisten und Verbindlichkeiten, gingen viele Gesellschaften, besonders die größeren, zur Mechanisierung über. Obgleich die Mechanisierung weit größere Geschwindigkeit in der Ausführung einzelner Arbeiten der Weiterverarbeitung ermöglichte, wurden die meisten übrigen Arbeiten weiterhin mit der Hand ausgeführt, sogar bei den größeren Unternehmen. In kleinen Firmen und vielen Mittelbetrieben erfolgt noch ein großer Teil der Arbeiten bei der Weiterbearbeitung mit der Hand. Dies gilt für die Aufstellung von Ausgangsdaten, Einsetzen der Angaben in die richtige Spalte, Buchungen in den Hauptbüchern, Aufstellen von Rohbilanzen, Finanz-Zusammenstellungen und ähnliche Arbeitsgänge. Im Zug der allgemeinen Entwicklung werden wahrscheinlich immer mehr dieser mit der Hand ausgeführten Arbeitsgänge mechanisiert werden.

Der interne Revisor hat die allgemeine Entwicklung seit einem Zeitraum von vielen Jahren gesehen, sogar vor dem Beginn der Mechanisierung. Er hat teilgenommen an der Entwicklung vom Journal oder Tagebuch zum Spezialjournal, dann an der Weiterentwicklung zu Spaltenjournalen. Er muß auch mit allen seinen Fähigkeiten an den kommenden Fortschritten zur Automation teilhaben.

*Datenverarbeitung mit Tastatur.* Verarbeitung mittels Tastatur gestattet viele der Vorteile der Mechanisierung bei verhältnismäßig geringeren Investitionen, als für die weiter entwickelten Maschinen aufgewendet werden müssen.

Maschinen mit Tastatur sind allgemein einfacher zu handhaben und die meisten Angestellten sind mit ihnen vertraut. Z. B. können die Belege mit der Schreibmaschine geschrieben werden, während Arbeiten wie Multiplizieren und Addieren mit einer Tischrechenmaschine oder einer Comptometermaschine ausgeführt werden. So werden weitere Arbeitsgänge von Maschinen übernommen und ein weiterer Schritt zu der unvermeidlichen Entwicklung zur Automation ist erfolgt. Diese Entwicklung zu Tastaturmaschinen brachte für den internen Revisor keine besonderen Probleme. Die Belege blieben dieselben und die Kontrollen wurden durch die Verwendung von Maschinen nicht direkt beeinflußt.

*Arbeiten mit Lochkarten.* Die Lochkartentechnik bietet ein Mittel, weitere Schritte in der Bearbeitung der Angaben zu mechanisieren. Arbeitsgänge wie Zusammenstellen, Berechnen und Ordnen können auf mechanischem Wege mit erheblich weniger Zeitaufwand gegenüber der Arbeit mit der Hand oder mit Tastaturmaschinen ausgeführt werden. Die wichtigste Grenze für die Weiterentwicklung der Lochkartentechnik ergibt sich aus dem Unvermögen, Ausnahmen innerhalb der regelmäßigen Routinearbeit zu bearbeiten. Das zwingt dann zu besonderer Weiterbearbeitung mit der Hand auf dem speziellen Gebiet und bewirkt eine Unterbrechung der maschinellen Bearbeitung. Viele dieser Nachteile sind in dem Datenverarbeitungssystem, das auf der Elektronentechnik beruht, überwunden.

*Elektronische Datenverarbeitung.* Die hauptsächlichen technischen Grenzen der Lochkartentechnik sind durch die Entwicklung der elektronischen Datenverarbeitung überwunden.

Während die Arbeitsgeschwindigkeit der Lochkartenmaschinen durch die Bewegung mechanischer Einzelteile, die der Reibung unterliegen, begrenzt ist, ist die Geschwindigkeit elektronischer Impulse nicht so begrenzt und viele tausendmal schneller. Ein wichtiger weiterer Fortschritt in der Datenverarbeitung ist das „Gedächtnis" der Elektronenrechner, das einen wesentlichen und wichtigen Bestandteil von ihnen bildet. Bei dieser Methode gibt es eine weit größere Möglichkeit, Daten zu speichern und die mögliche Zeitersparnis gegenüber gegenständlicher Aufbewahrung von Angaben ist auffallend groß.

## Lochkartenbuchungen und der interne Revisor

### Die Bedeutung der Lochkarte

Die Lochkarte wurde ursprünglich wegen der vielen Vorteile entwickelt, die sie bei der Bearbeitung statistischer Angaben bieten konnte. Das Amt der Vereinigten Staaten für die Volkszählung (United States Bureau of the Cencus) machte frühzeitig von dem neuen Hilfsmittel Gebrauch, um seine ungeheuren Aufgaben des Ordnens und Sortierens zu lösen. Das Rechnen war in der Frühzeit der Lochkartentechnik darauf beschränkt, die Anzahl der Karten mit gleichen Löchern festzustellen. Seitdem ist das Arbeitsgebiet der Lochkartenmaschinen wesentlich erweitert worden. Zur Zeit wird fast jedes bekannte Buchungsproblem mit Lochkarten bearbeitet.

Der Zweck des Lochens in den Karten ist, die automatischen Maschinen in Bewegung zu setzen. Das ausgestanzte Loch bietet größere Möglichkeiten als vergleichbare Angaben auf ebener Oberfläche.

### Verfahren der internen Revision

Bei jeder Revision von Lochkartenanlagen muß der interne Revisor sowohl an die Grenzen als auch an die Möglichkeiten von mechanischen Einrichtungen denken. Maschinen können sehr genau arbeiten, wenn ihnen zutreffende Ausgangsangaben eingegeben werden. Jedoch können Maschinen nicht denken, nicht einmal „Elektronengehirne", und ein falsches Loch auf der Lochkarte oder eine falsche Taste, die auf einer Addiermaschine angeschlagen wird, ergeben ein falsches Resultat. Da die Maschinen immer komplizierter werden, ist ein Anwachsen der Fehler wahrscheinlich. Jedoch handelt es sich in den meisten Fällen um Fehler an der Quelle und nicht um Fehlleistungen der Maschine selbst.

*Prüfen der Arbeitsverfahren.* Der interne Revisor muß sorgfältig die angewandten Arbeitsverfahren studieren, um festzustellen, ob die Angaben stimmen, wenn sie zu der Maschine gelangen und ob sie ihr richtig eingegeben werden. Das Programm des internen Revisors muß deshalb darauf ausgerichtet sein, den besonderen Anforderungen in jedem Einzelfall zu genügen. Es gibt keine Einheitsregeln für alle Unternehmen; das Programm ändert sich je nach den Bedingungen und Erfordernissen des Einzelfalls, der gerade geprüft wird. Die Entwicklung der notwendigen internen Abstimmungen der Arbeitsgänge der Maschinen ist im wesentlichen dieselbe wie die Entwicklung der entsprechenden Prüfungen anderer mit der Hand oder auf mechanischem Wege ausgeführten Arbeitsgänge; der interne Revisor muß deshalb auf den Gebieten, auf denen leicht Irrtümer auftreten können, besonders wachsam sein.

*Prüfung der Eingabe.* Die allgemeine Genauigkeit der Umwandlung der Angaben von den ursprünglichen Belegen in die Sprache der Lochkartenmaschinen muß sorgfältig geprüft werden. Eine Methode besteht in der Verwendung der Prüfmaschine. Das bedeutet im wesentlichen ein zweites Lochen der Karten auf Maschinen, welche automatisch jeden Unterschied zwischen den beiden Lochungen entdecken. Bei manchen Gelegenheiten kann eine Mischsumme für die Prüfung verwendet werden. Z. B. können Summen der Kontrollnummern und der Stunden mit Additionsmaschinen festgestellt und mit entsprechenden Endsummen der Tabelliermaschine verglichen werden. Die Endsumme an sich ist zwar bedeutungslos, aber sie ermöglicht die Prüfung der richtigen Lochung.

*Prüfen der Kontrollen.* Der interne Revisor muß sich in dem Maße, wie die Arbeit stärker mechanisiert wird, mehr auf eine Prüfung der Kontrollen stützen. Die Berechnungen, die von der Tabelliermaschine ausgeführt werden, können genau so wie die anderer Rechenmaschinen geprüft werden. Keine wesentlichen Arbeitsgänge haben sich in dieser Hinsicht durch die Tabelliermaschine verändert. Prüfungen, die nicht die Belege betreffen wie Einholung von Bestätigungen der Forderungen, Beobachten der Bestandsaufnahmen und ähnliche Vorgänge werden in keiner Weise durch Änderungen der maschinellen Arbeitsgänge berührt.

*Vorausplanung.* Bei der Revision von Lochkartenvorgängen muß der interne Revisor seine Tätigkeit in höherem Maße vorausplanen als es bei Arbeiten, die mit der Hand ausgeführt werden, nötig ist. Der beträchtliche Kapitalaufwand für die Maschinen und die sich daraus ergebenden Kosten bei der Verwendung der Maschinenzeit nur für Revisionszwecke erfordern, daß der interne Revisor, soweit es möglich ist, sein Programm der Alltagsarbeit der Maschinen anpaßt. Wenn eine Karte für 2 oder mehr Zwecke verwendet wird, wie Verkäufe nach Kunden, nach Gebieten oder nach Konten, werden die Karten gewöhnlich in der bei dem letzten Arbeitsgang benutzten Reihenfolge abgelegt. Wenn der interne Revisor eine andere Reihenfolge wünscht, können die Kosten für das Umsortieren der Karten beträchtlich sein. Bei richtiger Vorausplanung kann der interne Revisor es einrichten, seine Prüfung während eines früheren Arbeitsganges vorzunehmen, indem die Karten in einer Reihenfolge geordnet sind, die seinen Zwecken besser entspricht.

### Beispiel für ein Programm der internen Revision — Verbindlichkeiten

Es folgt ein Programm für die interne Revision für Unternehmen, bei denen Lochkartenmaschinen verwendet werden. Nach dem Bericht Nr. 4

des Forschungsausschusses, herausgegeben von dem Institute of Internal Auditors[1] kann das folgende Programm als typisches Beispiel für die Revision abgeschlossener Geschäftsvorgänge angesehen werden.

## Verbindlichkeiten

*Zielsetzung*

Die Verbindlichkeiten sind in dreifacher Hinsicht zu prüfen:

1. Der interne Revisor muß das Bestehen eines Anspruches gegen das Unternehmen feststellen.
2. Er muß die Berechtigung des Anspruches prüfen. Dazu gehört die Prüfung der Gründe und Genehmigungen auf ihre Richtigkeit.
3. Er muß die Buchführung und die Kontrollen prüfen.

*Vorgehen*

Die Prüfung beginnt mit den Zahlungsunterlagen. Der Schwerpunkt der Revision besteht in der Prüfung einzelner Zahlungsvorgänge. Die einzelnen Schritte müssen, soweit wie möglich, auf die Arbeitsvorgänge in der Abteilung, die die Verbindlichkeiten bearbeitet, beschränkt werden.

*Auswahl der Belege*

1. Der interne Revisor muß nach dem Scheckregister mit Hilfe der Scheckkopien der Gruppe, die die Bankabstimmung vornimmt, alle Zahlungen über DM 1000,— für einen Monat zusammenstellen. Er muß die Belegnummer, Schecknummer und den gezahlten Betrag eintragen.
2. Er muß eine Anzahl (etwa 25 bis 50) aufeinanderfolgende Buchungsbelege ohne Rücksicht auf die Höhe des Betrages auswählen und dabei darauf achten, daß alle Belegnummern darin enthalten sind.
3. Er muß die Scheckkopien prüfen, die für die Bankabstimmung des Prüfungsmonats benutzt worden sind und alle auffälligen oder fraglichen Zahlungen zusammenstellen.
4. Er muß für jede Bank und Filiale gesonderte Listen aufstellen.
5. Er muß der Abteilung „Verbindlichkeiten" eine Liste der ausgewählten Buchungsbelege übermitteln und darum ersuchen, daß die Abteilung diese Belege der Ablage entnimmt.
6. Er muß die Buchungsbelege in Gruppen einteilen, wie: Waren zum Wiederverkauf, Roh-, Hilfs- und Betriebsstoffe, für die kein „Einkaufsauftrag" vorliegt.

*Zahlungen*

1. Bei den ausgesuchten Buchungsbelegen muß der interne Revisor die ungültig gemachten Schecks mit den Scheckkopien vergleichen, die für die Bankabstimmung benutzt worden sind.
2. Er muß die Indossamente auf den ungültig gemachten Schecks prüfen.
3. Er muß die Scheckkopien mit den Buchungsbelegen hinsichtlich Namen des Lieferanten und Betrag vergleichen.
4. Er muß den Umfang der Prüfung durch Zeichen auf der Liste der ausgesuchten Buchungsbelege angeben.

---

[1] Internal Audit and Control of Payroll and Accounts Payable Where Accounting Machines are Utilized, Research Committee Report Nr. 4 (New York: Institute of Internal Auditors, 1957).

*Prüfung der Buchungsbelege*

1. Der interne Revisor muß die entsprechenden Rechnungen auf den Namen des Lieferanten, Namen des Käufers, Datum und Betrag prüfen und ebenso darauf hin, daß die Rechnung nicht doppelt eingegangen ist usw. und muß diese Angaben notieren.
2. Er muß die Rechnung mit der richtigen Ermächtigung vergleichen, d. h. mit dem Einkaufsauftrag und der Liste der Einkaufsvollmachten. Er muß darauf achten, ob alle Angaben auf der Rechnung mit der Bestellung übereinstimmen.
3. Er muß die rechnerische Richtigkeit der Rechnung prüfen.
4. Er muß die Rechnung daraufhin prüfen, ob von der Buchhaltung der Stempel, daß die Bearbeitung ordnungsgemäß abgeschlossen ist, darauf gesetzt ist.

*Kontrollen*

1. Der interne Revisor muß eine ausreichende Zahl von Übertragungskontrollen bis zu den entsprechenden Kontrollkarten, die in der Abteilung „Verbindlichkeiten" geführt werden, zurückverfolgen.
2. Er muß die Zahlungen nach den Kontrollkarten addieren und mit der Gesamtsumme der Zahlungen nach dem Kassenbuch vergleichen, mit welchen dann das Konto Verbindlichkeiten belastet ist.
3. Er muß die Gesamtsumme der Buchungsbelege des laufenden Monats, die im nächsten Monat bezahlt sind, mit dem Saldo des Kontrollkontos Verbindlichkeiten im Hauptbuch vergleichen.
4. Der interne Revisor muß die Aufteilung der Buchungen nach den einzelnen Gebieten aus den Tabellierlisten während des Monats zusammenstellen und mit dem Journalbelege vergleichen, der die Buchungsbelege des betreffenden Monats zusammenfassen soll.

Der letzte Vorgang dieses Programms befaßt sich mit der Prüfung und der Probe der maschinellen Bearbeitung der Kreditorenkonten. Hierfür folgt ein ausführliches Programm.

*Verteilungsjournal der zu bezahlenden Belege*

1. Der interne Revisor muß sich vergewissern, ob in der Tabellier-Abteilung die Aufgaben der Abstimmung von der Maschinenbedienung getrennt sind. Er muß prüfen, ob alle Belege als geprüft abgezeichnet sind.
2. Er muß sich das Kontrollbuch geben lassen, eine Anzahl Belege auswählen und addieren. Er muß die Summen der Belege mit dem Kontrollbuch abstimmen.
3. Er muß die Summe des Verteilungsjournals der Belege mit dem Nettodebetbetrag der Addition der Belege im Kontrollbuch vergleichen.
4. Er muß die Aufteilung der Buchungen auf ihre Zweckmäßigkeit untersuchen und der Aufteilung der Buchungen ausgewählter Belege des Monats bis zur entsprechenden Lochkartenliste nachgehen.
5. Er muß die Lochkartenliste für die Aufteilung der Belege prüfen, ob alle ausgezahlten Belege auch dort enthalten sind.
6. Er muß die Addition im Verteilungsjournal durch Nachrechnen einiger Konten als Stichproben prüfen.
7. Er muß eine Zusammenstellung machen, welche den Anfangssaldo der Verbindlichkeiten enthält, dann die während des Monats bearbeiteten Belege dazu addieren, die während derselben Zeit erfolgten Zahlungen abziehen

und so zum Saldo der Verbindlichkeiten kommen. Er muß den Saldo mit der Rohbilanz abstimmen.

8. Er muß Stichproben von der Kontenaufteilung im Verteilungsjournal an Hand der entsprechenden Bücher vornehmen.

## Elektronische Datenverarbeitung und der interne Revisor

### Wesen der Elektronentechnik

„Die Lehre der Elektronentechnik handelt von dem Aussenden, dem Verhalten und der Wirkung der Elektronen, besonders in luftleeren Röhren, photoelektrischen Zellen, Kathodenröhren und dgl. Für unsere Zwecke ist jedoch das entscheidende Merkmal, daß der Strom der Elektronen, die im Stromkreis von Elektronengeräten als Signale wirken, gelenkt und kontrolliert werden kann."[2]

Zu der Art der elektronischen Systeme, mit denen wir uns beschäftigen, gehört ein mathematischer Schlüssel, in welchem Zahlen, Buchstaben oder andere Zeichen ein Symbol für elektronische Impulse darstellen. Der gesteuerte Fluß dieser Impulse ist die Grundlage des elektronischen Datenverarbeitungs-Systems.

Die Anwendung der elektronischen Datenverarbeitung bietet die Möglichkeit beträchtlicher Vorteile zugleich mit einigen Nachteilen. Nach der Abhandlung *Interne Revision und elektronische Datenverarbeitung* beruhen die Hauptvorteile auf der Fähigkeit der Geräte, Geschäftsvorfälle mit einer für den Nicht-Techniker unvorstellbaren Geschwindigkeit auszuführen.

„Diese Geschwindigkeit kann auf vielen Gebieten verwertet werden; die Aufstellungen schneller herzustellen, sie in größerer Zahl herzustellen und verschiedene Vergleiche mit aufgestellten Normen zu ziehen, so daß Geschäftsvorgänge ungewöhnlicher Art deutlich herausgestellt werden. Verbunden mit diesen direkten Vorzügen sind die Vorteile, die sich bei der Prüfung und Überarbeitung von Systemen und ähnlichen Kontrollen ergeben, die der Aufstellung der Maschinen vorausgehen. Mögliche Nachteile sind, daß man sich zu sehr auf die Maschinenergebnisse als Ersatz für ein eigenes Urteil verläßt und daß die erstaunliche Geschwindigkeit der Geräte dazu verwendet wird, Berge von Aufstellungen und Berichten herzustellen. Von direktem Interesse für den internen Revisor ist der Einsatz der Maschinenspeicher an Stelle dazwischen geschalteter Buchungsunterlagen mit dem Erfolg, daß Lücken in der Prüfungsspur in Erscheinung treten."[3]

### Die Sprache der Maschinen

Der Übergang vom Arbeiten mit der Hand zum Arbeiten mit Lochkarten veränderte nicht das grundlegende System oder die Sprache, die bei der Arbeit angewendet wurde, obgleich er eine veränderte äußere

---

[2] Data Proccessing by Electronics (New York: Haskins & Sells, 1955).

[3] Internal Auditing and Electronic Data-Processing, The Internal Auditor, 1956.

Form und eine Beschleunigung im Arbeitsablauf bewirkte. Für die Verschlüsselung wurde dasselbe Nummernsystem verwendet und die allgemeine Reihenfolge der einzelnen Arbeitsgänge blieb bestehen. Bei der Arbeit mit Elektronenmaschinen wird jedoch eine ganz andere Sprache oder ein ganz anderes Zeichensystem benutzt.

Die angewandte Methode wird das „Binär-System" genannt, in ihm werden alle Zahlen durch zwei Grundzeichen dargestellt. Buchstaben und andere Zeichen können durch Kombinationen dieser zwei Symbole ausgedrückt werden. Alle Angaben müssen in das Zweiersystem übertragen werden, welches in gewisser Weise dem Telegrafenschlüssel ähnelt, bei welchem Zahlen und Buchstaben durch Punkte und Striche wiedergegeben werden. In diesem Falle werden die Symbole 0 und 1 verwendet.

Das Dezimalsystem erfordert 10 Symbole und der Wert der Zahl wird durch die Stellung der Symbole bestimmt. Ein mechanisches System erfordert daher ein Getriebe oder eine Welle, um in 10 verschiedenen Umdrehungsstellungen anzuhalten.

Die Geschwindigkeit des Startens und Anhaltens der Getriebe ist sehr begrenzt. Bei einer Elektronenröhre kann der Stromdurchlauf jedoch in winzigsten Bruchteilen einer Sekunde veranlaßt oder gestoppt werden. In der „Sprache" der Elektronenrechner ist die kleinste Einheit die binäre Zahl, die im allgemeinen ein „Bit" genannt wird.

## Die Elemente des elektronischen Datenverarbeitungs-Systems

Viele der Arbeiten in dem elktronischen System sind den Arbeitsgängen der vorangegangenen Systeme ähnlich. Jedoch gibt es einzelne sehr bedeutende Unterschiede: z. B. kann die Eingabe der Daten in den Elektronenrechner durch Lochkarten oder Lochstreifen erfolgen, sie kann mit der Hand oder automatisch geschehen, sich auf laufende Angaben oder Vorträge beziehen. Obendrein ist das Aufstellen eines Programms bei Elektronenrechnern viel wichtiger, weil die einzelnen Arbeitsgänge viel mehr ineinander greifen als bei jedem anderen System, und die einzelnen Arbeitsgänge müssen deshalb viel genauer aufeinander abgestimmt sein. Die Hauptbestandteile des elektronischen Systems können in folgende Gruppen eingeteilt werden:

Eingabe
Verarbeitung
Ausgabe
Programmieren.

*Eingabe.* Die Eingabeeinrichtung kann ein Bestandteil der Maschine sein oder aus besonderen Maschinen bestehen. Solche anderen Maschinen können Schreibmaschinen, Schreibautomaten oder ähnliche Hilfsmittel sein. Allgemein werden entweder Lochkarten oder Magnetbänder verwendet.

Die Art und Weise wie die Angaben auf einer Lochkarte festgehalten werden, ist jetzt allgemein bekannt; dasselbe Prinzip wird bei Lochstreifen verwendet. Die Zeichen erscheinen als Löcher oder als Tintenpunkte in Kanälen, welche über den ganzen Streifen entlang laufen. Auf Magnetband erscheinen die Symbole als magnetische Flecken, die mittels elektromagnetischer Impulse auf das Band gebracht wurden.

Die Eingabedaten können zweierlei Art sein:

1. Angaben zum Speichern
2. laufende Angaben.

Die Angaben zur späteren Verwertung werden in „Gedächtnisvorrichtungen" gespeichert, so daß sie bei späterer Verarbeitung schnell verfügbar sind. Die Speicher können nach der „Zugriffszeit" klassifiziert werden, die nötig ist, um die gespeicherten Angaben zu finden. Einer der wichtigsten Speicher mit kurzer Zugriffszeit ist die Magnettrommel, ein Metall-Zylinder, auf dem Informations-„Bits" gespeichert werden können. Diese Art ermöglicht die Speicherung einer großen Menge von Daten bei schneller Verfügbarkeit. Das Magnetband wird auch in weitem Umfang verwendet, obgleich es nicht die schnelle Zugriffsmöglichkeit der Trommelspeicherung bietet. Jedoch ist es wirtschaftlich und genügt den Bedürfnissen vieler Betriebe. Die laufenden Angaben können durch Lochkarten oder Magnetband eingegeben werden. Sehr viele Gesellschaften haben das Lochen von Karten für die Ursprungsdaten überhaupt nicht unterbrochen. Die Umstellung ist hauptsächlich bei den Arbeitsgängen des Elektronenrechners erfolgt, die sehr viel schneller als Lochkartenarbeitsgänge erledigt werden können.

*Die Bearbeitungseinrichtung.* Die Bearbeitungseinrichtung oder der Elektronenrechner besteht aus einer Steuerungseinrichtung, einem Speicher und einer Recheneinheit. Die Steuerungseinrichtung wandelt die Angaben um und steuert die verschiedenen Arbeitsgänge der Verarbeitung. Der Speicher oder das „Gedächtnis" empfängt die Eingabedaten, speichert die vorläufigen Daten oder Zwischenresultate und gibt die Angaben nach Anweisung der Steuerungseinrichtung frei. Die Recheneinheit führt Addition, Subtraktion, Multiplikation, Division und Vergleiche durch, die ihr von dem Speicher übertragen sind und zwar unter der Leitung der Steuerungseinrichtung.

*Die Ausgabe.* Die Resultate werden von dem Elektronenrechner in derselben verschlüsselten Form ausgegeben wie sie bei der Eingabe benutzt wurde. Wenn die Ergebnisse auf Magnetband aufgenommen werden sollen, benutzt man eine Vorrichtung, die die so erhaltenen Angaben ablesen und niederschreiben kann, ähnlich der bei der Eingabe benutzten. Wenn die Ergebnisse auf Lochstreifen oder Karten übertragen werden sollen, so benutzt man ein Stanz- oder Schreibgerät, um die Punkte oder Löcher auszuführen. Wenn die Angaben in die endgültige Berichtsform übertragen werden müssen, verwendet man dazu einen Schnelldrucker.

*Programmierung.* Obgleich Elektronengeräte phantastische Taten hinsichtlich Geschwindigkeit, Genauigkeit und Arbeitsumfang vollbringen können, können sie doch nicht denken und tun nur das, wozu sie angewiesen werden. Das Zusammenstellen der notwendigen Anweisungen für die Maschine nennt man „Programmieren". Die Tätigkeit erfordert gründliche Schulung und man erwartet nicht, daß der interne Revisor von der Ausführung dieser Arbeit mehr versteht als von anderen sehr schwierigen technischen Arbeitsvorgängen. Das Programm besteht aus einer Aufeinanderfolge von Maschinenbefehlen in der „Maschinensprache", die die Maschine veranlaßt, verschiedene, bestimmte Arbeitsgänge auszuführen.

### Integrierte Daten-Verarbeitung

Einer der wichtigsten Gesichtspunkte der elektronischen Datenverarbeitung, der besondere Vorteile für die Zukunft verspricht, ist die integrierte Datenverarbeitung. Dieses Gebiet ist von besonderer Wichtigkeit für den internen Revisor, denn manches von der „Prüfungsspur", wovon er jetzt bei vielen seiner Prüfungen in hohem Maße abhängig ist, kann bei dem integrierten Arbeitsverfahren verloren gehen. Bis jetzt ist man allgemein der Ansicht gewesen, daß der Übergang zu Elektronenrechnern von einem bereits in hohem Maße mechanisierten System mit Lochkarten nur eine verhältnismäßig geringe Umstellung bedeutet.

Alle dazu gehörigen Arbeitsgänge und Arbeitsverfahren sind unverändert geblieben. Diese Verwendungsart ist zwar konservativ und läßt Zeit, manche der Irrtümer zu berichtigen, bevor der Elektronenrechner in vollem Umfang eingesetzt wird, aber sie hat den Nachteil, daß die Möglichkeiten des Elektronenrechners nicht voll ausgenutzt werden. Bei einem idealen integrierten Arbeitsverfahren würden viele Angaben nur einmal geschrieben werden. Im allgemeinen könnten diese Aufzeichnungen mit einer Maschine erfolgen, die ein ununterbrochenes Band mit allen Angaben herstellen würde. Die Angaben auf dem Band würden von dem Elektronenrechner automatisch verarbeitet werden. Deshalb würde ein beträchtlicher Teil der jetzt manuell ausgeführten Arbeiten, wie mehrmaliges Abschreiben mit der Schreibmaschine und der sich daraus gegenwärtig ergebende Papierberg fortfallen. Es würde einen wesentlichen Teil der Büroarbeiten überflüssig machen, Übertragungsfehler ausschließen und manche der augenblicklichen Mängel in unserem System beseitigen. Die Kehrseite wäre allerdings, daß viele Kontrollunterlagen, die der interne Revisor bei der Prüfung der Geschäftsvorgänge benutzt, wegfallen würden. Es müssen daher andere Methoden gefunden werden, um dieselben allgemeinen Ziele zu erreichen und um diese Schwierigkeit zu überwinden.

## Bedeutung für das Personal

Seit einer Reihe von Jahren ist die Tendenz unverkennbar, daß das Verhältnis von Büroangestellten zu Arbeitern allmählich angewachsen ist. In gewisser Weise ist diese Tendenz durch die verhältnismäßige Abnahme der Arbeiterzahl infolge des technischen Fortschritts beeinflußt worden. Die Produktivität je Arbeiter hat sich ständig erhöht, was einen ständigen Rückgang der Arbeitsstunden gestattet hat, obwohl die Produktionshöhe gehalten wurde. Mit der Bürotätigkeit verhält es sich jedoch ganz anders. Die neuen technischen Fortschritte haben noch nicht die Wirkung gehabt, die Tendenz des Wachsens der Angestelltenzahl zu unterbinden. Die Forderung nach mehr Berichten mit mehr Einzelheiten in kürzerer Zeit hat die Wirkung gehabt, alle Ansätze zur Senkung der Personalkosten für Angestellte unwirksam zu machen. Wir haben eine Zunahme sowohl in der absoluten wie auch relativen Zahl der Büroangestellten beobachtet. Man hat geschätzt, daß zwischen 15 und 20 Prozent aller menschlichen Arbeit in Büros verrichtet wird und der Prozentsatz erhöht sich dauernd.

Die Entwicklung der Elektronentechnik bietet die Möglichkeit, diese allgemeine Tendenz abzubremsen. Die Elektronenrechner werden viel von der schematischen Bürotätigkeit, die jetzt mit der Hand verrichtet wird, übernehmen können. Diese Tatsache ist sehr wichtig, da es immer schwieriger wird, für viele ermüdende Aufgaben Personal zu finden, die diese Aufgaben während eines vollen Arbeitstages ausführen.

Mit der Abnahme der alltäglichen, immer wiederkehrenden Arbeitsgänge werden wir einen bedeutend höheren Prozentsatz von Spezialisten benötigen. Die Angestellten, die die Programmierung und ähnliche Tätigkeiten ausführen, werden allgemein besser geschulte, besser vorgebildete Angestellte sein. Es wird eine beträchtliche Höhereinstufung der Angestellten erfolgen, was auch auf vielen anderen Gebieten zutreffen wird. Diese Entwicklung ist logisch, da der Durchschnittsangestellte bedeutend größere Verantwortung tragen wird. Erstens investiert die Gesellschaft sehr hohe Kapitalbeträge, was ein Erkennnen des besten Einsatzes von Maschinen und Menschen erfordert. Zweitens kann ein Fehler bei der Bearbeitung zu einem schwerwiegenden Verlust an Unterlagen führen, deren Neuanlegung viel Zeit erfordern kann, besonders wenn der Fehler Ausgangsbelege betrifft, die inzwischen in anderer Folge angeordnet oder sortiert sind, und bei denen große Kosten dadurch entstehen, daß man zurückgehen und die ursprüngliche Anordnung wieder herstellen muß. In Anbetracht des großen Kapitalaufwandes und der geringeren Zahl von betroffenen Angestellten wird es praktischer sein, die Geräte 24 Stunden am Tag laufen zu lassen wie man es mit gewissen Maschinen in der Produktion macht.

Es wird für die Angestellten weniger notwendig sein, von Maschine zu Maschine zu eilen, als es bei der heutigen Maschinenausstattung der Fall ist. Die heutige schrittweise Verarbeitung erfordert, daß einzelne Tätigkeiten zu Ende geführt, dann mit der Hand behandelt und möglicherweise bis zum nächsten Arbeitsgang aufbewahrt werden. Bei der elektronischen Datenverarbeitung wird ein großer Teil der Arbeit in einem Durchlauf ausgeführt werden, so daß weniger Unterbrechungen im Arbeitsablauf erforderlich sein werden.

### Beteiligung an der Programmierung

Es gibt zwei Meinungen über die Beteiligung des internen Revisors an der Programmierung für Elektronenrechner. Die eine Meinung ist, daß die Programmierung Festlegung von Arbeitsverfahren ist und daß der interne Revisor später in einer Revision nicht unparteiisch sein kann, wenn er bei der Programmierung mitgewirkt hat. Die andere Richtung vertritt die Meinung, daß der interne Revisor durch seine Mitarbeit an der Programmierung Verständnis dafür erlangt, was die Maschine leisten kann und wie Kontrollen in das Programm eingebaut werden können, um eine bessere Gesamtkontrolle zu ermöglichen. Wie es so oft der Fall ist, haben beide Richtungen teils recht, teils unrecht, bevor nicht festgelegt ist, wie weit diese Teilnahme gehen darf. Sicherlich kann die Teilnahme des internen Revisors, der im allgemeinen wenig von Elektronenrechnern versteht, am Anfang der Vorbereitung der Aufstellung der Maschinen keine Festlegung von Arbeitsabläufen darstellen. Sie kann ein hervorragendes Mittel sein, den Interessen der Gesellschaft dadurch zu dienen, daß er der Arbeitsgruppe, die oft aus neuen Angestellten besteht, seine Kenntnis der Arbeitsweise der eigenen Gesellschaft und seine Kenntnisse über die verschiedenen Kontrollmöglichkeiten zur Verfügung stellt. Seine Mitwirkung fördert auch das Gefühl, daß er ein Mitglied der Arbeitsgemeinschaft ist, das mithilft, die Lösung eines schwierigen Problems zu finden und nicht ein Außenseiter, der später hinzukommt und möglicherweise der erreichten Lösung übertrieben kritisch gegenübersteht, manchmal sogar zu unrecht. Nach Virgil F. Blank[4]:

Der interne Revisor muß in engem Kontakt mit der Gruppe stehen, die das Buchführungssystem und die einzelnen Arbeitsverfahren entwirft. Er kann sogar Mitglied dieser Gruppe sein. Zumindest muß er an den wöchentlichen oder

---

[4] „Electronics and the Internal Auditor", The Internal Auditor, März 1957.

regelmäßig wiederkehrenden Besprechungen teilnehmen, die von der Gruppe, die für den Entwurf des elektronischen Daten-Verarbeitungs-Systems verantwortlich ist, abgehalten werden. Der Grund seiner Anwesenheit ist ein zweifacher. Er kann wertvolle Vorschläge für den Einbau von Kontrollen in das neue System machen. Ferner wird er mit dem Aufbau des neuen Systems vertraut und ist dann in der Lage, auf Grund dieses Wissens die Durchführung der Revision zu planen.

## Die Auswirkungen der Verwendung von Elektronenrechnern auf die Arbeitsweise der internen Revision

### Verschiebung der Schwerpunkte

Der Fortschritt in der Mechanisierung zur vollständigen elektronischen Datenverarbeitung bringt für die Tätigkeit des internen Revisors eine beträchtliche Verschiebung der Schwerpunkte mit sich. Im allgemeinen werden Stichproben, Analysen und Untersuchungen der internen Kontrollen wichtiger und das Abhaken von Einzelfällen wird unwichtiger werden.

Das ist nur eine Fortsetzung der allgemeinen Entwicklung, welche schon einige Zeit, besonders in den letzten 10 Jahren klar erkennbar war. Wir haben es dann eher mit einem evolutionären als mit einem revolutionären Vorgang zu tun. Der Wirkungsweise der internen Kontrolle kommt mehr Bedeutung zu und infolgedessen bietet sich fähigen internen Revisoren die Möglichkeit, der Geschäftsleitung dadurch wertvolle Unterstützungen zu geben, daß sie bei der Planung für die elektronische Datenverarbeitung mitwirken und direkt zu ihr beitragen.

### Technische Kenntnisse erforderlich

Die mit der Hand ausgeführten Arbeitsgänge sind ziemlich einfach und werden in höherem Maße allgemein verstanden als die entsprechenden mechanischen Arbeitsgänge. Der interne Revisor findet eine „Spur" vor, der er folgen kann und gewöhnlich gibt es keine Lücken zwischen den Ausgangsdaten und dem Endergebnis. Die Verwendung von Lochkartenmaschinen erfordert einige Kenntnis von der Aufeinanderfolge der einzelnen maschinellen Arbeitsgänge.

Um eine wirkungsvolle Kontrolle ausüben zu können, sollte der interne Revisor wenigstens die Grundlagen der Arbeitsweise bei der elektronischen Datenverarbeitung beherrschen. Er braucht von ihrer Arbeitsweise nicht mehr zu wissen, als er von der Arbeitsweise einer Rechenmaschine wissen muß. Er muß jedoch wissen, was die Maschine leisten kann und wo ihre Grenzen liegen. Er sollte etwas von ihrer Konstruktion und den verschiedenen Kontrollen wissen, die eingebaut sein können, wie zweifacher Stromkreislauf oder andere Arten von automatischen Prüfungen. Allgemein gesprochen, muß er etwas mehr über Maschinen wissen, als es in der Vergangenheit der Fall war.

## Studium der Kontrolle

Es gibt keine festen Regeln, die auf alle vorkommenden Lagen anwendbar sind; der interne Revisor muß den ganzen Aufbau der Kontrollen prüfen. Bei manchen Vorgängen, wie z. B. bei Lohnlistenberechnungen, erfolgt die gesamte Bearbeitung in der Maschine. Die Richtigkeit der Berechnungen muß in gewissem Umfang überprüft werden, um festzustellen, ob das angewandte Verfahren ordnungsgemäß funktioniert. Der Umfang solcher Stichproben ist begrenzt.

Diese Kontrollen können wir für unsere Zwecke einteilen in:

1. Kontrollen außerhalb,
2. eingebaute Kontrollen und
3. programmierte Kontrollen.

*Kontrollen außerhalb.* Mit Kontrollen außerhalb sind solche Arbeitsvorgänge gemeint, die die Richtigkeit von Ergebnissen durch Mittel außerhalb der Maschine prüfen. Das kann z. B. die Kontrolle der Ausgangsangaben sein. Gewöhnlich wird eine im voraus errechnete Summe durch eine Stelle festgehalten, die für den Maschinenbetrieb nicht verantwortlich ist. Diese Stelle heißt gewöhnlich „Kontrollgruppe". Sie übt die Kontrolle über die Bearbeitungsstelle aus, die ja keine Angaben neu aufstellt, sondern lediglich ihr übermittelte Angaben weiter bearbeitet. Deshalb ist es möglich, Kontrollen einzurichten, um festzustellen, ob die Maschinenresultate stimmen. Die Einrichtung einer unabhängigen Stelle, die die Verarbeitung mit Elektronenrechnern überwacht, ist wünschenswert und bei den meisten Gesellschaften üblich. Z. B. kann die Kontrollgruppe die Gesamtsumme, die von der Maschine errechnet ist, mit der von ihr vorher festgestellten Summe vergleichen. Diese vorher festgestellte Summe kann im Falle von Lohnlisten eine Gesamtzahl von Stükken, Stunden, eine Geldsumme oder eine Mischsumme sein, die nur dazu dient, festzustellen, ob alle Positionen eingetragen sind.

*Eingebaute Kontrollen.* Elektronenrechner müssen zuverlässige Ergebnisse liefern. Deshalb enthalten die meisten eingebaute automatische Kontrollen, die dafür sorgen, daß die Angaben richtig übernommen, bearbeitet und ausgegeben werden. Es folgen einige der hauptsächlichen, eingebauten Kontrollen.

*Doppelter Stromkreislauf.* Bei einigen Typen wird ein bestimmter, besonders wichtiger Stromkreis des Hauptarbeitsgerätes doppelt gelegt. Dadurch ist es möglich, unabhängige Ausrechnungen derselben Angaben gleichzeitig durchzuführen. Alle Differenzen zwischen den beiden Ausrechnungen sind sofort erkennbar.

*Doppeltes Rechnen.* Andere Typen benutzen ein zweimaliges Rechnen statt eines zweifachen Stromkreises. Hier führt die Maschine unter Verwendung desselben Stromkreises dieselbe Berechnung automatisch noch einmal aus. Manchmal werden auch die Komplementärzahlen der Ausgangszahlen verwendet. Dann werden andere Teile der Maschine für die Vornahme der zweiten Berechnung betätigt.

*Kontrolle durch gleiche Stellenzahl.* Dieses ist eine der üblichsten eingebauten Kontrollen. Bei dieser Art der Kontrolle ist die Zahl der „Bits" (binären Zahlen) bei allen Zeichen entweder ungerade oder gerade. Wenn man die Kontrolle dadurch ausübt, daß die Zahl der „Bits" ungerade sein muß und eine Ziffer besteht aus 4 „Bits", so wird ein „Bit" zugefügt. Wenn die Ziffer von vornherein eine ungerade Anzahl von „Bits" hat, wird der zusätzliche Kanal nicht verwendet. Hat dann infolge eines Irrtums eine Ziffer eine gerade Anzahl von „Bits", so stoppt diese Kontrolle automatisch die Maschine oder läßt sie zu einem für Irrtümer gedachten Unterprogramm übergehen.

*Doppelgeleise.* Einige Systeme verwenden doppelgeleisiges Aufzeichnen und Ablesen. So werden dieselben Angaben auf zwei getrennten Bandkanälen niedergeschrieben und auch zweimal abgelesen. Dadurch werden Fehlerquellen wie defekte Bänder oder Staubteilchen vermieden.

*Programmierte Kontrollen.* Neben den eingebauten Kontrollen gibt es viele andere, mit denen man die Richtigkeit der Ergebnisse der Elektronenrechner sicherstellen kann. Einige der wirksamsten sind programmierte Kontrollen; sie sind Bestandteile der Instruktionen, die das Programm der Maschine darstellen. Der interne Revisor muß mit diesen verschiedenen Kontrollen ebenso vertraut sein wie er es mit den verschiedenen Kontrollen auf anderen Gebieten wie Kassenwesen, Forderungen u. dgl. ist. Es folgen einige der Hauptarten von programmierten Kontrollen.

*Überwachung durch Grenzwerte.* Oft wird im Programm die Feststellung vorgesehen, ob gewisse Angaben unter einer festgelegten Grenze bleiben. So kann z. B. eine Lohnlistenkontrolle so eingerichtet werden, daß sie jeden Stundenlohn über DM 4,— auswirft. Eine schnelle Überprüfung dieser Ausnahmen über DM 4,— kann in den meisten Fällen zur Richtigstellung führen und ernsthafte, rechnerische Fehler verhindern.

*Mischsumme.* Dies ist eine Summe von Zahlen, die an sich keinen Sinn hat, wie Summe der Einzelpreise, Lagernummern und ähnliche Daten. Diese Kontrolle stellt nur fest, ob alle Belege einbezogen sind.

*Zählung der Eintragungen.* Bei dieser Kontrolle wird die Anzahl der „Eintragungen" auf einem bestimmten Band geprüft. Ein „Eintrag" umschließt alle Angaben, die zu einem bestimmten Geschäftsvorgang oder zu einem bestimmten Kontensaldo gehören. Die Maschine kann so programmiert werden, daß sie diese Summe jedesmal prüft, wenn Angaben von einem Band übertragen werden.

*Nullkontrolle.* Die Nullkontrolle ist ein Hilfsmittel, um zu prüfen, ob die Ausrechnungen stimmen. So wird die Gleichung X x Y gleich Z nachgeprüft, indem man X mit Y multipliziert, Z abzieht und feststellt, ob das Ergebnis 0 ist.

*Prüfung der richtigen Reihenfolge.* Hierbei hat jeder Posten ein „Kennzeichnungsbit", das automatisch mit dem „Kennzeichnungsbit" des vorangehenden Postens verglichen werden kann, um festzustellen, ob die richtige Reihenfolge gewahrt ist. Sie kann entweder alphabetisch oder numerisch oder eine Kombination von beidem sein. Wenn ein Posten außerhalb der richtigen Reihenfolge erscheint, so wird der Fehler entdeckt. Die Maschine gibt ein Signal oder korrigiert den Fehler selbst.

*Kontrollpunkte.* Diese Kontrolle liefert die Möglichkeit, schnell die Fehlerstellen zu finden. Sie ist besonders nützlich bei einem langen Programm, bei dem sonst ein nochmaliger Durchlauf des ganzen Programms notwendig wäre. Die Maschine kann so programmiert werden, daß sie automatisch nur zum letzten Kontrollpunkt zurückgeht, um von dort den zweiten Durchgang zu beginnen.

*Querrechnen.* Dies ist die auf Arbeitspapieren übliche Methode, um festzustellen, ob die Summen stimmen. Z. B.: Bruttolohn minus Abzüge muß den Nettolohn ergeben.

## Allgemeine Bemerkungen zum Programm der internen Revision

Wenn man das Programm für die interne Revision der elektronischen Datenverarbeitung aufstellt, muß man sich ständig vor Augen halten, daß die von der Maschine ausgeführten Arbeitsgänge nur einen kleinen Teil des zu kontrollierenden Gesamtgebietes darstellen. Man hat oft gefunden, daß die Arbeitsgänge und Kontrollen, die der maschinellen Bearbeitung vorangehen, wichtiger sind, als die maschinelle Arbeitsausführung. Die Maschine tut nicht mehr als mit der Hand möglich ist — sie tut es nur viel schneller.

Deshalb ist es klar, daß die Verschiebung des Schwerpunktes der Revision dahin gehen wird, daß sie sich mehr auf die Prüfung der Angemessenheit der Kontrollen über Eingabe und Ausgabe ausrichtet und weniger auf die stichprobenweise Prüfung einzelner Vorgänge, rechnerischer Summen und verschiedene andere langwierige Revisionsarbeiten. Bei Aufstellung eines Programms für die interne Revision müssen wenigstens die folgenden Schritte einbezogen werden; weitere Schritte können je nach dem besonderen Arbeitsgebiet erforderlich sein, das die Revision gerade bearbeitet und nach dem Grad der in der Gesellschaft vorhandenen internen Kontrolle.

1. Der interne Revisor muß die Richtigkeit der Ausgangsdaten feststellen, bevor sie der Maschine zugeführt werden.
2. Er muß sich vergewissern, ob entsprechende Kontrollen vorhanden sind, um die Zuleitung unrichtiger Angaben oder Veränderung richtiger Angaben auszuschließen.
3. Er muß die in dem Maschinenprogramm enthaltenen Kontrollen prüfen.
4. Er muß feststellen, welche eingebauten Kontrollen benutzt werden und ob irgendwelche Kontrollen nicht verwendet werden.
5. Er muß einen ausreichenden Teil von Originalbelegen und Kontrollen bis zur Ausgabe aus der Maschine prüfen.

## Allgemeine Beurteilung der Maschinenbuchhaltung und der elektronischen Datenverarbeitung

### Bewertung der internen Kontrolle

Bei der Bewertung der internen Kontrolle für die elektronische Datenverarbeitung sind die Fragen, denen der interne Revisor gegenübersteht, im wesentlichen dieselben wie bei den mit der Hand ausgeführten Arbeitsgängen. Sind die Aufgaben aufgeteilt, so daß nicht eine Person einen wichtigen Teil eines Geschäftsvorganges allein bearbeitet? Ist das Arbeitsgebiet eines Angestellten oder einer Gruppe so festgelegt, daß die Arbeit automatisch von einem anderen Angestellten oder einer anderen Gruppe geprüft wird?

Viele Arbeiten, die früher mit der Hand ausgeführt wurden, werden jetzt von der Maschine verrichtet. Dadurch werden die Fragen hinsichtlich des Personals geringer und die Probleme hinsichtlich der Maschinen wichtiger. Deshalb müssen wir sorgfältig die in die Maschine eingebauten Kontrollen und ebenso die in dem Maschinenprogramm enthaltenen Kontrollen prüfen.

### Die Kontrollgruppe

Der interne Revisor muß die Tätigkeit der Kontrollgruppe überprüfen und bewerten. Die Art ihrer Tätigkeit hängt natürlich von den Erfordernissen des betreffenden Unternehmens ab. Es können dieselben allgemeinen Prüfungsmethoden wie auf jedem anderen Arbeitsgebiet angewendet werden. Wenn die Kontrollgruppe z. B. Unterlagen über Lohnänderungen, Einstellungen, Kündigungen und alle Angaben zur Überwachung der Lohnlisten führt, muß der interne Revisor feststellen, mit welchem Erfolg die Arbeit ausgeführt wird. Es ist notwendig, als

Teil der Prüfung des Arbeitsgebietes, hinreichende Stichproben ihrer Arbeitsweise vorzunehmen. Diese Aufgabe dürfte für den internen Revisor kein neues Problem bieten.

### Auslastung der Maschinen

In Anbetracht des beträchtlich höheren Kapitalbedarfs für die Maschinen ist es sehr wichtig, festzustellen, ob sie bis zum höchstmöglichen Grad ausgenutzt werden. Deshalb muß der interne Revisor in seinem Bericht auch ein Urteil über den Ausnutzungsgrad abgeben. Oft hat der interne Revisor, selbst bei den augenblicklich verwendeten Lochkartenmaschinen, schon festgestellt, daß Maschinen nicht so ausgenutzt wurden, wie man es erwartete. Oft werden, wenn die Maschinen voll ausgelastet sind, und neue Berichte tabelliert werden sollen, neue Maschinen bestellt, statt eine umfassende Prüfung der z. Z. durch die Maschine ausgeführten Arbeiten vorzunehmen. In manchen Fällen hat der interne Revisor empfohlen, einzelne bestimmte Berichte lieber mit der Hand anzufertigen als mit der Maschine. Möglicherweise können manche Berichte fortfallen.

### Beurteilung des Personals

Da die Verantwortung der Angestellten größer wird, wird es noch wichtiger als bisher, daß jeder Angestellte für die spezielle Arbeit, die er verrichtet, ausreichend befähigt ist. Um so wichtiger ist deshalb auch eine unabhängige Beurteilung des Personals. In vielen Fällen nimmt der interne Revisor jetzt systematische Personalbeurteilungen vor. In anderen Fällen werden nur außergewöhnliche Personalangelegenheiten beachtet. Wenn die Arbeit im allgemeinen zufriedenstellend ausgeführt wird, werden keine Personalbeurteilungen im einzelnen vorgenommen. Jedoch wird wahrscheinlich in Zukunft eine umfassendere Personalbeurteilung erwünscht sein.

## 21. Statistische Untersuchungen zur Stichprobenwahl

### Notwendigkeit der Untersuchungen

Durch den immer größer werdenden Umfang der Geschäftsvorgänge bei den meisten Unternehmen während der letzten 10 Jahre ist es notwendig geworden, sich auf vielen Gebieten der Revision in weit größerem Umfang auf Stichproben zu verlassen, oder in anderen Worten, die Methoden zur Auswahl dieser Stichproben sind immer bedeutender geworden.

Das ist vollkommen verständlich, da ja die entstehenden Kosten bei einer ins einzelne gehenden Prüfung von mehr als einem Bruchteil der Geschäftsvorgänge in einer großen Gesellschaft unerschwinglich wären und der entsprechende Zeitaufwand so groß wäre, daß ein großer Teil des Nutzens der Revision bis zu ihrer Beendigung wieder hinfällig wäre.

Als die Anwendung von Stichproben sich immer mehr durchsetzte, bestand immer die Frage, ob die Stichproben in ihrem Umfang ausreichend waren, ob sie tatsächlich typisch waren und wie groß die Möglichkeiten waren, daß in dem durch sie nicht erfaßten Teil der Geschäftsvorgänge größere Fehler enthalten waren. Wegen dieser Unsicherheiten bestand sehr oft die Tendenz, mehr Posten zu prüfen, als nötig gewesen wäre. Es bestand immer die Überlegung, die Auswahl dieser Stichproben für die Zusammenstellung könnte begründet oder verteidigt werden müssen und man glaubte, daß eine umfangreichere Zusammenstellung leichter zu begründen wäre als eine kleinere, welche auf nicht ausreichende Arbeit schließen lassen könnte. Das war verständlich, denn es gab keine Möglichkeit, festzustellen, wo die Grenze des Notwendigen lag. Diese Neigung, die Zusammenstellungen zu umfangreich zu gestalten, erhöhte die Revisionskosten und erforderte zusätzliche Revisionszeit. Die Bestimmung der darin enthaltenen Risikogröße, der Zuverlässigkeit dieser Zusammenstellung von Stichproben und anderer, damit zusammenhängender Faktoren kann leicht erfolgen, wenn diese Zusammenstellung auf statistischer Grundlage erfolgt. Obendrein gestattet die statistische Zusammenstellung ein viel objektiveres Herangehen an dieses Problem, als dies in der gegenwärtigen subjektiven Methode bei der Zusammenstellung der Stichproben der Fall ist.

### Beziehungen der Zusammenstellung von Stichproben zur internen Kontrolle

Als man erkannte, daß es bei den meisten Unternehmen wirtschaftlich nicht mehr zu verantworten war, alle Geschäftsvorgänge im einzelnen zu prüfen, begannen Bemühungen, andere Mittel und Wege zu finden, die Ziele der Revision zu erreichen. Man erkannte wohl, daß im allgemeinen bei Unternehmen mit angemessenen und zusammenhängenden Arbeitsvorschriften eine viel bessere Aussicht bestand, richtige Zahlen zu erhalten, als bei denen, die ein solches Anweisungssystem nicht besaßen. Man erkannte auch klarer, daß solche Methoden der Steuerung durch Arbeitsanweisungen keine größeren Kosten verursachten, denn sie waren tatsächlich weniger kostspielig, als wenn man zu einem späteren Zeitpunkt versucht, die Verantwortlichkeit für Verluste festzustellen oder Differenzen zu klären, wobei man oft keinen zuverlässigen Ausgangspunkt für die Überprüfung besitzt.

Obendrein begannen verschiedene staatliche Stellen zusätzliche Einzelangaben zu verlangen, die ordnungsgemäß eingebaut sein mußten.

Zur gleichen Zeit erkannte die „Securities and Exchange Commission" die Bedeutung der internen Kontrolle an und sprach in ihren Vorschriften aus, daß der Wirtschaftsprüfer berechtigt ist, sich auf die interne Kontrolle der Gesellschaft zu verlassen, wenn er sich durch Stichproben oder Musterbeispiele vergewissert hat, daß die internen Kontrollverfahren ausreichend sind und ordnungsgemäß funktionieren. So sehen wir eine weitere Zunahme der Anwendung von Stichproben. Es ist seither wichtig, daß neben der Prüfung von Geschäftsvorgängen auch die Arbeitsanleitungen gründlich geprüft werden. Diese Entwicklung war sowohl für den fremden wie für den internen Revisor interessant. Der fremde Revisor muß sich auf viele verschiedene Arten von Untersuchungen durch Stichproben verlassen, um sich zu vergewissern, daß die von der Gesellschaft gemachten Aufstellungen richtig sind. In die Prüfungsverfahren der internen Revision greift die Verwendung von Stichproben der Geschäftsvorgänge und der Arbeitsverfahren sogar noch enger hinein. Die grundsätzliche Forderung, festzustellen, ob Kontrollen innerhalb der Gesellschaft durchgeführt werden, bedeutet, daß der interne Revisor praktisch in gewissem Umfang mit dem Stichprobenverfahren auf vielen Arbeitsgebieten der Gesellschaft in tägliche Berührung kommt, wo interne Kontrollen ständig überprüft werden müssen.

## Zweck der Stichproben

Stichproben werden bei der Revision angewandt, um eine Übersicht über eine Gesamtheit oder einen Personenkreis zu erhalten, mit denen der Revisor zu tun hat. Z. B. wird die Richtigkeit der Preisfestsetzung und der Ausrechnung an einer gewissen Anzahl von Belegen zu Lieferantenkonten geprüft, um zu einer Meinung über die Richtigkeit aller Belege, nicht nur der unmittelbar geprüften, zu gelangen.

Wenn der interne Revisor das statistische Stichprobenverfahren anwendet, versucht er nicht, alle Fehler in den Unterlagen zu finden. Das könnte nur durch eine vollständige, hundertprozentige Prüfung erfolgen. So sprechen wir von einem Genauigkeitsgrad, nicht von Genauigkeit im Sinne einer mathematischen Gleichung. In der Buchhaltung finden wir viele Beispiele, wo Annäherungswerte verwendet werden, um einen verwendbaren Genauigkeitsgrad zu erhalten; z. B. der erforderlichen Abschreibung, der Rückstellungen für zweifelhafte Forderungen und dergleichen.

Bei der Prüfung der ausgewählten Stichproben ist der Zweck der Revision nicht darauf beschränkt, die Anzahl der Fehler in diesen Stichproben festzustellen. Der Revisor prüft nicht die einzelnen Posten, stellt die Anzahl der Fehler fest und nimmt entsprechende Berichtigungen in den Unterlagen der Gesellschaft vor. Ein solches Vorgehen würde bedeuten, nur einen sehr kleinen Teil des Gesamten zu beachten, und die Bedeutung des viel größeren Teils, der nicht in den Stichproben erfaßt ist, würde vollkommen unbeachtet bleiben.

## Arten der Stichproben

Die Anwendung von Stichproben kann definiert werden als Auswählen aus einer Gruppe von Posten mit Merkmalen, die für alle Posten typisch sind. So ist es der Zweck bei der Revision, eine kleine Gruppe auszusuchen, von der aus man zu einer Bewertung aller entsprechenden Posten gelangt. Deshalb brauchen wir Posten, die für alle Posten in der Gruppe repräsentativ sind. Aus dieser Zusammenstellung von Stichproben können wir uns eine Meinung bilden, ob die Unterlagen zuverlässig und die internen Kontrollen angemessen sind. So prüfen wir einen Teil des Ganzen genau, um zu einem Wissen über alle Teile zu gelangen. Für unsere Zwecke kann die Auswahl der Stichproben eingeteilt werden in

1. Auswahl nach dem Urteil des Prüfers und
2. Auswahl der Stichproben auf Grund statistischer Untersuchungen.

*Zusammenstellen der Stichproben nach dem Urteil des Prüfers.* Meistens erfolgt die Auswahl von Stichproben heute auf Grund des persönlichen Ermessens des Revisors. Der Umfang der Stichproben und die Auswertung der Ergebnisse unterliegen der Beurteilung des Revisors. In manchen Fällen sind genaue Prozentsätze von Stichproben verlangt worden. In einem Revisionsprogramm wird gern die Zahl der Monate festgelegt, für die die Geldauszahlungen geprüft werden müssen. Doch gibt es viele andere Gebiete, z. B. die verschiedenen Prüfungen der Vorräte, bei denen es nicht sinnvoll ist, feste Prozentsätze für die Zahl der Stichproben aufzustellen. Hier muß man der Unteilsfähigkeit des betreffenden Revisors vertrauen. Deshalb kann dasselbe Problem auf die verschiedensten Arten angefaßt werden. In manchen Fällen mag der Umfang der Stichproben zu groß sein, in anderen Fällen kann er zu gering sein; das alles hängt von der Vorbildung, der Schulung und den persönlichen Absichten des internen Revisors ab. Im allgemeinen hat sich das Verfahren, Stichproben nach eigenem Urteil zusammenzustellen, zufriedenstellend ausgewirkt, da diese Zusammenstellung des einzelnen Revisors im allgemeinen durch seinen Vorgesetzten überprüft wird, dessen Urteil sich meist auf längere Erfahrung stützt als das des Revisors, der die Stichproben macht. Es ist jedoch ein Zeichen des Fortschrittes in jedem Beruf, ständig seine Verfahren ebenso wie seine allgemeine Zielsetzung zu prüfen, einmal durch gemeinsames, organisiertes Forschen und dann durch Suchen jedes Einzelnen. So muß der interne Revisor sein Arbeitsverfahren sorgfältig prüfen und überlegen, wo Verbesserungen möglich sind. Wegen seiner häufigen Anwendung von Stichproben muß der interne Revisor sich mit den beträchtlichen Vorteilen vertraut machen, die das Verfahren statistischer Zusammenstellung der Stichproben auf manchen Gebieten bietet.

*Auswahl der Stichproben auf Grund statistischer Untersuchungen.* Interne Revisoren haben für die Methode zur Auswahl von Stichproben und ihre Anwendung auf Fragen der internen Revision viel Interesse gezeigt. Diese Methoden bieten einen ganz neuen Weg für die stichprobenweise Prüfung, die wahrscheinlich ein immer wichtiger werdender Bestandteil der gesamten internen Revisionstätigkeit werden wird. Nach Vance und Neter*):

Solange die Regeln für die Auswahl und Auswertung der Stichproben für die Revision allgemein gehalten und unbestimmt sind, muß der einzelne Revisor bei der Planung, Ausführung und Verteidigung seiner Tätigkeit Sorgen und Zweifel durchstehen. Wenn eine Stichprobenauswahl heute in Frage gestellt oder verteidigt werden soll, kann ein Urteil unter den jetzt gültigen Verhältnissen nur auf Grund persönlicher Gesichtspunkte gefällt werden. Diese Lage ist aus drei Gründen abzulehnen:

1. Es gibt keine klare Begriffsbestimmung, um zu einer Beurteilung des erforderlichen Umfangs einer Zusammenstellung der Stichproben und ihrer Auswertung zu kommen.
2. Es sind keine objektiven rechnerischen Untersuchungen über die Möglichkeiten von Fehlern erfolgt, die sich ergeben können, wenn Entscheidungen auf Grund der ausgewählten Stichproben getroffen werden.
3. Das Urteil des Revisors über Umfang, Auswahl und Auswertung der Stichproben unterliegt allen möglichen störenden Einflüssen, wie z. B. seinem Gesundheitszustand während seiner Tätigkeit.

## Die Vorteile der statistischen Untersuchung

Die Vorteile der Anwendung statistischer Methoden bei der Revision werden von Vance und Neter folgendermaßen zusammengefaßt:

*Objektive Richtlinien.* Bei Anwendung statistischer Methoden ergibt sich ein objektiverer Maßstab für die Feststellung der Fehlermöglichkeiten bei der Zusammenstellung der Stichproben. Er ermöglicht es dem Revisor, den Umfang der benötigten Stichproben festzulegen, nachdem er in jedem Falle entschieden hat, welche Fehlergrenzen tragbar sind.

*Planung.* Ein Plan für die Zusammenstellung der Stichproben auf

---

* L. L. Vance and J. Neter: Statistical Sampling for Auditors and Accountants (New York: John Wiley & Sons, Inc., 1956).

statistischer Grundlage gestattet eine bessere Planung der Revision. Bei Anwendung der statistischen Methode kann ein entsprechender Plan für die Zusammenstellung der Stichproben für jedes Gebiet aufgestellt werden, bevor die eigentliche Arbeit beginnt. Z. B. können durch Verwendung von irgendwelchen beliebigen Stichproben die entsprechenden Belege und Geschäftsvorgänge im voraus bestimmt werden. Die Arbeitspapiere können dann angelegt werden, bevor die Arbeit beginnt.

*Begründung des Prüfungsumfanges.* Wenn die Richtlinien für die Festlegung des Umfanges der Stichproben unklar sind, kann der interne Revisor Schwierigkeiten bei der Begründung des Umfanges der geleisteten Arbeit haben. Oft steht er unter einem unberechtigten Zwang, die Anzahl der Stichproben zu verringern. Wenn er andererseits beweisen kann, daß der Umfang seiner vorzunehmenden Prüfung durch richtige statistische Methoden festgelegt ist, ist seine Stellungnahme leichter zu begründen.

*Der Umfang der Stichprobenzusammenstellung kann geringer werden.* Der Umfang der Stichprobenzusammenstellungen, die auf Grund statistischer Methoden erfolgt sind, kann sehr oft kleiner sein als bei Anwendung anderer Methoden. In solchen Fällen ist es möglich, eine genauere und erfolgreichere Prüfung der einzelnen Posten vorzunehmen als es dann der Fall sein würde, wenn mehr Material in einer weniger systematischen Weise bearbeitet würde.

## Die Wahl der Methode für die Stichprobenzusammenstellung

In den meisten Veröffentlichungen über „Statistical Sampling" ist nicht klar dargelegt, nach welchen Gesichtpunkten aus der Zahl der möglichen Methoden die für eine gegebene Situation Geeignetste auszuwählen ist. Es mag daher angebracht sein, die besonderen Bedingungen aufzuzeigen, unter denen entweder die einfache Zufalls-, die Gruppen- oder die Mehrstufenmethode am geeignetsten ist. Im allgemeinen ist die beste Methode diejenige, die die größte Genauigkeit und Sicherheit bei geringsten Kosten bietet. Der Revisor muß daher die Kosten- und Sicherheitsfaktoren bei jeder Methode für die vorliegende Aufgabe abschätzen, bevor er sich für eine spezielle Methode entscheidet. In den folgenden Absätzen werden die wesentlichsten Bedingungen aufgeführt, welche für die Wahl der entsprechenden statistischen Methoden sprechen. Es besteht nicht die Absicht, alle Methoden der Stichprobenzusammenstellung daraufhin zu untersuchen, da diese Frage schon in vielen Fachbüchern über diesen Gegenstand behandelt wird.

*Die einfache Zufallsmethode.* Zur Bestimmung der mit den Stichproben verbundenen Risiken muß der Revisor die Stichproben nach der Wahrscheinlichkeitsrechnung auswählen, d. h. er muß wissen, welche Wahrscheinlichkeit für jeden Posten des Gesamten besteht, ausgewählt zu werden. Das nennt man die einfache oder unbeschränkte Zufallsmethode und dieser Typ wird in vielen der veröffentlichten Tabellen verwendet. Bei dieser Methode hat jeder nicht ausgewählte Posten im Gesamten dieselbe Möglichkeit gehabt, daß er getroffen wird, wie jeder wirklich ausgewählte.

*Die Gruppenauswahlmethode.* Die Gruppenmethode für die Stichprobenzusammenstellung wird gewöhnlich dort angewendet, wo es erwünscht ist, das ganze in Gruppen, mit jeweils für unser Vorhaben kennzeichnenden Merkmalen, zu unterteilen. So mögen wir bei der Prüfung von Kreditorenkonten das Ganze nach der Höhe der Beträge unterteilen. Wir können uns mit Lochkartenmaschinen eine Aufteilung machen lassen, die die Häufigkeitsverteilung nach den Geldbeträgen zeigt. Oder man läßt die Debitorenkonten nach zeitlichen Gesichtspunkten, Art des Kunden, Saldenbetrag und ähnlichen Merkmalen aufteilen.

*Die Mehrstufenmethode.* In gewissen Fällen ist es besser, die Stichproben stufenweise auszuwählen. Diese Methode unterscheidet sich von den Einstufenmethoden darin, daß verschiedene Stichprobenzusammenstellungen aus einer ursprünglichen Zusammenstellung gebildet werden. Z. B. werden eine Reihe von ersten Stichproben für die erste Stufe zusammengestellt. Die zweite Stufe der Stichprobenzusammenstellung erfolgt dann durch Auswahl einer bestimmten Anzahl aus der ursprünglichen Zusammenstellung. Dieses Verfahren kann durch mehrere Stufen hindurch fortgesetzt werden.

## Die Anwendung statistischer Untersuchungen

Das Verfahren der internen Revision mit statistischen Methoden wird etwas anders sein als die bis heute üblichen Verfahren. Im allgemeinen sind Fehler immer subjektiv nach ihrem Eintreten betrachtet worden. Daher hat es wenig Bemühungen gegeben, objektiv die verschiedenen Arten von Fehlern zu definieren. Bei Anwendung statistischer Methoden muß eine klare Begriffsklärung der Fehler, die bei der Stichprobenzusammenstellung vorkommen können, im voraus erfolgen. Bei der Fehlerfestlegung muß der Revisor einige wichtige Möglichkeiten beachten:

1. Im Betrag kleinere Fehler können neben im Betrag größeren Fehler vorkommen.
2. Verfahrensirrtümer können zugleich mit im Betrag wesentlichen Fehlern vorkommen.
3. Die verschiedenen Arten von Fehlern können zusammen oder getrennt behandelt werden.

Dies ist für den internen Revisor besonders wichtig, da er ja mit beidem zu tun hat: der Prüfung und Bewertung der Arbeitsverfahren und der Prüfung der Unterlagen. Deshalb muß er sich bei Anwendung statistischer Methoden diese Tatsache beständig vor Augen halten.

Die Anwendung von Stichprobenzusammenstellungen auf statistischer Grundlage in der internen Revision kann von zwei Standpunkten aus betrachtet werden: 1. Anwendung bei dem Verfahren der internen Revision selbst, d. h. direkte Anwendung und 2. Anwendung bei Verfahren der Buchhaltung, d. h. indirekte Anwendung.

### Anwendung auf den Arbeitsablauf der internen Revision

Von besonderem Interesse für die internen Revisoren ist die Auswahl von Stichproben auf statistischer Grundlage für das Arbeitsverfahren bei der internen Revision. Sofort erhebt sich die Frage, inwieweit dieses Verfahren z. B. für die Prüfung und Beurteilung von Belegen und Arbeitsgängen der Lagerkartei, der Kreditorenkonten und des Lohnbüros übernommen werden kann.

### Belege und Arbeitsverfahren der Lagerkartei

Die Auswahl von Stichproben auf statistischer Grundlage zur Prüfung von Belegen und Arbeitsverfahren der Lagerkartei hat für interne Revisoren besondere Bedeutung, da das Abstimmen der Bestände laut Lagerkartei mit körperlichen Zählungen ein ihnen vertrautes Problem ist. Eine Darstellung aus der Praxis wurde von Edward J. Kunz* in der Septemberausgabe 1956 der Zeitschrift *The Internal Auditor* gebracht. In dem betreffenden Fall enthielt das Lager schätzungsweise 54 000 verschiedene Positionen mit einem Wert von 4 Millionen Dollar. Eine erwartete Zunahme von 10 bis 15% der Anzahl der Positionen mit einem Wertzuwachs von etwa 30% drohte, der Abteilung „Interne Revision" ernsthafte Probleme bei der Prüfung der körperlichen Bestandsaufnahme zu verursachen. Die Möglichkeiten, die Methoden der Stichprobenauswahl auf statistischer Grundlage anzuwenden, wurden untersucht und die technische Abteilung des Betriebes wurde gebeten, mit den technischen Einzelheiten zu helfen. Zu Beginn wurden die Arbeitspapiere für die letzten zwei Jahre und den verflossenen Teil des laufenden Jahres durchgesehen. Eines der Ergebnisse dieser Prüfung war, daß die vorangegangenen Stichprobenzählungen kein richtiges Bild ergaben, weil:

1. die Auswahl von Stichproben als Prozentsätze kleiner Untergruppen einen noch kleineren Umfang der Stichprobengruppen ver-

* „Application of Statistical Sampling to Inventory Audits", The Internal Auditor, September 1956.

anlaßte und dabei die Zuverlässigkeit der Stichproben sehr schnell sinkt,

2. die Auswahl der zu prüfenden Positionen durch Vorurteile beeinflußt war.

Man fand, daß 28% der Positionen Differenzen aufweisen und man beschloß, daß das Stichprobenverfahren auf statistischer Grundlage angewendet werden sollte, um festzulegen, welche Positionen noch einmal überprüft werden sollen. Eine Stichprobenaufstellung nach Gruppen, deren Grundlage der Geldwert pro Einheit war, wurde wie folgt gemacht:

1. Über $ 100,— . . . 5%
2. Von $ 15,— bis 99,99 . . . 15%
3. Unter $ 15,— . . . 80%.

In Anbetracht der höheren Beträge und der geringen Zahl der Positionen beschloß man, alle Positionen in Gruppe 1 noch einmal zu überprüfen. Die stichprobenweise zu prüfenden Positionen aus Gruppe 2 und 3 sollten auf wissenschaftlicher Grundlage ausgesucht werden. Die Auswahl der Positionen erfolgte mit Hilfe beliebiger Nummern, auf Grund derer für jede Position die gleiche Aussicht, ausgewählt zu werden, bestand. Tabellen mit solchen Nummern sind leicht zu bekommen. Die in diesem Fall verwendeten Tabellen wurden von der Interstate Commerce Commission herausgegeben.

Die Arbeitspapiere enthielten die Spalten „Angenommen" und „Verworfen", um die Ergebnisse der ausgewählten Stichproben festzuhalten. Die Reihenfolge, in der die einzelnen Positionen noch einmal überprüft werden sollten, wurde durch Verwendung von Zufallszahlen festgelegt. Das Ergebnis dieser Methode war eine Ersparnis von 27% der Revisionsstunden, obgleich die Zahl der revidierten Posten um 12% gestiegen war. Allgemein hatte man das Gefühl, daß die Stichprobenauswahl auf statistischer Grundlage bewiesen hatte, wie erfolgreich sie sein konnte und daß sie auch auf anderen Gebieten der Revision zu verwenden sei.

## Anwendung bei Verfahren der Buchhaltung

Der interne Revisor hat noch ein anderes Gebiet, auf dem seine Tätigkeit durch Stichprobenauswahl auf statistischer Grundlage beeinflußt werden kann, nämlich bei Prüfungen der Arbeitsverfahren der Buchhaltung und der internen Kontrolle. Da er ja mit diesen Arbeitsgebieten sehr viel zu tun hat und sie beständig prüft, hat er großes Interesse an ihrer Verbesserung. So wäre der Vorschlag, auf gewissen Gebieten der Buchführung das Stichprobenverfahren auf statistischer Grundlage zu verwenden, durchaus geeignet, von einem fähigen internen Revisor gemacht zu werden. Es gibt eine Anzahl von Tätigkeiten auf dem Gebiet der Kontenführung, bei denen das Stichprobenverfahren auf statistischer Grundlage bei richtiger Anwendung die Einzelkontrollen verringern kann. Richard B. Shartle[3] erwähnt z. B. ein Unternehmen, das ein einfaches Stichprobenverfahren verwendet, um die Richtigkeit der ausgehenden Rechnungen zu prüfen. Vorher war eine 100prozentige Prüfung erfolgt. Sie erwies sich aber als kostspielig und man entdeckte doch nicht alle falschen Rechnungen. Die Anwendung des Stichprobenverfahrens auf statistischer Grundlage verringerte die für die Prüfung der Rechnungen benötigte Zeit um 47 %, gewährleistete aber doch die Aufrechterhaltung der Kontrolle in ausreichendem Umfang. Eine Rechnung war nicht in Ordnung, wenn sie folgende Mängel aufwies: Radieren, Durchstreichen, einen Zahlendreher, Auslassungen, falsche Menge, unrichtigen Einzelpreis oder eine falsche Gesamtsumme usw. Mindestens 99¼ % der einzelnen Rechnungen mußten in Ordnung sein, damit eine Stichprobengruppe als ausreichend gelten konnte. Ein Stand von 98 % oder weniger wurde als nicht ausreichend betrachtet. Die höchste Grenze für das Risiko, ausreichende Arbeit zu verwerfen und unzulängliche durchgehen zu lassen, wurde auf 5 % festgesetzt. Diese Anwendung des Stichprobenverfahrens deckte auch noch andere Mängel auf, wie z. B. unzulängliche und nicht einheitliche Schulung und falschen Einsatz des Personals.

Die Anwendung von Stichprobenverfahren auf Anlagen und Einrichtung ist bei einer Reihe verschiedener Betriebe erfolgreich gewesen. In einem Fall zeigt E. T. Magruder[4], wie eine Telefongesellschaft Stichprobenverfahren auf statistischer Grundlage anwendete, um den Zustand ihrer Telefonanlagen festzustellen, die sehr verschiedenartig waren, angefangen von der Einrichtung im Hauptbüro bis zu Freileitungen und Erdkabeln. Diese Feststellungen wurden von Preiskommissionen zur Festlegung der Gebühren benötigt. Am besten genügte den Erfordernissen ein systematisches Stichprobenverfahren mit Aufteilung in Klassen, das leicht anwendbar war. Die Stichproben wurden begutachtet und in eine von fünf Zustandsklassen eingeordnet, denen dann bestimmte Prozentzahlen zugeteilt wurden. Der Durchschnittszustand jeder Bestandsklasse wurde berechnet und später mit der Kapitalanlage in jeder Klasse gewichtet.

*Kontroll-Übersichten.* Die Verwendung von Kontroll-Übersichten in Verbindung mit Stichprobenverfahren auf statistischer Grundlage ist für die Ausübung der Qualitätskontrolle in Produktionsbetrieben seit einer Reihe von Jahren von Bedeutung. Bei Massenproduktion ist es nötig, eine strenge Qualitätskontrolle schon während des Produktionsprozesses auszuüben und nicht erst, wenn die Arbeit beendet und Material,

---

[3] „Quality Control in the Office", Paperwork Simplification, 1952.

[4] Statistical Methods of Appraising Telephone Property (Washington, D. C : The Chesapeake and Potomac Telephone Co., 1950).

Arbeitskraft und Kosten verschwendet worden sind. Außerdem muß noch berücksichtigt werden, daß u. a. die Maschinen in der Zeit, als das minderwertige Material produziert wurde, darauf eingestellt waren, und daß somit auch noch Produktion guter Qualität verloren ging. Auch kann viel von dem Material vollständig verloren sein und Ersatz schwierig und in manchen Fällen überhaupt unmöglich sein. In anderen Fällen erforderte schon die Art der Produktion, wie z. B. von Flugzeugteilen, von sich aus einen hohen Grad der Qualitätskontrolle.

Wir sehen, daß es grundsätzliche Unterschiede gibt zwischen den Zielen des Stichprobenverfahrens, bei dem eine ganze Gruppe von Posten angenommen oder verworfen werden und denen des Verfahrens mit der Kontroll-Übersicht, bei dem nicht die Bewertung eines Gesamtpostens ins Auge gefaßt wird, sondern bei der die Kontrolle des Bearbeitungsvorgangs das wichtigste ist. Z. B. werden die oberste und unterste zulässige Grenze der Fehler mit horizontalen Linien auf einer Karte eingetragen. Dann werden die täglichen vorgekommenen Fehler, wenn sie auftreten, auf der Karte eingetragen. Solange die Fehler innerhalb der zulässigen Grenzen bleiben, sagt man: Der Arbeitsablauf ist *unter Kontrolle.* Sobald aber die Fehlerkurve die zulässige Grenze überschreitet, steht der Arbeitsablauf *nicht mehr unter Kontrolle* und es müssen sofort Maßnahmen getroffen werden, die Ursachen abzustellen.

Die Bedingungen, die erfüllt sein müssen, damit man mit Kontroll-Übersichten einen Erfolg erreicht, werden von Howard L. Jones[5] wie folgt beschrieben:

1. Es ist nicht der Zweck der Anwendung des Stichprobenverfahrens, alle Fehler zu entdecken, sondern vielmehr die Güte der geleisteten Arbeit zu überwachen. Wenn es nötig ist, alle Fehler zu finden, kann man nicht das Stichprobenverfahren anwenden.
2. Die Arbeit muß in ähnliche Abschnitte unterteilt werden können, d. h. mit anderen Worten, der Arbeitsablauf sollte sich wiederholen.
3. Der Umfang der Arbeit muß weitgezogen sein. Der Grund für diese Forderung besteht darin, daß die Qualität der Verwaltungsarbeit nicht leicht quantitativ zu messen ist. Sie muß dann in „Richtig" oder „Falsch" eingeteilt werden und das erfordert eine verhältnismäßig große Zahl von Stichproben, damit sich einzelne unrichtige Entscheidungen dieser Frage nicht so stark auswirken. Damit diese verhältnismäßig großen Stichprobenzusammenstellungen auch wirtschaftlich vertretbar sind, ist es auf der anderen Seite notwendig, daß auch der Umfang der Gesamtmasse, aus der sie entnommen sind, entsprechend groß ist.
4. Es muß eine klare Definition für jeden Fehler gegeben werden, so daß jede Einzelarbeit sofort als richtig oder falsch ausgeführt bezeichnet werden kann.
5. Die Zwischenräume von der Beendigung des einen bis zu der des nächsten Arbeitsvorganges müssen ziemlich kurz sein. Das gestattet häufige Stichproben, so daß sofort Abhilfe geschaffen werden kann.

---

[5] „Sampling Plans for Verifying Clerical Work", Industrial Quality Control, 1947.

## Die Organisation für das Stichprobenverfahren auf statistischer Grundlage

### Feststellung der Erfordernisse der internen Revision

Gewöhnlich baut der Leiter der Revision die Zahl der Stichproben für die planmäßige Arbeit in das Programm ein. Dieser ursprüngliche Plan kann auf Grund verschiedener Faktoren abgeändert werden. Die wesentlichen davon können sein:

1. Wünsche der Unternehmensleitung,
2. die Zusammenarbeit mit dem fremden Revisor und
3. mittlerweile eingetretene Veränderungen der Verhältnisse.

In manchen Fällen kann die Unternehmensleitung auf einem besonderen Gebiet einen größeren oder kleineren Stichprobenumfang, als auf einem anderen, für nötig halten. Dieser Wunsch bestimmt dann die Art der Stichprobenzusammenstellung. In manchen Fällen kann es besondere Einstellungen zu gewissen Arbeitsgebieten geben, während auf anderen Gebieten die Leitung bestimmte Gründe für die Wahl der Stichproben haben kann, die dem internen Revisor zur Zeit der Vorbereitung der Revision nicht bekannt sind.

Der Grad der Zusammenarbeit mit dem fremden Revisor kann auch ein solcher Faktor sein. Wenn es z. B. nach der Ansicht des fremden Revisors erwünscht ist, die Belege für Februar, Juli und Dezember zu prüfen, so kann ein abgestimmtes Programm aufgestellt werden, auf Grund dessen der fremde Revisor seine Tätigkeit auf den Dezember und vielleicht einen weiteren Monat beschränkt, da er annehmen darf, daß ein anderer Monat oder möglicherweise zwei andere Monate von dem internen Revisor geprüft werden.

Es ist nicht sinnvoll, weit im voraus den oder die Monate festzulegen, die von dem internen Revisor geprüft werden sollen, denn die Zusammenstellung der Stichproben erfolgt gewöhnlich an Ort und Stelle während der Zeit der Revision und kann wegen dringender Revisionstätigkeit auf anderen Gebieten Änderungen unterliegen. Außerdem können verschiedene Verhältnisse im Geschäftsablauf eine Änderung im Revisionsprogramm bedingen, z. B. kann eine Umstellung im Maschinenpark eine vorübergehende Arbeitsunterbrechung veranlassen und zu einer Verschiebung der Revision auf einen späteren Zeitpunkt führen. Das Revisionsprogramm kann jedoch die Art der Stichprobenzusammenstellung für den zu überprüfenden Monat festlegen.

Innerhalb weiter Grenzen ist der ungefähre Zeitraum, innerhalb dessen der interne Revisor die zu prüfende Stelle aufsucht, im allgemeinen bekannt. Der größte Teil der Revisionstätigkeit an Ort und Stelle kann z. B. zwischen März und September ausgeführt werden, während die Arbeit, die das Jahresende mit sich bringt, zum größten Teil in der Hauptverwaltung geleistet wird. Deshalb kann der Leiter der Revision bestimmen, daß der laufende, und wenn nötig, zusätzlich noch ein vorausgegangener Monat geprüft wird. Bei richtiger Zusammenarbeit zwischen fremden und internen Revisoren kann jede Wiederholung vermieden werden, da ja der fremde Revisor weiß, welche Monate von dem internen Revisor geprüft sind und er selbst aus den verbliebenen Monaten seine Stichprobenauswahl treffen kann.

In manchen Fällen können auch eingetretene Veränderungen der Umstände eine andere Stichprobenzusammenstellung bedingen. Eine Änderung im internen Kontrollwesen, wie z. B. der Fortfall einer in der entsprechenden Stelle sonst ausgeführten Prüfung, kann den Grad der internen Kontrolle absinken lassen. In anderen Fällen kann eine Veränderung im Personal eine Verringerung oder Ausweitung der Stichprobenzahl erforderlich machen.

Wenn das Stichprobenverfahren auf statistischer Grundlage angewendet wird, muß der Leiter der Revision den in jedem Einzelfalle anzuwendenden Plan ausführlich darlegen oder auf die Besonderheiten des Planes hinweisen. Es muß auf jeden Fall betont werden, daß die vorausgegangenen Ausführungen sich in der Hauptsache mit Fragen der Revision und nicht der Statistik befaßt haben. Wie es oft in dem Buch von Vance und Neter angeführt wird, ist das Problem zum großen Teil eine Frage der Revision, nicht der Statistik.

Wenn die Tabellen des Verteidigungsministeriums oder ähnliche verwendet werden sollen, brauchen nur die besonderen Punkte des Programmes erläutert zu werden. Die Festlegung des Umfanges der Stichprobenzusammenstellung kann der Verantwortung des mit der Revision beauftragten internen Revisors überlassen werden. Wenn dies der Fall ist, sollten folgende Punkte im internen Revisionsprogramm ausgeführt werden:

1. Die Art des anzuwendenden Stichprobenverfahrens (einfach, doppelt oder mehrfach).
2. Der erforderliche Richtigkeitsmaßstab.

Ausgehend von den speziellen Anweisungen und dem Umfang der Stichprobenauswahl können die anderen wesentlichen Hinweise für die Stichprobenzusammenstellung den entsprechenden Tafeln entnommen werden.

## Arbeitspapiere

Es ist ebenso notwendig, brauchbare Arbeitspapiere für das statistische Verfahren zu haben, wie es bei den anderen Revisionsverfahren der Fall ist, ja vielleicht sogar noch notwendiger, einmal weil bei der Anwendung des Stichprobenverfahrens auf statistischer Grundlage ein ganz anderes Vorgehen nötig ist und dann, weil viele Revisoren und Prüfer mit diesen Arbeitsgängen nicht vertraut sind.

Für die Arbeitspapiere muß ein Mittel gefunden werden, um die zufällig ausgesuchten Nummern in numerischer Reihenfolge anzuordnen, damit die Prüfung der Unterlagen, die normalerweise in numerischer Reihenfolge abgelegt sind, erleichtert wird.

Man kann ein passendes Schema zur Anordnung der Stichproben auf statistischer Grundlage anlegen, indem man ein Formblatt mit Spalten versieht, auf dem die Gesamtzahlen senkrecht erscheinen und die einzelnen Zahlen waagerecht. Wenn z. B. die Belege mit den Nummern 1 bis 10000 geprüft werden sollen, so kann man eine Tabelle anlegen mit je einer Spalte für je 1000 senkrecht und je einer Spalte für je 100 waagerecht. So wird z. B. die herausgegriffene Stichprobe 5627 in der vertikalen 5000 Spalte und der horizontalen 600 Spalte untergebracht. Durch eine solche Anordnung wird die Prüfung erleichtert.

*Prüfung der Stichproben.* Nachdem die einzelnen Posten, die in der Zusammenstellung erscheinen sollen, ausgewählt sind, müssen Unterlagen über die Art der Bearbeitung jeder Zusammenstellung angelegt werden.

Die Vorteile, die man durch eine Niederschrift über die Bearbeitung solcher statistischer Daten erlangt, werden von Vance und Neter wie folgt zusammengefaßt:

1. Sie erweitert die Kenntnis des Vorgesetzten, der die Revision nachprüft; er braucht sich nicht auf allgemeine Angaben über die geleistete Arbeit zu verlassen.
2. Sie fördert die richtige Ausführung der Arbeit an Ort und Stelle. Besonders zwei Gesichtspunkte sind wichtig:
   a) Wenn bestimmte Informationen, die den Arbeitsvorgang betreffen, der geprüft wird, schriftlich niedergelegt werden müssen, besteht eine größere Sicherheit, daß der Revisor diese Punkte wirklich geprüft hat.
   b) Wenn das Arbeitsblatt bei schrittweisem Vorgehen in der Revision erfordert, daß für jeden Schritt ein Zeichen für ausreichend und ein anderes für nicht ausreichend eingetragen wird, so besteht größere Sicherheit, daß kein Schritt vergessen wird oder seine Ergebnisse übersehen werden.
3. Die tasächlich geleistete Arbeit wird besser nachgewiesen, das ist besonders wichtig, wenn dem internen Revisor Nachlässigkeit vorgeworfen wird oder die Arbeitsausführung besprochen werden muß.
4. Die Angaben für eine Bewertung des Ergebnisses des Stichprobenverfahrens ergeben sich von selbst.

5. Wenn später die von dem Revisor geprüften Posten einzeln angegeben werden müssen, kann dies erfolgen, ohne daß es nötig ist, die Originalunterlagen noch einmal auf die Zeichen des Revisors hin zu prüfen.

## Die Beurteilung des Stichprobenverfahrens auf statistischer Grundlage

### Seine Anwendung auf Verfahren der internen Revision

Das Stichprobenverfahren ist zwar auf statistischer Grundlage bisher in der Revision und Buchhaltung nicht in demselben Umfang angewendet worden wie in der Produktion, aber es gibt doch viele Gebiete, auf denen dieses Verfahren sehr gut benutzt werden kann. Aus diesem Grund muß sich der interne Revisor mit den Prinzipien und der Anwendung dieser Methode vertraut machen. Im allgemeinen hat der interne Revisor in fachlicher Hinsicht nicht mehr Qualifikation zum Statistiker als er sie zum Techniker oder zum Bedienen einer Maschine besitzt. Deshalb benötigt er im allgemeinen zu Beginn fachliche Unterstützung und später wahrscheinlich eine gewisse Anleitung.

Solche Hilfe wird in vielen Fällen von Treuhandfirmen gewährt. Die größeren Treuhandfirmen haben meist besondere Abteilungen, die statistische Pläne für ihren eigenen Bedarf und zur Unterstützung ihrer Kunden untersuchen und aufstellen. Einige Gesellschaften verfügen auch über geschultes Personal, um bei der Aufstellung statistischer Tabellen zu helfen. Dieses Personal kann in der statistischen Abteilung beschäftigt sein, wenn eine vorhanden ist, in der Planung, oder in anderen technischen oder dementsprechenden Abteilungen. In jedem Fall muß der interne Revisor fachkundige Hilfe erhalten können. Deshalb muß er sein eigenes Arbeitsvorgehen sorgfältig prüfen, um unter Umständen von diesem neuen Hilfsmittel mehr Gebrauch machen zu können.

### Beurteilung bereits vorhandener Pläne

Der interne Revisor kann feststellen, ob einige Pläne für das Stichprobenverfahren auf statistischer Grundlage bereits verwendet werden. Das kann bei Buchungs- oder anderen Büroarbeiten der Fall sein oder bei der Arbeit im Betrieb. Da der interne Revisor die Arbeitsausführung auf allen Gebieten prüfen und beurteilen muß, muß er sich vergewissern, wie diese Kontrolle arbeitet, ebenso wie er das tatsächliche Funktionieren anderer Kontrollen feststellt.

### Neue Anwendungsgebiete

Bei einem Unternehmen kann es Arbeitsgebiete geben, bei denen der interne Revisor die Anwendung des Stichprobenverfahrens auf statistischer Grundlage empfiehlt. Er findet vielleicht, daß manche sich wiederholende Arbeitsgänge, wie Einsetzen der Preise, Ausrechnungen usw. auf Ausgangsrechnungen oder Kreditoren-Belegen 100prozentig geprüft werden. Das Verhältnis der Kosten dieser 100prozentigen Prüfung zu den Kosten des Stichprobenverfahrens auf statistischer Grundlage muß untersucht werden. Wahrscheinlich kann ein wachsamer interner Revisor viele Gebiete finden, für die er Untersuchungen über die Anwendungsmöglichkeiten des Stichprobenverfahrens auf statistischer Grundlage empfehlen kann.

# V. ANDERE TÄTIGKEITEN DER INTERNEN REVISION

## 22. Andere regelmäßige Tätigkeiten

Die vorangehenden Kapitel über die Tätigkeit des internen Revisors beschäftigten sich weitgehend mit Tätigkeiten, die im Verlaufe einer internen Prüfung einer besonderen Funktion (z. B. Beschaffung) oder Abteilung der Unternehmung durchgeführt wurden. In diesem und dem folgenden Kapitel wollen wir einige allgemeinere Gebiete sowie auch verschiedene besondere und sich wiederholende Arbeiten des internen Revisors behandeln. Hierher würde z. B. auch eine Beurteilung der Organisation aller Buchführungsarbeiten gehören. Fördert das Rechnungswesen die Ziele der Geschäftsführung in genügendem Maße? Könnten bessere Ergebnisse erzielt werden, wie z. B. geeignetere und verläßlichere Informationen oder schnellere Berichterstattung?

Dieses Kapitel befaßt sich mit Aufgaben des Prüfers, die ziemlich regelmäßiger Art sind, z. B. solche, die die Buchführungsverfahren behandeln. Spezielle oder unregelmäßige Arbeiten oder Aufgaben, die nichts mit der Buchhaltung zu tun haben, werden im nächsten Kapitel berücksichtigt.

### Förderung der Ziele der Geschäftsführung

Ein gut geplantes und angewandtes Rechnungswesen ist eines der besten Mittel zur Förderung der Ziele der Geschäftsleitung. Soll das Rechnungswesen jedoch wirksam sein, so muß es viel mehr darstellen als nur ein Verfahren zur Anhäufung historischer Finanzinformationen.

Da die Geschäftsleitung heute wegen einer breiteren Delegierung von Vollmachten notwendigerweise mehr Vertrauen in die Vorgänge des Rechnungswesens setzen muß, läßt sich leicht folgern, daß diese Vorgänge so geplant und durchgeführt werden müssen, daß sie die Betriebsziele widerspiegeln. Diese Ziele, die sich im einzelnen in Rundschreiben der Gesellschaft, in Handbüchern oder mündlichen Vorschriften finden, müssen durch die Vorgänge des Rechnungswesens und ihre Verfahren ihre praktische Verwirklichung und ihren Ausdruck finden. Die Vorgänge und Verfahren müssen dann so geordnet werden, daß sie der Geschäftsführung schnell die nötigen Kontrollunterlagen liefern, so daß ungünstige Umstände oder Abweichungen von den Richtlinien der Gesellschaft ausreichend aufgedeckt werden. Das Rechnungswesen muß also eine positive, dynamische Kraft sein und für die Geschäftsführung zur Erreichung ihrer Ziele eine direkte Hilfe darstellen.

## Die Beurteilung dezentralisierter Arbeiten

Der interne Revisor kommt im Verlauf seiner verschiedenen Prüfungen im allgemeinen mit vielen Vorgängen des Rechnungswesens seines Unternehmens in Berührung. Auf der Grundlage dieser Erfahrung ist er eher zu einer objektiven Betrachtung der betreffenden Probleme fähig und kann sich ihnen auch auf eine allgemeine und umfassende Weise nähern. In den vergangenen Jahren ist die Mitwirkung des internen Revisors auf diesem Gebiete als eine Folge der herrschenden Tendenz zur Dezentralisierung viel bedeutender geworden. Die Befugnis des internen Revisors, die Befolgung der Betriebspolitik der Leitung in diesen dezentralisierten Anlagen zu prüfen, wird in einem viel größeren Maße anerkannt. Die Feststellung, ob die Geschäftspolitik und die vorgeschriebenen Verfahren der Gesellschaft eingehalten werden, wurde im Laufe dieser Entwicklung die wichtigste Aufgabe des internen Revisors.

Die Einhaltung der Verfahren der Gesellschaft spielt eine besondere Rolle bei den neu erworbenen oder zusammengeschlossenen Unternehmen. Hier muß sich der interne Revisor das Rechnungswesen des neuen Unternehmens ansehen, um zu entscheiden, ob es in das Gesamtsystem so praktisch wie möglich eingegliedert werden kann. Die Arbeiten des internen Revisors in bezug auf die erworbenen oder eingegliederten Betriebe werden in dem folgenden Kapitel ausführlich besprochen.

Das Rechnungswesen ist eines der bedeutendsten Kontrollmittel. Um seine volle Wirkung zu entfalten, muß es jedoch richtig mit den anderen Kontrollinstrumenten, die wir vorher behandelt haben, abgestimmt sein. Zum Beispiel wird die Organisationsstruktur notwendigerweise einen wichtigen Einfluß auf die Gestaltung des Rechnungswesens haben. Ferner wird man die Vorgänge in der Buchführung so ordnen, daß sie für das jeweilige besondere Gebiet die Verantwortung in angemessener Weise klarlegen. Wenn der Organisationsplan die Verantwortung genau bestimmt, soll das Rechnungswesen ein systematisches Mittel darstellen, das darüber berichtet, wie man der übertragenen Verantwortung gerecht wird. Der interne Revisor hat in größerem Maße die Möglichkeit und die Pflicht, festzustellen, wieweit die Außenstellen die allgemeinen Grundsätze befolgen.

## Die Beurteilung von Ausführungsnormen

Eines der wichtigsten Merkmale des heutigen Rechnungswesens ist die größere Anwendung von Ausführungsnormen. So haben wir Normen für die Kosten in der Betriebsbuchhaltung, Normen oder Budgets für die Verkäufe, das Anlagevermögen und ähnliches, und wir haben auch Normen auf Gebieten, die mit der Buchführung eng verbunden sind, besonders in der Produktion, z. B. Vorgabezeiten, Kontrollnormen für die Qualität und viele andere Arten von Kontrollen und Normen. Das Prinzip, das all diesen Vorgängen gemeinsam ist, besteht darin, daß die Kontrolle durch die „Regel der Ausnahme" erreicht wird. Es ist im allgemeinen nicht notwendig, viel Zeit für die Überprüfung der einzelnen Gebiete aufzuwenden, die den vorher festgesetzten Normen entsprechen. Gewöhnlich reicht es aus, sich auf den kleinen Prozentsatz zu konzentrieren, der nicht dem vorher festgesetzten Maßstab entspricht.

Es ist die Aufgabe des internen Revisors, zu beurteilen, inwieweit diese Kontrollen wirklich funktionieren. Es kann vorkommen, daß die angewandte Basis der Kontrolle für die Vorgänge jetzt nicht mehr repräsentativ ist. Wichtige Änderungen in Materialpreisen, verwendeten Qualitäten, Lohnsätzen oder ähnlichen Faktoren sind in diesen Normen vielleicht noch nicht berücksichtigt, und wenn die Geschäftsführung sich auf solche Normen verläßt, kann dies zu falschen Folgerungen und zu Fehlern in Entscheidungen des Vorstands führen.

Der interne Revisor kann durch wirkliche Beobachtung und Prüfung entscheiden, ob solche Normen so arbeiten, wie sie geplant sind, und ob sie für das spezielle Geschehen repräsentativ sind.

## Arbeiten für andere Gruppen

Außer dem Kontrollgesichtspunkt der Unternehmensleitung gibt es noch weitere interessierte Gruppen, die von dem internen Prüfer bei seiner Beurteilung des Rechnungswesens berücksichtigt werden müssen. Hierzu gehören die Eigentümer oder Geldgeber, die Regierung und die Öffentlichkeit. Hier liegt das Problem der Prüfung auf einem anderen Gebiet, da die verschiedenen öffentlich-rechtlichen Bestimmungen hinsichtlich der Steuer und der Börsenaufsichtsbehörde über Steuererklärungen und ähnliche Angaben gegenüber Behörden besonders genau eingehalten werden müssen. Das Rechnungswesen muß die gewünschten Angaben genau und ohne zu hohe Kosten liefern.

Der interne Revisor weiß im allgemeinen, wie man die Angaben von den verschiedenen Niederlassungen oder Abteilungen erhält und kann vielleicht auch andere Wege vorschlagen, diese Unterlagen zu erhalten. Z. B. macht die Buchhaltung am Jahresende eine bestimmte Analyse, die den Bedürfnissen der Gesellschaft und eventuell des externen Betriebsprüfers entspricht. Zu einer späteren Zeit jedoch wird jedesmal eine zusätzliche Analyse aus steuerlichen Gründen oder für Berichte an die Börsenaufsichtsbehörde[1] benötigt.

In vielen Fällen kann diese Information aus derselben Quelle geschöpft werden, wenn diese nur geringfügig geändert wird. Es ist schon mehrmals vorgekommen, daß verschiedene Antworten für dasselbe Problem aus denselben Grundunterlagen abgeleitet wurden. Um diesem Mangel abzuhelfen, schlug der interne Revisor in einem Falle einen Satz von Arbeitspapieren vor, die den Bedürfnissen aller Abteilungen entsprachen. Durch seine Kenntnis der Anwendung von Arbeitspapieren sowie über die Erfordernisse der verschiedenen Berichte konnte er einen Formularsatz ausarbeiten, der alle benötigten Angaben enthielt.

## Schnelle Berichterstattung

Der Bericht der Buchhaltung ist das Produkt des Rechnungswesens. Die Schnelligkeit, mit der ein Bericht die Geschäftsführung erreicht, spiegelt die Leistungsfähigkeit des ganzen Rechnungswesens wider. Wenn die Daten bei ihrer Veröffentlichung bereits zu historischen Tatsachen geworden sind, so ist ihre Nützlichkeit von vornherein in Frage gestellt. Häufig wird am Ende des Monats viel kostbare Zeit verloren, indem verhältnismäßig kleine Beträge auf verschiedene Aufwandskonten verteilt und von dort noch einmal auf andere verteilt werden. Solche extreme Genauigkeit ist zwar wünschenswert, aber es ist nicht wirtschaftlich, übermäßig viel Zeit für *ein* Gebiet aufzuwenden, während auf anderen Gebieten Berechnungen, die ein Vielfaches an Wert betreffen, auf sehr allgemeinen Schätzungen basieren. Mitunter gehen viele wertvolle Tage für unnötige Einzelheiten verloren. Hier kann der interne Revisor einen höchst wichtigen Beitrag leisten, indem er die Gebiete herausstellt, bei denen bei der Ausarbeitung der Berichte Zeit gespart werden kann.

## Der Inhalt der Buchhaltungsberichte

Der Inhalt der Buchhaltungsberichte wird je nach den Bedürfnissen der Geschäftsführung verschieden sein. Die Organisation ist verschieden, Geschäftsführer haben persönliche Wünsche; nicht sämtliche Bedürfnisse werden klar erkannt, und andere Faktoren machen Schwierigkeiten. Einige dieser Faktoren werden außerhalb des Arbeitsgebiets des internen Revisors liegen. Bei anderen Faktoren können jedoch von ihm spezifische und konstruktive Leistungen erbracht werden.

In einigen Fällen sind im Betrieb Änderungen eingetreten, durch die vielleicht bestimmte Angaben wichtiger geworden sind, über die bisher nicht berichtet wurde. Durch dieselben Änderungen können auch einige Angaben für die Geschäftsführung weniger wichtig geworden sein, über

---

[1] Securities and Exchange Commission.

die bisher berichtet wurde. Der interne Revisor kann durch seine enge Verbindung sowohl mit dem Betrieb als auch mit der Geschäftsführung solche Fälle schnell herausfinden.

## Prüfungen, die auf Mängeln des Systems beruhen

In den vorangehenden Abschnitten dieses Kapitels haben wir die allgemeineren Züge der Vorgänge des Rechnungswesens betrachtet. Hier wollen wir die verschiedenen Mängel bei der Anwendung des Rechnungswesens überprüfen und analysieren und ferner die konstruktiven Mittel besprechen, um viele der Unzulänglichkeiten auszumerzen. Es folgen einige der Hauptpunkte, die im allgemeinen Beachtung erfordern.

### 1. Arbeitsvorgänge, die übermässige Zeit erfordern

Die allgemeine Leistungsfähigkeit des Rechnungswesens kann von dem Gesichtspunkt der Schnelligkeit der Berichterstattung aus betrachtet werden. Aus diesem Grund sollten diejenigen Arbeitsvorgänge, die ein Übermaß an Zeit erfordern, sorgfältig geprüft und erfaßt werden. Wie wir schon vorher festgestellt haben, kann die Fertigstellung der Buchführungs -oder Betriebsberichte durch die Verteilung verschiedener, während des Monats anfallender Gemeinkosten auf die Betriebsabteilungen um einen oder mehrere Tage verzögert werden. In einigen Fällen, in denen dies durchführbar ist, kann der interne Revisor die Anwendung eines vorher festgelegten Verteilungsschlüssels vorschlagen, so daß einige Berechnungen schon vor der Zeit angestellt werden können und der Abschluß beschleunigt wird. Der Schlüssel kann im Laufe des Jahres revidiert und berichtigt werden. Es kommt darauf an, daß die wertvolle Zeit am Monatsende voll und ganz ausgenutzt wird. Der gleichmäßigen Verteilung der Arbeit auf den ganzen Monat und der Ausschaltung des Engpasses am Monatsende sollte sorgfältige Beachtung geschenkt werden.

### 2. Gemeldete Informationen, die nicht benötigt oder ausgenutzt werden

Es können auch Meldungen regelmäßig erstattet werden, die nicht wirklich benötigt oder praktisch nicht ausgenutzt werden. Manchmal wird täglich oder wöchentlich gemeldet, wo eine weniger häufige Berichterstattung — etwa jeden Monat — ausreichend wäre. In einigen Fällen werden bestimmte Angaben in einer häufigeren Aufstellung für den einen Zweck und ähnliche Angaben in einer weniger häufigen Aufstellung für einen anderen Zweck gemeldet. Mitunter schlägt der interne Revisor kleinere Änderungen an dem monatlichen Formular vor, das dann beiden Erfordernissen entspricht. Es kann auch sein, daß sich der ursprüngliche Grund für die Meldung geändert hat, oder daß der Bericht vielleicht eingeführt wurde, um eine vorübergehende Bedingung zu verbessern, die jetzt unter Kontrolle steht. Wertvolle Ergebnisse wurden oft dadurch erreicht, daß ein Fragebogen beigefügt war, den die Empfänger der Berichte auszufüllen hatten, um zu sehen, ob es genügen würde, wenn die Angaben weniger häufig gemacht würden. In einigen besonderen Fällen wurden bestimmte zusätzliche Aufstellungen oder Angaben mit Absicht weggelassen, um zu prüfen, ob die Information vermißt wird. Das Fehlen einer genügenden Antwort bedeutete, daß die Information in allen zukünftigen Berichten ausgelassen werden konnte.

### 3. Die Zahl und Arten der Fehler

Im Verlauf seiner Prüfungen stößt der interne Revisor auf eine Anzahl von Fehlern verschiedener Art. Das können Schreib- oder technische Fehler sein, oder es kann sich um prinzipielle Irrtümer handeln, die Mangel an Urteilskraft beweisen. Der interne Revisor muß feststellen, welcher Art die Fehler sind, und welche Ursache ihnen zugrunde liegt. Die Erklärung mag in einer falschen Organisation, mangelhaften Buchführungsverfahren, unerfahrenem Personal, fehlerhafter Koordinierung oder in anderen Gründen liegen. Sehr oft stellt sich heraus, daß ungenügende Überwachung und Leitung die wahre Ursache sind. Der interne Revisor wird dann feststellen können, ob eine Durchsicht durch einen Vorgesetzten eine größere Anzahl Fehler beseitigt hätte. Bei der Anzahl der Fehler wird natürlich die Größe des Betriebes berücksichtigt werden müssen. Eine bestimmte Anzahl Fehler ist im Verhältnis zu hundert Belegen bedeutender als die gleiche Anzahl bei 2000 Belegen. Manchmal haben interne Revisoren diesen Punkt übersehen.

Ein anderer wichtiger Faktor, den der interne Revisor berücksichtigen muß, ist seine eigene Reaktion auf aufgedeckte Irrtümer. Er muß das Problem der Fehler so prüfen und beurteilen, wie er es mit anderen Arbeiten tut und ihre Bedeutung weder zu gering einschätzen noch übertreiben. In einigen Fällen haben interne Revisoren ihr Prestige in den Augen der Geschäftsführung und des örtlichen Personals, das von ihnen geprüft wurde, dadurch beeinträchtigt, daß sie bestimmte Fehler unangemessen betonen, die zwar verbessert werden mußten, die aber nicht die Aufmerksamkeit verdienten, die ihnen der interne Revisor schenkte.

### 4. Fehldispositionen der Geschäftsführung auf Grund unangemessener oder falscher Darstellung

Der interne Revisor kann sich mit Entscheidungen, Handlungen oder Richtlinien der Geschäftsführung beschäftigen, die sich als schlecht oder fragwürdig erwiesen haben und überlegen, in welchen Punkten die Angaben der Buchführung, auf denen die Entscheidungen beruhten, unzulänglich zu sein scheinen. Ist die benötigte Information aus den Unterlagen der Buchhaltung zu entnehmen und — wenn nicht — wie kann diesem Mangel mit dem geringsten Aufwand abgeholfen werden? Der Fehler mag darin liegen, daß die Information zwar zur Verfügung steht, der Geschäftsführung aber nicht auf zufriedenstellende Art gemeldet wird.

#### 5. Welche Unredlichkeiten sind vorgekommen?

Wenn Unredlichkeiten irgend welcher Art in der Unternehmung aufgedeckt werden, kann man auch von diesen ausgehen, um festzustellen, welche Besonderheiten der Buchführung diese möglich machten, und warum sie nicht früher entdeckt wurden. Die Erfahrungen bei anderen Gesellschaften sind hierbei wertvoll. Eine große Finanzinstitution führt eine ständige Studie dieser Art folgendermaßen durch:

Alle Unterschlagungen, die bekannt werden, werden untersucht, wie sie ausgeführt wurden und um welche Beträge es sich gehandelt hat. Dann werden die eigenen Buchführungsverfahren des Instituts überprüft, ob Möglichkeiten für ein ähnliches Vorkommnis in der eigenen Organisation liegen. Die Kosten der Vorbeugung gegen jedes Risiko werden in Rechnung gezogen, und es werden die Veränderungen in den internen Verfahren getroffen, die die Gesellschaft für ratsam hält. Die Praxis dieses Instituts ist vorbildlich für alle Gesellschaften, und der interne Revisor sollte diese Möglichkeiten besonders untersuchen.

## Prüfungen auf Grund von Aufzeichnungen und Berichten

Ein anderer Ausgangspunkt für die Prüfung können verschiedene Aufzeichnungen und Berichte sein. Es kann das Ziel sein, festzustellen, wie ihre Brauchbarkeit für die Buchführung gesteigert werden kann.

### Uraufzeichnungen

Die Urbelege müssen auf richtige Anwendung unter Berücksichtigung ihrer Ziele geprüft werden. Der erste Zweck besteht darin, Buchführungsinformationen für eine spätere Buchung oder eine mehr formale Zusammenfassung zu liefern. Die Genauigkeit der späteren Buchung ist weitgehend von der Genauigkeit dieser ersten Eintragung abhängig. Gleichzeitig müssen die ursprünglichen Aufzeichnungen im allgemeinen während der Buchführungsperiode oder noch etwas länger zum Nachschlagen zur Verfügung stehen. Ein anderes Ziel der Urbelege besteht darin, die Verantwortung für die Einnahme oder die Ausgabe von Mitteln der Gesellschaft, Begründung oder Erfüllung von Verbindlichkeiten oder für die Sammlung der gewünschten Informationen festzulegen. In einigen Fällen müssen die Uraufzeichnungen als Wertpapiere dienen und können übertragbar sein; schließlich müssen die Urbelege als Kontrollmittel dienen. Z. B. kann die Benutzung eines Anforderungsformulars für Einkäufe ein Mittel darstellen, bestimmte Verfahren zur Genehmigung von Einkäufen zu erzwingen.

Ein wichtiges Merkmal guter Grundbelege ist die Einfachheit, mit der sie benutzt werden können. Dies erfordert Überlegung, wer sie ausarbeiten soll, wie viel Zeit für die Arbeit zur Verfügung steht und unter welchen Bedingungen gearbeitet werden muß. Das bedeutet, daß das Formular so entwickelt und die verschiedenen Beglaubigungen und Anweisungen so angebracht sind, daß seine Verwendung klar ist. Irrtümer und Verzögerungen können weitgehend dadurch ausgeschaltet werden, daß die Anlage des Formulars der Reihenfolge angepaßt wird, in der es für die verschiedenen Vorgänge gebraucht wird. Für Beträge und andere notwendige Angaben sollte genügend Platz gelassen werden. Weiterhin verdienen die Qualität des Druckes, die Art des benutzten Papiers und die notwendige Hilfe und Unterstützung während der Bearbeitung des Formulars Beachtung.

In den meisten Fällen wird der zweckmäßige Gebrauch des Formulars dadurch erreicht, daß die Formulare auf irgend eine Art eingebunden werden. Wenn die Kontrolle der Formulare gewünscht wird, oder gegenseitige Verweisungen nötig sind, sollten die Formulare reihenweise numeriert sein. Dann kann die Verantwortung für die Benutzung jedes einzelnen Formulars festgestellt werden. Die Anzahl der Kopien, die zur Verteilung an andere Abteilungen benötigt werden, bestimmt die Zahl der Durchschläge, die mit dem Originalformular gleichzeitig angefertigt werden müssen. Man muß jedoch auch an die zusätzliche Arbeit denken, die die Benutzung vieler Durchschläge mit sich bringt und an die Möglichkeit, daß die Ausfüllung des Formulars dadurch verlangsamt wird.

*Die Beurteilung von Urbelegen.* Es ist die Aufgabe des internen Revisors, die verschiedenen Urbelege, die die Firma benutzt, zu überprüfen und unter Berücksichtigung der obigen Überlegungen festzustellen, wie weit sie wirtschaftlich und wirksam ihren jeweiligen Zweck erfüllen. Der interne Revisor muß zuerst ihre augenblickliche Anwendung prüfen, um den Erfolg beurteilen zu können, den die jetzigen Formulare erzielen. Es kommt oft vor, daß ein wesentlicher Teil der Angaben, die auf einem bestimmten Formular verlangt werden, bei der gegenwärtigen Benutzung unberücksichtigt bleibt. Das wirft die Frage auf, warum man in diesen Fällen nicht beides aufeinander abstimmt, und ob die Information wirklich benötigt wird. Hier kann es sehr nützlich sein, mit den Sachbearbeitern zu sprechen, die die Formulare ausfüllen und auch mit denen, die die Information später benutzen.

Außerdem sollte der interne Revisor versuchen, seine eigenen Schlüsse bezüglich der Änderungen zu ziehen, die eine zweckmäßigere Benutzung des Formulars bewirken könnten. Es kann sich um eine bessere Planung, Erweiterung oder Kürzung eines bestimmten Formulares oder um seine völlige Abschaffung handeln. Diese Schlußfolgerungen werden dann den Sachbearbeitern mitgeteilt, die für die Genehmigung von Formularen für die Buchhaltung verantwortlich sind.

Endlich sollte der interne Revisor auch die regelmäßige Überprüfung und nötigenfalls Änderung der in Gebrauch befindlichen Formulare anregen. Die einzelnen Formulare können in jeder Organisation leicht wegen veränderter Umstände unmodern werden, und es ist eine gewisse periodische Überprüfung notwendig. Am besten erfolgt die Überprüfung, wenn die Formulare erneut bestellt werden. In der Zwischenzeit sollten Empfehlungen und Vorschläge für gewünschte Änderungen sorgfältig gesammelt und für den Gebrauch zur Zeit der Prüfung aufbewahrt werden.

## Journale

Damit die Angaben der Buchführung für die Geschäftsführung den größten Nutzen erbringen, müssen die Urbelege entsprechend zusammengefaßt und eingeteilt werden. In einigen Fällen kann die Zusammenfassung unformell mit Hilfe von Analysen oder Arbeitspapieren durchgeführt werden. In anderen Fällen können Verzeichnisse, die die Erfordernisse eines Journals erfüllen, nach Sachgebieten oder anderen Einteilungen angefertigt werden. Der Erfolg bei diesen Zusammenfassungen besteht immer darin, daß die Eintragungen in das Hauptbuch stark reduziert werden, und daß nur bedeutende Einzelbeträge oder Summen direkt in das Hauptbuch zu buchen sind. Durch die stärkere Benutzung von Lochkartenmaschinen und elektronischen Rechenmaschinen wird wahrscheinlich eine weitere Änderung in der Methode der Zusammenfassung eintreten. Jedoch ändert sich nur die Technik und nicht das Prinzip oder Ziel.

Meistens wird, besonders in den kleineren Gesellschaften, eine Zusammenfassung immer noch mit Hilfe von mehr oder weniger formalen Journalen durchgeführt. Für unsere Zwecke können sie in 1. spezialisierte Jorunale und 2. allgemeine Journale eingeteilt werden.

*Spezialisierte Journale.* Es ist notwendig, daß die Analyse der Geschäftsvorfälle so weit wie möglich gleichzeitig mit den Eintragungen in ein Journal ausgeführt wird. Das kann mit Hilfe spezialisierter Journale erreicht werden, in denen spaltenförmige Einteilungen für eine

Analyse vorgesehen sind. Die Benutzung spezialisierter Journale steigert durch getrenntes Eingruppieren die Brauchbarkeit der Angaben und gestattet auch eine wirtschaftliche Arbeitsteilung. Der Gebrauch von mechanischen und elektronischen Einrichtungen ist ein wichtiges Mittel, lästige Schreibarbeiten zu umgehen, Zeit zu sparen und größere Genauigkeit zu erreichen. Man kann von einer besonders wichtigen Ersparnis sprechen, wenn die Journalbuchung gleichzeitig mit dem Urbeleg entstehen kann. Darüber hinaus steht ein größerer Fortschritt in der Anfertigung von Grundpapieren und Urbelegen durch die Einführung einer integrierten Datenverarbeitung bevor (mittels Elektronenrechner. d. Ü.). Hier wird es durch den Gebrauch einer „Umgangssprache", des binären Code, möglich sein, bedeutende Zusammenfassungsarbeiten einzusparen. Wenn z. B. eine Rechnung geschrieben wird, so wird gleichzeitig ein Lochstreifen oder ein Magnetband erstellt, deren Inhalt dann automatisch im Elektronenrechner zusammengefaßt werden kann. Dadurch wird es nicht mehr wie bisher notwendig sein, mit der Hand oder einer der herkömmlichen Büromaschinen eine Zusammenfassung der ursprünglichen Unterlagen besonders anzufertigen.

*Das allgemeine Journal.* Das allgemeine Journal wird jetzt hauptsächlich für Buchungen benutzt, die nicht in die spezialisierten Journale, z. B. Einkaufs-, Verkaufs- und Kassenjournal, gehören. Der interne Revisor befaßt sich mit den Arbeitsgängen, durch die die einzelnen Journaleintragungen entstanden und genehmigt sind. Es ist notwendig, daß für ständig wiederkehrende Geschäftsvorfälle Arbeitsrichtlinien aufgestellt werden. In anderen Fällen ist es wegen der ungewöhnlichen Art bestimmter Vorfälle wichtig, daß die Erklärungen ausreichend sind, und daß die zugehörigen Belege beigefügt werden. Die Kontrolle dieser Eintragungen durch Genehmigung seitens unabhängiger Vorgesetzter ist besonders wichtig, da hier die Möglichkeiten einer Manipulation größer als bei anderen Journalbuchungen sind.

Bei Journalbuchungen unterscheiden wir zwei Grundtypen: 1. sich wiederholende und 2. sich nicht wiederholende.

*Sich wiederholende Eintragungen.* Im allgemeinen entstehen die sich wiederholenden Journalbuchungen in Verbindung mit dem periodischen Abschlußverfahren am Monatsende, nach einem Vierteljahr oder am Jahresende. Gewöhnlich werden diese Buchungen zu einem Beleg allein oder zu einer Serie von Belegen zusammengefaßt. Diese Standardeintragungen sind im allgemeinen die ersten Journaleintragungen jedes Monats. Sie tragen gewöhnlich jeden Monat dieselben Nummern, und die einzige bedeutende Änderung ist der Betrag. Eine derartige Standardnumerierung erleichtert das Abschlußverfahren, so daß es verhältnismäßig einfach festzustellen ist, ob alle wiederkehrenden Belastungen jeden Monat eingetragen wurden. Der interne Revisor wird die verschiedenen Standardeintragungen besonders prüfen, um festzustellen, ob die veränderten Bedingungen sich richtig in ihnen widerspiegeln, und ob auch alle wiederkehrenden Angaben aus den Buchungen ersichtlich sind.

*Sich nicht wiederholende Eintragungen.* Die sich nicht wiederholenden Buchungen werden im allgemeinen Geschäftsvorfälle ungewöhnlicher Art betreffen und werden deswegen nicht nach den Arbeitsrichtlinien ausgeführt, die für wiederkehrende Geschäftsvorfälle aufgestellt sind. Wegen ihrer ungewöhnlichen Art und ihres seltenen Vorkommens sollte der interne Revisor diese Buchungen sehr sorgfältig prüfen. Journalbuchungen sind ein Weg, auf dem normalerweise Berichtigungen und Verbesserungen gemacht werden, was noch mehr für die Notwendigkeit einer sehr genauen Prüfung von seiten des internen Revisors spricht. Im allgemeinen wird eine lückenlose Prüfung aller derartigen Eintragungen während der Prüfungsperiode durchgeführt, oder es werden zahlreiche Stichproben gemacht. Alle Buchungen auf gewissen Kontroll- oder Finanzkonten sollten ebenfalls sorgfältig untersucht werden. Es muß festgestellt werden, ob die Buchung in angemessener Weise von dem Vorgesetzten, der für die Ausführung dieser Art von Geschäftsvorfällen verantwortlich ist und von einem verantwortlichen Buchhaltungsvorgesetzten genehmigt ist.

*Prüfung des Eintragungsverfahrens.* Der interne Revisor ist dann soweit, die Arbeiten der Gesellschaft zu beurteilen und zu entscheiden, ob die verschiedenen Ziele erreicht werden. Die Möglichkeiten, die Form der Eintragungen oder der Zusammenfassungen zu ändern, die jetzt angewendet werden, um die bereits besprochenen Ziele zu fördern, sollten sorgfältig geprüft werden. Man sollte alles versuchen, um diese Ergebnisse auf wirtschaftlichere Weise zu erhalten. Die Möglichkeiten, ohne formale Journale auszukommen, sollten ebenfalls beachtet werden, aber wir müssen gleichzeitig berücksichtigen, daß die geänderten Verfahren eine zufriedenstellende Grundbuchung liefern müssen, die vollständig und genau und einer angemessenen Prüfung unterworfen ist. Die Ziele der Journalführung müssen ohne Rücksicht auf die besondere Form erfüllt werden, die das Journal oder die Ersatzverfahren in Wirklichkeit annehmen. Die Überlegungen bei der Prüfung der im Gebrauch befindlichen Formulare, die Schlußfolgerungen und das Erfordernis einer regelmäßigen Überprüfung sind ähnlich wie bei den Urbelegen, die wir besprochen haben.

## Hauptbücher

Die im Journal zusammengefaßten Zahlen werden nun auf besonderen Bilanzkonten und Konten der Gewinn- und Verlustrechnung gebucht. Bei der Zusammenfassung der Zahlen in der Buchhaltung folgt diese Stufe den Urbelegen und Journalen. In Wirklichkeit haben jedoch die ursprünglichen Entscheidungen über die Einteilung des Hauptbuches weitgehend den Entwurf dieser anderen Formulare bestimmt, weil alle Gesichtspunkte des Systems miteinander zusammenhängen.

Die Aufgabe der Hauptbücher besteht darin, in einer entsprechenden Aufteilung das Wachsen und Abnehmen der Aktiva der Gesellschaft, der Verbindlichkeiten und der Eigentumsverhältnisse darzustellen. Im Hinblick auf die Eigentumsverhältnisse sind auch die permanenten Bilanzkonten und die sogenannten Nominalkonten darin enthalten, auf denen die laufenden Veränderungen in den Eigentumsverhältnissen dargestellt werden. Diese Konten bilden dann die Hauptquelle der Daten, aus denen die Finanzberichte zusammengestellt werden.

*Beurteilung des Hauptbuches.* Beim Hauptbuch ist die richtige Konteneinteilung für die Bilanz und Gewinn- und Verlustrechnung von großer Bedeutung. Diese Konteneinteilung wird im Kontenplan dargestellt und bestimmt weitgehend die Art der Finanzinformationen, die mit Hilfe des Rechnungswesens zusammengetragen werden. Dazu gehört sowohl die Überlegung, wie weit die Aufteilung der Konten gehen soll — wie viele Konten eingerichtet werden sollen — als auch die Art, in der die Konten nach Abteilungen, Tätigkeiten oder Verantwortungsbereichen gruppiert werden sollen. Bei der Lösung dieses Problems muß auch die Frage beantwortet werden, inwieweit Hilfsbücher geführt werden sollen.

Ist die Konteneinteilung einmal angenommen, so sollte ihre Benutzung durch ein passendes Nummernsystem erleichtert werden. Ein Zahlen- oder Symbolsystem zur Bezeichnung der Konten führt zu geringerem Schreibaufwand und erleichtert Hinweise auf bestimmte Konten. Der Plan für diese Bezeichnungen ist für den internen Revisor von besonderer Bedeutung wegen der Fehler, die bei der Arbeit mit einem unzureichenden Zahlen- oder Symbolschlüssel entstehen können. Beim Hauptbuch muß auch an die Arbeitstechnik und den Entwurf von passenden Formularen gedacht werden. Die Konten können auf Bogen — vorzugsweise auf losen Blättern — oder Karten angelegt werden. Sie können hand- oder maschinengeschrieben sein. Die Formulare selbst sollten so entworfen sein, daß sie die Buchungsarbeiten und die Benutzung der Konten zum Nachschlagen erleichtern. In jedem Falle besteht die Möglichkeit, andere wichtige Informationen auf dem Hauptbuchkonto aufzuzeichnen. Die Sammlung zweckdienlicher Angaben über einzelne Maschinen auf Anlagevermögens-Konten kann hierfür als Beispiel dienen.

## Hilfsaufzeichnungen

Außer den formellen Buchungsunterlagen existieren normalerweise in jedem Unternehmen Hilfsaufzeichnungen, die zwar genau genommen nicht ein Teil des Systems, trotzdem aber eng mit ihm verbunden sind. Beispiele dafür sind Pachtverzeichnisse, Versicherungsaufzeichnungen und Listen über Steuerschätzungen. Diese Berichte können zu dem Rechnungswesen in indirekter Beziehung stehen, doch sie sind keine Hilfsbücher in dem Sinne, daß ihre Genauigkeit durch normale Hauptbuchkonten kontrolliert wird.

Der Zweck dieser Hilfsaufzeichnungen besteht darin, Informationen zum laufenden Nachschlagen auf eine andere Art als durch regelrechte Konten zu liefern. Der interne Revisor muß beurteilen, ob dies auf zweckmäßige Weise geschieht. Wenn die so geführten Aufzeichnungen mehr oder weniger von der Kontrolle durch die Buchführung isoliert sind, besteht die Gefahr, daß ihre Genauigkeit schließlich darunter leidet. Wenn diese Hilfsaufzeichnungen eine wichtige Quelle für Buchungsangaben bilden, oder wenn sie zur Terminüberwachung für notwendige Arbeiten dienen, so ist der interne Revisor besonders daran interessiert, ihr Funktionieren zu beurteilen und ihre Genauigkeit nach Möglichkeit zu erhöhen.

## Beurteilung der Arbeitsabläufe der Buchführung und Verwaltung

Zur Beurteilung der verschiedenen Arten der Unterlagen — Urbelege, Journale, Hauptbücher und Hilfsaufzeichnungen — mußten die dazu gehörigen Arbeitsabläufe in Betracht gezogen werden. Dabei handelt es sich in einigen Fällen um Arbeiten, die nur die Buchführung betreffen, z. B. die Berichtigungs- und Abschlußverfahren. In anderen Fällen sind die Arbeitsverfahren allgemeiner Art, wie bei der Ablage oder Bearbeitung der Korrespondenz. Diese Buchführungs- und Verwaltungsarbeiten hängen jedoch so eng zusammen und überschneiden sich gegenseitig derart, daß es angebracht ist, sie zusammen zu behandeln.

### Laufende Buchungen

Bei den laufenden Buchungen ist die Schreibweise und die Genauigkeit der Buchungen in jedem Teil des Buchungsvorgangs besonders zu beobachten. Sind Formulare, Analysen, Zusammenfassungen oder andere Unterlagen sauber und leserlich geschrieben? Sind radierte Stellen oder Korrekturen häufig oder zu oft vorhanden, und wird die Benutzung der Unterlagen durch andere Personen infolge dieser Schreibmängel beeinträchtigt? Hier geht es hauptsächlich um die handgeschriebenen Teile der Aufzeichnungen, obwohl qualitative Maßstäbe auch bei der Benutzung von Maschinen eine Rolle spielen. Vollkommenheit ist in diesen Punkten natürlich unmöglich und ist auch unerwünscht, wenn sie zu große Kosten verursacht. Es geht vielmehr darum, daß man vernünftigen

Anforderungen gerecht wird, so daß kein entscheidendes Hindernis für den glatten Ablauf des Systems entsteht.

### Die Festlegung der Reihenfolge der laufenden Buchführungsarbeiten

Zum guten Funktionieren des Rechnungswesens und der Verwaltung gehört, daß die laufenden Buchführungsarbeiten so geordnet und koordiniert werden, daß Verzögerungen auf ein Minimum beschränkt werden, und daß die Dinge in der Reihenfolge ihrer Wichtigkeit bearbeitet werden. Die Beschäftigung mit den besonderen Erfordernissen der laufenden Verwaltung führt zur Erkenntnis des engen Zusammenhanges der Buchführungsarbeiten mit den Problemen der täglichen Kontrolle und der Notwendigkeit der richtigen Koordinierung dieser Faktoren für das Wohl der Gesellschaft.

Wenn zum Beispiel ein Tagesbericht einer Zweigniederlassung in der Hauptverwaltung eintrifft, so sind damit verschiedene Aufgaben der Buchführung verbunden, die Beachtung verlangen. Die Angaben über das Bankguthaben werden von dem Personal benötigt, das die Geldeingänge bearbeitet, die Angaben über Forderungen von der Kreditabteilung, Umsatzinformationen von der Verkaufsabteilung, Warenzu- und -abgänge müssen in der Lagerkartei eingetragen und die Preise, die Multiplikationen sowie die Summen müssen für weitere Buchungen entsprechend geprüft werden. Die Arbeitsvorgänge, durch die die benötigten Angaben den verschiedenen Stellen mitgeteilt werden, und der wirkliche Lauf der Belege selbst, müssen mit den Grundsätzen der internen Kontrolle übereinstimmen und verlangen zugleich die Kenntnis, was am dringendsten ist. Die Notwendigkeit einer sofortigen Information als Unterlage für sofortiges Handeln, das für die Interessen der Gesellschaft lebenswichtig ist, muß mit den Vorteilen der regelmäßigen Folge der Buchhaltungsarbeiten abgewogen werden.

### Die Organisation von Belegen und laufenden Akten

Die Ausführung der Buchführungs- und damit verbundenen sonstigen Arbeiten erfordert die Sammlung von Papieren und Belegen durch verschiedene Personen. Auf diesen Papieren werden in vielen Fällen die Angaben, die für die tatsächliche Buchung gebraucht werden, eingehend dargelegt oder sie haben etwas mit einem besonderen Teil des Buchungsvorhabens zu tun. Zugleich dienen sie als wichtiges Mittel zur laufenden Kontrolle der Geschäftsvorfälle, auf die sie sich beziehen.

Der Gebrauch dieser Unterlagen verlangt, daß sie zu jeder Zeit systematisch in Ordnung gehalten werden. Der zuständige Sachbearbeiter muß sich an eine bestimmte Organisation gewöhnen und — wenn notwendig — sollten auch Organisationsschreibtische oder andere Organisationshilfen benutzt werden. Ein Mangel hierbei begünstigt Irrtümer in den Zusammenstellungen, die von der Buchhaltung gemacht werden — hauptsächlich durch Auslassungen — und vermindert die Leistung bei der laufenden Arbeit durch Verzögerungen und Fehler, die durch verlorene oder verlegte Unterlagen verursacht werden.

### Berichtigungs- und Abschlussverfahren

Ein Hauptproblem der Arbeit besteht in der Organisation der Berichtigungs- und Abschlußverfahren, damit die Finanzberichte ohne unnötige Verzögerung erstellt werden. Je umfangreicher die internen Einzelheiten werden, und je ausgedehnter die technischen Arbeiten der Gesellschaften sind, desto größer die Schwierigkeiten dieses Problems. Um diese Schwierigkeiten auszuschalten, muß die Arbeit der Buchhaltung, die zur Abschlußzeit anfällt, zum Teil auf einen anderen Abschnitt des Monats verlegt und die Methoden zur Fertigstellung des Abschlusses am Ende einer solchen Periode müssen sorgfältig überlegt werden.

Wegen der Zweckmäßigkeit, Buchführungsarbeiten von der Abschlußzeit auf die weniger belasteten Tage des Monats zu verlegen, muß in dieser Richtung jede Möglichkeit ausgenutzt werden. Dies wird hauptsächlich durch ständige Zusammenfassungen und Prüfungen erreicht. So können die Verkaufsangaben täglich analysiert und laufend die jeweiligen Endsummen der Untereinteilungen festgestellt werden. Die Debitorenkonten können in passenden Abständen abgestimmt werden, so daß die Gefahr von Fehlern, die schwer zu finden sind, am Monatsende verringert ist. Formulare, die bei den Berichtigungs- und Abschlußarbeiten gebraucht werden, können im voraus vorbereitet werden.

Wenn die Geschäftsperiode zu Ende gegangen ist, müssen die Berichtigungs- und Abschlußarbeiten systematisch koordiniert werden. Da die meisten Schritte von der Fertigstellung bestimmter anderer Arbeiten abhängen, sollte die Reihenfolge aller dieser verschiedenen Schritte festgelegt und die Einhaltung eines solchen Programms verlangt werden. Die verschiedenen Aufgaben sollten auf die bestmögliche Art verteilt werden, und es muß alles geschehen, um eine möglichst gute Zusammenarbeit zu erreichen.

### Die Verteilung der Arbeit in der Buchhaltung

Die Art wie die Arbeit in der Buchhaltung verteilt wird, wird weitgehend davon bestimmt, aus Gründen der Kontrolle die Unabhängigkeit der verschiedenen Tätigkeiten zu erhalten. Die Zuweisung von Pflichten an einzelne Personen, Gruppen oder Abteilungen muß stark von diesen Überlegungen beeinflußt werden, die die ständige Sicherung einer guten Leistung darstellen. Zugleich sind jedoch auch noch andere Faktoren zu beachten, die in einigen Fällen dem vorhergehenden Ziel widersprechen. Die Arbeit muß so verteilt werden, daß die Zeit und Fähigkeit jedes Angestellten so zweckmäßig wie möglich eingesetzt wird, so daß keine Verzögerungen in den laufenden Arbeiten oder den Abschlußvorgängen auftreten, und daß eine gewisse Geschmeidigkeit innerhalb der Organisation aufrecht erhalten bleibt. Diese Probleme sind in kleineren Unternehmen dringender, da es hier notwendig ist, einem Angestellten verschiedene Arten von Arbeit zuzuweisen. Wo dieses Problem besteht, sollte der interne Revisor bestrebt sein, den Ausgleich zu schaffen, der am meisten befriedigt.

### Verteilung zwischen Stammgeschäft und Zweigniederlassungen

Oft werden Arbeiten von Zweigniederlassungen ausgeführt, die besser zentralisiert und im Hauptgeschäft bearbeitet werden könnten. Andererseits ist es sehr nützlich, die Genauigkeit der Einzelheiten, bei denen Differenzen sofort aufgeklärt werden können, in der Zweigniederlassung zu prüfen. Da zu einer solchen Abstimmung eine gewisse Zusammenfassung erforderlich ist, muß diese so erfolgen, daß sie vom Hauptgeschäft am besten verwendet werden kann. Allerdings muß man die Fähigkeiten des in den Zweigniederlassungen arbeitenden Personals und dessen Zeit berücksichtigen, die möglicherweise für wichtigere Aufgaben als für Buchführungsarbeiten benötigt wird. Der interne Revisor muß die Vor- und Nachteile abwägen, die unter den bestehenden Verhältnissen damit verbunden sind. Auch sollte er versuchen, die Lösung zu finden, die für die allgemeinen Interessen der Gesellschaft am vorteilhaftesten erscheint.

### Die Benutzung gedruckter Vorschriften der Gesellschaft

Die wichtigste Quelle für Vorschriften der Gesellschaft ist im allgemeinen ein Buchführungshandbuch irgendwelcher Art. Viele Unternehmen haben ausgezeichnete Handbücher dieser Art entwickelt, aber in den meisten Fällen müssen sie beträchtlich verbessert werden. Es können auch numerierte Rundschreiben oder andere verschiedenartige Notizen sein, die Vorschriften über Punkte enthalten, die zu verschiedenen Hauptbuchkonten gehören und Verfahren in verschiedenen Buchführungsangelegenheiten behandeln.

Wenn gedruckte Vorschriften vorhanden sind, muß der interne Revisor zuerst feststellen, wieweit sie benutzt werden. Werden die Handbücher und Rundschreiben unter Berücksichtigung der eingehenden Änderungen auf dem laufenden gehalten, und sind diese Vorschriften jederzeit zur

Einsicht verfügbar? Was ergibt die Prüfung der Buchführung durch den internen Revisor darüber, ob die Vorschriften auch benutzt werden? Bis zu welchem Ausmaß werden die wichtigeren Vorschriften verstanden oder wieweit wird bezüglich der fraglichen Punkte in ihnen nachgeschlagen? Der interne Revisor kann auch beurteilen, wie die Vorschriften ausgearbeitet werden; er kann auch ihre Deutlichkeit und Vollständigkeit überprüfen und in wieweit sie durch eine angemessene Überarbeitung auf dem laufenden gehalten werden. Wird diesen Punkten keine dauernde Beachtung geschenkt, so verlieren die gedruckten Informationen bald ihre Wirksamkeit. Die Praxis stimmt allmählich immer weniger mit ihnen überein. In solchen Gesellschaften, in denen keine Handbücher oder gedruckte Vorschriften existieren, sollte die interne Revisionsabteilung jede Anstrengung darauf verwenden, die entsprechenden Vorgesetzten von der Notwendigkeit dieser wichtigen Mittel für eine gut funktionierende Buchführung zu überzeugen.

### Beziehungen zwischen den Abteilungen

Zur Ausführung der laufenden Geschäftsvorfälle des Unternehmens und der damit verbundenen Arbeitsgänge ist die Koordination der verschiedenen Unternehmensgruppen, Abteilungen oder Stellen notwendig. Das Problem existiert in kleinerem Umfang in der Hauptverwaltung, wo die Arbeit einer Gruppe oder Abteilung wirksam auf den anderen Teil der Arbeit in der Hauptverwaltung abgestimmt werden muß. In größerem Ausmaß besteht es zwischen der Hauptverwaltung und den Tochtergesellschaften oder Zweigniederlassungen. Es handelt sich vielleicht nur um die Übermittlung von Informationen. Es sind Fälle denkbar, in denen das Unvermögen der einen Gruppe, ihren Teil der Arbeiten auszuführen, zu beträchtlichen Unannehmlichkeiten in anderen Abteilungen — oder vielleicht sogar zu tatsächlichen Verlusten führen kann.

Nehmen wir folgendes Beispiel: Es kann die Aufgabe des Verkaufs sein, auf Anforderung von Zweigniederlassungen oder Lagern Aufträge auszuführen. Die Fehlleistungen des Verkaufs können in Verzögerungen oder Ungenauigkeiten beim Versand oder in einer verspäteten oder fehlerhaften Berechnung bestehen. Sehr oft gibt es Differenzen, die zwischen den betroffenen Abteilungen aufkommen. In jedem dieser Fälle ist der interne Revisor leicht in der Lage, zu beurteilen, ob die verschiedenen Arbeiten richtig koordiniert werden, wo die Fehler liegen und was zu unternehmen ist, um die Mängel abzuschaffen.

### Ablegen und Aufbewahren von Unterlagen

Nachdem die verschiedenen Papiere, Briefe, Belege und weitere laufend gebrauchte Unterlagen ihren Anfangszweck erfüllt haben, ist es notwendig, sie in Akten irgendwelcher Art mit der nötigen Sorgfalt aufzubewahren. In den meisten Fällen werden diese Unterlagen eine gewisse Zeit zu Auskünften benötigt; danach können sie auf eine etwas dauerhaftere Art abgelegt werden.

Der interne Revisor ist daran interessiert, ob die Unterlagen während der Zeit, in der sie laufend für Auskünfte benötigt werden, stets erreichbar sind. Sind die Ablagemöglichkeiten ausreichend oder die Akten überfüllt, so daß es zu Verwirrung und zu Beschädigungen der Papiere und Unterlagen kommt? Sind die Verfahren in Ordnung, nach denen die Unterlagen abgelegt oder wieder entnommen werden, oder wäre es wirtschaftlich, die ausschließliche Sorge dafür einer einzigen Person zu übertragen? Außerdem muß sich der interne Revisor darum kümmern, wie die laufenden Ordner periodisch geleert werden und der Inhalt in eine Dauerablage übernommen wird. Auf die Dauerablage wird man voraussichtlich nur gelegentlich zurückgreifen, und sie kann sich aus diesem Grunde in entfernteren Räumen befinden. Trotzdem sollten die Unterlagen noch mit vertretbarem Arbeitsaufwand erreichbar sein und gegen Beschädigungen geschützt werden.

### Die Vernichtung von Unterlagen

Das Problem der Aufbewahrung wird wahrscheinlich lästig, wenn nicht Vorkehrungen zur Vernichtung einiger Arten von Unterlagen getroffen werden. Gewisse Unterlagen, die Hauptbücher, Verträge oder Protokolle über Hauptversammlungen sollten im allgemeinen während des ganzen Bestehens der Gesellschaft aufbewahrt werden. Andere Unterlagen, wie Verkaufszettel, Tätigkeitsberichte oder Eingangsrechnungen können nach einer bestimmten Zahl von Jahren vernichtet werden. Solange die verschiedenen gesetzlichen Bestimmungen richtige Beachtung finden, kann die Unternehmung jedes beliebige Programm zur Vernichtung der Unterlagen aufstellen, das ihr zweckmäßig erscheint. Irgendein Programm sollte in jedem Falle zur Orientierung vorhanden sein, und der interne Revisor kann dann seine allgemeine Befolgung feststellen.

## Interne Revisionsanweisungen — Arbeitsgänge der Buchführung und der Verwaltung

Die Möglichkeiten, die für eine konstruktive Arbeit des internen Revisors im Hinblick auf das Rechnungswesen und die damit zusammenhängenden Verfahren bestehen, werden deutlich durch die folgenden Anweisungen, die dem internen Prüfungshandbuch einer Gesellschaft entnommen sind:

1. a) Das Handbuch der Buchführung, das während der Prüfung benutzt wurde, ist zu prüfen, ob es sämtliche Rundschreiben enthält.
   b) Die Kontenbezeichnungen und Kontennummern des Hauptbuches sind mit dem Kontenplan für Bilanzkonten im Handbuch der Buchführung zu vergleichen. Falls im Hauptbuch Unterkonten geführt werden, sollten deren Bezeichnungen sowohl die Bezeichnung des eigentlichen Hauptbuchkontos wie die des Unterkontos enthalten.
   c) Die Kontierung in der Rohbilanz, die den neuesten Finanzberichten beigelegt ist, muß kontrolliert werden, um festzustellen, ob die Konten richtig in Übereinstimmung mit den Erfordernissen des Buchführungshandbuches zu Bilanzzwecken gruppiert wurden.
   d) Bei Gesellschaften, deren Bücher in Übereinstimmung mit Kontierungsvorschriften von Preisbehörden gehalten werden, sind die Arbeitspapiere zu überprüfen, indem die Konten umgruppiert werden, um ihre Finanzberichte mit den Erfordernissen des Buchhaltungshandbuches in Übereinstimmung zu bringen.
   e) Mit dem Buchhaltungsleiter sind alle Posten zu besprechen, die anscheinend auf anderen als den im Buchführungshandbuch vorgeschriebenen Konten gebucht sind. Es muß versucht werden, mit ihm ein Einvernehmen zu erreichen bei den Posten, deretwegen Berichtigungen in den Büchern vorzunehmen sind. Bei solchen Posten, die lediglich eine Umgruppierung in den Finanzberichten — ohne Berichtigung in den Büchern — erfordern, sollte man dem Buchhaltungsleiter vorschlagen, sie in den zukünftigen Finanzberichten richtig umzugruppieren. Falls hierbei kein Einvernehmen über die Auslegung des Handbuches erzielt werden kann, ist ein Brief in dreifacher Ausfertigung an die Prüfungsabteilung des „Comptroller's Department" zu richten, der Einzelheiten über die fraglichen Punkte enthält und in dem um eine Entscheidung gebeten wird. Für jedes Konto, für das eine Verfügung verlangt wird, sollte ein besonderer Brief geschrieben werden.
2. Statistische Angaben für die Geschäftsleitung. Zweck und Benutzung der verschiedenen Statistiken und Kostenangaben ist soweit wie möglich festzustellen. Ferner ist zu untersuchen, ob die Stelle von Zeit zu Zeit den Zweck und die Verwertung der verschiedenen Aufstellungen, die für die Geschäftsleitung aufgestellt werden, überprüft, um alle unnötig erscheinenden auszuschalten und solche Aufstellungen zu kombinieren, die mehr oder weniger ähnliche Informationen enthalten.
3. Prüfungsberichte von örtlichen Revisoren über deren Prüfung von Abteilungen, Zweigniederlassungen und so weiter (wenn solche Prüfungen durchgeführt werden) sind einzusehen, um festzustellen, ob die Buchführung dort zufriedenstellend ist, und ob solche Prüfungen richtig und wirksam abgewickelt werden.

   Wenn ein Bericht zeigt, daß die Buchführung in den Augen des internen Revisors der Hauptverwaltung so ungenügend ist, daß sie eine Prüfung durch ihn rechtfertigt, so ist dies der Prüfungabteilung des „Comptroller's Department" mitzuteilen, unter ausführlicher Darstellung der vom örtlichen Prüfer beschriebenen Lage. Gleichzeitig ist eine Prüfung durch einen Revisor der Hauptverwaltung vorzuschlagen. Auf Grund eines solchen Briefes wird das Büro in New York entscheiden, ob eine Untersuchung anzustellen ist.
4. Arbeitsabläufe im Büro, interne Kontrolle und Buchführungsverfahren. Die Ergebnisse der Überprüfungen und Untersuchungen sind zusammenzustellen, um zu ermitteln, ob die Interessen der Gesellschaft angemessen ge-

schützt werden. Wenn die Verfahren für die interne Kontrolle und für Bescheinigungen der Verkaufsbüros, die zur entsprechenden Anwendung in anderen Büros empfohlen werden, von dem Büro angenommen wurden, dann sind die daran vorgenommenen Änderungen zu prüfen, ob sie den örtlichen Anforderungen entsprechen.

Anmerkung: Revisoren sind auf Grund ihrer Erfahrung manchmal in der Lage, Vorschläge zu machen, die eine wesentliche Hilfe sein können. Es sollte jedoch dafür Sorge getragen werden, daß Vorschläge für Änderungen vermieden werden, die in der Endanalyse keinen Nutzen ergeben. Hierbei sollte das unten angegebene Verfahren befolgt werden:

a) Falls der interne Revisor eine Änderung oder Verbesserung vorzuschlagen wünscht, muß er zuerst feststellen, ob das bestehende Verfahren entweder von einem früheren Revisor oder von der Hauptbuchhaltung der Hauptverwaltung aufgestellt wurde.

b) Die Änderung eines bestehenden Verfahrens sollte nur nach sorgfältiger Überlegung empfohlen werden und nur dann, wenn der Revisor sicher ist, daß die Änderung eine wirkliche Ersparnis und/oder Verbesserung ergibt. Die Änderung sollte dem Leiter der Buchhaltung empfohlen werden, der sie — wenn er einverstanden ist — verwirklichen sollte, sofern er dazu befugt ist. Im anderen Fall muß sich der Leiter der Buchhaltung mit seiner vorgesetzten Stelle in Verbindung setzen, um die nötige Genehmigung zu erwirken.

c) Wenn der Leiter der Buchhaltung nicht dem Vorschlag zu einer Änderung in einem bestehenden Verfahren zustimmt und der Revisor *nach weiterer Überlegung überzeugt ist, daß sich eine wirkliche Ersparnis und/oder Verbesserung ergeben wird, falls die Änderung doch durchgeführt wird,* so soll von dem Revisor ein Brief in dreifacher Ausfertigung an die Prüfungsabteilung des „Comptroller's Department" geschrieben werden, der alle Einzelheiten über folgendes angibt:
   1. Einzelheiten über das derzeitige Verfahren,
   2. Einzelheiten des vorgeschlagenen Verfahrens,
   3. Erklärung der Einwendungen des Leiters der Buchhaltung gegen den Vorschlag.

   Eine Durchschrift dieses Briefes sollte dem Leiter der Buchhaltung übergeben werden.

## 23. Sonderaufgaben

In diesem Kapitel beschäftigen wir uns mit den besonderen Revisionsaufgaben, die sich in Verbindung mit dem regulären Revisionsprogramm ergeben oder die dem internen Revisor als Sonderaufgabe zugewiesen werden.

Im allgemeinen erfordern diese Sonderaufgaben eine intensive und laufende Arbeit an einem bestimmten Vorgang oder einem Aufgabengebiet bis zur Fertigstellung. In den meisten Fällen kehrt zwar die gleiche Problemstellung wieder, aber nicht in der speziellen Form, mit Ausnahme der Fälle, in denen z. B. die Unterlagen für einen Lieferanten einer regelmäßigen Kontrolle unterzogen werden, um die Übereinstimmung mit dem Vertrag festzustellen, oder in Fällen ähnlicher Art.

Die Aufgaben der Nachprüfung und Analyse, die der interne Revisor erfüllen kann, umschließen einen weitgespannten Tätigkeitsbereich. Die Arbeit des Revisors kann beispielsweise maßgeblich eine Entscheidung beeinflussen, ob bestimmte Stoffe oder Teile gekauft oder selbst hergestellt werden sollen. So kann es vorkommen, daß der Differenzbetrag nur gering ist, und die Entscheidung über Kauf oder Herstellung im eigenen Betrieb von der Aufstellung zuverlässiger Kostenvoranschläge abhängt. Bei der endgültigen Entscheidung sind vielleicht verschiedene Faktoren zu berücksichtigen. Ein Faktor zum Beispiel, der einen Einfluß auf die Entscheidung hat, könnte die Höhe der Gemeinkosten sein, die durch die besondere Herstellung erwartungsgemäß gedeckt werden würden.

Wir haben diesem Kapitel weiteres Material hinzugefügt, um der jüngsten Entwicklung der internen Revision bei Erweiterungen und Fusionierungen Rechnung zu tragen. Außerdem wurde noch Material beigefügt, um herauszustellen, was der interne Revisor in bezug auf die Finanz-, Betriebs- und die statistischen Angaben leisten kann, die dem Jahresbericht an die Aktionäre beigefügt werden.

## Einhaltung von Verträgen

Wenn Verträge unterzeichnet und in Kraft getreten sind, ergeben sich zahlreiche Arten von Revisionsaufgaben. Die Aufgaben beziehen sich direkt oder indirekt auf die Feststellung der Übereinstimmung mit den Vertragsbestimmungen und führen zur Prüfung der Unterlagen, die sich entweder im Unternehmen oder in den Händen der anderen Vertragspartner befinden. Einige Erläuterungen sollen die Verschiedenartigkeit dieser speziellen Prüfungsaufgaben aufzeigen.

### Kostenerstattungs-Verträge

Ein besonderer Vertrag des Unternehmens kann z. B. direkt auf den Kosten des Lieferanten oder Verkäufers beruhen, insbesondere bei dem Kauf von Erzeugnissen oder Anlagegegenständen. Dieser Vertragstyp wird im allgemeinen angewandt, wenn Preise oder Lohnverhältnisse stark fluktuierende Tendenzen zeigen oder wenn es wegen unübersehbaren Faktoren nicht möglich ist, feste Preise anzugeben. Es gibt dabei zwei grundsätzliche Typen von Kostenerstattungs-Verträgen:

1. Kosten plus vereinbarter Prozentsatz dieser Kosten
2. Kosten plus fester Betrag.

Im allgemeinen prüft der Revisor in bestimmten Abständen die Unterlagen der Lieferfirma und stellt fest, ob die Vertragsbedingungen eingehalten wurden. Damit ist nicht nur die buchungstechnische Genauigkeit der Kostenaufstellung gemeint, sondern auch die Auslegung der Vertragsartikel hinsichtlich der Kostenbestimmung. Dabei ist besonders zu beachten, daß in der Kostenbasis keine Posten erscheinen, die eigentlich der Lieferant zu tragen hat.

### Patent- oder Lizenzverträge

Hat ein Unternehmen über die Nutzung von Patenten oder anderen Rechten Verträge abgeschlossen, so müssen die Zahlungen der fälligen Gebühren in Übereinstimmung mit diesen Verträgen erfolgen. Obwohl diese Angelegenheiten gewöhnlich von den Vertragspartnern kontrolliert werden, die die Patente besitzen, ist es dennoch erforderlich, daß die Interessen des Unternehmens als Lizenznehmer ebenfalls gewahrt werden. Der Revisor muß prüfen, ob die Verfahren, nach denen die Mengenangaben für die Feststellung der Gebühren errechnet werden, genau und zuverlässig sind. Auf die so festgestellten Mengen müssen dann die vertraglich vereinbarten Sätze angewendet werden, und zwar unter genauer Berücksichtigung der Wirkung der Mengen auf die Höhe dieser Sätze. Außerdem muß sorgfältig geprüft werden, ob das Unternehmen auch von allen anderen Rechten Gebrauch macht, auf die es nach den Vertragsbedingungen Anspruch hat.

Ähnliche Vorkehrungen sind zu treffen, wenn die Verhältnisse umgekehrt liegen und Patent- oder Lizenzgebühren für Vorrichtungen oder Verfahren, die der Firma gehören, entgegengenommen werden. In diesem Falle geht der interne Revisor zu dem betreffenden Lizenznehmer und prüft die vorliegenden Unterlagen und Daten, auf denen die Zahlung der Gebühren beruht.

### Erfüllung von Kaufverträgen

Wenn Kaufverträge erfüllt sind, ist es erforderlich, die nach diesen Bedingungen erfolgten Vorgänge zu prüfen und zu bestätigen. Beispielsweise kann der Ankauf größerer Vermögenswerte zum Eingang oder der Entstehung von Betriebsvermögen sehr verschiedener Art (etwa Betriebseinrichtungen, Warenbestände, Forderungen usw.) führen. Die Wahrung der Betriebsinteressen macht es erforderlich, daß der Empfang dieser Vermögenswerte von den betreffenden Empfängern ordnungsgemäß bestätigt wird. Die vertraglich vereinbarten Zahlungsbedingungen können z. B. recht kompliziert sein und die Zurückbehaltung gewisser Summen zur Garantie für bestimmte Werte vorsehen. Ein Fall dieser Art wäre es beispielsweise, wenn Kundenforderungen in einer bestimmten, jedoch von der verkaufenden Gesellschaft garantierten Höhe, übernommen werden. In einem derartigen Fall gehen alle Verluste, die sich in diesen Forderungen über die vereinbarten Wertgrenzen hinaus ergeben, zu Lasten des Verkäufers und diese Verluste müssen dann von den zurückbehaltenen Summen abgezogen werden.

Die Revision derartiger Kaufverträge führt oft noch auf weitere verwickelte buchführungstechnische Probleme. Werden Vermögenswerte für einen bestimmten Gesamtbetrag gekauft, so taucht das Problem auf, die Kaufsumme auf die einzelnen Vermögensposten aufzuteilen. Diese Aufteilung ist von besonderer Bedeutung, wenn abschreibbare und nicht abschreibbare Vermögenswerte dabei sind, und zwar wegen der Bedeutung für die laufenden steuerlichen Abschreibungen.

Ein Fall mit garantierten Kundenforderungen, so wie oben erwähnt, würde auch die buchungsmäßige Trennung dieser Werte von denen, die seit dem Kaufdatum entstanden sind, erforderlich machen, und der interne Revisor sollte die Genauigkeit nachprüfen, mit der die Verluste zu Lasten der Lieferfirma berücksichtigt und gebucht worden sind.

## Revisionsaufgaben bei Erwerbungen und Firmenzusammenschlüssen

Ein weiterer sehr wichtiger und spezieller Aufgabenbereich des internen Revisors betrifft Erwerbungen oder Firmenzusammenschlüsse. Dieses Tätigkeitsgebiet ist mit der steigenden Zahl von Neuerwerbungen und Fusionierungen immer bedeutsamer geworden. In manchen Fällen werden diese Arbeiten wohl vorher durchgeführt und bestehen gewöhnlich in der Prüfung der Informationen, die von einem der vertragschließenden Teile gegeben werden. Dazu gehören im allgemeinen die Glaubhaftmachung der Vermögenswerte, der Umfang der Geschäfte, die Rentabilität und ähnliche Fragen, die geklärt sein müssen, bevor eine Entscheidung über den Ankauf getroffen werden kann.

Die Arbeitsgebiete, auf denen die interne Revisionstätigkeit nutzbar gemacht werden kann, nachdem eine Erwerbung oder Fusionierung vollständig durchgeführt ist, sind in vielen Fällen nur durch die Wünsche der jeweiligen Firma begrenzt. In einigen Fällen wird vielleicht eine allgemeine Revision der in der Gesellschaft vorhandenen internen Kontrolle durch geführt. Dazu können die Überprüfung und Bewertung der organisatorischen Unabhängigkeit der Abteilungen, die Feststellung der Zuständigkeitsbereiche oder andere ähnliche Faktoren organisatorischer Art gehören. Graphische Darstellungen der Organisation sollten angefordert oder aufgestellt werden, um die Revision zu erleichtern, und diese sollten einen Teil der Arbeitspapiere bilden. In anderen Fällen wird vielleicht von der Geschäftsleitung eine Überprüfung und Begutachtung des

Genehmigungssystems und der Buchungsmethoden gewünscht. Auf jeden Fall gibt es gewisse Aufgaben, die bei den meisten Revisionen von Erwerbungen oder Fusionierungen durchgeführt werden. Diese Tätigkeiten schließen wahrscheinlich eine Prüfung der grundlegenden Betriebskontrollen, eine Prüfung der allgemeinen Betriebspolitik und Verfahren und manchmal sogar die Einführung von Büchern und Buchführungsunterlagen ein.

### Grundlegende Kontrollen

Es liegt im Interesse des internen Revisors, festzustellen, ob gewisse grundlegende und als Minimum vorauszusetzende Kontrollen in dem Tochterbetrieb vorhanden sind. So wird er beispielsweise durch Beobachtung und Prüfung festzustellen haben, ob entsprechende Wareneingangskontrollen vorgesehen sind und ordnungsgemäß durchgeführt und eine Art Wareneingangsscheine angefertigt werden. Ebenso hat er die Wirksamkeit der Warenausgangskontrollen zu beobachten und zu prüfen, um festzustellen, ob alle versandten Waren auf den Rechnungen entsprechend erfaßt sind. Bei den Geldauszahlungen hat er festzustellen, ob ein wirksames System der Aufstellung von Lohnlisten und Buchungsbelegen existiert und ob Lohn- und Materialkosten entsprechend kontrolliert und genehmigt werden. Vom Standpunkt der Material- und Vorratskontrolle interessiert es den internen Revisor, die verschiedenen Produktionsmeldungen durchzusehen und die Verfahren der Buchhaltung und des Betriebes bei der Aufstellung von Produktionsunterlagen zu prüfen.

### Allgemeine Buchführungsrichtlinien und -verfahren

Um die verschiedenen Tätigkeitsgebiete wirksamer zu koordinieren und die Konsolidierung zu erleichtern, kann es notwendig sein, daß der neue Tochterbetrieb bestimmte Veränderungen in seiner allgemeinen Buchführungspraxis vornimmt. So benutzt beispielsweise die Muttergesellschaft als Buchungszeitraum einen Geschäftsmonat statt eines Kalendermonats. Im allgemeinen dürfte es für die einzelnen Zweigbetriebe vorteilhaft sein, ein gemeinsames Abschlußdatum zu haben, besonders wenn diese Betriebe untereinander vielerlei Beziehungen haben. Der interne Revisor ist oft in der Lage, beim Übergang zum Rechnungsmonat zu helfen, da er gewöhnlich mit der Arbeitspraxis des Rechnungsmonats von vielen anderen Niederlassungen her vertraut ist.

Um nun erhebliche Umgruppierungen und Umstellungen in der Aufstellung der Vermögensposten zu vermeiden, wird es im allgemeinen notwendig sein, den Kontenplan zu ändern. Hat der neue Tochterbetrieb eine gut funktionierende Buchhaltungsorganisation, die monatliche Berichte anfertigt, dürften die Änderungen des Kontenplanes von geringerem Ausmaß sein. Der interne Revisor sollte jedoch die Verfahren im einzelnen nachprüfen, um festzustellen, ob Abweichungen von den allgemeinen Verfahren von Bedeutung sind. Es kann beispielsweise in dem neuen Tochterbetrieb üblich sein, alle Käufe von Hilfs- und Betriebsstoffen für den Betrieb oder für Instandsetzungen sofort als Aufwand zu buchen, während im übrigen Konzern solche Posten zu aktivieren sind, wenn sie einen spezifizierten Mindestwert überschreiten.

In anderen Fällen gibt es vielleicht Abweichungen von dem allgemeinen Verfahren bei der Buchung von transitorischen Posten wie Versicherungsprämien, außergewöhnlichen Reparatur- und Unterhaltungskosten, Werbematerial, Bürobedarf und vielen anderen ähnlichen Posten. Der interne Revisor sollte die wahrscheinlich in Frage kommenden Beträge sehr sorgfältig abschätzen, bevor er wesentliche Änderungen in den Verfahren des neuen Tochterbetriebes vorschlägt.

### Bücher und Unterlagen

War der neue Tochterbetrieb eine relativ kleine Einheit, bei der die Geschäftsleitung sehr eng mit allen Arbeitsgebieten in Verbindung stand und mit einem Minimum von Buchungsunterlagen und Berichten arbeitete, so ergibt sich für den internen Revisor vielleicht die Notwendigkeit, neue Hauptbücher, Eingangsjournale und andere Unterlagen einzuführen. Die Unterlagen können z. B. nach dem Gesichtspunkt angefertigt werden, daß schnell Gesamtsummen zusammengestellt werden können wie z. B. Warenausgang, Kosten der Verkäufe usw., und zwar mit Hilfsunterlagen, die später vervollständigt werden können, um die erforderlichen Einzelheiten für die Buchführung für Kosten- und andere Berichte zu liefern.

### Andere Erwägungen

Es gibt eine Reihe weiterer Erwägungen, die für den internen Revisor bei der Prüfung der Tätigkeiten in den neuen Zweigbetrieben von Interesse sein werden. Vielleicht wird man ihn bitten, seine Meinung über die Fähigkeit des Buchhaltungspersonals zu äußern. Oder man bittet ihn, die Zuständigkeitsbereiche für die einzelnen Buchhaltungsaufgaben zu prüfen. Dies kann an Hand einer graphischen Darstellung der Organisation der Abteilung und eventuell durch ein Schaubild über gewisse Tätigkeiten wie z. B. Kasseneingänge, Kassenausgänge, Fakturierung und ähnliche Tätigkeiten sehr schnell durchgeführt werden.

Der interne Revisor kann der Geschäftsleitung des Zweigbetriebes auch dadurch von Nutzen sein, daß er verschiedene allgemeine Verfahrensfragen mit ihr durchspricht und sie über den Fortgang der Arbeit auf dem laufenden hält. Die örtlichen Bedürfnisse der jeweiligen Geschäftsleitung müssen ebenfalls sorgfältig abgewogen und bei allen überarbeiteten Buchhaltungsverfahren berücksichtigt werden.

## Revision von Bauverträgen

Die Revision von Bauverträgen ist mit dem schnellen Wachstum der Produktionsunterlagen bei vielen Unternehmen innerhalb der letzten Jahre zu einer immer bedeutsameren Revisionsaufgabe geworden. Die Errichtung von Betriebsanlagen kann auf Grund eines Vertrages zu einem festen Preis oder auf irgendeiner anderen Grundlage, d. h. also nicht zu einem Festpreis vorgenommen werden. Derartige Verträge, die nicht mit festen Preisen arbeiten, sind gewöhnlich Kostenerstattungs-Verträge nach einer der beiden üblichen Arten, d. h. also Kosten ohne festen Gewinnzuschlag oder Kosten plus fester Prozentsatz der Kosten. Bei beiden Vertragsarten kann es hierbei gewisse Übergänge und Berührungsmomente geben.

Die Verfahren zur Revision der Festpreis-Verträge unterscheiden sich nicht wesentlich von denen, die bei Käufen von regulären Anlagegegenständen angewendet werden und die im Kapitel über das Anlagevermögen im einzelnen behandelt werden.

Bauvorhaben, die nicht nach Festpreis-Verträgen durchgeführt werden, bringen besondere Probleme für den Revisor und werden daher in diesem Kapitel getrennt behandelt.

Bauverträge mit Kostenerstattung kommen häufig dann vor, wenn bedeutende Unsicherheiten über Materialkosten, Lohnkosten, technische Konstruktionsschwierigkeiten oder andere Probleme auftauchen, die zur Zeit des Vertragsabschlusses nicht im notwendigen Maße überblickt werden können. Durch diese Verfahren wird das Risiko des Bauunternehmers gemindert, und er ist dann im allgemeinen in der Lage, genauere Kostenvoranschläge aufzustellen. Übergangsbestimmungen gestatten es ihm vielleicht, seinen Verdienstanteil bedeutend zu erhöhen, falls es ihm gelingt, die veranschlagten Kosten wesentlich zu unterschreiten.

Es ist allgemein üblich, daß die Ingenieure und das Revisionspersonal des Auftraggebers beauftragt werden, die Bauarbeiten laufend zu überwachen. Ob ihre Tätigkeit hier nur als Nebenbeschäftigung gewertet wird oder sie voll in Anspruch nimmt, hängt von der Größe und Art des Bauvorhabens ab. Im allgemeinen ist es ratsam, daß der interne Revisor schon bei Beginn der Bauarbeiten hinzugezogen wird, so daß er die Vertragsbedingnungen genau studieren und die Zuverlässigkeit des von dem für Bauaufgaben zuständigen Buchhalter ausgearbeiteten Planes überprüfen kann.

Als Teil seiner Prüfung muß der interne Revisor feststellen, ob die Aufwendungen den jeweiligen Positionen der Aufstellung entsprechen und ob die tatsächliche bisherige Ausgabenhöhe zuzüglich der noch zu erwartenden Kostensumme nicht den vertraglich vereinbarten Betrag einschließlich der für den besonderen Teil der Aufstellung bereits vorgenommenen Änderungen überschreitet. Die Geschäftsleitung muß frühzeitig von wahrscheinlichen Überschreitungen in Kenntnis gesetzt werden, damit die nötigen Maßnahmen getroffen werden können.

Im folgenden sind einige der wichtigsten Prüfungshandlungen dargestellt, die der interne Revisor hier durchzuführen hat. Für besondere Arten von Bauverträgen werden natürlich weitere Schritte oder Änderungen der nur als Beispiel gegebenen Vorschriften notwendig sein.

## Erläuternde Vorschriften für die interne Revision von Bauverträgen und deren Durchführung

Die Aufgaben, die der interne Revisor bei der Revision von Bauverträgen lösen kann, werden in den folgenden Vorschriften dargestellt.

### *Revision von Bauverträgen*

*Allgemeines*

1. Die Kopien folgender Dokumente sind zur sorgfältigen Prüfung und zur Aufnahme in die Arbeitspapiere der internen Revision für evtl. spätere Bezugnahme anzufordern:
   a) Die Bestellung mit der Kapitalausgabengenehmigung
   b) Der Bauvertrag und wichtige Unterverträge
   c) Die genauen Kostenvoranschläge und Spezifikationen einschließlich sämtlicher Änderungen
   d) Der gesamte Briefwechsel in bezug auf den Vertrag
   e) Die Unterteilungen des Baukontos.
2. Mit dem Ingenieur und dem zuständigen Buchhalter sind die Verfahren zu besprechen, nach denen die Baukosten nachgewiesen werden.
3. Das Verfahren des Buchhalters für Bauaufgaben, mit dem die Kosten mit den Vertragsbestimmungen verglichen werden, ist zu überprüfen; außerdem ist festzustellen, ob geeignete Kontrollen durchgeführt werden.
4. Die Verbindung zwischen der Gesellschaft und dem Hauptunternehmer ist zu prüfen und zu erläutern. Ist die Befugnis zum Verkehr mit dem Vertragspartner auf bestimmte Personen innerhalb des eigenen Unternehmens begrenzt worden?
5. Es ist zu beobachten und zu erläutern, ob der Schutz des Bauplatzes und die Sicherheitsvorkehrungen ausreichend sind. Dies gilt insbesondere für
   a) entsprechende Umzäunung oder Einfassung der Baustelle
   b) den Wachdienst
   c) das Vorhandensein und den Zustand der Feuerlöschgeräte.

*Materialkosten*

1. Die bei den Bauvorhaben seitens der Gesellschaft selbst oder gegebenenfalls seitens des Vertragspartners angewandten Einkaufsverfahren sind nach folgenden Gesichtspunkten zu prüfen:

a) Die Kalkulation auf Materialrechnungen und Kaufaufträgen. In Zeiten steigender Preise ist festzustellen, ob besonders bei Material- und Lohnkostenberechnungen für zu erwartende Preissteigerungen Vorkehrungen getroffen wurden, falls sich die Bauarbeiten über einen Zeitraum von mehreren Monaten ausdehnen.

b) Die Verfahren, die bei der Entgegennahme von Angeboten, beim Materialeingang, bei der Bearbeitung der Rechnungen und bei der Erledigung von Zahlungsanweisungen angewandt werden, sind zu beschreiben und ihre Zuverlässigkeit zu prüfen.

2. Rechnungen sind auf Genehmigung, Preise, Mengen, Skonto und Rabatte zu prüfen und mit den diesbezüglichen Kaufaufträgen und Empfangsquittungen zu vergleichen.
3. Die Mieten für Baugeräte sind mit den Vertragsbestimmungen zu vergleichen; dabei ist festzustellen, ob nicht mehr benötigte Geräte abgezogen werden. Außerdem ist zu prüfen, ob irgendwelche Kaufrechte bestehen und ob solche Rechte im geeigneten Falle ausgeübt werden. Größere Stücke der gemieteten Ausrüstung sind körperlich nachzuprüfen.
4. Es ist ferner festzustellen, ob für alle Materialien, über die der Vertragspartner verfügt hat, entsprechende Gutschriften vorliegen.
5. Die bei der Materiallagerung angewandten Methoden und die über kleinere Werkzeuge und Ersatzteile durchgeführten Kontrollen sind zu prüfen.

*Lohnkosten*

1. Die Methoden der Lohnbuchhaltung für das jeweilige Projekt auf seiten der Vertragsfirma sind zu beobachten, über Unkorrektheiten ist Bericht zu erstatten.
2. Die Arbeitsberichte des Meisters sind mit den Lohnlisten für die einzelnen Lohnzahlungszeiträume zu vergleichen.
3. Persönliche Testzählungen sind vorzunehmen. Dabei sind die tatsächlich von der Vertragsfirma eingesetzten Arbeiter nachzuzählen.
4. Es ist festzustellen, ob die Lohnsätze mit den Vertragsbestimmungen und mit der geltenden Ortsklasse übereinstimmen.
5. Die Ausrechnungen in der Lohnliste sind zu prüfen.
6. Es ist festzustellen, ob alle Belastungen von Verwaltungskosten vertraglich erlaubt sind.
7. Es ist ferner festzustellen, ob jede Überstundenarbeit entsprechend genehmigt wurde und ob sie in den Kostenanschlägen berücksichtigt war. Ist dies nicht der Fall, sind die Gründe für die Überstunden festzustellen.
8. Die Klassen und Beitragslisten für Sozialversicherung, Arbeitslosenversicherung, Haftpflicht- und Schadenersatzversicherung und andere Lohnnebenkosten sind zu prüfen.
9. Es ist sicherzustellen, daß keine Belastungen über die für die einzelnen oben erwähnten Posten festgesetzten Höchstgrenzen hinaus stattfinden.
10. Die Lohnverteilung ist zu prüfen, um festzustellen, ob die richtigen Konten belastet werden.

*Anderes*

1. Es ist festzustellen, ob alle Belastungen für Gemeinkosten mit den Vertragsbestimmungen übereinstimmen.
2. Die Höhe des Gewinnzuschlags der Vertragsfirma ist zu überprüfen; dabei

ist festzustellen, ob diese Zahlungen gemäß den Vertragsbestimmungen erfolgt sind.
3. Es ist zu prüfen, ob alle berechneten Reisekosten und Auslösungen vertraglich erlaubt sind.
4. Die Übereinstimmung mit örtlichen Bestimmungen und besonderen Genehmigungen ist nachzuprüfen.

*Baukassenkonten*

1. Die Bankabstimmungen sind durchzusehen; dabei ist festzustellen, ob sie auf dem laufenden sind.
2. Die einzelnen Posten der Abstimmungen sind zu prüfen. Alle ungewöhnlichen Posten sind zu untersuchen.
3. Es ist festzustellen, ob alle alten Posten verfolgt werden.
4. Eine Bestätigung aller Salden ist direkt von der Bank anzufordern.

## Prüfung des Jahresberichtes

Eine der jüngsten Sonderaufgaben, mit der viele interne Revisionsabteilungen betraut werden, ist die Zusammenstellung und Prüfung bestimmter Daten des jährlichen Geschäftsberichtes, der für die Aktionäre ausgearbeitet wird. Diese Daten bestehen aus einer erheblichen Menge von Informationsmaterial finanz- und betriebstechnischer wie auch statistischer Art neben den formal bestätigten Aufstellungen. Finanzielle und betriebliche Übersichten, die sich über einen Zeitraum von einem oder mehreren Jahren erstrecken, werden praktisch jedem Bericht beigefügt, während andere finanz- oder betriebstechnische Vergleichsdaten meist in Form von Tabellen oder graphischen Darstellungen veranschaulicht werden. Außerdem werden normalerweise eine Anzahl von tabellarischen Darstellungen über Steuern, Vorräte und ähnliche Dinge ebenso wie zahlreiche finanzielle Daten im Berichtstext eingefügt.

Dieses Informationsmaterial ist so wichtig, daß man sich mit der gleichen Sorgfalt um eine richtige Darstellung kümmern sollte, wie bei der Aufstellung einer ordnungsgemäßen Gewinn- und Verlustrechnung und Bilanz.

Von Anfang an ist zu betonen, daß es nicht Aufgabe des internen Revisors ist, Daten zu sammeln oder aufzustellen; dies ist vielmehr Aufgabe der Hauptbuchhaltung, der Betriebsbuchhaltung oder anderer Abteilungen. Der interne Revisor wendet lediglich die gleichen Revisionsmethoden auf dieses Tätigkeitsgebiet an, wie bei jeder anderen Revisionsaufgabe.

### Ausarbeitung des Textes

In manchen Fällen wird der Berichtstext vielleicht von den verschiedenen Abteilungen des Unternehmens unter der Führung einer Koordinationsstelle wie etwa der Werbeabteilung oder einer ähnlichen Stelle ausgearbeitet, während in anderen Fällen der Text von betriebsfremden Fachleuten angefertigt wird, die sich darauf spezialisiert haben. Auf jeden Fall dürfte das entsprechende Material meist von Personen ausgearbeitet werden, die nur über begrenzte buchhalterische Kenntnisse oder Erfahrungen bei der Ausarbeitung von Arbeitspapieren verfügen.

Sehr oft ist es zu einem späteren Zeitpunkt notwendig, die Quelle oder Grundlage für eine bestimmte Information festzustellen. Aus diesem Grunde müssen sich alle benötigten Unterlagen, greifbar geordnet und ausreichend bezeichnet, an einer Stelle befinden. Das Material, das in den bestätigten Bilanzen und Anmerkungen enthalten ist, wird stets durch einen Satz Arbeitspapiere belegt, die vom Wirtschaftsprüfer ausgearbeitet werden. In der gleichen Weise ist der interne Revisor mit seiner Kenntnis der Betriebsvorgänge wie auch der Technik der Arbeitsbogen in der Lage, die entsprechenden Arbeitsunterlagen auszuarbeiten, die alle im Jahresbericht enthaltenen finanz- und betriebstechnischen und statistischen Daten belegen.

Die Daten für die meisten Arbeitsbogen sind direkt aus den jeweiligen Aufstellungen ersichtlich, die von der Hauptbuchhaltung, der Betriebsbuchhaltung oder anderen ähnlichen Abteilungen angefertigt werden. Für andere Arbeitsunterlagen, die erforderlich sind, um bestimmte betriebliche oder statistische Daten zu belegen, die nicht aus den Finanzberichten entnommen werden können, ist es erforderlich, von der jeweils für bestimmte Daten verantwortlichen Person oder Abteilung deren Informationsquelle sowie die Grundlage aller in dem Bericht vorkommenden Berechnungen zu erfahren. Der interne Revisor ist dann in der Lage, die Daten völlig unabhängig zu prüfen und möglicherweise sich Kopien dieser Unterlagen für seine Arbeitspapiere geben zu lassen. Er muß die rechnerische Genauigkeit aller Aufstellungen prüfen; außerdem muß er feststellen, ob die Basis aller Berechnungen oder Formeln, die verschieden ausgelegt werden können, von der entsprechenden Stelle genehmigt ist.

### Entwurf der Arbeitspapiere

Der interne Revisor kann bestimmte grundlegende Revisionsverfahren wie etwa die Feststellung der Zuverlässigkeit von Daten und deren Darstellung sinnvoll ausnutzen, indem er zu diesem Zweck Arbeitspapiere entwirft. Der spezielle Arbeitsbogen kann beispielsweise in der Form aufgestellt werden, daß er betriebliche Vergleichszahlen wie z. B. Produktionszahlen in Tonnen oder anderen Mengenangaben für jede einzelne Produktionsabteilung innerhalb des laufenden und des vergangenen Jahres enthält. Die Ursachen für bedeutende Abweichungen in den Produktionsmengen innerhalb dieser zwei Jahre können aus den entsprechenden Quellen ermittelt und in einer Fußnote auf dem Arbeitsbogen erklärt werden. Nach der Prüfung der einzelnen Mengen durch Vergleich mit den Berichten der einzelnen Produktionsabteilungen kann der interne Revisor auch die Endsummen mit anderen Berichten wie etwa den Arbeitsberichten der einzelnen Niederlassungen abstimmen, deren Beträge in den Gesamtbericht des Unternehmens übernommen worden sind.

### Koppelung mit anderen Berichten

Ein weiterer wichtiger Punkt bezüglich der Finanzdaten des Jahresberichtes besteht darin, daß ein Teil des Zahlenmaterials auch in anderen Berichten, etwa in den Berichten an die „Securites and Exchange Commission" (SEC), erscheint. Gewisse grundsätzliche Zahlen über Abschreibung, Substanzverringerung oder Kapitalaufwendungen innerhalb des jeweiligen Jahres interessieren die Aktionäre und werden im allgemeinen in den verschiedenen Teilen des Jahresberichtes dargelegt. Sind solche Zahlen nicht entsprechend aufeinander abgestimmt, so können sich ernsthafte Schwierigkeiten ergeben. Eines der Hauptprobleme ist die Tatsache, daß die Daten für den Jahresbericht gewöhnlich von der jeweiligen Abteilung zu dem für den Jahresbericht festgesetzten Termin ausgearbeitet werden, während die Finanzdaten für die Securities and Exchange Commission oft zu einem etwas späteren Zeitpunkt angefertigt werden, wenn weiteres Informationsmaterial über die einzelnen Punkte zur Verfügung steht oder mehr Zeit für die Verfolgung ungewöhnlicher Posten aufgewendet werden kann. Die Finanzdaten für die Securities and Exchange Commission werden oft getrennt von einem Wirtschaftsprüfer aufgestellt und müssen mit genau vorgeschriebenen Bestimmungen in Einklang stehen. Daraus ergeben sich oft verschiedene Ergebnisse, da viele Entscheidungen über die Behandlung der verschiedenen Geschäftsvorgänge getroffen werden müssen und es höchst unwahrscheinlich ist, daß alle Entscheidungen, die von zwei getrennten Stellen getroffen werden, völlig gleich ausfallen. So kann beispielsweise ein Vorgang, der mit einer Gutschrift auf dem Konto Grundstücke verbunden ist, für den Jahresbericht als Berichtigung der Zugänge aufgefaßt und mit dem Gesamtbetrag der Zugänge saldiert worden sein. Die Auffassung einer anderen Stelle zu einem späteren Datum, die weiteres Informationsmaterial zur Verfügung hat, kann dagegen lauten, daß dieser Posten als Abgang, nicht als Berichtigung der Zugänge zu gelten habe. Die Schlußbilanz wird in beiden Fällen die gleiche sein, aber die Summe der Zugänge würde um den Betrag des erwähnten Vorgangs differieren. Der interne Revisor ist in der Lage, die Arbeitspapiere so zu organisieren, daß sie automatisch alle zugehörigen Informationen aufnehmen, und er kann feststellen, ob dieses Material entsprechend geprüft und genehmigt wurde, bevor es in einem der erwähnten Berichte benutzt wurde.

## Weitere Überlegungen

Die Außenarbeit der internen Revision wird am Jahresende in vielen Unternehmen eingeschränkt, vor allem, wenn die Revisoren einen großen Teil ihrer Zeit während des Jahres unterwegs waren. Diese Arbeit bildet für den Revisionsstab eine interessante Abwechslung und man stellt im allgemeinen eine gute und hochqualifizierte Kraft für diese wichtige Jahresabschlußarbeit zur Verfügung. Die Tätigkeit bei der Ausarbeitung des Jahresberichtes ist auch ein ausgezeichnetes Mittel, neue Mitarbeiter des internen Revisionsstabes mit den verschiedenen Arbeitsgebieten der Gesellschaft vertraut zu machen. Im allgemeinen ist es besser, diesen neuen Kräften eine gewisse Zeit zur Einarbeitung zu geben, in der sie die Betriebsvorgänge und -methoden der Gesellschaft studieren können, bevor sie mit der Außenarbeit beschäftigt werden. Die Arbeit am Jahresbericht gibt den neuen Revisoren eine andere Sicht als die, die in der Außenarbeit gilt. Hier können die neuen Mitarbeiter lernen, wie die verschiedenen Betriebszweige mit der Spitze des Unternehmens in Beziehung stehen und die relative Bedeutung der verschiedenen Zweigbetriebe und Abteilungen des Unternehmens studieren.

## Konsolidierte Bilanzen

Mit der Tendenz zu Fusionen und Zusammenschlüssen von Unternehmen zu größeren Einheiten wird auch die Aufstellung von konsolidierten Bilanzen immer wichtiger. Die endgültige Zusammenfassung kann etwa in der Kombination einer Reihe verschiedener in sich bereits konsolidierter Untergruppen bestehen. Der Typ der Konsolidierung hängt im allgemeinen von der Organisationsstruktur ab. In manchen Fällen sind die einzelnen Betriebe wie z. B. solche, die ein einziges Produkt oder eine Gattung von Produkten erzeugen, zentralisiert. In anderen Fällen arbeiten diese einzelnen Betriebe vielleicht als selbständige Abteilungen der Muttergesellschaft. Auch wenn sie nicht einzeln inkorporiert sind, so wird doch die Tätigkeit der Einzelbetriebe oft durch getrennte Buchhaltungsunterlagen und eigenes Personal kontrolliert. Im Zeitpunkt der Konsolidierung müssen die verschiedenen Betriebe zusammengebracht und die jeweiligen gegenseitigen Forderungen und Verbindlichkeiten zwischen den einzelnen Betriebszweigen, Abteilungen und Gesellschaften ausgeschaltet werden, bevor die Zusammenfassung erfolgt. Bei der Konsolidierung ergeben sich für den internen Revisor grundsätzliche Aufgaben vom Standpunkt

1. der Außenarbeit,
2. der Arbeit im Büro der Revisionsabteilung.

*Außenarbeit.* Der interne Revisor wird es mit den Problemen der Konsolidierung in jedem Zweigbetrieb zu tun haben, den er aufsucht. Wenn die Gesellschaft eine große Anzahl von Einzelbetrieben umfaßt, werden viele dieser Probleme noch größer. Der interne Revisor muß feststellen, ob der Betrieb, der Gegenstand seiner Revision ist, die Richtlinien und Verfahren, die vom Hauptbüro ausgearbeitet worden sind, befolgt. Außerdem muß festgestellt werden, ob richtige Abschlußtermine für die Rechnungen im Verkehr der einzelnen Konzernbetriebe untereinander angewendet werden, so daß die Abstimmung von Forderungen und Verbindlichkeiten innerhalb des Konzerns sofort erfolgen kann. Wichtig ist, daß die Untergesellschaft die vorgeschriebenen Richtlinien befolgt, so daß die Konsolidierung erleichtert wird.

*Arbeit im Büro der Revisionsabteilung.* Während für den Wirtschaftsprüfer die Konsolidierung im allgemeinen zum Jahresende von Interesse ist, interessiert sich der interne Revisor nicht nur zu diesem Zeitpunkt, sondern während des ganzen Jahres für die Genauigkeit derartiger Berichte. Der interne Revisor muß feststellen, ob hinsichtlich der Einbeziehung oder Auslassung von Betrieben, an denen nur eine Beteiligung besteht, vernünftige Maßstäbe angewendet werden. Er muß wissen, ob wichtige Posten zwischen den Konzerngesellschaften entsprechend berücksichtigt werden.

Die Aufgabe der Revision, sich ein Gesamturteil zu bilden, muß hier wie bei allen anderen Tätigkeiten gesehen werden. Wenn es auch theoretisch richtig ist, daß alle Zwischengewinne ausgeschaltet werden, kann die Anzahl der dazu erforderlichen Einzelausrechnungen die Frage aufwerfen, ob alle diese Berechnungen jeden Monat durchgeführt werden sollen. In manchen Fällen ist der interne Revisor in der Lage, Positionsgruppen anzugeben, auf die ein Gruppendurchschnitt angewandt werden kann, um den auszuschaltenden Betrag mit genügender Genauigkeit anzugeben.

## Budgetarbeiten

Auf die Verwendung von Plänen wurde bereits an verschiedenen Stellen Bezug genommen. Ebenso wurde hervorgehoben, daß der interne Revisor aus den vorliegenden Budgets in der verschiedensten Weise Nutzen zieht, sowohl bei der Prüfung der Daten über die wirklichen Geschäftsvorgänge als auch bei der Beurteilung der Kontrolle, die über die verschiedenen Vorgänge ausgeübt wird, mit denen er sich beschäftigt. Die große Bedeutung dieser Budgetarbeiten als wirksames Mittel der internen Kontrolle rechtfertigt an dieser Stelle eine gesonderte Betrachtung ihres Inhaltes und ihrer Arbeitsweise. Außerdem ergibt sich häufig für den internen Revisor die Notwendigkeit, die Budgetarbeiten entweder vollständig oder im Hinblick auf besondere Fragen als Spezialaufgabe seiner Revisionstätigkeit zu prüfen und zu beurteilen.

## Das Wesen des Budgets

In welcher Form ein Budget auch aufgestellt wird, es stellt jedenfalls einen in Zahlen ausgedrückten Arbeitsplan eines Unternehmens dar. Zu dem Verfahren gehört die Aufstellung dieses Planes, die Beurteilung des laufenden Geschäftsganges im Vergleich zu diesem Plan und die Verwendung der so erhaltenen Informationen durch die Geschäftsleitung. Um den höchsten Nutzen zu erzielen, muß das Budget den Veränderungen unterworfen werden, die sich angesichts zukünftiger Ereignisse als notwendig erweisen sollten, wobei dennoch eine wirksame Kontrolle nicht unmöglich gemacht wird. Abweichungen oder Änderungen müssen so vorgenommen werden, daß die Kontrollfunktionen des Planes nicht beeinträchtigt werden.

Das Budget ist im wesentlichen ein Mittel der Finanzkontrolle. Auch wenn bestimmte Teile in Mengeneinheiten ausgedrückt sind, so ist doch die Beziehung auf die finanzielle Situation des Unternehmens stets ausschlaggebend. Wegen dieser finanziellen Natur ist der Betriebsetat sehr eng mit der Buchhaltungsarbeit verknüpft, da er zum Teil in seiner ursprünglichen Formulierung von Vorgängen der Vergangenheit abhängig ist, die aus den Büchern hervorgehen, und in seiner Auswertung ebenfalls von den Daten über den laufenden Geschäftsgang, die von der gleichen Stelle geliefert werden. Manchmal werden Planzahlen tatsächlich in die regulären Buchhaltungsvorgänge einbezogen, aber diese Praxis ist bei Industrieaktiengesellschaften im allgemeinen nicht üblich. Auf jeden Fall kennzeichnen die enge Verbindung der Budgetarbeiten mit den Buchhaltungsvorgängen und ihre Bedeutung als Kontrollorgan für die Geschäftsleitung diese Tätigkeit als wichtige Aufgabe des internen Revisors.

## Prüfung von Budgetdaten

Hinsichtlich des Budgets kann der interne Revisor mit den verschiedensten Sonderaufgaben betraut werden. So kann er etwa in den ersten Schritten seiner Aufstellung gebeten werden, die Ausrechnungen oder andere Daten zu prüfen, die die Grundlage für die Festlegung des neuen Budgets bilden sollen, oder er kann beauftragt werden, bestimmte Punkte von Budgets, die schon fertiggestellt oder in Kraft gesetzt worden sind, zu prüfen. Ein wichtiger Revisionszweig ist hier die Prüfung von Berichten über die Durchführung des Budgets innerhalb eines bestimmten Zeitraumes.

Zur Prüfung dieser laufenden Budgetberichte gehört vor allem die Untersuchung der Genauigkeit der darin aufgeführten detaillierten Budgetangaben und ihrer Übereinstimmung mit dem genehmigten Gesamtplan. Falls an den ursprünglich genehmigten Beträgen Änderungen vorgenommen wurden, sollten diese Änderungen ebenso durch die entsprechende genehmigende Stelle bestätigt sein. Zweitens muß die Genauigkeit der Daten über den laufenden Geschäftsgang ermittelt werden, indem ihre Übereinstimmung mit den Daten in den regulären Konten festgestellt wird. Die Abweichungen zwischen den tatsächlichen und den veranschlagten Beträgen sollten nach diesen Quellen errechnet und in den Budgetberichten exakt entwickelt werden.

## Budgetverfahren

Bei der Prüfung des Budgets ist die Untersuchung der Verfahren der Aufstellung des Etats, seiner Ausführung und laufenden Kontrolle wie der Art und Weise, wie diese Budgetarbeiten wirksam ausgedehnt werden können, um die beabsichtigten Ziele zu erreichen, besonders wichtig. Jeder dieser Schritte soll nun kurz untersucht werden.

*Aufstellung des Etats.* Normalerweise beginnt die Aufstellung des Budgets mit der Kalkulation der Voranschläge durch die einzelnen Abteilungen des Unternehmens. Dies ist notwendig, weil das Personal dieser Abteilungen über die entsprechenden Kenntnisse verfügt, die es ihm ermöglichen, diese Voranschläge aufzustellen, und weil andererseits die Zusammenarbeit, die zur Durchführung einer wirksamen Budgetkontrolle notwendig ist, auf der Teilnahme dieses Abteilungspersonals bei der Festsetzung der Beträge beruht, die für sie als Norm dienen sollen. In den meisten Fällen müssen den einzelnen Abteilungen erst vorläufige Angaben über den Umfang der von ihnen erwarteten Tätigkeit gemacht werden. Das Verkaufsbudget ist demgemäß der übliche Ausgangspunkt, und wenn dieser Faktor einmal geschätzt ist, können die anderen Abteilungen der Gesellschaft beginnen, ihre eigenen Voranschläge zu kalkulieren.

Sind die Voranschläge von den betreffenden Abteilungen aufgestellt worden, so werden diese Beträge an den Angestellten übermittelt, der für die Aufstellung des Gesamtbudgets verantwortlich ist. Dieser Angestellte prüft mit Unterstützung eines entsprechenden Stabes die eingereichten Zahlen, um festzustellen, ob die einzelnen Angaben sich in vernünftigen Grenzen halten bzw. wie sie zu ändern sind, wenn man sie nach unabhängigen und objektiven Maßstäben beurteilt. Die Planung arbeitet mit den betreffenden Abteilungen zusammen und koordiniert das Programm als ganzes, so daß es in der bestmöglichen Form den Vorgesetzten übermittelt werden kann, die das Gesamtbudget endgültig zu genehmigen haben. Das gesamte Verfahren vor dieser endgültigen

Genehmigung bedingt Konferenzen und Verhandlungen zwischen den verschiedenen Beteiligten.

*Beurteilung der Arbeiten an der Etatsaufstellung.* Die Beurteilung der Tätigkeiten, die mit der Aufstellung eines Etats verbunden sind, hängt vom Standpunkt der internen Revision aus zunächst von der Rolle ab, die das Buchhaltungssystem spielt. Angaben über abgewickelte Geschäftsvorgänge sollten an alle die Personen gegeben werden, die bei der Aufstellung des Budgets mitwirken. Die Aufgliederung des Budgets selbst sollte mit der übereinstimmen, die bei den laufenden Buchhaltungsarbeiten benutzt wird, so daß die ursprünglichen Voranschläge genau erfaßt und direkte Vergleiche während der Geschäftsperiode angestellt werden können.

In jedem Falle muß mit allen Mitteln versucht werden, die Buchhaltungsunterlagen mit größtmöglichem Nutzen bei der Budgetarbeit zu verwerten.

Der interne Revisor ist auch daran interessiert, festzustellen, mit welcher Sorgfalt die im Budget erscheinenden Voranschläge entwickelt worden sind. Bei jedem Schritt der Aufstellung müssen die Kalkulationen nach dem Grade der ihnen zukommenden Bedeutung überprüft und analysiert werden. Auch den Fragen, welcher Genauigkeitsgrad bei der Kalkulation des zu erwartenden Warenabsatzes erforderlich ist, welche Vorkehrungen für bestimmte Fälle von Produktionsabweichungen und Berichtigungen der Zahlen über die Vorräte getroffen werden sollen, bis zu welchem Grade das Budget detailliert werden soll sowie der Frage nach der Dauer der Budgetperiode und eventuellen Vorkehrungen für die Überarbeitung des Budgets muß die entsprechende Aufmerksamkeit geschenkt werden. Die Prüfung all dieser Fragen bietet ausgezeichnete Gelegenheit, die verschiedenen Schritte der Tätigkeit der Gesellschaft systematisch zu beurteilen und für die Zukunft zu planen.

Der Erfolg des Budgets hängt zum großen Teil von der Zusammenarbeit und dem guten Willen des gesamten Personals ab. Daher ist es wichtig, daß die Personen, die durch das Budget kontrolliert werden sollen, auch bei der Aufstellung der Voranschläge mitwirken. Alle auf das Budget zu beziehenden Fragen sollten dem Personal der einzelnen Abteilungen in einer Form vorgelegt werden, die dem Angestellten die Überzeugung gibt, daß der Plan gerecht und sinnvoll ist.

*Durchführung des Budgets.* Ist das Budget genehmigt und in Kraft gesetzt, beginnt der nächste Schritt der Budgetarbeit mit der Kontrolle der vorgegebenen Posten, der Berichterstattung über die Durchführung des Budgets und der Verwertung der festgestellten Abweichungen als Grundlage des Eingreifens der Geschäftsleitung.

Das Budget kann als Grundlage für Nachforschungen benutzt werden, nachdem sich bestimmte Situationen entwickelt haben, oder als positives

Steuerungsmittel, bevor betriebliche Aufwendungen genehmigt werden. Nach diesem Verfahren soll versucht werden, Aufwendungen, die die im Budget festgesetzten Höchstbeträge überschreiten, zu vermeiden, indem man solche Vorgänge vermeidet, die zu diesem Aufwand führen würden. Falls diese Aufwendungen notwendig oder ratsam sind, besteht immerhin die Möglichkeit einer strengen Überwachung. Nur selten ergeben sich Situationen, in denen nicht Abweichungen irgendwelcher Art notwendig sind. Der Vorteil liegt jedoch in der Möglichkeit einer Kontrolle durch die verantwortlichen Stellen, bevor zusätzliche Verbindlichkeiten tatsächlich eingegangen werden.

Die Fakten über die Durchführung des Budgets können in gesonderten Budgetberichten dargestellt werden, oder sie können in die laufenden Buchhaltungsberichte einbezogen werden. Eine adäquate Berichterstattung erfordert im allgemeinen die Darstellung der tatsächlichen und der geplanten Zahlen innerhalb der laufenden Periode und für den abgelaufenen Teil des gesamten Rechnungsjahres. Die auf diese Weise gemeldeten Abweichungen werden für die Geschäftsleitung zur Basis ihrer Untersuchung der aufgedeckten Mängel.

*Beurteilung der Durchführung des Budgets.* Der interne Revisor untersucht den tatsächlichen Wirkungsgrad in den oben erwähnten drei Abschnitten der Budgetarbeit. Hierbei sollte die Notwendigkeit der Überarbeitung des Budgets ebenfalls entsprechend berücksichtigt werden. Ein flexibles Budget oder eine ähnliche Methode schaffen die Voraussetzung, daß das Budget als wirksames Mittel der Steuerung auch unter veränderten Bedingungen aufrecht erhalten werden kann, statt dann völlig wirklichkeitsfremd zu werden. Andererseits hebt eine ständige Korrektur der Voranschläge zur Anpassung an die Erfordernisse des laufenden Betriebsganges den Nutzen des Budgets als Mittel zur Feststellung bedeutender Abweichungen auf.

Es ist wichtig, daß der interne Revisor die Zuverlässigkeit des Berichtsverfahrens über die Vergleichsergebnisse zwischen tatsächlichen und geplanten Beträgen feststellt. Sind alle Abweichungen deutlich dargestellt, und falls über ihre Ursachen Informationen verfügbar sind, wie etwa im Falle von Abweichungen wegen eines anderen Produktionsumfanges, sind diese Tatsachen erwähnt? Sind die Berichte vollständig, so daß die Erfahrungen voraufgegangener Perioden bei der Beurteilung der laufenden Durchführung voll verwertet sind? Der Wunsch nach sofortiger Berichterstattung läßt es im allgemeinen ratsam erscheinen, die Budgetdaten in die laufenden Berichte einzubeziehen. Ein besonderer Satz von Berichten ist dadurch unnötig und dadurch mögliche Verzögerungen werden vermieden.

Von besonderer Bedeutung ist, welchen Gebrauch die Geschäftsleitung von den Informationen über Budgetabweichungen macht. Die Kontrolle, die durch diese Analyse ermöglicht wird, hängt von der Feststellung der Faktoren ab, die zu der Abweichung geführt haben. Einige dieser Faktoren bieten bessere Kontrollmöglichkeiten als andere, und die entsprechenden Eingriffsmöglichkeiten sind ebenfalls sehr verschieden. Nur mit der Kenntnis der Ursachen kann ein Versuch, die Verhältnisse wieder herzustellen, mit einiger Aussicht auf Erfolg unternommen werden. Umfangreiche Reparaturausgaben, beispielsweise, können auf fehlerhafte Betriebsanlagen zurückzuführen sein. Die Ursache anderer Abweichungen ist vielleicht ein verringerter Beschäftigungsgrad infolge der allgemeinen Wirtschaftslage oder des Versagens des Unternehmens im Konkurrenzkampf.

Im letzteren Fall kann die Ursache unter Umständen in fehlerhaften Waren, ungeschickten Verkaufsmethoden oder ähnlichem liegen. Andererseits können erhöhte Reparaturausgaben auf örtliche betriebliche Verhältnisse, wie z. B. schlechte Schmiermittel, unfähige Arbeitskräfte oder andere innerbetriebliche Ursachen zurückzuführen sein. Die Feststellung der Ursachen ist oft schwierig, die Sorgfalt, mit der diese Dinge jedoch analysiert werden und das Ausmaß, in dem dann konstruktive Maßnahmen getroffen werden, um dem Mangel abzuhelfen, ist der tatsächliche Maßstab für den Erfolg der Budgetplanung. Aufgabe der internen Revision ist es, bei der Analyse dieser Abweichungen mitzuarbeiten und die Auswertung dieser Informationen in jeder möglichen Weise zu fördern.

## Revision von Schadensersatzforderungen

Wenn Verträge verletzt oder gebrochen werden, ergeben sich in vielen Fällen Ansprüche auf Schadenersatz, und die Feststellung der Rechtmäßigkeit dieser Forderungen — obwohl sie streng genommen eine juristische Frage ist — führt auch zu buchhaltungstechnischen Erörterungen. Andere Arten von Verträgen regeln als vordringlichsten Zweck etwaige Schadensersatzleistungen, falls sich bestimmte Vorfälle ereignen. Häufig ergeben sich Schadenersatzforderungen aus Versicherungsverträgen. Betriebsanlagen, die unter solche Verträge fallen, werden vielleicht teilweise oder völlig zerstört, es entstehen Verluste durch Unterschlagungen bei Kautionsversicherungen, oder andere Versicherungsobjekte geben Anlaß zu Ersatzforderungen. Das übliche Verfahren besteht darin, daß qualifiziertes Buchhaltungspersonal detaillierte Berechnungen aufstellt, auf die alle Forderungen begründet werden. Gelegentlich arbeitet der interne Revisor selbst bei der Aufstellung der Ersatzansprüche mit, oder er prüft die Berechnungen zu einem späteren Zeitpunkt. Das erstgenannte Verfahren ist üblich, wenn — wie etwa im Falle von Unterschlagungen — die Berechnung der Schadenersatzansprüche umfangreiche Nachforschungen und Analysen revisionstechnischer Art erfordert. Normalerweise ist die interne Revision vor allem daran interessiert, festzustellen, daß die von der Gesellschaft angewandten Methoden bei der Feststellung von Schadenersatzansprüchen eine entsprechend schnelle und exakte Abwicklung gewährleisten.

### Sonderaufträge der Geschäftsleitung

Oft wird der interne Revisor von den leitenden Stellen mit Sonderaufgaben betraut. Diese Aufträge beziehen sich in manchen Fällen auf die Untersuchung ganz bestimmter fehlerhafter Erscheinungen oder sie betreffen die Überprüfung von Unterlagen, Verfahren oder Beziehungen verwaltungstechnischer Art, die gerade im Mittelpunkt der Betrachtung stehen. Der betreffende Gegenstand kann im wesentlichen eine buchhalterische Angelegenheit sein, etwa wenn neue Verfahren oder Einrichtungen erwogen werden, oder rein betrieblicher Natur, etwa wenn der Umfang festgestellt werden soll, in dem die Wettbewerbsbestimmungen von Abnehmerfirmen eingehalten werden.

Der Einsatz des internen Revisors für Betriebsanalysen dieser Art wird durch die Tatsache erweitert, daß der interne Revisionsstab nicht an ein festes Schema gebunden ist, wie dies beim Buchhaltungs- oder Betriebspersonal der Fall ist, und daß er daher zeitweise für diese Spezialaufgaben eingesetzt werden kann. Zweitens gibt die unabhängige Stellung des internen Revisors der Geschäftsleitung eine größere Sicherheit dafür, daß die Untersuchung oder Berichterstattung über die geprüften Objekte zuverlässig ist und nicht durch die speziellen Gesichtspunkte und Interessen der betreffenden Abteilungen gefärbt wird. Die Durchführung dieser Aufgaben durch den internen Revisor macht ihn gleichzeitig in steigendem Maße mit dem Standpunkt der Geschäftsleitung bekannt und verbreitert damit die Grundlage seiner eventuellen zukünftigen Tätigkeit.

### Ausbildungsaufgaben

Eine wichtige Sonderaufgabe der internen Revision betrifft die Ausbildung des Personals der Gesellschaft. Dieser Gesichtspunkt ist in den letzten Jahren immer mehr anerkannt worden und bildet einen festen Punkt im Ausbildungsprogramm einer Anzahl bekannter Unternehmen. In einigen Fällen werden alle Personen, die man für die spätere Übernahme in leitende Stellungen geeignet hält, für einen Zeitraum von sechs Monaten bis zu einem Jahr in die interne Revisionsabteilung versetzt, bevor ihnen am Ende dieser Zeit ihr endgültiger Aufgabenbereich angewiesen wird. In anderen Fällen wird die interne Revisionsabteilung in etwas anderer Weise als Ausbildungsstätte benutzt. Hierbei wird eine strenge Auslese getroffen, um die Personen herauszufinden, die direkt in die interne Revisionsabteilung aufgenommen werden. Nach einer intensiven Ausbildung im Außendienst, an den innerbetrieblichen Aufgaben und durch besondere Schulungsmethoden können dann diese Revisoren in eine andere Abteilung versetzt werden, falls sich die Notwendigkeit dazu ergibt und ihre Fähigkeiten und Kenntnisse dies erlauben.

## Direkte Teilnahme des internen Revisors an laufenden Geschäftsvorgängen

Im ersten Kapitel dieses Buches wurde festgestellt, daß es notwendig ist, diejenigen Kontrollaufgaben aus dem Zuständigkeitsbereich der internen Revision auszuklammern, die mit der laufenden Abwicklung von Geschäftsvorgängen dauernd verbunden werden. Hier sind jedoch etwas ungewöhnliche und nicht alltägliche Vorgänge gemeint, an denen der interne Revisor teilnehmen kann.

Als Beispiel mag wiederum der Erwerb größerer Vermögenswerte eines Unternehmens dienen. Einerseits kann die Aufgabe mit allen damit zusammenhängenden Fragen durch das dafür qualifizierte Personal des Unternehmens, das je nach Bedarf aus den verschiedenen Abteilungen stammt, vollständig durchgeführt werden. Der Vorgang wird dann später durch den internen Revisionsstab geprüft und die Genauigkeit und Richtigkeit der Durchführung entsprechend kontrolliert. Andererseits kann man aber auch ein Verfahren anwenden, bei dem die interne Revisionsabteilung durch die teilweise oder vollständige Aufstellung der dazu benötigten Daten selbst aktiv an der Aufgabe teilnimmt. In diesem Falle besteht allerdings eine geringere Wahrscheinlichkeit dafür, daß der Vorgang dann unabhängig geprüft wird, weil der gleiche interne Revisor, der daran teilnahm, später vielleicht die Unterlagen der Abteilung prüft, in der die Arbeit durchgeführt wurde. In anderen Fällen kann die Teilnahme eines internen Revisors bei einer solchen Aufgabe als endgültiger Beweis ihrer Ordnungsmäßigkeit angesehen werden.

### Unabhängige Revision oder direkte Teilnahme

Das Problem, das bei obigem Beispiel deutlich geworden ist, erfordert einige weitere Überlegungen. Vor allem muß anerkannt werden, daß bei jedem gut funktionierenden Unternehmen Situationen entstehen können, in denen die Umstände die direkte Teilnahme des internen Revisors an laufenden Geschäftsvorgängen erforderlich machen können. Die interne Revisionsabteilung ist nun einmal auf weitestmögliche Sicherung der Unternehmensinteressen bedacht und steht bereit, sie in jeder geeigneten Weise zu fördern. In Notfällen sollte es daher keine Diskussionen über Funktionen und Zuständigkeiten geben. Zweitens ist es notwendig, daß die interne Revisionsabteilung — sowohl im ganzen wie auch jeder einzelne für sich — in weitem Maße eine beratende Funktion ausübt, und zwar sowohl in dem Zeitraum vor einer Aufgabe wie auch während ihrer Durchführung. Es gibt keinen Grund, warum das Unternehmen nicht von den Kenntnissen und Erfahrungen ihres internen Revisionspersonals immer Gebrauch machen sollte.

Unter voller Berücksichtigung dieser wichtigen, soeben aufgezeigten Überlegungen soll der interne Revisor normalerweise nicht an der Durchführung laufender Geschäftsvorgänge beteiligt werden. Wenn er dennoch regelmäßig daran teilnimmt, gehen die Vorteile einer unabhängigen Revision und Beurteilung zu einem beträchtlichen Teil verloren und die Betriebsinteressen werden in demselben Maße gefährdet. Der interne Revisor ersetzt in solchen Fällen lediglich anderes normales Personal und die Verantwortung für die Genauigkeit laufender Vorgänge geht von diesem Personal auf den internen Revisor über. Zur Erreichung des höchsten Wirkungsgrades in diesen Fragen ist es erforderlich, daß die laufenden Betriebsvorgänge von einer Stelle überprüft und beurteilt werden, die von den Vorgängen selbst völlig unabhängig ist. Dieser Gedanke wurde in der revidierten Fassung des „Statement of Responsibilities of the Internal Auditor" von 1957 sehr deutlich herausgestellt.

## Aufgaben, die eine direkte Mitarbeit erfordern

Die Vorgänge, bei denen der interne Revisor am häufigsten teilnimmt, sind der Abschluß von Verträgen, die Aufstellung von Schadenersatzansprüchen oder Bewertungen in Streitfällen, die Aufstellung von buchhaltungs- oder betriebstechnischen Grundsätzen und der Einsatz an Stelle von normalem Personal im Notfall. Diese Aufgaben können in gewissen Fällen der internen Revisionsabteilung zugewiesen werden, obwohl, wie wir gesehen haben, eine solche Praxis nicht zu empfehlen ist. Eine andere, durchaus nicht ungewöhnliche Situation ist es dagegen, wenn sofortige Arbeiten unumgänglich sind und der interne Revisor als die einzig qualifizierte und verfügbare Person zeitweise oder für den Notfall dafür eingesetzt wird.

## Noteinsatz

Eine schwierige Situation entsteht in der betrieblichen Organisation, wenn normales Personal, z. B. infolge Krankheit, Unterschlagungen, Unfähigkeit oder aus anderen Gründen, von seinem Posten enthoben wird oder besondere Fehlleistungen im Betriebsablauf sofortige Korrekturmaßnahmen erfordern. Da die laufenden Betriebsarbeiten weitergehen müssen, ergibt sich in solchen Fällen für den internen Revisor oft die Notwendigkeit, zeitweise laufende Betriebsaufgaben übernehmen zu müssen. Diese können entweder buchhalterischer oder betrieblicher Art sein und können aus Aufgaben beratender Natur bestehen oder die direkte Ersetzung eines bestimmten Angestellten bedeuten. In diesem Falle hält der interne Revisor den Betriebsablauf aufrecht, bis aus anderen Abteilungen des Betriebes Ersatz gefunden oder anderes Personal entsprechend geschult ist, daß es den Posten übernehmen kann. Eine andere Situation liegt vor, wenn bestimmte Aufgaben sofort erledigt werden müssen und die Buchhaltung, die normalerweise diese Aufgabe durchführt, zu schwach besetzt ist. Hier wird nun die interne Revisionsabteilung beauftragt, die betreffenden Aufgaben zu übernehmen.

Die Tätigkeit des internen Revisors kann in diesem Zusammenhang sehr leicht mißbraucht werden, und dies kann in Extremfällen zu einer ernstlichen Beeinträchtigung des normalen Revisionsprogrammes führen. Daher ist es ratsam, daß alle derartigen Tätigkeiten durch den Leiter der Revisionsabteilung in engen Grenzen gehalten werden. Die Geschäftsleitung sollte ebenfalls berücksichtigen, daß diese sogenannten Notfälle nicht zur Regel werden und die Kraft der internen Revisionsabteilung nicht schwächen dürfen, wenn sie an der Leistungsfähigkeit einer guten und systematischen internen Revision interessiert ist.

# 24. Die Zusammenarbeit mit dem externen Revisor

## Grösserer Bedarf an Revisionsleistungen

Die ständige Entwicklung und Ausdehnung der amerikanischen Aktiengesellschaften führte zu der Notwendigkeit, die Anzahl und den Umfang der Revisionen zu vergrößern. Zugleich mit der steigenden Nachfrage, die dem allgemeinen wirtschaftlichen Aufstieg zugeschrieben werden kann, bestanden auch noch andere Ursachen, die die Tendenz hatten, das Gebiet der Revisionen beträchtlich auszudehnen. Einige der Hauptursachen sind: die zusätzlichen Prüfungsforderungen, die aus der Gemeinde-, Staats- oder Bundesgesetzgebung herrühren, die zusätzlichen Aufgaben auf Grund der größeren Dezentralisation und Anlagenstreuung, die Probleme der Anpassung der Verfahren von neuen Zweigunternehmen nach Fusionen und Erwerbungen, die Notwendigkeit einer umfangreicheren Prüfung der ausführenden betrieblichen Tätigkeiten, der Anstoß durch die Fortschritte der Büromaschinen und die verschiedenen besonderen Arbeiten, die von der Geschäftsführung verlangt werden. Diese zusätzlichen Ansprüche fordern die Leistungsfähigkeit des Prüfungsberufes heraus und dies gilt auch für die Zukunft.

Den Anforderungen durch das erweiterte Arbeitsgebiet und den größeren Umfang sind sowohl die internen als auch die externen Revisoren gerecht geworden, wie die steigende Bedeutung des Berufs und die Lage der betreffenden Berufsorganisationen beweisen — das American Institute of Certified Public Accountants und das Institute of Internal Auditors.

Diese Forderungen erhöhten für die kleineren und mittelgroßen Gesellschaften die Notwendigkeit, sich an die Wirtschaftsprüfer zu wenden, um sich über die Verpflichtungen der Gesellschaft laufend informiert zu halten. In den größeren Gesellschaften wurden gesonderte Abteilungen eingerichtet, um die richtigen Nachweise zu führen und die nötigen Informationen und Berichte anzufertigen. Diese Entwicklung hatte die Folge, die Beziehung des Wirtschaftsprüfers zu der größeren Aktiengesellschaft zu verändern, d. h. an Stelle der direkten Ratschläge an die Geschäftsführung trat die Zusammenarbeit mit den verschiedenen Abteilungsleitern, die für die Buchführung, Steuern, Prüfungen und andere besondere Arbeiten verantwortlich sind.

## Die Erweiterung des Arbeitsbereiches

Mit der großen Ausdehnung der Arbeitsbereiche der Gesellschaften und der Verschmelzung zu noch größeren Unternehmungen war das enge persönliche Verhältnis, das früher zwischen dem externen Revisor und dem Unternehmen bestanden hatte, jetzt nicht mehr möglich. Die Einführung von neuem Personal und das stark vergrößerte Geschäftsvolumen trugen dazu bei, das frühere enge Verhältnis zu lösen. Ferner war es wegen der großen Zahl der Geschäftsvorfälle nicht möglich, jeden Vorgang ausführlich zu prüfen oder einen direkten Kontakt mit den vielen Angestellten des Unternehmens zu pflegen.

Die Schwierigkeit der Arbeiten des Unternehmens führte zu der Entwicklung immer spezialisierterer interner Verfahren und Methoden, die für den freiberuflichen Prüfer immer schwieriger zu erfassen waren. Zugleich wurde für die Geschäftsführung das Bedürfnis nach besseren Kontrolldaten größer, weil sie sich notwendigerweise von den ausführenden Arbeiten weiter entfernte.

So sehen wir das Entstehen der zwei allgemeinen Ziele der internen Revision:

1. das Ziel des Schutzes und der Bestätigung und
2. das konstruktive oder beurteilende Ziel.

Was den Schutz angeht, tritt die interne Revision in einem bestimmten Ausmaß an die Stelle des Wirtschaftsprüfers bei der Bestätigung der Buchführungsangaben und der Sicherung der Vermögenswerte der Gesellschaft. Der zweite Gesichtspunkt bezieht sich hauptsächlich auf die oben erwähnten direkten Bedürfnisse der Geschäftsführung, nämlich die Feststellung, daß die Zweigbetriebe die Politik des Unternehmens befolgen, daß allgemeine Grundsätze und Verfahren befolgt werden und daß die Aufzeichnungen und Verfahren angemessen sind. So sehen wir hier die allgemeine Tendenz des Wachsens der internen Revision aus der Entstehung dieser zwei verschiedenen Bedürfnisse. Bei der weiteren Entwicklung der internen Revision wurde die Reihenfolge der Bedeutung umgedreht und das konstruktive oder beurteilende Ziel wurde wichtiger. Dies kam auch in der Erklärung aus dem Jahre 1957 über die Verantwortlichkeiten des internen Revisors zum Ausdruck.

## Verschiedene Lösungen

Um der durch die neuen Bedingungen erhöhten Verantwortung gerecht zu werden, war es für die Unternehmensleitung notwendig, eine genauere Prüfung durchführen zu lassen als von einer regelmäßigen jährlichen Revision geleistet werden konnte. Infolgedessen waren die Anstrengungen zur Lösung dieses Problems verschieden. Die drei Hauptmethoden wurden getrennt oder in irgendeiner Verbindung angewandt, und zwar in verschiedenen Abstufungen.

*Die verstärkte Heranziehung des externen Revisors.* Eine Lösung bestand darin, die Dienste des externen Revisors in größerem Maße in Anspruch zu nehmen. Dies war verständlich, da sich viele bedeutende Änderungen in der Verantwortung des Mandanten entwickelten und der externe Revisor der Mann war, an den man sich wegen eines Rates wenden konnte. Außerdem hatten die Gesetze über Wertpapiere und Börsen (Securities and Exchange Acts) die Verantwortung der Geschäftsführung für die eingereichten Bilanzen festgelegt. Die meisten dieser Pflichten wurden noch nicht verstanden und es war noch nicht genügend Zeit für die weitere Klärung in der Fachliteratur vergangen, und so konnte der externe Revisor seinen Mandanten wertvolle Hilfe leisten. In einigen Fällen wurde der externe Revisor damit beauftragt, die Buchführungsarbeiten ständig zu überwachen. In anderen Fällen erhielt der externe Revisor den Auftrag, Prüfungen für einen kürzeren Zeitabschnitt durchzuführen, wie z. B. halb- oder vierteljährliche und monatliche.

*Die Einstellung von Spezialisten.* Eine große Anzahl von Gesellschaften begann einzelne Personen anzustellen, die Verfahren der Buchführung und der internen Kontrolle entwerfen und verbessern sollten. Dadurch wurde der Gesellschaft ein stärkerer Antrieb gegeben, ihre Finanzberichte selbst aufzustellen und bestimmte Informationen, die von dem externen Revisor benötigt wurden, selbst auszuarbeiten.

*Eine gesonderte interne Prüfungsabteilung.* Ein dritter Weg, der von einigen Unternehmen eingeschlagen wurde, bestand darin, eine besondere interne Prüfungsabteilung einzurichten. Im allgemeinen half der externe Revisor dabei, stellte in manchen Fällen sogar den Abteilungsleiter und half bei der Auswahl des Prüferstabes. Daher bestand eine starke Neigung, daß die interne Prüfungsabteilung in ähnlicher Weise arbeitete wie der externe Revisor. Das Ergebnis war, daß die externen Revisoren das interne Prüfungsprogramm in diesen Gesellschaften regelten und die Arbeit in beträchtlichem Maße einer öffentlichen Prüfung glich.

## Die wachsende Bedeutung der unabhängigen Prüfungen

Die Änderungen durch erweiterte Arbeitsgebiete, die eine geringere Teilnahme des externen Revisors an den internen Angelegenheiten der Gesellschaft zur Folge hatten, führten andererseits zu Entwicklungen, die die Bedeutung der Arbeit des externen Revisors auf anderen Gebieten erhöhten.

Die Entwicklung eines Großunternehmens verlangt die Investition von vielen Millionen Dollars. Diese Geldbeträge mußten von vielen einzelnen Personen aufgebracht werden, im allgemeinen durch die Ausgabe von Aktien. Daher bedingte sie unter Umständen einen außergewöhnlichen Anstieg der Zahl der Aktionäre. Die Vergrößerung ihrer Zahl ließ die Beziehung zu ihnen unpersönlich werden und die Aktionäre benötigten einen Bürgen für die Zuverlässigkeit der Finanzberichte der Gesellschaft. Außerdem werden bestätigte Bilanzen von der Securities and Exchange Commission und anderen Regierungsstellen, von Banken und von verschiedenen anderen Stellen, die dem Geldgeber und der Öffentlichkeit dienen, verlangt.

Um die eigene Arbeit wirkungsvoller zu gestalten, hat sich der externe Revisor mehr als früher um die Wirksamkeit der internen Verfahren der Gesellschaft gekümmert. Wenn er feststellen kann, daß die Verfahren gut organisiert und überwacht werden, besteht eine größere Sicherheit, daß die endgültigen Angaben zuverlässiger sein werden.

## Das Interesse des Wirtschaftsprüfers an der internen Revision

Wir haben gesehen wie die Bedürfnisse der Geschäftsführung unter den neuen Bedingungen die Entwicklung der neuen internen Prüfungsabteilungen anspornen. Für den externen Revisor bedeutet das ebenfalls ein weiteres Mittel, mit dessen Hilfe er die Genauigkeit der Angaben sicherstellen kann, über die er ein Gutachten erstatten soll. Hier ist eine Gruppe, zu deren Hauptzielen die Steigerung der Leistungsfähigkeit des Rechnungswesens gehört und die durch ihre eigene direkte Arbeit versucht, die Genauigkeit und Zuverlässigkeit der Finanzangaben des Unternehmens zu erreichen. Hier ist eine Gruppe, die ähnliche Prüfungsverfahren benutzt und eine gemeinsame Sprache spricht. Außerdem gibt die Vertrautheit der internen Prüfungsgruppe mit den Arbeiten des Unternehmens dieser Gruppe eine besondere Bedeutung und ermöglicht ihr eine sogar noch wirkungsvollere Art der Prüfung als sie ein Außenseiter durchführen könnte. Der externe Revisor ist daher direkt daran interessiert, die interne Revisionsabteilung und ihre Arbeiten für sich nutzbar zu machen. Er hat daran Interesse, festzustellen, daß das interne Prüfungsprogramm angemessen ist, daß die interne Prüfungsabteilung eine sachgemäße unabhängige Stellung innerhalb des Unternehmens einnimmt, daß der interne Prüfungsstab nach den Grundsätzen des Berufsstandes arbeitet, umfassende Arbeitspapiere angefertigt werden, die Prüfungsberichte schnell verteilt werden und daß Beanstandungen energisch verfolgt werden.

Die gemeinsamen Ziele beider Gruppen liefern die Grundlage einer gegenseitigen Hilfe und die gemeinsame Arbeitsweise liefert die praktischen Mittel, womit die Zusammenarbeit verwirklicht werden kann.

Die Erkenntnis, daß es für die Gesellschaft wirtschaftlicher ist, bestimmte Teile der Prüfungen von Einzelheiten mit ihrem eigenen Personal durchzuführen, kam nicht nur von den Gesellschaftsorganen, die versuchen, die Prüfungskosten zu verringern, sondern auch von Männern aus dem Wirtschaftsprüferberuf. Die führenden Leute dieses Berufs haben immer eingesehen, daß die Interessen des Wirtschaftsprüfers auf lange Sicht Sparsamkeit und hohe Leistungen im Dienste der amerikanischen Wirtschaft verlangen. Die echte Senkung der Prüfungskosten beschäftigt deswegen den Wirtschaftsprüfer genau so wie die Geschäftsführung, und es ist auf lange Sicht sein Vorteil, wenn es gelingt, die externen und internen Prüfungsarbeiten in vernünftigem Maße aufeinander abzustimmen.

Der Wunsch, daß bestimmte Prüfungsarbeiten von eigenen Angestellten der Gesellschaft statt von Wirtschaftsprüfern ausgeführt werden, wurde in dem Bericht von 1934 des „Committee on Stock List" der Börse von New York deutlich wie folgt ausgesprochen:

> Ihr Komitee ist überzeugt, daß die ausführliche Untersuchung und Prüfung des Geldverkehrs großer Gesellschaften am wirkungsvollsten und wirtschaftlichsten von ständigen Angestellten der Gesellschaft ausgeführt werden können, besonders heute, wo für die Buchhaltung in einem so großen Umfang Maschinen eingesetzt werden und wo es unnötige Ausgaben mit sich bringen würde, solche Arbeit unabhängigen Revisoren zu übergeben oder von ihnen zu verlangen, die Arbeit der internen Organisation noch einmal zu wiederholen.

Als das Merkblatt des American Institute of Accountants „The Examination of Financial Statements by Independent Public Accountants" 1936 veröffentlicht wurde, wurde derselbe Gesichtspunkt folgendermaßen ausgedrückt:

Die ausführliche Untersuchung und Prüfung des Geldverkehrs großer Unternehmen kann von den ständigen Angestellten des Unternehmens wirtschaftlicher ausgeführt werden. Wo eine solche Prüfung durchgeführt wird, kann der Wirtschaftsprüfer sein Programm entsprechend ändern.

## Das Interesse der Securities and Exchange Commission an der Zusammenarbeit

Die Beziehung zwischen dem internen Revisor und dem Wirtschaftsprüfer wurde auch von der Securities and Exchange Commission in ihrer Bedeutung anerkannt. Die Richtlinien der Kommission bezüglich der Bestätigung von Bilanzen usw. wurden in Artikel 2 der Bestimmung S—X dargelegt. 1941 brachte die Kommission zum Ausdruck, sie habe mit der positiven Erklärung, daß der Wirtschaftsprüfer bei der Entscheidung über den Umfang seiner Prüfung den Zustand des internen Prüfungs- und Kontrollsystems berücksichtigen müßte, den Zweck verfolgt, die Bedeutung dieses grundlegenden Elementes zu betonen. Sie war der Ansicht, daß die Normen auf diesem Gebiet nicht im erwarteten Maße befolgt wurden.

Vor der Änderung im Dezember 1950 enthielt die Bestimmungt S—X daher folgenden Abschnitt:

Bei der Bestimmung des notwendigen Prüfungsumfanges soll der Zustand des internen Kontroll- und Abstimmungssystems angemessen berücksichtigt werden. Entsprechendes Gewicht ist auf ein internes System von Prüfungen zu legen, die regelmäßig mit Hilfe von bei der registrierten Gesellschaft selbst angestellten Revisoren durchgeführt wird. Der Wirtschaftsprüfer soll die Buchhaltungsverfahren prüfen, die von der Person oder den Personen befolgt werden, deren Darstellungen bestätigt werden und er soll sich durch angemessene Maßnahmen selbst überzeugen, daß diese Buchhaltungsverfahren auch wirklich eingehalten werden.

Die Forderung, daß die Buchhaltungsverfahren, die von der registrierten Gesellschaft befolgt worden sind, geprüft werden sollen, soll sich zweifellos auch auf die Prüfungsverfahren der internen Revisoren beziehen, auf die im vorhergehenden Satz verwiesen wurde. Es ist ferner wichtig, festzustellen, daß die Forderung aufgestellt wird, der Wirtschaftsprüfer soll sich selbst von der tatsächlichen Anwendung dieser internen Verfahren überzeugen. Der obige Abschnitt wurde 1950 bei der Überarbeitung von Artikel 2 gestrichen, da die in diesem Abschnitt enthaltenen Vorschriften ausdrücklich in Normen aufgenommen worden sind, die die Berufsorganisation der Wirtschaftsprüfer formell angenommen hat. Aus diesem Grunde wurde es nicht für nötig erachtet, diesen Abschnitt in die Bestimmung wieder aufzunehmen.

## Die Unterscheidung der Arbeitsbereiche

Der Unterschied zwischen der Arbeit des externen und der des internen Revisors wird von vielen Personen noch nicht verstanden. Sie wissen nicht, wo die Arbeit des internen Revisors endet und die des externen beginnt oder umgekehrt, und wie stark die Arbeit der zwei Gruppen parallel verläuft oder sich sogar überschneiden kann. Allgemein wird anerkannt, daß viele Punkte eines gemeinsamen Interesses zwischen den zwei Prüfergruppen bestehen, die eine feste Grundlage einer engen Zusammenarbeit bilden. Die Arbeitsbereiche der zwei Gruppen können eingeteilt werden in

1. gemeinsame Merkmale und
2. abweichende Merkmale.

### Gemeinsame Merkmale

*Die Zuverlässigkeit von finanziellen Unterlagen.* Der Wirtschaftsprüfer beschäftigt sich hauptsächlich damit, zu entscheiden, ob die Bilanzen, die von der betreffenden Gesellschaft herausgegeben wurden, die finanzielle Lage richtig wiedergeben. Dem internen Revisor geht es ebenfalls um diese Sicherheit bei seiner Prüfung und Beurteilung der Grunddaten, auf denen die Bilanzen beruhen. Die weitere zusätzliche Prüfung von seiten des internen Revisors führt zu einem größeren Vertrauen zu der Zuverlässigkeit der Angaben.

*Die Durchführung von internen Kontrollen.* Sowohl der externe wie der interne Revisor hat ein lebhaftes Interesse an soliden, wirksamen und automatischen Sicherungen, die in die Bearbeitung der Buchhaltungsangaben eingebaut sind. Es besteht ein weites Gebiet des gemeinsamen Interesses an der Durchführung interner Buchhaltungskontrollen.

*Ähnliche Arbeitsverfahren und Vorbildung.* Die Arbeitsverfahren beim Feststellen der Richtigkeit der Angaben oder der Angemessenheit der Verfahren sind ähnlich, d. h. beide Berufe prüfen Geschäftsvorfälle und die interne Kontrolle auf dieselbe allgemeine Art. Außerdem sind die Vorbildung und die Ausbildung in vielen Fällen sehr ähnlich und führen zu einer Gemeinsamkeit der Interessen.

*Die Prüfungskosten.* Der Wirtschaftsprüfer und der interne Revisor haben ein direktes Interesse an den Prüfungskosten. Durch die ständig steigenden Kosten, die auf der Geschäftsführung lasten und durch das „Kostenbewußtsein", das durch die verschiedenen Kostenverringerungsprogramme hervorgerufen wurde, ist es für beide Prüfergruppen erforderlich, nach Wegen zu suchen, um unnötige Doppelarbeit und unnötige Ausgaben zu vermeiden.

### Abweichende Merkmale

Es gibt auch sehr wichtige Gebiete, in denen sich die Interessen der zwei Gruppen nicht ähnlich sind. Die Hauptabweichungen stammen aus dem Unterschied der Ziele. Einige bedeutende Abweichungen werden unten besprochen.

*Die Auftraggeber.* Der Wirtschaftsprüfer wird von den Aktionären und dem Aufsichtsrat beauftragt, seine Meinung darüber zu äußern, ob die Bilanz und Gewinn- und Verlustrechnung die finanzielle Lage zu einem gegebenen Zeitpunkt und die Ergebnisse während einer gegebenen Zeitspanne richtig wiedergeben. Der interne Revisor dagegen ist der Geschäftsführung gegenüber verantwortlich und beschäftigt sich hauptsächlich mit den Verfahren und Kontrollen, die zu dem Endergebnis führen.

*Die Dauer der Arbeit.* Ein anderer Unterschied besteht darin, daß der interne Revisor sich ständig mit den Problemen der Gesellschaft beschäftigt, während der Wirtschaftsprüfer den Hauptteil seiner Arbeit notwendigerweise in einem kurzen Zeitraum leisten muß.

*Der Unterschied im Vorgehen.* Der Wirtschaftsprüfer beschäftigt sich mehr mit den Ergebnissen als mit den Vorgängen, die zu diesen Ergebnissen führen. Aus diesem Grund wurde das grundlegende Vorgehen folgendermaßen formuliert:

> Der externe Revisor beginnt mit dem Endergebnis, wobei er sich bis zu einem gewissen Punkt zurückarbeitet, der ausreicht, um sich davon zu überzeugen, daß die Ergebnisse richtig sind. Der interne Revisor dagegen beginnt mit Verfahren und Geschäftsvorfällen. Hierbei weiß er, daß die Endergebnisse richtig sein werden, wenn die Verfahren angemessen sind und richtig arbeiten.

## Die Grundlage der Zusammenarbeit

Bevor man die besonderen Einzelheiten eines Programmes für die Zusammenarbeit bedenkt, ist es notwendig, bestimmte Grundtatsachen für ein Koordinierungsprogramm ins Auge zu fassen. Dies sind die Voraussetzungen, auf denen das Programm beruht.

### Die Verantwortungsbereiche

Es ist klar, daß für die veröffentlichten Bilanzen die Geschäftsführung verantwortlich ist und nicht der Wirtschaftsprüfer. Die Geschäftsführung kann die Verantwortung für ihre Handlungen nicht auf den Wirtschaftsprüfer abwälzen, der die Bilanzen bestätigt. Dieser Standpunkt wurde deutlich von dem American Institute of Certified Public Accountants und von der Securities and Exchange Commission dargelegt. Die SEC gab an, daß „die Bescheinigungen der Wirtschaftsprüfer nicht als Ersatz für die Rechenschaft der Geschäftsführung über ihre Verwaltung gefordert werden, sondern als eine Kontrolle über diese Rechenschaft".

### Unabhängige Prüfungen durch den externen Revisor

Es muß klargestellt werden, daß der Teil der Arbeit des internen Revisors, der sich auf die direkte Prüfung von Büchern und Belegen bezieht, nicht notwendigerweise einen Ersatz für die Arbeit des externen Revisors darstellt, sondern er kann letzterem erlauben, sich bei seiner Untersuchung mit weniger Stichproben zu begnügen. Der externe Revisor muß einige Stichproben durchführen, zumindest um sich zu überzeugen, ob die internen Prüfungsverfahren angemessen waren und richtig durchgeführt wurden. Es ist sein Ziel, das Maß an Vertrauen feststellen zu können, das er in die Arbeit setzen kann.

### Die Qualität der internen Prüfung

Es ist wichtig, daß die internen Prüfungshandlungen hohen Qualitätsanforderungen gerecht werden. Diese Prüfungshandlungen müssen von gut ausgebildeten Revisoren mit einer beruflichen Fähigkeit ausgeführt werden, die auf einer angemessenen Vorbildung und auf Erfahrung beruht. Der interne Revisor muß mit Leuten arbeiten und ihre Achtung und Mitarbeit durch einen hohen Arbeitsstandard gewinnen können.

*Die beruflichen Anforderungen.* Es besteht kein triftiger Grund, warum die Anforderungen an die Qualität der Prüfungsarbeit des internen Revisors nicht sehr hoch sein sollten. Im Gegenteil; der interne Revisor widmet seine gesamte Zeit den Problemen des Unternehmens, aus diesem Grund sollte er ein Spezialist für die Prüfungsverfahren seines eigenen Unternehmens und des Industriezweiges werden, dem es angehört. So hat A. C. Dechene dargelegt[1]:

> Der interne Revisor prüft Geschäftsvorfälle und beurteilt die interne Kontrolle auf dieselbe allgemeine Art wie der Wirtschaftsprüfer, indem er eine repräsentative Anzahl von Geschäftsvorfällen als Stichproben prüft. Wenn die Stichproben von qualifiziertem Personal ausgeführt werden, so besteht beruflich oder auch sonst kein Grund, warum der Wirtschaftsprüfer sich nicht auf dieselben verlassen sollte, sofern er das Erforderliche getan hat, um sich selbst davon zu überzeugen, daß sie auch wirklich ausgeführt wurden und sofern er zusätzliche Stichproben gemacht hat, die die Ergebnisse des internen Revisors bestätigen. Die zusätzlichen Stichproben des Wirtschaftsprüfers werden im allgemeinen andere Zeiträume betreffen und werden wohl auch anderer Art als die der internen Revisoren sein.

## Die allgemeinen Grundzüge eines Koordinierungsprogramms

Die Art, das Koordinierungsprogramm zu entwickeln, wird natürlich von Unternehmen zu Unternehmen verschieden sein. Es gibt jedoch bestimmte allgemeine Faktoren eines Gesamtprogrammes, die besprochen

[1] „Coordination of Internal and External Auditing" The Internal Auditor, Dezember 1951.

werden müssen. Diese Grundzüge sind anders als die speziellen Faktoren, die mit dem wiederkehrenden jährlichen Programm zusammenhängen.

### Die Entwicklung und Weiterführung des Prüfungsprogramms

Insbesondere bei der Entwicklung und Weiterführung eines ausgearbeiteten internen Prüfungsprogramms arbeiten Wirtschaftsprüfer und interner Revisor oft eng zusammen.

In vielen Fällen war der Wirtschaftsprüfer behilflich, die interne Prüfungsabteilung ins Leben zu rufen und gab auch bei der Einrichtung der Abteilung auf andere Weise seine Unterstützung. Meist hilft der externe Revisor dadurch, daß er am Anfang den Entwurf eines Programms durchsieht. Er kann dann viele sehr nützliche Vorschläge zur Verbesserung machen.

### Arbeitspapiere für die Prüfung

Die Arbeitspapiere bilden die offizielle Unterlage über die ausgeführte interne Prüfungsarbeit. Sie können jederzeit von dem Wirtschaftsprüfer oder der Geschäftsführung eingesehen werden. Aus diesem Grunde müssen sie zweckmäßig und sorgfältig angelegt werden. Die Arbeitspapiere bilden nicht nur eine Aufzeichnung über die geleistete Prüfungsarbeit, sondern auch die Grundlage zur Beurteilung der Leistung des internen Revisors, der sie angefertigt hat und indirekt auch der Leistung der internen Prüfungsabteilung.

### Herausgabe von Prüfungsberichten an externe Revisoren

Die interne Prüfungsgruppe sollte während des Jahres den externen Revisoren eine Kopie jedes angefertigten Berichtes zusenden. Oder man gibt dem Wirtschaftsprüfer die Gelegenheit, die Berichte einzusehen. Das ist jedoch keine so dynamische Zusammenarbeit, wie wenn der Wirtschaftsprüfer in die Verteilung der Berichte mit einbezogen wird. Bei Aufnahme in den ursprünglichen Verteiler wird die Aufmerksamkeit des Wirtschaftsprüfers häufig auf die Arbeit der internen Prüfungsgruppe gelenkt und hiermit die Grundlage dafür gelegt, daß er erfährt, welche Fehler gefunden werden.

Der Wirtschaftsprüfer ist dann in der Lage, seine eigenen Prüfungshandlungen so auszuwählen, daß er dem Interesse der Gesellschaft besser dienen kann.

### Die Fähigkeit und die Grösse des Prüferstabes

Der interne Prüferstab sollte sich aus Personen zusammensetzen, die eine ausreichende Befähigung für diese Art der Arbeit haben. Der Stab muß groß genug sein, um Prüfungen der Unterlagen aller Zweigbetriebe und der Hauptverwaltung in regelmäßigen Zwischenräumen durchführen zu können. Man wird die Fähigkeit und Größe des Stabes gewöhnlich nach den Ergebnissen beurteilen, die er erreicht, nach der Achtung, die er genießt und dem konstruktiven Dienst, den er in der Gesellschaft leistet.

### Unabhängigkeit

Der interne Revisor sollte in der Organisation eine Stellung einnehmen, die ihn davor sichert, daß sich solche Personen in seine Tätigkeit einmischen, die für die Arbeit, die geprüft wird, verantwortlich sind.

### Einstellung der Unternehmensleitung

Es ist notwendig daß die Unternehmensleitung von der Arbeit des internen Revisors Kenntnis nimmt, damit die Ergebnisse der Prüfung richtig ausgewertet werden. Es ist im allgemeinen besser, wenn die Verfahren der Weiterverfolgung der Beanstandungen innerhalb der Gesellschaft ausdrücklich festgelegt werden.

### Interne Kontrolle

Der interne Revisor soll ständig die interne Kontrolle auf schwache Stellen prüfen und feststellen, ob die Kontrollen richtig arbeiten. Er soll die Punkte kennen, die eine besondere Aufmerksamkeit verlangen, und es muß sein Bestreben sein, Verbesserungen einzuführen. Er soll andere Sicherungen einführen, wo örtlich die geringe Zahl der Angestellten keine ausreichende Möglichkeit zur Trennung der Aufgaben ergibt.

### Die Koordinierung

Die Koordinierung geht in erster Linie von der internen Revisionsabteilung aus, da der externe Revisor weiter entfernt ist und das Unternehmen und das interne Prüfungsprogramm als ein Ganzes sieht, über das er ein endgültiges Gutachten abgeben muß. So ist das Hauptziel der Koordinierungsarbeit das Bestreben der internen Revisionsabteilung, dem Wirtschaftsprüfer den Umfang und die Güte ihrer eigenen Arbeit zu zeigen, so daß der Wirtschaftsprüfer von der Zuverlässigkeit überzeugt wird und dies bei der Planung seines eigenen Programms berücksichtigt.

### Unterstützung durch die interne Prüfungsabteilung

Dem externen Prüfungspersonal kann im Laufe der externen Prüfung von seiten des internen Prüfungspersonals geholfen werden. Diese Hilfe sieht nicht so aus, daß das interne Prüfungspersonal unter der direkten

Leitung des Wirtschaftsprüfers arbeitet. Gemeint ist nur die Lieferung der benötigten Informationen, Erklärungen und dgl. Z. B. könnte der interne Revisor dadurch helfen, daß er den Lagerort und die Art der Vorräte des Unternehmens erklärt. Er könnte außerdem den externen Revisor führen und ihm helfen, bestimmte Arten von Material zu identifizieren, so daß der externe Revisor seine eigenen Stichproben wirksamer durchführen kann.

In einigen Fällen führt die interne Revisionsabteilung auf Ersuchen des Wirtschaftsprüfers besondere Aufträge zu verschiedenen Zeiten und an verschiedenen Stellen aus, die von dem Wirtschaftsprüfer benötigte Informationen liefern, und die er selbst sonst ausführlicher untersuchen müßte. In allen diesen Fällen macht sich der interne Revisor durch seine Vertrautheit mit den Methoden und Arbeiten des Unternehmens sehr nützlich und die Arbeit des externen Revisors kann wirksamer und wirtschaftlicher ausgeführt werden.

### Die Berücksichtigung des internen Prüfungsprogramms seitens des externen Revisors

Die Möglichkeiten einer wirkungsvollen Zusammenarbeit, die wir bisher behandelt haben, entsprangen in erster Linie der Initiative der internen Revisionsabteilung, die sich bemüht, dem Wirtschaftsprüfer die Güte der ausgeführten Arbeiten klarzulegen und sein Vertrauen auf ihre Leistung zu rechtfertigen. Das Endstadium einer wirkungsvollen Zusammenarbeit besteht jedoch darin, daß der Wirtschaftsprüfer die Verantwortung dafür trägt, daß er die geleistete Arbeit der internen Revisionsabteilung angemessen in Anschlag bringt und ihr in der Abfassung seines eigenen Programms die entsprechende Bedeutung verleiht. Jedes andere Vorgehen wäre einem Mangel an Beweglichkeit und Verständnis bei der Behandlung der Prüfung zuzuschreiben. Im allgemeinen sind diese nichtkonstruktiven Einstellungen eine Frage des Ausmaßes und sie werden hier nur erwähnt, um zu betonen, wie wichtig es ist, daß der Wirtschaftsprüfer seine Pflicht erkennt, das interne Prüfungsprogramm angemessen zu berücksichtigen und die Notwendigkeit einsieht, aktiv danach zu streben, ihm in der Ausführung seiner eigenen Untersuchung die richtige Bedeutung zuzuerkennen. Wieweit er dies tut, ist ein Merkmal für sein echtes berufliches Führungsvermögen.

Durch die Arbeit der internen Prüfungsgruppe kann der externe Revisor den Umfang seiner verschiedenen Stichproben verringern. Wenn z. B. für die Kundenkonten von der internen Prüfungsabteilung zufriedenstellende Bestätigungen eingeholt worden sind, kann der externe Revisor mit einer viel begrenzteren Untersuchung zufrieden sein als im anderen Fall.

## Die Planung einer guten Zusammenarbeit

In den vorangehenden Abschnitten haben wir die Grundzüge und die allgemeinen Elemente eines Koordinierungsprogramms behandelt. Im Folgenden werden wir uns mehr mit der Technik oder den Jahr für Jahr anfallenden Problemen der Koordinierung beschäftigen.

Es gibt wenige Aufgaben in einem Unternehmen, bei denen die Planung wichtiger oder ihr Fehlen kostspieliger wäre als bei der Koordinierung der Prüfungsarbeiten. Eine unzureichende Planung der Koordinierung kann zu unnötiger und kostspieliger Doppelarbeit und Verschwendung führen oder ein noch wichtigeres Ergebnis kann eine sehr ernste Lücke im gesamten Prüfungsprogramm sein.

Zwar wurden viele Veröffentlichungen den Vorteilen der Koordinierung, Zusammenarbeit und den verschiedenen Ausdrücken zur Beschreibung der Arbeitsbeziehung zwischen den zwei Gruppen gewidmet, jedoch wurde in den meisten Fällen nur wenig mehr als die Wiederholung derselben allgemeinen These vorgebracht. Dieser Punkt wurde treffend von Arthur H. Kent wie folgt hervorgehoben[2]:

> Wenn sich Wirtschaftsprüfer und interne Revisoren auf einer Versammlung treffen, wird oft jemand gebeten über das Thema „Zusammenarbeit" zwischen den zwei Gruppen zu sprechen. Viele dieser Reden folgen einem einheitlichen Schema, z. B. daß die internen Revisoren Berichte und Arbeitspapiere usw. den externen Revisoren zur Verfügung stellen sollen. Das Thema ist ein wenig abgedroschen.

Koordinierung muß viel mehr Substanz haben als die Zustellung einer mehr oder weniger untergeordneten Information, oft auf einem niedrigen Niveau. Es gibt für einen Revisor, sei er extern oder intern, keine bessere wirtschaftliche Begründung dafür, umfassende Arbeiten eines niedrigen Niveaus zu leisten als für einen Mann mit einem Stundenlohn von $ 4,— im Betrieb, wenn er eine Arbeit leistet, die nur einen Arbeiter mit $ 1,50 die Stunde erfordert. Es ist sogar noch schlimmer hier etwas zu verschwenden, da die Revisoren damit beschäftigt sind, auf allen Gebieten Verschwendung auszuschalten. Die Koordinierung soll auf der Leistung eines konstruktiven, wertvollen Dienstes beruhen, der der Gesellschaft in einer Weise nützt, die den Tätigkeiten des Betreffenden entspricht.

Um die Koordinierungsfunktionen einzuteilen, können wir diese Arbeiten in zwei allgemeine Abschnitte trennen. Diese sind 1. die Koordinierung während des Jahres und 2. die Koordinierung am Jahresende.

---

[2] „The Development and Application of a New Concept of Internal Auditing," The Internal Auditor, März 1957.

## Die Koordinierung während des Jahres

Im Laufe des Jahres kann die Arbeit des internen Revisors beträchtlich von der des externen abweichen, in anderen Fällen kann sie in mancher Beziehung ähnlich sein; das kann so weit gehen, daß sie lediglich eine Verlängerung der Arbeit am Jahresende ist. So wollen wir für unsere Abhandlung die zwei Arten getrennt betrachten, nämlich 1. regelmäßige interne Prüfungen und 2. Zwischenprüfungen.

*Regelmäßige interne Prüfungen.* Mit regelmäßigen internen Prüfungen meinen wir, daß interne Prüfungsarbeiten ausgeführt und interne Prüfungsberichte abgefaßt werden. Der Revisor kümmert sich in erster Linie darum, daß das Unternehmen alle Forderungen erhält, auf die es Anspruch hat, daß die Ausgaben richtig sind, daß die interne Kontrolle und die Buchhaltungsverfahren angemessen und zweckmäßig sind und richtig arbeiten. Wenn er Bilanzkonten prüft, z. B. Kunden, Lieferanten und ähnliche Konten, beschäftigt er sich nicht so stark mit den Endsalden wie mit den verschiedenen Vorgängen und Verfahren, die zu den Endsalden führen.

*Zwischenprüfungen.* Die Zwischenprüfungen können als eine Projektion der Abschlußarbeiten bezeichnet werden. Verschiedene Konten können zwischendurch geprüft werden, um den Grad der Zuverlässigkeit der Salden im Jahresabschluß des Unternehmens, z. B. bei den Geldkonten festzustellen. Oder in anderen Fällen kann die geleistete Interimsarbeit der gesamten Prüfungsarbeit, die ausgeführt werden muß, direkt proportional sein, z. B. die Prüfung bedeutender Käufe und Verkäufe von Anlagegegenständen während des ganzen Jahres.

Der externe Revisor ist, wie auch der interne, daran interessiert, seine Arbeit zu planen, um so weit, wie es in seiner Kraft steht, Spitzenbelastungen und flaue Zeiten auszuschalten, die bei vielen Buchhaltungs- und Prüfungsarbeiten ein ständiges Problem darstellen. Die Spitzenbelastungen und flaue Zeiten haben zu einem gewissen Grad eine Verschwendung an Arbeitskraft zur Folge. Ständige Überlegung ist notwendig, um die Mittel zu finden, diese Arbeit über das ganze Jahr gleichmäßig zu verteilen, um einen produktiven Einsatz des Prüferstabes zu ermöglichen. In einigen Fällen wurde ein neues Vorgehen benutzt oder man kam zu einer anderen Auffassung. Statt mehr Arbeit für den Jahresabschluß auf einer Interimsbasis auszuführen, lautet die neue Auffassung: Warum muß diese Arbeit am Jahresende getan werden? Wenn die Auffassung von der Prüfung darin besteht, daß für jedes Jahr ein besonderer Auftrag erteilt wird mit vollständigen Arbeitspapieren, die für jedes Jahr in sich abgeschlossen sind, dann kann viel Arbeit für den Jahresabschluß erforderlich sein. Wenn die Prüfung jedoch wirklich eine fortlaufende Beschäftigung ist, wobei es dem internen Revisor frei steht, sich zu jeder

Zeit für eine Interimsarbeit einzuschalten, dann ist es sehr fraglich, ob zum Jahresende so viel Arbeit erledigt werden muß.

Für unsere Zwecke können wir die Interimsarbeit in zwei Gruppen einteilen: 1. Arbeit, die von dem internen Prüfungsstab ausgeführt wird, wie z. B. Geldabstimmungen, Einholung von Saldenbestätigungen und 2. die Weiterverfolgung der Arbeit anderer Abteilungen wie z. B. die Weiterverfolgung von verschiedenen vorläufigen Verzeichnissen und Analysen.

*Arbeit, die von dem internen Prüfungsstab ausgeführt wird.* — Es hat sich in vielen Fällen gezeigt, daß wertvolle Zeit am Jahresende sowohl von dem externen wie dem internen Revisor durch eine sorgfältige Koordinierung der vielen einzelnen Arbeiten bei der Prüfung des Geldverkehrs eingespart werden kann. Große Teile der immer wiederkehrenden Prüfungen des Geldverkehrs können vom internen Prüfungsstab auf einer Interimsbasis als regelmäßiger Bestandteil seiner Arbeiten im Laufe des Jahres ausgeführt werden. Auf drei Arten wird diese Interimsarbeit bei einigen Gesellschaften durchgeführt; diese sind:

a) durch routinemäßige Berichte,
b) regelmäßige Prüfungen in den Niederlassungen und
c) unabhängige Abstimmungen in der Hauptverwaltung.

Routinemäßige Berichte. Einer der praktischen Wege, auf dem in der Zwischenzeit die Kontrolle aufrecht erhalten werden kann, besteht darin, daß die interne Prüfungsabteilung die Bankabstimmungen überwacht, um festzustellen, ob sie richtig und rechtzeitig angefertigt werden. Zwar zeigte das Gutachten von 1957 über die internen Prüfungsmethoden, daß jetzt weniger interne Prüfungsabteilungen selbst Bankabstimmungen durchführen (da das keine Revisionsbeschäftigung ist). Es ist aber dennoch möglich, eine strenge Überwachung während des ganzen Jahres aufrecht zu erhalten. Das kann mit viel weniger Prüfungszeit geleistet werden als bei der Anfertigung der Abstimmungen erforderlich wäre. In einigen Fällen hielt man es für ausreichend, daß die interne Prüfungsabteilung die Verfahren zur Bankabstimmung vorschreibt, denen die verschiedenen Niederlassungen folgen sollen. Das Datum, an dem die fertigen Bankabstimmungen jeden Monat in der Hauptverwaltung vorliegen sollen, wird im allgemeinen durch einen Brief des Controllers oder Hauptbuchhalters an die Niederlassungen bekannt gegeben. Dieser Brief führt alle Berichte auf, die von der betreffenden Niederlassung im nächsten Monat einzureichen sind, zusammen mit dem Datum, an dem jeder Bericht abgeliefert werden muß. Die Abstimmungen können jeden Monat direkt an die interne Prüfungsabteilung gesendet werden, wo sie registriert und auf irgendwelche ungewöhnlichen Abstimmungspunkte hin geprüft werden. Wenn Abstimmungen nicht rechtzeitig eingehen, muß eine Mahnung an die Niederlassungen geschrieben werden.

Die Prüfung der Abstimmungsverfahren und der Genauigkeit der vorgelegten Abstimmungen kann von dem internen Revisor als Teil seines regelmäßigen Prüfungsprogramms ausgeführt werden.

Regelmäßige Prüfungen in den Niederlassungen. Wenn das Unternehmen einen gut funktionierenden internen Prüfungsstab hat, der regelmäßige interne Prüfungen durchführt, wird der Geldverkehr in jeder Niederlassung geprüft, wozu auch eine unabhängige Bankkontenabstimmung gehört. Das erfolgt am besten in der Mitte des Jahres. Zur selben Zeit kann der interne Revisor die Abstimmungen und Abstimmungsverfahren prüfen, die bei der Niederlassung vorgenommen werden. Auch die übrigen Vorgänge des Geldverkehrs können dann sorgfältig geprüft werden.

Unabhängige Abstimmungen in der Hauptverwaltung. Das umfassende Programm der Zwischenprüfungen des Geldverkehrs enthält auch die unabhängige Anfertigung von Abstimmungen durch den internen Prüfungsstab in der Hauptverwaltung. Meist wird ein Monat am Jahresende vom Wirtschaftsprüfer für diese Prüfung ausgewählt. Alle Banken werden dann gebeten, die Bankauszüge und bezahlten Schecks direkt an die interne Prüfungsabteilung zu senden. Ferner bittet man sie, einen Auszug für einen Stichtag mit den dazugehörigen bezahlten Schecks an den externen Revisor zu senden. Auf diese Weise kann der Wirtschaftsprüfer die Arbeit überwachen, während der größte Teil des routinemäßigen und zeitraubenden Teils der Arbeit von der internen Prüfungsabteilung durchgeführt wird. Wenn es sich um viele Konten handelt, ist ein großer Zeitaufwand erforderlich, um festzustellen, ob alle notwendigen Daten rechtzeitig eingegangen sind. Wenn nicht, so muß mit der betreffenden Niederlassung sofort Kontakt aufgenommen werden. Diese Arbeit kann zusammen mit der Anfertigung der Bankabstimmungen und der Übersichten über den Geldverkehr von der internen Prüfungsabteilung geleistet werden, während der Wirtschaftsprüfer den Stichtag prüft. Bei einer engen Zusammenarbeit können alle Probleme des Geldverkehrs durch eine Besprechung mit dem Wirtschaftsprüfer schnell gelöst werden.

Befinden sich alle Bankauszüge an einem Ort, kann der interne Revisor neben der eigentlichen Prüfung auch noch andere Gesichtspunkte beachten. Z. B. bemerkte ein interner Revisor, daß die Bankauszüge für eine bestimmte Gruppe von Bankkonten verschieden adressiert waren. Er untersuchte den Fall genau und entdeckte, daß die Auszüge von vierzig verschiedenen Bankkonten neunzehn verschiedene Adressen hatten. Viele waren an einzelne Personen adressiert, die sich jetzt in anderen Stellungen befanden, andere wieder waren falsch an bestimmte Abteilungen gerichtet. Der interne Revisor entwarf einen Plan, der zeigte, wie die Auszüge richtig adressiert werden sollten. Damit wurde der Übelstand, der seit langem existierte, abgeschafft.

*Kundenkonten.* Bei einer großen Gesellschaft macht die Einholung von Saldenbestätigungen für Kundenkonten viel Arbeit. Das Problem ist kompliziert, da die Gesellschaft Tochtergesellschaften hat, bei denen Kundenkonten geführt werden. Auf diesem Gebiet können beide Revisorengruppen zu ihrem beiderseitigen Vorteil eng zusammenarbeiten. Mit einem guten Koordinierungsplan ist es möglich, daß die Saldenbestätigungen für bestimmte Tochtergesellschaften von dem externen Revisor eingeholt werden, während der interne Revisor die Saldenbestätigungen für andere Tochtergesellschaften einholt. Wenn hierbei abgewechselt wird mit einem freien Austausch von Arbeitspapieren und anderen zweckdienlichen Unterlagen, so kann viel unnötige Doppelarbeit und Zeitvergeudung vermieden werden. Es ist allgemein üblich, daß der interne Revisor die Bestätigungen unter der Kontrolle des externen Revisors bearbeitet. Meist wird der externe Revisor die Grundlage oder Anzahl der einzuholenden Bestätigungen bestimmen und der interne Revisor eine Liste der Konten aufstellen, die bestätigt werden sollen und die Bestätigungen auf den Bestätigungsformularen des externen Revisors einholen. Kopien der Bestätigungen erhält der externe Revisor. In vielen Fällen kann ein großer Teil der Weiterbearbeitung von der internen Revision geleistet werden.

*Inventuren.* Bei der Beobachtung der Inventur kann durch die Zusammenarbeit viel Prüfungszeit am Jahresende gespart werden. Die meisten großen Unternehmen haben z. B. festgestellt, daß es nicht der richtige Weg ist, wenn man versucht, die jährliche körperliche Inventur am 31. Dezember durchzuführen und das Kontrollieren, die Ausrechnungen und die Klärung zweifelhafter Posten und alle notwendigen Berichtigungen in der Zeit eines ernsten Zeitdruckes auf anderen Gebieten vorzunehmen.

Es ist besser, die jährliche körperliche Inventur einen oder zwei Monate vorzuverlegen und dann die Bewegungen bis zum Jahresende zu überprüfen. Durch richtige Planung kann die Inventur gründlicher erfolgen und die nötigen Klärungen und Prüfungen können besser durchgeführt werden. Bis zum Jahresende können alle Inventurangelegenheiten einschließlich der nötigen Berichtigungen in den Büchern erledigt werden. Der größte Teil der Arbeit am Jahresende erfordert ein hohes berufliches Niveau und wenn man die Inventur vorverlegt, ist es möglich, entsprechend qualifizierte Prüfer für die zu dieser Arbeit erforderliche Zeit zur Verfügung zu stellen.

In einigen größeren Niederlassungen kann es besser sein, wenn ein interner Revisor anwesend ist, um die Leitung der Inventur zu übernehmen, die Konten zu kontrollieren und alle Inventurdifferenzen weiter zu verfolgen. Die Beobachtung des Verfahrens durch den externen Revisor kann weniger gründlich erfolgen, wenn die Leitung der Arbeit in den Händen des internen Revisors liegt.

Manchmal ist es praktisch, die Reihenfolge der zu besuchenden Niederlassungen nach der Höhe des Wertes der Vorräte festzulegen, wobei man von den Buchwerten eines früheren Monats ausgeht. Hierfür wird gewöhnlich der Prozentsatz zum Gesamtwert des Vorratsvermögens errechnet. Der externe Revisor gibt dann den Prozentsatz an, den er von dem Gesamtwert der Vorräte zu überprüfen wünscht. Die Prozentsätze können in absteigender Reihenfolge zusammengestellt werden bis etwa der Prozentsatz erreicht ist, der von dem externen Revisor angegeben wurde. Die restlichen Niederlassungen können dann von dem internen Revisor geprüft werden. In einigen Fällen hat dieses Verfahren die Anzahl der Niederlassungen, die von dem externen Revisor zu besuchen waren, um mehr als ein Drittel verringert. Die Niederlassungen werden so weit wie möglich jedes Jahr gewechselt. Bei den Niederlassungen, die von dem internen Revisor besucht werden, ist es im allgemeinen gut, die Papiere so zu ordnen, wie es von dem externen Revisor für Arbeitspapiere vorgeschrieben ist. Das erleichtert die spätere Durchsicht der Inventurpapiere.

*Anlagevermögen.* Ein großer Teil der Prüfung des Anlagevermögens kann auch als Zwischenprüfung durchgeführt werden. Wenn die Gesellschaft über eine Lochkartenanlage verfügt, ist es möglich, eine Liste aller Posten, die über einen bestimmten Dollarwert hinausgehen, tabellieren zu lassen. Die Prüfungen und die Durchsicht der Genehmigungen können z. T. von den internen Revisoren vorgenommen werden. Ein Teil dieser Arbeit wird im allgemeinen im Verlaufe von internen Prüfungen bei verschiedenen Niederlassungen ausgeführt. Es können Arbeitspapiere angefertigt werden, die die sachdienlichen Einzelheiten über die größeren Zugänge zeigen. In dieser Zeit kann der interne Revisor auch körperlich die Zugänge besichtigen und die verschiedenen zugehörigen Posten der Gewinn- und Verlustrechnung prüfen.

*Lieferantenkonten.* Bei den Zahlungen an Lieferanten kann der externe Revisor im allgemeinen ebenfalls seine Prüfungshandlungen auf Grund der Arbeit des internen Revisors einschränken. Sehr oft stellt dies für den externen Revisor eine wesentliche Zeiteinsparung dar.

*Das Weiterverfolgen der vorläufigen Tabellen.* Es ist möglich, einen großen Teil der Aufstellungen zum Jahresende vorläufig fertigzustellen. Auf diese Weise kann ein großer Teil der Arbeit vor dem Jahresende fertiggestellt werden. Wesentlich ist auch, daß man einen Hinweis für die Richtung und den Umfang der Arbeit am Jahresende erhält. In einigen Fällen können die Formblätter so entworfen werden, daß sie eine Zwischensumme, z. B. am 31. Oktober, und am 31. Dezember eine endgültige Gesamtsumme vorsehen. Die Daten aus den zehn Monaten können gründlich geprüft und die nötigen Erklärungen können eingeholt werden. Aus diesem Grunde brauchen nur sehr bedeutende Posten aus den letzten zwei Monaten berücksichtigt zu werden.

## Die Zusammenarbeit am Jahresende

Die kritischste Zeit der Zusammenarbeit ist gewöhnlich am Jahresende, wenn alle Revisionsarbeiten fertiggestellt und durchgesehen werden müssen und eine Bestätigung herausgegeben werden muß. Aus diesem Grunde ist es wichtig, daß in diesem Arbeitsabschnitt beide Prüfergruppen gut zusammenarbeiten.

Der Brennpunkt der Planung ist gewöhnlich das Datum für die Fertigstellung der Bilanzprüfung. Dieses Datum ist für die Gesellschaft, den externen und den internen Revisor von Bedeutung. Vom Standpunkt der Gesellschaft gesehen, kann es notwendig sein, die Information über den Reingewinn zur Veröffentlichung an einem bestimmten Termin bereit zu haben oder die Bilanz kann zu einer Aufsichtsratsitzung gebraucht werden.

Derartige Dinge müssen ebenso wie alle anderen Arbeiten der Gesellschaft geplant werden. Aus der Sicht des Wirtschaftsprüfers ist das Datum, bis zu dem die Bilanz geprüft sein soll, sehr wichtig, da von diesem Datum die Zahl der einzusetzenden Assistenten abhängt, ein sehr bedeutender Faktor am Jahresende. Es ergibt sich daraus, wieviel Arbeit noch vor dem Jahresende geleistet werden muß, um den festgelegten Termin einhalten zu können. Aus der Sicht des internen Revisors wird ein solches Datum ein Anhaltspunkt sein, um mit Hilfe des Wirtschaftsprüfers und des Hauptbuchhalters der Gesellschaft den Zeitpunkt zu bestimmen, an dem alle Aufstellungen zum Jahresende und die endgültige Probebilanz fertiggestellt sein und sich in den Händen des Wirtschaftsprüfers befinden müssen. Die meisten Formulare und Analysen müssen so schnell wie möglich abgegeben werden. Trotzdem müssen in einem großen Unternehmen mit konsolidierter Bilanz und zwischengeschalteten Zusammenfassungen niederen Grades einige der Zusammenfassungen so lange offen gehalten werden, bis alle Niederlassungen ihre Meldungen gemacht haben; dies ist besonders dann der Fall, wenn es sich um Konzernforderungen oder -verbindlichkeiten handelt. Viele Klärungs- und Verbindungsaufgaben sind zu dieser Zeit zu lösen und im allgemeinen ist der interne Revisor die geeignete Stelle dafür.

*Die Verteilung der Verantwortung.* Damit die Planung funktioniert, müssen genau bestimmte Verantwortungsgebiete zugeteilt werden. In vielen Fällen hat es sich als sinnvoll erwiesen, dem internen Revisor die Verantwortung für die Durchsicht und Klärung aller Bilanzanlagen und Analysen zu übertragen. Das ist insofern logisch, als der interne Revisor mit den verschiedenen Bilanzanlagen vertraut ist und Übung und Erfahrung in der richtigen Anfertigung solcher Tabellen erworben hat. Ferner spricht er dieselbe Sprache wie der externe Revisor und kann schnell den Zweck einer Tabelle verstehen und ihn den Buchhaltern des Unternehmens, die die Daten zusammenstellen, erklären. Um das Problem in seinem ganzen Umfang zu verstehen, sollte der interne Revisor die Kopien aller Tabellen und Analysen durchsehen, die für das vorhergehende Jahr angefertigt wurden. Das ist besonders nützlich, wenn der interne Revisor mit den erforderlichen Bilanzanlagen noch nicht sehr vertraut ist oder wenn er noch nicht lange in der Gesellschaft ist.

In einigen Fällen ist es für den internen Revisor nützlich, Proforma-Kopien der Tabellen anzufertigen, die sich in Bearbeitung befinden, um sie mit dem externen Revisor und dem Leiter der Buchhaltung in großen Zügen durchzusehen. Oft hat es sich gezeigt, daß eine Tabelle nicht notwendig war, da viele Angaben direkt aus regelmäßigen Berichten der Gesellschaft entnommen werden konnten. Häufig wechseln die Informationsmöglichkeiten innerhalb einer Gesellschaft von Jahr zu Jahr, wie es die Umstände erfordern. Die Kenntnis des internen Revisors von den Arbeiten des Unternehmens ist nützlich, wenn die Angaben auch aus einer anderen Quelle erhältlich sind und sich so eine gesonderte Tabelle erübrigt. In anderen Fällen muß vielleicht das Formular oder die Aufmachung der Tabelle geändert werden, da sich auch die Bedingungen geändert haben. Der Zeitdruck gegen Jahresende erlaubt dem Wirtschaftsprüfer nicht, zu viel Zeit für solche Fragen aufzuwenden. Sehr oft ist es zweckmäßig, wenn die internen und externen Revisoren die verschiedenen Formulare kurz nach Beendigung der Revision durchsehen, solange irgendwelche Mängel der verschiedenen Vordrucke noch frisch in Erinnerung sind, und eine Liste derjenigen Formulare aufstellen, die geändert werden müssen. Der interne Revisor kann dann die vorgeschlagenen Änderungen im Laufe des Jahres vorbereiten und für den nächsten Termin bereitstellen.

*Tabellen und Analysen.* Ein wichtiges Gebiet für eine gute Zusammenarbeit bilden die Tabellen und Analysen zum Jahresende, die für den externen Revisor angefertigt werden. In der Vergangenheit wurden diese Tabellen und Analysen von verschiedenen Konten im allgemeinen von den externen Revisoren angefertigt. Als jedoch die Zahl der Niederlassungen und der Hauptbuchkonten wuchs, war es nötig, ihre Anfertigung der Gesellschaft zu übertragen. Da sich die meisten Aufstellungen auf die Hauptbuchkonten beziehen, wird die Hauptarbeit der Anfertigung der Hauptbuchhaltung zufallen. Andere Aufstellungen über Kosten oder andere Daten können von anderen Abteilungen angefertigt werden, z. B. von der Betriebsbuchhaltung, der Lohnbuchhaltung, der Pensions- oder der Budgetabteilung.

Zuerst haben sich in vielen Fällen Schwierigkeiten ergeben, da es keine zentrale Stelle gab, durch die alle Tabellen und Analysen durchgehen mußten, bevor sie an den Wirtschaftsprüfer weitergeleitet wurden. Demzufolge war es für den Wirtschaftsprüfer dort, wo die Verzeichnisse nachlässig oder falsch angefertigt wurden, oft leichter, die Korrekturen selbst zu machen als sie von dem Buchhalter machen zu lassen, der die Daten zusammengetragen hatte. Manchmal hatten wohl die Angestellten, die für solche Tabellen verantwortlich waren, nicht viel Erfahrung in der Ausführung von Analysen und machten ungewollte Fehler. Ein anderes Problem besteht darin, daß einige Assistenten des Wirtschaftsprüfers auch unerfahren und oft nur vorübergehend angestellt sind und außerdem die Aufgabe haben, die Arbeit mit so wenig Reibungen wie möglich auszuführen. Oft wird der wirkliche Zweck der Tabelle nicht verstanden. Auf jeden Fall werden wohl viele Tabellen auf eine für den externen Revisor nicht zufriedenstellende Art angefertigt. Auf lange Sicht gesehen sind solche Verhältnisse für das Unternehmen nicht befriedigend, da die Buchhalter zu der Überzeugung kommen, daß der Wirtschaftsprüfer bestimmte Einzelheiten zu umständlich behandelt und der Vordruck wahrscheinlich ohnehin nicht in Ordnung ist und noch einmal überarbeitet werden muß. Aus diesem Grunde hat er vielleicht das Gefühl, daß es keinen Sinn hat, zu viel Zeit für die betreffende Tabelle aufzuwenden. Diese Haltung kann ernste Folgen haben, indem sie die Belegschaft des Unternehmens in ihrer Entfaltung hemmt. Berufsstolz und Begeisterung für die Arbeit können sich nicht richtig entwickeln. Aus diesem Grunde ist es sehr wichtig und liegt im direkten Interesse des Unternehmens, daß solche Verhältnisse sofort abgestellt werden. Die Personen, die die Aufstellungen anfertigen, sollen für ihre Genauigkeit und ihr allgemeines Aussehen verantwortlich sein und eine gute Arbeit sollte anerkannt werden. Der interne Revisor kann wegen seiner Erfahrung in der taktvollen Behandlung solcher Dinge der Gesellschaft hier einen sehr wichtigen Dienst erweisen.

*Der Terminkalender.* Eine der besten und wirkungsvollsten Methoden, dafür zu sorgen, daß die Aufstellungen und Analysen zu dem vereinbarten Zeitpunkt fertig sind, besteht darin, einen Kalender der Fälligkeitstermine für die verschiedenen Tabellen und Analysen anzulegen und zu überwachen.

Wie bereits dargelegt, werden einige der Tabellen, die die verschiedenen Konten betreffen, einmal als vorläufige und einmal als endgültige Aufstellung angefertigt. Derselbe Vordruck kann eventuell für beide Zwecke benutzt werden, je nach der Art der Angaben. Sowohl für die vorläufigen wie für die endgültigen Tabellen ist es zu empfehlen, den Terminkalender für die verschiedenen Zwecke dreifach in verschiedener Reihenfolge aufzustellen, und zwar nach:

1. Kontonummer
2. Zeitfolge
3. Verantwortlichkeit.

*Die Fälligkeitstermine nach Kontonummern.* Der erste Terminkalender, von dem man gewöhnlich ausgeht, ist die nach Kontonummern geordnete Liste der Aufstellungen. Das ist die Liste der Fälligkeitstermine, die der externe Revisor, der Leiter der Buchhaltung und der interne Revisor vereinbart haben. Die Daten des vorhergehenden Jahres können als Richtschnur benutzt werden. Sie sind wegen der üblichen Verschiebung um einen Tag von einem Jahr zum anderen zu berichtigen, desgleichen wenn das für die Fertigstellung der Bilanzprüfung festgesetzte Datum ein anderes ist. Außerdem kann sich aus der Erfahrung des vorhergehenden Jahres die Notwendigkeit zu Änderungen ergeben. Z. B. kann im Vorjahr ein Datum festgesetzt worden sein, das nicht eingehalten werden konnte, da zu diesem Zeitpunkt die Information noch nicht zur Verfügung stehen konnte.

Die Reihenfolge der Tabellen auf dieser Liste wird im allgemeinen dem Kontenplan folgen mit etwa folgenden Überschriften der Spalten:

*Laufende Nummer:* Für jede Bilanzanlage wird aus Kontrollgründen eine Nummer festgelegt, da es für ein Konto mehr als eine solche Aufstellung geben oder in anderen Fällen mehr als eine Kontonummer zu einer Bilanzanlage gehören kann. Meist werden die laufenden Nummern so eingeteilt, daß sie mit der Nummer eins für die erste Tabelle beginnen, die zu dem ersten Konto des Kontenplans gehört.

*Kontonummer:* Das ist die Kontonummer gemäß dem Kontenplan. Handelt es sich um mehr als ein Konto, können zusätzliche Kontonummern verwendet werden, obwohl es im allgemeinen nicht notwendig ist, viele Konten aufzuführen, da die Kenntlichmachung des Stoffes durch die Bezeichnung erreicht werden kann.

*Anzufertigen durch:* Diese Spalte soll die Anfangsbuchstaben der Person zeigen, die für die betreffende Aufstellung verantwortlich ist. Häufig werden hier die Anfangsbuchstaben des Abteilungsleiters eingetragen, da es seine Aufgabe ist, die Aufstellungen den verschiedenen Buchhaltern so zuzuteilen, wie er es für richtig hält.

*Fälligkeitstermine:* Hier sind die vereinbarten Daten für die verschiedenen Tabellen aufzuführen. Da die Anordnung nach der Konteneinteilung vorgenommen wird, sind in dieser Liste die Daten nicht in chronologischer Reihenfolge anzuordnen. Eine andere Liste wird in chronologischer Reihenfolge angefertigt.

*Bezeichnung:* Durch eine ausreichende Beschreibung ist die betreffende Tabelle kenntlich zu machen. Außerdem können hier auch alle besonderen Anmerkungen oder einschränkenden Angaben aufgeführt werden.

*Gesellschaft:* In einigen Fällen können die Formblätter für mehr als eine Gesellschaft gelten. Aus praktischen Gründen können für die Namen der Gesellschaften in einer Liste Symbole festgelegt und diese dann benutzt werden, um anzuzeigen, um welche Gesellschaft es sich jeweils handelt. In einigen Fällen kann der Zeitabschnitt, den die Tabelle umfaßt, in der Spalte unter dem Namen der Gesellschaft angegeben werden.

*Fälligkeitsdaten in chronologischer Reihenfolge.* Zu Kontrollzwecken ist es für den internen Revisor zweckmäßig, die Fälligkeitsdaten auch in chronologischer Reihenfolge zusammenzustellen. Das gestattet eine viel einfachere Überwachung und oft kann er durch seine Kenntnis der Arbeiten des Unternehmens die Probleme voraussehen und mit dem Buchhalter vor dem Termin überprüfen, ob dieser bestimmte erforderliche Angaben schon erhalten hat. Zwar scheint diese Tätigkeit der internen Revision keine Stabstätigkeit zu sein, jedoch unterscheidet sie sich tatsächlich in ihrer Wirkung um nichts von den üblichen Aufgaben des internen Revisors. Die Abteilungsleiter wurden schon von der Geschäftsführung auf dem normalen Instanzenwege mit der Anfertigung dieser Tabellen beauftragt. Dies ist genau so eine Geschäftspolitik des Unternehmens wie die offizielle Festsetzung von Terminen für andere Berichte. Der interne Revisor stellt fest, ob die Geschäftspolitik und die Verfahren der Gesellschaft eingehalten werden — sein hauptsächlicher Daseinsgrund.

*Fälligkeitstermine nach Zuständigkeit geordnet.* Damit der interne Revisor so weit wie möglich helfen kann, daß die Tabellen termingerecht fertig werden, ist ferner eine nach der Zuständigkeit geordnete Liste anzulegen. Alle Aufstellungen, für die eine bestimmte Gruppe verantwortlich ist, sind zusammengefaßt. Diese Anordnung hat sich in einigen Fällen als sehr nützlich erwiesen; da die Buchhalter der Gesellschaft auch noch sehr viele Termine für andere Berichte einzuhalten haben, müssen diese Terminlisten an jeden Gruppenleiter gegeben werden, so daß er die notwendigen Aufträge weitergeben kann. Diese Liste bildet für jeden Gruppenleiter einen Arbeitsbogen, den er für seine eigene Terminüberwachung benutzen kann. So wird die Vollmacht und die Verantwortung für die Tabellen entsprechend der Organisation der Gesellschaft in üblicher Weise delegiert.

## Die praktische Zusammenarbeit befindet sich noch immer im Zustand der Entwicklung

Am Schluß dieses Kapitels müssen wir feststellen, daß sich die praktische Zusammenarbeit noch sehr im Zustand der Entwicklung befindet.

Viel wurde erreicht, besonders in den letzten Jahren, aber mehr bleibt noch zu leisten. Die meisten Angehörigen beider Gruppen stimmen darin überein, daß eine solche praktische Zusammenarbeit wünschenswert ist. Aus verschiedenen Gründen wurde das Problem bisher nur in verhältnismäßig wenigen Fällen auf bestimmte oder systematische Art in Angriff genommen. In gewisser Weise wurde der Fortschritt durch ein Mißverständnis über die Haltung der Securities and Exchange Commission in der Vergangenheit behindert. Jedoch wurde dieses Mißverständnis im Laufe der Zeit und durch weitere Klarstellungen weitgehend beseitigt, und jetzt erkennen Wirtschaftsprüfer und interne Revisoren genau so wie die Geschäftsleitungen der Unternehmen, daß für eine Zusammenarbeit ein weites Gebiet besteht; es gibt in Wirklichkeit ständig wichtiger werdende und sehr bestimmte Gründe für eine viel engere Zusammenarbeit.

### Erläuternde Verfahren zur Überprüfung der internen Kontrolle durch Wirtschaftsprüfer

In Anbetracht der Tatsache, daß zu der jährlichen Prüfung durch den Wirtschaftsprüfer eine eingehende Prüfung des internen Kontrollsystems gehört, kann man durch Überlegungen über die Methoden, die bei der Ausführung dieser Arbeit befolgt werden, viel gewinnen. Das Verfahren stellt einen Versuch dar, Normen für die Prüfung der internen Kontrolle aufzustellen und zugleich eine Prüfung der internen Kontrolle systematisch in das regelmäßige Prüfungsprogramm einzubauen.

## 25. Interne Revision — Jetzt und in Zukunft

In den vorangegangenen 24 Kapiteln haben wir uns ausführlich mit den Grundlagen der Theorie und Praxis der internen Revision beschäftigt, mit den Verfahren, mit denen das Programm ausgeführt wird und den verwandten Fragen bei der Durchführung der internen Revision. Mit diesem Stoff als Grundlage wollen wir in diesem Kapitel den gegenwärtigen Stand der internen Revision in der amerikanischen Industrie betrachten und überlegen, was noch getan werden könnte, um ihre Möglichkeiten besser auszuschöpfen. Interne Revision ist nur insoweit nützlich, als sie von der Geschäftsführung zur Unterstützung bei der Erfüllung ihrer eigenen Funktionen eingesetzt wird. Es ist daher das Problem, auf jedem praktischen Weg den größtmöglichen Einsatz der internen Revision durch die Geschäftsleitung zum Nutzen der Gesellschaft sicherzustellen.

## Interne Revision — Jetzt

### Überblick über die gegenwärtigen Verfahren

Im Jahre 1957 führte das Institute of Internal Auditors mittels eines Fragebogens eine Untersuchung über die Arbeitsmethoden der internen Revision bei seinen Mitgliedern durch. Diese Enquête wurde nach denselben Richtlinien wie die von 1951 durchgeführt und war deshalb besonders bedeutungsvoll, weil die Entwicklungsrichtung zwischen den beiden Daten festgestellt werden konnte. Einer der direkten Erfolge dieser Untersuchungen besteht darin, daß den Mitgliedern Informationen zur Verfügung gestellt werden können, was bei anderen Unternehmen getan wird und wie es getan wird. Ein anderer wichtiger Erfolg ist der wertvolle Hinweis für das Institute of Internal Auditors, welche Richtung seine Arbeit einschlagen soll, um dem Berufsstand der internen Revisoren den größten Nutzen zu bringen. Die Rundfrage von 1957 ergab gewisse grundsätzliche Entwicklungen gegenüber der Übersicht von 1951. Diese Entwicklungstendenzen geben die Veränderungen in Betrachtungsweise und Praxis wieder, die von fortschrittlichen internen Revisoren in vielen Gesellschaften ausgegangen sind. Die Ergebnisse dieser Übersicht bestätigen die letzte offizielle Veröffentlichung, die „Erklärung über die Verantwortung und die Pflichten des internen Revisors", die 1957 revidiert erschien (Anhang I).

Die allgemeinen Folgerungen aus der Überprüfung von 1957 können folgendermaßen dargestellt werden:

1. Ausdehnung der internen Revision von der reinen Bilanzprüfung auf die Prüfung von Arbeiten und Vorgängen im Laufe des Jahres.
2. Verringerung der Aufgaben bei reinen Routinevorgängen.
3. Größere Anerkennung durch die Geschäftsleitung.

*Die Erfassung von mehr Arbeitsvorgängen.* Wahrscheinlich die bedeutendste Entwicklungsrichtung, die die Übersicht von 1957 aufwies, war die weitere Ausdehnung der Tätigkeit des internen Revisors auf mehr Arbeitsvorgänge im Laufe einer Rechnungsperiode. Es ist besonders bedeutungsvoll, daß jetzt 70 % der berichtenden Unternehmen den Einkauf durch interne Revision prüfen lassen gegenüber nur 50 % im Jahre 1951. Im Jahre 1957 prüften 50 % der Gesellschaften den Verkauf gegenüber 43 % im Jahre 1951. 30 % prüften jetzt Produktionsvorgänge, während diese Prüfung 1951 nicht wichtig genug genommen wurde, um als besonderer Posten angeführt zu werden. Transporte werden jetzt bei 22 % der berichtenden Unternehmen durch interne Revision erfaßt und erscheinen wichtig genug, um gesondert angeführt zu werden.

Die Prüfungstechnik der internen Revisoren auf den verschiedenen Arbeitsgebieten der Finanzen hat eine lange Entwicklungszeit hinter sich.

Hier gibt es gewisse einheitliche Regeln zur Anleitung des Revisors. Es gibt bestimmte Grundregeln, welche allgemein übernommen sind, und der Erfolg der Arbeit kann an diesen Grundregeln gemessen werden. Wenn der interne Revisor auf das Gebiet der anderen Geschäftsgänge kommt, findet er weit weniger Literatur, auf die er zurückgreifen kann.

Er befindet sich auf neuem Gebiet, vielleicht einem, daß diesem speziellen Unternehmen eigentümlich ist. Im allgemeinen sind die Fragen der internen Kontrolle und Revision auf finanziellem Gebiet bei den meisten Unternehmen im großen und ganzen ähnlich, unabhängig von der Branche. Das trifft für die anderen Arbeitsgebiete nicht zu. Die Fragen der internen Kontrolle und Revision sind zum Beispiel für einen Vorgang der Weiterbearbeitung ganz anders als für einen Montagevorgang.

Damit der interne Revisor Erfolg hat, muß er etwas von den einzelnen Arbeitsvorgängen und den Produkten der Gesellschaft verstehen. Er muß eine Art Spezialist werden und muß die Sprache des Mannes aus der Produktion verstehen können.

*Verringerung der Pflichten hinsichtlich reiner Routinevorgänge.* Die Übersicht von 1957 ergab eine beträchtliche Verminderung der Linienfunktionen des internen Revisors. Hierbei ist an die Linie gedacht, die auf einer graphischen Darstellung der Organisation den Fluß der direkten Weisungsbefugnis von der Geschäftsführung bis zu den niedrigeren Ebenen zeigt. Im Jahre 1951 waren die Abteilungen für interne Revision von 47 % der berichtenden Gesellschaften für die Bankabstimmungen verantwortlich, während im Jahre 1957 nur 20 % der Gesellschaften die Verantwortung der Abteilung „Interne Revision" dafür angaben. Nach der Zusammenstellung von 1957 übertrugen Finanzinstitutionen und -gesellschaften in ungefähr 50 % aller Fälle die Verantwortung für Bankabstimmungen und vorherige Überprüfung von Zahlungen der Abteilung „Interne Revision" gegenüber einem Gesamtdurchschnitt von nur 20 %.

Im allgemeinen setzt sich bei Industrieunternehmen immer mehr die Tendenz durch, die interne Revision als eine Stabsfunktion anzusehen und die Linienfunktionen der internen Revision soweit wie möglich einzuschränken oder ganz fortfallen zu lassen.

*Größere Anerkennung durch die Geschäftsleitung.* Einer der Faktoren, welche wesentlich zu dem Anwachsen der internen Revision beigetragen haben, ist ihre Anerkennung durch die Geschäftsleitung. Es berührt wohltuend, wenn man findet, daß eine Anzahl von Gesellschaften bei der Enquête von 1957 berichteten, daß die interne Revision größere Anerkennung findet als je zuvor.

Bei der heutigen Tendenz zur Aufgliederung und Denzentralisation bietet sich für den internen Revisor eine immer bessere Gelegenheit, zu beweisen, welchen Beitrag er leisten kann. Da die Leitung weniger direkten Kontakt mit den Betriebsvorgängen im einzelnen hat und sich in wachsendem Maß auf Berichte verlassen muß, kann der interne Revisor als Spezialist für Kontrollen der Leitung häufiger den Wert seiner Tätigkeit beweisen.

### Veränderung des Prüfungsumfanges

Die Mitgliedschaft im Institute of Internal Auditors beweist, daß die meisten der größeren Unternehmen Abteilungen für interne Revision haben oder daß sie in irgend einer Weise die Funktion der internen Revision anerkannt haben.

In zunehmendem Maße werden sich auch die mittleren Unternehmen darüber klar, daß auch sie Nutzen daraus ziehen können, wenn sie in ihrer Organisation auch die interne Revision ausdrücklich vorsehen. Ein Unternehmen von beträchtlicher Größe, das die interne Revision noch nicht anerkannt und vorgesehen hat, ist wirklich eine Ausnahme und wo es sie doch gibt, zeigt es, daß dieser Frage Überlegung und Aufmerksamkeit gewidmet werden muß.

Unterhaltungen mit Männern aus der internen Revision, Fühlungnahmen verschiedener Art mit einer Reihe von Unternehmen und Mitteilungen von Wirtschaftsprüfern zeigen, daß der weite Abstand noch bedenklicher ist, der zwischen den Gesellschaften in der Anerkennung der Ziele und der Natur der internen Revision in dem Maße besteht, in dem ihre Vorteile ausgewertet werden. In der Verbesserung der Auswertung der internen Revision liegen die wirklichen Erfordernisse und Gelegenheiten.

Diese Verschiedenheiten kommen in den Ansichten darüber zum Ausdruck, was interne Revision überhaupt ist, über die Dienste, die eine Abteilung „interne Revision" leisten kann, über die Art der Tätigkeit, die ein Mitglied des Prüfungsstabes ausüben soll, über den Umfang vereinheitlichter Prüfungshandlungen, über die Art der Berichterstattung über ihre Ergebnisse und über die allgemeine Nutzbarmachung der Arbeit des internen Revisors. Einige Gesellschaften sehen und verwenden diese Funktion in einem weiten Sinne und nehmen sie wichtig; andere betrachten sie eng begrenzt nur als eine notwendige Art der routinemäßigen Bestätigungen der Richtigkeit. Die allgemeine Wirksamkeit der Programme als Ganzes gesehen und der Grad, bis zu dem die Leistungsmöglichkeiten der internen Revision wirklich gesichert sind, scheint von verhältnismäßig niedrigen Maßstäben bis zu den höchsten zu variieren.

### Verantwortung für unzureichende Revision

Um die Weiterentwicklung der internen Revision zu fördern, wollen wir uns etwas mit den Faktoren beschäftigen, die in dieser oder jener

Weise für unzulängliche interne Revision verantwortlich sind. Woher kommt es, daß amerikanische Industriefirmen noch nicht in größerem Umfang die Vorteile erkannt haben, die durch interne Revision erzielt werden können und warum sind die Programme, auf Grund derer diese Vorteile erreicht werden könnten, nicht mehr entwickelt worden? Die Antworten auf diese Fragen enthalten viele Faktoren, die sich überschneiden und ineinander greifen.

Eine der Antworten ist bestimmt die Neuheit des Gegenstandes. Bis vor 15 Jahren gab es praktisch überhaupt keine Literatur über interne Revision und die Begriffsbestimmungen für sie waren nicht ausreichend festgelegt. Während diese Mängel im wesentlichen in den letzten 15 Jahren abgestellt sind, wird es noch eine beträchtliche Zeit erfordern, bis die neuen Wege auf diesem Gebiet allgemein anerkannt und angewendet werden. Eine andere Antwort ist unzweifelhaft mit dem Hinweis auf Mängel gegeben, die auf die verschiedenen Stellen zurückzuführen sind.

*Die Verantwortung der Geschäftsleitung.* Man kann allgemein sagen, daß, wenn die Geschäftsleitung für unzulängliche interne Revision verantwortlich zu machen ist, die Ursache dafür in mangelndem Verständnis für die vorhandenen Möglichkeiten liegt. Dieser Mangel an Verständnis kann auf das Versagen der Abteilung „Interne Revision" zurückzuführen sein, ihre Dienste in geeigneter Weise darzubieten. Auf der anderen Seite kann es auch der Fehler der Geschäftsleitung selbst sein, daß sie kein Verständnis für neue Wege zeigt und ihnen nicht die angemessene Beachtung schenkt.

Das frühere Versäumnis der Geschäftsleitung, mit der internen Revisionsabteilung verständnisvoll und erfolgreich zusammenzuarbeiten, ist einer der am häufigsten von internen Revisoren angeführten Mängel. Bei der Rundfrage von 1957 berichtete eine ganze Anzahl interner Revisoren, daß die Aufklärung über den Wert der internen Revision ein größeres Problem sei. Deshalb muß auf diesem Gebiet noch viel getan werden. Die Verfasser haben das Empfinden, daß die Geschäftsleitung zu einer verständnisvolleren Ansicht über die interne Revision gelangen könnte, wenn ihr eine geeignete, klare Darlegung über Wesen und Ziele der internen Revision unterbreitet werden würde. Das Problem besteht in der Hauptsache darin, eine Gelegenheit zu finden, das Wesen und die Gedankengänge der modernen internen Revision in verständlicher Form darzustellen. Diese Gelegenheit zu bekommen, erfordert Geduld, großes Wissen, Findigkeit und manchmal auch ein wenig Glück.

*Die Verantwortlichkeit der Abteilung „Interne Revision".* Zum großen Teil muß die Schuld für eine unvollständige Auswertung der internen Revision bei der Abteilung „Interne Revision" selbst gesucht werden. Der Posten des Leiters der Revision wird manchmal nach der Rangfolge und anderen persönlichen Gründen besetzt und nicht nach der beruflichen Eignung, und vielleicht wird ein ähnlicher Druck auf die Abteilung ausgeübt, anderes Personal anzustellen, das nicht die nötige Qualifikation besitzt. Auf der anderen Seite können die Mängel oft darauf zurückzuführen sein, daß das Personal der internen Revision — vom Leiter der Revision abwärts — die eigene Arbeitsausführung nicht kritisch betrachtet und die sich bietenden Möglichkeiten nicht ausnutzt.

Die rein technische Ausführung der internen Revisionsarbeiten muß in angebrachter Weise erfolgen. Das endgültige Erreichen der Revisionsziele hängt jedoch von der geeigneten Darstellung der Ergebnisse für die Geschäftsleitung und von der Abstimmung des Programms auf die Erfordernisse der Leitung ab. Die Tatsache, daß viele Abteilungen „Interne Revision" in dieser Hinsicht versagen, ist unzweifelhaft in vielen Fällen die Ursache für die unzulängliche Entwicklung der internen Revision bei bestimmten Unternehmen.

*Die Verantwortung des Wirtschaftsprüfers.* In mancher Hinsicht ist der unabhängige Wirtschaftsprüfer in der günstigen Lage, bei der Entwicklung vernünftiger Programme für interne Revision bei den Unternehmen mitzuwirken, für die er tätig ist. Wegen seiner Unabhängigkeit haben seine Worte im allgemeinen mehr Gewicht und sein Kontakt zu der obersten Leitung verschafft ihm den richtigen, direkten Zugang zu den leitenden Angestellten, welche die Entscheidungen für den Geschäftsablauf treffen. Überdies nützt dem unabhängigen Wirtschaftsprüfer selbst auf lange Sicht ein gutes Programm für die interne Revision, denn ein solches Programm ist ein wertvolles Mittel, das System der internen Kontrolle, auf das er sich in hohem Maße verlassen muß, abzurunden. Es ist eine Tatsache, daß viele selbständige Wirtschaftsprüfer alle diese Zusammenhänge klar erkannt haben und bei der Entwicklung geeigneter Programme für interne Revision Hilfe geleistet haben. Daß in vielen Fällen die Programme der internen Revision durchaus nicht das sind, was sie sein sollten, beweist andererseits, daß nicht alles, was möglich gewesen wäre, unternommen worden ist. Wenn man das Problem realistisch betrachtet, so liegt die Erklärung für solche Kurzschlüsse wahrscheinlich in verschiedenen Richtungen. In einigen Fällen mag der Wirtschaftsprüfer auf dem falschen Standpunkt stehen, daß das Aufstellen eines Programms für die interne Revision den Arbeitsumfang, den er selbst für das Unternehmen leisten würde, verringert. In anderen Fällen weiß der Wirtschaftsprüfer, was getan werden müßte, aber er hat nicht den Mut oder die Unabhängigkeit, dies mit dem richtigen Nachdruck zu verfolgen. In noch anderen Fällen kann es vorkommen, daß der Wirtschaftsprüfer über die bedeutenderen Entwicklungen auf dem Gebiet der Anwendung der internen Revision keine Kenntnis hat. Im Zusammenhang mit dieser letzten Frage haben die Wirtschaftsprüferfirmen, welche besonders aufgeschlossen für die Erfordernisse waren, die Ziele guter interner Revision zu verstehen und sie zu fördern, dem Institute of Internal Auditors ihre Unterstützung angeboten und haben als außerordentliche Mitglieder an der Arbeit dieser Organisation teilgenommen.

## Interne Revision in der Zukunft

### Die Erklärung von 1957 über die Verantwortung und die Pflichten des internen Revisors

Eines der wichtigsten und grundlegenden Erfordernisse jeder Organisation ist eine klare Übersicht über ihre Ziele. Dieses Erfordernis hat noch mehr Bedeutung für berufliche Organisationen. Die Aufstellung einer solchen Erklärung über die Ziele vereinigt die verschiedenen Ansichten der Mitglieder und lenkt die Aufmerksamkeit auf das Verhältnis des gegenwärtigen Leistungsniveaus zu dem wünschenswerten Leistungstand des betreffenden Berufes.

Die erste Ausgabe der „Erklärung über die Verantwortung und die Pflichten des internen Revisors" (Statement of Responsibilities of the Internal Auditor), die 1947 erschien, übte eine sehr große Wirkung auf die Entwicklung der internen Revision aus. Die damals festgelegten Ziele waren der damaligen Praxis weit voraus, und es dauerte einige Zeit, bis die Praxis einen den so klar festgelegten Zielen vergleichbaren Leistungsstand erreichte. Es besteht kein Zweifel, daß diese Definition der Ziele in bedeutendem Maße viele Fortschritte der internen Revision in der Folgezeit beeinflußte. Als die Fortschritte klarer erkennbar wurden, wurde es noch einmal notwendig, unsere Ziele weiter vorzuverlegen. Deshalb wurde im Jahre 1957 eine revidierte Ausgabe der „Erklärung über die Verantwortung und die Pflichten des internen Revisors" (Revised Statement of Responsibilities of the Internal Auditor) von dem Institute of Internal Auditors veröffentlicht.

Der Inhalt der Ausführungen von 1951 und 1957 ist im wesentlichen derselbe — der Hauptunterschied besteht darin, daß eine weitere Ausdehnung der Rolle des internen Revisors in die Breite erfolgt. Die erste Ausgabe betonte, daß die Hauptaufgaben des internen Revisors auf den Gebieten Buchhaltung und Finanzwesen liegen und daß andere Arbeitsvorgänge betrieblicher Art behandelt werden können. Die revidierte Ausgabe macht diese Unterschiede nicht mehr und öffnet die Tür zu einer ebenso berechtigten Tätigkeit hinsichtlich der anderen Arbeitsvorgänge betrieblicher Art. Die „Erklärung über die Verantwortung und die Pflichten des internen Revisors" setzt noch einmal neue Ziele für weitere Fortschritte in unserem Beruf. Der Kurs steuert auf eine weitere Ausdehnung der internen Revision auf die anderen Arbeitsvorgänge betrieblicher Art.

## Die weitere Ausdehnung auf Arbeitsvorgänge betrieblicher Art

Als der interne Revisor nur Buchungen prüfte, übte er eine notwendige Tätigkeit aus, aber in Wirklichkeit wiederholte er die von den Angestellten bereits getane Arbeit. Als er sich damit begnügte, seine Tätigkeit auf das Prüfen der Kontierung zu beschränken, ahmte er die betriebsfremden Revisoren nach. Seine Ziele waren daher dieselben wie die der Wirtschaftsprüfer. Jedoch wendete sich der interne Revisor auf Grund seiner Kenntnis des Geschäftsablaufs bald neuen Gebieten zu, mit unterschiedlichen Ergebnissen und bewies schließlich, daß die Anerkennung der Geschäftsleitung für ihn verdient war. Auf diesem Gebiet sind seine Ziele und Gesichtspunkte die eines Geschäftsführers und ebenso die eines Revisors. Bei Arthur H. Kent[1] werden diese neuen Anschauungen in folgender Weise dargelegt:

Die Betriebsleitung ist in erster Linie an der Ausführung der Arbeitsvorgänge interessiert — Produktivität, Wirtschaftlichkeit, gute Beziehungen, Abfall, Verlust, Betriebsüberschüsse, Qualität der Aufsicht — gut oder schlecht. Das sind die Dinge, die beständig auf ihr lasten. Die Ergebnisse geschulter, objektiver Revisoren, die sie entweder von einem guten Stand dieser Angelegenheiten unterrichten oder auf die Notwendigkeit der Abstellung von Mängeln hinweisen, sind für die Leitung wertvoll. Wenn wir außer der Zusicherung an die Geschäftsleitung, daß die Zahlen auf dem Gebiet des Finanzwesens stimmen, auch noch bestätigen können, daß andere Angaben, mittels derer sie die verschiedenen Geschäftsbereiche kontrolliert, in Ordnung sind — oder sie informieren, daß sie es nicht sind, wenn wir sie ferner mit Informationen über die verschiedenen Angelegenheiten versehen, die sie direkt angehen und die vorher erwähnt sind, dann leisten wir der Geschäftsleitung einzigartige und nützliche Dienste.

Dieselben wertvollen Dienste leistet der interne Revisor, wenn er Angaben liefert, die direkt die Tätigkeit am Arbeitsplatz betreffen und auf andere Art möglicherweise nicht zur Kenntnis der Leitung gelangen würden und ebensolche Angaben, die direkt die erfolgreiche Ausführung der betrieblichen Tätigkeit betreffen, für die die Leitung verantwortlich ist.

Ferner können die Informationen helfen, den Geschäftsablauf mit genauerer Kenntnis der besonderen Bedingungen auf den verschiedenen Arbeitsgebieten zu lenken. Diese Art der Hilfestellung für die Leitung ist ein Ergebnis der betrieblichen Erfordernisse in dem modernen weit verzweigten Geschäftsablauf. In der großen Unternehmung legt die Leitung nur die allgemeinen Richtlinien, die Ziele und allgemeinen Programme fest.

Die Verantwortung für die Ausführung geht immer weiter auf immer niedrigere Stellen über und entfernt sich immer mehr aus dem Bereich der persönlichen Beobachtung. Daher muß die Leitung kluge und objektive Berichte

---

[1] „The Development and Application of a New Concept of Internal Auditing", The Internal Auditor, März 1957.

erhalten, in welchem Maß ihre Vorschriften und Programme in den verschiedenen Arbeitsgebieten ausgeführt werden. Der interne Revisor hat einen großen Anteil an der Erfüllung dieses Bedürfnisses und darin liegen seine Möglichkeiten und Aufgaben.

Die zukünftige Bedeutung der internen Revision auf anderen Gebieten ergab sich klar aus der Untersuchung über die Praxis der internen Revision im Jahre 1957. Eine Anzahl von Gesellschaften gab an, daß sie beabsichtigen, die interne Revision auf die Betriebsabteilungen auszudehnen, während andere Gesellschaften berichteten, daß ihren Abteilungen für interne Revision bereits wachsende Anerkennung für die geleistete Tätigkeit in den Betriebsabteilungen zuteil geworden sei. Ferner bezogen sich die meisten Vorschläge für die kommende Forschung des Institutes auf Forschungsobjekte, die sich auf die interne Revision von Abteilungen wie Produktion, Verkauf und Werbung richteten.

Diese wachsende Bedeutung der internen Revision auf anderen als rein finanztechnischen Gebieten ist von dem Institut erkannt worden und spiegelt sich in der Betonung wider, die bei örtlichen Versammlungen und in den offiziellen Veröffentlichungen auf Betriebsangelegenheiten gelegt wurde. Bei der Forschung des Institutes sind eine ganze Reihe von Projekten darauf ausgerichtet, zu zeigen, wie man an die interne Kontrolle und Revision von Betriebsabteilungen herangehen muß.

Daß es die Aufgabe des internen Revisors ist, betriebliche Arbeitsvorgänge zu prüfen, ist ebenfalls klar in der revidierten Ausgabe von 1957 des „Statement of Responsibilities" ausgedrückt. Es steht fest, daß das Institut und die internen Revisoren, die in der Praxis stehen, den Prüfungen im Betrieb immer wachsende Beachtung schenken werden.

## Die neuesten Fortschritte auf dem Gebiet der internen Revision

In den vorangegangenen Abschnitten haben wir die Tatsache betont, daß noch viele Fortschritte in der Entwicklung der internen Revisionspraxis erfolgen müssen. Als Lichtblick sehen wir den Weg, der in den letzten Jahren zurückgelegt worden ist. Obgleich viele Gesellschaften schon seit Jahren gut ausgewogene Programme für die interne Revision haben, ist es erst 15 Jahre her, daß die Wirtschaft erkannt hat, was die interne Revision überhaupt bedeutet und welche Unterstützung sie für die Leitung leisten kann. Während dieser Zeit hat es einen echten Fortschritt in der Entwicklung der Literatur gegeben, Einbeziehung der internen Revision in Berufsbildungsprogramme und öffentliche Diskussionen und ebenso Fortschritte in der Durchführung akademischer Vorlesungen an verschiedenen Universitäten. Zum erstenmal haben die führenden Männer der internen Revision Vorträge gehalten und haben ihre umfangreichen Gedankengänge und verbesserten Verfahren sowohl den internen Revisoren zu ihrer Fortbildung als auch anderen interessierten Gruppen wie Geschäftsleitungen und Wirtschaftsprüfern zur Kenntnis gebracht. Diese wachsende Bedeutung der internen Revision kam kürzlich deutlich zum Ausdruck, als eine Tagung auf dem Siebenten Internationalen Kongreß der Buchprüfer dem Thema „Der interne Revisor" gewidmet war. Daß der Kongreßausschuß sich entschloß, eine Tagung über dieses Thema abzuhalten, zeigt klar die Bedeutung, die ihm in der ganzen Welt von den Buchprüfern beigemessen wird. Zur Zeit ist ein allgemeines Verständnis für die interne Revision vorhanden, das weit besser ist als es noch vor einigen Jahren der Fall war. Überdies sind die Grundlagen der internen Revision gedanklich ausgereift und haben sich beachtlich entwickelt.

Eine der wesentlichen Voraussetzungen für diese rasche Fortentwicklung der Theorie der internen Revision und der Erweiterung ihrer Praxis liegt in der 1941 erfolgten Gründung des „Institute of Internal Auditors". Diese Organisation, die damals von einer kleinen Gruppe gegründet wurde, hat jetzt Zweigstellen, die über die Vereinigten Staaten und die ganze Welt verstreut sind. Durch diese Organisation wurde die Möglichkeit geschaffen, die internen Revisoren zusammen zu bringen und ein Standesbewußtsein zu bilden. Weiter ist die Literatur erheblich durch die vierteljährlich erscheinende Veröffentlichung „The Internal Auditor" bereichert worden, ebenso durch die Jahresberichte, die die bei den verschiedenen Jahresversammlungen vorgebrachten Berichte enthalten. Das Institut hat auch offiziell die Herausgabe der so bedeutungsvollen „Erklärung über die Verantwortung und die Pflichten des internen Revisors" gefördert.

## Das Bedürfnis nach Forschung

Der bisher erzielte Fortschritt in der Praxis der internen Revision beweist deutlich, wie notwendig weitere Forschung auf diesem Gebiet ist. Immer mehr wird erkannt, daß interne Revision ein dynamischer, stetig sich weiter entwickelnder Begriff ist und daß Theorie und Praxis der internen Revision ständig studiert werden müssen, so daß diese den wechselnden Erfordernissen der Wirtschaft angepaßt und in wirkungsvollster Weise durchgeführt werden kann. Die Notwendigkeit der weiteren Beobachtung oder, anders ausgedrückt, diese Forderung nach Forschung, gibt es auf zwei Ebenen, wobei das Programm entweder von dem Institute of Internal Auditors auf nationaler Ebene oder von der einzelnen Gesellschaft ausgeführt wird.

*Die Forschung des Institute of Internal Auditors.* Die Bedeutung der Forschung ist von dem Institute of Internal Auditors von Anfang an klar erkannt worden. Schon bei dem Aufstellen seines Organisationsplanes wurde ein Direktor für Forschung und später eine Forschungskommission vorgesehen. Obgleich die von dieser Forschungsgruppe geleistete Arbeit im wesentlichen in der Freizeit von Mitgliedern erfolgen mußte, die mitten im Geschäftsleben standen, wurde sehr viel erledigt. Von besonderer Bedeutung waren die Abfassung der Erklärungen über die Verantwortung und die Pflichten des internen Revisors von 1947 und 1957, die Erhebung über die Praxis der internen Revision von 1951 und 1957, die Veröffentlichungen von Konferenzergebnissen usw. Es wurden wichtige Forschungsarbeiten veröffentlicht, die insofern besonders nützlich waren als sie ausführten, was auf den einzelnen Gebieten wie Einkauf, elektronische Datenverarbeitung, Lohnbuchhaltung, Kreditorenkonten und Transport getan wird.

Was jedoch bis jetzt geleistet worden ist, kann nur ein schwaches Abbild der Forschung sein, die in der Zukunft erfolgen kann und erfolgen muß. Das Institut erreicht jetzt gerade den Stand, daß die angewachsene Mitgliederzahl durch die Beiträge die Mittel liefert, die Forschungstätigkeit auf eine gesunde Grundlage zu stellen. So wird das gegebene Mittel bereitgestellt, um ein umfassendes Forschungsprogramm aufzustellen und durchzuführen, welches für die richtige Entwicklung der internen Revision als Beruf so wichtig ist.

*Forschung durch einzelne Gesellschaften.* Ebenso ist es wichtig, daß jede Abteilung „Interne Revision" ständig um die Beobachtung ihrer eigenen Methoden und ihrer Arbeitsweise bemüht ist, um Wege zu finden, ihre Tätigkeit erfolgreicher, nutzbringender und zugleich wirtschaftlicher zu gestalten. In vielen Gesellschaften übernimmt der Leiter der Revision persönlich diese Aufgabe. In anderen Fällen hat man gute Resultate durch Bildung besonderer Kommissionen erzielt, die für diese Studien und für periodische Berichte über die erzielten Resultate verantwortlich waren. In anderen Unternehmen hat man einer Person oder auch mehreren diese Aufgabe für dauernd zugewiesen. Das wesentliche ist, daß irgendeine offizielle Vorsorge getroffen wird, daß diese Forschung erfolgt, damit dieser Teil guter interner Revisionspraxis nicht vernachlässigt wird. Unbeschadet dessen, was auf dem Weg offizieller Forschungsorganisation erfolgt, ist es notwendig, den gesamten Prüferstab anzuspornen, Beiträge zur Verbesserung der Methoden und der Arbeitsausführung zu liefern.

### Die Aussichten auf erfolgreiche Zusammenarbeit mit dem fremden Buchprüfer

Von besonderer Bedeutung ist die Aussicht, daß sich eine erfolgreichere Zusammenarbeit zwischen der Abteilung „Interne Revision" und dem Wirtschaftsprüfer entwickelt. Man kann wohl annehmen, daß die Leitung der Gesellschaft wie auch die Wirtschaftsprüfer die Vorteile, die sich durch eine aktive Zusammenarbeit ergeben, mehr als bisher im vollen Umfang würdigen werden. Die leitenden Angestellten der Gesellschaft auf der einen Seite werden in größerem Maße einsehen, wie wertvoll es ist, die Ratschläge des Wirtschaftsprüfers bei der Aufstellung von Revisionsprogrammen zu verwerten und ihre Tätigkeit so erfolgreicher zu gestalten. Auf der anderen Seite wird der fremde Buchprüfer besser verstehen, wie erwünscht es ist, seine Arbeit mit der internen Revision der Gesellschaft abzustimmen und die gemeinsamen Interessen in wirtschaftlichster Weise zu fördern. Eine besonders begrüßenswerte Aussicht besteht darin, daß der Wirtschaftsprüfer, da er ja von einem Teil der Prüfung von Einzelheiten frei wird, seine ganze Energie den Gebieten wird zuwenden können, für die er besonders qualifiziert ist — nämlich einer konstruktiven Analyse auf höherer Ebene — und daß er damit nachdrücklicher als je den Wert seiner Leistung für die auftraggebende Gesellschaft nachweisen wird.

Die Entwicklung großer amerikanischer Korporationen mit neuen Verhältnissen, welche einen Wechsel der Natur der externen Revision mit sich gebracht haben, die Entwicklung der Abteilungen „Interne Revision" und die neuen Beziehungen zwischen diesen Gruppen werden erst jetzt allmählich in befriedigendem Maße verstanden. Die Angleichungen, welche von solchen Veränderungen verlangt werden, sind bisweilen schwierig. Es kann jedoch damit gerechnet werden, daß sich ein besseres Verständnis der Bedingungen bildet, welche zu diesen neuen Problemen geführt haben und daß ein Zeitabschnitt beginnt, in dem die vorhandenen Kräfte wirkungsvoller und erfolgreicher zusammenarbeiten werden.

## Die Aussichten auf zunehmende Dienstleistungen auf betrieblichen Gebieten

Die Zukunft der internen Revision und ihr größter Nutzen für die Leitung hängt insbesondere von der Fähigkeit der internen Revisoren ab, sich über das Niveau einer rein technischen Prüfung, wie sie bei der Prüfung auf dem Gebiet der Finanzen üblich ist, zu erheben und die vielen Arten der innerbetrieblichen Arbeitsausführungen, Arbeitsvorgänge, Arbeitsvorschriften u. dgl., die ihre Wurzeln in finanziellen Daten haben, zu verstehen und zu beurteilen. Das erfordert, daß der interne Revisor das Wesen dieser anderen internen Tätigkeiten und Vorschriften kennt und sie mit den Augen der Geschäftsführung sieht. Wenn er das zu leisten vermag, kann er der Geschäftsleitung keinen größeren Dienst erweisen als eine eingehende und unabhängige Beurteilung dieser Vorgänge. Wenn die internen Revisoren ihren Wert auf diesen Gebieten zeigen können, wird ihre Hilfe von einsichtigen Geschäftsleitungen begrüßt werden und die Stellung des internen Revisors wird entsprechend an Bedeutung gewinnen.

Daß die interne Revision als Beruf sich in der erwähnten Richtung entwickelt, geht klar aus einer objektiven Übersicht darüber hervor, was die internen Revisoren in den letzten Jahren getan haben. Langsam aber sicher verwirklichen die internen Revisoren die sich ihnen bietenden Möglichkeiten und beweisen ihre Fähigkeiten, eine größere Rolle zu übernehmen. Zu gleicher Zeit erwerben sie schrittweise die Anerkennung der Leitung für den Wert ihrer weitergespannten Tätigkeit. In wachsendem Maße erkennt man allgemein an, daß eine gute finanzielle Analyse die beste verfügbare Grundlage für eine verständige Untersuchung und Beurteilung der Geschäftsvorgänge, Arbeitsausführungen und Richtlinien ist, mit denen die finanziellen Daten in Beziehung stehen. Für die Zukunft besteht die Aussicht, daß die interne Revision weiterhin ihr Arbeitsgebiet ausdehnen wird, und daß sie in wachsendem Maße von der Leitung als wichtige Hilfe sowohl bei der Prüfung des Rechnungswesens wie auch der Arbeitsvorgänge selbst anerkannt wird. Wenn man den Arbeitsbereich der internen Revision so sieht, so liegt darin eine große Forderung an die Angehörigen dieses Berufes, aber es ist eine Aufgabe, der sich alle weitsichtigen und beherzten internen Revisoren tatkräftig zuwenden müssen.

### Die Bedeutung der Elektronengeräte

Wir kommen jetzt in das Zeitalter der Automation, die die Arbeitsweise bei allen Gesellschaften tiefgehend beeinflussen wird. Für die interne Revision ist eines der wichtigsten Gebiete der Automation die elektronische Datenverarbeitung.

Diese Entwicklung stellt nicht nur eine Herausforderung an die Geschäftsleitung dar, sondern bringt auch eine beachtliche Belastung für den Beruf des internen Revisors mit sich. Wir können uns die Zukunft ausmalen, wenn wir uns die gegenwärtigen Tendenzen bis zu ihren logischen Folgerungen fortgesetzt denken. Der Übergang wird wahrscheinlich allmählich erfolgen, aber er wird trotzdem eine beträchtliche Umstellung bedeuten.

Bis zur Gegenwart haben viele Rechenanlagen nur eine Weiterentwicklung des Lochkartenverfahrens dargestellt. In den meisten Fällen sind die Lochkarten weiter verwendet worden und der Hauptvorteil ist die größere Schnelligkeit bei der Arbeit mit dem Elektronenrechner gewesen. So sind bis heute nur wenig grundsätzliche Verfahrensveränderungen in der Datenverarbeitung erfolgt.

*Prüfungsverfahren.* Es ist unvermeidlich, daß die Prüfungsverfahren bei der internen Revision erheblich umgestellt werden. Es wird keine grundsätzlichen Wandlungen in der Zielsetzung geben, aber die Prüfungstechnik und die Verfahren werden zum großen Teil geändert werden. Der interne Revisor muß die Kontrollen während des Arbeitsablaufs in weit größerem Maße durchdenken. Er muß die routinemäßigen Vorarbeiten bis zur Eingabe in die Maschine prüfen, und er wird allgemein mehr Stichproben und weniger lückenlose Prüfungen in allen Einzelheiten vorzunehmen haben.

Der interne Revisor muß seine Tätigkeit in weit größerem Maße mit den Maschinenabläufen abstimmen als bei dem Lochkartenverfahren der Fall war. Bei den hohen Kosten der Maschinenzeit ist es vorteilhaft, die notwendigen Revisionsschritte während des üblichen Betriebes der Maschine auszuführen und die Inanspruchnahme der Maschinen zu beschränken. Mit der Einführung der integrierten Datenverarbeitung wird eine entscheidende Änderung bei vielen Belegen und Verfahren eintreten, mit denen der interne Revisor vertraut ist. Dieser Fortschritt wird dann das Erstellen von Daten in der Maschinensprache gleichzeitig mit der Abfassung in sichtbarer Form gestatten.

### Zukunftsaussichten für die interne Revision

Auf lange Sicht gesehen wird sich die interne Revision wie jede andere Technik in einer Art und Weise entwickeln, die ihrer Eignung entspricht, bestehenden Firmenerfordernissen zu genügen. Der Grad, bis zu welchem diese Entwicklung gefordert wird, hängt umgekehrt wieder davon ab, wie klar die Erfordernisse erkannt werden und wie fähig die berufenen Personen sind, Mittel herauszuarbeiten, mit denen das spezielle Verfahren zu einer Lösung der betreffenden Probleme beitragen kann. Man fand, daß in der Entwicklung großer Unternehmen ein solcher Bedarf nach interner Revison bestand. Man fand weiter, daß die Abteilung „Interne Revision" mit ihrer Revisionstechnik und ihrer Kenntnis der internen Arbeitsvorgänge des Unternehmens in einer besonders günstigen Lage war, der Geschäftsleitung bei der erfolgreichen Durchführung ihrer Aufgaben für das Unternehmen zu helfen. Während der genaue Weg, auf dem diese Hilfe geleistet werden kann, nicht immer klar ist, besteht doch schon die Fähigkeit zum Helfen, und diese Tatsache läßt die Erwartung als begründet erscheinen, daß das Aufgabengebiet der internen Revision in den kommenden Jahren weiter ausgedehnt werden wird.

## Schlußwort

Die Fertigstellung des Buches verlangt eine abschließende Feststellung, die das Thema kurz zusammenfaßt und noch einmal das Wichtigste herausstellt. Man hat gesehen, daß das Anwachsen amerikanischer industrieller Unternehmen Verhältnisse mit sich gebracht hat, bei denen die Geschäftsführung sich weit entfernt von den laufenden Arbeitsvorgängen befindet und die die Aufgaben der Leitung schwierig und kompliziert gemacht haben. Um diesen neuen Bedürfnissen gerecht zu werden, ist ein Rechnungswesen eingerichtet worden, um die notwendigen Angaben über die Arbeitsvorgänge aufzuzeichnen, zu klassifizieren und zu ordnen, so daß sie der Geschäftsführung in Form von umfassenden und brauchbaren Berichten vorgelegt werden können. Das Ziel dieser Buchungsbelege und Buchungsverfahren ist es, der Leitung die für die Durchführung ihrer Aufgaben und für die ausreichende Überwachung der Angelegenheiten des Unternehmens benötigten Informationen auf wirtschaftlichste Weise zu verschaffen. Ein weiteres Problem besteht darin, daß man sich nicht darauf verlassen kann, daß die Regeln, Arbeitsverfahren und Arbeitsanleitungen, für die das Rechnungswesen und die interne Kontrolle eingerichtet wurden, ohne irgendeine Form organisierter Revision durch eine unabhängige Stelle erfolgreich funktionieren. Es besteht die Notwendigkeit, festzustellen, in welchem Umfang diese Regeln und Vorschriften angewendet werden, und die weitere Forderung nach einer konstruktiven Einzeluntersuchung der internen Arbeitsvorgänge des Unternehmens. Diese Notwendigkeit liefert die Rechtfertigung für eine neue Gruppe — die Abteilung „Interne Revision". Die Abteilung „Interne Revision" stellt also ein besonderes Hilfsmittel dar, mit dem die Leitung die Angelegenheiten der Gesellschaft zum Nutzen der Eigentümer — der Aktionäre — wirkungsvoller lenken und überwachen kann. In ihrer Eigenschaft als getrennte und unabhängige Gruppe dient die Abteilung der Geschäftsführung, indem sie einmal das Rechnungswesen produktiver gestaltet und die normale Kontrolle durch die Buchführung ergänzt. Sie leistet Dienste dadurch, daß sie früher berichtete Angaben prüft, daß sie feststellt, ob die Regeln und Vorschriften befolgt werden und dadurch, daß sie das Unternehmen vor Verlusten bewahrt — Ziele, welche sich auf die Aufrechterhaltung des gegenwärtigen Zustandes des Unternehmens beziehen —. Weitere Dienste leistet sie durch die Abschätzung der Mittel und Wege, durch welche die Methoden, die Arbeit selbst und die Vorschriften wirkungsvoller gestaltet werden können. Diese zuletzt genannte Abschätzung oder konstruktive Analyse, die die Steigerung des Wohlergehens des Unternehmens in jedem zulässigen Sinne zu erreichen sucht, ist die vornehmste unter den Aufgaben der internen Revision und von ihr haben wir in diesem Buch ein Bild zu geben versucht.

Ständig ergeht an die internen Revisoren der Ruf, die entsprechende Tätigkeit so auszuführen, daß ihr Arbeitsgebiet sich ständig erweitert. Das erfordert von seiten der internen Revisoren ein ständiges Bemühen, ihre Kenntnisse der allgemeinen Prüfungstechnik zu erweitern und zugleich ihre Kenntnisse der Arbeitsvorgänge in dem Unternehmen so zu vergrößern, daß ihre Arbeiten für die Geschäftsführung von größtem Wert sein können. Ebenso verlangt die Zeit von der Geschäftsführung, mit der Abteilung interne Revision zusammenzuarbeiten, so daß die Widerstände, die einer möglichst erfolgreichen Nutzbarmachung der Leistungen der internen Revision sonst im Wege stehen könnten, auf das geringste Maß zurückgeführt werden. Schließlich ergeht die Forderung an den Stand der Wirtschaftsprüfer, besonders derjenigen, die mit diesen Problemen jeden Tag zu tun haben, an der Förderung der Entwicklung der internen Revision mitzuhelfen und ihre eigene Prüfungstätigkeit erfolgreich mit der internen Revision des Betriebes abzustimmen. Durch die vereinte Arbeit dieser Gruppen, die auf ein gemeinsames Ziel ausgerichtet ist, ist der ständige Fortschritt der internen Revision gesichert.

# ANHANG I

## Erklärung über die Verantwortung und die Pflichten des internen Revisors

### Vorwort

Im Jahre 1947 veröffentlichte das Institute of Internal Auditors zum ersten Male eine „Erklärung über die Verantwortung und die Pflichten des internen Revisors". In dem Vorwort wurde schon darauf hingewiesen, daß „neue Verhältnisse und Erfordernisse und eine Weiterentwicklung der beruflichen Stellung des internen Revisors möglicherweise eine revidierte Ausgabe dieser Schrift in zukünftigen Jahren erforderlich machen könnten".

In dem Zeitraum von 10 Jahren, seit die Erklärung erschien, hat es eine beständige Weiterentwicklung dieses Berufes gegeben. Das Institut hält es deshalb jetzt für ratsam, die Erklärung in revidierter Form herauszugeben, die den erweiterten Begriff der internen Revision zum Ausdruck bringen soll, den es heute vertritt.

### Was ist interne Revision?

Die interne Revision ist eine unabhängige Tätigkeit innerhalb eines Unternehmens zur Prüfung der Arbeitsvorgänge, der Buchhaltung, der Finanzen und anderer Gebiete im Dienst der Geschäftsleitung. Es ist eine Kontrolle im Auftrag der Leitung. Sie wird ausgeübt, indem die Wirksamkeit anderer Kontrollen gemessen und beurteilt wird.

### Die Zielsetzung und der Wirkungskreis der internen Revision

Das oberste Ziel der internen Revision ist es, allen Angehörigen der Leitung bei der erfolgreichen Durchführung ihrer Aufgaben zu helfen, indem sie ihnen objektive Untersuchungen, Bewertungen, Empfehlungen und zweckdienliche Bemerkungen über die geprüften Arbeitsgebiete übermittelt. Der interne Revisor soll sich daher mit jedem Abschnitt der Geschäftsvorgänge beschäftigen, in dem er für die Leitung eine Hilfe bedeuten kann. Damit dieses oberste Ziel, die Unterstützung der Leitung, erreicht wird, müssen folgende Tätigkeiten ausgeführt werden:

Der interne Revisor muß die Kontrollen auf den Gebieten der Buchhaltung, der Finanzen und des Betriebes auf ihre Richtigkeit, Angemessenheit und Anwendung hin prüfen und beurteilen.

Er muß den Grad der Übereinstimmung mit den festgelegten Richtlinien, Plänen und Verfahren ermitteln.

Er muß feststellen, in welchem Umfang über die Vermögenswerte der Gesellschaft Rechenschaft abgelegt wird und sie vor Verlusten jeder Art geschützt sind.

Er muß die Zuverlässigkeit der Buchhaltungszahlen und anderer Angaben, die innerhalb des Unternehmens geliefert werden, ermitteln.

Er muß die Qualität der Tätigkeit bei der Ausführung übertragener Aufgaben beurteilen.

## Weisungsbefugnis und Verantwortung

Die interne Revision ist mehr eine Art Stabstätigkeit als eine Tätigkeit in der Linie. Deshalb hat der interne Revisor keine direkte Weisungsbefugnis über andere Personen innerhalb des Unternehmens, deren Arbeit er prüft.

Dem internen Revisor muß es erlaubt sein, die Betriebspolitik, Pläne, Verfahren und Belege zu prüfen und zu beurteilen, aber seine Prüfung und Begutachtung entlastet in keiner Weise andere Personen innerhalb des Unternehmens von der ihnen übertragenen Verantwortung.

## Unabhängigkeit

Unabhängigkeit ist wesentlich für den Erfolg eines Programms der internen Revision. Diese Unabhängigkeit muß sich nach zwei Richtungen auswirken.

1. Die Stellung des internen Revisors innerhalb der Organisation der Unternehmung und die Unterstützung, die ihm von der Geschäftsführung gewährt wird, sind in der Hauptsache ausschlaggebend für den Umfang und den Wert der Dienste, die die Leitung durch die Tätigkeit des internen Revisors erhalten kann. Der Leiter der Abteilung „Interne Revision" muß daher einem Vorgesetzten von genügendem Rang innerhalb der Organisation verantwortlich sein, so daß ein umfangreicher Wirkungskreis gesichert ist und ebenso feststeht, daß seine Beanstandungen oder Empfehlungen die entsprechende Beachtung finden und, wo nötig, daraufhin etwas Wirksames unternommen wird.
2. Da ja vollständige Objektivität für die Revisionstätigkeit wesentlich ist, dürfen interne Revisoren nicht selbst Arbeitsverfahren ausarbeiten und einführen. Sie dürfen keine Belege bearbeiten und sich auf keinem anderen Arbeitsgebiet betätigen, von dem man normalerweise annimmt, daß sie es prüfen und begutachten.

# ANHANG II

## Die Erhebung über interne Revision von 1957

### I. Der Hintergrund der Erhebung

#### Die erste Erhebung

Im Jahre 1951 machte das Institute of Internal Auditors eine Erhebung über die Revisionstätigkeit seiner Mitglieder. Der Zweck der Erhebung war, festzustellen, was getan wurde und wie es ausgeführt wurde...

Die Erhebung erfolgte durch Übermittlung eines Fragebogens an alle Mitglieder. 274 ausgefüllte Formulare kamen zurück und wurden zusammengefaßt. Die Zusammenstellung der Ergebnisse nach Industriezweigen wurde in Fortsetzungen in 3 Ausgaben von The Internal Auditor September 1951, Juni 1952 und September 1952 veröffentlicht...

#### Die Erhebung von 1957

Gleich allen Geschäftstätigkeiten ist auch die interne Revision nicht starr. Ihre Entwicklung und Anwendung schreitet stetig vorwärts...

Um die Weiterentwicklung der Forschung des Institutes auf einer Linie zu unterstützen, die von größtem Interesse und Vorteil für die Mitglieder wäre, wurde beschlossen, im Jahre 1957 eine neue Erhebung zu veranstalten...

322 Gesellschaften beantworteten die Fragebogen, welche an alle Mitglieder des Institutes versandt wurden. Der weitgezogene Umfang der Beantwortung ergibt sich aus der Zahl der Antworten nach 13 Gruppen, in welchen die Antworten ausgewertet wurden.

| | *Anzahl der Antworten* |
|---|---|
| Kraftfahrzeuge und Luftfahrt | 17 |
| Banken und Versicherungen | 55 |
| Chemie und Arzneimittel | 18 |
| Nahrung und Getränke | 29 |
| Allgemeine Fabrikation | 35 |
| Maschinen und Ersatzteile | 16 |
| Bergbau und Metalle | 18 |
| Papier, Gummi und Textilien | 17 |
| Ölgesellschaften | 30 |
| Groß- und Einzelhandel | 14 |
| Verkehr | 14 |
| Gemeinnützige Gesellschaften | 41 |
| Verschiedenes | 18 |
| | 322 |

## Bericht über die Ergebnisse

Die folgenden Seiten dieses Berichtes fassen die Hauptergebnisse der Erhebung von 1957 nach den Hauptabschnitten, in die der Fragebogen gegliedert war, zusammen. Auf jeden Ergebnisbericht folgen allgemeine Bemerkungen über Tendenz und andere Faktoren, die in der Hauptsache auf Vergleichen mit der Erhebung von 1951 beruhen. Aus praktischen Gründen wird die Einzelaufgliederung nach Industriezweigen nicht gegeben, aber Unterschiede zwischen den einzelnen Industriezweigen werden erläutert, wo diese Unterschiede bedeutungsvoll zu sein scheinen.

Wenn man die berichteten Resultate liest und verwendet, so gibt es mehrere Faktoren, an die man denken muß, besonders wenn die Absicht besteht, den berichteten Durchschnitt oder das Gesamtergebnis mit einem Einzelfall zu vergleichen.

1. *Durchschnittszahlen können Unterschiede verschleiern.* Zwar sind die Industriegruppen so gebildet, daß nach Möglichkeit vergleichbare Ziffern zusammenkommen, aber es kann doch große Unterschiede zwischen Gesellschaften in derselben Hauptindustrieklasse geben. Z. B. benötigt eine Gesellschaft mit vielen Verkaufsstellen einen ganz anderen Aufbau der internen Revision als eine Gesellschaft, die ihre Waren an den Großhandel absetzt.

2. *Die Fragen mögen auf eine bestimmte Gesellschaft oder auf bestimmte Verhältnisse nicht mehr passen.* Abweichende Verfahren einer Gesellschaft und Abweichungen im organisatorischen Aufbau können die Wirkung haben, daß einzelne Fragen und Antworten auf eine spezielle Lage nicht anwendbar sind. Das bedeutet, daß die Gesamtzahl der Antworten auf die einzelne Frage gewöhnlich nicht mit der Gesamtzahl der antwortenden Gesellschaften übereinstimmt. (322)

3. *Die Fragen können falsch aufgefaßt oder unzutreffend beantwortet sein.* Das ist ein natürliches Risiko bei jeder Erhebung durch Fragebogen. In diesem Fall ist die Anzahl der Antworten hinreichend groß, so daß Mißverständnis oder Irrtum in einem Einzelfall keine bedeutende Auswirkung auf die zusammengestellte Gesamtsumme haben dürfte.

## Allgemeine Folgerungen

Man wird in den folgenden Ergebnissen finden, daß eine Analyse der gegenwärtigen Tätigkeit der internen Revision, verglichen mit der von 1951, bestimmte klare Tendenzen anzeigt. Dies sind:

1. Ein sich weiternder Wirkungskreis, der besonders darin zum Ausdruck kommt, daß sich die Tätigkeit des internen Revisors auf Abteilungen nicht finanzieller Art ausdehnt.
2. Klarere Festlegung der internen Revision als Stabstätigkeit mit Verantwortung für wenig oder gar keine Routinebeschäftigungen.
3. Mehr Anerkennung durch die Geschäftsführung — höhere Stellen der Leitung erhalten jetzt Berichte oder Zusammenfassungen von Berichten oder nehmen an Revisionsbesprechungen teil.

Alle diese Tendenzen spiegeln die Theorie und Praxis wieder, welche von fortschrittlichen internen Revisoren und durch sie von dem Institute of Internal Auditors entwickelt worden sind. Die Ergebnisse dieser Erhebung bestätigen die jüngste Darstellung dieser Gedankengänge — die revidierte Ausgabe der Erklärung über die Verantwortung und die Pflichten des internen Revisors.

## II. Arbeitsbereich und Vollmacht

1. Geben Sie die Arbeitsgebiete oder wichtigeren Funktionen an, die von Ihrem internen Revisions-Programm erfaßt werden.

| | |
|---|---|
| Buchhaltung | 322 |
| Finanzen | 243 |
| Einkauf | 224 |
| Transporte | 70 |
| Verkauf | 161 |
| Produktion | 98 |
| Personal | 52 |
| Reklame | 52 |

Es wurden viele andere Spezialgebiete angegeben. 17 Kreditinstitute und 15 Industriefirmen gaben an, daß der Wirkungsbereich in ihrem Programm für interne Revision nicht begrenzt sei.

*Bemerkungen.* Wir glauben, daß die Tatsache, daß nicht alle Gesellschaften angeben, daß ihr Finanzwesen der internen Revision unterliegt, nur ein Anzeichen dafür ist, daß dieses Gebiet schon in der Revision der Buchhaltung mit erfaßt wird — besonders bei Debitoren- und Kreditorenkonten.

Es ist von besonderem Interesse, festzustellen, daß 70 % jetzt den Einkauf prüfen gegen nur 50 % im Jahre 1951, bei den Verkäufen sind es 50 % gegenüber 43 % 1951, bei der Produktion sind es 30 %, während sie 1951 noch nicht für wichtig genug gehalten wurde, um besonders angeführt zu werden. Transport — mit 22 % — hat auch genügend Bedeutung, um gesondert zu erscheinen.

Es ist verständlich, daß beim einzelnen Industriezweig die Neigung besteht, Arbeitsgebiete in die interne Revision einzubeziehen, die für ihn von besonderer Wichtigkeit sind. Z. B. sind die Hauptindustrien, bei denen jetzt Transporte der internen Revision unterliegen:

| Industriezweig | Gesamtzahl der berichtenden Gesellschaften | Die Transporte werden geprüft bei |
|---|---|---|
| Lebensmittel und Getränke | 29 | 16 |
| Bergbau und Metalle | 17 | 13 |
| Öl | 30 | 13 |

Wir glauben, daß die Tendenz klar zu erkennen ist, die Tätigkeit des internen Revisors auf weitere Arbeitsgebiete auszudehnen. Die natürliche Richtung dieser Ausdehnung weist auf die Betriebsabteilungen der Gesellschaft, und die angegebenen Ergebnisse zeigen, daß dies bereits getan wird.

2. Geben Sie bitte die routinemäßigen Kontroll- oder Buchhaltungstätigkeiten an, für welche die Abteilung Interne Revision verantwortlich ist:

| | |
|---|---|
| Keine | 172 |
| Bankabstimmungen | 61 |
| Vorprüfung von Zahlungsleistungen | 58 |
| Sonstige | 62 |

*Bemerkungen.* Die Antworten zeigen gegenüber 1951 einen beträchtlichen Fortschritt in der Befreiung des internen Revisors von Routinepflichten. Z. B. waren 1951 47 % für Bankabstimmungen zuständig gegen jetzt 20 %. Es ist bemerkenswert, daß Kreditinstitute und gemeinnützige Gesellschaften eine über dem Durchschnitt liegende Einspannung für Bankabstimmungen und vorheriges Prüfen von Zahlungsausgängen angeben, und zwar geben etwa 50 % für eine oder beide dieser Aufgaben die direkte Überwachung durch die Abteilung Interne Revision an. Die unter „Sonstige" angegebenen 62 Posten betreffen hauptsächlich spezielle Probleme ganz verschiedener Art wie Kontrolle von Kapitalinvestitionen, Lizenzgebühren, Baukosten und Rückvergütungen.

3 a) Falls es in Ihrer Gesellschaft eine besondere, von der Abteilung Interne Revision unabhängige Stelle für die Ausarbeitung von Systemen und Arbeitsverfahren gibt, prüft und genehmigt dann der interne Revisor die Teile solcher aufgestellten oder revidierten Verfahrensvorschriften, die sich auf die Buchführung beziehen, vor ihrer Anwendung, oder nimmt er dazu Stellung?

Ja 204 Nein 68

b) Wenn ja, beziehen sich dann die Anmerkungen auf die Kontrollvorgänge oder die ganzen Verfahren?

Kontrollvorgänge 132 Ganze Verfahren 72.

*Bemerkungen.* Die Antworten beweisen die Anerkennung und Verantwortung des internen Revisors als eines Sachverständigen auf dem Gebiete der Kontrolle.

4. Wenn es keine solche Stelle zur Ausarbeitung von Anleitungen und Arbeitsverfahren gibt, ist dann der interne Revisor

a) in erster Linie verantwortlich für die Entwicklung von Anleitungen und Vorschriften für das Rechnungswesen u. dgl.?

Ja 42 Nein 32

b) in erster Linie verantwortlich für ihre Einführung?

Ja 28 Nein 41

(Bei der Betrachtung der einzelnen Antworten auf die Fragen 3 und 4 ergibt sich, daß die meisten mit einem „Nein" auf die Frage 3 a auszudrücken beabsichtigen, daß es keine solchen Stellen gab. Das wird bestätigt durch die Antworten auf Frage 4, deren Gesamtzahl ungefähr die gleiche ist wie die „Nein"-Antworten auf Frage 3 a.)

*Bemerkungen.* Es ergibt sich ganz klar, daß bei der weitaus überwiegenden Anzahl die Erfahrung und das Können des internen Revisors eingesetzt wird, um solche Systeme vor ihrer Einführung zu beurteilen. Wie in der Erklärung über die Verantwortlichkeit ausgeführt, sollte diese Tätigkeit möglichst von der direkten Revisionsaufgabe getrennt sein, so daß der interne Revisor nicht in die Lage kommt, sein eigenes Werk beurteilen zu müssen.

5 a) Ist der interne Revisor verpflichtet oder wird es gewünscht, daß er über die Leistung der einzelnen Angestellten auf ihren Arbeitsgebieten berichtet?

| | *Verpflichtet* | | Erwünscht | |
|---|---|---|---|---|
| | Ja | Nein | *Ja* | *Nein* |
| Angestellte in Buchhaltung und Finanzwesen | 48 | 123 | 162 | 94 |
| Andere Angestellte | 36 | 127 | 132 | 109 |

b) Bei „Ja" in einem der beiden Fälle: Wie wird ein solcher Bericht gegeben?

| | |
|---|---|
| In dem regulären Revisionsbericht | 31 |
| In einem besonderen Bericht | 77 |
| Mündlich | 145 |

*Bemerkungen.* Es sind keine besonderen Bemerkungen nötig außer der Feststellung, daß ungefähr 75 % aller Gesellschaften darauf bedacht sind, daß der interne Revisor in irgend einer Form über die Leistung der Angestellten berichtet.

## III. Organisation

6. Ist bei Ihnen die Tätigkeit der Revision auf einen Hauptsitz beschränkt oder wird sie bei mehreren Niederlassungen ausgeübt?

| | |
|---|---|
| Nur ein Hauptsitz | 70 |
| Mehrere Niederlassungen | 247 |

7. Wieviel Angestellte gibt es in Ihrer Gesellschaft insgesamt?

Insgesamt 4 866 195 (316 Gesellschaften)

8. Wieviel Angestellte sind in der Abteilung Interne Revision Ihrer Gesellschaft beschäftigt?

Insgesamt 5691 (316 Gesellschaften)

Nach Einstufungsgraden sind dies:

| | |
|---|---|
| Abteilungsleiter der internen Revision | 310 |
| Stellvertretende Abteilungsleiter | 208 |
| Prüfungsleiter | 420 |
| Ältere Revisoren | 1259 |
| Revisoren | 1189 |
| Prüfungsassistenten | 1101 |
| Andere Angestellte (außer Schreibkräfte) | 458 |
| | 4945 |
| Schreibkräfte | 746 |
| Gesamtzahl der Angestellten | 5691 |

9. Klassifizieren Sie bitte die Angestellten in der internen Revision (außer den Schreibkräften) je nach dem Grad, in dem sie dem Leiter der internen Revision für Berichterstattung verantwortlich sind.

| | |
|---|---|
| Direkt verantwortlich | 3743 |
| Teilweise verantwortlich | 1066 |
| Nicht verantwortlich | 187 |
| | 4996 |

10. Wenn es irgendwelche Angestellten gibt, die Aufgaben der internen Revision ausführen und in keiner Weise dem Abteilungsleiter verantwortlich sind, beschreiben Sie bitte kurz die Art ihrer Tätigkeit und wie diese Tätigkeit mit dem Gesamtprogramm abgestimmt ist:

Berichtende Gesellschaften:

| | | | |
|---|---|---|---|
| Keine solchen Angestellten | 175 | Einige solcher Angestellter | 60 |

*Bemerkungen.* Die einzelnen Antworten ergeben, daß es keine einheitliche Richtschnur gibt, wie groß eine solche Abteilung Interne Revision sein muß. Es gibt deutliche Unterschiede zwischen den einzelnen Gesellschaften desselben

Industriezweiges — und das hängt von Faktoren ab wie Absatzmethoden, Anzahl der Niederlassungen, die revidiert werden müssen, und dem Umfang des Revisionsprogrammes.

Eine Betrachtung der Antworten auf Frage 10 (hinsichtlich der Aufgaben von Angestellten, die Arbeiten der internen Revision ausführen, ohne dem Leiter der Revision verantwortlich zu sein) ergibt, daß ihnen gewöhnlich folgendes übertragen wird:

a) Revisionstätigkeit einfacherer Art, z. B. der Verkäufe der Zweigstellen und der Arbeit von Niederlassungen
b) Revision auf solchen Spezialgebieten wie Bestandsaufnahmen, Frachtrechnungen u. dgl.
c) Interne Kontrolltätigkeit, wie z. B. Bankabstimmungen.

Wo eine solche Tätigkeit ausgeführt wird, prüfte und begutachtete der interne Revisor sie im Lauf seiner Revision und berücksichtigte das in seinem Revisionsprogramm.

11. Geben Sie kurz an, wie Ihre Gesellschaft die internen Revisoren nach ihrer Ausbildung und ihren sonstigen Tätigkeiten auswählt und wie sie sie erhält. Geben Sie auch an, woher sie kommen.

| | | |
|---|---|---|
| *Vorbildung.* | Abgeschlossene Hochschulbildung für Rechnungswesen | 184 |
| | Etwas Hochschulbildung | 11 |
| | Erfahrung beim Wirtschaftsprüfer | 49 |
| | Erfahrung in der Prüfung von Aktiengesellschaften | 27 |
| | Keine formelle Vorbildung | 50 |

### Woher erhalten die Gesellschaften ihre internen Revisoren?

| | |
|---|---|
| Versetzung innerhalb der Gesellschaft | 148 |
| Durch Werbung an Hochschulen | 88 |
| Durch Stellennachweise | 55 |
| Durch Zeitungsinserate | 52 |
| Von Wirtschaftsprüferfirmen | 44 |

*Bemerkungen.* Die Antworten zeigen die erwarteten Unterschiede in der Vorbildung und den Einstellungsmethoden. Das gestattet die Beibehaltung eines ausgeglichenen Revisorenstabes. Der Teil, der die Versetzung innerhalb des Unternehmens als eine der Hauptmöglichkeiten meldete, nahm gegen die Umfrage von 1951 etwas ab (56 % gegen 48 %). Das mag zum Teil auf die gegenwärtigen Schwierigkeiten zurückzuführen sein, fähiges Personal zu erhalten und auf den entsprechenden Widerstand von Abteilungen der Gesellschaft, ihre befähigten Angestellten zur Versetzung in andere Abteilungen freizugeben.

12. Ist es bei Ihrer Gesellschaft üblich:

a) Personal zwischen den Abteilungen auszutauschen?

| | | (1951) |
|---|---|---|
| Ja | 128 | (115) |
| Nein | 182 | (142) |

b) Personal zwischen der Abteilung Interne Revision und anderen Abteilungen auszutauschen?

| | | (1951) |
|---|---|---|
| Ja | 145 | (117) |
| Nein | 157 | (148) |

c) Interne Revisoren auf andere Posten zu versetzen mit:
1. gleicher Verantwortung

| | | | |
|---|---|---|---|
| Ja | 85 | Nein | 17 |

2. größerer Verantwortung

| | | | |
|---|---|---|---|
| Ja | 148 | Nein | 6 |

d) daß die internen Revisoren für eine genau bestimmte oder eine begrenzte Zeit beschäftigt werden?

| | | | |
|---|---|---|---|
| Ja | 24 | Nein | 237 |

13. Würden Sie auf Grund der Erfahrungen, die Sie mit den Versetzungen von Revisoren gemacht haben, sagen, daß die Abteilung Interne Revision als Schulung für leitende Posten erkannt und verwendet wird?

| | | (1951) |
|---|---|---|
| Ja | 208 | (164) |
| Nein | 74 | (89) |

*Bemerkungen:* Die Antworten zu 12 (b) und 13 sind besonders interessant, da sie den wachsenden Grad zeigen, in dem die Abteilung Interne Revision als Schulungsmöglichkeit von vielen Gesellschaften erkannt ist.

14 a) Wieviele Ihrer internen Revisoren haben vorangegangene Erfahrung als

| | *Zahl der Angestellten* |
|---|---|
| Wirtschaftsprüfer | 827 |
| Prüfer einer Gesellschaft | 1031 |
| Ingenieure | 18 |
| Steuerspezialisten | 33 |
| Andere Spezialkenntnisse | 264 |

b) Von welchen der oben genannten Gruppen wurden Revisoren wegen ihrer besonderen Erfahrung und Schulung auf dem betreffenden Gebiet gewählt?

| | *Anzahl der Gesellschaften* |
|---|---|
| Wirtschaftsprüfer | 123 |
| Prüfer einer Gesellschaft | 80 |
| Steuerspezialisten | 5 |
| Ingenieure | 3 |
| Andere Spezialerfahrungen | 38 |

*Bemerkungen.* Die Antworten auf diese Frage stehen im Zusammenhang mit denen bezüglich der Vorbildung und der Frage, woher die Gesellschaften die internen Revisoren erhalten, und zeigen die großen Unterschiede in Erfahrung und Fähigkeiten, die für einen internen Revisionsstab gefordert werden.

15. Beschreiben Sie bitte kurz ihr eventuelles offizielles Schulungsprogramm für die Angehörigen Ihrer internen Revision, abgesehen von der üblichen Anleitung in der Gesellschaft oder der üblichen Arbeitsbesprechung mit Vorgesetzten.

| | |
|---|---|
| Ein offizielles Programm | 2 |
| Kein offizielles Programm | 297 |

*Bemerkungen.* Hier ist interessant, eine Abnahme festzustellen gegen 12 Gesellschaften, die 1951 ein offizielles Schulungsprogramm angaben. Es ist ersichtlich, daß man sich nahezu vollständig auf die üblichen Arbeitsbesprechungen verläßt.

16. Welches ist der Titel (und der Hauptaufgabenkreis) des Vorgesetzten, an den der Leiter der internen Revision seine Berichte übermittelt?

| | |
|---|---|
| Aufsichtsrat | 21 |
| Präsident | 23 |
| Vizepräsident | 53 |
| Comptroller | 136 |
| Leiter der Finanzen | 54 |
| Andere | 30 |

*Bemerkungen.* Man muß dabei beachten, daß unter den Banken und Versicherungen 13 Gesellschaften sind, die die Berichte dem Aufsichtsrat, und 17, die sie dem Präsidenten zuleiten. Im allgemeinen ist das Verhältnis, in dem die Berichte an die einzelnen Stellen gegeben werden, dasselbe, wie es sich bei der Umfrage 1951 ergab.

## IV. Die Beziehungen zu außenstehenden Buchprüfern

17. Wirkt die Buchprüfungsfirma Ihrer Gesellschaft mit bei dem Aufstellen des Programmes der internen Revision?

| | | | |
|---|---|---|---|
| Ja | 94 | Nein | 210 |

18. Wird ein gemeinsames Revisionsprogramm mit dem Wirtschaftsprüfer ausgearbeitet?

| | | | |
|---|---|---|---|
| Ja | 164 | Nein | 142 |

*Bemerkungen.* Der Anteil der Gesellschaften, die diese beiden Fragen bejahten, ist nahezu derselbe wie bei der Umfrage von 1951. Eine genaue Untersuchung der Bejahungen zeigt verschiedene Wege, auf denen die Zusammenarbeit und Abstimmung zwischen Wirtschaftsprüfern und internen Revisoren erfolgt, z. B.

1. Durchsicht der Revisionsvordrucke und -programme mit Wirtschaftsprüfern, um sicher zu gehen, daß alles erfaßt und doppelte Arbeit vermieden wird.
2. Übersenden von Abschriften oder Zusammenfassungen von internen Revisionsberichten an die Wirtschaftsprüfer.
3. Aufstellung durch interne Revisoren der Tabellen aus dem Rechnungswesen, die für die Jahresschlußrevision den Wirtschaftsprüfern übermittelt werden (oder Durchsicht durch interne Revisoren, nachdem sie von der Buchhaltung aufgestellt sind).
4. Die internen Revisoren beteiligen sich mit den Wirtschaftsprüfern an der Jahresschlußbestandsaufnahme.
5. Es finden Besprechungen statt, um Mittel und Wege zu finden, wie die Abteilung Interne Revision und der Buchprüfer arbeiten können, um Doppelarbeit zu vermeiden und um die Fertigstellung der Revision des Wirtschaftsprüfers zu beschleunigen. Im allgemeinen zeigen die Antworten, daß es ein großes Gebiet ist, auf dem ein Kontakt zwischen den Wirtschaftsprüfern und

internen Revisoren erwünscht ist, besonders, um Doppelarbeit möglichst auszuschließen und um die speziellen Kenntnisse des internen Revisors nutzbar zu machen, um die Jahresabschlußarbeit des Wirtschaftsprüfers zu erleichtern.

Es bestehen wenig Anzeichen für eine vollständige Abstimmung der Programme. Im allgemeinen wäre eine solche Abstimmung auch mit der Verschiedenartigkeit und den Besonderheiten der Aufgaben und Pflichten des öffentlich bestellten Buchprüfers und des internen Revisors nicht vereinbar.

## V. Revisionsmethoden und Berichte

19. Geben Sie bitte die üblichen Zeitabstände zwischen festgelegten Revisionen nach dem geprüften Aufgabengebiet oder anderen Merkmalen an.

*Bemerkungen.* Die Antworten zeigten, daß Abstände von 1 Jahr vorherrschen. Es gab bedeutende Abweichungen davon, die von der Art der Revision abhingen, von dem Arbeitsgebiet, das revidiert wurde und ähnlichen Faktoren. Im allgemeinen wurden häufigere Revisionen für Gebiete wie Verkäufe, Vorräte und Zahlungen angegeben. Weniger oft kamen sie vor bei Gebieten wie Anlagevermögen und der Arbeit kleinerer Zweigniederlassungen. Man kann hier keine allgemeine Schlußfolgerung ziehen, — jeder interne Revisor setzt seinen eigenen Plan auf, je nachdem, was erfaßt werden soll und je nach den Mitarbeitern, mit denen die Arbeit zu leisten ist.

20. a) Setzen sich nach Beendigung eines Revisionsaufttrages Ihre Revisoren mit den leitenden Angestellten der revidierten Abteilung zusammen und besprechen die Ergebnisse der Revision, bevor der Bericht weitergegeben wird?

Ja 303 Nein 14

b) Wenn „ja", ist es bei Ihnen üblich, in den Bericht die Gegenäußerungen der revidierten Abteilung aufzunehmen und anzugeben, was sie zu tun gedenkt, um die festgestellten Beanstandungen abzustellen?

Ja 282 Nein 21

*Bemerkungen.* Die Bejahungen auf die beiden Abschnitte dieser Frage überwiegen so sehr, daß kein Zweifel über die bevorzugte Methode bestehen kann.

21. Werden die Resultate und Empfehlungen einer Revision auch mit einer Stelle der Geschäftsleitung, die rangmäßig höher steht als der Leiter der revidierten Abteilung, entweder vor oder nach der Veröffentlichung des Berichtes durchgesehen?

Ja 234 Nein 65

Falls „ja", erfolgt dieses Durchsehen jeweils mit einem einzelnen Mitglied der Geschäftsleitung?

Ja 174

Mit Gruppen von höheren Angestellten der Geschäftsleitung?

Ja 74

Wohnen höhere Angehörige der Geschäftsleitung der Besprechung mit der revidierten Abteilung bei?

Ja 26

*Bemerkungen.* Es ist interessant, festzustellen, daß in der Mehrzahl der Fälle höhere Stellen der Geschäftsleitung an der Durchsicht und Besprechung der Revisionsergebnisse teilnehmen. Eine solche Teilnahme ist unschätzbar für den Kontakt und für die Entwicklung gegenseitigen Verständnisses.

22. a) Werden Revisionsberichte regelmäßig an die Spitze der Gesellschaft weitergeleitet? (Präsident, Vizepräsident, Vizepräsident für Finanzfragen usw.)?

Ja 205 Nein 101

b) Wenn „nein", werden dann periodische Zusammenstellungen wichtiger Revisionsergebnisse für diese Stellen aufgestellt?

Ja 80

*Bemerkungen.* Die Antworten bestätigen das Interesse höherer Stellen der Leitung, das auch schon aus den Antworten auf die vorige Frage hervorging.

23. a) Werden Revisionsberichte regelmäßig an höchste Stellen, denen betriebliche Abteilungen oder Hauptabteilungen unterstehen, weitergeleitet?

Ja 250 Nein 64

b) Wenn „Nein", werden dann periodische Zusammenstellungen wichtiger Revisionsergebnisse für diese Stellen aufgestellt?

Ja 43

*Bemerkungen.* Das Überwiegen derjenigen, die diese Berichte oder Zusammenstellungen erhalten, ist so groß, daß jeder Kommentar dazu sich erübrigt.

24. Wer ist nach der Herausgabe eines Revisionsberichtes in erster Linie dafür verantwortlich, später über die Weiterverfolgung und Abstellung von Unstimmigkeiten zu berichten?

a) Die Revisionsabteilung 108
b) Die revidierte Abteilung 189
c) Andere Stellen 33

*Bemerkungen.* Bei einer Anzahl der Gesellschaften, die „andere Stellen" angaben, war ein höherer Angestellter, der irgendwie in Verbindung mit der revidierten Abteilung stand, für diese Berichterstattung zuständig. Es ist interessant, daß der Prozentsatz der Gesellschaften die angaben, daß die Verantwortung der revidierten Abteilung übertragen ist, von 52 % 1951 auf 63 % bei dieser Umfrage angewachsen ist. Man darf einigermaßen mit Recht annehmen, daß die Programme für interne Revision immer eine Durchsicht der Ergebnisse der vorangegangenen Revision und der Schritte, die daraufhin erfolgt sind, enthalten.

25. Wenn ortsgebundene Revisoren tätig sind, ist es dann üblich, daß der Revisionsbericht die Ergebnisse für jedes Gebiet enthält:

a) wenn seine Prüfung beendet ist? 84
b) Oder enthält der Bericht die Ergebnisse der gesamten Revisionstätigkeit, gleich auf welchem Gebiet, die während eines Monats oder eines anderen Zeitraumes durchgeführt ist? 51.

*Bemerkungen.* Die Erfordernisse der einzelnen Situationen weichen zu sehr voneinander ab, um irgend etwas allgemeingültiges sagen zu können.

26. a) Sehen Sie, wenn Sie Ihre Revisionspläne aufstellen, darin eine bestimmte Zeitdauer für die verschiedenne Gebiete vor?

Ja 174 Nein 134

b) Wenn ja, unterteilen Sie diese Zeitdauer auf die verschiedenen Abschnitte der Arbeit?

Ja 75

c) Geben Ihre Revisoren die bei jeder Revision aufgewendete Zeit im einzelnen an?

Ja 169 Nein 126

*Bemerkungen.* Diese Antworten interessierten insofern, als sie verschiedene Verfahren zeigen. Die Mehrzahl neigt dazu, bei dem Aufstellen des Planes weniger Einschränkungen zu machen, dafür aber nach Beendigung der Revision die Angabe der aufgewandten Zeit zu verlangen.

## VI. Meinungen, Pläne, Vorschläge

Die beiden letzten Abschnitte des Fragebogens baten um Angabe über die Meinungen und Pläne. Es waren im einzelnen folgende Fragen:

1. Welche Phasen der Arbeit Ihrer internen Revision stellen ihre größten Probleme dar?
2. Welche Pläne haben Sie und Ihre Gesellschaft bereits für die Umstellung Ihrer internen Revision?
3. Erhält Ihre Abteilung Interne Revision mehr Anerkennung als früher und falls ja, warum?
4. Geben Sie spezielle Vorschläge der Gebiete und besonderen Ziele für die Forschung des Institutes auf dem Gebiet der internen Revision an, die Ihnen direkt helfen könnten.

Bei der Wiedergabe der Antworten auf diese Fragen hat eine tabellarische Darstellung der Antworten wenig Sinn, denn die Punkte, welche für die eine Gesellschaft Probleme darstellen, können bei einer anderen Gesellschaft gelöst sein, die ihrerseits wieder eine Reihe anderer Probleme haben kann. Z. B. kann eine Gesellschaft Personalmangel angegeben haben, was die Wirkung hat, das Arbeitsgebiet einzuengen. Als Folge ergibt sich das Problem, das Verständnis der Leitung für die Arbeit der internen Revision zu finden. Bei entsprechendem Personal würde das Bild anders aussehen.

Es scheint von größerem Interesse und Wert, die Themen, die in den erteilten Antworten enthalten waren, ganz allgemein zu erörtern.

### Personal

126 Gesellschaften bezeichneten die Beschaffung geeigneten Personals als ernsteres Problem. Hier befindet sich die interne Revision gegenwärtig in derselben Lage wie fast jede andere Sparte im Geschäftsleben. Eine nahezu gleiche Anzahl (125) bezeichneten bei der Umfrage von 1951 Personal als Problem. Selbst wenn sich die gegenwärtige Lage auf dem Personalmarkt entspannen sollte, wird den Leiter der Revision mit Sicherheit immer das Problem beschäftigen, Personal zu erhalten, das Wissen, Geschäftsurteil, Takt und Fleiß in sich vereinigt, Eigenschaften, die den guten internen Revisor ausmachen.

Einige Gesellschaften, die dies nicht als Problem anführten, gehören zu denen, bei denen die Abteilung Interne Revision als Schulungsmöglichkeit Verwendung fand, und auch zu denen, bei denen Versetzungen aus anderen Abteilungen die Hauptrolle in der Personalbeschaffung für die interne Revision spielten.

### Interne Revision der Betriebsabteilungen

Die allgemeine Meinung über die Ausdehnung der internen Revision auf die betrieblichen Abteilungen, die bereits vorher erwähnt wurde (siehe Frage Nr. 1), ergibt sich aus den Antworten auf diese letzten Fragen.

Einige Gesellschaften geben an, ihr Hauptproblem sei, das Personal so zu schulen, daß es interne Revisionen in Betriebsabteilungen durchführen kann.

Andere berichten von einer geplanten Ausweitung der internen Revision auf diese Abteilungen; noch andere geben an, daß ihre interne Revision für ihre in den Betriebsabteilungen geleistete Arbeit wachsende Anerkennung gefunden hat. Schließlich betrafen die meisten Vorschläge für die weitere Forschungstätigkeit des Institutes die Anwendung der internen Revision auf Abteilungen wie Produktion, Verkauf und Werbung.

Die Verfahren der internen Revision auf finanziellen Arbeitsgebieten sind seit vielen Jahren durchdacht und entwickelt worden. Daher — und weil eine große Ähnlichkeit in der Kontrolle und den Fragen der internen Revision der Finanzen bei allen Gesellschaften unabhängig vom Geschäftszweig besteht — haben diese Verfahren einen gewissen Grad von Einheitlichkeit erreicht. Deshalb liegen zur Zeit das Hauptinteresse und die wesentlichen Probleme der internen Revision auf den nicht finanziellen Arbeitsgebieten. Bei vielen dieser Arbeiten weichen die Probleme der einzelnen Industrien und Gesellschaften so weit voneinander ab, daß die Programme kaum einheitlich sein können. Z. B. haben die Probleme der Bestands- und Herstellungskontrolle eines Montagebetriebes (z. B. einer Flugzeugfabrik) wenig gemeinsam mit denen einer Fabrik, die gleichmäßig große Mengen von Lebensmitteln verarbeitet. Das bedeutet, daß der interne Revisor in jedem Einzelfalle selbst entscheiden muß, wie er seine Tätigkeit anfaßt und ausführt.

## Anerkennung durch die Leitung

Eine Anzahl von Gesellschaften gaben an, daß es ein Hauptproblem war, das Verständnis der Leitung für die Bedeutung der internen Revision zu finden. Eine zufriedenstellende Anzahl berichtete (bei der Beantwortung der Frage Nr. 3), daß die interne Revision größere Anerkennung als zuvor fand. Eine ganze Anzahl schlug vor, daß das Forschungsprogramm des Institutes sich mit der Frage beschäftigen sollte, wie man der Leitung die Bedeutung der internen Revision am besten nahebringen könnte.

Eine Reihe interessanter Gründe dafür, daß größere Anerkennung gefunden wurde, wurde bei der Beantwortung der Frage Nr. 3 angegeben. Sie können dem internen Revisor, der um eine solche Anerkennung bemüht ist, manche Hinweise geben. Kennzeichnende Antworten waren:

1. Ausdehnung der Arbeit auf Betriebsabteilungen
2. Bessere Berichte
3. Ersuchen einzelner Abteilungen um interne Revision
4. Fähigeres Personal.

Ein Gebiet, womit sich interne Revisoren ständig beschäftigen können und das von größter Wichtigkeit dafür ist, das Verständnis der Leitung für die interne Revision zu finden, ist das Berichtswesen. Kein Programm der internen Revision kann erfolgreich sein, wenn es die Ergebnisse seiner Tätigkeit nicht den geprüften Stellen und ihren Vorgesetzten in interessanter und nutzbringender Form darlegen kann ...

## Schlusswort

Das Geschäftsleben kann niemals starr sein — und ebenso wenig die interne Revision. Die heutigen Tendenzen zur Anlagenstreuung und Dezentralisation stellen eine Aufforderung an den internen Revisor dar und bieten ihm gleichzeitig eine wirkliche Chance. Diese beiden Faktoren ergeben einen verminderten direkten Kontakt mit der Leitung und infolgedessen ist man stärker auf Kontrollen angewiesen. Der interne Revisor als Spezialist für Kontrolle spielt eine Rolle von wachsender Bedeutung. Es ist die Pflicht und die Absicht des Institutes, ihm bei der Ausnutzung dieser Möglichkeiten zu helfen.

Eine Umfrage ist wie die Revision einer Bilanz. Sie zeigt den Stand der Dinge zu einem bestimmten Zeitpunkt. Diese Umfrage beweist entscheidende Fortschritte in dem Stand der internen Revision im Vergleich zu der Umfrage von 1951.

# ANHANG III

## Die Prüfung der internen Kontrolle

### Teil I — Allgemeines

EINFÜHRUNG

Bei einem großen oder mittleren Unternehmen, bei dem wir nicht alle Geschäftsvorgänge im einzelnen prüfen können, besteht der beste Weg, uns von der Richtigkeit der Konten und finanziellen Angaben zu überzeugen, darin, daß wir unserer Prüfung der internen Arbeitsverfahren, welche den endgültigen Angaben zugrunde liegen, mehr Bedeutung zumessen. Diese Arbeitsweise hat den zusätzlichen Vorteil, bessere Möglichkeiten dafür zu schaffen, dem Auftraggeber nicht nur unser Grundprodukt — die unabhängige Meinung — zu liefern, sondern darüber hinaus konstruktive Dienste zu leisten.

UNSER GRUNDZIEL

Es ist unser Ziel, in der Lage zu sein, unsere Überzeugung auszudrücken, daß Bilanz und Gewinn- und Verlustrechnung ein wahres Bild der Lage unseres Auftraggebers am Revisionsdatum geben und ebenso die Ergebnisse der Geschäftstätigkeit im Finanzjahr mit den Grundsätzen ordnungsmäßiger Buchführung wie im vergangenen Jahr übereinstimmen.

Dieses Ziel erreichen wir in erster Linie, indem wir:

1. lückenlos oder in Stichproben den Stand der Aktiva und Passiva zum Revisionsdatum oder zu einem Zwischendatum unabhängig prüfen und bestätigen,
2. die internen Geschäftsverfahren prüfen, welche den Salden sowohl in der Bilanz wie auch in der Gewinn- und Verlustrechnung zugrunde liegen.

DAS VERHÄLTNIS DER PRÜFUNG DER INTERNEN KONTROLLE ZU DEM NORMALEN REVISIONSPROGRAMM

In vielen Fällen werden bei der gewöhnlichen Revision der Bilanzen auch die Geschäftsvorgänge und die ihnen zugrunde liegenden Arbeitsverfahren geprüft. So werden z. B. bei der Kassenprüfung auch die Einnahmen und Ausgaben für den Zeitraum geprüft, der dem Datum, an dem die Salden abgestimmt wurden, vorausgeht. Diese Abschnitte der Prüfung bilden die Grundlage dafür, unsere Prüfungen der internen Geschäftsverfahren auszuweiten. Mit anderen Worten: Wir wollen alles benutzen, was bereits auf dem Wege der Prüfung interner Geschäftsverfahren existiert und dann weitergehen. Es muß jedoch hervorgehoben werden, daß die in diesem Bericht aufgeführten weiteren Prüfungen der internen Kontrolle ein Teil unseres gesamten Revisionsprogrammes und nicht etwa eine getrennte oder einzelne Tätigkeit sind.

## Die Hauptabschnitte der Prüfung der internen Kontrolle

Die Prüfung der internen Kontrolle enthält 3 Hauptabschnitte und zwar:

1. Man muß feststellen, welches die Geschäftsverfahren sind, die nach Angaben des Auftraggebers angewendet werden.
2. Es muß durch Prüfung festgestellt werden, wie diese Verfahren in Wirklichkeit ausgeführt werden. (Ein Teil davon geschieht im Zuge des regulären Revisionsprogrammes.)
3. Die Brauchbarkeit der internen Verfahrensvorschriften muß, gemessen an unseren normalen Anforderungen, abgeschätzt werden.

## Normen der Beurteilung

Die in diesem Handbuch niedergelegten Normen stellen die unter normalen Verhältnissen bevorzugte Praxis dar und sind für den Prüfer Grundmaßstäbe und Leitsätze. Das bedeutet nicht, daß die betreffenden Vorgänge nicht auch anders behandelt werden können. Es bedeutet nur, daß dort, wo die tatsächliche Praxis nicht mit den Normen übereinstimmt, dafür eine Rechtfertigung durch andere Sicherungsmaßnahmen oder andere gleichwertige Vorteile vorhanden sein muß.

Zuerst müssen bei der Entscheidung für ein Verfahren oder für eine Gruppe von Verfahren die entsprechenden Risiken mit den Kosten der Verfahren verglichen werden. Es ist jedoch auch wichtig, daß die obenstehenden Risiken bei einem bestimmten Verfahren von dem Auftraggeber entsprechend eingesehen werden und daß eine vernünftige Entscheidung durch Abwägen der Risiken gegen die Kosten der Verfahren getroffen worden ist.

Die Anwendung der verschiedenen Normen bei der Prüfung und Bewertung der einzelnen Verfahren muß natürlich mit fachlichem Urteilsvermögen erfolgen. Hierbei muß den Risiken und anfallenden Kosten und unseren ebenso wie den Interessen und Zielen des Auftraggebers das entsprechende Gewicht beigemessen werden.

## Prüfprogramm — Vorarbeiten

Wenn man mit der Prüfung einer Gesellschaft oder Abteilung beginnt, muß es der erste Schritt sein, sich eine graphische Organisationsübersicht zu verschaffen, welche in vernünftigem Ausmaß die wichtigsten leitenden und sonstigen Angestellten nach Hauptarbeitsgebieten, wie Kasse, Kundenkonten usw. und ebenso nach Niederlassungen angibt. Diese Übersicht muß Bestandteil der Dauerakte werden und muß jedes Jahr auf den neuesten Stand gebracht werden. Wo es eine solche graphische Darstellung nicht gibt, muß sie auf Grund von Erkundigungen aufgestellt werden. Diese organisatorische Übersicht wird vervollständigt, wenn das einzelne Arbeitsgebiet oder die Abteilung in der Zentrale geprüft wird.

## Programm für die Prüfung einer Niederlassung oder eines Arbeitsgebietes in der Zentrale

Der Prüfer ist dann soweit, mit dem einzelnen Arbeitsgebiet in der Zentrale oder mit der Niederlassung zu beginnen.

1. Er muß sich eine ausführlichere Organisationsübersicht der wichtigsten leitenden und sonstigen Angestellten, die mit den Verfahren der betreffenden Nie-

derlassung oder des betreffenden Arbeitsgebietes des Hauptbüros zu tun haben, verschaffen oder auf Grund von Anfragen selbst aufstellen.

2. Er muß den für die Verfahren direkt Verantwortlichen befragen, um sich von ihm Auskunft über die bestehenden Verfahren und über die Pflichten und Verantwortlichkeiten der wichtigsten Personen zu verschaffen, die diese Verfahren anwenden. In manchen Fällen mag es sich als notwendig erweisen, mehrere Personen zu befragen. In einigen Fällen kann es auch sein, daß die Abteilung die Arbeitsverfahren in Handbüchern oder Rundschreiben niedergelegt hat, aber auf diese Handbücher darf man sich nicht als ausreichenden Ersatz für die persönlichen Befragungen verlassen.

3. Er muß in den Arbeitspapieren die Verfahren und die erhaltenen Auskünfte über die Schlüsselkräfte zusammenstellen und diese Zusammenstellungen in möglichst großem Umfang durch Kopien von Formblättern der Gesellschaft belegen. In manchen Fällen können einfache Arbeitsablaufübersichten mit gutem Erfolg verwendet werden. Diese Zusammenstellungen müssen in die Dauerakte kommen. Im ersten Prüfjahr muß die Arbeit in ziemlich vollständiger Form erfolgen, aber in den folgenden Jahren kann die ursprüngliche Niederschrift durch Ergänzungen auf den neuesten Stand gebracht werden.

4. Er muß die Normen durchsehen, die auf das Arbeitsgebiet oder die Arbeitsgebiete anzuwenden sind, die gerade geprüft werden (Teil II dieses Anhanges). Hier können schon vorläufige Schlußfolgerungen auf Schwächen gezogen werden, und diese können bei der Planung des Revisionsprogrammes nützlich sein. Die endgültige Niederschrift der Beanstandungen kann jedoch bis zur Beendigung der Revision aufgeschoben werden (S. No. 6 unten).

5. Er muß die Revisionen planen und durchführen, um festzustellen, wie und mit welcher Genauigkeit die Verfahren wirklich in Kraft sind. An diesem Punkt muß auch berücksichtigt werden, in welchem Umfang als Teil des normalen Prüfungsprogrammes geplante Prüfungshandlungen sich mit dem Ziel decken, die internen Verfahren zu prüfen. Die Vorschläge für das Revisionsprogramm (Teil III dieses Anhanges) sollten auch durchgesehen werden, um zu entscheiden, in welchem Umfang zusätzliche Prüfungshandlungen notwendig oder wünschenswert sind.

6. Nachdem die Prüfungen für ein bestimmtes Arbeitsgebiet abgeschlossen sind, müssen besondere Arbeitspapiere angefertigt werden, die das Urteil des Prüfers über die Angemessenheit der internen Kontrolle enthalten und begründen. Dieses Urteil muß sich im einzelnen auf vorgesehene Normen beziehen, zusammen mit anderen Normen, welche der Prüfer für wichtig hält und ebenso müssen schriftliche Erläuterungen gegeben werden. Soweit möglich, müssen die Erläuterungen durch entsprechende Zeichen zu den Normen in Beziehung gesetzt werden, die zu diesem Zweck Nummern erhalten.

Die Berwertung der Verfahren erfolgt in 2 Richtungen:

a) Genügen die von der Gesellschaft vorgeschriebenen Verfahren?
b) Wie werden sie in der Praxis tatsächlich durchgeführt?

Wenn die gegenwärtige Praxis nicht mit der Norm übereinstimmt, kommt es darauf an, zu erläutern, warum man von der Norm abgewichen ist, d. h. welches die Gründe sind, die dazu berechtigen. Schließlich ist noch die Schlußfolgerung des Prüfers erwünscht, für wie bedenklich er die Verhältnisse von unserem Standpunkt und von dem des Klienten aus hält.

Diese Erläuterungen müssen in den Arbeitspapieren des laufenden Jahres, direkt hinter den Revisionsarbeitspapieren der entsprechenden Arbeitsgebiete, untergebracht werden.

## Allgemeine Prinzipien — Interne Kontrolle

Gewisse allgemeine Prinzipien gelten für alle internen Arbeitsverfahren und müssen bei der Anwendung der verschiedenen Normen beachtet werden.

1. Soweit wie möglich soll von Prüfungen und Vergleichen durch Teilung der Arbeit zwischen einzelnen Personen oder Gruppen von Einzelpersonen Gebrauch gemacht werden, so daß die in einem Arbeitsgebiet erzielten Resultate mit den in einem zweiten Arbeitsgebiet erzielten verglichen werden können.

a) Der tatsächliche Vergleich der beiden Resultate muß bei einer dritten Einzelperson oder Gruppe von Einzelnen liegen.

b) Die Arbeitsteilung darf normalerweise nur Arbeit betreffen, welche in jedem Fall ausgeführt werden muß. Zusätzliche Prüfungen mögen erforderlich sein, aber sie bedeuten zusätzliche Kosten und müssen, soweit wie möglich, eingeschränkt werden.

c) Eine wichtige Verletzung dieser Grundregel besteht dort, wo eine Person ausschließliche Kontrolle über bestimmte Vermögenswerte oder über bestimmte Arten von Geschäftshandlungen ausübt, die solche Werte betreffen und außerdem die Kontrolle über die Belege hat, durch welche die Verantwortung für die Vermögenswerte festgelegt wird.

2. Die Verantwortung für die verschiedenen Arbeiten muß so klar wie möglich festgelegt werden.

a) Hierzu sind graphische Darstellungen der Organisation oder Organisationspläne nötig, durch die Aufgaben und Verantwortung klar umrissen werden.

b) Dazu gehören klare und vollständige Anweisungen.

c) Dazu gehören ferner die entsprechenden schriftlichen Belege über Be- und Entlastung mit Vermögenswerten und über die Durchführung der erforderlichen Arbeiten.

## Interne Revision — Vorbemerkungen

Viele Tätigkeiten, die Prüfung genannt werden, sind tatsächlich nur ein Teil der laufenden Buchhaltungsarbeiten und müssen in der Zusammenstellung der einzelnen Teile der internen Arbeitsverfahren enthalten sein.

Echte interne Revisionstätigkeit ist eine solche, die von der normalen Alltagsarbeit unabhängig ist und die zeitweilig eingestellt werden könnte, ohne daß der Ablauf der laufenden Alltagsarbeit dadurch unmöglich wird.

## Allgemeine Beziehungen der internen Revision zu unserer Prüfung der internen Kontrolle

Grundsätzlich ist für uns jede interne Revision bei einer zu prüfenden Niederlassung als weitere Bestätigung für die Tatsache wichtig, daß die internen Arbeitsverfahren in Ordnung sind. Wenn wir die Arbeit der internen Revision richtig auswerten, müssen wir imstande sein, den Umfang unserer eigenen Tätigkeit gegenüber dem, was sonst nötig wäre, zu verringern.

## Hauptschritte, um die Arbeit der internen Revision richtig auszunützen

1. Wir müssen in den Arbeitspapieren feststellen und ausführen, welches Programm für interne Revision bei der zu prüfenden Niederlassung durchgeführt worden ist.

a) Wieviele interne Revisoren waren an dem Programm während des letzten Jahres beteiligt?
b) Wie steht es mit den beruflichen Fähigkeiten?
c) Welche Stellung nehmen sie in der Organisation des Unternehmens ein?
d) Welcher Art ist ihr Programm und wieviel Zeit wird ihm gewidmet?

2. Man muß feststellen, welches die Ergebnisse der internen Revisoren gewesen sind und unser Urteil über diese Ergebnisse in den Arbeitspapieren zusammenstellen.

a) Man muß ihre Berichte durchsehen, um festzustellen, auf welche Gebiete sie sich erstrecken und wie die Qualität der Berichterstattung ist.
b) Man muß die Art ihrer Beanstandungen betrachten, hauptsächlich, ob Mängel abgestellt sind oder noch bestehen.

## Teil II — Normen

### Teil A — Zahlungsverkehr

*Geldeingänge*

Geldeingänge und die damit zusammenhängenden Geschäftsvorfälle müssen vollkommen von Zahlungsleistungen und deren Vorgängen getrennt sein. Geldeingänge müssen von besonderen Angestellten bearbeitet werden und auf zentralen Konten zusammenfließen, ohne daß sie in irgend einem Zwischenstadium für Zahlungsleistungen verwendet werden.

Keine Person, die mit Geldeingängen zu tun hat, darf die Möglichkeit haben, empfangene Eingänge auszugeben oder über die Depositenkonten zu verfügen, in die die Eingänge geflossen sind.

2. Ein Beleg über die Kasseneingänge muß so früh wie möglich angelegt werden und jede nur denkbare Sicherung so getroffen werden, daß solche Belege ordnungsgemäß angelegt werden. So muß normalerweise irgend ein Quittungsformular ausgefüllt werden.

Es muß auch darauf geachtet werden, daß der niedergeschriebene Betrag dem Kunden sichtbar erscheint.

Es können vorläufige Listen über bei der Poststelle eingegangene Geldbeträge verwendet werden, um die in den ordentlichen Büchern tatsächlich eingetragenen Geldeingänge zu überprüfen.

3. Die Bearbeitung von Geldeingängen muß auf so wenig Stellen und so wenig Personal wie möglich beschränkt werden.

4. Personen, die Geldeingänge bearbeiten, dürfen nicht Zugang zu anderen Unterlagen oder Arbeitsgängen haben, welche eine Gegenprüfung ihrer eigenen Aufgaben darstellen. Z. B. darf der Kassierer keinen Zugang zu Unterlagen über Bestände, Kundenkonten, zu dem Abschicken von Kontenabstimmungen, zu den Hauptbüchern u. dgl. haben.

5. Es muß sich aus den Unterlagen klar die Verantwortlichkeit ergeben, wenn Gelder von einer Stelle oder Person zu einer anderen Stelle oder Person weitergeleitet werden.

6. Geldeingänge müssen spätestens am folgenden Arbeitstag in unveränderter Form auf einem Bankkonto eingezahlt werden.

*Zahlungsleistungen*

1. Zahlungsleistungen dürfen in bar nur aus besonders eingerichteten kleinen Kassen erfolgen. Eine Ausnahme mag für Lohn- und Gehaltszahlungen gelten (siehe Normen für Lohnzahlungen).

2. Hinsichtlich der kleinen Kassen:

a) Die Kasse muß auf Ausgleichsbasis geführt werden, d. h. auf Grund bestimmter geleisteter Ausgaben werden der Kasse wieder neue Mittel zugeführt.

b) Der Kassenbestand muß möglichst niedrig festgelegt werden, nachdem

1. der Umfang der Ausgaben und
2. die für die Ergänzung des Kassenbestandes benötigte Zeit erwogen sind.

c) Leistungen aus dieser Kasse müssen durch Rechnungen, Quittungen oder andere entsprechende Unterlagen belegt sein, die von den dazu berechtigten Personen abgezeichnet sein müssen.

d) Wenn eine Ergänzung des Kassenbestandes nachgesucht wird, müssen alle Belege für geleistete Zahlungen beigefügt werden (wenn dies nicht geschieht, kann es ein Hinweis auf nicht ordnungsmäßige Zahlungen sein) zusammen mit einer beweiskräftigen Übersicht, die gleichzeitig mit der Bitte um Ergänzung übermittelt wird.

e) Wenn die Ergänzung des Kassenbestandes tatsächlich erfolgt, müssen die Unterlagen und andere Papiere, die als Belege für das Ersuchen um die Kassenergänzung dienten, ungültig gemacht und in der Kreditorenbuchhaltung abgelegt werden.

3. Zahlungsschecks müssen durch die vorgeschriebenen zugrunde liegenden Papiere belegt werden, die zur Zeit, wenn die Unterschrift gegeben wird, zur Einsicht zur Verfügung stehen.

4. Wenn der Scheck unterschrieben ist, muß der, der ihn unterschrieben hat, auch die Rechnung abzeichnen oder sie auf irgend eine andere Weise ungültig machen, um zu verhindern, daß er einen zweiten Scheck auf Grund derselben Rechnung unterzeichnet.

5. Nachdem der Scheck unterschrieben ist, muß eine unabhängige Person die Rechnung deutlich ungültig machen, Datum der Zahlung und Schecknummer vermerken und dann den Scheck zur Post geben.

6. Schecks müssen normalerweise von 2 Zeichnungsberechtigten unterschrieben werden.

7. Schecks müssen Seriennummern tragen und so ausgefüllt sein, daß jede Änderung unmöglich ist.

Die üblichen Sicherungsmaßnahmen bestehen aus: einer besonderen Art Papier, in der Verwendung einer Ausfertigungsmaschine, von Tinte, Scheckschreibmaschinen usw.

8. Personen, die mit Zahlungsleistungen zu tun haben, dürfen nicht Zugang zu anderen Unterlagen und Arbeitsvorgängen haben, welche ein wichtiges Mittel zur Überprüfung der Zahlungsvorgänge bilden.

So dürfen Personen, die mit Zahlungsleistungen zu tun haben, in keiner Verbindung zu und Mitarbeit an den Vorgängen der Geldeingänge, Genehmigung von Belegen usw. stehen.

9. Die Scheckformulare selbst müssen unter geeigneter Kontrolle stehen und verdorbene Formulare müssen ungültig gemacht und zurückbehalten werden.

10. Zweig- oder Unterkonten, aus denen Zahlungen geleistet werden, müssen auch auf Ausgleichsbasis geführt und entsprechend den daraus gemachten Ausgaben wieder aufgefüllt werden.

### *Verschiedenes*

1. Die Bankauszüge müssen an Personen gehen, die von den Vorgängen bei Zahlungsannahme oder -leistung unabhängig sind, und müssen pünktlich in regelmäßigen Zeitabständen abgestimmt werden.

2. Die Buchungen von Geldeingängen und Zahlungsleistungen müssen unter demselben Tag erfolgen, an dem die Einnahme oder Ausgabe tatsächlich stattgefunden hat.

## Teil B — Forderungen

### *Kundenkonten*

1. Das Kreditwesen muß gut organisiert sein, so daß alle Verkäufe auf Kredit ordnungsgemäß genehmigt werden.

2. Die Rechnungsausstellung muß zusammen mit der Ausstellung der Versandpapiere erfolgen, so daß Sicherheit besteht, daß für jeden Versand eine Rechnung da ist.

3. Alle Buchungsangaben, die an die Sachbearbeiter für Kundenkonten weitergegeben werden, müssen durch unabhängige Gegenregister erfaßt werden.

4. Den Kundenbüchern müssen Konten des Hauptbuches entsprechen und die Abstimmung der Hauptbuchkonten mit den Hilfsbüchern muß möglichst laufend durchgeführt werden, mindestens aber monatlich.

5. Sachbearbeiter für Kundenkonten dürfen keinen Zugang zu anderen damit in Verbindung stehenden Arbeitsgebieten haben wie: Versand, Geldeingang, Hauptbuch usw. Die Einsicht in die Kundenkonten muß für andere Personen soweit wie möglich eingeschränkt werden und keinesfalls dürfen diese anderen Personen Eintragungen auf Kundenkonten vornehmen.

6. Monatliche Auszüge von allen Konten müssen unabhängig von anderen Abteilungen aufgestellt und sobald wie möglich nach Monatsende abgeschickt werden.

7. Alle unbaren Gutschriften, die Retouren, Rabatte, Skonto usw. betreffen, müssen schriftlich von einem dafür verantwortlichen leitenden Angestellten genehmigt werden.

8. Abgeschriebene zweifelhafte Forderungen müssen getrennt kontrolliert und hinsichtlich der Mögilchkeit ihrer späteren Einziehung genau im Auge behalten werden.

9. Alle Buchungen auf Kundenkonten müssen unverzüglich erfolgen, um so eine laufende und dem gegenwärtigen Stand entsprechende Übersicht zu gewährleisten.

10. Alle Reklamationen von Kunden aus Differenzen müssen einer unabhängigen Person zugeleitet und die Ursachen der Differenzen sofort nachgeprüft und abgestellt werden.

11. Die Kredit- und Einziehungsverfahren müssen eine ständige Beobachtung überfälliger Konten vorsehen.

12. Im normalen Arbeitsablauf müssen die besonderen Arten von Forderungen getrennt behandelt werden.

13. Alle Forderungen und Verbindlichkeiten innerhalb der Gesellschaft müssen in festgelegten Abständen abgestimmt und die notwendigen Berichtigungen vorgenommen werden.

### *Kundenwechsel und Schuldscheine*

1. Wenn Wechsel angenommen werden, müssen Vorschriften dafür sorgen, daß die Wechsel richtig und vollständig ausgefüllt werden.

2. Die Wechsel selbst müssen sich in den Händen eines verantwortlichen leitenden Angestellten und an einem sicheren Ort befinden.

3. Es müssen entsprechende Hilfsbücher geführt werden, die durch die Konten des Hauptbuches in der richtigen Art und Weise kontrolliert werden.

4. Die Geschäftsvorschriften müssen eine systematische Beobachtung der Fälligkeiten von Zinsen und Kapital vorsehen und ebenso die Hereinholung neuer Wechsel, wenn die Zahlung am Verfalltag nicht erfolgt ist.

5. Alle dazugehörigen Sicherheiten müssen sorgfältig kontrolliert und in die Hände eines unabhängigen leitenden Angestellten des Finanzwesens gelegt werden.

6. Alle Geschäftsvorgänge im Zusammenhang mit Kundenwechseln müssen durch die dafür zuständigen leitenden Angestellten genehmigt werden.

### *Konten von Angestellten und andere spezielle Forderungen*

1. Die speziellen Forderungen müssen ordnungsgemäß schriftlich von verantwortlichen leitenden Angestellten genehmigt werden.

2. Die speziellen Forderungen müssen durch entsprechende Hilfsbücher systematisch kontrolliert werden, die mit den entsprechenden Konten des Hauptbuches übereinstimmen.

## Teil C — Wertpapiere

1. Wertpapiere müssen an einem sicheren Ort (gewöhnlich in einem Safe) unter der direkten Verantwortung eines geeigneten leitenden Angestellten (gewöhnlich des Leiters des Finanzwesens) aufbewahrt werden, doch soll der Leiter des Finanzwesens nur zusammen mit einem zweiten unabhängigen leitenden Angestellten an den Safe herankommen.

2. Jeder Erwerb und jeder Verkauf von Wertpapieren muß von der zuständigen Stelle genehmigt werden.

3. Es müssen entsprechende Einzelunterlagen geführt werden, welche durch Konten des Hauptbuches kontrolliert werden.

4. Die Überwachung von Zins- und Dividendenforderungen, Fälligkeiten und aller Arten von Umwandlungen muß auf systematische Weise vor sich gehen.

## Teil D — Vorräte

### *Einkauf*

1. Es müssen systematische Verfahrenvorschriften bestehen, auf deren Grundlage die Mengen der zu kaufenden Posten bestimmt werden.

2. Die Käufe müssen in den Händen einer speziellen Gruppe von Personen — des Einkaufs — zentralisiert sein.

3. Wettbewerbsangebote müssen so weit wie möglich eingeholt und alle Preise in bestimmten Zeitabständen überprüft werden.

4. Es müssen schriftliche Bestellungen verwendet werden, die die Kaufbedingungen vollständig festlegen. Sie müssen von einem verantwortlichen leitenden Angestellten genehmigt werden.

5. Die Waren müssen in einer zentralisierten Warenannahme eingehen, es müssen Wareneingangspapiere fertiggemacht und direkt der Abteilung Lieferantenkonten übermittelt werden.

6. Abweichungen von den üblichen Einkaufsmethoden, die durch besondere Umstände erforderlich sind, müssen sorgfältig überwacht und in möglichst engen Grenzen gehalten werden.

7. Reklamationen gegenüber Lieferanten und Richtigstellungen müssen sorgfältig und unmittelbar durch die oder unter der Aufsicht der Abteilung Lieferantenkonten bearbeitet werden.

*Bearbeitung und Kontrolle der Vorräte*

1. Die Vorräte müssen soweit wie möglich in Lagerräumen und unter der zentralisierten Kontrolle von verantwortlichen Personen gehalten werden.

2. Die Verantwortung für Bestände muß auf der Grundlage von Belastung aus Käufen oder anderen Zugängen und Entlastung für Versand oder andere Abgänge auf genehmigten Anforderungsformularen erfolgen. Wo es praktisch ist, können Materialschlüsselnummern verwendet werden.

3. Die Lagerkarteikarten müssen in geeigneter Form als Maß und Kontrolle der Verantwortung und für die Unterrichtung der leitenden Angestellten geführt werden, die für Bestandskontrollen und Einkauf verantwortlich sind.

4. Die Bestände müssen so gelagert werden, daß eine möglichst gute körperliche Sicherung, leichte Übersicht, Raumeinsparung und Klarheit der Verantwortung gewährleistet ist.

5. Die Vorräte müssen periodisch geprüft und die Bücher gegebenenfalls entsprechend berichtigt werden.

6. Kommissionswaren von Lieferanten müssen für sich gelagert und getrennt überwacht werden.

7. Es müssen Anleitungen vorhanden sein, wie veraltetes oder unbrauchbares Material bestimmt wird und welches der richtige Weg ist, es loszuwerden.

8. Die Verfahren der Betriebsbuchhaltung, die zur Bewertung des im Arbeitsprozeß befindlichen Materials und der Fertigwaren führen, müssen gesunde Prinzipien über Kostenmessung und -verteilung enthalten.

9. Es muß eine Verbindung zwischen der Betriebsbuchführung und ihren Ergebnissen und dem Hauptbuch bestehen.

10. Für das Ende der Buchungsperiode müssen geeignete Stichtagsvorschriften vorsehen:

a) Die Anerkennung der Verantwortlichkeit für alle eingegangenen Waren.

b) Die Herausnahme und das Fortlassen aller in Rechnung gestellten Waren.

*Verkäufe und Umlagerungen*

1. Eine Verfügung über Vorräte darf nur erfolgen auf der Basis von

a) Versandpapieren an Kunden, welche direkt mit der Rechnungsstellung an den Kunden ausgestellt sind, oder im Falle von Barverkäufen mit dem Geldeingang.

b) Umschreibungen, mit denen ein anderes Lager, die Produktion oder die Kundendienstabteilung belastet werden oder welche ein ordnungsgemäß genehmigter Aufwandsposten werden.

2. Wenn Bestände in Kommission gegeben werden, muß für eine entsprechende Buchführung über diese Bestände Vorsorge getroffen werden und dafür, daß spätere Verkäufe gemeldet werden.

3. Das Schreiben von Rechnungen muß richtig überwacht werden, damit

a) für jeden Versand und für die genaue versandte Menge eine Rechnung ausgestellt wird,

b) die eingesetzten Preise und Ausrechnungen stimmen,

c) alle Rechnungen in den Beträgen enthalten sind, mit denen die Kundenkonten belastet werden oder welche sofort in bar eingehen.

4. Gutschriften für Rücklieferungen müssen direkt den Unterlagen über von Kunden zurückgelieferte Waren entsprechen.

5. Schrottverkäufe müssen mit ordnungsmäßigen Versandpapieren oder Lieferscheinen belegt werden. Zusätzlich müssen die verkauften Mengen direkt mit dem erwarteten Anfall bei den betreffenden Herstellungsvorgängen abgestimmt werden.

## Teil E — Anlagevermögen

1. Verbindlichkeiten für größere Projekte müssen auf der Genehmigung der entsprechenden leitenden Angestellten beruhen, die vorher die verschiedenen Unterlagen eingesehen haben, aus denen die Begründung des Projektes und die angenommenen Kosten dafür hervorgehen.
2. Die tatsächlichen Ausgaben für bestimmte Gegenstände des Anlagevermögens oder Ausgabeposten, die mit dem Bau von Anlagen zusammenhängen, müssen ordnungsgemäß genehmigt sein.
3. Die tatsächlichen Kosten müssen laufend mit den genehmigten Beträgen verglichen werden. Wenn Überschreitungen erforderlich sind, muß die Genehmigung dafür auf demselben Dienstweg erfolgen wie für das ursprüngliche Projekt.
4. Es müssen ganz klare Bestimmungen erlassen werden, was zu aktivieren und was als Betriebsausgabe zu buchen ist.
5. Soweit praktisch möglich müssen Anlagekarteikarten geführt werden, um Angaben über die Verantwortlichkeiten und Angaben für andere Zwecke der Geschäftsleitung und der Buchhaltung aufzunehmen.
6. Es müssen systematische Vorschriften über die Meldung und Genehmigung von Abgängen erlasesn werden, und diese müssen ordnungsgemäß aus den Buchungsunterlagen hervorgehen. Abschreibungsmethoden, die auf entsprechenden Untersuchungen beruhen, müssen entwickelt und systematisch auf die Konten angewendet werden.
7. Maschinen und Ausrüstung müssen in geeigneter Weise gekennzeichnet sein, um ihre spätere Identifizierung zu gestatten.
8. Es muß in vernünftiger Art und Weise dafür Vorsorge getroffen werden, in bestimmten Zeitabständen die Anlagegegenstände körperlich aufzunehmen und das Ergebnis mit den Büchern zu vergleichen.

## Teil F — Transitorische Aktivposten

### *Betriebsmaterial*

Die Bestände an Betriebsmaterial müssen unter zentralisierter Verantwortung sicher gelagert werden. Sie dürfen zur Verwendung nur nach entsprechender Genehmigung ausgegeben werden.

### *Briefmarken*

1. Bestände an Briefmarken müssen unter der zentralisierten Kontrolle verantwortlicher Personen sicher aufgehoben werden. Sie dürfen nur für genehmigte Zwecke verwendet werden.
2. Die entsprechenden Unterlagen über den Erwerb und die Verwendung der Briefmarken müssen geführt werden.
3. Wo immer es praktisch ist, sollen Freistempler verwendet werden.

### *Versicherung*

1. Es müssen systematische Vorschriften über den Abschluß gewisser Arten von Versicherungen und über eine geeignete periodische Prüfung der Deckung bestehen.

2. Es müssen entsprechende zusätzliche Unterlagen geführt werden, aus denen jederzeit eine Information über die Policen entnommen werden kann und aus denen die buchungsmäßige Verteilung über die Zeitabschnitte hervorgeht, für die die Prämien bezahlt sind.

*Andere Fälle.* Im Falle aller anderen transitorischen Aktivposten müssen die Richtlinien eine vernünftige Verteilung auf die Zeiträume vorsehen, denen die besondere Ausgabeart zugute kommt.

3. Es müssen Richtlinien für die systematische Vorbearbeitung und Weiterbearbeitung aller Ansprüche gegeben werden, die aus durch Versicherung gedeckten Verlusten herrühren.

## Teil G — Lieferantenkonten

1. Zur Prüfung der Belege durch die Buchhaltung gehört die Zusammenstellung und der Vergleich der Originalrechnung, der Bestellung und des Wareneingangsscheines. Zugleich müssen die anderen Dinge, wie Richtigkeit der Frachtbelastung, der Ausrechnungen u. dgl. geprüft werden.

2. Die mit den dazugehörigen Dokumenten und Papieren belegte Rechnung muß dann von einem verantwortlichen leitenden Angestellten zur Zahlung angewiesen werden.

3. Es muß ein systematisches Verfahren in Kraft sein, durch das irgendwelche Gegenansprüche gegen den speziellen Lieferanten erkannt und abgezogen werden.

4. Die geltenden Vorschriften müssen darauf ausgerichtet sein, eine möglichst schnelle Bearbeitung der Belege durchzuführen, um in den Genuß aller möglichen Skonti zu gelangen.

5. Die genehmigte Rechnung soll dann mit den entsprechenden Belegen an eine unabhängige Abteilung zur Ausstellung des Schecks weitergeleitet werden. Der Scheck, die Rechnung und die dazu gehörenden Belege müssen dem verantwortlichen leitenden Angestellten, der den Scheck unterzeichnet, zugeleitet werden (s. Zahlungsleistungen, Ziffer 3).

6. Es muß selbstverständliches Bemühen sein, die Buchungen auf Lieferantenkonten als Verbindlichkeiten in dem Zeitraum vorzunehmen, in den sie hineingehören.

7. Es muß dafür gesorgt werden, daß später nachgesehen werden kann, welche Zahlungen an Lieferanten geleistet worden sind, indem man entweder kurze Auszüge aus den Belegen macht und ablegt oder indem man die Buchungsbelege selbst ablegt.

8. Die einzelnen Rechnungen eines jeden Kunden müssen zusammengefaßt und, soweit praktisch möglich, durch einen einzigen Sammelbeleg erfaßt werden, um die Arbeit möglichst zu vereinfachen.

## Teil H — Wechsel- und Schuldscheinverpflichtungen

1. Für die Genehmigung zur Aufnahme fremder Gelder und für die Bestimmung der leitenden Angestellten, die die Papiere über die Aufnahme fremder Gelder unterzeichnen dürfen, müssen Richtlinien vorliegen.

2. Ebenso müssen Richtlinien dafür vorliegen, daß die Daten für die Fälligkeit von Zinsen und Kapital beachtet werden.

## Teil I — Passive Rechnungsabgrenzung

### *Lohn- und Gehaltslisten*

1. Personaleinstellungen dürfen nur von der Personalabteilung vorgenommen werden, und diese Abteilung muß auch eine eigene Kartei über alle bei der Gesellschaft Beschäftigten führen.

2. Alle Löhne und Gehälter und Änderungen darin müssen durch den betreffenden Vorgesetzten genehmigt werden. Die Unterlagen darüber gehen an das Lohnbüro. Auch in der Personalabteilung müssen Unterlagen zu einer späteren Einsichtnahme und Prüfung vorhanden sein.

3. Alle Kündigungen müssen sofort dem Lohnbüro wie auch der Personalabteilung mitgeteilt werden.

4. Die Lohnzettel müssen sorgfältig angelegt und durch Zeitnehmer, Abzeichnung der Meister, Stechuhrkarten u. dgl. unabhängig überprüft werden.

5. Die vorliegenden Angaben der Lohnlisten müssen systematisch kontrolliert und mit den Produktionsberichten in möglichst großem Umfang abgestimmt werden.

6. Die einzelnen Arbeiten des Lohnbüros, wie die Anlage der Ausgangsunterlagen, Zwischenprüfungen von Abzeichnungen, Aufstellen der Lohnliste und ihre endgültige Genehmigung, Zahlung an die Beschäftigten und Kostenuntersuchung müssen in den Händen verschiedener Angestellten liegen, die voneinander unabhängig sind. In diesem Zusammenhang ist es ein Hauptprinzip, daß keiner, der mit der Aufstellung der Lohnlisten zu tun hat, bei den Auszahlungen selbst mitarbeiten darf.

7. Lohnzahlungen müssen, soweit es praktisch möglich ist, durch Scheck erfolgen. Wenn Barzahlung erfolgt, müssen Quittungen gegeben werden. Auf jeden Fall muß aber der Beschäftigte, der die Zahlung empfängt, ausreichend identifiziert sein.

8. Es müssen systematische Richtlinien für die Abzüge aller von dem Beschäftigten geschuldeten Beträge vorliegen.

9. Nicht abgeholte Löhne und Gehälter müssen sorgfältig unter der Aufsicht der Finanzabteilung überwacht werden. Dabei muß besonders darauf geachtet werden, daß derartige Löhne und Gehälter nur den dazu Berechtigten ausgehändigt werden. Die über eine bestimmte nicht zu lange Zeit nicht verlangten Löhne und Gehälter müssen von der Finanzabteilung wieder bei der Bank eingezahlt werden.

### *Vermögen-Steuern*

1. Es müssen systematische Verfahren für die Termine der Vermögensbewertung und die Aufstellung und Einreichung aller erforderlichen Erklärungen in Kraft sein.

2. Es müssen Richtlinien für die Prüfung der Bewertung aller Vermögensgegenstände vorliegen, so daß, wenn erforderlich, begründete Einsprüche erfolgen können.

3. Es muß eine besondere Kontrolle für Fälligkeitstermine von Steuerzahlungen eingerichtet werden, um die hohen Zuschläge zu vermeiden, die normalerweise aus Zahlungsverzug entstehen.

### *Andere Steuern*

4. Es müssen geeignete Unterlagen geführt werden, die die Entwicklung der Steuern für den einzelnen Anlagegegenstand zeigen und die der buchhalterischen Verteilung aller entstandenen Steuerschulden auf vernünftiger Basis dienen.

1. Es müssen entsprechende Richtlinien bestehen, um die notwendigen Angaben für die Aufstellung der Steuererklärungen bereit zu halten. Im allgemeinen erfordert dies die richtige Auslegung der Erfordernisse in buchungsmäßigem und juristischem Sinne.

2. Es müssen Zeittafeln vorhanden sein, aus denen die verschiedenen Daten hervorgehen, an welchen die Berichte fällig sind.

### *Andere antizipatorische Passiven*

1. Wichtige Abgrenzungsposten müssen klar erkannt werden und auf vernünftigen Formeln für die Schätzung beruhen und die Beträge müssen mit großer Genauigkeit auf die Zeiträume verteilt werden, denen sie zugutekommen.

### *Eventualverbindlichkeiten*

Es müssen gültige Vorschriften bestehen für die Art der Berichterstattung an die verantwortlichen leitenden Angestellten über alle Angelegenheiten, die zu Eventualverbindlichkeiten führen, damit auf diesem Gebiet alles getan werden kann.

## Teil J — Grundkapital und Gewinn

1. Die Gesellschaft muß für die Bearbeitung dieser Gebiete entweder eine Überwachungsstelle für Aktienausgaben oder einen Transferagenten in Anspruch nehmen oder entsprechende Richtlinien dafür ausgeben.

2. Buchungen auf Gewinnüberschußkonten müssen soweit wie möglich vermieden werden; wenn sie schon erfolgen, müssen sie von der zuständigen Stelle genehmigt werden.

## Teil K — Aufwand und Ertrag

Siehe auch die entsprechenden Angaben über Erträge unter „Verkäufe und Umlagerungen" (S.....) und unter Wertpapiere (S. ....).

1. Es müssen systematische Richtlinien vorliegen für die Kontrolle und Annahme von Erträgen aus allen möglichen sonstigen Quellen wie Vermietungen, ausgeführten Dienstleistungen u. dgl.

2. Es müssen Kontrollen über die Verursachung von Aufwendungen vorhanden sein und alle auftretenden Aufwandsposten müssen von den dazu berechtigten leitenden Angestellten genehmigt werden.

### *Verschiedenes*

1. Alle Journal-Eintragungen müssen genügend erklärende Einzelangaben enthalten und durch die dazu berechtigten Stellen genehmigt sein.

2. Die Budgets müssen dieselbe Konteneinteilung wie die üblichen Buchungsvorgänge zeigen und die Budgetrichtlinien müssen vorsehen, daß die tatsächliche Ausführung mit den Zahlen des Budgets verglichen wird.

3. Alle Angestellten, gleichgültig, ob sie mit Gelddingen zu tun haben oder nicht, sollen gegen Veruntreuung versichert sein.

4. Alle Angestellten müssen regelmäßig ihren Urlaub nehmen, damit es wenigstens einen Zeitraum gibt, in dem ihre Arbeit von anderen ausgeführt wird.

5. Finanzberichte müssen so schnell wie möglich abgefaßt werden. Ihre Form muß für die Anforderungen der Leitung geeignet sein.

6. Alle wichtigeren Tätigkeiten der Gesellschaft müssen im Generalversammlungsprotokoll der Aktiengesellschaft vorkommen.

## Abschnitt III — Vorschläge für ein Revisionsprogramm*

### Einleitung

1. Diese Vorschläge für das Revisionsprogramm ergänzen — mit Ausnahme der Fälle, wo dies besonders angegeben ist — das allgemeine Revisionsprogramm, das wir jetzt für Bilanzprüfungen haben. In manchen Fällen berücksichtigt das algemeine Programm schon die Prüfung einzelner Normen.

2. Im allgemeinen sucht man zu erreichen, daß der Umfang der Prüfung jedes Falles weit genug gezogen ist, um zu einer Schlußfolgerung über die Sorgfalt und Genauigkeit gelangen zu können, mit der die einzelnen Arbeitsvorgänge ausgeführt werden. Wenn die Prüfung bedeutende und wesentliche Mängel beweist, bestehen folgende Möglichkeiten:

a) Wir müssen die Geschäftsvorfälle, auf die sich die betreffenden Verfahrensvorschriften beziehen, noch weiter oder sogar lückenlos prüfen.

b) Der Auftraggeber sollte zustimmen, daß eine umfassende Nachprüfung aller Geschäftsvorgänge, auf die sich die betreffenden Vorschriften beziehen, vorgenommen wird.

3. Es besteht die Absicht, bis zu einem gewissen Grade alle wichtigeren Abschnitte der internen Geschäftsverfahren, die für die betreffende Niederlassung in Frage kommen, zu erfassen. Für einen Zeitraum von Jahren ist auch ins Auge gefaßt, eine erschöpfendere Prüfung einzelner Abschnitte durchzuführen. Die Reihenfolge dieser genaueren Prüfungen hängt von den bestehenden Notwendigkeiten ab.

### Teil A — Geld

*Geldeingänge*

1. Man muß die Kassenbelege einsehen und auf die Personen, die bei der Anlage dieser Belege oder der damit verknüpften Geschäftsverfahren beteiligt sind, sein Augenmerk richten.

Der Prüfer muß die Unterschriften der für Zahlungsleistungen Bevollmächtigten mit der Liste des Personals vergleichen, das mit Kasseneingängen zu tun hat.

2. Er muß die Urbelege für Geldeingänge prüfen und sie stichprobenweise mit anderen Unterlagen über Kasseneingänge vergleichen.

Er muß die Duplikate der Eingangsbelege mit dem in den Büchern geführten Eingang vergleichen.

Er muß die Arbeitsweise der Registrierkassen oder ähnlicher Maschinen beobachten, die die Aufzeichnung von Geldbewegungen sichern.

Er muß die ursprünglichen Listen mit den tatsächlichen Geldeinlieferungen vergleichen und die laufenden Prüfungen, die von dem Auftraggeber vorgenommen werden, einer Nachprüfung unterziehen.

3. Er muß eine Liste aller Plätze, wo Kasseneingänge zu verzeichnen sind und des damit beschäftigten Personals aufstellen, um die Möglichkeit von Einschränkungen feststellen zu können.

4. Er muß Beobachtungen und Erhebungen über die Tätigkeit der einzelnen Personen anstellen und feststellen, ob sie Zugang zu anderen Unterlagen haben. Ebenso muß er direkt bei anderen Personen nachfragen, ob das Personal, das Geldvorgänge bearbeitet, Zugang zu anderen Unterlagen hat.

5. Er muß die Arbeitsgänge bei der Weiterleitung von Geld überprüfen, inwieweit Entlastung und Belastung dabei ordnungsgemäß erfolgen.

---

* Die Buchstaben und Nummern verweisen auf die zugehörige Norm.

6. Der Vergleich von gebuchten Eingängen mit Einzahlungen bei der Bank erfolgt normalerweise im Zusammenhang mit der monatlichen Kassenaufnahme.

### *Zahlungsleistungen*

1. Die Prüfung von Zahlungsleistungen ist normalerweise ein Teil der monatlichen Kassenaufnahme.
2. a) Dies geschieht durch die übliche Aufnahme von kleinen Kassen.
   b) Der Revisor muß die Rückerstattungen an diese Kassen für einen Prüfungszeitraum auf Betrag, Häufigkeit und Anzahl der Tage durchsehen, die zur Wiederauffüllung gebraucht werden.
   c) Dies geschieht durch die Bestandsaufnahme der kleinen Kassen und wird durch andere Prüfungen von Belegen über Rückerstattungen an diese Kassen ergänzt.
   d) Dies geschieht in erster Linie durch die Bestandsaufnahme dieser kleinen Kassen zusammen mit der Prüfung der Anforderungen von Kassenauffüllungen.
   e) Das geschieht durch die üblichen Belegprüfungen.
3. Er muß Auskünfte einholen und die laufende Praxis beobachten.
4. Er muß die Prüfung bezahlter Rechnungen einer Nachprüfung unterziehen. Das geschieht auch als ein Teil der monatlichen Prüfung der Belege.
5. Er muß die bezahlten Schecks prüfen, und zwar auch hinsichtlich der Berechtigung der Unterschrift. Auch das ist normalerweise ein Teil der monatlichen Geldprüfung.
6. Er muß die bezahlten Schecks stichprobenweise prüfen. Das gehört normalerweise auch zu der monatlichen Geldprüfung. Er muß besonders feststellen, ob die bestehenden Sicherungsvorschriften funktionieren.
7. Er muß die normale Tätigkeit des Personals, das mit Auszahlungen zu tun hat, beobachten und Fragen darüber stellen.
   Er muß auch Fragen direkt an anderes Personal stellen, ob Personal, das mit Auszahlungen zu tun hat, zu anderen Belegen Zugang hat.
8. Er muß den Bestand an nichtausgefüllten Schecks prüfen und sich von der Wirksamkeit der Kontrolle darüber überzeugen. Die Prüfung von ungültigen Schecks ist normalerweise ein Bestandteil der monatlichen Geldprüfung.
9. Dies wird bei der üblichen Revision der Zweigstellenkonten bearbeitet.

### *Verschiedenes*

1. Er muß nachprüfen, welches der Weg der Geldabstimmung ist; dazu gehört auch die Nachprüfung, wer die Bankauszüge erhält oder wer vor ihrer Abstimmung Zugang zu ihnen hat.
2. Er muß die Originalbelege über Geldeingänge (Quittungen usw.) und Geldausgänge (Schecks usw.) einsehen und mit den Buchungen vergleichen.

## Teil B — Forderungen

### *Kundenkonten*

1. Er muß die Belastungen auf Kundenkonten daraufhin prüfen, was die Kredit-Abteilung vorher unternommen hat.
2. Er muß das Verfahren beim Versand prüfen, um festzustellen, ob die Aufzeichnungen über den Versand auch in allen Fällen zu Kundenbelastungen führen.

3. Er muß die Quellen für alle Buchungsdaten prüfen und ebenso die Art und Weise, wie diese Daten überwacht werden.

4. Wenn wir die Saldenbestätigungen für die Kundenkonten einholen, überzeugen wir uns normalerweise, daß die Hilfsbücher mit dem Kontrollkonto übereinstimmen. Zusätzlich muß über die in der Zwischenzeit stattfindenden Abstimmungen eine Auskunft eingeholt werden. Wir müssen uns auch über den Umfang unaufgeklärter Differenzen informieren und die tatsächliche Bedeutung derartiger Fehler abschätzen. Ebenso muß darauf geachtet werden, wie diese Differenzen endgültig behandelt werden.

5. Der Revisor muß Erkundigungen über das Personal der Abteilung Kundenkonten einziehen und ebenso über das Personal der damit zusammenhängenden Abteilungen und er muß die angewandten Arbeitsmethoden beobachten.

6. Es sind Erkundigungen über das Personal einzuziehen und die angewandten Arbeitsmethoden zu beobachten.

7. Der Revisor muß die verschiedenen Arten von Buchungen prüfen, die sich nicht auf Geldbewegungen beziehen, um die Genehmigung dafür festzustellen und darauf zu achten, ob diese Genehmigungen durch ordnungsgemäße Unterlagen begründet sind.

8. Er muß die Art und Weise prüfen, in der zweifelhafte Forderungen kontrolliert werden. Es muß auch in Erwägung gezogen werden, ergänzende Saldenbestätigungen für zweifelhafte Forderungen einzuholen als Prüfung, ob evtl. Geldeingänge aus diesen Konten richtig gebucht sind. Ebenso muß darauf geachtet werden, in welchem Maße diese Konten weiter überwacht werden.

9. Er muß einige repräsentative Buchungen prüfen, um den zeitlichen Zwischenraum von den zu Grunde liegenden Geschäftsvorgängen festzustellen. Ebenso muß er prüfen, ob das Buchungsdatum in den Büchern mit dem Datum übereinstimmt, an dem die Buchung tatsächlich ausgeführt wurde.

10. Er muß das übliche Geschäftsverfahren und die tatsächliche Ausführung erfragen. Er muß die Arten der gemeldeten Differenzen prüfen, ihre Bedeutung abschätzen und feststellen, was mit ihnen geschieht.

11. Er muß Nachforschungen anstellen und Stichproben machen, was die Kreditabteilung bei überfälligen Konten unternommen hat.

12. Er muß Nachforschungen anstellen und die Arbeitsweise beobachten. Diese Phase der Prüfung wird auch bei unserer normalen Durchsicht der Kundenkonten zum Zeitpunkt der Saldenbestätigung erfaßt.

13. Zum Zeitpunkt der Saldenbestätigungen muß er die Abstimmung der Konzernforderungen einsehen und feststellen, wieweit die Abstimmungsposten in Ordnung sind.

### *Kundenwechsel und -Schuldscheine*

1. Im Zusammenhang mit der Prüfung der Wechsel und Schuldscheine zum Zeitpunkt der Saldenbestätigung muß er die Form dieser Papiere prüfen.

2. Er muß Nachforschungen anstellen und die Arbeitsweise prüfen.

3. Die Prüfung und Abstimmung dieser Hilfsbücher ist im allgemeinen in dem regulären Revisionsprogramm für den Tag der Saldenbestätigung enthalten.

4. Er muß Wechsel und Schuldscheine prüfen, aus denen sich ergibt, daß Zinszahlungen oder Schuldsummen fällig sind, um das bestehende Arbeitsverfahren festzustellen.

5. Die Prüfung von Bürgschaften ist normalerweise ein Teil der regelmäßigen Prüfung von Kundenwechseln und -schuldscheinen zum Zeitpunkt der Saldenbestätigung. Der Revisor muß auch feststellen, wer das Bürgschaftsakzept in Händen hat und wo es verwahrt wird.

6. Er muß die zu Grunde liegenden Vollmachten für repräsentative Kundenwechselgeschäfte prüfen.

*Angestelltenkonten und andere spezielle Forderungen*

1. Der Revisor muß stichprobenweise bei einigen Buchungen feststellen, ob die Genehmigung der Vorgesetzten vorliegt.

2. Die Abstimmung dieser speziellen Forderungen ist normalerweise ein Teil des regulären Revisionsprogrammes für die Forderungen zum Zeitpunkt der Saldenbestätigung.

3. Der Prüfer muß sich durch Stichproben überzeugen, ob die lange offenstehenden Konten tatsächlich durchgesehen und weiterbearbeitet worden sind.

## Teil C — Wertpapiere

1. Der Aufbewahrungsort der Wertpapiere wird im Zusammenhang mit ihrer Zählung am Revisionszeitpunkt festgestellt. Ferner müssen zusätzliche Nachforschungen angestellt und alle vorliegenden Nachweise eingesehen werden, ob die Verantwortung für die Wertpapiere ordnungsgemäß festgelegt ist und ob der verantwortliche Angestellte an die Wertpapiere nur in Begleitung eines zweiten leitenden Angestellten heran kann.

2. Es müssen Nachforschungen angestellt werden, welche Genehmigungen zum Verkauf und Kauf von Wertpapieren erforderlich sind. Dann müssen einige Wertpapiergeschäfte geprüft werden, ob für sie diese Genehmigung vorlag.

3. Die Prüfung der Einzelnachweise für den Inhalt der Kontrollkonten des Hauptbuches ist normalerweise ein Teil des regulären Revisionsprogrammes für die Wertpapiere zum Revisionsstichtag.

4. Die Geschäftsverfahren bei der Weiterverarbeitung müssen geprüft und zusätzliche Stichproben über ihre Wirksamkeit gemacht werden. Diese zusätzlichen Stichproben müssen auch Prüfungen von Dividenden, Bezugsrechten u. dgl. an Hand entsprechender Veröffentlichungen einschließen, um festzustellen, ob die Bearbeitung in der Gesellschaft erfolgreich ist.

## Teil D — Vorräte

*Einkauf*

1. Der Revisor muß Auskünfte einholen, auf welche Weise der Bedarf festgestellt wird, und wo es angebracht ist, auch durch Stichproben das angewandte Verfahren feststellen.

2. Er muß Auskünfte einholen und die tatsächliche Übung beobachten. Die Prüfung der Belege des Monats muß auch zeigen, wer die verschiedenen Posten einkauft.

3. Der Prüfer muß Erhebungen anstellen und die abgelegten Angebote und anderen veröffentlichten Lieferantenpreise stichprobenweise durchsehen.

4. Er muß Auskünfte einholen und sie mit der Prüfung der Lieferantenbelege des Monats vergleichen.

5. Er muß Erhebungen anstellen und die Arbeitsmethoden beobachten. Er muß sie auch mit der Monatsprüfung der Lieferantenbelege abstimmen.

6. Er muß sich erkundigen und in Verbindung mit der Monatsprüfung der Belege den Umfang solcher speziellen Einkäufe und den Grad der Berechtigung dazu prüfen.

7. Er muß Stichproben von bestimmten Ansprüchen und Berichtigungen machen, um das übliche Vorgehen zu ermitteln.

*Bearbeitung und Kontrolle der Vorräte*

1. Der Revisor muß Auskünfte einholen und die Arbeitsmethoden beobachten.
2. Er muß entsprechende Fragen stellen und den Gebrauch von Formularen beobachten, die die Verantwortlichen be- oder entlasten.
3. Er muß die Arbeitsmethoden beobachten und seine Beobachtungen mit den regulären Bestandsprüfungen abstimmen.
4. Er muß die tatsächlichen Verhältnisse beobachten.
5. Der Prüfer muß den Umfang der Berichtigungen, die während des Jahres vorgenommen sind, feststellen und sich ein Urteil über die Häufigkeit ihres Vorkommens, die dabei in Frage kommenden Beträge und ihre endgültige Erledigung bilden.
6. Er muß fragen und die Praxis beobachten.
7. a) Er muß die allgemeinen Methoden und Richtlinien durchsehen, nach denen das Fertigprodukt mit Arbeitszeit, Material und Gemeinkosten belastet wird.
   b) Er muß Stichproben machen, um die Befolgung dieser Methoden und Richtlinien festzustellen.
8. Er muß Fragen stellen und sich auch die tatsächliche Verbindung der Betriebsbuchhaltung mit der Geschäftsbuchführung ansehen.
9. a) Der Revisor muß Stichproben machen, um festzustellen, ob für alle Bestände, die während der letzten Tage des Rechnungszeitraums eingegangen sind, die entsprechende Verbindlichkeit gebucht ist, ebenso für die Vorräte die im Bestand mitgezählt sind, obgleich die Ware später eingegangen ist.
   b) Er muß durch Stichproben feststellen, ob Materialien, für die Kundenrechnungen geschrieben sind, tatsächlich abgesandt oder von der Aufnahme in die Inventur ausgeschlossen worden sind.

*Verkäufe und Umlagerungen*

1. a) Der Revisor muß Erhebungen anstellen und die Arbeitsmethoden beobachten. Er muß auch Stichproben über die tatsächliche Bearbeitung von Versandpapieren machen.
   b) Er muß Erhebungen anstellen und die Arbeitsmethoden beobachten. Er muß auch Stichproben von der tatsächlichen Bearbeitung solcher Umlagerungsformulare machen.
2. Er muß Nachforschungen anstellen. Er muß die Konten prüfen und stichprobenweise Bestätigungen direkt von den Kommissionären einholen.
3. a) Er muß Stichproben von Versandpapieren für einen bestimmten Tag oder einen bestimmten Zeitraum vornehmen, um festzustellen, ob alle Rechnungen ausgestellt sind, und zwar für die richtigen Mengen.
   b) Er muß die eingesetzten Preise mit den genehmigten Preisen vergleichen und die Ausrechnungen prüfen.
   c) Er muß die Verbindung der Rechnungen mit den Geldeingängen und den Kontrollsummen für die Buchungen von Forderungen prüfen.
4. Er muß die Gutschriften für Rückgaben aus Verkäufen mit den Unterlagen über den Eingang dieser Waren vergleichen.
5. Er muß Auskünfte einholen und die Arbeitsmethoden beobachten. Er muß die Schrottverkäufe mit dem erwarteten Anfall auf der Grundlage der gegenwärtigen Produktion vergleichen.

## Teil E — Anlagevermögen

1. Er muß Auskünfte einholen und sie durch tatsächliche Prüfungen von einzelnen Erwerbungen und Zuweisungen von Mitteln dafür ergänzen. Diese Phase des Revisionsprogrammes sollte mit der üblichen Prüfung des Anlagevermögens verbunden werden.

2. Normalerweise schon in den regulären Prüfungen der Anlagezugänge während des Jahres enthalten.

3. Der Prüfer muß Auskünfte einholen und die Erledigung beobachten. Er muß Stichproben von der Bearbeitung spezieller Fälle machen, in denen die Ausgaben die ursprünglichen Zuweisungen überschritten haben.

4. Das erledigt sich durch die monatliche Prüfung der Lieferantenbelege und durch die Prüfung der Anlagenzugänge.

5. Der Prüfer muß das übliche Geschäftsverfahren beobachten und darauf sehen, ob es ausreichend ist. Außerdem kann die Übereinstimmung dieser Kartei mit den Kontrollkonten des Hauptbuches geprüft werden.

6. Der Revisor muß Auskünfte einholen und die bestehenden Vorschriften über die Meldung und die Genehmigung von Anlagenabgängen durchsehen. Er muß einzelne Abgänge als Stichproben prüfen, wieweit sie genehmigt sind und ob sie in den Konten richtig behandelt sind. Er muß die Abschreibungssätze und ihre Anwendung auf den Konten prüfen.

7. Er muß sich erkundigen, wie es üblicherweise gemacht wird und durch Stichproben feststellen, wie Maschinen und Ausstattung wirklich gekennzeichnet sind.

8. Er muß erfragen, wie gegenwärtig die Übereinstimmung festgestellt wird. Er muß auch stichprobenweise die Ergebnisse einzelner Aufnahmen einsehen und feststellen, ob irgend welche festgestellten Unterschiede richtig bearbeitet sind.

## Teil F — Transitorische Aktivposten

### *Betriebsmaterial*

Der Revisor muß Auskünfte einholen und beobachten, was gemacht wird. Es können auch einige bedeutende Posten geprüft werden.

### *Briefmarken*

1. Der Revisor muß Auskünfte einholen und die üblichen Arbeitsmethoden beobachten.

2. Er muß Auskünfte einholen und sie durch Prüfung der geführten Unterlagen ergänzen. Das reguläre Prüfungsprogramm schließt normalerweise auch das Zählen solcher Briefmarken ein.

3. Er muß die Arbeitsmethoden beobachten und sich überlegen, ob die Kontrolle ausreicht, wo keine Frankiermaschinen verwendet werden.

### *Versicherung*

1. Der Prüfer muß sich nach den üblichen Arbeitsmethoden erkundigen und prüfen, welche Schritte die Angestellten unternommen haben, die für die Deckung der Risiken durch Versicherung verantwortlich sind. Weiter kann geprüft werden, ob die Deckung mit Rücksicht auf die Höhe der Wiederbeschaffungswerte ausreicht.

2. Der Prüfer muß beobachten, was gemacht wird, und muß ergänzend die Genauigkeit und Vollständigkeit dieser Unterlagen prüfen.

3. Er muß Auskünfte einholen und zusätzlich die Bearbeitung spezieller Ansprüche prüfen.

*Andere Fälle.* Der Revisor muß die Natur jedes Postens überlegen, auch ob es vernünftig ist, ihn abzugrenzen, und ergänzend die Methode und Genauigkeit prüfen, mit der solche Abgrenzungen ausgeführt werden.

## Teil G — Lieferantenkonten

1. Der Prüfer muß Auskünfte einholen und beobachten, was gemacht wird. Normalerweise kann dies in Verbindung mit der monatlichen Prüfung der Lieferantenbelege erfolgen.
2. Er muß die üblichen Arbeitsmethoden beobachten und mit der monatlichen Prüfung der Belege abstimmen.
3. Er muß Erhebungen über die bestehenden Arbeitsanweisungen anstellen. Soweit es möglich ist, muß er das Ausmaß von Berichtigungen und Abzügen feststellen, die die Gesellschaft versäumt hat, geltend zu machen.
4. Im Zusammenhang mit der Monatsprüfung der Lieferantenbelege muß der Prüfer feststellen, welche Skontierungsmöglichkeiten nicht ausgenutzt worden sind.
5. Er muß Auskünfte einholen und beobachten, was gemacht wird.
6. Der Revisor muß sich sagen lassen, wie es gemacht wird. Er muß die erhaltenen Auskünfte auch mit dem Ergebnis der üblichen Prüfungen ungebuchter Verbindlichkeiten zum Revisionszeitpunkt abstimmen.
7. Er muß die üblichen Arbeitsmethoden beobachten und sich ein Urteil über ihre Angemessenheit bilden.
8. Er muß bei der monatlichen Prüfung der Belege beobachten, wie es gemacht wird

## Teil H — Wechsel- und Schuldscheinverpflichtungen

1. Der Revisor muß Auskünfte einholen und die zu Grunde liegende Genehmigung für bestehende Wechsel- und Schuldscheinverpflichtungen prüfen.
2. Er muß Auskünfte einholen und die üblichen Arbeitsmethoden beobachten.

## Teil I — Passive Rechnungsabgrenzung

### *Lohn- und Gehaltslisten*

1. Der Revisor muß Auskünfte einholen und die Arbeitsweise des Personalbüros besonders im Hinblick darauf beobachten, wie weit Karteien geführt werden.
2. Er muß Nachforschungen über die laufenden Arbeitsmethoden anstellen. Er muß die Genehmigungen der Lohnsätze und der Lohnerhöhungen der einzelnen Beschäftigten prüfen, ob sie in Ordnung sind und ob die Angaben darüber sowohl im Lohnbüro wie in der Personalabteilung auf dem neuesten Stand gehalten werden.
3. Der Revisor muß Auskünfte einholen und beobachten, wie es wirklich gemacht wird. Wo es möglich ist, Zeuge einer Abschlußzahlung zu sein, ist eine weitere Prüfung vorgesehen, ob alle gekündigten Angestellten auch ordnungsgemäß gemeldet sind.
4. Der Prüfer muß sich erkundigen, welches Verfahren vorgeschrieben ist, und beobachten, wie es durchgeführt wird. Die Beobachtung kann durch Stichproben an einer bestimmten Lohnliste unterstützt werden.

5. Er muß feststellen, wieweit die Produktion mit den bezahlten Löhnen verglichen wird, indem er jede erreichbare Information über die normale Produktionsleistung auswertet.

6. Er muß Auskünfte einholen und die üblichen Arbeitsmethoden studieren, indem er ständig darauf achtet, wie weit diese verschiedenen Arbeitsgänge tatsächlich unabhängig sind und wieweit sie sich gegenseitig kontrollieren.

7. Er muß Auskünfte einholen und die übliche Arbeitsweise beobachten. Wenn möglich, muß er einer Lohnzahlung beiwohnen.

8. Der Revisor muß sich erkundigen, wie es gemacht wird. Er muß den Umfang feststellen, in dem von Arbeitnehmern geschuldete Beträge verloren gegangen sind, weil sie nicht von ihrem Lohn oder Gehalt abgezogen wurden.

9. Er muß sich erkundigen, welches Verfahren vorgeschrieben ist, und durch Stichproben feststellen, was tatsächlich mit nicht in Anspruch genommenen Löhnen und Gehältern geschieht.

### *Vermögen-Steuern*

1. Er muß die übliche Arbeitsweise studieren. Er muß, soweit es praktisch möglich ist, feststellen, wieweit Fälligkeitsdaten versäumt worden sind.

2. Der Revisor muß Auskünfte einholen und die üblichen Arbeitsmethoden beobachten. Zusätzliche Stichproben sind angebracht, wenn krasse Veränderungen von Steuerwerten vorgekommen sind.

3. Er muß sich erkundigen, wie es gemacht wird. Ebenso muß er den Umfang feststellen, in dem Zuschläge auf Grund verspäteter Zahlungen erhoben worden sind.

4. Er muß die laufend geführten Unterlagen prüfen. Ebenso muß er den Umfang beobachten, in dem Berichtigungen zum Jahresende erforderlich waren.

### *Andere Steuern*

1. Er muß Auskünfte über die üblichen Arbeitsmethoden einholen und überlegen, ob sie genügen.

2. Er muß Auskünfte einholen. Soweit praktisch möglich, muß er feststellen, ob die Ausführung diesen Zeittafeln entsprochen hat.

### *Andere antizipatorische Passiven*

1. Der Revisor muß für jeden Abgrenzungsposten Erkundigungen einziehen, wie er behandelt wird, und sich ein Urteil bilden, ob das Verfahren angemessen ist. In vielen Fällen kann die Berechnung der Abgrenzungsposten mit einer Genauigkeit erfolgen, die vernünftigerweise nicht vertretbar ist.

### *Eventual-Verbindlichkeiten*

1. Im Zusammenhang mit der üblichen Prüfung von Eventual-Verbindlichkeiten muß der Revisor, soweit es praktisch möglich ist, feststellen, ob alle gemeldet werden.

## Teil J — Grundkapital und Kapitalgewinn

1. Der Prüfer muß Auskünfte über die geltenden Arbeitsmethoden einholen und ihre Anwendung prüfen, indem er diese Prüfungshandlung mit der üblichen Prüfung des Grundkapitals verbindet.

2. Er muß die tatsächliche Behandlung dieser Angelegenheit im Zusammenhang mit der üblichen Prüfung der Gewinnüberschußkonten beurteilen.

## Teil K — Aufwand und Ertrag

1. a) Der Prüfer muß sich erkundigen und alle Einnahmequellen zusammenstellen, die nicht schon früher bei Verkäufen oder Wertpapieren behandelt sind.
   b) In jedem Fall muß er überlegen, ob ausreichende Kontrollen vorhanden sind, um den Eingang aller solcher Einnahmen bei der Gesellschaft sicherzustellen.
   c) Er muß zusätzliche Stichproben von den zu Grunde liegenden Geschäftsvorgängen vornehmen, um festzustellen, ob die Einnahmen ordnungsgemäß angegeben sind.
2. a) Im Zusammenhang mit der Monatsprüfung der Belege muß der Revisor feststellen, ob die verschiedenen Ausgabeposten ordnungsgemäß genehmigt sind.
   b) Er muß für jeden Einzelfall überlegen, wieweit der Anfall überwacht wird und sich ein Urteil darüber bilden.
3. Er muß die buchungsmäßige Aufteilung von Aufwands- und Ertragsposten prüfen.

### *Verschiedenes*

1. Der Revisor muß die Journalbuchungen prüfen, um den Umfang der Erklärungen und der Genehmigungen durch Vorgesetzte festzustellen.
2. Er muß sich erkundigen, was für Budgetrichtlinien bestehen, und die Buchungen und Berichte durchsehen, die Vergleiche von Buchhaltungs- und Budgetzahlen enthalten.
3. Der Revisor muß die Policen der Versicherung gegen Veruntreuung prüfen und sein Urteil darüber abgeben, ob die Deckung ausreicht.
4. Er muß Erkundigungen über leitende und sonstige Angestellte einziehen.
5. Er muß sich nach Verspätungen bei der Ablieferung von Berichten erkundigen und die allgemeine Form und den Inhalt der üblichen Berichte begutachten.
6. Der Revisor muß das Protokoll prüfen und seine Vollständigkeit im Lichte anderer im Laufe der Revision erhaltener Informationen beurteilen.

## Deutsche Literatur zu den einzelnen Kapiteln


*Das Wesen der internen Revision*

Fleischmann, Robert: Die betriebseigene Revision in einem Großbetrieb des Maschinenbaues. Diss. Köln 1925.

Senden, Hans: Die Hausrevision. ZHH Jg. 25, S. 288.

Schmitt, F. A. und Schmitt, Fritz: Das Revisions-Universum. C. Die organische Selbstrevision. Berlin, Bielefeld, München 1953, S. 67 ff.

Internes Revisionswesen, ein Erfahrungsbericht aus Kanada. Wirtschaftsprüfung 1956, S. 121.

Kotthaus, Hermann: Die Innenrevision im Industriebetrieb. Wiesbaden 1957.

Innenrevision. Revisions-Richtlinien der Wirtschaftsvereinigung Eisen- und Stahlindustrie, Betriebswirtschaftlicher Ausschuß. Düsseldorf 1959.

Semler, Johannes jr.: Der Einfluß der Securities and Exchange Commission auf Rechnungslegung und Prüfung rechtlich selbständiger Gesellschaften in den Vereinigten Staaten von Nordamerika. Wirtschaftsprüfung 1960, S. 317 ff., 377 ff.

*Ziele und Aufgaben*

Schmalenbach, Eugen: Über Einrichtungen gegen Unterschlagung und über Unterschlagungsrevision. Zeitschr. f. handelswiss. Forsch. 1911, S. 321.

Jenny, Ernst, und Niedermeyer, Georg: Die Hintertüren der Buchführung. Berlin 1927.

Kessler, Ernst: Buchführungs- und Kapitaldelikte. Stuttgart 1928.

Vogt, Fritz Johs.: Hintertüren der Buchführung. 2. Aufl. Freiburg-Breisgau. XXX.

Hübner, Heinz: Ist Ihr Betrieb gegen Unredlichkeiten gesichert? Stuttgart. XXX.

Splettstösser, J.: Die Technik der Aufdeckungen von Verfälschungen in Geschäftsbüchern, Urkunden und Belegen. Wirtschaftsprüfung 1956, S. 133 f.

Splettstösser, J.: Die wirtschaftlichen Grenzen der Unterschlagungsrevision. Wirtschaftsprüfung 1932, S. 368 ff.

Lehmann, H.: Die Unterschlagungsmöglichkeiten im Betriebe unter besonderer Berücksichtigung der gegen die Geschäftsführung gerichteten dolosen Handlungen Angestellter. Berlin, Diplomarbeit 1950.

Klinger, Karl: Das Unterschlagungsrisiko und seine Bekämpfung. Zeitschr. f. handelswiss. Forsch. 1950, S. 145 ff.

Mac Gillivray, C. K.: Die Urkundenfälschung. Wirtschaftsprüfer Nr. 9, 1953.

Pfeiffer, Günther: Aufgabengliederung und Bedeutung der Revisionsabteilung. D B 1954, Nr. 28.

Post, K.: Die Unterschlagung im Betrieb und ihre Bekämpfung. 2. Aufl. Düsseldorf 1955.

Materne, Gerd: Der Kassierer darf ruhig geizig sein. Unterschlagungen im Betriebe. Frankf. Ztg. Sonderdruck vom 12. Mai 1956 Nr. 110.

Helmer, K.: Die Unterschlagungsprüfung an Hand des Rechnungswesens. Wirtschaftstreuhänder H. 3. 1958.

Helmer, K.: Die Kenntnis der Vernehmungstechnik als Hilfsmittel der Unterschlagungsprüfung. Wirtschaftsprüfung 1958, S. 552 f.

Helmer, K.: Vom Wesen der Unterschlagungsprüfung. Wirtschaftsprüfung 1958, S. 259 ff.

Verschleierungsmöglichkeiten von Unterschlagungen im Betrieb. Wirtschaftsprüfung 1959, S. 174.

Aufgaben und Praxis der Internen Revision. Institut für Interne Revision e. V. München 1959.

*Interne Kontrolle*

Grull, Werner: Die Kontrolle in gewerblichen Unternehmungen. Berlin 1921.

Schreier, Johannes: Kontrolle und Revision. Hamburg 1925.

Leitner, Friedrich: Die Kontrolle in Kaufmännischen Unternehmungen. 4. Aufl. Frankfurt 1934.

Schwarz, Günther: Ihre Firma steigt ins Examen. 5. Aufl. Berlin 1937.

Neubert, Helmut: Internal Control. Düsseldorf 1959.

Neubert, Helmut: Das Internal Control System im Rahmen der Abschlußprüfung, Wirtschaftsprüfung 1959, S. 481.

Pougin, Erwin: Die Berücksichtigung des internen Kontrollsystems als Grundlage ordnungsmäßiger Abschlußprüfung. Düsseldorf 1959.

Pougin, Erwin: Internal Control und Innenrevision im Rahmen der Abschlußprüfung. Wirtschaftsprüfung 1960, S. 173—179.

*Die Stellung der internen Revision innerhalb der betrieblichen Organisation*

Blohm, Hans: Die Innenrevision als Funktion der Leitung in Industriebetrieben. Verlag W. Girardet. Essen 1957.

Grossmann, R.: Aufbau und Organisation einer internen Revisionsabteilung. BTO 4 (1959), S. 258—262.

*Vorgehen und Technik des internen Revisors*

Gentner, Paul: Revisionstechnik. 6. Aufl. Berlin 1940.

Nertinger, Joseph: Wie prüft man einen Jahresabschluß? Stuttgart 1949.

Wipper, Rudolf: Revisionstechnik und Buchführungsverfahren. 3. Aufl. Stuttgart 1951.

Staks: Die Anlage und Zweckmäßigkeit von Arbeitspapieren bei Jahresabschlußprüfungen. Düsseldorf 1955.

Fluch, K.: Die Buchprüfung im kaufmännischen Betrieb. 3. Aufl. Hann.-Münden 1956.

Hertlein und Meisner: Abschluß und Prüfung der Unternehmungen einschließlich Steuerprüfung, Formblätter und Erläuterungen für die Aufstellung, Prüfung und Auswertung der Bilanzen. Wiesbaden 1956.

Proksch, Otto: Die Praxis der Innenrevision. Wiesbaden 1959. (Beispiele für Prüfungsrichtlinien S. 43—112.)

Rätsch, Herbert: Prüfungsanweisungen und Arbeitspapiere. Wirtschaftsprüfung 1960, S. 117.

Voos, W.: Anglo-Amerikanische Prüfungsgrundsätze. Wirtschaftsprüfung 1960, S. 229.

*Geld*

Rassmann, H.: Die Innenrevision bei den Sparkassen. Wirtschaftsprüfung 1954, S. 340 ff.

Dürrhammer, W.: Über die Führung der Kasse. DB Jg. 12, Nr. 1, S. 1.

Richtlinien für die Kassenführung. Hrsg. vom Ausschuß für industrielles Rechnungswesen der Wirtschaftsvereinigung Eisen- und Stahlindustrie.

Vorträge für Sparkassenprüfer. Stuttgart.

*Forderungen*

Linhardt, H.: Kreditkontrolle. 1954.

*Vorräte und Inventuren*

Jaeckle, Julius P.: Die Inventur. Ihre rechtliche, buchhalterische und praktische Bedeutung und Durchführung. Stuttgart 1949.

Zinndorf, Gustav: Die Permanente Inventur. Ihre handels- und steuerrechtliche Zulässigkeit. Offenbach a. M. 1951.

VDMA. Betriebswirtschaftsblatt 5. Permanente Inventur statt Stichtagsinventur. Verein Deutscher Maschinenbau-Anstalten e. V. März 1955.

Spörlein, H.: Die Inventur nach Handelsrecht und nach Steuerrecht. 3. Aufl. Stuttgart 1958.

*Vertrieb und Rechnungsausstellung*

Kaffei und Marschall. Verprobungsmethoden bei der Umsatz- und Gewinnermittlung.

Hass, W.: Rechnungsprüfungsmethoden. 2. Aufl. Berlin 1957.

Klinger, K.: Zur Stellung der Rechnungsprüfungs-Abteilung in der Unternehmung. Wirtschaftsprüfung 1958, S. 237.

*Einkauf*

Klinger, K.: Der Einkauf im Industriebetrieb. Essen 1950.

Diehm, Günther: Grundzüge des industriellen Einkaufs. Wiesbaden 1959.

*Löhne und Gehälter*

Dieterich, G. F.: Lohnbuchhaltung und Lohnabrechnung. Wiesbaden.

Keegstra, H.: Einiges über bargeldlose Lohn- und Gehaltszahlung und das Lochkartengiroschecksystem. RB 2, 59.

Monatliche und bargeldlose Lohnzahlung. Bericht über die Referate der AWV-Fachtagung am 26. 11. 1959 in Essen. Berlin, Köln, Frankfurt a. M.

Mertens, Herbert: Verfahrensfragen der bargeldlosen Lohnzahlung. Zeitschr. f. d. ges. Kreditw. H. 2, 1960.

*Herstell- und Verkaufskosten*

Auffermann, J. D.: Die Prüfung der Kostenrechnung. Stuttgart 1947.

Danert, Günter: Betriebskontrollen. Essen 1952.

Strümpfle, Otto: Fehlerbekämpfung. Rationalisierung. Jg. 7 (1956), H. 5, S. 129 ff.

Meier, Albert: Kostenprüfung. Veröffentlichungen der Schmalenbach-Gesellschaft. Köln und Opladen 1959.

*Maschinenbuchhaltung und elektronische Datenverarbeitung*

Hofmann, R.: Organisatorische und revisionstechnische Fragen der Verwaltungsautomation. Automatik 3, 1958, S. 305—309, 338—341.

Mann, L.: Interne Revision und elektronische Datenverarbeitungs-Maschinen. Automatisierung 1958, IX, S. 23 ff., X, S. 26 ff., XI, S. 29 f.

Weinkauf, Fr.: Die Revision von Lochkartenabteilungen. IBM-Nachrichten H. 137, 1958.

Elektronenrechner in der Praxis. Business Week Reports to Readers On: Computers. Übers. von L. Mann, Automatisierung H. 2, 1959, S. 3—6.

1. Rechnungsprüfer verwenden Computer. 2. Neue Werkzeuge für den Buchprüfer. Kontrollen in Rechenanlagen. Bürotechnik — Automation 1960, S. 149.

Die Fehlerkontrolle im Dateneingabesystem. Bürotechnik — Automation 8, 1960.

Richtlinien für die Revision elektronischer Datenverarbeitung. Wirtschaftsvereinigung Eisen- und Stahlindustrie, Düsseldorf. Betriebswirtschaftlicher Ausschuß 1960.

### *Statistische Untersuchungen*

Strauch, Helmar: Statistische Güteüberwachung. Berlin 1956.

Levin, Howard S.: Mischung von Wahrscheinlichkeitsmethoden mit dem Revisionsprinzip. Die Automation und das Büro. Frankfurt a. M. 1957, S. 242 ff.

### *Sonderaufgaben*

Schulz-Mehrin, Otto: Betriebswirtschaftliche Kennzahlen als Mittel zur Betriebskontrolle und Betriebsführung. Berlin 1954.

### *Die Zusammenarbeit mit dem externen Revisor*

Heranziehung vorhandener Prüfungseinrichtungen des geprüften Unternehmens durch den Wirtschaftsprüfer. Fachgutachten des Instituts der Wirtschaftsprüfer, S. 93 ff., FG 6/34.

Die Wirtschaftsprüfung in ihrem Verhältnis zu den anderen Außenprüfungen und zur betriebseigenen Prüfung. Wirtschaftstreuhänder Jg. 10 (1941), S. 243 f.

Pougin, Erwin: Die Berücksichtigung des internen Kontrollsystems als Grundlage ordnungsmäßiger Abschlußprüfung. Düsseldorf 1959.

Hohenstein, Götz: Deutsche und angelsächsische Prüfungsmethoden — eine Gegenüberstellung. Wirtschaftsprüfung 1959, S. 268 ff.

Neubert, Helmut: Das Internal Control System im Rahmen der Abschlußprüfung. Wirtschaftsprüfung 1959, S. 481.

Neubert, Helmut: Internal Control und Innenrevision im Rahmen der Abschlußprüfung. Wirtschaftsprüfung 1960, S. 173 ff.

# Sachregister

# BETRIEBSWIRTSCHAFTSLEHRE UND WIRTSCHAFTSPRAXIS

## FESTSCHRIFT FÜR KONRAD MELLEROWICZ

Herausgegeben von Horst Schwarz und Karl-Heinz Berger
Groß-Oktav. Mit 1 Bildnis. 339 Seiten. 1961. Ganzleinen DM 30,—

Inhalt



Die Festschrift gibt einen zentralen Ausschnitt aus der modernen betriebswirtschaftlichen Forschung und vermittelt durch die Auswahl aktueller Themen dem Theoretiker und dem Praktiker der Betriebswirtschaft wesentliche Einsichten.

---

WALTER DE GRUYTER & CO · BERLIN W 30

vormals G. J. Göschen'sche Verlagshandlung · J. Guttentag, Verlagsbuchhandlung · Georg Reimer · Karl J. Trübner · Veit & Comp.

FSC
www.fsc.org
MIX
Papier | Fördert
gute Waldnutzung
FSC® C083411

Kolibri 360 GmbH
Ferdinand-Jühlke-Straße 7
99095 Erfurt, Deutschland
produktsicherheit@kolibri360.de